W0256526

Bernhard Weller | Marc-Steffen Fahrion | Sven Jakubetz

Denkmal und Energie

Bernhard Weller | Marc-Steffen Fahrion | Sven Jakubetz

Denkmal und Energie

PRAXIS

VIEWEG+ TEUBNER

Bibliografische Information der Deutschen Nationalbibliothek
Die Deutsche Nationalbibliothek verzeichnet diese Publikation in der
Deutschen Nationalbibliografie; detaillierte bibliografische Daten sind im Internet über
<http://dnb.d-nb.de> abrufbar.

1. Auflage 2012

Alle Rechte vorbehalten
© Vieweg+Teubner Verlag | Springer Fachmedien Wiesbaden GmbH 2012

Lektorat: Dipl.-Ing. Ralf Harms

Vieweg+Teubner Verlag ist eine Marke von Springer Fachmedien.
Springer Fachmedien ist Teil der Fachverlagsgruppe Springer Science+Business Media.
www.viewegteubner.de

Umschlaggestaltung: KünkelLopka Medienentwicklung, Heidelberg
Cover-Abbildung: Bauvorhaben: Kulturspeicher, Würzburg.
Architekturbüro: Brückner & Brückner Architekten
Fotograf: Peter Manev, Selb
Druck und buchbinderische Verarbeitung: AZ Druck und Datentechnik, Berlin
Gedruckt auf säurefreiem und chlorfrei gebleichtem Papier

ISBN 978-3-8348-1619-1

Vorwort

Zu den wesentlichen Aufgaben der Gesellschaft zählen Erhalt und die Pflege des kulturellen Erbes. Baudenkmale sind ein anschauliches Bild der Geschichte und spielen eine wichtige Rolle für die Identität der Gesellschaft. Sie machen die Verbindung zwischen Vergangenheit und Zukunft erfahrbar. Gebäude- und Siedlungsstrukturen haben aber auch einen maßgeblichen Anteil an den heute wahrnehmbaren Umweltbeeinträchtigungen. Im Sinne der Nachhaltigkeit gilt es, den Energieverbrauch und die Emissionen zu reduzieren. Eine besondere Herausforderung liegt hierbei in der energetischen Ertüchtigung und Klimaanpassung von Baudenkmalen. Auch sie können sich als Teil des Gebäudebestandes dieser Problemstellung nicht entziehen.

Das vorliegende Buch zeigt viele Möglichkeiten für behutsame Maßnahmen zur Steigerung der Energieeffizienz bei Baudenkmalen. Der Leser erhält Einblick in die Bewertung denkmalverträglicher Planung und Ausführung. Als zentraler Ansatz dient das Prinzip des Nachhaltigen Bauens mit den drei Hauptsäulen: Ökologie, Ökonomie und Soziokultur. Die Publikation richtet sich an Architekten, Denkmalpfleger, Fachplaner und Bauherren. Ein wesentliches Ziel ist, das gegenseitige Verständnis für das Baudenkmal wie auch für die erforderlichen Eingriffe im Rahmen einer energetischen Sanierung zu fördern. Das Buch soll helfen, individuelle Maßnahmen zu entwickeln und zwischen den unterschiedlichen Bewertungskriterien abzuwägen.

Die gelungenen Beispielprojekte zeigen die Möglichkeiten aber auch die Grenzen von energetischen Maßnahmen an Baudenkmalen. Mit überschaubaren, denkmalverträglichen Eingriffen lässt sich der Energieverbrauch in einigen Fällen deutlich senken. Die wesentlichen Zusammenhänge von Baukonstruktion und Bauphysik werden für diese besonderen Bauaufgaben herausgearbeitet und verständlich gemacht mit dem Ziel, auf grundlegendem Wissen aufbauend, nachhaltige Lösungen für die Ertüchtigung von Baudenkmalen entwickeln zu können.

Die Autoren danken der Deutschen Bundesstiftung Umwelt sowie dem Energiefonds Berlin für die Förderung im Rahmen der Forschungsprojekte „Denkmal und Energie". Die Erkenntnisse aus diesen Vorhaben bildeten die Grundlage für das vorliegende Werk. Ein großer Dank gilt auch Michal Korte und Peter Blume für die umfangreiche Unterstützung bei der Erstellung von Zeichnungen und Diagrammen sowie den Mitarbeitern des Verlages für die gute Zusammenarbeit und die Umsicht bei der Herstellung des Buches.

Dresden, Oktober 2011

Bernhard Weller

Inhaltsverzeichnis

1 Einleitung

Zweifellos handelt es sich bei der Verbindung von Denkmalschutz und Energieeffizienz um eine kontroverse Thematik. Allgemein stellt der Umgang mit dem Gebäudebestand eine bedeutende aktuelle Problemstellung in Deutschland dar, die sowohl ökologische, ökonomische als auch soziokulturelle Aspekte beinhaltet. Auf der einen Seite verbrauchen Bestandsgebäude derzeit noch etwa dreimal soviel Energie zur Beheizung wie Neubauten. Neben der Raumwärme fallen weiterhin hohe Verbräuche für Kühlung, Warmwasser und Beleuchtung an. Die energetische Sanierung bildet somit ein zentrales Thema für eine nachhaltige Energiepolitik und den Klimaschutz.

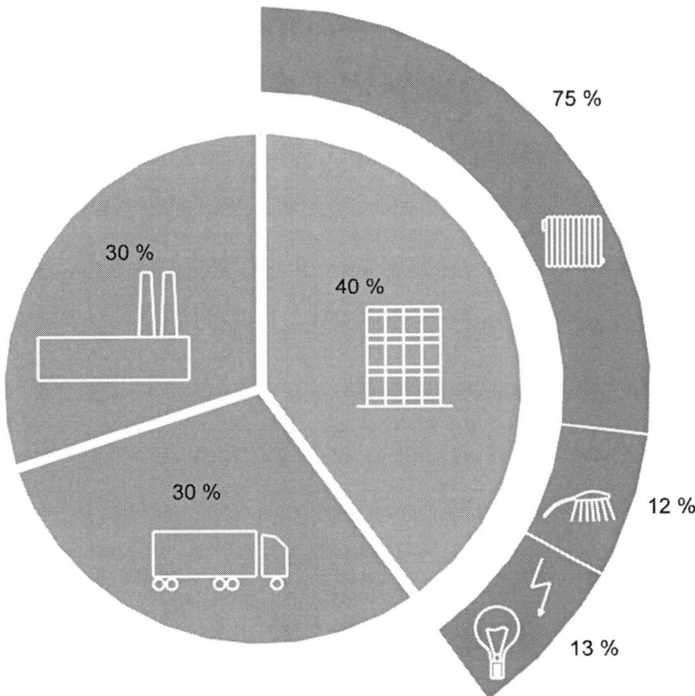

Bild 1-1 Endenergieverbrauch für Gebäude, Industrie und Verkehr (Vergleiche DENA)

Auf der anderen Seite bildet der Bestand eine wichtige kulturelle Ressource, der eine hohe soziale Funktion besitzt. Gebäude und städtebauliche Strukturen können zur Lebensqualität durch Identifikation und Identitätsbildung beitragen. Zugleich trägt und überliefert die historische Bausubstanz nicht reproduzierbare Informationen aus der Vergangenheit. Dabei zeichnen sich Baudenkmale durch eine hohe Informations- und Bedeutungsdichte aus und reagieren

1

besonders empfindlich auf Eingriffe und Veränderungen. Obwohl sie mit rund drei Prozent nur einen geringen Anteil des gesamten Gebäudestands ausmachen, können sich geschützte Gebäude dem Konflikt zwischen energetischen Maßnahmen und Erhalt an originaler Bausubstanz nicht entziehen. Das zeigt sich deutlich in der Praxis der heutigen Denkmalpflege.

Die verschiedenen Zielvorgaben der Entscheidungsträger führen zu kontroversen Diskussionen, die oft unwissenschaftlich und emotional erfolgen. Häufig fehlen fundierte wissenschaftliche Studien in diesem Bereich, so dass die gesammelten Einzelerfahrungen generalisiert und unsachgemäß übertragen werden. Von Seiten des Denkmalschutzes kommt es zu Einwänden und Kritik hinsichtlich einer größeren Schadensanfälligkeit der Baudenkmale, bauphysikalischer Probleme, ungünstigem Kosten-Nutzen-Verhältnis, der Verfremdung und Überformung des Erscheinungsbildes sowie der Beeinträchtigung der Bausubstanz. Indem energetische Maßnahmen die historischen Bauelemente überformen oder verfremden, führen sie formal zu einer Veränderung des historischen Zeugniswertes eines Gebäudes. Da die inhaltlichen Aussagen und der größte Teil des Denkmalwertes an die historische Substanz gebunden sind, bildet der Erhalt der originalen Bausubstanz nach Dehios „Maxime Konservieren, nicht restaurieren" den Grundsatz denkmalpflegerischen Handelns. Aber insbesondere in Zeiten, in denen man die öffentliche Förderung von denkmalpflegerischen Maßnahmen immer weiter reduziert und der Erhalt von Baudenkmalen in erster Linie durch den Nutzer erfolgen muss, wird der wirtschaftliche Unterhalt des Bauwerks zu einer wesentlichen Größe. Mit zusätzlich steigenden Rohstoffkosten und internationalen Klimaschutzbemühungen erlangt eine effiziente Energieversorgung eine entscheidende Bedeutung für eine Nutzungsfortführung oder eine Umnutzung. Wiederum kann ohne eine Nutzung nur im Ausnahmefall der Erhalt eines Baudenkmals gesichert werden.

Für die Lösung dieser Konfliktsituation existieren keine Patentrezepte. Grundsätzlich sollte eine ganzheitliche Bewertung von energetischen Maßnahmen im Sinne einer Nachhaltigkeit erfolgen, also unter gleichwertiger Berücksichtigung von soziokulturellen, ökonomischen und ökologischen Gesichtspunkten. Im Vergleich zum ungeschützten Gebäudebestand steht am Denkmal nicht eine maximale Energieeinsparung, sondern vielmehr eine denkmalverträgliche Energieversorgung im Vordergrund.

Das vorliegende Buch verschafft in diesem Zusammenhang einen Einblick in die wesentlichen Aspekte für die Beurteilung von energetischen Maßnahmen am Baudenkmal. Den Rahmen bildet die Nachhaltigkeitsstrategie, die im ersten Kapitel erläutert wird. Im dritten Kapitel folgt eine Einführung in die denkmalpflegerischen Gesichtspunkte. Sie bilden den wesentlichen Aspekt des soziokulturellen Bereichs und begründen die besondere Stellung des Baudenkmals im Gebäudebestand. Einen zentralen Bestandteil des Buchs stellt die Beschreibung der aktuelle Energieeinsparverordnung im vierten Kapitel dar. Darauf folgt die baukonstruktive Beschreibung des vorhandenen Bestandes für die baukonstruktive Analyse mit Hilfe von Baualtersklassen, bevor dann getrennt für Gebäudehülle und Gebäudetechnik verschiedene Maßnahmen vorgestellt werden. Im Weiteren folgen verschiedene Methoden zur Beurteilung der Wirtschaftlichkeit. Den Abschluss bilden erweiterte ökologische Kenngrößen, die derzeit noch nicht zum Standard der aktuellen Planungsmethodik zählen, aber in den Zertifizierungsverfahren zunehmend an Bedeutung gewinnen.

2 Nachhaltigkeit

2.1 Einführung

Der Begriff „Nachhaltigkeit" stammt aus der Forstwirtschaft und wurde im 18. Jahrhundert von Hans Carl von Carlowitz eingeführt. Die Bezeichnung beschreibt die Bewirtschaftungsweise, bei der nur so viel Holz entnommen werden darf, wie in einem gleichen Zeitraum nachwachsen kann. Dieses Prinzip blieb über 200 Jahre auf den Bereich der Forst- und Fischereiwirtschaft beschränkt. Erst in den 1970er Jahren fand der Begriff Nachhaltigkeit weitere Verbreitung – beispielsweise bei der UNO-Konferenz in Stockholm im Jahr 1972. Inzwischen bildet dieser Ansatz ein gesamtgesellschaftliches Anliegen, bei dem es sich um die Sicherstellung und Verbesserung der ökologischen, ökonomischen und sozialen Leistungsfähigkeit für Nachfolgegenerationen handelt. Darin schließt man den Erhalt und den effizienten Umgang mit den natürlichen und gesellschaftlichen Ressourcen ein. Somit lässt sich das heutige Verständnis für Nachhaltigkeit mit dem Drei-Säulen-Modell darstellen.

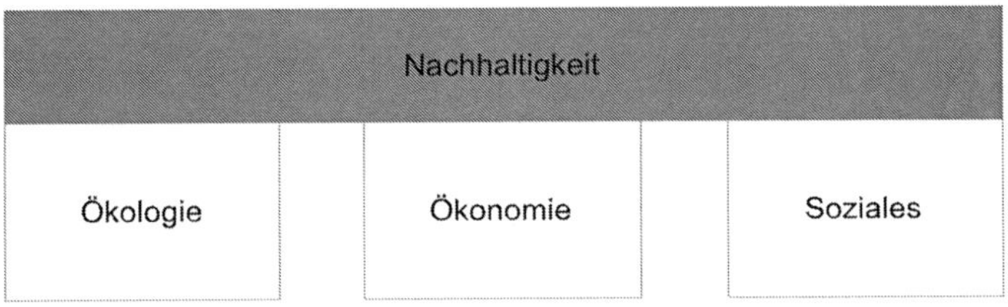

Nachhaltigkeit

| Ökologie | Ökonomie | Soziales |

Bild 2-1 Die 3 Säulen der Nachhaltigkeit

Unter der ökologischen Nachhaltigkeit versteht man eine Lebensweise, die die natürlichen Lebensgrundlagen nur in dem Maße beansprucht, wie diese sich selbst wieder regenerieren können. Aus ökonomischer Sicht soll eine Gesellschaft wirtschaftlich nicht über ihre Verhältnisse leben, so dass für Nachfolgegenerationen keine unzumutbaren Belastungen entstehen. Die soziale Nachhaltigkeit beinhaltet eine Vielzahl von gesellschaftlichen und kulturellen Aspekten. So soll im Sinne der Generationengerechtigkeit ein intaktes soziales System übergeben werden. Dies schließt auch den Erhalt und die Weitergabe von kulturellen Ressourcen ein. Die drei Säulen besitzen untereinander eine Wechselwirkung und sollen langfristig im Gleichgewicht stehen.

Da die Baubranche einen maßgeblichen Anteil an anthropogenen Umweltbeeinträchtigungen hat und für einen Großteil der erzeugten Stoffströme verantwortlich ist, erlangt das Thema Nachhaltigkeit auch für das Bauen eine immer größere Bedeutung. Das führte in der jüngeren

Vergangenheit zu einer Reihe von Maßnahmen und Initiativen im Bauwesen. Als wichtigen Punkt kann man in diesem Zusammenhang die Entwicklung von verschiedenen nationalen und internationalen Zertifizierungssystemen für die Bewertung der Nachhaltigkeit von Gebäuden nennen. Dabei nehmen folgende Verfahren eine Vorreiterrolle ein: LEED (Leadership in Environmental & Energy Design) vom U.S. Green Building Council, BREEAM (BRE Environmental Assessment Method) von BRE Global und das Deutsche Gütesiegel für Nachhaltiges Bauen der DGNB (Deutsche Gesellschaft für Nachhaltiges Bauen). Die Bewertungssysteme befinden sich jedoch in ständiger Weiterentwicklung – insbesondere für eine Bewertung von Baudenkmalen besitzen sie noch große Schwächen.

Bild 2-2 Logos der wichtigsten Zertifizierungssysteme

Angelehnt an das System der DGNB hat das Bundesministerium für Verkehr, Bau und Stadtentwicklung (BMVBS) einen eigenen Kriterienkatalog zur Bewertung von Nachhaltigkeitsaspekten für Bundesgebäude im Jahr 2010 veröffentlicht. Deses System der Bewertung für „Nachhaltiges Bauen für Bundesgebäude" (BNB) wird durch den Leitfaden „Nachhaltiges Bauen" umgesetzt. Das System soll in Zukunft die nachhaltige Planung von Bundesbauten verbindlich vorschreiben und anderen Bauherrn als Vorbild dienen.

2.2 Nachhaltigkeit im Bauwesen

Grundsätzlich bilden auch im Bereich der Bauwirtschaft die drei Säulen der Nachhaltigkeitsstrategie die Ausgangsbasis: Ökologie, Ökonomie und Soziokultur. Zudem kommen häufig noch weitere Faktoren, wie technische, konstruktive oder auch Standortqualitäten, hinzu. Nur durch ein gleichwertiges Zusammenwirken aller Aspekte kann Nachhaltigkeit gewährleistet werden.

Da in den Bereich Bauen große Teile der gesellschaftlich erzeugten Stoffströme und Umweltbelastungen fallen, besitzt die Ökologie eine wichtige Bedeutung im Rahmen der Nachhaltigkeit. Ein zukunftsverantwortliches Handeln verlangt einen ökologischen Umgang mit Baustoffen. Dabei ist das Verhalten von einzelnen Baustoffen oder komplexen Gebäuden über den gesamten Lebenszyklus von besonderer Bedeutung. Dementsprechend sollten schon in der Planung von Bauwerken die Herstellung, die Nutzung und der Abbruch eine Berücksichtigung finden. Dazu gehören auch die Gewinnung und der Transport von Baustoffen. Durch die vergleichsweise lange Lebenserwartung im Bauwesen treten die Wirkungen oftmals mit einer Verzögerung von 50 bis 100 Jahren ein. Schon jetzt nehmen am gesamten Abfallaufkommen die anfallenden Baureststoffe rund 60 % der Gesamtmasse und 80 % des Gesamtvolumens ein. Eine übergeordnete Rolle innerhalb der Ökologie spielt derzeit das Kriterium der Energie, so dass dieses Thema in der gesamten Publikation einen erhöhten Stellenwert erhält. Dabei unterscheidet man grundsätzlich zwischen dem Primärenergieverbrauch von erneuerbaren und nicht erneuerbaren Energieträgern. Zu weiteren ökologischen Aspekten zählen der Beitrag zum Treibhauseffekt, die Emission von ozonschichtzerstörenden Gasen, die Emission von Luftschadstoffen, die zur bodennahen Ozonbildung und damit zu Sommersmog führen, versauernd wirkende Luftschadstoffe und die Nährstoffanreicherung in Gewässern durch Überdüngung. Des Weiteren gehören der Frischwasserverbrauch und die Flächeninanspruchnahme zu den ökologischen Kriterien.

Ein weiterer elementarer Gesichtspunkt im Rahmen des nachhaltigen Bauens stellt die Ökonomie dar. Dabei sind die heutigen Bedürfnisse der Menschheit so zu erfüllen, dass nachfolgende Generationen ein ökonomisch intaktes System übergeben bekommen. Dieser Aspekt besitzt eine volkswirtschaftliche und betriebswirtschaftliche Dimension. Im Rahmen des Buches steht die betriebswirtschaftliche Ebene im Vordergrund, da der Großteil der Entscheidungen im Baubereich nach einzelwirtschaftlichen Kriterien erfolgt. Für die betriebswirtschaftliche Analyse bieten die statische und dynamische Investitionstheorie mehrere Verfahren für die Beurteilung von energetischen Maßnahmen. Die praktische Anwendung im Bereich der Baudenkmale ist von einer komplexen Akteurs- und Analysestruktur gekennzeichnet. Das heißt, dass die Beurteilung der Wirtschaftlichkeit stark vom Akteursstandpunkt beziehungsweise von verwendeten Berechnungsverfahren abhängt. Bei allen Methoden sollte der gesamte Lebenszyklus eines Gebäudes berücksichtigt werden. In der folgenden Grafik erkennt man dazu die Verteilung der Kosten auf die einzelnen Lebenszyklusphasen eines Gebäudes.

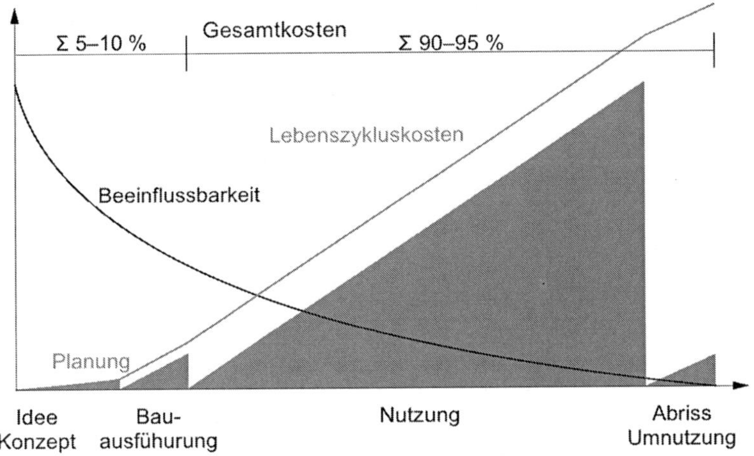

Bild 2-3 Durchschnittliche Kostenverteilung für den Lebenszyklus eines Gebäudes

Die Grafik zeigt, dass der überwiegende Teil der Gebäudekosten in der Nutzungsphase anfällt. Als Konsequenz kann sich die Reduzierung von Betriebs- und Nutzungskosten unter Inkaufnahme erhöhter Herstellungs- oder Sanierungskosten als wirtschaftlich nachhaltig erweisen.

Die dritte Säule der Nachhaltigkeit umfasst die soziokulturellen Aspekte. Da Gebäude eng mit der Kultur und Gesellschaft des Menschen verknüpft sind, besitzen sie eine wichtige soziale Funktion. Zu den übergeordneten Gesichtspunkten zählen der Schutz der menschlichen Gesundheit, die Steigerung des Wohlbefindens, der Erhalt und die Weiterentwicklung der Sozialressourcen beziehungsweise die Sicherstellung ihres Zugangs.

In diesen Bereich fällt auch die Erhaltung und Entwicklung von Kultur und kultureller Vielfalt. Dabei haben Baudenkmale als Träger von technischem und gesellschaftlichem Wissen eine besondere Bedeutung. Sie stellen eine wichtige kulturelle Ressource dar, die man im Sinne des nachhaltigen Bauens langfristig erhalten sollte. Da die besondere Stellung von Baudenkmalen auf ihren Denkmalwerten beruht, sollten diese auch im Rahmen der nachhaltigen Bewertung von energetischen Maßnahmen eine übergeordnete Rolle einnehmen.

Bild 2-4 Kennzeichen für denkmalgeschützte Gebäude

In der praktischen Bewertung haben sich neben den klassischen Säulen des nachhaltigen Bauens noch weitere Bereiche etabliert. Teilweise handelt es sich hierbei um neue Aspekte oder um Teilgebiete aus einem der drei Hauptgebiete, die differenziert betrachtet werden. In erster Linie sei hier die technische beziehungsweise konstruktive Qualität zu nennen. Beispielweise haben die bauphysikalischen Auswirkungen einer Sanierungsmaßnahme eine entscheidende Bedeutung für die Gesamtbewertung. So können Veränderungen beim Feuchte- und Wärmetransport das Risiko von späteren Bauschäden reduzieren, aber auch erhöhen.

Eine weitere Kriteriengruppe bei einer differenzierten Bewertung der Nachhaltigkeit bilden die Standortfaktoren. Entscheidenden Einfluss hat der Planer hier meist nur beim Neubau. Im Bestand ergeben sich jedoch durch die Wechselwirkung zum Standort indirekte Auswirkungen. Beispielsweise hat sich gezeigt, dass sich durch den Erhalt von verdichteten Stadtstrukturen positive ökologische und ökonomische Effekte erzielen lassen.

2.3 Zertifizierungssysteme

Im Zuge der fortschreitenden Nachhaltigkeitsentwicklungen im Baubereich entwickelten sich mehrere Zertifizierungssysteme. Die größte Verbreitung besitzen derzeit das LEED-System aus den USA sowie das BREEAM-System aus Großbritannien und aus Deutschland das DGNB-Zertifikat. Auf der Weltkarte erkennt man den Ursprung und das vorrangige Anwendungsgebiet der einzelnen Zertifikate. Inzwischen konkurrieren insbesondere in Gebieten mit erhöhter Bautätigkeit die verschiedenen Systeme miteinander.

Bild 2-5 Internationale Zertifizierungssysteme im Überblick

Da die nähere Betrachtung der einzelnen Zertifikate einen guten Einblick in die Aspekte des nachhaltigen Bauens verschafft, folgt im Weiteren eine vertiefte Erläuterung.

2.3.1 LEED – Leadership in Environmental & Energy Design

Beim LEED-Zertifikat handelt es sich international um das am weitesten verbreitete Zertifizierungssystem. Es wurde 1998 vom USGBC (US Green Building Council) entwickelt und seitdem international für die Bewertung von verschiedenen Bauaufgaben eingesetzt. Dafür existieren unterschiedliche Varianten mit unterschiedlichen Bewertungsaspekten für einen Neubau, bestehende Gebäude sowie in Abhängigkeit vom Ausbaustandard. Das System befindet sich in ständiger Weiterentwicklung und mittlerweile in der dritten Version.

Für denkmalgeschützte Gebäude kommt entweder das Rating System für bestehende Gebäude oder das Vorgehen für größere Sanierungen, welches an den Neubau anlehnt, in Frage. Die folgenden Ausführungen konzentrieren sich auf den Fall einer umfassenden energetischen Sanierung, da sich das alternative Verfahren für bestehende Gebäude in erster Linie auf eine Bestandsbewertung konzentriert und den Gebäudebetrieb optimieren soll.

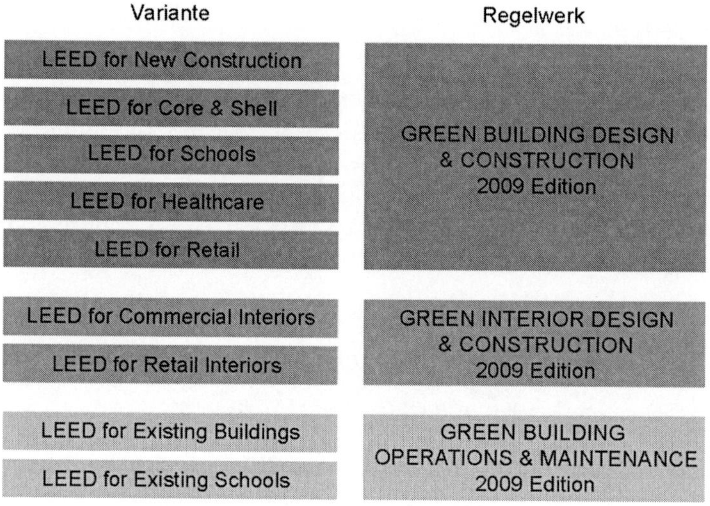

Variante   **Regelwerk**

| LEED for New Construction |
| LEED for Core & Shell |
| LEED for Schools |
| LEED for Healthcare |
| LEED for Retail |

GREEN BUILDING DESIGN
& CONSTRUCTION
2009 Edition

| LEED for Commercial Interiors |
| LEED for Retail Interiors |

GREEN INTERIOR DESIGN
& CONSTRUCTION
2009 Edition

| LEED for Existing Buildings |
| LEED for Existing Schools |

GREEN BUILDING
OPERATIONS & MAINTENANCE
2009 Edition

Bild 2-6 Verschiedene Varianten der LEED-Zertifizierung

Die LEED-Zertifizierung basiert auf einem Punktesystem, das derzeit sieben verschiedene
Kategorien aufweist. Insgesamt werden für alle Untergruppen 100 Punkte und zusätzlich zehn
Bonuspunkte für regionale Schwerpunkte und Innovationen vergeben. Des Weiteren müssen
sogenannte Prerequisites als Voraussetzungen zwingend eingehalten werden. Am Schluss kann
man je nach erzielter Punktzahl folgende Zertifizierungsgrade erreichen:

- Platin bei 80 oder mehr Punkten

- Gold bei 60–79 Punkten

- Silber bei 50–69 Punkten

- Zertifiziert bei 40–49 Punkten

Für größere Sanierungen lassen sich die benötigten Punkte in folgenden Kategorien gewinnen:

- Sustainable Sites (Standort und Außenraum)

- Water Efficiency (Wasserbedarf in der Nutzung)

- Energy & Atmosphere (Energiebedarf in der Nutzung)

- Materials & Resources (Baumaterialien)

- Indoor Environmental Quality (Komfort und Behaglichkeit)

- Innovation in Design (Besonderheiten)

- Regional Priority (Regionale Schwerpunkte für USA)

Die erste Kategorie „Sustainable Sites" befasst sich mit dem Standort und den Wechselwirkungen des Gebäudes mit dem Außenraum. Dazu zählt ein nachhaltiger Managementplan für
freie und versiegelte Flächen. Vorteilhaft wirken sich die Reduktion von versiegelten Flächen
sowie eine einfache Reinigung und Instandhaltung des Außenraums aus. Einen weiteren wichtigen Einfluss besitzt die Verkehrsanbindung des Gebäudes. Die Nähe zu öffentlichen Verkehrsmitteln und zu Wohngebieten mit öffentlichen Einrichtungen werden positiv bewertet.
Beispielsweise erreicht man 6 Punkte durch eine Straßenbahn- oder U-Bahn-Haltestelle, die

sich innerhalb von 800 m Entfernung befindet. Neben den genannten Kriterien gehören auch Wärmeinseleffekte und Lichtverschmutzung zum Bereich „Sustainable Sites".

Die zweite Kategorie „Water Efficiency" behandelt die Maßnahmen zur Wassereinsparung. Dies beinhaltet sowohl die Wasserversorgung des Gebäudes als auch der Außenanlagen und Bepflanzung. Für den Sanitärbereich gelten die Vorgaben des Uniform Plumbing Codes (UPC) oder des International Plumbing Codes (IPC) für die Begrenzung der Abwassermengen. Die Grenzwerte können zum Beispiel für WCs durch Regen- oder Grauwassernutzung oder durch Dualspülung in Kombination mit Trockenurinalen deutlich gesenkt werden.

Tabelle 2.1 Vergleich und Vorgaben für Spülmengen aus dem Sanitärbereich

Sanitäranlage	Vor 1992	Energy Policy Act of 1992 (EPA 1992)	Current Plumbing Codes (UPC/IPC 2005)
Toilette	4–7 gpf	1,6 gpf	1,6 gpf
Urinal	3,5–5 gpf	1,0 gpf	1,0 gpf
Wasserhahn	5–7 gpm	2,5 gpm	0,5 gpm
Dusche	4,5–8 gpm	2,5 gpm	2,5 gpm

Im Außenbereich erweisen sich heimische Pflanzen beziehungsweise Bepflanzungen mit niedrigem Wasserbedarf und effiziente Bewässerungssysteme als günstig.

Die umfassendste Kategorie „Energy & Atmosphere" beschäftigt sich mit der Effizienz und Überwachung von Heiz- sowie Kühlsystemen, Beleuchtung und anderer Ausstattungen und dem Einsatz von erneuerbaren Energien. Hier lassen sich etwa 1/4 der Gesamtpunktzahl erreichen. Als Mindestvoraussetzungen muss eine überwachte Inbetriebnahme der Gebäudetechnik erfolgen, gewisse Mindestenergiestandards müssen eingehalten und die Reduktion von ozonschädigenden Gasen in den Lüftungs- und Klimaanlagen angestrebt werden. Innerhalb der gesamten Kategorie besitzt die Energieeffizienz die größte Bedeutung. Die Berechnung erfolgt nach dem ASHRAE Standard 90.1-2007 mittels thermischer Simulationsprogramme wie DOE-2, BLAST, EnergyPlus oder vergleichbaren. Die erreichbaren Wertungspunkte sind in der folgenden Tabelle dargestellt.

Für eine möglichst hohe Punktzahl sollte das Gebäude gegenüber dem vorgegebenen ASHRAE Standard deutliche Einsparungen erzielen. Dabei dürfen Sanierungsbauten im Vergleich zu Neubauten eine 4 % geringere Einsparung für eine gleich hohe Punktzahl aufweisen. Die Maximalpunktzahl von 19 Punkten erreichen Bestandssanierungen bei einer Einsparung von 44 % gegenüber den Vorgaben der ASHRAE

Im Falle einer Reduktion um 13 % durch den Einsatz von erneuerbaren Energien, wie Solarthermie, Photovoltaik oder Geothermie, lassen sich weitere sieben Punkte erreichen. Deckt man zusätzlich 35 % des gesamten jährlichen Stromverbrauchs mit erneuerbarem Strom, so wird man darüber hinaus mit zwei Punkten belohnt. Mit einer Reduktion von ozonschädigenden Gasen über die Mindestanforderungen kann man weitere Punkte sammeln. Ebenfalls wirken sich die Überwachung, die Kontrolle und die Installation von Messsensoren im Bereich der Gebäudetechnik positiv auf die Bewertung aus.

Tabelle 2.2 Erreichbare Punktzahl in Abhängigkeit von der Unterschreitung zu den Vorgaben der ASHRAE

Neubau	Sanierung	Punktzahl
12 %	8 %	1
14 %	10 %	2
16 %	12 %	3
18 %	14 %	4
20 %	16 %	5
22 %	18 %	6
24 %	20 %	7
26 %	22 %	8
28 %	24 %	9
30 %	26 %	10
32 %	28 %	11
34 %	30 %	12
36 %	32 %	13
38 %	34 %	14
40 %	36 %	15
42 %	38 %	16
44 %	40 %	17
46 %	42 %	18
48 %	44 %	19

Der Unterpunkt „Materials & Resources" behandelt das Recycling, die Wiederverwendung und den ressourcenschonenden Materialeinsatz. Als Grundvorausetzung müssen auf der Baustelle geeignete Strukturen zum Trennen und Sammeln von Bauabfällen existieren. Pluspunkte lassen sich durch die Verlängerung des Lebenszyklusses infolge von Instandsetzungen und Wiederverwendung der Tragstruktur und Gebäudehülle sammeln. Auch das weitere Nutzen von mindestens 50 % der Gebäudeausstattung wird durch einen Punkt belohnt. Die Vorausetzung für eine möglichst hohe Recyclingquote stellt ein geeignetes Müllmanagement dar, mit dem man bei einem Recyclinganteil von 75 % die Maximalpunktzahl in der entsprechenden Rubrik erreicht. Auch die Wiederverwendung bereits genutzter Materialien wirkt sich positiv aus. Beim Einsatz neuer Materialien sollte man auf eine gute Recyclebarkeit achten, um künftige Baurestmassen zu reduzieren. Weiterhin sollten bei der Materialwahl schnell nachwachsende Rohstoffe, regionale Baustoffe sowie zertifizierte Holzsorten den Vorzug erhalten.

Die Rubrik „Indoor Environmental Quality" widmet sich der Luftqualität und dem Komfort im Gebäude. Das Rauchverbot im Gebäude und in der unmittelbaren Umgebung gilt mit Ausnahme von speziell ausgestatteten Raucherzonen als Voraussetzungskriterium. Zudem müssen die jeweiligen Mindestanforderungen für natürliche oder mechanische Lüftung des aktuellen ASHRAE-Standards eingehalten werden. Um den Komfort und das Wohlbefinden der Nutzer zu erhöhen, sollte ein Monitoringsystem starke Veränderungen im Volumenstrom und den

CO_2-Gehalt detektieren. Eine zusätzliche Innenbelüftung über die ASHRAE Mindestanforderungen hinaus werden mit einem Zusatzpunkt belohnt. Eine Planung zur Sicherstellung der Luftqualität während der Bauphase und vor der Inbezugnahme des Gebäudes steigert ebenfalls die Punktzahl. Des Weiteren findet man in dieser Kategorie Grenzwerte für die Schadstoffemissionen der verwendeten Materialien. Neben den Kriterien der Raumluftqualität bestehen auch Anforderungen zur thermischen Behaglichkeit, die man mit den Regelungen der DIN EN 7730 vergleichen kann. Die Kategorie schließt mit den Vorgaben zur Tageslichtbeleuchtung und zum Außenraumbezug ab.

Im Unterpunkt „Innovation in Design" lassen sich zusätzliche Punkte durch die Umsetzung neuer Technologien oder durch die Übererfüllung voran genannter Kategorien erreichen. So wird ein zusätzlicher Punkt durch Verdopplung der Vorraussetzungen erlangt. Bei einer mehrstufigen prozentualen Bewertung lassen sich die Innovationspunkte erreichen, indem man bei einer vorgegebenen Abstufung von 10 % und 20 % die Zielgröße um 30 % unterschreitet.

Den Abschluss der Bewertungsmethodik bildet die Kategorie „Regional Priority". Da diese Punkte nur für die USA definiert sind, lassen sich für internationale Projekte keine der sechs erreichbaren Punkte erwerben. Nach derzeitigem Stand soll die Rubrik auch in der Zukunft nicht für Projekte außerhalb der USA erweitert werden.

Im Fazit lässt sich festhalten, dass das LEED-Zertifikat einen internationalen Maßstab setzt. Da es eine weltweite Vergleichbarkeit von Gebäuden ermöglicht, eignet es sich vorrangig für international agierende Unternehmen. Die Aspekte des Denkmalschutzes werden in diesem Zertifikat ungenügend behandelt. Für diesen Bereich besitzt diese Zertifizierungsmethode einen großen Nachholbedarf.

2.3.2 BREEAM – BRE's Environmental Assessment Method

Das britische BREEAM-System wurde in den 1980er Jahren und damit noch vor der LEED-Zertifizierung entwickelt. Wie beim LEED gibt es je nach Gebäudetyp verschiedene Varianten für die Bewertung.

Tabelle 2.3 Unterschiedliche Varianten des BREEAM-Zertifikates

Assessment categories	Zertifizierungskategorien
breeam: bespoke	breeam: Maßgeschneidert
breeam: courts	breeam: Gerichte
breeam: ecohomes	breeam: Wohngebäude
breeam: ecohomesXB	breeam: Wohngebäudebestand
breeam: industrial	breeam: Industrie
breeam: multiresidential	breeam: Kommunale Wohngebäude
breeam: prisons	breeam: Gefängnisse
breeam: offices	breeam: Bürogebäude
breeam: retail	breeam: Einzelhandel
breeam: schools	breeam: Schulen
breeam: international	breeam: International

Vom Grundsatz ähneln sich beide Systeme und bauen aufeinander auf. Im Jahre 2008 erfolgten einige grundlegende Erneuerungen: eine Ausweitung auf den gesamten Lebenszyklus, eine veränderte Gewichtung und die Einführung von Mindestkriterien.

Der überwiegende Teil der Varianten richtet sich an das Mutterland Großbritannien. Jedoch stehen für internationale Projekte regionale Anpassungsversionen zur Verfügung. Diese Möglichkeit existiert derzeit für Europa und die Golfregion. Hier kann man auf nationale Normen zurückgreifen.

Im BREEAM-System existieren in der Abhängigkeit vom erzielten Endergebnis folgende Ratingstufen:

- Outstanding bei ≥ 85 %
- Excellent bei ≥ 70 %
- Very Good bei ≥ 55 %
- Good bei ≥ 45 %
- Pass bei ≥ 30 %

Im Detail beinhaltet die Bewertung der Nachhaltigkeit die Ergebnisse aus verschiedenen Unterkategorien. Dazu gehören:

- Management (Planungs- und Bauablauf)
- Health & Wellbeing (Gesundheit und Behaglichkeit)
- Energy (Energiebedarf in der Nutzung)
- Transport (Verkehrsinfrastruktur)
- Water (Wasserbedarf in der Nutzung)
- Materials (Baumaterialien)
- Waste (Abfälle)
- Land Use and Ecology (Landnutzung)
- Pollution (Schademission in der Nutzung)

Ähnlich wie bei LEED lassen sich zusätzlich zu den genannten Kategorien Innovationspunkte sammeln und es gelten in Abhängigkeit der gewünschten zu erreichenden Zertifizierungsstufe definierte Mindestvoraussetzungen. Mit steigender Zertifizierungsstufe wächst die Anzahl der Kriterien, bei denen man eine minimale Punktzahl erreichen muss.

Im Unterschied zum US-amerikanischen System erfolgt aber eine festgelegte Gewichtung der einzelnen Kriterien. Die erreichte Punktzahl aus einem Bereich fließt nur mit einem vorher definierten prozentualen Anteil in die Gesamtpunktzahl ein.

Dabei unterscheidet man bei der Zertifizierung zwischen Neubau, Generalsanierung und Erweiterung auf der einen Seite und auf der anderen Seite in Ausstattung und Nachrüstung. Für diese zwei Möglichkeiten gelten geringfügig veränderte Gewichtungsfaktoren für die Berechnung der Gesamtpunktzahl. Insbesondere entfällt bei der Ausstattung und Nachrüstung von Gebäuden der Punkt „Landnutzung", so dass sich die Gewichtung der restlichen Faktoren gleichmäßig erhöht.

In der folgenden Tabelle erkennt man anhand eines Beispiels, wie sich aus den Teilergebnissen für die einzelnen Kriteriengruppen das Endresultat zusammensetzt.

Tabelle 2.4 Beispiel für Berechnung eines Ratingergebnisses nach BREEAM

BREEAM Section	Credits Achieved	Credits Availlable	Credits Achieved in %	Section Weighting	Section score
Management	7	10	70 %	0,12	8,40 %
Health & Wellbeing	11	14	79 %	0,15	11,79 %
Energy	10	21	48 %	0,19	9,05 %
Transport	5	10	50 %	0,08	4,00 %
Water	4	6	67 %	0,06	4,00 %
Materials	6	12	50 %	0,125	6,25 %
Waste	3	7	43 %	0,075	3,21 %
Land Use & Ecology	4	10	40 %	0,10	4,00 %
Pollution	5	12	42 %	0,10	4,17 %
Innovation	1	10	10 %	0,10	1,00 %
Final BREEAM score				55,87 %	
BREEAM Rating				VERY GOOD	
Minimum Standards for BREEAM „Very Good" rating				Achieved	
Man 1 – Commissioning				X	
Hea 4 – High frequency lighting				X	
Hea 12 – Microbial contamination				X	
Ene 2 – Sub-metering of substantial energy uses				X	
Wat 1 – Water consumption				X	
Wat 2 – Water meter				X	
LE 4 – Mitigating ecological impact				X	

Zur ersten Kategorie „Management" zählen Aspekte zum Planungs- und Bauablauf. Als Mindestvoraussetzung muss ein Teilnehmer des Planungsteams für ein umfassendes, projektbezogenes Qualitätsmanagement über die gesamte Planungs- und Realisierungsphase ernannt werden, der die Verantwortung für Inbetriebnahmen und Abnahmen trägt. Pluspunkte lassen sich in dieser Kategorie sammeln, wenn die ausführenden Bauunternehmen die Vorgaben des Considerate Constructors Scheme (CCS) oder ähnliche Anforderungen erfüllen. Das CCS ist ein britisches Zertifizierungssystem zur Qualifizierung von Bauunternehmen für eine möglichst umweltfreundliche und sichere Bauausführung. Zudem wird ein umweltgerechter Baustellenbetrieb im Hinblick auf die Nutzung von Ressourcen, Energieverbrauch und Verschmutzung positiv angerechnet. Eine Dokumentation über die Funktionsweise des Gebäudes, die sich an nicht technisches Personal richtet, erhöht ebenfalls die Punktzahl. Darüber hinaus existieren selektive Kriterien, die nur für bestimmte Gebäudetypen in Frage kommen. Dazu zählen unter anderem die Involvierung von wichtigen Entscheidungsträgern, die Förderung von öffentlichen Nutzungen, Sicherheitsaspekte und eine Lebenszyklusanalyse der Kosten.

Die zweite Kategorie „Health & Wellbeing" beschäftigt sich mit Gesundheit, Komfort und Behaglichkeit im Gebäudeinneren. Als Mindestanforderungen muss man eine flimmernde Beleuchtung durch hochfrequente Leuchtmittel vermeiden und ein gesundheitsschädliches Legionellenwachstum im Trinkwasser verhindern. In der ersten Wertungsrubrik kann man Pluspunkte durch eine ausreichende Tageslichtbeleuchtung gewinnen. Auch ein gesicherter Außenraumbezug durch eine direkte Sicht in die Umgebung wirkt sich günstig auf die Zertifizierung aus, weil er eine Überanstrengung der Augen verhindert und der Monotonie von geschlossenen Räumen vorbeugt. Gleichzeitig dürfen die Nutzer jedoch nicht von dem direkten Sonnenlicht geblendet werden. Hält man darüber hinaus die Planungsvorgaben der Chartered Institution of Building Services Engineers (CIBSE) für interne und externe Beleuchtungsstärken ein, erreicht man einen weiteren Kreditpunkt. Die Chartered Institution of Building Services Engineers (CIBSE) ist ein britischer Ingenieurverband, der sich mit Gebäudetechnik beschäftigt. Einen Schwerpunkt bildet die Licht- und Beleuchtungstechnik. Die Einteilung in separat steuerbare Beleuchtungszonen wird positiv angerechnet. Nach den Fragen zu der Beleuchtung folgen die Aspekte zu Luftqualität und Belüftung. Bei natürlicher Belüftung von Aufenthaltsräumen lässt sich ein Pluspunkt gewinnen. Dafür sollten die öffenbaren Fensterflächen mindestens 5 % der Raumfläche betragen oder über eine Lüftungssimulation ausreichende Bedingungen nachgewiesen werden. Allgemein gilt es, die Luftqualität innerhalb der Räume durch vorgeschriebene Abstände von Lufteintritten und -austritten sicherzustellen. Ein Extrapunkt beschäftigt sich mit Emissionen von flüchtigen organischen Verbindungen wie Formaldehyd. Danach folgen die Vorgaben zur thermischen Behaglichkeit und zur Einteilung in getrennt regelbare thermische Zonen. Die Sektion schließt mit dem Thema Akustik und weiteren spezifischen Bewertungskriterien ab, die aber nicht für jeden Gebäudetyp gelten.

Die Kategorie „Energy" besitzt den größten Gewichtungsfaktor in der BREEAM-Zertifizierung und umfasst neun Unterpunkte. Im ersten Kriterium für die Reduktion von Kohlendioxid-Emissionen lassen sich bereits 15 der 21 Kreditpunkte erreichen, wenn man im Sanierungsfall den maximalen Grenzwert des EPC Ratings unterschreitet. Das Energy Performance Certificate entspricht dem deutschen Energieausweis und setzt in Großbritannien die EU-Richtlinie 2002/91/EG um. Bis zu zwei Zusatzpunkte können bei einer Unterschreitung der Vorgaben des EPC durch ein Nullemissionsgebäude erzielt werden. Unabhängig davon erhält man bis zu einer Maximalzahl von 15 Kreditpunkten zwei Bonuspunkte bei einer Beteiligung eines Denkmalpflegers für historisch geschützte Gebäude. Dabei muss in einem Gutachten für die meisten Bauteile zwischen dem Erhalt der Bausubstanz und der Energieeinsparung abgewogen werden. Wenn keine signifikanten Verbesserungen möglich sind, sollten die Gründe dafür aufgeschlüsselt werden. Durch die Installation von Unterzählern für das Monitoring, getrennt nach Energiesystemen, lassen sich weitere Bonuspunkte erreichen. Auch der Einsatz von einer energieeffizienten Beleuchtung der Außenanlagen steigert das Bewertungsergebnis. Deckt man allgemein einen Großteil des Energiebedarfs durch erneuerbare Energieträger, erhält man zusätzliche Kreditpunkte, weil diese Maßnahme zur Reduktion von Kohlendioxid-Emissionen beiträgt. Die Kategorie setzt sich noch mit weiteren Kriterien fort, die aber nicht für jeden Gebäudetyp gelten. Dazu gehören unter anderem die Energieeffizienz bei der Beförderungstechnik, bei der Kühltechnik, bei technischen Geräten und die Luftdichtigkeit des Gebäudes.

Die nächste Kategorie „Transport" beschäftigt sich mit der Anbindung des Gebäudes an Verkehrsmittel und an die öffentliche Infrastruktur. Als Erstes kann man abhängig von der Entfernung zur nächsten öffentlichen Verkehrsanbindung, vom jeweiligen Verkehrsmittel und von der Haltefrequenz mehrere Kreditpunkte gewinnen. Neben der Verkehrsanbindung spielt auch die Nähe zu Briefkästen, Geldautomaten oder Lebensmittelgeschäften eine Rolle bei der Bewertung. Da der Individualverkehr mit dem Fahrrad oder zu Fuß als besonders umweltfreundlich gilt, bestehen dafür separate Unterpunkte in der Zertifizierung. Indem man Parkplätze beschränkt, sollen die Nutzer auf alternative Verkehrsmittel umsteigen und so zu einer Umweltentlastung beitragen. Bei einigen Gebäudetypen wie Krankenhäusern sollte zusätzlich ein Informationssystem mit den aktuellen Abfahrtszeiten und Routen von öffentlichen Verkehrsmitteln eingerichtet werden.

Die Zertifizierung setzt sich mit der Kategorie „Water" fort, die den Wasserverbrauch während der Nutzung des Gebäudes behandelt. Um Wasser zu sparen und die ersten Kreditpunkte zu erzielen, sollte man die effektiven Spülmengen und die Strömungsgeschwindigkeiten bei Toiletten, Duschen und Waschbecken begrenzen. Ein Kalkulationstool hilft bei der Berechnung. Mit Hilfe des BREEAM Water Calculation Tools lässt sich der Wasserbedarf für die Sanitäranlagen eines Gebäudes pro Person in Kubikmeter pro Jahr für die Bewertung ermitteln.

Tabelle 2.5 Punktevergabe bei Begrenzung der Müllmenge

	Wasserverbrauch
BREEAM credits	m³ pro Person pro Jahr
1 credits	4,5–5,5
2 credits	1,5–4,4
3 credits	< 1,5

Überwacht man den Wasserverbrauch durch ein Messsystem, gewinnt man einen weiteren Zusatzpunkt. Da unentdeckte Rohrbrüche große Verluste verursachen, lässt sich durch ein entsprechendes Kontrollsystem ein Bonuspunkt erlangen. Gegen kleinere Leckagen erweisen sich Sicherheitsventile, die einzelne Sanitärbereiche abtrennen, als vorteilhaft und erbringen ebenfalls einen Kreditpunkt.

In der BREEAM-Bewertung folgt die Kategorie „Materials" als Nächstes. Im ersten Unterpunkt kann man über ein Kalkulationstool die Umweltverträglichkeit der eingesetzten Baustoffe über ihren Lebenszyklus bestimmen. Mit den aufsummierten Einzelbewertungen der wichtigsten Bauteile lassen sich anschließend die erreichten Kreditpunkte berechnen. Erfüllen die verwendeten Materialen im Außenbereich des Gebäudes auch die ökologischen Anforderungen, so erhält man einen weiteren Pluspunkt. Auch bei BREEAM wird die Wiederverwendung von Materialen belohnt. Das gilt sowohl für die Fassade als auch für die Tragstruktur des Gebäudes. Darüber hinaus besitzt eine verantwortungsvolle und nachhaltige Beschaffung von Baustoffen für Hauptbauelemente eine besondere Bedeutung, mit der sich bis zu drei Kreditpunkte erreichen lassen.

Für die Bewertung Wärmedämmung kommt ein spezielles Verfahren zum Einsatz, dass das ökologische Rating ins Verhältnis zur Wärmeleitfähigkeit setzt. Der sogenannte „Insulation Index" dient als Maß der thermischen und ökologischen Leistungsfähigkeit einer Wärmedämmung für die Vergabe von Kreditpunkten. Neben der Wärmeleitfähigkeit des Materials fließt, wie in Gleichung 2.1 zu erkennen, das Green Guide Rating in den Index ein.

Die entsprechenden aktuellen Kennwerte für Wärmedämmmaterialien lassen sich auf http://www.thegreenguide.org.uk finden.

$$\text{Insulation Index} = \frac{\sum V_i \big/ \lambda_i}{\sum GGP \cdot V_i \big/ \lambda_i} \qquad (2.1)$$

V_i = Volumen der Wärmedämmung des Bauteils i

λ_i = Wärmeleitfähigkeit der Wärmedämmung des Bauteils i

GGP = Green Guide Ratings Points

Des Weiteren spielt auch der konstruktive Schutz von Materialen eine wichtige Rolle, um eine möglichst lange Lebensdauer der eingesetzten Baustoffe zu gewährleisten.

Die Kategorie „Waste" behandelt die Abfallproblematik. Als ein entscheidendes Kriterium soll die anfallende Müllmenge pro 100 m² Nutzfläche mit Hilfe eines Abfallmanagementsystems begrenzt werden. Bei diesem Kriterium lassen sich bis zu drei „Credits" gewinnen, wenn man die Vorgaben aus folgender Tabelle unterschreitet.

Tabelle 2.6 Punktevergabe bei Begrenzung der Müllmenge

	Müllmenge pro 100 m²	
BREEAM credits	m³	Tonnen
1 credits	13–16,6	6,6–8,5
2 credits	9,2–12,9	4,7–6,5
3 credits	< 9,2	< 4,7

Eine weitere positive Bewertung kann durch den möglichst hohen Einsatz von wiederverwendeten Zuschlagstoffen erreicht werden. Dabei sollten diese Stoffe vom Gebäude selbst oder von nicht mehr als 30 km entfernten Baustellen stammen. Die effiziente Umsetzung von Strategien zur Müllvermeidung im Betrieb erfordert geeignete Bereiche für die Lagerung von Recyclingmaterialien. Für diese Flächen schreibt BREEAM einzuhaltende Mindestgrößen vor, die abhängig von der Grundfläche des Gebäudes sind. Bei bestimmten Gebäudetypen sollen Müllpressen dabei helfen, die Lagerung sowie den späteren Transport von Abfällen zu optimieren. Insbesondere bei Bürogebäuden sollte man die Bodenbeläge mit dem späteren Nutzer abstimmen, um unnötige Austauscharbeiten und Abfälle zu verhindern.

Wie in allen Zertifizierungssystemen besitzt die ökologische Landnutzung, die den Schwerpunkt der Kategorie „Land Use and Ecology" bildet, auch bei BREEAM einen hohen Stellenwert. Um einen möglichst geringen Flächenbrauch zu gewährleisten, sollte das Gebäude mit mindestens 75 % seiner Grundfläche auf einem langjährig ausgewiesenen Baugebiet stehen. Die Flächen sollen seit mehr als fünfzig Jahren für eine Bebauung für Industrie, Handel oder Wohnen dienen. Es wirkt sich günstig auf die Bewertung aus, wenn man eine kontaminierte Brachfläche nutzbar macht und dadurch eine Sanierung von Schadstoffen fördert. Bevor jedoch ein Grundstück bebaut wird, sollte die ökologische Wertigkeit bestimmt und Flächen mit niedrigem Wert überbaut werden. Befinden sich auf den nicht bebauten Bereichen ökologisch relevante Bäume oder Hecken, sollten diese in der Bauphase geschützt werden. Die Anzahl der Kreditpunkte erhöht sich, wenn die vorher bestimmte ökologische Wertigkeit nur geringfügig oder gar nicht abnimmt. Einen wichtigen Einfluss auf diesen Wert hat die Artenvielfalt der vorkommenden Pflanzen auf dem Baugrundstück. Steigert man sogar diese vorkommenden Pflanzenarten und erhöht dadurch den ökologischen Wert des Grundstücks, können bis zu drei weitere Pluspunkte erreicht werden. Wird durch geeignete Maßnahmen auch langfristig eine hohe Biodiversifizität gesichert, sind noch weitere Wertungspunkte möglich.

Die letzte, umfangreiche Bewertungskategorie „Pollution" beschäftigt sich mit Schadstoffemissionen des Gebäudes. Die hier betrachteten Schadstoffemissionen begrenzen sich nicht nur auf die üblichen Luftschadstoffe, sondern berücksichtigen auch Gefahrenstoffe für das Grundwasser, Lärmemissionen oder auch die Lichtverschmutzung. Der ursprünglich aus dem Englischen übersetzte Begriff „Lichtverschmutzung" bezeichnet eine Aufhellung des Nachthimmels durch anthropogene Lichtquellen. Dieser Effekt kann unter anderem den Wachstumszyklus von Pflanzen oder den Hormonhaushalt von Tieren beeinflussen. Ein Kreditpunkt lässt sich durch ein Kühlmittel mit einem geringen Treibhausgaspotential (GWP) oder bei einem kompletten Verzicht auf eine Gebäudekühlung erreichen. In der Praxis hat sich gezeigt, dass sich aus konventionellen Anlagen zur Kälteerzeugung der Austritt des Kühlmittels nicht verhindern lässt. Dadurch entsteht eine ständige Belastung für die Umwelt. In der folgenden Tabelle sind häufig verwendete Kühlmittel mit ihrem Treibhausgaspotenzial dargestellt.

Tabelle 2.7 Treibhausgaspotenzial (GWP) für häufig verwendete Kühlmittel.

Kühlmitteltyp	GWP	Kühlmitteltyp	GWP
R11 (CFC-11)	4000	R32 (HCFC-32)	580
R12 (CFC-12)	8500	R407C (HFC-407)	1600
R113 (CFC-113)	5000	R152a (HFC-152a)	140
R114 (CFC-114)	9300	R404A (HFC blend)	3800
R115 (CFC-115)	9300	R410A (HFC blend)	1900
R125 (HFC-125)	3200	R413A (HFC blend)	1770
Halon-1211	N/A	R417A (HFC blend)	1950
Halon-1301	5600	R500 (CFC/HFC)	6300
Halon-2402	N/A	R502 (HCFC/CFC)	5600
Ammoniak	0	R507 (HFC azeotrope)	3800
R22 (HCFC-22)	1700	R290 (HC290 propane)	3
R123 (HCFC-123)	93	R600 (HC600 butane)	3
R134a (HFC-134a)	1300	R600a (HC600a isobutane)	3
R124 (HCFC-124)	480	R290/R170 (HC290/HC170)	3
R141b (HCFC-141b)	630	R1270 (HC1270 propene)	3
R142b (HCFC-142b)	2000	R143a (HFC-143a)	4400

Falls ein Kühlmittel zum Einsatz kommt, sollten Vorsorgemaßnahmen gegen mögliche Leckagen ergriffen und somit ein Austritt von Treibhausgasen in die Atmosphäre gering gehalten werden. Im Unterschied zu den Kühlsystemen erlangt die Reduktion von Stickoxiden bei den Heizanlagen eine größere Bedeutung. Die Wirkungen dieser Luftschadstoffe sind sehr vielfältig. Neben ihren toxischen Folgen führen sie als Vorläufersubstanzen zum Sommersmog. Zudem kann durch Gebäude die Umwelt noch auf anderen Wegen verschmutzt werden. Beispielsweise können bei Hochwasser durch eine Überflutung zahlreiche Gefahrenstoffe aus einem Gebäude in die Umwelt gelangen. Trifft man gegen dieses Gefahrenpotenzial Vorsorgemaßnahmen, lassen sich dafür mehrere Kreditpunkte gewinnen. Nicht nur durch eine Überflutung, sondern auch über die Oberflächen eines Gebäudes und deren versiegelte Flächen können Umweltgifte durch das abgeführte Regenwasser in das Grundwasser gelangen. Als Gegenmaßnahmen sollten die Drainage- und Entwässerungssysteme von Parkflächen mit Öl- und Benzinabscheidern versehen werden. Über diese Punkte hinaus erfolgt am Schluss der Rubrik auch noch die Bewertung von Lichtverschmutzung und Lärmemissionen.

Nach den eigentlichen Wertungskategorien kann man noch zusätzliche Kreditpunkte durch Innovationen erreichen. Es gibt drei verschiedene Möglichkeiten, um diese Innovationspunkte zu erlangen. Als Erstes lässt sich diese Wertung erfüllen, wenn man bei bestimmten Kriterien vorbildliche Leistungen erbringt.

Tabelle 2.8 Kriterien für Innovationspunkten

Abkürzung	Kriterium
Man 2	Considerate Constructors
Hea 1	Daylighting
Hea 14	Office Space (BREEAM Retail & Industrial Schemes only)
Ene 1	Reduction of CO2 emissions
Ene 5	Low or Zero Carbon Technologies
Wat 2	Water Meter
Mat 1	Materials Specification
Mat 5	Responsible Sourcing of Materials
Wst 1	Construction Site Waste Management

Der zweite Weg besteht darin, dass das Planungsteam eigene nachhaltige Ziele konzipiert und diese unter Beteiligung eines BREEAM-Assessors umsetzt. Die dritte Möglichkeit für die Zusatzpunkte besteht, wenn eine innovative Gebäudefunktion oder -technik durch einen Gutachterausschuss bestätigt wird.

Zusammenfassend lässt sich festhalten, dass es sich bei dem BREEAM-System um ein langjährig bewährtes System handelt. Das vorrangige Anwendungsgebiet liegt im Bereich der Britischen Inseln. Die Übertragung auf das europäische Festland, insbesondere auf Deutschland, stellt sich als schwierig dar. Aus Sicht der Baudenkmale kann man hervorheben, dass im geringen Umfang Denkmalschutzkriterien in die Bewertung einfließen.

2.3.3 DGNB – Deutsches Gütesiegel für Nachhaltiges Bauen

Die im Jahre 2007 gegründete Deutsche Gesellschaft für Nachhaltiges Bauen (DGNB) hat inzwischen ein nationales Bewertungssystem eingeführt. Als Ergebnis der Zertifizierung wird das „Deutsche Gütesiegel für Nachhaltiges Bauen" vergeben. Die folgende Tabelle zeigt die vorhandenen sowie die zukünftig angestrebten Nutzungsprofile für den Bewertungsprozess.

Tabelle 2.9 Bestehende und zukünftige Nutzungsprofile

Bestehende Nutzungsprofile	Zukünftige Nutzungsprofile
Neubau Büro- und Verwaltungsgebäude (NBV08)	Bestand Büro- und Verwaltungsgebäude
Neubau Büro- und Verwaltungsgebäude (NBV09)	Filialen/Mieterausbau
Neubau Handelsbauten (NHA09)	Neubau Krankenhäuser
Neubau Industriebauten (NIN09)	Neubau Laborgebäude
Neubau Bildungsbauten (NBI09)	Architekturnahe Objekte
Modernisierung Büro- und Verwaltungsgebäude (MBV10)	Neubau Versammlungsstätten
Neubau Wohngebäude (NWO11)	Neubau Produktionsstandorte
Neubau Hotelgebäude (NHO10)	Neubau Infrastrukturbauten
Neubau gemischte Stadtquartiere (NSQ10)	Neubau Sportstätten
	Neubau Parkhäuser
	Neubau Terminalgebäude

Für das „Deutsche Gütesiegel für Nachhaltiges Bauen" existieren unterschiedliche Zertifizierungsstufen. Abhängig vom Erfüllungsgrad und vom Basisniveau aller Kategorien lassen sich folgende Stufen erreichen:

- Gold bei Erfüllungsgrad $\geq 80\,\%$, Basisniveau $\geq 65\,\%$

- Silber bei Erfüllungsgrad $\geq 65\,\%$, Basisniveau $\geq 50\,\%$

- Bronze bei Erfüllungsgrad $\geq 50\,\%$, Basisniveau $\geq 50\,\%$

Das heißt, dass über die Gesamtleistungsfähigkeit des Gebäudes auch in jedem Themenfeld ein Mindestniveau nicht unterschritten werden darf. Darüber hinaus werden für jedes Themenfeld noch einzelne Noten vergeben.

Wie bei den vorangegangen Bewertungssystemen kommen über die Grundsäulen der Nachhaltigkeit noch weitere Kriterien zum Einsatz. Folgende Themenfelder zählen zu dieser Systematik der DGNB:

- Ökologische Qualität

- Ökonomische Qualität

- Soziokulturelle Qualität

- Technische Qualität

- Prozessqualität

- Standortqualität

Die Hauptkriteriengruppen unterteilen sich in weitere Kriteriengruppen, die wiederum die letztendlichen Einzelkriterien enthalten. Bei jedem Kriterium lassen sich maximal zehn Punkte gewinnen. Diese Punktzahl fließt über einen Bedeutungsfaktor in den Erfüllungsgrad der jeweiligen Gruppe ein. Die anschließende Gewichtung der Gruppe ermöglicht wiederum eine differenzierte Gesamtbewertung durch den sogenannten Gesamterfüllungsgrad. Eine spezielle Softwarelösung erleichtert die Zusammenstellung und die Auswertung der einzelnen Bewertungskategorien. Als Besonderheit fließt jedoch bei diesem System die Standortqualität nicht in die Gesamtbewertung ein. Das Ergebnis wird nur als separate Note ausgewiesen.

Tabelle 2.10 Übersicht der verschiedenen Prüfkriterien für das DGNB-Zertifikat Teil 1

Haupt-krite-rien-gruppe	Kriterien-gruppe	Nr.	Kriterium	Be-deu-tungs-faktor Pkt.	Anpas-sungsfak-tor	Pkt.	Pkt.	Ge-wich-tung
Ökologische Qualität	Ökobilanz	1	Treibhauspotential	10	3	1	30	210	22,5 %
		2	Ozonschichtabbaupotential	10	1	1	10		
		3	Ozonbildungspotential	10	1	1	10		
		4	Versauerungspotential	10	1	1	10		
		5	Überdüngungspotential	10	1	1	10		
	Wirkung auf die globale und lokale Umwelt	6	Risiken für die lokale Umwelt	10	3	1	30		
		8	Nachhaltige Ressourcen-verwendung /Holz	10	1	1	10		
		9	Mikroklima	10	1	0	10		
	Ressourcen-inanspruch-nahme und Abfallauf-kommen	10	Nicht erneuerbare PE	10	3	1	30		
		11	Gesamtprimärenergiebedarf und Anteil erneuerbarer PE	10	2	1	20		
		14	Trinkwasserbedarf und Abwas-seraufkommen	10	2	1	20		
		15	Flächeninanspruchnahme	10	2	1	20		
Ökono-mische Qualität	Lebens-zykluskosten	16	Gebäudebezogene Kosten im Lebenszyklus	10	3	1	30	50	22,5 %
	Wert-entwicklung	17	Drittverwendungsfähigkeit	10	2	1	20		
Soziokulturelle und funktionale Qualität	Gesundheit, Behaglichkeit und Nutzer-zufriedenheit	18	Thermischer Komfort im Winter	10	2	1	20	280	22,5 %
		19	Therm. Komfort im Sommer	10	3	1	30		
		20	Innenraumhygiene	10	3	1	30		
		21	Akustischer Komfort	10	1	1	10		
		22	Visueller Komfort	10	3	1	30		
		23	Einflussnahme des Nutzers	10	2	1	20		
		24	Gebäudebezogene Außen-raumqualität	10	1	1	10		
		25	Sicherheit und Störfallrisiken	10	1	1	10		
	Funktionalität	26	Barrierefreiheit	10	2	1	20		
		27	Flächeneffizienz	10	1	1	10		
		28	Umnutzungsfähigkeit	10	2	1	20		
		29	Öffentliche Zugänglichkeit	10	2	1	20		
		30	Fahrradkomfort	10	1	1	10		
	Gestalter-ische Qualität	31	Sicherheit der gestalterischen und städtebaulichen Qualität	10	3	1	30		
		32	Kunst am Bau	10	1	1	10		

Tabelle 2.11 Übersicht der verschiedenen Prüfkriterien für das DGNB-Zertifikat Teil 2

Haupt-kriterien-gruppe	Kriterien-gruppe	Nr.	Kriterium	Be-deu-tungs-faktor Pkt.	Anpas-sungsfak-tor Pkt.	Pkt.	Ge-wich-tung
Technische Qualität	Qualität der technischen Ausführung	33	Brandschutz	10	2	1	20		
		34	Schallschutz	10	2	1	20		
		35	Qualität der Gebäudehülle (Wärme- und Feuchteschutz)	10	2	1	20	100	22,5 %
		40	Reinigungs- u. Instandhaltungsfreundlichkeit (Baukörper)	10	2	1	20		
		42	Rückbaubarkeit, Recycling- und Demontagefreundlichkeit	10	2	1	20		
Prozessqualität	Qualität der Planung	43	Qualität der Projektvorbereitung	10	3	1	30		
		44	Integrale Planung	10	3	1	30		
		45	Optimierung und Komplexität der Planungsherangehensweise	10	3	1	30		
		46	Nachhaltigkeitsaspekte in Ausschreibung und Vergabe	10	2	1	20		
		47	Schaffung von Voraussetzungen für eine optimale Nutzung und Bewirtschaftung	10	2	1	20	230	10,0 %
		48	Baustelle, Bauprozess	10	2	1	20		
		49	Qualität der ausführenden Firmen, Präqualifikation	10	2	1	20		
	Qualität der Bauausführung	50	Qualitätssicherung der Bauausführung	10	3	1	30		
		51	Systematische Inbetriebnahme	10	3	1	30		
Standortqualität		56	Risiken am Mikrostandort	10	2	1	20		
		57	Verhältnisse am Mikrostandort	10	2	1	20		
		58	Image und Zustand von Standort und Quartier	10	2	1	20		
		59	Verkehrsanbindung	10	3	1	30	130	gesonderte Bewertung
		60	Nähe zu nutzungsspezifischen Einrichtungen	10	2	1	20		
		61	Vorh. Medien, Erschließung	10	2	1	20		

Die erste Hauptkriteriengruppe „Ökologische Qualität" beginnt mit einer Ökobilanzierung von verschiedenen Wirkindikatoren. Dazu zählen das Treibhausgas-, Ozonschichtabbau-, Ozonbildungs-, Versauerungs- und das Überdüngungspotential. Bei allen Punkten berücksichtigt man als Erstes den Aufwand für die Herstellung, die Instandhaltung, den Rückbau und die Entsorgung eines Bauwerks. Die dafür benötigten Daten liefert die Ökobau.dat des Bundesministeriums für Verkehr, Bau und Stadtentwicklung (BMVBS). Als zweiter Schritt erfolgt die ökologische Bewertung der Nutzungsphase auf der Grundlage der EnEV und entsprechend für Nichtwohngebäude nach der DIN 18 599. Die energetischen Kennwerte des Referenzgebäudes nach der EnEV bilden auch den entsprechenden Vergleichsmaßstab. Im Bewertungssystem folgen als Nächstes die Wirkungen auf die globale und lokale Umwelt. Dabei soll bei Produkten, die während der Nutzung des Bauwerks mit der Außenluft, dem Erdreich sowie dem Oberflächen- und/oder Grundwasser in Kontakt kommen, eine gezielte Auswahl nach ökologischen Aspekten stattfinden. Die erreichbaren Qualitätsstufen richten sich nach den Umweltdeklarationen (Environmental Product Declaration, EPD) der verwendeten Produkte. Das nächste Kriterium beschäftigt sich mit einer nachhaltigen Holzverwendung. Dafür sollten möglichst zertifizierte Holzbaustoffe und keine subtropischen beziehungsweise borealen Hölzer Verwendung finden. In diese Kriteriengruppe gehören auch die Bewertungen des Mikroklimas und sonstige Wirkungen auf die lokale Umwelt, die noch wissenschaftlich hinterlegt werden müssen. Die Zertifizierung setzt als Nächstes mit dem energetischen Verhalten des Gebäudes fort. Als Kennwerte dienen dabei der nicht erneuerbare Primärenergiebedarf, der Anteil erneuerbarer Primärenergie sowie der Gesamtprimärenergiebedarf. Wie bereits bei den behandelten ökologischen Wirkindikatoren verwendet man das Referenzgebäude nach der EnEV als Vergleichsmaßstab. Auch bei der DGNB-Zertifizierung erfolgt eine Bewertung des Trinkwasser- und Abwasseraufkommens. Den Abschluss in der Kategorie Ökologie bildet das Kriterium der Flächeninanspruchnahme. Hierbei lässt sich eine möglichst hohe Punktzahl durch ein Flächenrecycling gewinnen, insbesondere bei der Sanierung von hoch belasteten Industrie- und Militärstandorten.

Die nächste Hauptkriteriengruppe behandelt die ökonomische Qualität von Gebäuden und beinhaltet nur zwei Unterpunkte: die gebäudebezogenen Kosten im Lebenszyklus und die Wertstabilität eines Bauwerks. Ziel ist, die Lebenszykluskosten zu minimieren und eine relative Kostenreduktion von Umbau- und Erhaltungsinvestitionen im Vergleich zum Neubau zu erreichen. Als Vergleichswert ermittelt man über die Barwertmethode die Kosten pro Quadratmeter Nutzfläche und berücksichtigt dabei sämtliche Lebensphasen eines Gebäudes. Im Rahmen der Zertifizierung unterscheidet man verschiedene Kostengruppen. Die Herstellungskosten fallen von der Projektentwicklung bis zur Erstellung des Gebäudes an. Die Kosten von der Inbetriebnahme bis zur Entsorgung definiert man als Nutzungskosten. Zur dritten Kostengruppe gehören die Rückbau- und die Entsorgungskosten. Nach der Kostenanalyse erfolgt eine Bewertung der Drittverwendungsfähigkeit, die die Flächeneffizienz, die Umnutzungsfähigkeit und Möglichkeiten für eine Umnutzung über eine Checkliste prüft.

Mit soziokulturellen und funktionalen Aspekten setzt die dritte Hauptkriteriengruppe in der Zertifizierung fort. Dabei erfolgt als Erstes eine Bewertung der thermischen Behaglichkeit für den Sommer- und den Winterfall. Für beide Kriterien beurteilt man die Operative Temperatur, die Zugluft, die Strahlungstemperaturasymmetrie und die Fußbodentemperatur. Weiterhin kommen die relative Luftfeuchte und die vertikalen Temperaturunterschiede hinzu. Die normativen Grundlagen befinden sich in der DIN EN 15 251, DIN EN 12 831, DIN 4108-2 und DIN EN ISO 7730. Neben den thermischen Faktoren spielt auch die Innenraumhygiene eine wichtige Rolle. Bisher werden für diesen Punkt nur die Konzentration an flüchtigen organischen Stoffen (Volatile Organic Compounds, VOC) und die Lüftungsrate bewertet. Als nächster Aspekt folgt der akustische Komfort, der sich abhängig von der Nutzung des Raumes unterscheidet. Prinzipiell gilt, je niedriger die Störschallpegel- und Nachhallzeitwerte ausfallen, umso mehr Punkte lassen sich erreichen. Die Bewertung setzt anschließend mit dem visuellen Komfort fort. Dabei soll eine ausgewogene Beleuchtung mit Tages- und Kunstlicht erreicht werden, die gleichzeitig keine Störungen durch Direkt- oder Reflexblendung verursacht. Da der Mensch an alle diese Faktoren individuelle Ansprüche stellt, werden Einflussmöglichkeiten des Nutzers in einem getrennten Kriterium behandelt. Über die Qualitäten im Innenraum hinaus wird auch der gebäudebezogene Außenraum bewertet. Hierbei besitzen die Gestaltung der Dachflächen und der gebäudeintegrierten Außenbereiche, wie Balkone, aber auch Atrien, eine wichtige Bedeutung. Ebenfalls trägt das subjektive Empfinden von Sicherheit maßgebend zur Behaglichkeit des Menschen bei. Aus diesem Grund steigert man durch eine übersichtliche Wegführung, eine gute Ausleuchtung sowie durch Rettungs- und Evakuierungspläne für den Störfall das Bewertungsergebnis. Um die nach diesen Kriterien optimierten Gebäude für alle Bevölkerungsgruppen zu erschließen, sollte auch das Thema „Barrierefreiheit" beachtet werden. Für die Umsetzung dieses Kriteriums bietet die DIN 18 024 beziehungsweise DIN 18 040 ausreichende planerische Grundlagen. Anschließend setzt die Zertifizierung mit weiteren funktionalen Aspekten, die sich teilweise auch mit wirtschaftlichen Gesichtspunkten überschneiden, fort. Dazu zählt die Flächeneffizienz, die sich aus dem Verhältnis von der Nutzfläche zur Bruttogrundfläche ergibt. Ebenfalls wird an dieser Stelle die Umnutzungsfähigkeit bewertet, die dem Kriterium der Drittverwendungsfähigkeit ähnelt. Die Zugänglichkeit des Gebäudes und der Fahrradkomfort gehören auch zu den funktionalen Eigenschaften. Eine öffentliche Zugänglichkeit beziehungsweise eine große Anzahl von Fahrradstellplätzen mit entsprechenden Umkleiden erhöhen die Gesamtpunktzahl. Am Ende der Hauptkategorie folgt noch die Sicherung der Gestaltung sowie der „Kunst am Bau". Unter dem Begriff „Kunst am Bau" versteht man eine Verpflichtung insbesondere des Staates als Bauherrn, aus seinem baukulturellen Anspruch heraus einen Anteil der Baukosten – meist um die ein Prozent – für Künstler oder Kunstwerke aufzuwenden.

Die Hauptkategorie „Technische Qualität" beschäftigt sich mit den grundsätzlichen technischen Anforderungen am Gebäude. Dazu zählen als Erstes der Brand-, der Schall-, der Wärme- und Feuchteschutz. Für die Bewertung bieten die in Deutschland etablierten und technisch eingeführten Normen eine ausreichende Grundlage. Ebenfalls wird der Punkt „Rückbaubarkeit, Recyclingfähigkeit und Demontagefreundlichkeit" an dieser Stelle zur Bewertung hinzugezogen. Grundsätzlich befinden sich jedoch mehrere Kriterien dieser Kategorie noch in Bearbeitung beziehungsweise fehlen die wissenschaftlichen Grundlagen.

Im nächsten Schritt setzt die Zertifizierung mit der Bewertung der Prozessqualität in der Planung und Ausführung fort. Das beginnt schon bei der Qualität der Projektvorbereitung, die neben einer qualitätsgerechten Bedarfsplanung auch einen Architekten- oder Entwurfswettbewerb unter dem Thema „Nachhaltiges Bauen" beinhalten sollte. Als weitere Voraussetzung für ein möglichst nachhaltiges Gebäude wird ein interdisziplinäres Planungsteam gesehen, denn eine solche Konstellation verbessert die Abstimmung und Kommunikation unter den Entscheidungsträgern. Die Planungsqualität soll sich weiterhin durch eine Mindestanzahl von zu erstellenden Konzepten erhöhen, die man in einem Variantenvergleich gegenüberstellt. Damit die bevorzugten Lösungen zur Umsetzung gelangen, sollten auch die Ausschreibung und Vergabe unter Nachhaltigkeitsaspekten erfolgen. Die Beurteilung der Prozessqualität schließt auch die Bauausführung ein und endet mit einer systematischen Inbetriebnahme der Gebäudetechnik.

Abschließend erfolgt die Bewertung des Standortes, die jedoch nicht in die Gesamtnote des Zertifikates einfließt und eine gesonderte Kriteriengruppe darstellt. Als Erstes werden die Risiken und Verhältnisse am Mikrostandort geprüft, das heißt die unmittelbare Umgebung des Gebäudes. Zu den möglichen Risiken zählen Erdbeben, Lawinen, Stürme und Hochwasser. Die Verhältnisse am Standort beziehen sich auf Belastungen mit gesundheitsschädigenden Auswirkungen. Dazu gehören wiederum die Außenluftqualität, der Außenlärm, der Baugrund, elektromagnetische Felder und Radonbelastungen. Daneben besitzen aber auch das Image und der Zustand der Umgebung beziehungsweise des Quartiers einen Einfluss auf die Bewertung.

Da eine gute Anbindung an öffentliche Verkehrsmittel ein wesentlicher Baustein für nachhaltige Gebäude darstellt, bildet dieser Punkt auch für die DGNB ein wichtiges Kriterium. Darüber hinaus sollten sich aber weitere Einrichtungen des täglichen Lebens in unmittelbarer Nähe befinden, wie Nahversorgung, Parkanlagen, öffentliche Verwaltung, medizinische Versorgung oder Sportstätten. Zu weiteren Standortaspekten zählen die anliegenden Medien und die Erschließung.

In der Gesamtbetrachtung zeigt sich, dass sich die DGNB-Zertifizierung noch in der Entwicklung befindet und für einige Kriterien noch die wissenschaftlichen Grundlagen fehlen. Die jetzigen Kriterien besitzen schon einen großen Umfang und sind gut mit bautechnischen DIN-Normen hinterlegt. Da derzeit die Zertifizierung für den Gebäudebestand noch nicht vollständig vorliegt, lässt sich auch die Beachtung von Denkmalschutzkriterien nicht eindeutig klären. Die grafische Darstellung der Ergebnisse ist von Vorteil, da sie eine schnelle Übersicht über die Ergebnisse der verschiedenen Kategorien ermöglicht.

2.3.4 Vergleich der Zertifizierungssysteme

In der Gegenüberstellung von LEED, BREEAM und DGNB stellen alle Systeme eine geeignete Möglichkeit zur Zertifizierung von nachhaltigen und innovativen Gebäudekonzepten dar. Bei einem grundsätzlichen und inhaltlichen Vergleich zeigt das DGNB-Zertifikat für die Anwendung in Deutschland klare Vorteile. Darüber hinaus kann jedoch die Zielvorstellung des Bauherrn eine entscheidende Rolle bei der Auswahl des jeweiligen Systems haben. Bei einer internationalen Ausrichtung besitzen zum Beispiel LEED und BREEAM eine höhere Anerkennung. Jedoch zeigen alle Methoden gravierende Schwächen bei der Bewertung von denkmalgeschützten Gebäuden. Um diesen soziokulturellen Aspekt abzubilden, müsste der Einfluss auf die Bewertung verstärkt beziehungsweise als Mindestvoraussetzung gestellt werden. Vielmehr spielt in den bestehenden Bewertungskonzepten die energetische Performance des Gebäudes eine übergeordnete Rolle. Hier lassen sich die meisten Punkte gewinnen.

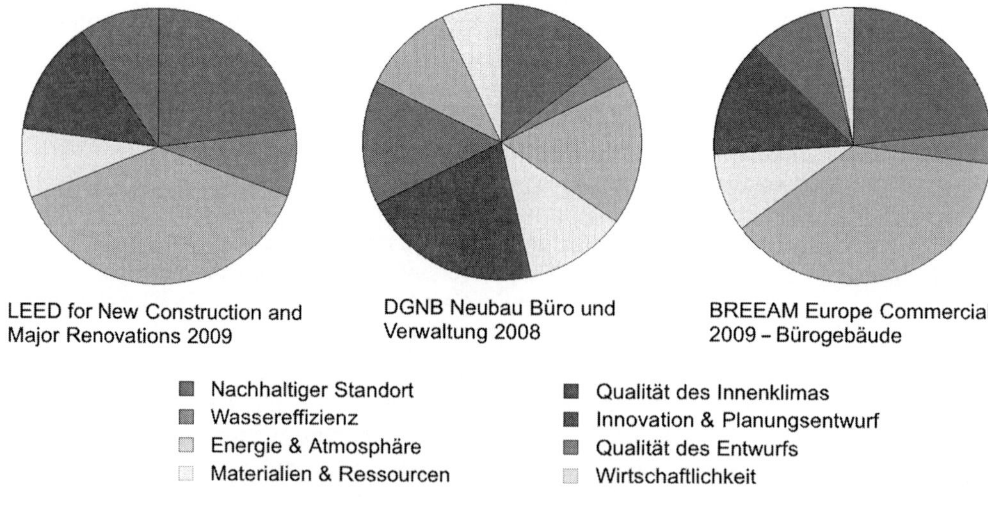

Bild 2-7 Vergleich der verschiedenen Zertifizierungssysteme

Im Vergleich der drei untersuchten Systeme stellt die DGNB-Zertifizierung die höchsten Ansprüche. Hingegen erfolgt bei der LEED-Zertifizierung die Berechnung über eine thermische Gebäudesimulation wesentlich komplexer.

Aus der Analyse der bestehenden Bewertungssysteme zeigt sich die Notwendigkeit, den Aspekt des Denkmalschutzes besser zu integrieren. Grundsätzlich decken die etablierten Zertifikate die Kriterien der Nachhaltigkeit umfangreich ab und bieten zudem auch die Möglichkeit, weitere Kriterien aufzunehmen.

Der Denkmalschutz stellt eine wesentliche soziokulturelle Komponente dar und darf somit auch nicht in einer Nachhaltigkeitszertifizierung fehlen. Am effektivsten wäre die Einführung des Denkmalschutzes als ein Mindestkriterium in die bestehenden Systeme für Bestandsgebäude. Dies ermöglicht eine Integration in die bestehende Methodik, ohne die grundsätzliche Gewichtung stark zu verändern. Insbesondere für den deutschen Raum bietet sich das DGNB-Zertifikat als Ausgangsbasis an. Damit lassen sich die Maßnahmen am besten einer umfangreichen Bewertung unterziehen.

2.4 Weiterführende Literatur

BRE Global (Hrsg.): *BREEAM Office 2008 Assessor Manual*. Watford: BRE Global, 2008.

BRE Global (Hrsg.): Scheme Document SD 5068. Watford: BRE Global, 2010.

Bundesamt für Bauwesen und Raumordnung (Hrsg.): *Leitfaden Nachhaltiges Bauen*. 2. Nachdruck. Berlin: Bundesamt für Bauwesen und Raumordnung, 2001.

Centrum Baustoffe und Materialprüfung (Hrsg.): *Nachhaltigkeitsaspekte bei Neu- und Bestandsbauten: Ein Leitfaden*. München: Bayerisches Staatsministerium für Umwelt, Gesundheit und Verbraucherschutz, 2006.

Deutsche Gesellschaft für Nachhaltiges Bauen e.V. (Hrsg.): *DGNB Handbuch: Büro- und Verwaltungsgebäude Version 2009*. Stuttgart: Deutsche Gesellschaft für Nachhaltiges Bauen e.V., 2009.

Ebert, Thilo; Essig, Natalie; Hauser, Gerd: *Zertifizierungssysteme für Gebäude: Nachhaltigkeit bewerten, Internationaler Systemvergleich, Zertifizierung und Ökonomie*. München: Institut für internationale Architektur-Dokumentation, 2010.

Graubner, Carl-Alexander; Hüske, Katja: *Nachhaltigkeit im Bauwesen: Grundlagen, Instrumente, Beispiel*. Berlin: Ernst & Sohn Verlag, 2003.

Glücklich, Detlef: *Ökologisches Bauen: von Grundlagen zu Gesamtkonzepten*. München: Deutsche Verlagsanstalt, 2005.

Hegger, Manfred; Fuchs, Matthias; Stark, Thomas; Zeumer, Martin: *Energie Atlas: Nachhaltige Architektur*. Basel, Boston, Berlin: Birkhäuser, 2008.

König, Holger; Kohler, Nikolaus; Kreißig, Johannes: *Lebenszyklusanalyse in der Gebäudeplanung: Grundlagen, Berechnung, Planungswerkzeuge*. München: Institut für internationale Architektur-Dokumentation. 2009.

Mösle, Peter; Bauer, Michael; Hoinka, Thomas: *Green Building Zertifikate auf dem Prüfstand*. In: Pöschk, Jürgen (Hrsg.): *Energieeffizienz in Gebäuden: Jahrbuch 2009*. Berlin: VME – Verlag und Medienservice Energie Jürgen Pöschk, 2009, Seite 83–96.

Wohlleben, Marion; Meier, Hans-Rudolf (Hrsg.): *Nachhaltigkeit und Denkmalpfleg : Beiträge zu einer Kultur der Umsicht*. Zürich: vdf Hochschulverlag, 2003.

U.S. Green Building Council (Hrsg.): *LEED 2010 for New Construction and Major Renovations*. Washington: USGBC, 2010.

3 Denkmalpflege

3.1 Grundlagen

Den Ausgangspunkt im Umgang mit einem Baudenkmal, einschließlich energetischer Maßnahmen, sollte die denkmalpflegerische Handlungsmethodik bilden. Sie stützt sich auf die weithin anerkannten historischen Prinzipien der Denkmalpflege und lässt sich beispielsweise in der Charta von Venedig finden. Da die inhaltlichen Aussagen und der kulturelle Zeugniswert eines Denkmals an die historische Substanz gebunden sind, stellt der Erhalt der originalen Bausubstanz nach Dehios Maxime „Konservieren, nicht restaurieren" den Grundsatz der denkmalpflegerischen Handlungsweise dar, aber gleichermaßen gilt für die praktische Denkmalpflege die Erkenntnis, dass sich die theoretischen Prinzipien nicht uneingeschränkt und nicht immer eindeutig anwenden lassen. Vielmehr erfordert dies in jedem Fall, insbesondere bei energetischen Maßnahmen am Baudenkmal, eine neue Abwägung über das angemessene Vorgehen. Dafür sollte bei allen Akteuren im Umgang mit Baudenkmalen Klarheit über die denkmalpflegerischen Gesichtspunkte herrschen. Insbesondere bei technischen Planern und Energieberatern liegen oftmals erhebliche Verständnisprobleme und mangelndes denkmalpflegerisches Fachwissen vor.

Die grundsätzlichen Anliegen der Denkmalpflege sind Pflege, Bewahrung und Erhalt von Kulturdenkmalen. In ihren Zuständigkeitsbereich fallen bereits geschützte oder schützenswerte Objekte. Zudem können auch Baumaßnahmen aus dem unmittelbaren Umfeld eines Denkmals in den Verantwortungsbereich fallen, wenn durch sie eine Beeinträchtigung auf das geschützte Objekt entsteht. Ein Auszug aus der Charta von Venedig von 1964 verdeutlicht den Sinn und das Anliegen der Denkmalpflege auf folgende Art und Weise: „Als lebendige Zeugnisse jahrhundertealter Traditionen der Völker vermitteln die Denkmäler in der Gegenwart eine geistige Botschaft der Vergangenheit. Die Menschheit, die sich der universellen Geltung menschlicher Werte mehr und mehr bewusst wird, sieht in den Denkmälern ein gemeinsames Erbe und fühlt sich kommenden Generationen gegenüber für die Bewahrung gemeinsam verantwortlich. Sie hat die Verpflichtung übernommen, ihnen die Denkmäler im ganzen Reichtum ihrer Authentizität weiterzugeben."

Neben der Baugeschichte, die mit den Methoden der Bauforschung untersucht wird, beschäftigt die Denkmalpflege die Frage nach der Gegenwart und Zukunft eines Bauwerks. Darauf eine Antwort zu finden, ist eine gesellschaftliche Aufgabe, die sich nicht nur den Denkmalpflegern, sondern auch den anderen Beteiligten, also Eigentümern, Planern, Bauausführenden und der Öffentlichkeit im Allgemeinen stellt. Der denkmalgerechte Umgang mit einem Bauwerk sollte im Interesse aller liegen. Befriedigende Antworten und Lösungen lassen sich nur finden, wenn eine klare Zielsetzung existiert und darüber Konsens bei den Beteiligten herrscht. Vereinfachend lässt sich die Denkmalpflege als kultureller Umweltschutz verstehen. Ähnlich wie der Umweltschutz ist sie vielfältigen Einflüssen und Gefahren ausgesetzt, die ihre Arbeit erschweren und gegen die es sich durchzusetzen gilt. Naturgemäß ist das nicht immer möglich, zumal nach demokratischer Rechtsauffassung immer ein Interessensausgleich angestrebt wird. Für die Denkmalpflege bedeutet das in der Regel, Kompromisse einzugehen und mitunter die eigenen Interessen ganz zurückstellen zu müssen.

Damit fassen im Wesentlichen folgende Ziele und Grundsätze das Handeln der Denkmalpflege zusammen:

- Es soll das Interesse und Verständnis für ein historisches Bauwerk geweckt werden. Insbesondere dann, wenn sein Wert in der Gegenwart durch Fremdartigkeit, fehlende Nutzung, schlechten Zustand oder divergierenden „Zeitgeschmack" nicht mehr zuerkannt wird oder der Weiterbestand in Frage steht. Gefahr für solche Bauwerke besteht verstärkt in Zeiten abweichender ästhetischer Vorstellungen, geänderter funktionaler Anforderungen oder übergeordneter Planungsinteressen, wie die flächigen „Altstadtsanierungen" in den Nachkriegsjahrzehnten und der verkehrsgerechte Ausbau von Innenstädten.

- Das Bauwerk, im Ausdruck seiner Zeit, soll einen angemessenen Platz in der Gegenwart erhalten, auch wenn es heutigen Ansprüchen an Funktion und Gestaltung nicht mehr entspricht. In architektonischer Hinsicht stellt sich das Problem, dass Architektur per se zweckgebunden ist und häufig nur bedingt neuen Anforderungen angepasst werden kann. Das oftmals hohe Alter der Objekte verlangt Konzepte, die langfristig funktionieren und somit den Bestand dauerhaft sichern können.

- Sie setzt sich dafür ein, dass Kulturdenkmale Schutz erfahren und keinen Schaden erleiden, also verfälscht, unsachgemäß verwendet, beschädigt, zerstört oder abtransportiert werden.

Im Laufe der Jahrzehnte hat sich die Gewichtung der Ziele in Abhängigkeit der äußeren Situation, zeitgenössischer Denkhaltungen und neuer Erkenntnisse immer wieder verschoben. Die genannten Grundsätze, die sich in der Historie der Denkmalpflege ausbildeten, haben jedoch bis heute ihre Gültigkeit behalten.

Im Vergleich zur Denkmalpflege steht der Denkmalschutz als Oberbegriff für staatlich-hoheitliche Fürsorgemaßnahmen, die den Schutz und den Erhalt des Kulturerbes der landeseigenen Denkmalobjekte gewährleisten sollen. Dazu dient ein Katalog von Ge- und Verboten, dem Eigentümer und sonstige Personen mit Verfügungsgewalt über Denkmale unterworfen sind. Als ausführendes Organ (Exekutive) dienen die Denkmalschutzämter. Ihre wesentlichen Aufgaben liegen in der Prüfung und Genehmigung denkmalrelevanter Vorhaben sowie in der Durchsetzung staatlicher Denkmalschutzinteressen. Die Denkmalschutzgesetze bilden die unverzichtbare rechtliche Grundlage im Spannungsfeld zwischen dem öffentlichen Interesse am denkmalgerechten Erhalt und den Interessen der Denkmaleigentümer an einer möglichst wirtschaftlichen Nutzung und Verwertung der Objekte. Im Idealfall besteht ein gegenseitiges Verständnis für die Interessen der Gegenseite und ein Bestreben zum einvernehmlichen Interessensausgleich. Da eine Einigung jedoch häufig bei der Beurteilung von energetischen Maßnahmen nicht erfolgt, müssen sowohl Denkmalpflege als auch Eigentümer Zugeständnisse machen. Auf Seiten der Denkmalpflege besteht hierzu ein Instrumentarium an Ausnahmeregelungen oder Verfahrensvorschriften zur Konfliktlösung. Der Gesetzgeber kommt so der verfassungsgemäßen Pflicht zum Interessensausgleich und zur Berücksichtigung privater Interessen nach. Die Einzelheiten aus dem Bereich des Denkmalschutzes werden unter dem Punkt „Denkmalrecht" genauer erläutert. Als Einstieg in die Thematik und zum besseren Verständnis des Anliegens der Denkmalpflege folgt ein kurzer Überblick über die historische Entwicklung.

3.2 Kurze Historie der Denkmalpflege

Der Beginn der systematischen Denkmalpflege und des Denkmalschutzes, die heute selbstverständlicher Bestandteil der nationalen Gesetzgebung sind, liegt im frühen 19. Jahrhundert. Erste denkmalpflegerische Bemühungen gingen von wegweisenden Architekten dieser Zeit aus. Später prägten vor allem Kunsthistoriker die Entwicklung.

Als früher Vorreiter der Denkmalpflege setzt sich Karl Friedrich Schinkel (1781–1841) für den konservierenden Erhalt historischer Bauwerke ein. Im Vordergrund stehen allerdings die Sicherung und Pflege bedeutsamer Ruinen, die Schinkel besonders interessieren. Obwohl selbst für moderne Bautechnik aufgeschlossen, lehnt er in Verbindung mit Denkmalen moderne Zutaten als „etwas aus dem Charakter Fallendes" ab. Das vorgefundene Bauwerk wird in seinem spezifischen Stil und mit seinen Mängeln akzeptiert. Diese erstaunlich moderne denkmalpflegerische Haltung muss im Zusammenhang mit der zeittypischen Romantisierung ruinenhafter Bauwerke gesehen werden. Anders als heute finden in der Regel nur herausragende Denkmale Beachtung und Zuwendung, während die große Masse historischer Bauten bedenkenlos umgebaut oder ersetzt wird. Ein allgemeines Denkmalbewusstsein ist zu dieser Zeit noch nicht erkennbar. Sofern man überhaupt von einem Denkmalbegriff sprechen kann, ist er ausgesprochen eng und selektierend. Lediglich Einzelpersonen, wie Schinkel, bilden überhaupt eine Haltung zum Umgang mit Denkmalen aus.

Cornelius Gurlitt (1850–1938), deutscher Architekt, Kunsthistoriker und Begründer der sächsischen Denkmalpflege, möchte den Umgang mit historischer Bausubstanz auf deren Erhalt und Konservierung beschränkt wissen, verlässt aber den engen Denkmalbegriff Schinkels: Umbauten oder Ergänzungen sind zulässig, wenn sie nicht den ursprünglichen Stil des Bauwerks adaptieren. Eingriffe sollen als solche stets erkennbar bleiben, indem sie in ihrem eigenen, zeitgemäßen Stil ausgeführt werden. Auf diese Weise bleiben die historischen Teile des Bauwerks ablesbar und authentisch. Die neuen Teile ordnen sich nicht länger unter, sondern kontrastieren selbstbewusst. Mit dieser Haltung, die sowohl das Alte respektiert als auch das Neue akzeptiert, legt Gurlitt eine wichtige Grundlage für das heutige Denkmalverständnis. Das Denkmal wird nicht mehr, wie bei Schinkel, quasi absolut gesehen, sondern erlaubt behutsame Eingriffe in der Sprache der Zeit. Dem Architekten kommt nicht mehr nur die Rolle eines fachkundigen Bauforschers oder Konservators zu. Er kann nun selbstbewusst gestalten, ohne die Authentizität des Denkmals zu zerstören.

Vom Kunsthistoriker Georg Dehio (1850–1932) stammt der viel zitierte Leitsatz „Konservieren, nicht restaurieren!". Erstmals veröffentlicht wurde er in Dehios 1905 erschienener Streitschrift „Denkmalschutz und Denkmalpflege im 19. Jahrhundert". Dahinter steht die Überzeugung, dass historische Bausubstanz nicht romantisch ver(un)klärt werden darf. Dehio wendet sich damit gegen die damalige Praxis, Bauwerke nach aktuellem Zeitgeschmack „stilrein" überformen und vervollkommnen zu wollen – meist unter Verlust originaler Bausubstanz. Statt einen eigenen Stil auszuprägen, dominiert zu Lebzeiten Dehios eine Vergangenheitssehnsucht, die in besonderem Maße den Umgang mit Alt- und Neubauten prägt. Zur Jahrhundertwende und bis nach dem zweiten Weltkrieg dominiert der Wunsch nach „stilistischer Reinheit": Umbauten und Ergänzungen erfolgen im Geist und in Gestalt der ursprünglichen Erbauer. Ziel ist nicht das authentisch überlieferte Bauwerk, sondern eines, das sich dem Betrachter „wie aus einem Guss" präsentiert. Dabei wird es als legitim erachtet, stilfremde Veränderungen der Vergangenheit rückgängig zu machen oder durch neue Teile zu ersetzen, die jedoch bewusst nicht als solche in Erscheinung treten sollen. So werden beispielsweise barock überformte romanische Kirchtürme in ihre (vermeintlich) ursprüngliche Gestalt zurückgeführt. Der Verlust der barocken Bausubstanz, die zu diesem Zeitpunkt selbst schon Denkmalcharakter hat, wird billigend in Kauf genommen. So kopiert der Historismus oft wahllos und unreflektiert Stilepochen; im Ergebnis sind Altes und Neues nicht mehr auseinanderzuhalten. Das echte, überkommene Denkmal wird durch diese inflationäre Entwicklung entwertet oder gerät zu einer Kopie seiner selbst. Vor diesem Hintergrund ist die damalige Debatte über den Wiederaufbau des Heidelberger Schlosses zu sehen.

Bild 3-1 Rekonstruktionsentwurf für die Fassade des Heidelberger Schlosses von Carl Schäfer aus dem Jahre 1902 (Quelle: Zentral- und Landesbibliothek Berlin)

Dehio, der leidenschaftlich für den Erhalt des ruinösen Zustands eintritt, entwickelt das Konzept einer bewahrenden, konservierenden Denkmalpflege. Wie kein anderer beeinflusst er im 20. Jahrhundert und bis heute Entwicklung, Prinzipien und Selbstverständnis der Denkmalpflege. Seine Grundhaltung spiegelt sich in einem Zitat von 1901 wieder: „Den Raub der Zeit durch Trugbilder ersetzen zu wollen, ist das Gegenteil von historischer Pietät. Wir wollen unsere Ehre darin suchen, die Schätze der Vergangenheit möglichst unverkürzt der Zukunft zu überliefern, nicht, ihnen den Stempel irgendeiner heutigen, dem Irrtum unterworfenen Deutung aufzudrücken."

Alois Riegl (1858–1905) wendet sich in seiner Funktion als Wiener Professor für Kunstgeschichte erst relativ spät der Denkmalpflege zu. Mit den von ihm definierten „Denkmalwerten" schafft er jedoch eine wichtige Grundlage der modernen Denkmalpflege. Sie entstehen, als Riegl in seiner neuen Funktion des österreichischen Generalkonservators mit dem Entwurf eines Denkmalschutzgesetzes beauftragt wird. Bis heute wegweisend ist sein Aufsatz „Der moderne Denkmalkultus: Sein Wesen und seine Entstehung". Darin geht Riegl der Frage nach, welche Eigenschaften den Wert eines Baudenkmals ausmachen, und stellt hierzu ein objektives Bewertungssystem auf. Es unterscheidet nach Erinnerungs- und Gegenwartswerten, die ihrerseits in Kriterien wie Alters-, Gebrauchs- oder Kunstwert untergliedert werden.

Etwa zeitgleich mit der Neubewertung der Denkmalpflege um die Jahrhundertwende setzt sich auch die Erkenntnis durch, dass dem Naturschutz mehr Bedeutung zugemessen werden muss und die Belange beider Disziplinen eng miteinander verknüpft sind. Während allerdings der Naturschutz rasch große Bevölkerungsschichten mobilisieren kann und in der Gesetzgebung verankert wird, bleibt der Denkmalschutz ohne rechtliche Grundlage: Der parallel erarbeitete Entwurf eines Reichsdenkmalschutzgesetzes wird nicht ratifiziert. Der bereits 1904 gegründete, mitgliedsstarke „Deutsche Bund Heimatschutz" wird nach dem Zweiten Weltkrieg aufgelöst und 1950 in die Dachorganisation „Deutscher Naturschutzring e.V." überführt. Darin sind die Belange der Denkmalpflege nicht mehr berücksichtigt, in der Folge gibt es auch keine direkte Zusammenarbeit mehr.

Ein entscheidender Einschnitt für den historischen Gebäudebestand und für den Umgang mit schützenswerter Bausubstanz entstand durch den Zweiten Weltkrieg. Nach den verheerenden Kriegszerstörungen setzten sich Denkmalpfleger ab der „Stunde Null" 1945 für den Erhalt der oft nur beschädigten Denkmale ein und hofften, an die Entwicklung vor dem Dritten Reich anknüpfen zu können. Das gelingt oftmals bei den weniger wertvollen Denkmalen nicht, da gleichzeitig progressive Stadtplaner und Architekten für die Beseitigung der Trümmer und einen modernen Neuanfang eintreten. In der unmittelbaren Nachkriegszeit ist es das erste Anliegen, möglichst zügig und günstig Ersatzwohnraum für die ausgebombte Bevölkerung zu schaffen. Wo sich die Befürworter eines städtebaulichen Neuaufbaus durchsetzen können, kommt es vielerorts zu einem radikalen Bruch mit der gewachsenen Stadtstruktur und dem Verlust wertvoller Bausubstanz. Andernorts übernimmt man den alten Stadtgrundriss, opfert jedoch gleichfalls Bausubstanz, um den neuen Verkehrs- und Wohnansprüchen Rechnung zu tragen. Nur in Einzelfällen können sich konservative Stadtplaner und Denkmalpfleger mit ihrer Idee eines behutsamen Wiederaufbaus durchsetzen. Breite Teile der Bevölkerung sehen die Möglichkeit zu einem radikalen Neuanfang durchaus positiv, da er ihrem Wunsch nach Verdrängung der Vergangenheit entgegenkommt. Hinzu kommt die nach wie vor verbreitete Ablehnung des Historismus, der bis 1945 die Stadtbilder stark geprägt hat.

In den ersten Nachkriegsjahrzehnten spiegelt die moderne Architektur den Zeitgeist wieder, der nach Licht, Transparenz und Großzügigkeit verlangt. Insgesamt führt die scharfe Zäsur des Zweiten Weltkriegs zu einem massiven Substanzverlust denkmalgeschützter Bausubstanz, die auch in den Nachkriegsjahrzehnten anhält. Gleichzeitig kommt es zu einer starken Schwächung der Denkmalpflege, die den Veränderungen häufig nur machtlos zusehen konnte. Schätzungen zufolge wird nach 1949 sogar mehr Altbausubstanz zerstört als während des Krieges.

Bild 3-2 Blick vom Dresdner Rathaus zeigt die verheerenden Kriegszerstörungen des Zweiten Weltkrieges

Die Kritik an diesem modernistischen Städtebau wird erst Anfang der siebziger Jahre unüberhörbar. In der Folge setzt ein Umdenkprozess ein. Im Zuge des funktionalen, verkehrsgerechten Stadtumbaus hatten sich viele Städte zu gesichtslosen, unwirtlichen Orten entwickelt. Der Verlust an räumlicher Lebensqualität ist allzu offensichtlich geworden. Durch diesen Erkenntnisprozesses und bestärkt durch die 68er-Bewegung kommt es zu ersten Hausbesetzungen abrissbedrohter Bauten und zu Protesten. Der Handlungsdruck auf Kommunen und Politiker führt bald zu Kurskorrekturen und zum Wiedererstarken der Denkmalpflege. Das mündet 1971 erstmals in der Ratifizierung von Länderdenkmalgesetzen und 1975 ruft der Europarat das „Europäische Jahr des Architekturerbes" aus, üblicherweise als „Denkmalschutzjahr" bezeichnet. Dieses Ereignis hat einen wichtigen Meilenstein markiert und setzte wichtige Impulse für die jüngere Entwicklung der Denkmalpflege.

„Haus für Haus stirbt dein Zuhause" – so lautete damals der eindringliche Slogan für das Jahr des Denkmalschutzes – auch heute noch besitzt dieser Ausspruch seine Gültigkeit. Zur selben Zeit setzen auch erste ernsthafte Bemühungen zum energieeffizienten Bauen durch die Einführung der ersten Wärmeschutzverordnung im Jahre 1977 ein.

3.3 Denkmalrecht

Das Grundgesetz befasst sich unter anderem mit der Abgrenzung der Gesetzgebungs- und Verwaltungskompetenzen zwischen Bund und Ländern. Demnach fallen sämtliche Fragen der Kultur in den Hoheitsbereich der Länder. Der Denkmalschutz ist ein Teil der Kulturpolitik und folglich liegt die Gesetzgebungs- und Verwaltungskompetenz für die Belange des Denkmalschutzes in den Händen der Länder. Innerhalb der Bundesrepublik Deutschland existieren somit sechzehn Denkmalschutzgesetze. Sie definieren jeweils eigenständig den Begriff des Denkmals. Dabei reichen die Definitionen von kurzen abstrakten Formulierungen bis hin zu ausführlichen Aufzählungen der verschiedenen Arten von Denkmalen. Trotz dieser uneinheitlichen Definitionen lassen sich Grundprinzipien herausarbeiten, die sämtliche Denkmalschutzgesetze enthalten. Der rechtliche Denkmalbegriff ist sehr weit gefasst und geht über die hier im Fokus stehenden denkmalgeschützten Gebäude deutlich hinaus. Grundsätzlich können folgende Denkmalkategorien unterschieden werden: Baudenkmale, Denkmalbereiche, Bodendenkmale, Gartendenkmale und bewegliche Denkmale. Unter den Begriff des Bodendenkmals fallen sämtliche bewegliche und unbewegliche Gegenstände, die sich im Boden befinden bzw. befanden. Gartendenkmale können historische Garten- und Parkanlagen, Friedhöfe sowie Alleen sein. Der Begriff des beweglichen Denkmals umfasst Kunstgegenstände, Münzen, Verkehrsmittel, Maschinen, Waffen, Bekleidung und vieles mehr. Entsprechend der Intention des vorliegenden Buches wird im Weiteren ausschließlich auf die Fragen des Denkmalschutzes bei Gebäuden eingegangen. Die anderen Denkmalarten werden vernachlässigt.

Die Legaldefinitionen des Denkmalbegriffs verlangen von einem Denkmal die Erfüllung zweier Voraussetzungen:

- Bedeutung
- Öffentliches Erhaltungsinteresse

Die Rechtsprechung hat für diese beiden Kriterien die Begriffe der Denkmalfähigkeit und der Denkmalwürdigkeit geprägt. Obwohl die beiden Bezeichnungen nicht den Denkmalschutzgesetzen entstammen, haben sie sich in der Fachsprache fest etabliert.

3.3.1 Denkmalfähigkeit

Ein Denkmal muss als erste Voraussetzung eine Bedeutung aufweisen, die es überhaupt schützenswert erscheinen lässt. Die Denkmalschutzgesetze definieren verschiedene Bedeutungskategorien, die ein Erhaltungsinteresse begründen können. Die wichtigsten Bedeutungskategorien, die einheitlich in den meisten Denkmalschutzgesetzen genannt werden, sind:

- Geschichtliche Bedeutung
- Künstlerische Bedeutung
- Wissenschaftliche Bedeutung
- Städtebauliche Bedeutung

Allerdings ist das Kriterium der Bedeutung nicht dahingehend fehl zu interpretieren, dass ausschließlich einzigartige, erstklassige oder hervorragende Objekte dem Denkmalschutz unterliegen. Um ein möglichst umfassendes Bild der Vergangenheit zu transportieren, müssen zahlreiche geschichtliche Zeugnisse erhalten sein. Dabei können besonders auch „einfachere" Gebäude, wie z. B. ländliche Wohn- und Wirtschaftsgebäude, geschichtliche Entwicklungen im Alltagsleben der Bevölkerung abbilden. Es wird explizit darauf hingewiesen, dass sich der heutige Denkmalbegriff nicht auf repräsentative Monumentalbauten beschränkt.

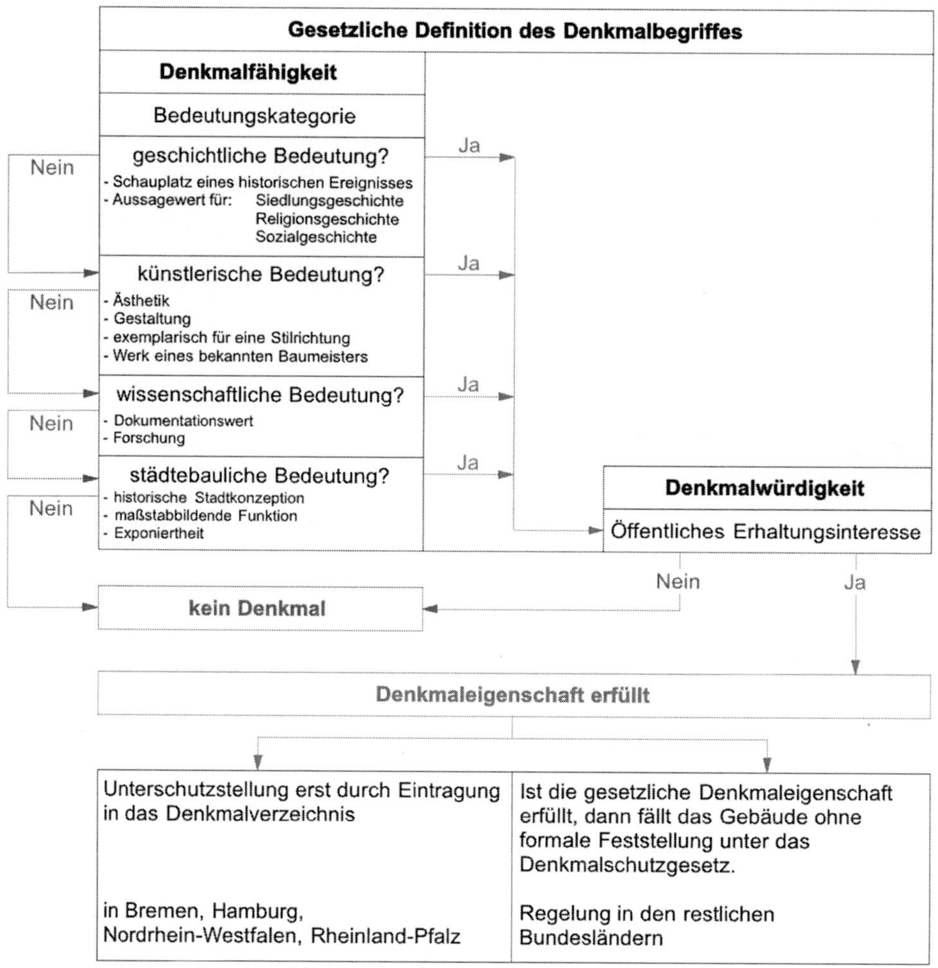

Bild 3-3 Begründung der Denkmaleigenschaft

Bedeutungskategorien

Das Merkmal der geschichtlichen Bedeutung wird erfüllt, wenn ein Objekt historische Ereignisse oder Entwicklungen anschaulich darstellen kann. Bei der Bewertung der geschichtlichen Bedeutung spielen ästhetische Gesichtspunkte keinerlei Rolle. Das wird durch ein Urteil des Sächsischen Oberverwaltungsgerichts bestätigt. Demzufolge sind für die geschichtliche Bedeutung allein der Aussage-, Erinnerungs- und Assoziationswert des betreffenden Gebäudes von Interesse. Auch als unschön oder sogar hässlich empfundene Gebäude können auf Grund ihrer geschichtlichen Aussagefähigkeit unter den Denkmalschutz fallen. Eine geschichtliche Bedeutung kann beispielsweise dadurch begründet werden, dass das Gebäude Schauplatz eines wichtigen geschichtlichen Ereignisses war (z. B. Paulskirche in Frankfurt, Geburts- oder Sterbehäuser wichtiger Persönlichkeiten). Des Weiteren kann die Bedeutung unter anderem auch im Aussagewert für die Siedlungsgeschichte (Haufendorf, Mühlenanlage, etc.), die Religionsgeschichte (Kirchen, Synagogen) oder die Sozialgeschichte (Schlösser, Bürgerhäuser, Arbeitersiedlungen) liegen.

Die künstlerische Bedeutung schlägt sich in einer gesteigerten ästhetischen und gestalterischen Qualität des Gebäudes nieder. Hierbei sind an einfachere und bescheidenere Bauwerke, wie beispielsweise ländliche Wohngebäude, selbstverständlich andere Maßstäbe anzulegen als an repräsentative Villen oder Schlösser. Die künstlerische Qualität eines Bauwerks kann sich im Gestaltungsreichtum der Fassade oder der Innenausstattung ausdrücken. Die geforderte Aussagefähigkeit kann auch darin begründet sein, dass das Gebäude exemplarisch für eine Stilrichtung ist oder es sich um das Werk eines bekannten Baumeisters, Architekten oder Ingenieurs handelt.

Die wissenschaftliche Bedeutung eines Gebäudes kann sich zum einen aus seinem Dokumentationswert ergeben, zum anderen kann es Gegenstand wissenschaftlicher Forschungsvorhaben sein. Dokumentarischen Wert besitzt ein Gebäude unter anderem, wenn es den Wissensstand einer bestimmten Epoche widerspiegelt. Aber auch die modellhafte oder erstmalige Bewältigung statischer oder baukonstruktiver Probleme kann Begründung für eine wissenschaftliche Bedeutung sein. Soll die wissenschaftliche Bedeutung mit einem Forschungsinteresse begründet werden, so muss ein hinreichend spezifiziertes Forschungsvorhaben erkennbar sein.

Prägt ein Gebäude einen Ort, einen Ortsteil oder auch nur eine Straße beziehungsweise einen Platz, so ist es von städtebaulicher Bedeutung. Monumentalbauten sind aus diesem Grund regelmäßig von städtebaulicher Bedeutung. Allerdings können auch weitaus unauffälligere Gebäude dieses Kriterium erfüllen. Städtebauliche Bedeutung liegt bereits dann vor, wenn ein Gebäude die historische städtebauliche Struktur oder eine historische Stadtkonzeption aufzeigen kann. Weiterhin kann ein Gebäude, welches in direkter Sichtbeziehung zu einem Denkmal steht, die geforderte Bedeutung aufweisen, wenn es eine maßstabbildende Funktion übernimmt. Dazu muss es in der Lage sein, historische Größenverhältnisse darzulegen, um beispielsweise die für frühere Verhältnisse beachtliche Größe eines bedeutenden Denkmals zu dokumentieren. Auch ein besonders exponiert stehendes und weithin sichtbares Gebäude kann diese Bedeutungskategorie erfüllen.

Die Landesdenkmalschutzgesetze enthalten teilweise weitere Bedeutungskategorien, die indes nicht denselben Stellenwert erreichen wie die bereits erläuterten. Die Denkmalfähigkeit eines Gebäudes kann ausschließlich mit den Bedeutungskategorien begründet werden, die explizit im entsprechenden Landesdenkmalschutzgesetz erwähnt sind. Ein Gebäude ist bereits dann denkmalfähig, wenn es eine einzige Bedeutungskategorie erfüllt. Die Bedeutung eines Gebäudes kann durch Vergleich mit anderen Gebäuden derselben Zweckbestimmung, derselben Epoche und derselben Gegend ermittelt werden. Dabei reicht es aus, wenn eine örtliche Bedeutung vorliegt. Die Bedeutung muss nicht von regionaler oder gar nationaler Reichweite sein.

Von entscheidender Bedeutung für Architekten und Planer ist, dass auch Gebäude aus der jüngeren Vergangenheit unter den Denkmalbegriff fallen können. Unumstritten ist dies bei Gebäuden aus der Nachkriegszeit bis circa 1960. Inzwischen sind auch Gebäude der siebziger und achtziger Jahre als Denkmale anerkannt, was in der Literatur zu einer kontroversen Diskussion geführt hat. Einige Denkmalschutzgesetze verlangen von Denkmalen ausdrücklich, dass sie aus „vergangener Zeit" und somit aus abgeschlossenen Epochen stammen müssen (z. B. „Bayerisches Denkmalschutzgesetz"). Doch auch diese Formulierung führt auf Grund ihrer Unbestimmtheit zu Unsicherheiten.

3.3.2 Denkmalwürdigkeit

Damit ein Gebäude als Denkmal zählt, muss zu dem Kriterium der Denkmalfähigkeit gleichzeitig auch noch die Denkmalwürdigkeit hinzutreten. Ein Gebäude ist denkmalwürdig, wenn ein öffentliches Erhaltungsinteresse besteht. Das bedeutet jedoch nicht, dass der Denkmalbegriff von der öffentlichen Meinung abhängig gemacht wird. Genauso wenig wird auf die Meinung des „gebildeten Durchschnittsmenschen" abgezielt. Das öffentliche Erhaltungsinteresse bestimmt sich vielmehr aus dem Wissens- und Kenntnisstand sachverständiger Kreise. Nach übereinstimmender Rechtsprechung verfügen die staatlichen Denkmalfachbehörden regelmäßig über das erforderliche Fachwissen.

Der Seltenheitswert eines Gebäudetypus spielt bei der Beurteilung des öffentlichen Erhaltungsinteresses eine gewichtige Rolle. Allerdings ist die Seltenheit keine zwingende Voraussetzung. Daraus kann nicht gefolgert werden, dass nur die letzten verbleibenden Zeugen einer Epoche geschützt werden sollen. Vielmehr ist es im öffentlichen Interesse, eine möglichst große Bandbreite an geschichtlichen Zeugnissen zu erhalten, um einen umfassenden Einblick in die geschichtliche Entwicklung sicherzustellen. Das Merkmal der Seltenheit verliert immer dann an Einfluss, wenn die Aussagekraft gerade durch das Vorhandensein mehrerer gleichartiger Denkmale gesteigert wird.

Bei der Entscheidung über die Denkmaleigenschaft eines Gebäudes kommt es nur auf die beiden Kriterien Denkmalfähigkeit und Denkmalwürdigkeit an. Der Erhaltungszustand des Gebäudes, die Höhe der Instandhaltungs- oder Instandsetzungskosten, die Nutzbarkeit, die Zumutbarkeit, die Interessen des Denkmaleigentümers oder andere Fragen außerhalb der rechtlichen Denkmaldefinition spielen keinerlei Rolle. Es findet auch keine Abwägung mit anderen öffentlichen Belangen (z. B. Straßenbau, Eisenbahnverkehr) statt. Auf dieser Ebene wird ausschließlich darüber entschieden, ob ein Gebäude die rechtlichen Denkmalvoraussetzungen, also die Kombination aus Bedeutung und öffentlichem Erhaltungsinteresse, erfüllt oder nicht. Eine Entscheidung darüber, wie im weiteren Verlauf mit dem Denkmal verfahren wird, findet erst auf der Stufe des Genehmigungsverfahrens statt. Erst auf dieser zweite Stufe findet eine Interessenabwägung statt.

3.3.3 Einzeldenkmal, Ensemble, Teile von Gebäuden

Die Mehrheit der Denkmalschutzgesetze sieht vor, dass Sachen, Sachgesamtheiten und Teile von Sachen die Denkmaleigenschaft erfüllen können. Erfüllt eine einzelne Sache, also hier im Zusammenhang ein einzelnes Bauwerk in seiner Gesamtheit, den Denkmalbegriff, so spricht man von einem Einzeldenkmal.

Ein Ensemble besteht definitionsgemäß aus mehreren Gebäuden. Diese Gebäude müssen in einem Bedeutungszusammenhang stehen. Das heißt, sie müssen als Gesamtheit eine der Bedeutungskategorien des entsprechenden Denkmalschutzgesetzes erfüllen. Die Denkmalfähigkeit und die Denkmalwürdigkeit müssen somit nicht durch jedes einzelne Gebäude erfüllt werden, sondern durch die Gesamtheit der Gebäude. Die besondere Aussagekraft der Gebäudemehrheit ergibt sich demnach erst aus dem Zusammenspiel der Einzelgebäude. In einigen Ländern ist der Ensemblebegriff nur dann erfüllt, wenn mindestens eines der Einzelgebäude auch für sich genommen die Denkmaleigenschaft erfüllt. Durch das Ensemble wird die gesetzliche Möglichkeit geschaffen, nicht nur einzelne Gebäude, sondern ganze Straßenzüge, Plätze oder Ortsteile unter Schutz zu stellen. Innerhalb eines Ensembles existieren keine rechtlichen Lücken, das heißt sämtliche Gebäude des Ensembles fallen unter den Schutz des Gesetzes und werden selbst zum Denkmal. Wird beispielsweise ein kompletter Platz als Ensemble definiert, gelten die Bestimmungen der Denkmalschutzgesetze auch für die neueren und wenig bedeutenden Gebäude des Platzes. Sogar die als störend oder hässlich empfundenen Gebäude des Platzes stehen dann unter Denkmalschutz. In den Landesdenkmalschutzgesetzen werden synonym zu dem Begriff des Ensembles auch die Begriffe „Denkmalbereich", „Denkmalzone", „Gesamtanlage", „Gruppe baulicher Anlagen" und „Sachgesamtheit" verwendet.

Prinzipiell ermöglichen die Denkmalschutzgesetze auch die Unterschutzstellung einzelner Bestandteile eines Gebäudes. Allerdings ist es nicht möglich, zum Beispiel nur die Fassade eines sonst komplett erhaltenen Gebäudes unter Schutz zu stellen. Diese Möglichkeit ist erst bei einem vollständig entkernten Gebäude gegeben, bei dem die Fassade den einzigen historischen Rest darstellt. Weiterhin ist denkbar, ein erhaltenes Portal eines im Krieg zerstörten Hauses unter Denkmalschutz zu stellen, wenn es später in ein ansonsten unbedeutendes Gebäude integriert wurde. Folglich ist es nur möglich, einen Teil eines Gebäudes unter Schutz zu stellen, wenn dieser mit dem Rest in keinem bedeutenden und aussagekräftigen Zusammenhang steht.

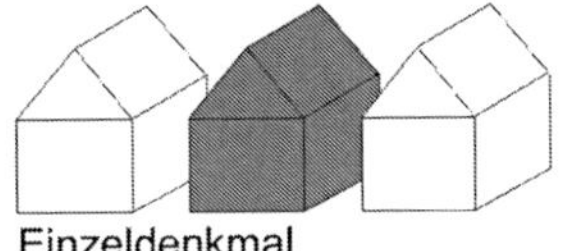

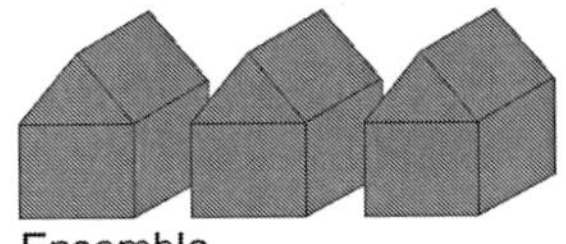

Bild 3-4 Denkmalkategorien

3.3.4 Unterschutzstellung

Die deutschen Denkmalschutzgesetze unterscheiden sich ganz grundlegend darin, ab welchem Moment ein Denkmal unter dem Schutz des Gesetzes steht. Es existieren zwei unterschiedliche Prinzipien:

Eintragungsprinzip

Nach dem Eintragungsprinzip ist ein Gebäude erst dann durch das Gesetz geschützt, wenn es die gesetzliche Denkmaleigenschaft erfüllt und zusätzlich durch einen hoheitlichen Eintragungsakt in das Denkmalverzeichnis aufgenommen wird. Vor der Eintragung in das Denkmalverzeichnis ist der Eigentümer des Denkmals anzuhören. Das bedeutet aber nicht, dass dem Eigentümer nur die Gelegenheit zur Äußerung gegeben wird. Sein Vorbringen muss inhaltlich ernsthaft in Erwägung gezogen werden und sich auch in der Begründung der Entscheidung niederschlagen. Zudem muss ihm anschließend ein Eintragungsbescheid überantwortet werden. Widerspricht der Eigentümer nicht innerhalb der gesetzlichen Frist, wird die Eintragung bestandskräftig. Reicht der Eigentümer Klage ein, ist das Gebäude erst nach Durchlaufen des Gerichtsverfahrens und der letztinstanzlichen Bestätigung der Denkmaleigenschaft als Denkmal zu behandeln. Das Eintragungsprinzip wird gleichbedeutend als konstitutives und formelles System bezeichnet. Es ist in den Denkmalschutzgesetzen der Länder Bremen, Hamburg, Nordrhein-Westfalen und Rheinland-Pfalz umgesetzt.

Generalklauselprinzip

In den restlichen Bundesländern gilt das Generalklauselprinzip. Alle Gebäude, die die gesetzliche Denkmaldefinition erfüllen, stehen unter Schutz. Es bedarf keiner formalen Feststellung der Denkmaleigenschaft durch die Denkmalbehörden. Die im Denkmalschutzgesetz vorgesehenen Rechte und Pflichten der Eigentümer bestehen auch dann, wenn das entsprechende Gebäude nicht im Denkmalverzeichnis eingetragen ist. Eine Eintragung in das Denkmalverzeichnis hat beim Prinzip der Generalklausel ausschließlich Informationscharakter und keine rechtsbegründende Wirkung. Der Eigentümer erhält nach Eintragung seines Gebäudes in das Denkmalverzeichnis ein Benachrichtigungsschreiben. Mit dem Schreiben und der Aufnahme in das Denkmalverzeichnis ist aber nicht zwangläufig geklärt, ob es sich bei dem Gebäude tatsächlich auch um ein Denkmal handelt. Beim Generalklauselprinzip wird eine rechtlich verbindliche Feststellung der Denkmaleigenschaft erst durch eine verwaltungsrechtliche Verfügung (Erlaubnis, Versagung, Erhaltungsanordnung) getroffen. Wird ein Gebäude im Denkmalverzeichnis geführt und ist bis dahin keine verwaltungsrechtliche Verfügung ergangen, dann ist die Denkmaleigenschaft noch nicht verbindlich geklärt. Verstößt ein Denkmaleigentümer, dessen Gebäude nicht im Denkmalverzeichnis geführt ist, gegen das Denkmalschutzgesetz, so kann er sich nicht zwangsläufig auf seine Unwissenheit berufen. Laut Verwaltungsgerichtshof Baden-Württemberg (BWVGH) kann sich auch einem Laien die Denkmaleigenschaft derart aufdrängen, dass ihm zugemutet werden kann, bei den zuständigen Denkmalschutzbehörden eine Auskunft über die Erlaubnisbedürftigkeit einzuholen. Das Generalklauselprinzip wird synonym auch als nachrichtliches beziehungsweise materielles System bezeichnet.

3.3.5 Denkmalbehörden

Denkmalschutzbehörden

Die hierarchische Organisationsstruktur der Denkmalschutzbehörden unterscheidet sich zwischen den Bundesländern zum Teil erheblich. Ein Großteil der Flächenländer hat sich für einen dreistufigen Aufbau entschieden:

- Oberste Denkmalschutzbehörde

- Obere bzw. Höhere Denkmalschutzbehörden

- Untere Denkmalschutzbehörden

Diese Organisationsstruktur ist in Baden-Württemberg, Bayern, Nordrhein-Westfalen, Rheinland-Pfalz, Sachsen, Sachsen-Anhalt, Schleswig-Holstein und Thüringen umgesetzt. Ein zweistufiger Aufbau ist in Berlin, Brandenburg, Bremen, Hessen, Mecklenburg-Vorpommern und Niedersachsen realisiert. Hierbei wird auf die Oberen bzw. Höheren Denkmalschutzbehörden verzichtet. In Hamburg und im Saarland ist der Verwaltungsaufbau sogar nur einstufig. Das bedeutet, dass nur eine einzige Denkmalschutzbehörde existiert.

In den mehrstufigen Systemen sind die Unteren Denkmalschutzbehörden für den Vollzug der Denkmalschutzgesetze verantwortlich. Sie treten gegenüber den Denkmaleigentümern auf und sind für Entscheidungen bei Denkmalfragen zuständig. Die Unteren Denkmalschutzbehörden sind in der Regel Teil der allgemeinen unteren Verwaltungsbehörden der Landkreise und kreisfreien Städte. Sie sind somit bei den Landratsämtern beziehungsweise Stadtverwaltungen angesiedelt. Nordrhein-Westfalen weicht von dieser Zuordnung ab und weist den Gemeinden die Zuständigkeit als Untere Denkmalschutzbehörde zu. In Bayern, Sachsen, Sachsen-Anhalt und Thüringen können auch kreisangehörige Gemeinden mit hohem Denkmalbestand unter bestimmten Voraussetzungen als Untere Denkmalschutzbehörde fungieren.

Sofern die Länder einen dreistufigen Verwaltungsaufbau vorsehen, übernehmen die Oberen Denkmalschutzbehörden die Fachaufsicht über die Unteren. Sie sind die zuständigen Widerspruchsbehörden gegen die Bescheide der Unteren Denkmalschutzbehörden. Grundsätzlich wird die zuständige Widerspruchsbehörde in jedem ergehenden Bescheid benannt. Sie sind bei den Regierungspräsidien beziehungsweise den Bezirksregierungen der Länder angesiedelt.

Die Oberste Denkmalschutzbehörde übernimmt hauptsächlich Lenkungsaufgaben und ist für gesetzgeberische Belange, Entwürfe von Verordnungen und den Erlass von Ausführungsbestimmungen zuständig. Sie ist in den meisten Ländern organisatorisch dem für Kultur zuständigen Landesministerium zugeordnet. Einige Länder haben diese Aufgabe auch dem Landesministerium für Inneres oder dem Bauministerium überantwortet. Die Denkmaleigentümer beziehungsweise die ausführenden Planer oder Firmen kommen im dreigliedrigen Verwaltungssystem in aller Regel nicht mit der Obersten Denkmalschutzbehörde in Kontakt.

Denkmalfachbehörden

Vom prinzipiellen Gedanken her sind die Denkmalschutzbehörden für den Vollzug der Denkmalschutzgesetze verantwortlich, während die Denkmalfachbehörden eine beratende Funktion übernehmen. Sie sollen die primär administrativ tätigen Denkmalschutzbehörden in fachlicher Hinsicht unterstützen. Allerdings verfügen die Denkmalfachbehörden nicht selbst über die hoheitlichen Instrumente, ihre Auffassung gegen den Willen des Denkmaleigentümers durchzusetzen. Vielmehr ist deren fachliche Auffassung regelmäßig Grundlage für die Verwaltungsakte (Genehmigungen, Versagungen, Bescheide) der Unteren Denkmalschutzbehörden.

Die Denkmalfachbehörden verfügen über fundiertes Fachwissen zu den Fragen des Denkmalschutzes und der Denkmalpflege. Auf Grund dieses Sachverstandes sind sie unter anderem für die Anfertigung von denkmalspezifischen Stellungnahmen und Gutachten zuständig. Diese Gutachten können sich zum Beispiel auf den baulichen Zustand eines Denkmals, notwendige Erhaltungsmaßnahmen oder auch Empfehlungen von denkmalverträglichen Materialien beziehen. Die Denkmalfachbehörden übernehmen grundsätzlich die Beurteilung der Denkmalfähigkeit und -würdigkeit eines Gebäudes. Die Verwaltungsakte, durch die die Denkmaleigenschaft dann verbindlich festgelegt wird (Eintragungsbescheid bzw. Erlaubnis, Versagung), werden allerdings durch die Unteren Denkmalschutzbehörden erlassen. Des Weiteren ist eine der Hauptaufgaben der Denkmalfachbehörde, bei den Erlaubnisverfahren mitzuwirken und die Denkmalverträglichkeit von geplanten Maßnahmen zu beurteilen. Wie weit der Einfluss der Denkmalfachbehörden in den Erlaubnisverfahren reicht, ist länderspezifisch unterschiedlich. In einigen Ländern muss die zuständige Denkmalschutzbehörde nur im Benehmen mit der Denkmalfachbehörde über die Erlaubnis entscheiden. Das bedeutet, dass der Denkmalfachbehörde nur die Gelegenheit zu einer unverbindlichen Stellungnahme gegeben wird. Andere Länder sehen vor, dass die Denkmalschutzbehörde im Einvernehmen mit der Denkmalfachbehörde, also mit deren Zustimmung entscheiden muss. Des Weiteren ist es Aufgabe der Denkmalfachbehörde, Konservierungs- und Restaurierungsarbeiten fachlich zu betreuen. Zudem sollen sie die Denkmale systematisch erfassen und die Eigentümer, insbesondere beim Generalklauselprinzip, auf die Denkmaleigenschaft ihres Gebäudes hinweisen.

Von wesentlicher Bedeutung ist, dass die Denkmalfachbehörden nicht nur die Denkmalschutzbehörden beraten und unterstützen sollen, sondern auch die Denkmaleigentümer. Diese Aufgabe hat weitreichende Auswirkungen auf die denkmalgerechte Erhaltung von Gebäuden. Die Denkmaleigentümer leisten einen wesentlichen Beitrag zur Denkmalpflege. Durch einen regen Kontakt beim Bauherrn kann das Bewusstsein und das Verständnis für denkmalspezifische Probleme geschaffen beziehungsweise geschärft werden. Dies steigert die Akzeptanz bei den Eigentümern und deren Bereitschaft, sich konstruktiv am Prozess der Denkmalpflege zu beteiligen. Wird die Denkmalfachbehörde frühzeitig in die Planung von Umbau- und Renovierungsmaßnahmen einbezogen, lassen sich kostspielige Fehlplanungen vermeiden.

Die grundsätzliche Aufteilung der hoheitlichen Vollzugsaufgaben und der Beratungstätigkeiten zwischen Denkmalschutz- und Denkmalfachbehörden wird in einigen Landesgesetzen durchbrochen. Hier werden den Fachbehörden zusätzlich Verwaltungsaufgaben übertragen. Den Denkmalfachbehörden steht keinerlei Weisungsbefugnis gegenüber den Unteren Denkmalschutzbehörden zu. Schleswig-Holstein stellt in dieser Hinsicht eine Ausnahme dar. Dort übernimmt die Denkmalfachbehörde gleichzeitig auch noch die Funktion der Oberen Denkmalschutzbehörde. Somit übt sie die Fachaufsicht über die Unteren Denkmalschutzbehörden aus, denen sie dem Prinzip nach nur beratend zur Seite stehen soll.

3.3.6 Genehmigungsverfahren

Die Denkmaleigenschaft eines Gebäudes zieht kein absolutes Veränderungsverbot nach sich, allerdings löst sie eine Genehmigungspflicht für Maßnahmen an denkmalgeschützten Gebäuden aus. Bei der Genehmigungspflicht handelt es sich um ein vorbeugendes Veränderungsverbot mit Erlaubnisvorbehalt. Das soll den Denkmalschutzbehörden ermöglichen, die Denkmalverträglichkeit geplanter Maßnahmen im Voraus zu überprüfen. Die Zuständigkeit für die denkmalrechtliche Genehmigung liegt im Regelfall bei der Unteren Denkmalschutzbehörde. Die Denkmalschutzgesetze der Länder verwenden in diesem Zusammenhang die Begriffe Genehmigung, Erlaubnis und Befreiung gleichbedeutend.

Das Genehmigungsverfahren ist ein mitwirkungsbedürftiger Verwaltungsakt im Sinne des § 35 Verwaltungsverfahrensgesetz (VwVfG). Mitwirkungsbedürftig bedeutet, dass bei der Unteren Denkmalschutzbehörde ein schriftlicher Antrag auf Genehmigung gestellt werden muss und die Genehmigung nicht von Amts wegen ohne einen Antrag erteilt werden kann.

Genehmigungspflichtige Tatbestände

Prinzipiell sind sämtliche Veränderungen an einem Denkmal genehmigungspflichtig. Der Begriff „Veränderung" wird in der denkmalpflegerischen Praxis und der Rechtsprechung sehr weit ausgelegt. Nach Beschluss des Bayerischen Obersten Landesgerichts ist sogar die Neutünchung der Außenfassade eines denkmalgeschützten Gebäudes mit derselben Farbe, welche durch die Denkmalschutzbehörde bereits in einem früheren Verfahren genehmigt wurde, eine genehmigungspflichtige Veränderung. Somit sind nicht nur Maßnahmen, die das Erscheinungsbild oder die Qualität eines Gebäudes verändern, genehmigungspflichtig, sondern alle Maßnahmen, die den gegenwärtigen Zustand eines Denkmals in irgendeiner Weise abändern. Als Folge dessen ist auch das Eindecken eines schadhaften Daches genehmigungspflichtig. Ebenfalls unter die Verfahrenspflicht fallen fachgerecht geplante Konservierungs- oder Reparaturarbeiten. Auch Maßnahmen, die von außen nicht sichtbar sind, wie zum Beispiel das Anbringen einer Innendämmung oder die Installation einer neuen Heizungsanlage bedürfen einer denkmalrechtlichen Genehmigung. Im Sinne der Energieeinsparung und Nachhaltigkeit geplante Solaranlagen sind genehmigungsbedürftig und können verweigert werden, wenn gewichtige Gründe des Denkmalschutzes entgegenstehen. Gebäude eines Ensembles, die selbst nicht die Merkmale eines Einzeldenkmals erfüllen, dürfen nicht ohne entsprechende Genehmigung verändert werden. Allerdings entfällt hier die Genehmigungspflicht für Maßnahmen, die das äußere Erscheinungsbild nicht verändern.

Antragsunterlagen

Die Antragsunterlagen müssen in dem Sinne vollständig sein, dass den Behörden ermöglicht wird, die Denkmalverträglichkeit und damit die Genehmigungsfähigkeit zweifelsfrei festzustellen. Welche Unterlagen das im Einzelfall sind, sollte im Voraus mit der zuständigen Denkmalschutzbehörde abgestimmt werden. In der Regel werden in unterschiedlicher Ausführlichkeit die Beschreibung des Denkmals, Beschreibung der geplanten Maßnahmen, Bestandspläne, Ausführungspläne, gegebenenfalls Untersuchungen über die physikalischen oder sonstigen Auswirkungen auf den Bestand sowie auch Fotomontagen der Veränderungen benötigt. Die Kosten für die erforderlichen Unterlagen sind von dem Antragsteller als Veranlasser in vollem Umfang zu tragen. Auf die Zumutbarkeit kommt es nicht an.

Sind die eingereichten Unterlagen unvollständig oder unrichtig, dann ist der Antrag formell und materiell nicht entscheidungsreif. In diesem Fall hat die Behörde vier Möglichkeiten, weiter zu verfahren. Sie kann die fehlenden Dokumente formlos nachfordern, die Entscheidung aussetzen, den Antrag mangels Entscheidungsreife ablehnen oder eine Genehmigung mit Nebenbestimmungen erlassen. Die Nebenbestimmungen müssen dann aber in der Lage sein, die Denkmalverträglichkeit des Vorhabens sicherzustellen.

Entscheidungsfindung

Eine Maßnahme ist aus denkmalschutzrechtlicher Sicht nur dann genehmigungsfähig, wenn sie denkmalverträglich ist oder wenn in Ausnahmefällen öffentliche oder private Belange von so überwiegender Bedeutung sind, dass der Denkmalschutz in den Hintergrund tritt. Die Genehmigung muss grundsätzlich erteilt werden, wenn das Vorhaben dem Denkmalschutzgesetz entspricht. Je geringer die Eingriffe in die denkmalrelevante Substanz eines Gebäudes ausfallen, desto wahrscheinlicher ist die Erteilung der denkmalschutzrechtlichen Genehmigung.

Die Denkmalverträglichkeit wird von der Unteren Denkmalschutzbehörde im Benehmen beziehungsweise im Einvernehmen mit der Denkmalfachbehörde geprüft. Die Abwägung zwischen den Erfordernissen des Denkmalschutzes und den öffentlichen und privaten Belangen ist alleinige Aufgabe der Unteren Denkmalschutzbehörde. Wie alle Gesetze sind auch die Denkmalschutzgesetze abstrakt formuliert. Sie enthalten keine inhaltlich bestimmten Entscheidungsparameter, die eindeutig festlegen, in welchen Fällen entgegen einer nicht erfüllten Denkmalverträglichkeit Vorhaben zu erlauben sind. Das liegt im Ermessen der jeweiligen Denkmalschutzbehörde. Das Ermessen bedeutet allerdings nicht, dass die Behörde bei der Entscheidung eine Wahlfreiheit hat. Vielmehr muss sie pflichtgemäß unter Berücksichtigung der besonderen Umstände des Einzelfalls das Für und Wider abwägen.

Öffentliche Belange, die in die Abwägung einfließen können, sind unter anderem Gründe des Naturschutzes, des Verkehrs oder der besseren Versorgung der Bevölkerung. Private Belange können nur in Ausnahmefällen Berücksichtigung finden. Insbesondere ist eine Genehmigung zu erteilen, wenn ansonsten die Privatnützigkeit des Gebäudes verlorengehen würde. Das ist der Fall, wenn ohne Genehmigung eine sinnvolle Nutzung des Gebäudes oder ein Verkauf nicht möglich wäre. In die Abwägung müssen zudem auch folgende Punkte mit einbezogen werden: Bedeutung des Denkmals, Seltenheit, weiterführende Nutzungsmöglichkeiten bei unverändertem Fortbestand, Alternativlösungen. Unberücksichtigt innerhalb des Abwägungsprozesses bleiben regelmäßig ein schlechter Erhaltungszustand des Denkmals, insbesondere wenn er aus unterlassener Instandhaltung durch den Eigentümer resultiert. Genauso wenig finden Rendite- oder Gewinnabsichten des Eigentümers Eingang in das Verfahren.

Prinzipiell kann die Genehmigung versagt, mit Nebenbestimmungen oder uneingeschränkt erteilt werden. Plant die Behörde, die Genehmigung zu versagen, dann muss dem Antragsteller vor Erlass die Gelegenheit zur Stellungnahme bekommen. Die Genehmigung bedarf der Schriftform. Darin müssen alle Gesichtspunkte erläutert werden, die in den Abwägungsprozess eingeflossen sind und die die Entscheidung beeinflusst haben.

Nebenbestimmungen

Nebenbestimmungen sollen sicherstellen, dass im Antrag unberücksichtigte Genehmigungsvoraussetzungen durch den Antragsteller erfüllt werden. Sie können durch die Behörden in Form von Bedingungen oder Auflagen formuliert werden. Sie schieben das Wirksamwerden der Genehmigung so lange auf, bis die Bedingungen vollständig erfüllt sind. Bedingungen sind demzufolge auf solche Fälle begrenzt, bei denen die Nebenbestimmungen überhaupt vor der Ausführung erfüllt werden können (zum Beispiel vor Beginn der Maßnahme Durchführung einer Farbbefunduntersuchung). Eine Auflage stellt im Gegensatz dazu einen selbstständigen Verwaltungsakt dar. Die Genehmigung ist nicht von der Erfüllung der Auflage abhängig. Auflagen kommen zur Anwendung, wenn mit der Ausführung begonnen werden muss, bevor die Nebenbestimmung erfüllt werden kann. Das trifft zum Beispiel zu, wenn nach der Sanierung der Fassade eines Denkmals diese mit einer speziellen Farbe versehen werden soll. Durch Auflagen kann auch die Verwendung bestimmter Materialien angeordnet werden. Beachtet der Antragsteller nach Beginn der Ausführung eine Auflage nicht, so begeht er eine bußgeldpflichtige Ordnungswidrigkeit. Die Nichtbeachtung kann zum Widerruf der denkmalschutzrechtlichen Genehmigung führen. Des Weiteren steht den Behörden zu, die Auflagen durch Verwaltungszwang (zum Beispiel Zwangsgelder) durchzusetzen.

Bei dem Genehmigungsverfahren und der Formulierung von Nebenbestimmungen müssen die Behörden das Prinzip der Zumutbarkeit beachten. Demnach sind nur solche Nebenbestimmungen rechtmäßig, die dem Antragsteller auch zumutbar sind. Eine wichtige Rolle spielt dabei die Wirtschaftlichkeit einer Anordnung. Bei der Zumutbarkeitsprüfung sind nicht die Gesamtkosten eines Vorhabens zu berücksichtigen, sondern ausschließlich die durch den denkmalpflegerischen Mehraufwand unbedingt entstehenden Kosten. Dann ist zu überprüfen, ob dieser Mehraufwand dem Antragsteller zumutbar ist. Bei der Beurteilung der Zumutbarkeit sind auch Zuwendungen, steuerliche Vorteile oder Ausgleichsleistungen, die dem Antragsteller gewährt werden, einzubeziehen. Zudem kommt es bei der Zumutbarkeit nicht nur auf objektive, sondern auch auf subjektive Faktoren an. Demnach ist denkmalpflegerischer Aufwand auch den Einkommens- und Vermögensverhältnissen des Antragstellers gegenüberzustellen. Allerdings müssen die Behörden hierbei abwägen, was ein vernünftiger Eigentümer bei den gegebenen Umständen und den steuerlichen Vorteilen an Mehraufwand leisten würde. Darüber hinausgehende Forderungen sind unzumutbar. Wird nach Berücksichtigung all dieser Aspekte die Zumutbarkeit immer noch verneint, so besteht noch die Möglichkeit der Herbeiführung der Zumutbarkeit durch die Behörden. Dabei kommen unter anderem folgende die Reduzierung der denkmalschützerischen Anforderungen, Zurückstellung aufschiebbarer Maßnahmen oder das Angebot der Übernahme des Eigentums durch die öffentliche Hand in Betracht.

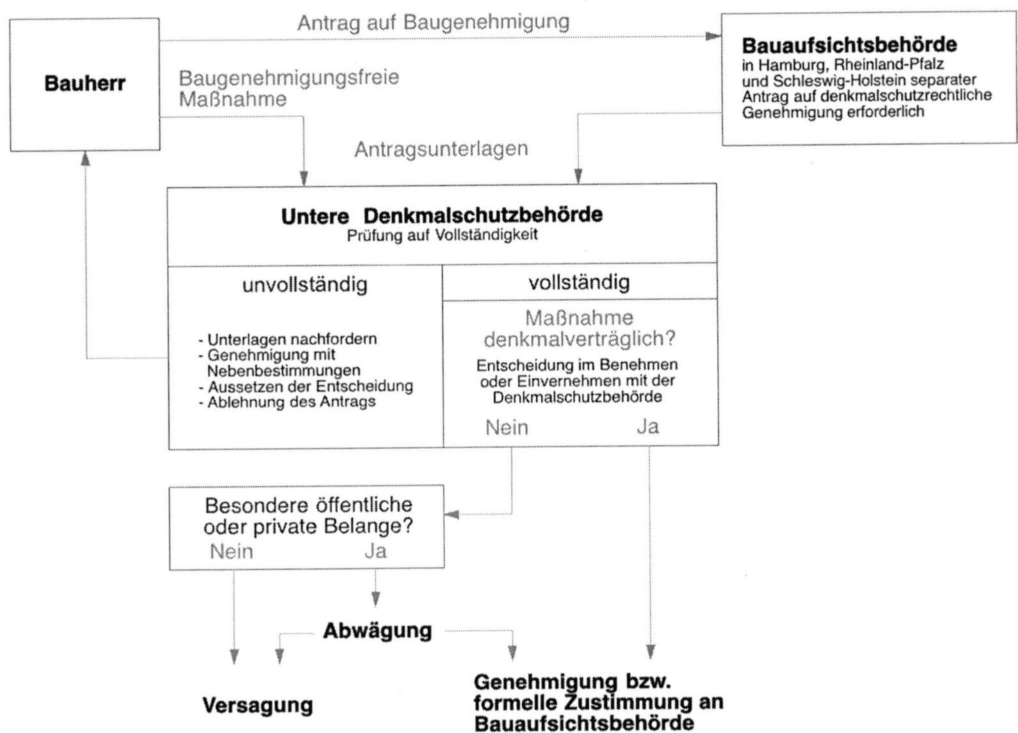

Bild 3-5 Verfahrensablauf für Baumaßnahmen an Baudenkmalen

Baugenehmigung

Mit Ausnahme von Hamburg, Rheinland-Pfalz und Schleswig-Holstein ist bei Maßnahmen, die eine Baugenehmigung oder bauordnungsrechtliche Zustimmung benötigen, kein gesonderter Antrag auf denkmalschutzrechtliche Genehmigung erforderlich. In diesen Fällen schließt die Baugenehmigung beziehungsweise die bauordnungsrechtliche Genehmigung die denkmalschutzrechtliche Genehmigung ein. Im Außenverhältnis entscheidet die Bauaufsichtsbehörde gegenüber dem Antragsteller alleine. Im Innenverhältnis durchläuft der Antrag zwei vollständig getrennte Genehmigungsverfahren. Die Bauaufsichtsbehörde informiert die zuständige Untere Denkmalschutzbehörde. Sie entscheidet dann unabhängig über die Denkmalverträglichkeit der beantragten Maßnahme. Die Bauaufsichtsbehörde entscheidet über die Einhaltung sämtlicher sonstiger öffentlich-rechtlicher Vorschriften. Die Denkmalschutzbehörde muss der Bauaufsichtsbehörde die formelle Zustimmung erteilen, die an die Stelle der denkmalrechtlichen Genehmigung tritt. Erst dann kann die Bauaufsichtsbehörde die Genehmigung durch einen einheitlichen Verwaltungsakt erteilen oder versagen. Anfechtungsgegner in einem möglichen Streitverfahren ist immer die Behörde, die den Verwaltungsakt erlassen hat, also die Bauaufsichtsbehörde und nicht die Untere Denkmalbehörde.

Energetische Maßnahmen

Für die denkmalpflegerische Bewertung von energetischen Maßnahmen lassen sich aus der exemplarischen Rechtsprechung einige Grundsätze und das Verhältnis zur konkurrierenden Gesetzgebung ableiten – universelle Lösungen existieren jedoch nicht. Bei einem zentralen Eckpfeiler der Urteilsbegründung herrscht jedoch Einstimmigkeit: Es existiert kein Vorrang des Staatsziels Umweltschutz gemäß Artikel 20a des Grundgesetzes vor dem Denkmalschutz. Vielmehr stärken die Verwaltungsgerichte die Belange des Denkmalschutzes.

Ein immer wiederkehrendes Thema ist die äußere Wärmedämmung von erhaltenswerten Fassaden. Gerichte lehnen die Maßnahme aber regelmäßig ab, weil sie das äußere Erscheinungsbild erheblich und dauerhaft beeinträchtigt. Als Alternative dient dann häufig eine Innendämmung, die zu höheren Kosten und zu einer verkleinerten Nutzfläche führen kann. Aufgrund der Sozialbindung des Eigentums muss der Besitzer im zumutbaren Rahmen diese wirtschaftlichen Nachteile akzeptieren. Das gilt sowohl für die Kosten der Errichtung als auch für die entstehenden Folgekosten während der Nutzung. Dabei stellt sich jedoch die Definition der zumutbaren Eigenbeteiligung als problematisch heraus.

Bild 3-6 Einfluss einer Sanierung auf das äußere Erscheinungsbild (Quelle: Max von Trott)

Ähnliches gilt auch für den Umgang mit historischen Fenstern. Vorrang hat der Erhalt oder gegebenenfalls ein originalgetreuer Nachbau. Die Verwendung von Kunststofffenstern oder die Reduktion von Doppelkastenfenstern zu Einfachfenstern stellen aus denkmalpflegerischer Sicht keine Alternative dar, obwohl sich solche Lösungen oftmals in der Baupraxis beobachten lassen. Erst wenn sich durch zusätzliche Dichtungen oder eine Isolierverglasung des inneren Flügels keine erträglichen schall- und wärmeschutztechnischen Zustände einstellen, kann über die denkmalpflegerischen Belange hinweggegangen werden.

Besonders kritisch erweist sich die Bewertung von Solartechnik im Zuge eines denkmalrechtlichen Genehmigungsverfahrens. Der Anspruch auf eine Genehmigung besteht nur, wenn das Erscheinungsbild des Denkmals im Rahmen des spezifischen Denkmalwertes nicht erheblich beeinträchtigt wird. Die juristische Abwägung zwischen Denkmalschutz und Eigentümerinteressen muss die Aspekte des Erneuerbare-Energien-Gesetzes und des Staatsziels Umweltschutz beinhalten. Wirtschaftliche Vorteile alleine reichen nicht aus, um die denkmalschutzrechtlichen Belange zu überwiegen.

3.4 Handlungsmethodik und Konzepte

Prinzipiell scheinen das Bauen am Denkmal im Allgemeinen und im Speziellen die Maßnahmen zur Energieeffizienz im Widerspruch zur klassischen Denkmalpflege im Sinne von Dehio oder Riegl zu stehen. Jedoch lassen sich im praktischen Alltag Baumaßnahmen am Denkmal nicht verhindern. Wie in der Vergangenheit kommt es an historischen Bauwerken im Laufe der Zeit immer wieder zu baulichen Veränderungen. Im Rahmen von Revitalisierungen oder Umnutzungen erfolgen zwangsläufig Eingriffe in die originale Bausubstanz, die über das reine Konservieren oder Instandhalten hinausgehen. Diese Tatsache stellt Architekten und Denkmalpfleger gleichermaßen vor eine große Herausforderung.

Das grundsätzliche Vorgehen bei Maßnahmen am Baudenkmal hängt von der Größe der geplanten Arbeiten ab. Kleinere Maßnahmen können sicherlich auch ohne eine intensive Bestandsuntersuchung erfolgen. Bei energetischen Maßnahmen im größeren Umfang sollten folgende Grundsatzschritte im Vorfeld erfolgen:

- Bestandsaufnahme

- Bestandsbewertung

- Konzeptentwicklung

Der Ausgangspunkt jeglicher Maßnahmen sollte eine intensive baukonstruktive Analyse und die Dokumentation der Bausubstanz bilden. Aus der Bestandsaufnahme und Bewertung leiten sich alle wesentlichen Parameter zur denkmalgerechten Lösung ab. Die Umsetzung ist bei einem Altbau und erst recht bei einem Denkmal naturgemäß komplexer als bei einem Neubau. Standardisierte Lösungsansätze erweisen sich dabei in der Regel als unzweckmäßig. Vielmehr muss ein auf den Zustand des Bestandes ausgerichtetes und unter Berücksichtigung von denkmalpflegerischen Aspekten individuelles Konzept zum Einsatz kommen. Eine Hilfestellung für die Bestandsbewertung gibt das Kapitel „Baukonstruktiver Bestand".

Wie alle wissenschaftliche Disziplinen bedient sich auch die Denkmalpflege festgelegter Methoden im Umgang mit Baudenkmalen. In erster Linie zählen das Konservieren, Restaurieren und Rekonstruieren zu den denkmalpflegerischen Mitteln. Im Zusammenhang mit energetisch motivierten Maßnahmen fallen aber auch vielfach Begriffe wie „Modernisierung", „Instandsetzung" und „Sanierung". Häufig werden jedoch die denkmalpflegerischen Methoden und die Bezeichnungen des Bauwesens falsch oder ungenau verwendet. Das birgt die Gefahr von Missverständnissen zwischen Eigentümern, Behörden, Planern oder Medien. Aus diesem Grund folgt im Weiteren eine Definition der wichtigsten Begriffe und Methoden.

3.4.1 Methoden

Konservieren

Der Begriff „Konservierung" stammt aus dem Lateinischen „conservare" und bedeutet „erhalten, bewahren". Das oberste Ziel ist die Sicherung des aktuellen, gegebenenfalls schadhaften Zustandes, um weiteren Substanzverlusten zu begegnen. Es geht dabei nicht um eine ästhetische Verbesserung, indem Teile ergänzt oder entfernt werden. Nach dem Selbstverständnis der Denkmalpflege sollte dieses Prinzip als Grundsatz des denkmalpflegerischen Handelns gelten.

Für Baudenkmale ergeben sich aus der Definition zwei wesentliche Maßnahmen:

- Vorbeugende Maßnahmen, um Oberflächen gegen Umwelteinwirkungen zu schützen,
- Maßnahmen, die bereits verlorengegangene Bindemittel wieder zuführen und so den bereits eingetretenen Verwitterungszustand festschreiben.

Dafür werden zum Beispiel gealterte, brüchige Materialien gefestigt, Risse geschlossen und chemische Alterungsprozesse modifiziert.

Restaurieren

Das Wort „Restaurieren" leitet sich vom lateinischen „restaurare" ab und heißt „wiederherstellen". Die Bedeutung entspricht jedoch nicht ganz der wörtlichen Übersetzung. Vielmehr ist das Ziel der Restaurierung, die ästhetischen und historischen Werte des Denkmals zu bewahren und beeinträchtigte Werte zu erschließen. Damit geht man über das reine Konservieren hinaus und ermöglicht Ergänzungen an Fehlstellen, um die historische Aussage eines Denkmals erkennbar zu machen. Jedoch stellen ein optisch neuer Zustand oder eine Stilbereinigung kein Restaurierungsziel dar.

Alle geplanten Maßnahmen sollten durch archäologische, kunst- und geschichtswissenschaftliche Untersuchungen vorbereitet und begleitet werden.

Rekonstruieren

Das Wort der Rekonstruktion geht auf den französischen Begriff „reconstruire" zurück und umschreibt allgemein den Wiederaufbau beziehungsweise eine komplette Wiederherstellung eines nicht mehr existierenden Objekts. Im Speziellen handelt es sich meist um ein Bau- oder Kunstwerk von besonderer Bedeutung und Qualität, an dessen Rekonstruktion ein breites gesellschaftliches Interesse besteht. Voraussetzung ist aus denkmalpflegerischer Sicht eine ausreichende Quellenlage zum Aussehen des zu rekonstruierenden Objekts, beispielsweise durch bauzeitliche Pläne, Beschreibungen oder Fotos.

Nach heutiger Auffassung sollte eine Rekonstruktion niemals um ihrer selbst willen oder aus rein ästhetischen Gründen erfolgen, sondern immer sachlich begründet sein, etwa aus der geschichtlichen Situation heraus: Totalverluste nach Kriegszerstörungen oder Naturkatastrophen, politisch motivierte Abbrüche. Das wiedererstandene Denkmal wird nicht als Ersatz für das zerstörte Original begriffen, sondern soll an dieses erinnern beziehungsweise alte Zusammenhänge wieder erlebbar machen. So können beispielsweise durch die Rekonstruktion eines ehemals stadtbildprägenden Gebäudes wieder alte Raum- oder Blickbeziehungen verdeutlicht werden.

Denkmalpfleger und Architekten stehen Rekonstruktionen im Allgemeinen skeptisch gegenüber, zumal wiederhergestellte Objekte oft schon nach wenigen Jahren nicht mehr als solche zu erkennen sind. In der öffentlichen Wahrnehmung werden sie dann irrtümlich als Originale aufgefasst. Demgegenüber steht eine meist breite Zustimmung in der Bevölkerung und in konservativeren politischen Kreisen, die häufig mit der Ablehnung zeitgenössischer Architektur einhergeht. In den neuen Bundesländern wird der Begriff der Rekonstruktion fälschlicherweise vorrangig für die Sanierung oder Modernisierung von Altbauten verwendet.

Modernisieren

Unter der Bezeichnung „Modernisierung" versteht man im Bauwesen Maßnahmen, bei denen die veraltete Ausstattung eines Gebäudes durch eine zeitgemäße ersetzt und ergänzt wird. Ziel ist es, den Nutzwert hinsichtlich Funktionalität, Komfortsteigerung und Energieeinsparung zu erhöhen und die Substanz den gestiegenen Nutzeransprüchen anzupassen. Diese soll faktisch "verbessert" sowie auf ein höheres Niveau gehoben werden. Das unterscheidet die Modernisierung von der reinen Instandsetzung, mit der keine Komfort- oder Funktionsverbesserungen erreicht werden.

Instandsetzen

Der Begriff der Instandsetzung oder Reparatur bezeichnet den Vorgang, bei dem ein beschädigtes oder defektes Bauteil oder Gebäude in seinen ursprünglichen, funktionsfähigen Zustand zurückversetzt wird. Es handelt sich um Maßnahmen der normalen Gebäudeinstandhaltung oder -sicherung, wie das Erneuern defekter Dachziegel oder Farbanstriche. Tiefere Eingriffe in die Gebäudesubstanz erfolgen jedoch nicht. Dabei legt die Denkmalpflege großen Wert auf die Verwendung der gleichen Materialien, etwa der gleichen Holzarten, Putze und Farben, wie auf die grundsätzliche Reversibilität und Wiederholbarkeit der Maßnahmen.

Sanieren

Die auf Gebäude bezogene Sanierung meint die grundlegende und umfassende Reparatur oder Erneuerung von Bauteilen, Gebäudeteilen oder des gesamten Bauwerks. Bei älteren Gebäuden, die vor 50 oder mehr Jahren entstanden sind, spricht man meist von Altbausanierung. Bei Sanierungen werden meist größere Teile der Bausubstanz erneuert, das heißt gegen Neuteile ausgetauscht. Altbauten können auf diese Weise nahezu den Status von Neubauten erhalten. Sanierungen bedeuten somit immer einen Verlust originaler Bausubstanz. Anders als bei der Instandsetzung ist nicht der denkmalgerechte Erhalt der Bausubstanz das Ziel, sondern deren umfassende Erneuerung zum Zwecke einer substanziellen oder energetischen Wertsteigerung und einer höheren Wertschöpfung. Ein typisches Beispiel ist die Dachsanierung, bei der erhebliche Teile der bestehenden Konstruktion ausgebaut und durch neue Teile ergänzt werden (Dachziegel, Dachlatten, Wärmedämmung). Nach Abschluss der Maßnahme ist ein mehr oder weniger neuer Dachaufbau vorhanden; nur grundlegende Konstruktionsteile wie Sparren oder Mauerwerk sind noch im Original vorhanden.

3.4.2 Konzeptentwicklung

Grundlage einer erfolgreichen und für alle Seiten befriedigenden Lösung ist ein tragfähiges und nachhaltiges Konzept, das die Brücke zwischen Denkmalschutz und der Energieeffizienz bildet. Bei der Konzeptfindung wird versucht, die strukturellen, bautechnischen und finanziellen Möglichkeiten in Einklang mit den spezifischen Eigenarten des Denkmals und den räumlich-funktionalen Anforderungen zu bringen. Idealerweise bildet sich eine maßgeschneiderte, in jedem Fall aber individuelle Lösung heraus, da jedes Bauwerk prinzipiell ein Unikat darstellt. Bei energetischen Maßnahmen sollten die allgemeinen Grundsätze beim Bauen am Denkmal berücksichtigt werden.

Aufbauend auf der genauen Kenntnis des Bestandes und einer fundierten Diagnose können geeignete Maßnahmen entwickelt werden. In der Praxis lassen sich folgende Strategien für den Umgang mit einem Baudenkmal finden:

- Konservatorischer und Restauratorischer Ansatz: Dabei bleibt die Konstruktion weitgehend im Originalzustand erhalten oder wird restauriert. Die Maßnahmen beschränken sich auf ein Minimum und dienen in erster Linie dem langfristigen Erhalt. Das setzt eine weitestgehende Nutzungsfortführung ohne wesentliche energetische Verbesserungen voraus.

- Formale Anpassung: Obwohl dieses Vorgehen nicht dem traditionellen Verständnis der Denkmalpflege entspricht, kommt es in der Praxis häufiger zum Einsatz. Dabei wird eine vollständige gestalterische Integration des Neuen verfolgt, um ein einheitliches Erscheinungsbild zu erreichen – man spricht auch von mimetischen Ergänzungen. Im Nachhinein besteht die Gefahr, dass die Maßnahmen das Original verfälschen und den Eindruck einer möglichen Reproduzierbarkeit vortäuschen.

- Kontrastprinzip: Hierbei grenzen sich neue Bauteile bewusst vom Bestand ab – das Gegenteil der formalen Anpassung. Der Nutzer kann somit noch deutlicher ablesen, dass es sich um eine zeitgemäße Ergänzung handelt. Dabei entsteht eine klare ablesbare neue Zeitschicht mit einer neuen Formsprache. Die Unterschiede in der Materialität und Form werden bewusst als Gestaltungselement eingesetzt.

- Konzeptioneller Dialog: Dieses Vorgehen ordnet sich zwischen den beiden Extremen der formalen Anpassung und dem Kontrastprinzip ein. Neue Bauteile und Materialien berücksichtigen den Bestand und fügen sich dadurch harmonisch in die Originalsubstanz ein und schreiben somit die Geschichte des Baudenkmals fort. Um sich trotzdem vom Bestand abzugrenzen, werden historisierend wirkende Ergänzungen vermieden und auf den Unterschied zwischen Neu und Alt geachtet.

Bei all diesen Vorgehensweisen misst die Denkmalpflege der Reversibilität eine große Bedeutung bei, denn nur so lässt sich eine spätere Rückführung in den ursprünglichen Zustand gewährleisten. Jedoch sollte das Prinzip nicht einer dauerhaften und erhaltungswürdigen Lösung entgegenstehen und damit eine Kontinuität in der Fortschreibung des Baudenkmals verhindern.

Im Vergleich der verschiedenen Strategien genießt das Prinzip des konzeptionellen Dialogs die größte Akzeptanz. Der italienische Architekt Carlo Scarpa (1906–1978) galt als wichtiger Vertreter für einen integralen konzeptionellen Ansatz, bei dem die unterschiedlichen Gestaltungsstrategien je nach Bedarf gleichzeitig an einem Gebäude zum Einsatz kamen. Er arbeitete verschiedene Zeitschichten heraus, grenzte Neues vom Bestehenden ab und setzte beides trotzdem in Bezug zueinander. Alte Bauteile blieben bei ihm ungeschönt und unverbessert – „Altes bleibt Alt, Neues ist Neu, aber beide haben miteinander zu tun". Als wegweisendes Beispiel und Vorbild für viele Architekten über die Grenzen Italiens hinaus zählt seine Arbeit am Castelvecchio in Verona (1956–1964).

Auch in Deutschland lassen sich gute Beispiele für einen vorbildlichen Umgang mit Baudenkmalen finden. Weniger bekannt als Scarpa, aber ebenfalls von hoher Bedeutung ist das Schaffen von Hans Döllgast (1891–1974). Der Wiederaufbau der alten Pinakothek in München unter seiner Leitung gehört zu seinen bekanntesten Werken. Für seine Generation stellte der Umgang mit den enormen Kriegszerstörungen des Zweiten Weltkrieges eine große Herausforderung dar. Auf der einen Seite propagierten die Verfechter der Moderne einen Bruch mit der Geschichte und den Abriss vieler Kriegsruinen. Auf der anderen Seite bestand der Wunsch nach detailgetreuen Rekonstruktionen. Döllgast wählte einen Mittelweg. Er trat für einen behutsamen Wiederaufbau ein, der die Zerstörung des Krieges und die Wunden des Gebäudes spürbar ließ. Der Wiederaufbau der alten Pinakothek ist ein gelungenes Beispiel für diese Strategie.

Bild 3-7 Alte Pinakothek in München

Die Herausforderung der Vergangenheit im Umgang mit Kriegszerstörungen und die aktuelle Problemstellung der Energieeffizienz lassen sich zwar nicht direkt vergleichen, jedoch kann man durchaus von den praktischen Lösungen lernen. Zudem steht mit den verschiedenen vorgestellten Verfahren ein Repertoire für die Umsetzung von energetischen Maßnahmen zur Verfügung. Auch hier sollten die Eingriffe möglichst substanzschonend, zerstörungsarm, am besten zerstörungsfrei, gut ablesbar und gegebenenfalls reversibel sein. Abhängig vom Einzelfall führt eine adäquate Strategie oder auch eine Mischung der erläuterten Verfahren zu denkmalgerechten Lösungen.

Ein Beispiel, bei dem das Thema Energie in dem Mittelpunkt einer denkmalgerechten Sanierung steht, findet man im Gebäudeensemble „Alter Klosterhof St. Afra" in Meissen. Ab dem Jahr 2000 wurde die alte Klosteranlage zu einer modernen Begegnungsstätte umgebaut. Die „Evangelische Akademie Meissen" setzt Maßstäbe in der Nutzung und Verwertung erneuerbarer Energien im Denkmalbereich. Dabei kommen auf dem historischen Gelände vier verschiedene Systeme zum Einsatz: Die Aufbereitung des Regenwassers, die Nutzung der Sonnenenergie zur Herstellung von Strom und Warmwasser sowie die Verwendung von Rapsöl für die Strom- und Wärmeerzeugung. Zudem sind die Systeme auf einem Kontrollmonitor visualisiert, um die Besucher des Hauses über die Funktionsweise zu informieren.

Insbesondere für den Bereich der Solartechnik findet man an diesem Beispiel verschiedene konzeptionelle Ansätze. Einerseits wird die Photovoltaik bewusst kontrastierend eingesetzt und hebt sich in Form eines Anbaus deutlich vom Bestand ab. Auf der anderen Seite befinden sich auf südorientierten Dachgaupen solarthermische Kollektoren, die vom Erdboden nur schwer einsehbar sind. Dieses Vorgehen entspricht eher dem Prinzip der formalen Anpassung.

Bild 3-8 Beispiele für die Anwendung von Solartechnik am Gebäudeensemble „Alter Klosterhof St. Afra" in Meissen (Quelle: IB Scheffler)

Der „Alte Klosterhof St. Afra" verdeutlicht ein weiteres Mal, dass für das sensible Thema "Denkmal und Energie" keine universellen Lösungen exstieren, so dass auch in den folgenden Kapiteln nur beispielhaft baukonstruktive und gebäudetechnische Lösungen aufgezeigt werden.

3.5 Weiterführende Literatur

Basty, Gregor; Beck, Hans-Joachim; Haaß, Bernhard (Hrsg.): *Denkmalschutz und Sanierung: Rechtshandbuch*. 2. Auflage. Berlin: Lexxion Verlagsgesellschaft, 2008.

Eberl, Wolfgang; Martin, Dieter; Greipl, Johannes: *Bayerisches Denkmalschutzgesetz: Kommentar unter besonderer Berücksichtigung finanz- und steuerrechtlicher Aspekte*. 6. Aufl. Stuttgart: Kohlhammer, 2007.

Eberl, Wolfgang; Kapteina, Gerd-Ulrich; Kleeberg, Rudolf; Martin, Dieter: *Entscheidungen zum Denkmalrecht: Nach Sachgruppen gegliederte Spruchpraxis unter besonderer Berücksichtigung finanz- und steuerrechtlicher Aspekte*. Stuttgart: Kohlhammer, 2010.

Giebeler, Georg; Fisch, Rainer; Krause, Harald; Musso, Florian; Petzinka, Karl-Heinz; Rudolphi, Alexander: *Atlas Sanierung: Instandhaltung, Umbau, Ergänzung*. Basel, Boston, Berlin : Birkhäuser, 2008.

Giedion, Sigfried: *Raum, Zeit, Architektur : Die Entstehung einer neuen Tradition*. 3. Auflage. Basel ; Boston ; Berlin: Birkhäuser Verlag, 1996.

Dehio, Georg; Riegl, Alois; Wohlleben, Marion: *Konservieren, nicht restaurieren: Streitschriften zur Denkmalpflege um 1900*. Braunschweig; Wiesbaden: Vieweg Verlag, 1988.

Huse, Norbert (Hrsg.): *Denkmalpflege: Deutsche Texte aus drei Jahrhunderten*. 2. Auflage. München: C.H. Beck, 1996.

Huse, Norbert (Hrsg.): *Unbequeme Baudenkmale: Entsorgen? Schützen? Pflegen?*. München: C.H. Beck, 1997.

Kaiser, Roswitha: *Stehen Denkmalschutzauflagen im Widerspruch zur Energieeffizienz?*. In: LWL-Amt für Denkmalpflege in Westfalen (Hrsg.): *Denkmalpflege in Westfalen-Lippe*. Ünster: Ardey-Verlag, 2009, Seite 68–71.

Martin, Dieter ; Krautzberger, Michael: *Handbuch Denkmalschutz und Denkmalpflege: einschließlich Archäologie, Recht, fachliche Grundsätze, Verfahren, Finanzierung*. München: C.H. Beck, 2004.

Martin, Dieter; Schneider, Andreas; Wecker, Lucia; Bregger, Hans-Martin: *Sächsisches Denkmalschutzgesetz: Kommentar*. Wiesbaden: Kommunal und Schul-Verlag, 1999.

Meier, Hans-Rudolf; Scheurmann, Ingrid (Hrsg.): *Denkmalwerte: Beiträge zur Theorie und Aktualität der Denkmalpflege*. München, Berlin: Deutscher Kunstverlag, 2010.

Mielke, Friedrich: *Die Zukunft der Vergangenheit : Grundsätze, Probleme und Möglichkeiten*. Stuttgart: Deutsche Verlags-Anstalt, 1975.

Paul, Jürgen: *Cornelius Gurlitt: Ein Leben für Architektur, Kunstgeschichte, Denkmalpflege und Städtebau*. Dresden: Hellerau Verlag, 2003.

Rexroth, Susanne: *Gestaltungspotenzial von Solarpaneelen als neue Bauelemente – Sonderaufgabe Baudenkmal*. Dissertation. Berlin: Universität der Künste, 2005.

Riegl, Alois: *Der moderne Denkmalkultus: Sein Wesen und seine Entstehung*. Wien; Leipzig: Braumüller, 1903.

Scheurmann, Ingrid (Hrsg.): *ZeitSchichten: Erkennen und Erhalten: Denkmalpflege in Deutschland*. München, Berlin: Deutscher Kunstverlag, 2005.

Spital-Frenking, Oskar: *Architektur und Denkmal: Der Umgang mit bestehender Bausubstanz: Entwicklungen, Positionen, Projekte.* Leinfelden-Echterdingen: Verlagsanstalt Alexander Koch, 2000.

Weller, Bernhard (Hrsg.): *Denkmal und Energie 2006.* Dresden: Technische Universität, 2006.

Weller, Bernhard (Hrsg.): *Denkmal und Energie 2008.* Dresden: Technische Universität, 2008.

Wenzel, Fritz; Kleinmanns, Joachim(Hrsg): *Denkmalpflege und Bauforschung: Aufgaben, Ziele, Methoden. Karlsruhe*: Sonderforschungsbereich 315, 2000.

Wehdorn, Manfred; Georgeacopol-Winischofer, Ute: *Baudenkmäler der Technik und Industrie in Österreich* – Band 1, Wien, Niederösterreich, Burgenland. Wien: Böhlau, 1984.

Wohlleben, Marion; Meier, Hans-Rudolf (Hrsg.): *Nachhaltigkeit und Denkmalpflege: Beiträge zu einer Kultur der Umsicht.* Zürich: vdf Hochschulverlag, 2003.

4 Energieeinsparverordnung

Das folgende Kapitel erläutert die Relevanz der Energieeinsparverordnung für Baudenkmale. Des Weiteren erfolgt eine Einführung in die Berechnung von notwendigen Kenngrößen. Dazu zählen in erster Linie die Wärmedurchgangskoeffizienten für verschiedene Bauteile. Diese gehen als notwendige Vorrausetzung in das in Kapitel 4.8 beschriebenen Bauteilverfahren und in das in Kapitel 4.9 erläuterte Referenzgebäudeverfahren ein. Abschließend wird ein Einblick in die verschiedenen Formen des Energieausweises gegeben.

4.1 Grundlagen und Neuerungen

Obwohl für Baudenkmale in der aktuellen Energieeinsparverordnung (EnEV) großzügige Ausnahmeregelungen bestehen, spielt diese Verordnung eine entscheidende Rolle bei der Bewertung von energetischen Maßnahmen an geschützten Bestandsgebäuden. In den meisten Fällen erfolgt die Beurteilung der Energieeffizienz nach den gesetzlich eingeführten Berechnungsverfahren – aufwendige dynamische Simulationen bleiben in der Planungspraxis eher die Ausnahme. Insbesondere am Denkmal, wenn Eingriffe in die Bausubstanz eine Beeinträchtigung ihrer Authentizität und damit des Zeugniswertes darstellen, ist eine genaue Kenntnis über die energetischen Vorgänge im Ist-Zustand und eine Abschätzung künftiger Energieverbräuche von entscheidender Bedeutung. Zudem basieren die meisten Förderprogramme für eine energieeffiziente Sanierung auf den Kennwerten der aktuellen EnEV.

Die gesetzlichen Verfahren zur energetischen Bewertung von Gebäuden sind ein Bestandteil der internationalen Rahmenentwicklung für den Klimaschutz. Die Grundlage auf der internationalen Ebene stellen die im Jahre 1992 in Rio de Janeiro unterzeichneten Klimarahmenkonventionen der Vereinten Nationen auf. Erstmals rechtlich verbindliche Ziele zu Emissionshöchstmengen für Industrieländer wurden im Jahre 1997 im Kyoto-Protokoll festgehalten. Die Umsetzung dieser Ziele auf europäischer Ebene wurde für den Baubereich durch die EG-Richtlinie 2002/91/EG „Gesamtenergieeffizienz von Gebäuden" eingeleitet. Auf nationaler Ebene führte dies in Deutschland zur Einführung der EnEV im Jahre 2002 als Synthese aus Wärmeschutz- und Heizanlagenverordnung. Ursprünglich sollte die vollständige Umsetzung der EG-Richtlinie 2002/91/EG bis zum Januar 2006 abgeschlossen sein. Aber erst mit den Novellierungen der EnEV in den Jahren 2004 und 2007 wurden die wesentlichen Inhalte der Richtlinie weitestgehend in nationales Recht umgesetzt: ein Berechnungsverfahren zur Gesamtenergieeffizienz und die Darstellung der energetischen Qualität in Energieausweisen. Aus diesem Entwicklungsprozess ergaben sich umfangreiche Änderungen für den Bereich der Nichtwohngebäude. Hier wird zusätzlich in der gültigen Berechnungsnorm DIN V 18 599 die Berücksichtigung von Beleuchtung und Klimaanlagen verlangt. Im Wohnungsbau bleiben die bestehenden Berechnungsmethoden nach DIN V 4108-6 und DIN V 4701-10 auch weiterhin anwendbar.

Mit der Einführung der aktuellen EnEV 2009, die derzeit als Grundlage für die Bewertung von energetischen Sanierungsmaßnahmen dient, wurde die Anforderungshöhe noch einmal deutlich verschärft. Die zulässigen Höchstwerte für den Jahres-Primärenergiebedarf eines Gebäudes liegen um durchschnittlich 30 % niedriger. Die Anforderungen an den Wärmeschutz der Gebäudehülle verschärfen sich um 15 %. Auch in Bezug auf das Nachweisverfahren für Wohngebäude wurden erhebliche Veränderungen vorgenommen. Das bisher im Wohnbaubereich gültige Heizperiodenbilanzverfahren, bei dem der zulässige Jahres-Primärenergiebedarf des Gebäudes in Abhängigkeit des A/V-Verhältnisses (Wärmeübertragende Gebäudehüllfläche/ Beheiztes Volumen) ermittelt wurde, darf für den öffentlich-rechtlichen Nachweis nach EnEV nicht mehr angewendet werden. Stattdessen ist nun ähnlich dem bisherigen Nachweisverfahren für Nichtwohngebäude das Referenzgebäudeverfahren eingeführt (siehe Kapitel 4.9). Für das Jahr 2012 wird bereits eine weitere Verschärfung des Anforderungsniveaus diskutiert. Der Höchstwert des zulässigen Jahres-Primärenergiebedarfs soll erneut um 30 % gesenkt werden.

Prinzipiell zählen Baudenkmale formal zum Gebäudebestand und unterliegen den aufgezählten Vorschriften. Sie besitzen aber aufgrund der gewährten Ausnahmeregelungen einen Sonderstatus. Diesen Status verdanken sie in erster Linie der gemeinsamen Stellungnahme der Spitzenverbände des deutschen Denkmalschutzes, die den ursprünglichen Referentenentwurf der EnEV 2007 kritisierten.

Eine Ausblick für künftige Veränderungen gibt die am 8. 7. 2010 in Kraft getretene EU-Gebäuderichtlinie Energy Performance of Buildings Directive 2010 (EPBD 2010). Hierbei handelt es sich um eine Novelle der EU-Richtlinie 2002/91/EG vom 16. Dezember 2002. Die Ziele liegen in der weiteren Steigerung der Energieeffizienz von Gebäuden und in einer besseren Information der Nutzer. Die Richtlinie sieht folgende wesentliche Änderungen vor:

- Mehr Öffentlichkeit für den Energieausweis: Neben den bisherigen Regeln, muss der Energiekennwert in kommerziellen Verkaufs- oder Vermietungsanzeigen künftig veröffentlicht werden. Zudem muss nach Abschluss eines Kauf- oder Mietvertrages den Käufern oder Mietern der Ausweis vorgelegt oder ausgehändigt werden.

- Die Nutzflächengröße für die Aushangpflicht von Energieausweisen in allen öffentlichen Gebäuden mit regelmäßigem Publikumsverkehr reduziert sich auf 500 m². Ab spätestens 2015 sinkt diese für öffentliche Gebäude auf 250 m².

- Der Energieausweis muss konkrete Maßnahmen für eine umfassende Sanierung enthalten sowie für die Ertüchtigung von einzelnen Bauteilen. Die Empfehlungen müssen realisierbar sein und können Angaben zur Amortisationsdauer beinhalten.

- Für alle Mitgliedsstaaten wird ein unabhängiges Kontroll- und Informationssystem für Energieausweise und Inspektionen gefordert

- Der Energieausweis und die Inspektion von Heizungs- und Klimaanlagen soll durch qualifizierte und/oder zugelassene Fachleute erfolgen, die öffentlich zugänglichen Listen sollen bekannt gemacht werden.

- Niedrigstenergiehäuser für Neubauten: Ab 2021 sind alle Neubauten als Niedrigstenergiehäuser („nearly zero-energy building") auszuführen. Öffentliche Gebäude müssen schon ab 2019 diesen Vorgaben entsprechen.

Die Mitgliedsstaaten der Europäischen Union sind verpflichtet, die Richtlinie bis zum 9. 7. 2012 in nationales Recht umzusetzen. In Deutschland wird die Richtlinie voraussichtlich mit der geplanten Novelle zur EnEV 2012 umgesetzt. Die Ausnahmeregelungen für Gebäude, die wegen ihres besonderen architektonischen oder historischen Werts offiziell geschützt sind, sollen auch weiterhin bestehen bleiben.

4.2 Geltungsbereich der EnEV 2009

Grundsätzlich betrifft die EnEV nur Gebäude, die unter Einsatz von Energie beheizt oder gekühlt werden. Einige Gebäudetypen sind von einem Großteil der Vorschriften der EnEV ausgenommen. Dazu gehören laut § 1 Abs. 2 EnEV 2009:

- Gebäude, die auf Innentemperaturen von weniger als 12 °C beheizt werden
- Gebäude, die weniger als vier Monate beheizt werden
- Landwirtschaftliche Gebäude
- Provisorische Gebäude
- Gebäude, die religiösen Zwecken dienen

Für diese Gebäude gelten ausschließlich die Bestimmungen zur Inspektion von Klimaanlagen (§ 12) und zur Inbetriebnahme von Heizkesseln (§ 13). Für denkmalgeschützte Gebäude, die nicht zu den in § 1 Abs. 2 genannten Gebäudetypen gehören, gelten prinzipiell die Bestimmungen der EnEV.

Explizit für Denkmale existiert eine Ausnahmeregelung (§ 24 Abs. 1), die es erlaubt, von den Anforderungen der EnEV abzuweichen. Diese Möglichkeit ist gegeben, wenn die Erfüllung der Anforderungen zu einer Beeinträchtigung der Substanz, zu einer Beeinträchtigung des Erscheinungsbildes oder zu einem unverhältnismäßig hohen Aufwand führen würde. Das verdeutlicht, dass der Verordnungsgeber dem Schutz der baukulturellen Substanz einen noch höheren Stellenwert einräumt als der Energieeinsparung. Sind allerdings die Ziele des Denkmalschutzes mit den Vorgaben der EnEV vereinbar, dann müssen diese zwangsläufig eingehalten werden.

Des Weiteren bestehen Ausnahmeregelungen, die nicht nur für Denkmale gültig sind. Beispielsweise wird nicht auf die innerhalb der EnEV festgelegten Maßnahmen zur Erreichung der Energiebedarfsziele bestanden. Die Öffnungsklausel in § 24 Abs. 2 sieht vor, dass von den in der EnEV vorgesehenen Maßnahmen zur Energiebedarfsreduktion abgewichen werden darf, wenn die vorgegebenen Ziele auch mit Hilfe alternativer Maßnahmen eingehalten werden können. Somit wird sichergestellt, dass innovative Konzepte und Neuentwicklungen nicht von der Umsetzung ausgeschlossen werden. Zudem sieht die EnEV auch einen Schutz der Gebäudeeigentümer vor. Würden Maßnahmen, die infolge der EnEV erforderlich werden, zu einer unbilligen Härte führen, dann kann der Pflichtige auf Antrag von der Umsetzung der entsprechenden Maßnahmen befreit werden (§ 25). Eine unbillige Härte liegt insbesondere vor, wenn das Wirtschaftlichkeitsgebot nach dem Gesetz zur Einsparung von Energie in Gebäuden (EnEG) verletzt wird. Also wenn die erforderlichen Aufwendungen sich nicht innerhalb eines angemessenen Zeitraumes amortisieren. Das ist speziell bei Denkmalen häufiger der Fall, da hier in zahlreichen Fällen keine Standardlösungen, wie beispielsweise ein Wärmedämmverbundsystem, ausgeführt werden können.

Auch wenn in zahlreichen Praxisfällen Denkmale von den Anforderungen der EnEV ausgenommen sind, so eignen sich die prinzipiellen Verfahren dennoch zur Beurteilung der energetischen Qualität denkmalgeschützter Gebäude. Als Grundlage einer Energieberatung findet speziell das weiter unten erläuterte Referenzgebäudeverfahren häufig Anwendung. Insbesondere der Verbreitungsgrad und die allgemeine Akzeptanz dieser Verfahren machen sie zur Basis einer jeglichen energetischen Untersuchung von Gebäuden.

Die EnEV verweist bei den Verfahren zum Nachweis der energetischen Qualität von Gebäuden auf Normen. Allerdings werden innerhalb des Verordnungstextes Abweichungen von den Normtexten vorgegeben. Diese Abweichungen von den Normvorgaben sind verbindlich einzuhalten, wenn ein gesetzlich vorgeschriebener Nachweis geführt werden soll.

4.3 Nachweispflichten bei Denkmalen

Die EnEV unterscheidet zwischen zu errichtenden Gebäuden, also Neubauten, und bestehenden Gebäuden. Denkmale sind zwangsläufig Bestandsgebäude, weshalb im Weiteren die Regelungen für Neubauten weitestgehend unberücksichtigt bleiben. Die energetische Qualität eines Denkmals ist in folgenden Fällen nach öffentlich-rechtlichen Vorgaben nachzuweisen:

- Änderung

- Erweiterung (inkl. Anbau und Aufstockung)

- Ausbau

Die Nachweispflicht wird allerdings nur ausgelöst, wenn das Denkmal nicht unter eine der vorgenannten Ausnahmeregelungen fällt und zudem definierte Bagatellgrenzen überschritten werden.

Bei Änderungen an der Hüllfläche stellt die EnEV Anforderungen, wenn mehr als 10 % der insgesamt am Gebäude vorhandenen jeweiligen Außenbauteile, das heißt Außenwände, Fenster, Außentüren, Dachflächen oder Vorhangfassaden ausgetauscht oder saniert werden. Sind weniger als 10 % der jeweiligen Außenbauteile des Gebäudes betroffen, dann müssen die entsprechenden Außenwände den Mindestwärmeschutz nach DIN 4108-2 erfüllen, dürfen aber energetisch nicht schlechter sein als die alten (§ 11). Die entsprechenden Pflichten für Außenwände sind bereits dann zu erfüllen, wenn an einer Wand mit einem U-Wert größer 0,9 W/(m²K) nur der Außenputz erneuert wird. Wird bei Flachdächern die Dachhaut erneuert, dann muss im gleichen Zug die wärmeschutztechnische Qualität des Flachdaches auf das Anforderungsniveau der EnEV 2009 verbessert werden.

Bei Änderungen an Außenbauteilen kann frei zwischen den zwei grundsätzlichen Nachweisverfahren der Verordnung gewählt werden. Man kann sowohl das Bauteilverfahren als auch das Referenzgebäudeverfahren anwenden. Das Bauteilverfahren überprüft ausschließlich die wärmeschutztechnische Qualität der geänderten Bauteile, während sich das Referenzgebäudeverfahren mit der Energieeffizienz des gesamten Gebäudes befasst.

Der Ausbau bisher unbeheizter oder ungekühlter Räume beziehungsweise die Erweiterung um beheizte oder gekühlte Räume mit einer Nutzfläche von mehr als 15 m² zieht ebenfalls Verpflichtungen nach sich. Erreicht die hinzukommende Nutzfläche maximal 50 m², dann stellt die EnEV ausschließlich Anforderungen bezüglich der Wärmedurchgangskoeffizienten der Außenbauteile. Dieser Nachweis erfolgt somit über das Bauteilverfahren. Überschreitet die hinzukommende Nutzfläche den Wert von 50 m², dann hat der betreffende Gebäudeteil die Anforderungen eines Neubaus nach den §§ 3 und 4 zu erfüllen. Die ausgebauten beziehungsweise neuen Räume werden vom restlichen Gebäude gedanklich isoliert und mit Hilfe des Referenzgebäudeverfahrens bilanziert.

Tabelle 4.1 Anwendungsbereich Bauteilverfahren Referenzgebäudeverfahren

Maßnahme	Bauteilverfahren	Referenzgebäudeverfahren
Änderung der Gebäudehülle Bauteilfläche > 10 %	Wahlweise anwendbar	Wahlweise anwendbar
Erweiterung der Gebäudenutzfläche, 15 m² ≤ NF ≤ 50 m²	Vorgeschrieben	
Erweiterung der Gebäudenutzfläche > 50 m²		Vorgeschrieben (Neubauanforderungen)

Neben den genannten mittelbaren Verpflichtungen sieht die EnEV unmittelbare Nachrüstverpflichtungen für Bestandsgebäude (§ 10 und § 10 a) vor. Diesen ist unabhängig von sowieso geplanten Sanierungsmaßnahmen nachzukommen. Die Nachrüstverpflichtungen betreffen:

- Heizkessel, die vor dem 1. Oktober 1978 eingebaut wurden
- Ungedämmte Wärmeverteilungs- und Warmwasserleitungen in unbeheizten Räumen
- Ungedämmte oberste Geschossdecken
- Elektrische Speicherheizsysteme

Die Forderungen der EnEV beschränken sich im Wesentlichen auf Fälle, in denen sowieso Baumaßnahmen durchgeführt werden. Die zusätzlichen Kosten, die dann aufgrund einer energetischen Verbesserung anfallen, sind im Verhältnis zu den Sowieso-Kosten gering. Angenommen, die Planung sieht vor, den Außenputz zu erneuern, dann fallen als sogenannte Sowieso-Kosten die Aufwendungen für das Gerüst, für das Abschlagen des alten Putzes, für das Aufbringen des neuen Putzes und für die Malerarbeiten an. Demgegenüber sind die zusätzlichen Kosten für das Anbringen von Wärmedämmplatten relativ gering. Das bedeutet, dass die Kosten für die energetische Sanierung nur einen Bruchteil der Kosten der Gesamtinvestition ausmachen.

4.4 U-Wert-Berechnung homogener Bauteile

Der Wärmedurchgangswiderstand und der Wärmedurchgangskoeffizient beziehungsweise U-Wert eines Bauteils werden nach den Vorgaben der DIN EN ISO 6946 bestimmt. Bei einem thermisch homogenen Bauteil müssen als Eingangsgrößen nur die Schichtdicken der Baustoffe, deren Wärmeleitfähigkeiten und die Wärmeübergangswiderstände bekannt sein. Mit diesen Eingangsdaten lässt sich der Wärmedurchgangswiderstand eines Bauteils R_T berechnen:

$$R_T = R_{si} + \sum \frac{d}{\lambda} + R_{se} \quad [\text{m}^2\text{K/W}] \tag{4.1}$$

R_{si} =   Wärmeübergangswiderstand innen [m²K/W]

d =   Dicke der Bauteilschicht [m]

λ =   Wärmeleitfähigkeit der Bauteilschicht [W/(mK)]

R_{se} =   Wärmeübergangswiderstand außen [m²K/W]

Der U-Wert eines Bauteils berechnet sich als Kehrwert des Wärmedurchgangswiderstandes zu:

$$U = \frac{1}{R_T} = \frac{1}{R_{si} + \sum \dfrac{d}{\lambda} + R_{se}} \quad [\text{W/(m}^2\text{K)}]$$
(4.2)

Die Wärmeübertragung in einem Feststoff basiert auf Wärmeleitung. Dieser Übertragungsmechanismus wird durch den Quotienten d/λ erfasst, der den Wärmedurchlasswiderstand einer einzelnen Schicht widerspiegelt. Die Wärmeübergangswiderstände R_{si} und R_{se} beschreiben den Wärmeübergang zwischen einem Fluid (Luft) und einem Festkörper infolge von Konvektion und Strahlung. Der Wärmeübergangswiderstand außen, das heißt der Wärmeübergangswiderstand zwischen der Außenluft und der nach außen orientierten Bauteiloberfläche, ist deutlich geringer als der Wärmeübergangswiderstand innen. Ursache hierfür ist die schnellere und turbulentere Luftströmung infolge von Wind. Des Weiteren sind die Wärmeübergangswiderstände abhängig von der Richtung des Wärmestroms (Tabelle 4.2). Beispielhaft wird in Tabelle 4.3 der Wärmedurchgangskoeffizient der in Bild 4-1 dargestellten Außenwand aus Lochziegeln mit Klinkerverkleidung berechnet.

Tabelle 4.2 Wärmeübergangswiderstände in Abhängigkeit der Richtung des Wärmestromes

Wärmeübergangswiderstand [m²K/W]	Richtung des Wärmestromes		
	Aufwärts	**Horizontal**	**Abwärts**
R_{si}	0,10	0,13	0,17
R_{se}	0,04	0,04	0,04

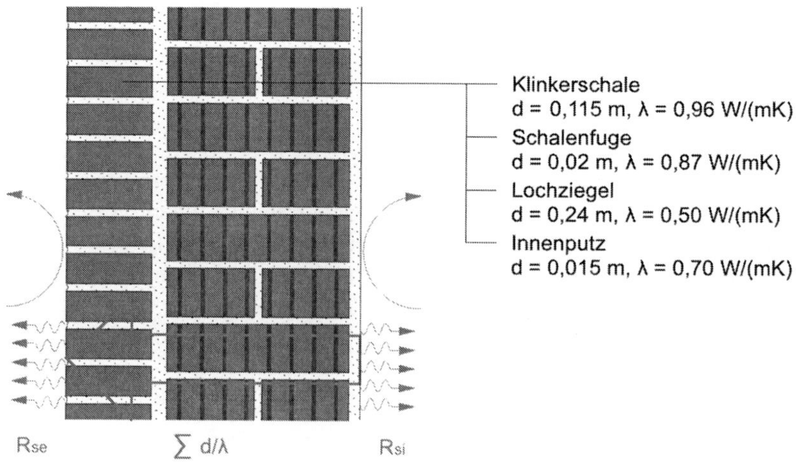

Bild 4-1 Außenwand aus Lochziegeln mit Klinkerverkleidung

Tabelle 4.3 Berechnung des U-Wertes einer Außenwand mit Klinkerverblendung

Schicht	d [m]	λ [W/(mK)]	R [m²K/W]
R_{si}			0,13
Innenputz	0,015	0,70	0,0214
Lochziegel	0,240	0,50	0,4800
Schalenfuge	0,020	0,87	0,0230
Klinkerschale	0,115	0,96	0,1198
R_{se}			0,04
Summe R_T			0,814
U = 1/R_T			1,23

4.5 U-Wert-Berechnung inhomogener Bauteile

Deutlich komplizierter wird die Vorgehensweise zur Ermittlung des U-Wertes, wenn man Wärmebrücken oder inhomogene Bauteile analysiert. Zum einen stehen hierfür numerische Verfahren zur Verfügung, die in verschiedenen PC-Programmen umgesetzt sind. Andererseits existieren für einige Fälle auch Norm-Verfahren, bei denen mit Hilfe einer kurzen Handrechnung ausreichend genaue Ergebnisse erzielt werden.

Das Verfahren nach DIN EN ISO 6946 Abschnitt 6.2 ist insbesondere dazu geeignet, den U-Wert von Bauteilen zu bestimmen, die in regelmäßigen Abständen durch lineare Wärmebrücken unterteilt sind. Es ist ungültig bei Wärmebrücken aus Metall. Ein klassisches Beispiel, bei dem das Verfahren angewendet wird, ist ein Sparrendach mit Zwischensparrendämmung. Das Verfahren kann auch für die überschlägige Berechnung des U-Wertes einer Fachwerkkonstruktion herangezogen werden.

Im folgenden Beispiel wird das Berechnungsverfahren der Norm anhand einer Sparrendachkonstruktion erläutert. Die Sparren aus Vollholz sind im Vergleich zu den mit Wärmedämmung ausgefüllten Zwischensparrenbereichen als Wärmebrücken zu beurteilen. In der Regel ist der Achsabstand der Sparren über das gesamte Dach gleichbleibend. Die hier beispielsweise betrachtete Dachkonstruktion (Bild 4-2) besteht aus 10 cm breiten Sparren. Zwischen den Sparren beträgt der lichte Abstand 70 cm. Zur Ermittlung des U-Wertes wird ein Schnitt durch die Dachkonstruktion geführt, der parallel zur Richtung der Wärmeleitung ist. Der Schnitt muss sämtliche wärmetechnisch wirksamen Schichten sowie das Raster der Wärmebrücken erfassen. Anschließend wird aus dieser Schnittebene ein beliebiger Teilbereich analysiert. Die Länge des Teilbereiches muss exakt der Summe der Längen von Gefach und Wärmebrücke entsprechen, im Beispiel also 80 cm. Zunächst wird der so gebildete Teilbereich senkrecht zur Bauteiloberfläche in Abschnitte mit einheitlichem Wärmedurchgangswiderstand unterteilt. Für die einzelnen Abschnitte werden nun die Wärmedurchgangswiderstände berechnet. Die oberhalb der Bitumen-Unterspannbahn liegenden Bauteilschichten sind wärmetechnisch zu vernachlässigen, da sie durch eine stark belüftete Luftschicht vom übrigen Querschnitt getrennt sind.

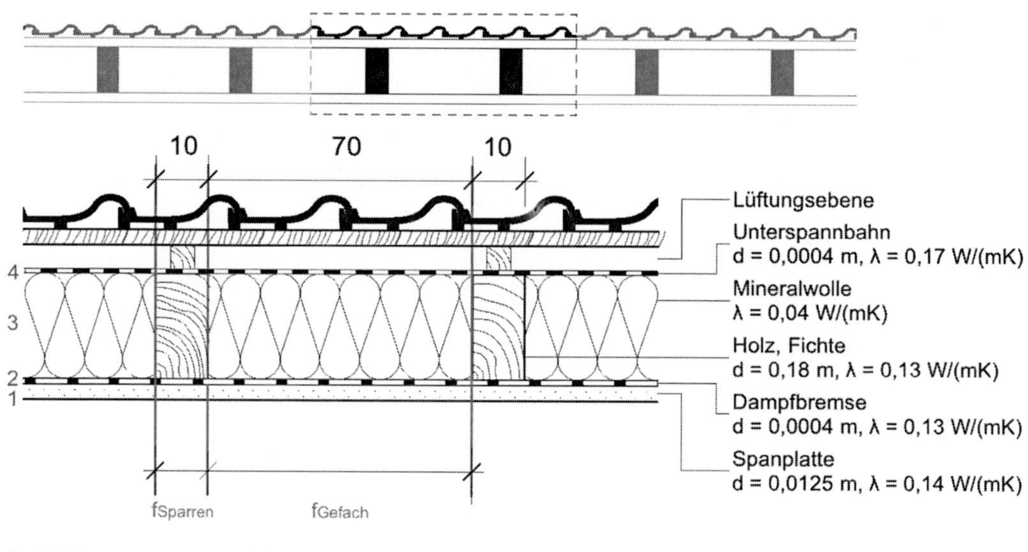

Bild 4-2 Dachquerschnitt eines Sparrendaches mit Zwischensparrendämmung

Durch die Gewichtung der Wärmedurchgangswiderstände der Abschnitte mit den relativen Flächenanteilen kann der obere Grenzwert des Wärmedurchgangswiderstandes des gesamten Bauteils ermittelt werden:

$$\frac{1}{R'_T} = \frac{f_a}{R_{Ta}} + \frac{f_b}{R_{Tb}} + ... + \frac{f_q}{R_{Tq}} \ [\text{W/(m}^2\text{K)}] \tag{4.3}$$

$$f_x \quad = \quad \text{Relativer Flächenanteil des Abschnittes x}$$

$$R_{Tx} \quad = \quad \text{Wärmedurchgangswiderstand des Abschnittes x}$$

Die Wärmeübergangswiderstände innen R_{si} und außen R_{se} werden nach DIN EN ISO 6946 bestimmt und sind, wie oben gezeigt, abhängig von der Richtung des Wärmestroms. Bei einer Dachkonstruktion ist der Wärmestrom aufwärts gerichtet. Folglich ergibt sich für R_{si} ein Wert von 0,10 m²K/W. Der Wärmeübergangswiderstand zur stark belüfteten Luftschicht R_{se} kann nach DIN EN ISO 6946 Abschnitt 5.3.4 gleich dem Wärmeübergangswiderstand innen R_{si} gesetzt werden.

Tabelle 4.4 Oberer Grenzwert des Wärmedurchgangswiderstandes R'_T

Schicht	Material	Dicke [m]	λ [W/(mK)]	R [m²K/W]
Abschnitt Gefach				
R_{si}				0,10
Verkleidung	Spanplatte	0,0125	0,14	0,0893
Dampfsperre	Polyamid-Folie	0,0003	0,25	0,0012
Wärmedämmung	Mineralwolle	0,18	0,04	4,5
Abdichtung	Unterspannbahn	0,0004	0,17	0,0024
R_{se}				0,10
Summe $R_{T,Gefach}$				4,793
Abschnitt Sparren				
R_{si}				0,10
Verkleidung	Spanplatte	0,0125	0,25	0,0893
Dampfsperre	Polyamid-Folie	0,0003	0,25	0,0012
Sparren	Konstruktionsholz Fichte	0,18	0,13	1,3846
Abdichtung	Unterspannbahn	0,0004	0,17	0,0024
R_{se}				0,10
Summe $R_{T,Sparren}$				1,678

Abschnitt	Länge [m]	Flächenanteil f_x	R_{Tx} [m²K/W]	f_x/R_{Tx}
Gefach	0,7	0,875	4,793	0,1826
Sparren	0,1	0,125	1,678	0,0745
Summe $(1/R'_T)$				0,257
R'_T				3,89

Im nächsten Schritt wird der betrachtete Teilbereich in Bauteilschichten unterteilt. Diese Unterteilung in Schichten erfolgt parallel zu der Bauteiloberfläche. Durch eine Unterteilung in Abschnitte und Schichten entsteht ein Raster aus Teilflächen. Jede so entstandene Teilfläche ist bezüglich ihrer thermischen Kennwerte homogen. Indem der Wärmedurchlasswiderstand der einzelnen Schichten gemittelt wird, kann der untere Grenzwert des Wärmedurchgangswiderstandes des gesamten Bauteils ermittelt werden. Durch die Mittelung der Wärmedurchlasswiderstände der Schichten wird berücksichtigt, dass die Bereiche mit höherer Wärmeleitfähigkeit den angrenzenden Bereichen Wärme entziehen. Es entsteht ein seitlicher Wärmestrom, der von den Schichten geringerer Wärmeleitfähigkeit zu den Schichten höherer Wärmeleitfähigkeit gerichtet ist. Demzufolge werden die Adiabaten (Wärmestromlinien) zum Bereich der höheren Wärmeleitfähigkeit gekrümmt.

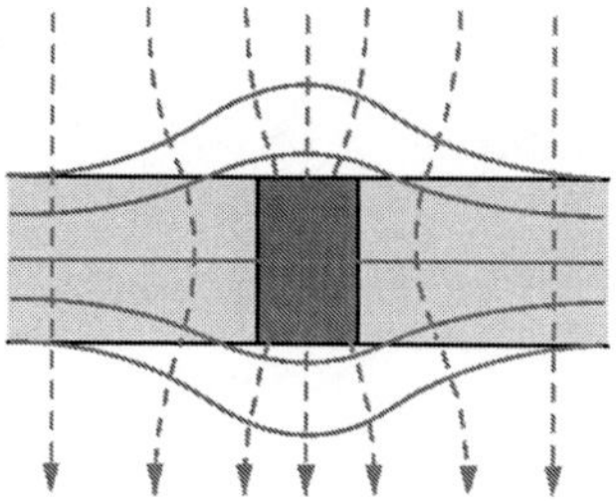

Bild 4-3 Verlauf der Wärmestromlinien an einer konstruktiven Wärmebrücke

$$R_T'' = R_{si} + R_1 + R_2 + \ldots + R_n + R_{se} \quad [\text{m}^2\text{K/W}] \tag{4.4}$$

R_n = Gemittelter Wärmedurchlasswiderstand der Schicht n

$$\frac{1}{R_n} = \frac{f_a}{\dfrac{s_n}{\lambda_{n,a}}} + \frac{f_b}{\dfrac{s_n}{\lambda_{n,b}}} + \ldots + \frac{f_q}{\dfrac{s_n}{\lambda_{n,q}}} \quad [\text{W/(m}^2\text{K)}] \tag{4.5}$$

f_x = Relativer Flächenanteil des Abschnittes x

s_n = Schichtdicke der Schicht n

$\lambda_{n,x}$ = Wärmeleitfähigkeit der Schicht n des Abschnittes x

Tabelle 4.5 Unterer Grenzwert des Wärmedurchgangswiderstandes R''_T

Schicht	Dicke [m]	Wärmeleitfähigkeit λ [W/(mK)]		Flächengewichteter Wärmedurchlasswiderstand
		Abschnitt Gefach f_{Gefach} = 0,875	Abschnitt Sparren $f_{Sparren}$ = 0,125	
R_{si}				0,10
1	0,0125	0,14	0,14	0,0893
2	0,0003	0,25	0,25	0,0012
3	0,18	0,04	0,13	3,5122
4	0,0004	0,17	0,17	0,0024
R_{se}				0,10
Summe R''_T				3,805

Der Wärmedurchgangswiderstand des inhomogenen Bauteils ergibt sich als arithmetischer Mittelwert des oberen und unteren Grenzwertes des Wärmedurchgangswiderstandes:

$$R_T = \frac{R_T' + R_T''}{2} \quad [\text{m}^2\text{K/W}] \tag{4.6}$$

Für das Beispiel des Sparrendaches ergibt sich ein Wärmedurchgangswiderstand R_T von 3,85 m²K/W. Der U-Wert des inhomogenen Bauteils ist dann der Kehrwert des Wärmedurchgangswiderstandes und beträgt folglich 0,26 W/(m²K). Der vorgestellte Berechnungsgang nach

DIN EN ISO 6946 Abschnitt 6.2 ist nur zulässig, wenn das Verhältnis oberer Grenzwert des Wärmedurchgangswiderstandes zu unterem Grenzwert des Wärmedurchgangswiderstandes maximal 1,5 beträgt.

Das Verfahren nach DIN EN ISO 6946 Abschnitt 6.2 kann auch für Bauteile angewendet werden, bei denen sich Wärmebrücken in zwei Dimensionen periodisch wiederholen. Als Beispiel kann eine Sparrendachkonstruktion mit Zwischensparrendämmung und zusätzlicher Untersparrendämmung herangezogen werden.

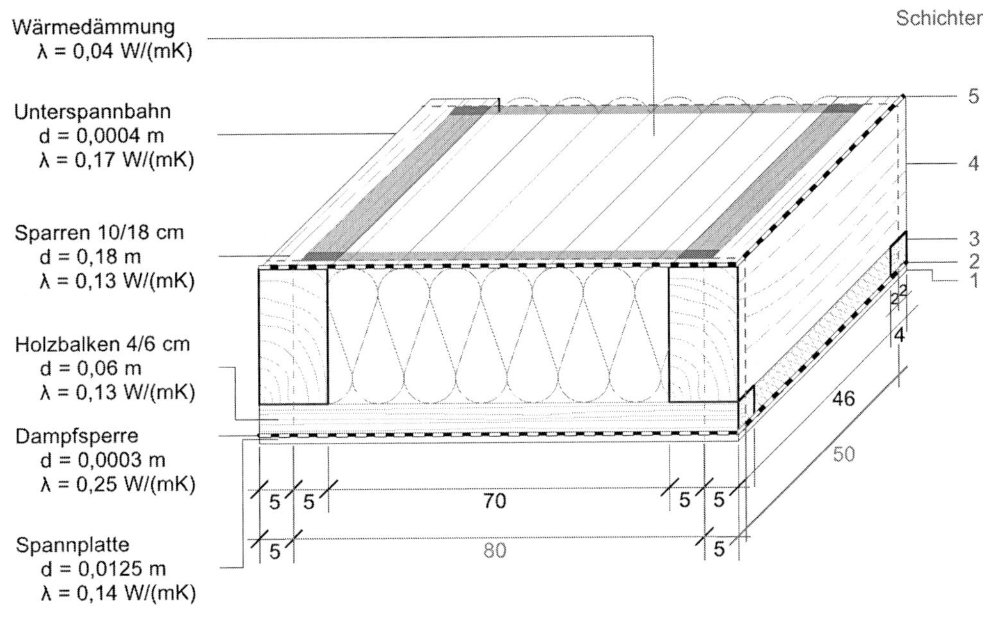

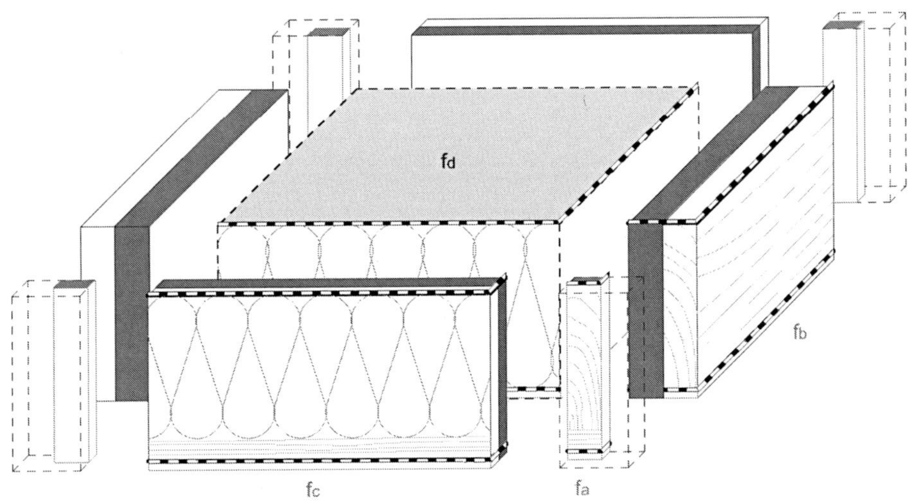

Bild 4-4 Dachquerschnitt mit Zwischen- und Untersparrendämmung

Tabelle 4.6 Oberer Grenzwert des Wärmedurchgangswiderstandes R'_T

Schicht	Material	Dicke [m]	λ [W/(mK)]	R [m²K/W]
Abschnitt a				
R_{si}				0,10
Verkleidung	Spanplatte	0,0125	0,14	0,0893
Dampfsperre	Polyamid-Folie	0,0003	0,25	0,0012
Lattung	Konstruktionsholz Fichte	0,06	0,13	0,4615
Sparren	Konstruktionsholz Fichte	0,18	0,13	1,3846
Abdichtung	Unterspannbahn	0,0004	0,17	0,0024
R_{se}				0,10
Summe R_{Ta}				2,139
Abschnitt b				
R_{si}				0,10
Verkleidung	Spanplatte	0,0125	0,14	0,0893
Dampfsperre	Polyamid-Folie	0,0003	0,25	0,0012
Wärmedämmung	Mineralwolle	0,06	0,04	1,5
Sparren	Konstruktionsholz Fichte	0,18	0,13	1,3846
Abdichtung	Unterspannbahn	0,0004	0,17	0,0024
R_{se}				0,10
Summe R_{Tb}				3,1775
Abschnitt c				
R_{si}				0,10
Verkleidung	Spanplatte	0,0125	0,14	0,0893
Dampfsperre	Polyamid-Folie	0,0003	0,25	0,0012
Lattung	Konstruktionsholz Fichte	0,06	0,13	0,4615
Wärmedämmung	Mineralwolle	0,18	0,04	4,5
Abdichtung	Unterspannbahn	0,0004	0,17	0,0024
R_{se}				0,10
Summe R_{Tc}				5,254

Fortsetzung Tabelle 4.6

Schicht	Material	Dicke [m]	λ [W/(mK)]	R [m²K/W]
Abschnitt d				
R_{si}				0,10
Verkleidung	Spanplatte	0,0125	0,14	0,0893
Dampfsperre	Polyamid-Folie	0,0003	0,25	0,0012
Wärmedämmung	Mineralwolle	0,06	0,04	1,5
Wärmedämmung	Mineralwolle	0,18	0,04	4,5
Abdichtung	Unterspannbahn	0,0004	0,17	0,0024
R_{se}				0,10
Summe R_{Td}				6,293

Abschnitt	Flächenanteil f_x	R_{Tx} [m²K/W]	f_x/R_{Tx}
a	$\dfrac{10 \cdot 4}{80 \cdot 50} = 0,01$	2,139	0,00468
b	$\dfrac{10 \cdot 46}{80 \cdot 50} = 0,115$	3,1775	0,03619
c	$\dfrac{70 \cdot 4}{80 \cdot 50} = 0,07$	5,254	0,01332
d	$\dfrac{70 \cdot 46}{80 \cdot 50} = 0,805$	6,293	0,12792
Summe $(1/R'_T)$			0,182
R'_T			5,495

Zunächst wird wieder ein repräsentativer Ausschnitt des Bauteils gewählt, aus dem sich im Idealfall das gesamte Dach zusammensetzen lässt. Anschließend wird der repräsentative Ausschnitt in Abschnitte mit einheitlichem Wärmedurchgangswiderstand unterteilt. Für die einzelnen Abschnitte werden die Wärmedurchgangswiderstände berechnet. Durch Gewichtung mit den Flächenanteilen kann wiederum der obere Grenzwert des Wärmedurchgangswiderstandes R'_T ermittelt werden.

Der untere Grenzwert des Wärmedurchgangswiderstandes berücksichtigt den Einfluss der seitlichen Wärmeströme infolge der unterschiedlichen Wärmeleitfähigkeiten. Dieser berechnet sich wiederum nach Gleichung 4.4.

Tabelle 4.7 Unterer Grenzwert des Wärmedurchgangswiderstandes R''_T

Schicht	Dicke [m]	Wärmeleitfähigkeit λ [W/(mK)]				Flächengewichteter Wärmedurchlasswiderstand
		Abschnitt a $f_a = 0,01$	Abschnitt b $f_b = 0,115$	Abschnitt c $f_c = 0,07$	Abschnitt d $f_d = 0,805$	
R_{si}						0,10
1	0,0125	0,14	0,14	0,14	0,14	0,0893
2	0,0003	0,25	0,25	0,25	0,25	0,0012
3	0,06	0,13	0,04	0,13	0,04	1,2712
4	0,18	0,13	0,13	0,04	0,04	3,5122
5	0,0004	0,17	0,17	0,17	0,17	0,0024
R_{se}						0,10
Summe R''_T						5,076

Der Wärmedurchgangswiderstand R_T des Sparrendaches mit Zwischen- und Untersparren-dämmung ergibt sich durch Mittelwertbildung zu 5,286 m²K/W. Der entsprechende U-Wert beträgt 0,19 W/(m²K).

4.6 Energetische Qualität von Fenstern

Der Wärmedurchgangskoeffizient eines Fensters U_W wird beeinflusst durch den U-Wert der Verglasung, den U-Wert des Fensterrahmens und bei Mehrscheiben-Isolierglas zusätzlich durch die wärmetechnische Qualität des Glasrandverbundes. Die am Rand rundum verlaufen-den Abstandhalter zwischen den einzelnen Scheiben der Mehrscheiben-Isolierverglasung wir-ken als lineare Wärmebrücken. Der Wärmedurchgangskoeffizient eines Fensters kann nach zwei grundsätzlich unterschiedlichen Verfahren ermittelt werden:

- Messverfahren, Heizkastenverfahren nach DIN EN ISO 12 567-1
- Berechnungsverfahren nach DIN EN ISO 10 077-1

Das Heizkastenverfahren ist insbesondere für die Hersteller von Fenstern von Interesse. Für dieses Verfahren werden aufwendige Prüfeinrichtungen benötigt, womit es für den praktischen Einsatz bei der energetischen Gebäudebewertung ungeeignet ist. Der Wärmedurchgangskoef-fizient von Fenstern wird entweder Herstellerangaben entnommen oder es wird das Berech-nungsverfahren nach DIN EN ISO 10 077-1 angewendet.

Bei der Beurteilung der Gesamtenergieeffizienz eines Gebäudes sind die Fenster in mehrfacher Hinsicht von Bedeutung. Zum einen sind sie Teil der wärmeübertragenden Hüllfläche und beeinflussen somit die Transmissionswärmeverluste. Der entscheidende Kennwert hierfür ist U_W. Zum anderen wirkt die durch die Verglasung einfallende Sonnenstrahlung als Wärmequel-le. Im Winter ist diese Wärmequelle durchaus erwünscht, da sie die Heizlast reduziert. Im Sommer kann der Wärmeeintrag infolge solarer Einstrahlung zu einer Überhitzung der Räume führen. Somit muss die Raumluft anlagentechnisch gekühlt werden. Das führt zu einem erhöhten Energiebedarf und ist folglich unerwünscht. Die solaren Wärmeeinträge über die Verglasung werden durch den Gesamtenergiedurchlassgrad g bewertet. Dieser ist definiert als das Verhältnis zwischen der durch die Verglasung ins Gebäudeinnere übertragenen Energiemenge bezüglich der insgesamt auftreffenden Strahlungsenergie I. Bild 4-5 verdeutlicht die zur Ermittlung des Gesamtenergiedurchlassgrades relevante Strahlungsbilanz. Ein Teil der auftreffenden Sonnenstrahlung wird durch die Glasscheiben reflektiert, ein Teil wird absorbiert und ein Teil gelangt direkt in den Innenraum. Infolge der Energieerhaltung ergibt sich für die Summe aus reflektierter, absorbierter und durchgelassener Strahlung immer 1 (100 %).

$$\rho_e + \alpha_e + \tau_e = 1 \tag{4.7}$$

$$\rho_e \quad = \quad \text{Strahlungsreflexionsgrad [-]}$$
$$\alpha_e \quad = \quad \text{Strahlungsabsorptionsgrad [-]}$$
$$\tau_e \quad = \quad \text{Strahlungstransmissionsgrad [-]}$$

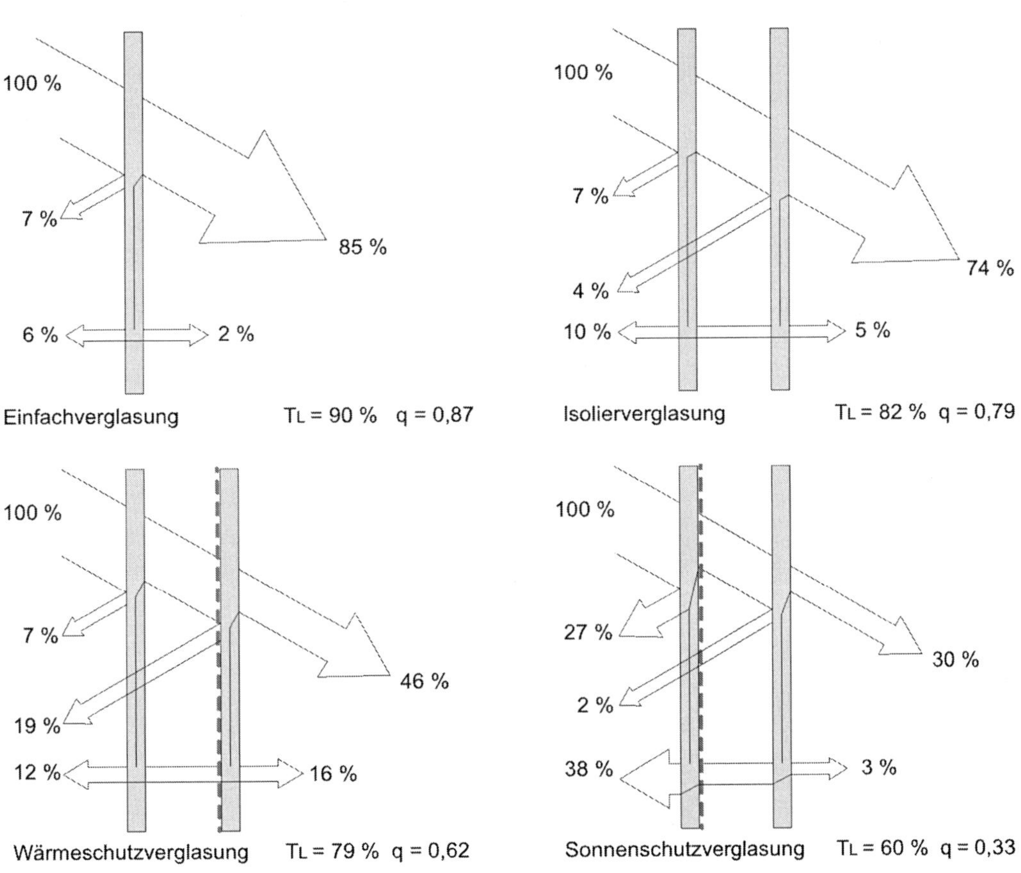

Bild 4-5 Überschlägige Strahlungsbilanzen bei unterschiedlichen Verglasungen

Der Gesamtenergiedurchlassgrad g setzt sich aus dem Strahlungstransmissionsgrad und der sekundären Wärmeabgabe an den Innenraum zusammen:

$$g = \tau_e + q_i \ [-] \tag{4.8}$$

$$q_i \qquad = \ \text{Sekundäre Wärmeabgabe an den Innenraum } [-]$$

Die sekundäre Wärmeabgabe an den Innenraum ist ein Resultat der absorbierten Strahlungsenergie. Die absorbierte Strahlung erhöht die Temperatur der Glasscheiben. Über die bekannten Wärmeübertragungsmechanismen wird die Wärme teilweise nach außen, aber auch nach innen an den Innenraum abgegeben. Die sekundäre Wärmeabgabe an den Innenraum erhöht somit die insgesamt über die Verglasung an den Innenraum übertragene Energiemenge. Der Reflexions-, der Absorptions- und der Transmissionsgrad ändern sich in Abhängigkeit des Einfallswinkels der Strahlung. Der Gesamtenergiedurchlassgrad gibt die, bei senkrecht zur Verglasungsoberfläche einfallender Sonnenstrahlung, an den Innenraum weitergeleitete Energiemenge an. Sämtliche andere strahlungsphysikalische Kennwerte sind ebenfalls für den senkrechten Strahlungseinfall definiert. Es gelten die Festlegungen der DIN EN 410.

4.6.1 Bezugsgrößen

Um den Wärmedurchgangskoeffizienten eines Fensters berechnen zu können, müssen zunächst einige in den Normen verwendete Bezugsgrößen definiert werden. Die verglaste Fläche eines Fensters A_g ist die kleinere der beidseitig (von innen und von außen) sichtbaren Glasflächen. Überlappungen von Dichtungen werden bei der Flächenermittlung vernachlässigt. Die Gesamtumfangslänge der Verglasung l_g entspricht der sichtbaren Umfangslänge der Verglasung am Übergang zum Rahmen. Sind die Umfangslängen zu beiden Seiten der Glasscheibe unterschiedlich, so wird der größere der beiden Werte verwendet. Die Fläche des Rahmens A_f ist die größere der beiden Ansichtsflächen der Fensterrahmenkonstruktion. Die Rahmenfläche berücksichtigt sowohl den Flügelrahmen als auch den gesamten Blendrahmen. Die beschriebenen Maße werden mit einer Genauigkeit von einem Millimeter ermittelt.

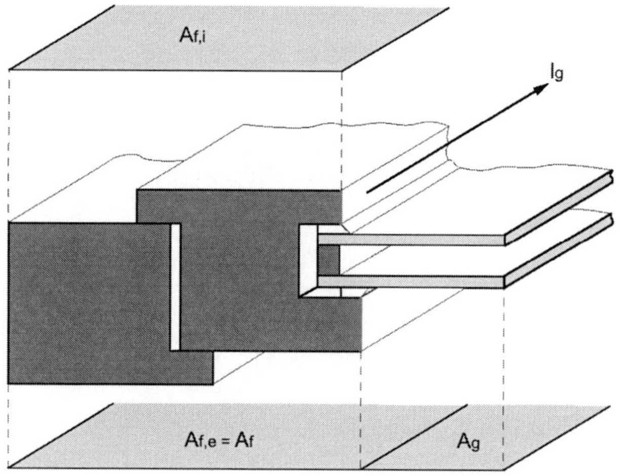

Bild 4-6 Bezugsgrößen für die Berechnung des U-Wertes von Fenstern

4.6.2 U-Wert Verglasung

Die Berechnung des Wärmedurchgangskoeffizienten der Verglasung U_g erfolgt nach DIN EN 673. Es wird der U-Wert im mittleren, ungestörten Bereich der Verglasung ermittelt. Hier kann ein eindimensionaler Wärmetransport angenommen werden, während in den Randbereichen infolge des Rahmens und der Abstandhalter zwei- beziehungsweise dreidimensionale Wärmetransporteffekte auftreten.

$$\frac{1}{U_g} = \frac{1}{h_e} + \frac{1}{h_t} + \frac{1}{h_i} \ [\text{m}^2\text{K/W}] \tag{4.9}$$

h_e, h_i = Wärmeübergangskoeffizient innen, außen

h_t = Gesamtwärmedurchlasskoeffizient der Verglasung

Für gewöhnliche senkrechte Glasflächen wird nach DIN EN 673 der Wärmeübergangskoeffizient außen zu 25 W/(m²K) gesetzt. Ist die Innenoberfläche der Verglasung senkrecht, unbeschichtet und erfolgt der Wärmeübergang zwischen Glasoberfläche und Raumluft infolge freier Konvektion, dann wird für den Wärmeübergangskoeffizient innen der Wert 7,7 W/(m²K) verwendet. Die Wärmeleitfähigkeit von Natron-Kalk-Glas ist mit 1 W/(mK) nicht extrem hoch, zum Vergleich: die Wärmeleitfähigkeit von Stahl beträgt 75 W/(mK), allerdings ergeben sich mit den geringen Schichtdicken von Glas sehr große spezifische Wärmeströme. Der U_g-Wert einer Einscheiben-Verglasung lässt sich sehr einfach bestimmen. Die entscheidenden Beiträge zum Wärmedurchgangswiderstand liefern die Wärmeübergangswiderstände innen und außen. Dies wird anhand der Berechnung in Tabelle 4.8 verdeutlicht. Betrachtet wird eine 8 mm dicke Einscheiben-Verglasung aus Natron-Kalk-Glas.

Tabelle 4.8 U-Wert Einscheiben-Verglasung

Schicht	Dicke d [m]	λ [W/(mK)]	R [m²K/W]
$R_{si} = 1/h_i$			0,13
Glasscheibe $1/h_t$	0,008	1	0,008
$R_{se} = 1/h_e$			0,04
Summe $1/U_g$			0,178
U_g			5,6

Zur Verbesserung des Wärmedurchgangswiderstandes der Verglasung werden mehrere Einfachglasscheiben hintereinander angeordnet. Der dadurch entstehende abgeschlossene Luftraum hat eine geringere Wärmeleitfähigkeit als Glas. Die Wärmeleitfähigkeit kann weiter gesenkt werden, indem der entstandene Hohlraum mit Edelgas befüllt wird. Der Gesamtwärmedurchlasswiderstand $1/h_t$ der Verglasung setzt sich aus dem Wärmedurchlasswiderstand des Gaszwischenraumes und den Wärmedurchlasswiderständen der Glasscheiben zusammen:

$$\frac{1}{h_t} = \sum_1^N \frac{1}{h_s} + \sum_1^M \frac{d_j}{\lambda_j} \ [\text{m}^2\text{K/W}]$$

(4.10)

N = Anzahl der Scheibenzwischenräume

M = Anzahl der Glasscheiben

h_s = Wärmedurchlasskoeffizient des Gaszwischenraumes $[\text{W/(m}^2\text{K)}]$

d_j = Dicke der Glasscheibe j [m]

λ_j = Wärmeleitfähigkeit des Glases $[\text{W/(mK)}]$

Der Wärmedurchlasskoeffizient des Gaszwischenraumes setzt sich zusammen aus dem Strahlungsleitwert und dem Wärmedurchlasskoeffizienten des Gases:

$$h_s = h_r + h_g \ [\text{W/(m}^2\text{K)}]$$

(4.11)

h_r = Strahlungsleitwert

h_g = Wärmedurchlasskoeffizient des Gases

Wie alle Körper mit unterschiedlicher Oberflächentemperatur stehen auch die beiden Glasscheiben, die den Gaszwischenraum umgeben, im gegenseitigen Strahlungsaustausch. Dies wird durch den Strahlungsleitwert beschrieben. Die Wärmeübertragung durch Strahlung kann durch die Größe des Gaszwischenraumes nicht beeinflusst werden. Allerdings beeinflussen der Abstand zwischen den Scheiben und das verwendete Gas die Wärmeübertragung infolge von Leitung und Konvektion. Die Wärmeübertragung über den Scheibenzwischenraum infolge von Leitung und Konvektion wird durch den Koeffizienten h_g beschrieben. Je größer der Scheibenzwischenraum, desto geringer wird die Wärmeübertragung durch Wärmeleitung. Im Gegensatz dazu steigt mit größer werdendem Scheibenzwischenraum die Wärmeübertragung durch Konvektion. Die prinzipiellen Wärmeübertragungsmechanismen Leitung, Strahlung und Konvektion sowie deren relativer Anteil an den gesamten Wärmeverlusten sind in Bild 4-7 Mitte anhand eines Zweischeiben-Isolierglasfensters dargestellt. Der Wärmedurchlasskoeffizient des Gases h_g berechnet sich nach folgender Gleichung:

$$h_g = Nu \frac{\lambda}{s} \ [\text{W/(m}^2\text{K)}]$$

(4.12)

Der Term λ/s beschreibt den Wärmestrom infolge von Wärmeleitung durch einen Gaszwischenraum der Dicke s. In einem stationären Medium erfolgt die Wärmeübertragung ausschließlich durch Wärmeleitung. Nu ist die Nusselt-Zahl. Sie beschreibt die Erhöhung der Wärmeübertragung, wenn anstatt reiner Wärmeleitung ein kombinierter Wärmetransport aus Leitung und Konvektion auftritt. Mit größer werdendem Scheibenzwischenraum gewinnt die Wärmeübertragung infolge von Konvektion an Bedeutung und folglich steigt auch die Nusselt-Zahl. Für die freie Konvektion, also die Konvektion infolge thermischer Antriebskräfte, ist die Nusselt-Zahl definiert zu:

$$Nu = A \cdot \left(Gr \cdot \text{Pr} \right)^n \ [\text{-}]$$

(4.13)

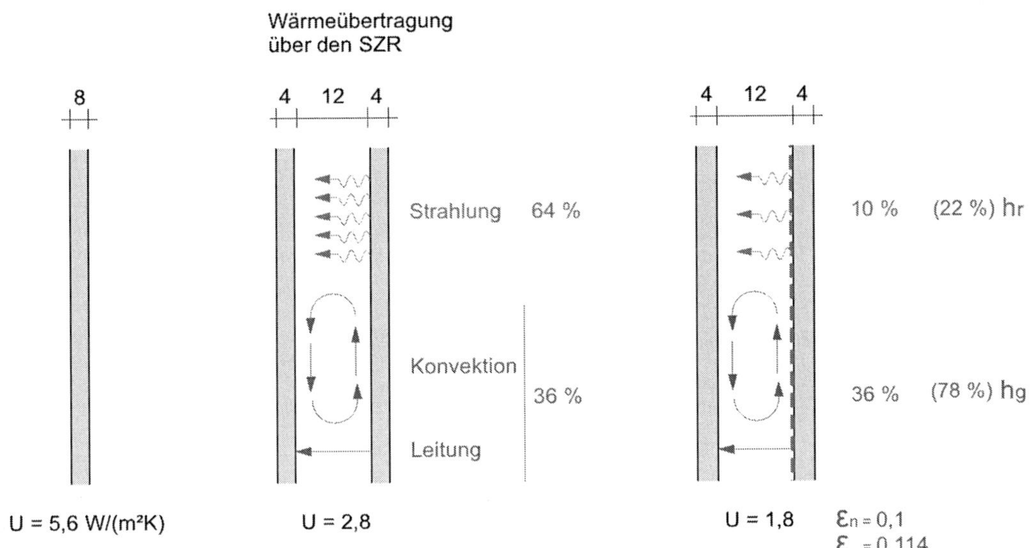

Bild 4-7 Wärmeübertragung bei unterschiedlichen Verglasungen

Für senkrechte Verglasungen ist A gleich 0,035 und n gleich 0,38 zu setzen. Die Nusselt-Zahl setzt sich aus der Grashof-Zahl Gr und der Prandtl-Zahl Pr zusammen. Die Grashof-Zahl kennzeichnet eine Strömung, die durch Auftriebskräfte (hier: Thermik) angetrieben wird. Sie spiegelt das Verhältnis zwischen der thermisch bedingten Auftriebskraft und der inneren Trägheit des Fluids wider:

$$Gr = \frac{9{,}81 \cdot s^3 \cdot \Delta T \cdot \rho^2}{T_m \cdot \mu^2} \ [-] \tag{4.14}$$

s =   Scheibenzwischenraum [m]

ΔT =   15 [K], genormter Grenzwert für die Temperaturdifferenz zwischen den Grenzflächen des Gaszwischenraumes

ρ =   Dichte des Gases [kg/m³]

T_m =   283 [K], genormter Grenzwert für die absolute mittlere Temperatur des Gaszwischenraumes

μ =   Dynamische Viskosität des Gases [kg/(ms)]

Die Prandtl-Zahl charakterisiert die Fluideigenschaften und ist definiert als das Verhältnis zwischen innerer Reibung und Wärmeleitfähigkeit:

$$Pr = \frac{\mu \cdot c}{\lambda} \ [-] \tag{4.15}$$

μ =   Dynamische Viskosität des Gases [kg/(ms)]

c =   Spezifische Wärmekapazität des Gases [J/(kgK)]

λ =   Wärmeleitfähigkeit des Gases [W/(mK)]

Die Gaseigenschaften üblicher Füllgase für den Scheibenzwischenraum können Tabelle 4.9 entnommen werden. Für die Berechnung nach Norm werden die Gaseigenschaften bei einer Temperatur von 10 °C verwendet.

Tabelle 4.9 Gaseigenschaften bei 10 °C gemäß DIN EN 673 Tabelle 1

Gas	Dichte ρ [kg/m³]	Dynamische Viskosität μ [kg/(ms)]	Leitfähigkeit λ [W/(mK)]	Spezifische Wärme-kapazität c [J/(kgK)]
Luft	1,232	$1,761 \cdot 10^{-5}$	$2,496 \cdot 10^{-2}$	$1,008 \cdot 10^{3}$
Argon	1,699	$2,164 \cdot 10^{-5}$	$1,684 \cdot 10^{-2}$	$0,519 \cdot 10^{3}$
Krypton	3,560	$2,400 \cdot 10^{-5}$	$0,900 \cdot 10^{-2}$	$0,245 \cdot 10^{3}$
Xenon	5,689	$2,226 \cdot 10^{-5}$	$0,529 \cdot 10^{-2}$	$0,161 \cdot 10^{3}$
SF_6	6,360	$1,459 \cdot 10^{-5}$	$1,275 \cdot 10^{-2}$	$0,614 \cdot 10^{3}$

Der Scheibenzwischenraum ist in den meisten Fällen nicht mit einem reinen Gas, sondern mit einem Gasgemisch befüllt. Die Eigenschaften des Gasgemisches werden berechnet, indem die Eigenschaften der reinen Gase entsprechend ihrem relativen Volumenanteil gewichtet werden:

$$P = P_1 \cdot \frac{V_1}{V} + P_2 \cdot \frac{V_2}{V} \tag{4.16}$$

P = Jeweilige Gaseigenschaft: Wärmeleitfähigkeit, Dichte, Viskosität oder spezifische Wärme

$V_{1/2}$ = Volumen des Gases 1 beziehungsweise des Gases 2

V = Gesamtvolumen des Scheibenzwischenraumes

Die Nusselt-Zahl ergibt sich zusammengefasst zu:

$$Nu = 0,035 \cdot \left(\frac{9,81 \cdot s^3 \cdot 15 \cdot \rho^2}{283 \cdot \mu^2} \cdot \frac{\mu \cdot c}{\lambda} \right)^{0,38} \quad [-] \tag{4.17}$$

Da die Nusselt-Zahl die zusätzliche Wärmeübertragung durch Konvektion beschreibt, kann sie keine Werte, die kleiner als 1,0 sind, annehmen. Falls Nu rechnerisch kleiner als 1,0 wird, das heißt, wenn keine den Wärmestrom fördernde Konvektion stattfindet, ist für Nu der Wert 1,0 zu verwenden. Sämtliche Koeffizienten der Nusselt-Zahl, außer der Scheibenzwischenraum s, sind für jedes Gas konstant. Die Variable Scheibenzwischenraum s geht in die Nusselt-Zahl mit der Potenz 1,14 ein. Das bedeutet, der Wärmedurchlasskoeffizient des Gases h_g (siehe Gleichung 4.12) wird umso kleiner, je kleiner s wird. Da die Nusselt-Zahl allerdings nicht kleiner als 1,0 werden kann und bei weiterer Verringerung des Scheibenzwischenraumes der Term λ/s größer wird, erreicht h_g seinen Minimalwert für Nu gleich 1,0.

Ist der Scheibenzwischenraum mit Luft gefüllt, dann wird nach dem Algorithmus der DIN EN 673 der minimale Wärmedurchlasskoeffizient des Gases bei einem Scheibenabstand von circa 15,54 mm erreicht. Bei diesem Abstand erreicht die summierte Wärmeübertragung infolge von Leitung und Konvektion ihren Minimalwert. Deshalb wird auch der U-Wert der Verglasung minimal.

Nachdem infolge des Gaszwischenraumes die Wärmeübertragung durch Leitung und Konvektion verringert ist, kann in einem weiteren Schritt die Auswirkung des Strahlungstransportes minimiert werden. Der Wärmestrom infolge Strahlungsaustausch ist zum einen abhängig von der Temperaturdifferenz zwischen den im Strahlungsaustausch befindlichen Glasscheiben und zum anderen von den Strahlungseigenschaften der Oberflächen. Der Temperaturunterschied zwischen den Oberflächen kann durch eine Dreischeiben-Isolierverglasung verringert werden. Hierbei steht die innere Scheibe im Strahlungsaustausch mit der mittleren und die mittlere Scheibe zusätzlich im Strahlungsaustausch mit der äußeren. Die Temperaturdifferenz zwischen innerer und mittlerer Scheibe sowie die Temperaturdifferenz zwischen mittlerer und äußerer Scheibe ist jeweils geringer als die zwischen den beiden Scheiben einer Zweischeiben-Verglasung. Dadurch wird der Wärmestrom infolge Strahlung minimiert. Eine zusätzliche oder alternative Maßnahme ist, die Strahlungseigenschaften der Glasoberflächen zu beeinflussen. Durch sogenannte Low-E-Beschichtungen kann die Emissivität einer Scheibenoberfläche reduziert werden. Gleichzeitig weist eine Scheibe mit einer solchen Beschichtung einen höheren Strahlungsabsorptionsgrad auf als eine unbeschichtete. Für den U-Wert ist es zunächst nicht von Bedeutung, ob die nach innen gerichtete Oberfläche der äußeren Scheibe oder die nach außen gerichtete Oberfläche der inneren Scheibe beschichtet wird. In beiden Fällen wird der Strahlungsaustausch zwischen äußerer und innerer Scheibe um das gleiche Maß reduziert. Allerdings beeinflusst die Position der Beschichtung den Gesamtenergiedurchlassgrad der Verglasung. Ursache ist die erhöhte Strahlungsabsorption einer beschichteten Scheibe. Wird die äußere Scheibe beschichtet, dann tritt hier eine erhöhte Absorption auf. Durch die Low-E-Beschichtung wird jedoch gleichzeitig die Wärmeübertragung zum Innenraum hin behindert. Folglich wird ein Großteil der von der äußeren Scheibe absorbierten Energie wieder direkt an die Außenumgebung abgegeben. Soll ein hoher Gesamtenergiedurchlassgrad erreicht werden, sollen also im Winter große Wärmeeinträge infolge Sonneneinstrahlung erzielt werden, dann muss die innere Scheibe beschichtet werden. Dadurch erhöht sich der Strahlungsabsorptionsgrad der inneren Scheibe. Wegen des verringerten Strahlungsaustausches zwischen innerer und äußerer Scheibe ist die Wärmeübertragung an die Außenumgebung stark reduziert, und die absorbierte Energie kommt folglich hauptsächlich dem Innenraum zu Gute. Der Gesamtenergiedurchlassgrad einer marktüblichen Verglasung, bei der die nach außen gerichtete Oberfläche der inneren Scheibe beschichtet ist, beträgt ungefähr 0,65. Im Gegensatz dazu reduziert sich dieser Wert auf 0,55, wenn die innere Oberfläche der äußeren Scheibe beschichtet wird. Eine Low-E-Beschichtung wirkt sich auf den Strahlungsleitwert aus Gleichung 4.18 aus. Der Strahlungsleitwert bestimmt sich nach DIN EN 673 zu:

$$h_r = 4\sigma \cdot \left(\frac{1}{\varepsilon_1} + \frac{1}{\varepsilon_2} - 1 \right)^{-1} \cdot T_m{}^3 \ [\text{W/(m}^2\text{K)}] \tag{4.18}$$

σ $\quad = \quad 5{,}67 \cdot 10^{-8}$ [W/(m²K⁴)], Stefan-Boltzmann-Konstante

$\varepsilon_{1/2}$ $\quad = \quad$ Korrigiertes Emissionsvermögen der im Strahlungsaustausch stehenden Glasscheiben [-]

T_m $\quad = \quad 283$ [K], absolute mittlere Temperatur des Gaszwischenraumes

Das korrigierte Emissionsvermögen kann mit Hilfe von DIN EN 12 898, Tabelle A.2 aus dem normalen Emissionsvermögen bestimmt werden. Es beträgt für unbeschichtete Natron-Kalk-Glasoberflächen 0,837, kann mit Hilfe von Beschichtungen aber deutlich herabgesetzt werden.

Im Weiteren wird die Berechnung des U-Wertes einer Zweischeiben-Isolierverglasung und einer Zweischeiben-Wärmeschutzverglasung erläutert. In beiden Fällen wird angenommen, dass der Scheibenzwischenraum mit Luft befüllt ist.

Tabelle 4.10 Materialwerte Glas und Luft

Schicht	d [m]	λ [W/(mK)]	ε Iso-lierv.	ε Wärme-schutzv.	ρ [kg/m³]	μ [kg/(ms)]	c [J/(kgK)]
Äußere Scheibe	0,004	1,0	0,837	0,837			
Innere Scheibe	0,004	1,0	0,837	0,114			
Luft	0,012	0,02496			1,232	0,00001761	1008

Gemäß DIN EN 673 dürfen im Berechnungsgang anfallende Zwischenwerte nicht gerundet werden. Hingegen müssen die ermittelten U-Werte auf eine Dezimalstelle gerundet angegeben werden.

Tabelle 4.11 U-Wert-Berechnung Zweischeiben-Verglasung

	Unbeschichtete Verglasung	Beschichtete Verglasung
Nusselt-Zahl Nu	0,745147699 **< 1,0**	0,745147699 **< 1,0**
Wärmedurchlasskoeffizient Gas h_g	2,08	2,08
Strahlungsleitwert h_r	3,699543175	0,573285592
$h_s = h_g + h_r$	5,779543175	2,653285592
$1/h_s$	0,173024056	0,376891204
$\sum s/\lambda$ der Glasscheiben	0,008	0,008
$1/h_t = 1/h_s + \sum d/\lambda$	0,181024056	0,384891204
$1/U = 1/h_e + 1/h_t + 1/h_i$	0,350894186	0,554761333
U	2,8	1,8

Im Vergleich zu der oben behandelten 8 mm dicken Einscheiben-Verglasung ergibt sich bei der unbeschichteten Zweischeiben-Verglasung ein um 50 % verbesserter U-Wert. Mit einer Zweischeiben-Wärmeschutzverglasung lässt sich der U-Wert in Bezug zur Einscheiben-Verglasung sogar um fast 68 % verbessern.

Die Wärmeübertragung über den Scheibenzwischenraum einer Zweischeiben-Isolierverglasung ohne Low-E-Beschichtung wird durch den Transportmechanismus der Wärmestrahlung dominiert. Circa 2/3 des Wärmestroms durch den Scheibenzwischenraum werden durch den Strahlungsaustausch zwischen den Scheibenoberflächen hervorgerufen. Der genaue Anteil ist, wie bereits erwähnt, von der exakten Breite des Scheibenzwischenraumes und des verwendeten Gases abhängig. Durch eine Low-E-Beschichtung kann der Wärmetransport infolge Strahlung um mehr als das Sechsfache verringert werden, so dass die Wärmeübertragung durch Konvektion und Leitung zum dominierenden Mechanismus wird.

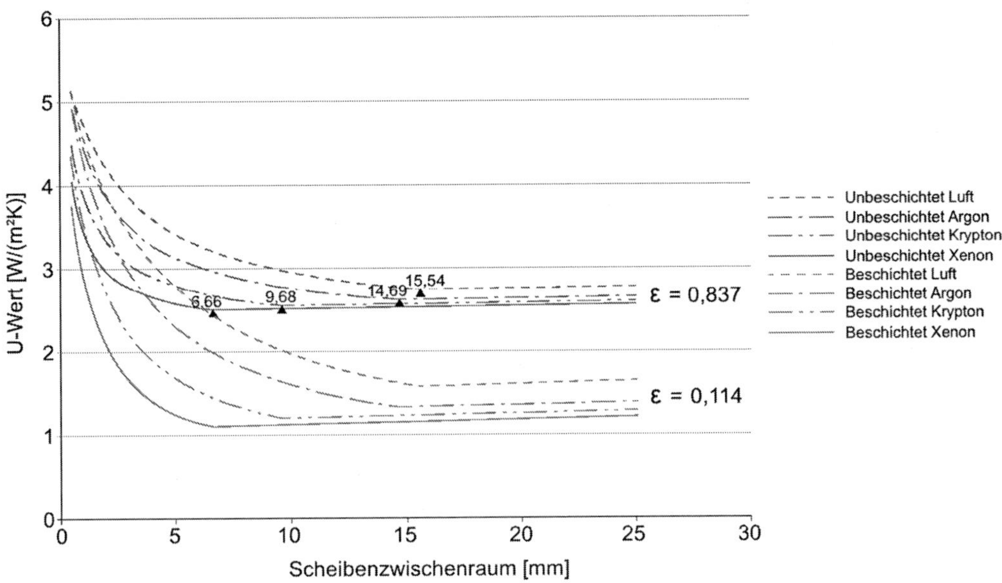

Bild 4-8 U-Werte von Zweischeiben-Isolierverglasungen, Dicke der Einzelscheiben: 4 mm

In Bild 4-8 sind die U-Werte von Zweischeiben-Isolierverglasungen dargestellt, bei denen die beiden Einzelscheiben jeweils eine Dicke von 4 mm aufweisen. Variiert wird die Dicke des Scheibenzwischenraumes, die Gasfüllung innerhalb des Scheibenzwischenraumes und die Beschichtung der nach außen gerichteten Oberfläche der Innenscheibe. Betrachtet werden die Füllgase Luft, Argon, Krypton und Xenon. Das korrigierte Emissionsvermögen der nach außen gerichteten Oberfläche der Innenscheibe beträgt für den unbeschichteten Fall 0,837 und für den beschichteten Fall 0,114. Die dargestellten Kurven basieren auf dem Berechnungsalgorithmus der DIN EN 673. Eine Tabelle mit Wärmedurchgangskoeffizienten für standardmäßige Verglasungen enthält Tabelle C.2 der DIN EN ISO 10 077-1. Diese Tabellenwerte basieren auf dem Berechnungsverfahren nach DIN EN 673.

4.6.3 Einfachfenster

Prinzipiell kann zwischen Einfach- und Doppelfenstern unterschieden werden. Diese Unterscheidung bezieht sich auf die Anzahl der hintereinander liegenden Flügelrahmen. Ein Einfachfenster ist dadurch gekennzeichnet, dass es aus einem einzigen Flügelrahmen besteht, in den die Verglasung eingebaut ist. Bei Kasten- und Verbundfenster ist die Verglasung in zwei hintereinander liegenden Flügelrahmen angeordnet. Demzufolge handelt es sich um Doppelfenster. Die Bezeichnung Einfachfenster bezieht sich nicht auf die Anzahl der Scheiben. Ein Einfachfenster kann sowohl mit einer Einscheibenverglasung als auch mit einer Mehrscheiben-Isolierverglasung ausgeführt werden. Im Neubau kommen fast ausschließlich Einfachfenster mit Mehrscheiben-Isolierverglasung zum Einsatz.

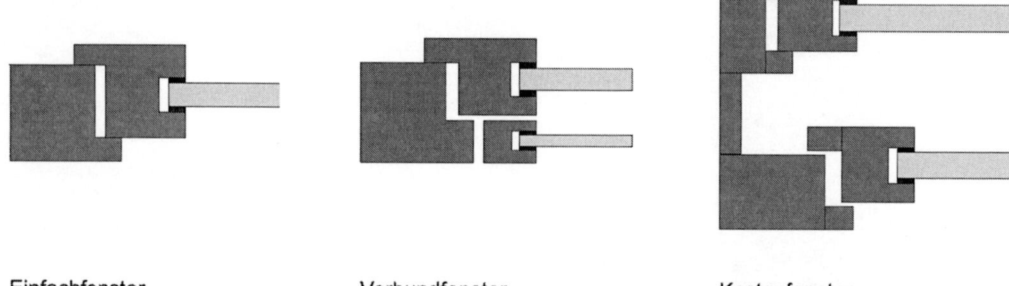

Bild 4-9 Prinzipielle Bauarten von Fenstern

Der U-Wert eines Einfachfensters berechnet sich nach folgender Gleichung:

$$U_W = \frac{\sum A_g U_g + \sum A_f U_f + \sum l_g \psi_g}{\sum A_g + \sum A_f} \ [\text{W/(m}^2\text{K)}] \tag{4.19}$$

$A_{g/f}$ = Fläche der Verglasung/des Rahmens [m²]

$U_{g/f}$ = Wärmedurchgangskoeffizient der Verglasung/des Rahmens [W/(m²K)]

l_g = Gesamtumfangslänge der Verglasung [m]

ψ_g = Längenbezogener Wärmedurchgangskoeffizient [W/(mK)]

Der Wärmedurchgangskoeffizient des Rahmens kann DIN EN ISO 10 077-1 Anhang D oder Herstellerangaben entnommen werden. Alternativ kann das numerische Berechnungsverfahren nach DIN EN ISO 10 077-2 verwendet werden. Der längenbezogene Wärmedurchgangskoeffizient kann entweder DIN EN ISO 10 077-1 Anhang E entnommen werden oder mit Hilfe einer numerischen Simulation entsprechend DIN EN ISO 10 077-2 berechnet werden. Die ψ_g-Werte für neu eingebaute Fenster sollten den Unterlagen der Hersteller entnommen werden, da die Tabellenwerte der Norm für die meisten Fälle auf der sicheren Seite liegen. Bei Einscheibenverglasung wird ψ_g wegen der fehlenden Abstandhalter zu null gesetzt.

Als kurzes Beispiel wird der Wärmedurchgangskoeffizient eines Einfachfensters mit der oben beschriebenen Zweischeiben-Wärmeschutzverglasung berechnet. Der Fensterrahmen wird als Holzrahmen aus Laubholz mit dem Profilquerschnitt IV 68/78 ausgeführt (siehe Bild 4-11). Das Stockaußenmaß beträgt 1,10 m · 1,30 m und es werden konventionelle Abstandhalter aus Aluminium verwendet.

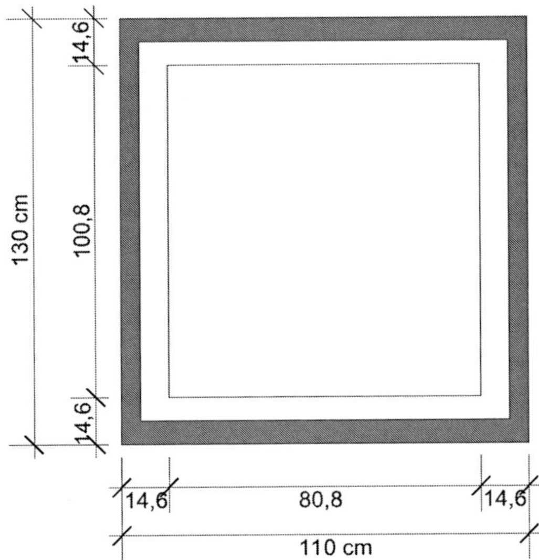

Bild 4-10 Berechnungsbeispiel Einfachfenster

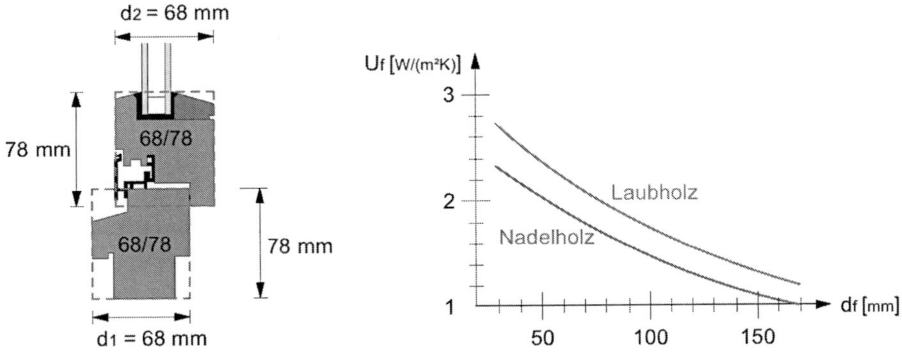

Bild 4-11 Ermittlung des U-Wertes von Fensterrahmen aus Holz nach DIN EN ISO 10 077-1

Tabelle 4.12 U-Wert Einfachfenster mit Zweischeiben-Wärmeschutzverglasung

	A [m²]	U-Wert [W/(m²K)]	l_g [m]	Ψ_g [W/(mK)]	$A \cdot U$ bzw. $l \cdot \Psi$
Verglasung	0,814464	1,8			1,466
Rahmen	0,615536	2,1			1,293
Abstandhalter			3,632	0,08	0,291
Summe	1,43				3,050
U_W					2,1

4.6.4 Kastenfenster

Ein Kastenfenster besteht aus einem Innen- und einem Außenflügel mit jeweils eigener Drehachse. Im Prinzip handelt es sich um zwei einzelne Fenster mit Einscheiben-Verglasung, die hintereinander angeordnet sind. Der Wärmedurchgangskoeffizient des Kastenfensters ergibt sich zu:

$$U_W = \cfrac{1}{\cfrac{1}{U_{W1}} - R_{si} + R_s - R_{se} + \cfrac{1}{U_{W2}}} \quad [\text{W/(m}^2\text{K)}] \tag{4.20}$$

Zunächst werden die U-Werte für das innere und das äußere Fenster nach Gleichung 4.19 getrennt ermittelt. Der Innen- und der Außenflügel werden thermisch so behandelt, als ob der jeweils andere nicht existieren würde. Somit ergeben sich die Werte U_{W1} und U_{W2}. Infolge dieser getrennten Betrachtungsweise werden sowohl bei U_{W1} als auch bei U_{W2} die Wärmeübergangswiderstände innen und außen berücksichtigt. Um diese Doppelung zu korrigieren, werden in Gleichung 4.20 jeweils einmal R_{si} und R_{se} subtrahiert. Der Wärmedurchlasswiderstand der Luftschicht R_s zwischen den Fensterflügeln kann nach Tabelle C.1 der DIN EN ISO 10 077-1 bestimmt werden, wenn die Luftschicht als unbelüftet angenommen werden kann und nicht dicker als 50 mm ist. Allerdings ist bei klassischen Kastenfenstern der Abstand zwischen den Glasscheiben in der Regel 100 mm und größer. Sind die Glasscheiben des Kastenfensters unbeschichtet und ist die Dicke der Luftschicht größer als 50 mm, dann lässt sich der Wärmedurchlasswiderstand der Luftschicht R_s näherungsweise mittels DIN EN 13 947 Anhang D berechnen. Dieses Verfahren ist bis zu einer Luftschichtdicke von maximal 1000 mm anwendbar. Sind die Fugen des inneren Fensterflügels undicht, dann kann die Luftschicht zwischen den Fensterflügeln entsprechend DIN EN 13 947 als schwach belüftete Luftschicht angenommen werden. Ist die Näherung mittels DIN EN 13 947 zu ungenau oder sind die Glasscheiben beschichtet, dann muss das numerische Berechnungsverfahren nach ISO 15 099 angewendet werden. Dieses Verfahren ist für Handrechnungen ungeeignet und man muss auf entsprechende Softwarelösungen zurückgreifen.

Im Folgenden wird der U-Wert eines Kastenfensters mit den unterschiedlichen Berechnungsverfahren ermittelt. Dabei werden die Luftschichtdicke, die Beschichtung der Scheiben und der Scheibenaufbau variiert. Die Glasfläche und die Rahmenfläche bleiben bei allen Beispielen konstant. Die Wärmedurchgangskoeffizienten für die Rahmen werden Bild 4-11 unter der Annahme entnommen, dass es sich um Nadelholz handelt. Zunächst werden die Flächen und U-Werte der Scheiben und Rahmen bestimmt.

Tabelle 4.13 Maße und Eingangsgrößen Kastenfenster

	d [m]	λ [W/(mK)]	U-Wert [W/(m²K)]	l_g [m]	Fläche [m²]
Verglasung innen	0,004	1,0	5,747	3,31	1,1484
Verglasung außen	0,004	1,0	5,747		1,0137
Rahmen innen	0,037		2,2		0,6820
Rahmen außen	0,055		1,95		0,8167
Fenster					1,8304

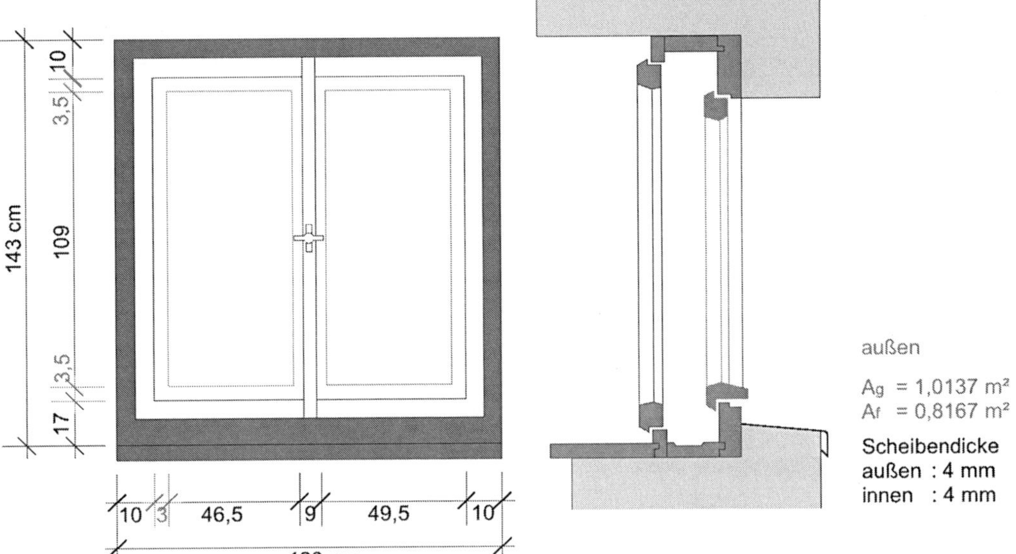

Bild 4-12 Berechnungsbeispiel Kastenfenster

Als Erstes wird das Verfahren nach DIN EN ISO 10 077-1 aufgezeigt. Angenommen wird ein Abstand zwischen den Scheiben von 50 mm. Die erste Variante soll den unsanierten Zustand mit unbeschichteten Scheiben darstellen. Die weiteren Varianten stellen die Effektivität möglicher Sanierungsmaßnahmen dar. In der zweiten Variante wird untersucht, welche Auswirkung ein Austausch der inneren Glasscheibe durch eine Glasscheibe mit Low-E-Beschichtung auf den U-Wert des Fensters hat. In der dritten Variante soll der innere Flügel gegen einen 55 mm starken Nadelholzrahmen mit Zweischeiben-Wärmeschutzverglasung ausgetauscht werden. Die innere Scheibe der Wärmeschutzverglasung wird mit einer Beschichtung mit ε_n gleich 0,1 versehen und der Scheibenzwischenraum wird mit dem Edelgas Xenon befüllt. Zu beachten ist, dass bei einer Mehrscheiben-Isolierverglasung wieder der Wärmebrückeneffekt der Abstandhalter berücksichtigt werden muss. Es sollen wärmetechnisch verbesserte Abstandhalter mit einem Ψ_g-Wert von 0,06 verwendet werden. In der vierten Variante soll dieselbe Wärmeschutzverglasung wie in Variante drei eingebaut werden, allerdings soll zusätzlich die nach außen weisende Oberfläche der äußeren Scheibe der Wärmeschutzverglasung mit einer Low-E-Beschichtung ausgestattet werden.

Wird die Verglasung eines Kasten- beziehungsweise Verbundfensters ersetzt, dann genügt es laut EnEV 2009 Anlage 3 Abschnitt 2, wenn eine Glasscheibe mit $\varepsilon_n \leq 0,2$ eingesetzt wird. Diese Vorgabe wird bei der Durchführung von Variante 2 erfüllt. Im Referenzgebäude der EnEV 2009 werden sowohl im Wohnbau als auch im Nichtwohnbau Fenster mit einem U_W-Wert von 1,30 W/(m²K) vorgesehen. Dies verdeutlicht, wie mit relativ einfachen Mitteln der Wärmeschutz eines historischen Kastenfensters verbessert werden kann. Bei Variante 2 wird fast Neubaustandard erreicht, ohne dass eine optische Veränderung an dem Kastenfenster wahrzunehmen ist. Mit Variante 3 und 4 können sogar die Referenzvorgaben der EnEV unterschritten werden.

Tabelle 4.14 U-Wert Kastenfenster nach DIN EN ISO 10 077-1

Schicht	A_g	U_g	A_f	U_f	l_g	Ψ_g	A_w	R_T
Variante 1: Unsaniert								
Fenster innen	1,1484	5,747	0,6820	2,20	3,31	0,00	1,8304	0,226
Fenster außen	1,0137	5,747	0,8167	1,95	3,31	0,00	1,8304	0,247
Luftschicht								0,179
U_W								2,1
Variante 2: Innere Scheibe mit Low-E-Beschichtung								
Fenster innen	1,1484	5,747	0,6820	2,20	3,31	0,00	1,8304	0,226
Fenster außen	1,0137	5,747	0,8167	1,95	3,31	0,00	1,8304	0,247
Luftschicht								0,406
U_W								1,4
Variante 3: Zweischeiben Wärmeschutzverglasung 4-12-4, Xenon, $\varepsilon_n = 0{,}1$								
Fenster innen	1,1484	1,300	0,6820	1,95	3,31	0,06	1,8304	0,606
Fenster außen	1,0137	5,747	0,8167	1,95	3,31	0,00	1,8304	0,247
Luftschicht								0,179
U_W								1,2
Variante 4: Wie Variante 3, zusätzliche Low-E-Beschichtung								
Fenster innen	1,1484	1,300	0,7392	1,95	3,31	0,06	1,8304	0,606
Fenster außen	1,0137	5,747	0,8739	1,95	3,31	0,00	1,8304	0,247
Luftschicht								0,406
U_W								0,9

In einem nächsten Schritt wird der U-Wert eines Kastenfensters mit einer Luftschichtdicke größer 50 mm unter Zuhilfenahme von Anhang D der DIN EN 13 947 bestimmt. Die Eingangsdaten aus Tabelle 4.13 werden auch für das Kastenfenster mit dickerer Luftschicht verwendet. Die Luftschichtdicke soll in diesem Beispiel 150 mm betragen. Die Variante 1 stellt wiederum den unsanierten Zustand dar. Im unsanierten Zustand sollen die Fugen zwischen innerem Flügel- und Blendrahmen undicht sein. Die Luftschicht des Kastenfensters kann als schwach belüftet angenommen werden. In Variante 2 sind die Fugen durch ein nachträgliches Einfräsen einer Lippendichtung verschlossen. Es sollte allerdings darauf geachtet werden, dass der Außenflügel noch einen gewissen Luftaustausch zwischen der Außenumgebung und dem Luftzwischenraum ermöglicht, um die Gefahr von Tauwasser zu minimieren. In Variante 3 wird der innere Flügel durch einen Flügel mit Wärmeschutzverglasung ersetzt. Die Wärmeschutzverglasung wird wie oben mit einer Beschichtung mit ε_n gleich 0,1 versehen und der

Scheibenzwischenraum mit Xenon befüllt. Eine eventuelle Beschichtung der die Luftschicht begrenzenden Glasoberflächen kann bei diesem Verfahren nicht berücksichtigt werden.

Eine schwach belüftete Luftschicht liegt vor, wenn die Fläche der Öffnungen A_v zur Außenluft pro Laufmeter größer als 500 mm² und kleiner als 1500 mm² sind. Laut DIN EN 13 947 beträgt der Wärmedurchlasswiderstand einer schwach belüfteten Luftschicht das 0,5-fache des Wärmedurchlasswiderstandes einer gleich dicken unbelüfteten Luftschicht. Der Wärmedurchlasswiderstand einer unbelüfteten Luftschicht kann in Abhängigkeit der Luftschichtdicke aus Tabelle D.1 der DIN EN 13 947 abgelesen werden. Liegt eine schwach belüftete Luftschicht vor und besitzt das Bauteil zwischen Luftschicht und Außenluft einen Wärmedurchlasswiderstand, der 0,15 (m²K)/W überschreitet, dann darf dieses Bauteil nur mit dem Maximalwert von 0,15 (m²K)/W angesetzt werden. Der Wärmedurchlasswiderstand des Bauteils berechnet sich aus dem Wärmedurchgangswiderstand abzüglich der Wärmeübergangswiderstände innen und außen:

$$R = R_T - R_{si} - R_{se} \tag{4.21}$$

Würde man die Luftschicht als stark belüftet annehmen, dann würde der Wärmedurchlasswiderstand des äußeren Flügels komplett vernachlässigt werden. Das Kastenfenster würde wie ein Einfachfenster mit Einscheiben-Verglasung berechnet werden, mit dem Unterschied, dass der äußere Wärmeübergangswiderstand für die Verglasung U_g und den Rahmen U_f mit 0,13 angesetzt werden würde.

Tabelle 4.15 U-Wert Kastenfenster, Luftschicht nach DIN EN 13 947

Schicht	A_g	U_g	A_f	U_f	I_g	Ψ_g	A_w	R_T
Variante 1: Unsaniert								
Fenster innen	1,1484	5,747	0,6820	2,20	3,31	0,00	1,8304	0,226
Fenster außen	1,0137	5,747	0,8167	1,95	3,31	0,00	1,8304	0,247
R Fenster außen							0,077 < 0,15	
Luftschicht								0,09
U_w								2,5
Variante 2: Mit Lippendichtung								
Fenster innen	1,1484	5,747	0,6820	2,20	3,31	0,00	1,8304	0,226
Fenster außen	1,0137	5,747	0,8167	1,95	3,31	0,00	1,8304	0,247
Luftschicht								0,18
U_w								2,1
Variante 3: Zweischeiben-Wärmeschutzverglasung 4-12-4, Xenon, ε_n = 0,1								
Fenster innen	1,1484	1,300	0,6820	1,95	3,31	0,06	1,8304	0,606
Fenster außen	1,0137	5,747	0,8167	1,95	3,31	0,00	1,8304	0,247
Luftschicht								0,18
U_w								1,2

4.6.5 Verbundfenster

Ein Verbundfenster besteht wie ein Kastenfenster aus einem Innen- und einem Außenflügel. Der Unterschied besteht darin, dass die Flügel miteinander verbunden sind und eine gemeinsame Drehachse aufweisen. Die Flügel können zum Beispiel für Reinigungszwecke auch getrennt geöffnet werden. Der Luftraum zwischen den Scheiben beträgt in der Regel 40 bis 70 mm. In wärmetechnischer Hinsicht ist der entscheidende Unterschied zwischen Verbund- und Kastenfenster, dass der Innen- und der Außenflügel des Verbundfensters über einen gemeinsamen Blendrahmen verfügen, während beim Kastenfenster zwei durch die Luftschicht getrennte Blendrahmen vorhanden sind.

Die Grundgleichung zur Berechnung des U-Wertes eines Verbundfensters ist dieselbe wie die für ein Einfachfenster (Gleichung 4.19). Allerdings wird der U-Wert der Verglasung über ein anderes Verfahren ermittelt:

$$U_g = \frac{1}{\dfrac{1}{U_{g1}} - R_{si} + R_s - R_{se} + \dfrac{1}{U_{g2}}} \quad [\text{W/(m}^2\text{K)}] \tag{4.22}$$

$U_{g1/g2}$ = Wärmedurchgangskoeffizient der äußeren beziehungsweise inneren Verglasung entsprechend Kapitel 4.6.2

4.6.6 Fenster mit Sprossen

Sprossenkonstruktionen haben Auswirkungen auf das wärmetechnische Verhalten von Fenstern. Die Fensterkonstruktionen in denkmalgeschützten Gebäuden sind in aller Regel aus Holz. Die Sprossen unterteilen in Einfachfenstern, Verbundfenstern oder Kastenfenstern die Verglasung in mehrere kleinere Glasflächen. Da die Wärmeleitfähigkeit von Holz geringer ist als die von Einscheibenverglasungen, haben die Sprossen in diesen Fällen einen positiven Einfluss auf den U-Wert des Fensters. Folglich können Holzsprossen in Einscheibenverglasungen auf der sicheren Seite vernachlässigt werden. Sollen die vorhandenen Fenster jedoch gegen Isolierglasfenster mit Sprossen ausgetauscht werden, können sich die Verhältnisse ins Gegenteil verkehren. Der U-Wert eines Isolierglasfensters mit Sprossen lässt sich vom Prinzip her nach demselben Algorithmus bestimmen, der auch für Fenster ohne Sprossen gültig ist. Es wird zusätzlich noch der längenbezogene Wärmedurchgangskoeffizient $\Psi_{Sprosse}$ berücksichtigt, der den wärmetechnischen Einfluss des Sprossenprofils auf das Fenster ausdrückt:

$$U_W = \frac{\sum A_g U_g + \sum A_f U_f + \sum l_g \psi_g + \sum l_{Sprosse} \psi_{Sprosse}}{\sum A_g + \sum A_f} \quad [\text{W/(m}^2\text{K)}] \tag{4.23}$$

$l_{Sprosse}$ = Länge des Sprossenprofils [m]

$\psi_{Sprosse}$ = Längenbezogener Wärmedurchgangskoeffizient des Sprossenprofils [W/(mK)]

Der längenbezogene Wärmedurchgangskoeffizient des Sprossenprofils ist abhängig von der grundsätzlichen Konstruktionsart der Sprosse, der Sprossenbreite, dem Sprossenmaterial sowie dem Aufbau der Verglasung. Unter dem Aufbau der Verglasung wird sowohl die Breite des Scheibenzwischenraumes, die Füllung des Scheibenzwischenraumes als auch die Beschichtung der Scheiben verstanden. Bei Isolierglasfenstern existieren fünf prinzipielle Konstruktionsarten von Sprossen. Je nach Variante ergeben sich unterschiedliche Einflüsse auf den Wärmedurchgangskoeffizienten des Fensters. Die möglichen Sprossenkonstruktionen und deren Auswirkung auf den U-Wert des Fensters werden in einem kurzen Überblick erläutert.

Negativer Einfuss auf den U-Wert:

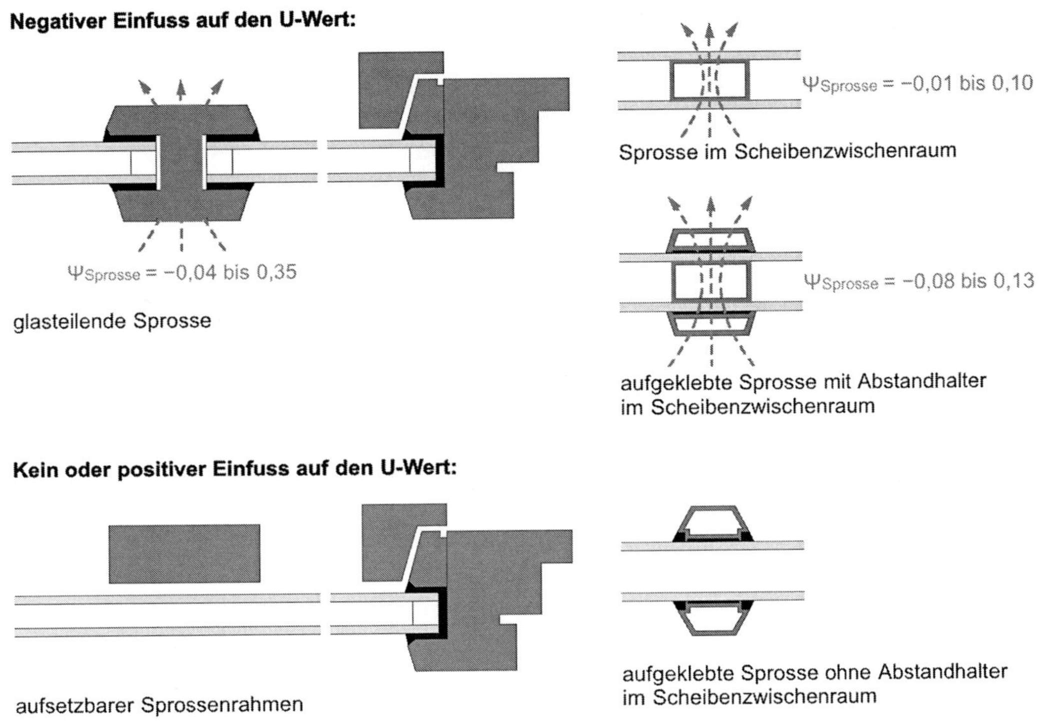

Kein oder positiver Einfuss auf den U-Wert:

Bild 4-13 Konstruktionsarten von Sprossen und zugehörige Wertebereiche für $\Psi_{Sprosse}$

Aufsetzbare Sprossenrahmen sind Rahmenkonstruktionen, die mit Spezialbeschlägen am eigentlichen Fensterrahmen von außen und/oder von innen befestigt werden. Zwischen Glasoberfläche und Sprossenrahmen entsteht ein Luftspalt. Dadurch wird der Wärmeübergangswiderstand außen beziehungsweise innen erhöht, das heißt der Wärmedurchgangskoeffizient der Gesamtkonstruktion vermindert. Da der Einfluss auf den Wärmedurchgangskoeffizienten als gering zu beurteilen ist, kann er auf der sicheren Seite liegend vernachlässigt werden. Eine andere, vom Prinzip her aber ähnliche Variante, ist die auf die Glasoberfläche aufgeklebte Sprosse. Hierbei werden Sprossen mit Klebebändern oder Dichtstoffen auf den Scheibenoberflächen innen und außen fixiert. Da auch diese Konstruktionsweise zu einer Verbesserung des U-Wertes infolge negativer Werte für $\Psi_{Sprosse}$ führt, können solche Sprossen ebenfalls vernachlässigt werden.

Die drei folgenden Konstruktionsarten können den U-Wert des Fensters negativ beeinflussen und dürfen deshalb bei der wärmetechnischen Betrachtung nicht vernachlässigt werden. Dies betrifft zum einen Sprossen, die in den Scheibenzwischenraum eines Mehrscheiben-Isolierglases eingebaut werden. Die Sprosse unterbricht das Glasfeld nicht und weist eine geringere Dicke als der Scheibenzwischenraum auf. Für diese Konstruktionsart ergeben sich

$\Psi_{Sprosse}$-Werte, die in Abhängigkeit der exakten Konstruktion ungefähr im Wertebereich zwischen 0,01 und 0,10 W/(mK) liegen können. Eine weit verbreitete Variante ist die Kombination aus aufgeklebten und in den Scheibenzwischenraum eingefügten Sprossen. Diese Variante kommt einer tatsächlichen Sprossenkonstruktion optisch am nächsten. Es wird erreicht, dass der Glasrand im Rahmen- und im Sprossenbereich einheitlich erscheint. Bei dieser Konstruktionsart können sowohl negative als auch positive $\Psi_{Sprosse}$-Werte erreicht werden, die zwischen –0,08 und 0,13 W/(mK) liegen. Als dritte zu berücksichtigende Konstruktionsart von Sprossen ist die glasteilende Sprosse zu erwähnen. Sie entspricht sowohl in optischer als auch in konstruktiver Hinsicht ihrem historischen Vorbild, da die Sprossenkonstruktion durchgängig ist und die Fensterfläche in kleinformatige Glasscheiben unterteilt. Die $\Psi_{Sprosse}$-Werte glasteilender Sprossen sind höher als die der anderen Konstruktionsarten und variieren für gängige Zweischeiben-Isolierglasfenster zwischen –0,05 und 0,35 W/(mK). Exakte Werte für $\Psi_{Sprosse}$ können in Abhängigkeit der tatsächlich vorliegenden Fensterkonstruktion dem Forschungsbericht des ift-Rosenheim „Untersuchung des Einflusses von unterschiedlichen Sprossenkonstruktionen auf den Wärmedurchgang von Fenstern" entnommen werden.

Im Beispiel wird das in Tabelle 4.12 berechnete Fenster mit Wärmeschutzverglasung zusätzlich mit einem einfachen Sprossenkreuz versehen. Die Konstruktion besteht aus einer Kombination von aufgeklebten und in den Scheibenzwischenraum eingefügten Sprossen. Die Sprossenbreite beträgt 32 mm. Die aufgeklebten Sprossenteile bestehen aus Laubholz, die Sprossen im Scheibenzwischenraum aus beschichtetem Aluminium mit einer Wanddicke von 1 mm. Der $\Psi_{Sprosse}$-Wert kann Anlage 2, Tabelle 11 des ift-Forschungsberichts entnommen werden.

Tabelle 4.16 U-Wert Wärmeschutzverglasung mit Sprossen

	A [m²]	U-Wert [W/(m²K)]	l [m]	Ψ [W/(mK)]	A · U bzw. l · Ψ
Verglasung	0,814464	1,8			1,466
Rahmen	0,615536	2,1			1,293
Abstandhalter			3,632	0,08	0,291
Sprosse			1,784	0,07	0,125
Summe	1,43				3,175
U_W					2,2

4.7 U-Wert Vorhangfassade

Eine Vorhangfassade kann sich aus folgenden Grundelementen zusammensetzen: Pfosten, Riegel, Paneel, Festverglasung und Fenster. Sie ist in wärmetechnischer Hinsicht ein sehr komplexes Bauteil, da in ihr Materialien und Bauelemente mit teilweise extrem unterschiedlichen thermischen Eigenschaften kombiniert werden. Es sind beispielsweise Elemente mit hoher Wärmeleitfähigkeit, wie metallische Pfosten, oder Riegel-Profile mit gut wärmedämmenden Paneelen verbunden. Die Folge sind teils beträchtliche seitliche Wärmeströme. Zudem entsteht eine Vielzahl an wärmetechnisch relevanten Fugen an den Übergängen zwischen den einzelnen Bauelementen. Folgende Fugen müssen in bauphysikalischer Hinsicht beachtet werden: Verglasung/Rahmen, Rahmen/Pfosten, Rahmen/Riegel, Paneel/Pfosten, Paneel/Riegel, feststehende Verglasung/Pfosten sowie feststehende Verglasung/Riegel. Diese Fugen müssen grundsätzlich getrennt voneinander berücksichtigt werden, da sie sich in ihren wärmetechnischen Eigenschaften erheblich unterscheiden können.

4.7.1 Bezugselement und Bezugsflächen

Vorhangfassaden verfügen in aller Regel über eine Rastereinteilung. In regelmäßigen Abständen wiederholen sich gleiche Fassadenelemente. Infolgedessen sind auch konstruktive Wärmebrücken, in der Regel Pfosten und Riegel, in periodischen Abständen angeordnet. Um den Wärmedurchgangskoeffizienten einer Vorhangfassade zu bestimmen, genügt es folglich den Wärmedurchgangskoeffizienten eines repräsentativen Bezugselementes zu ermitteln. Als repräsentatives Bezugselement sollte ein möglichst kleiner Ausschnitt aus der Fassade gewählt werden, aus dem sich im Idealfall die gesamte Fassade zusammensetzt. Das repräsentative Bezugselement darf nur an adiabatischen Grenzen aus der Fassade herausgeschnitten werden. Ein adiabatischer Zustand ist dadurch gekennzeichnet, dass die Wärmestromlinien (Adiabaten) senkrecht zur Bauteiloberfläche verlaufen. Dies ist prinzipiell in Symmetrieebenen der Fall. In zahlreichen Fällen stellt die Mitte eines Pfosten oder Riegels eine adiabatische Grenze dar. Das ist aber nicht zwangsläufig der Fall. Ist die Wärmeleitfähigkeit der Materialien beidseits eines Pfostens oder Riegels unterschiedlich, dann stimmt die adiabatische Grenze nicht mit der Mitte des Profils überein. In ausreichendem Abstand zu einer Materialgrenze, wenn also keine Randeinflüsse vorliegen, verlaufen die Adiabaten immer rechtwinklig zur Bauteiloberfläche.

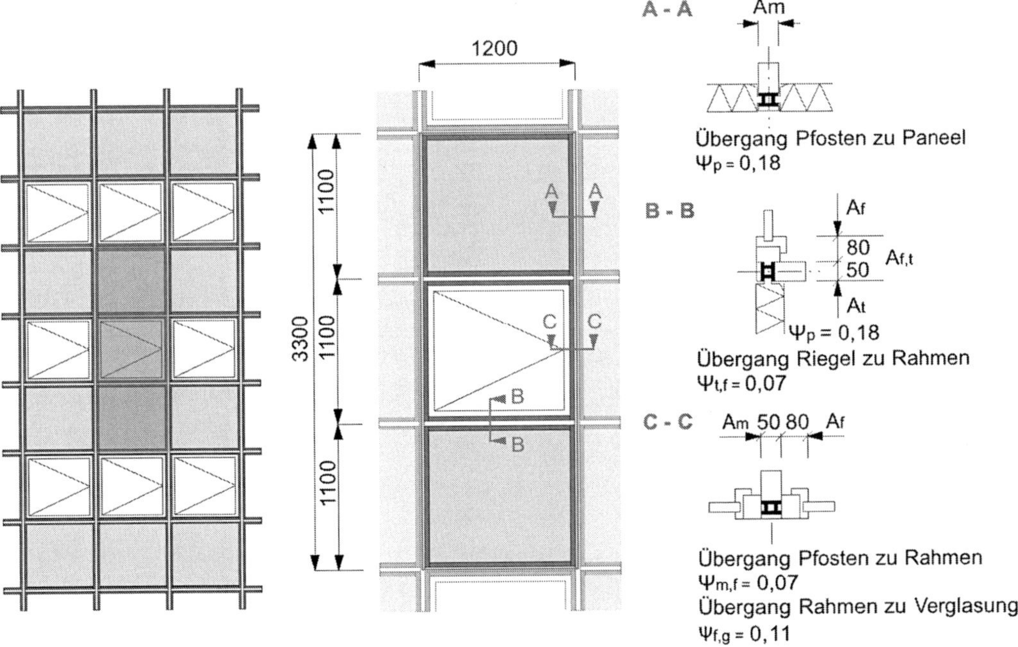

Bild 4-14 Berechnungsbeispiel Vorhangfassade

Ist das repräsentative Bezugselement bestimmt, bietet die Norm zwei Verfahren zur Ermittlung des Wärmedurchgangskoeffizienten an. Das sogenannte vereinfachte Verfahren ist ein numerisches Verfahren, bei dem auf Basis der Finiten Element Methode der Einfluss der Fugen auf den U-Wert ermittelt wird. Alternativ kann das Verfahren mit Beurteilung der einzelnen Komponenten angewendet werden. In diesem Verfahren werden zuerst für das repräsentative Bezugselement die Flächen und die Wärmedurchgangskoeffizienten der Fassadenteile Pfosten, Riegel, Paneel, Fenster und Festverglasung separat berechnet. Die U-Werte werden wie bei ungestörten Bauteilen ohne Berücksichtigung von Randeinflüssen ermittelt. Über längenbezogene Wärmedurchgangskoeffizienten Ψ wird der zusätzliche Wärmestrom infolge der Fugenausbildung bewertet. Dabei beinhaltet der Ψ-Wert den Wärmedurchgang durch die Fuge an sich, den seitlichen Wärmestrom infolge der Interaktion zwischen den Elementen beidseits der Fuge und den veränderten Wärmestrom im Randbereich der Elemente. Die Indices bezeichnen die Fassadenteile, zwischen denen die Fuge ausgebildet ist. Insgesamt ergibt sich folgende Formel:

$$U_{cw} = \frac{\sum A \cdot U + \sum l \cdot \psi}{A_{cw}} \quad [\text{W/(m}^2\text{K)}] \tag{4.24}$$

$$\sum A \cdot U = \sum A_g U_g + \sum A_p U_p + \sum A_f U_f + \sum A_m U_m + \sum A_t U_t$$

$$\sum l \cdot \psi = \sum l_{f,g} \psi_{f,g} + \sum l_{m,g} \psi_{m,g} + \sum l_{t,g} \psi_{t,g} + \sum l_p \psi_p + \sum l_{m,f} \psi_{m,f} + \sum l_{t,f} \psi_{t,f}$$

A_{cw} = Gesamtfläche des repräsentativen Bezugselements der Vorhangfassade

Indices:

g	= Verglasung		p	= Paneel
m	= Pfosten		t	= Riegel
f	= Fensterrahmen			

Die längenbezogenen Wärmedurchgangskoeffizienten können den Tabellen des Anhangs B der DIN EN 13 947 entnommen werden oder über das numerische Verfahren nach DIN EN ISO 10 077-2 berechnet werden. $\Psi_{f,g}$ wird bei Einscheiben-Verglasungen zu null.

Bei der Berechnung des Jahres-Primärenergiebedarfs eines Gebäudes müssen die Transmissionswärmeverluste über die Hüllfläche bilanziert werden. Hierbei besteht entsprechend DIN V 18 599-2 Abschnitt 6.2 die Möglichkeit, Transmissionswärmeverluste über Wärmebrücken durch pauschale Zuschlagwerte ΔU_{WB} zu berücksichtigen. Wird der U-Wert einer Vorhangfassade nach DIN EN 13 947 bestimmt, sind sämtliche Verluste über Wärmebrücken bereits durch die Ψ-Werte berücksichtigt. Deshalb muss bei der pauschalen Berechnung der Transmissionswärmeverluste über Wärmebrücken die Hüllfläche A um die Fläche der Vorhangfassade A_{cw} reduziert werden:

$$H_{T,D} = \sum_j \left(U_j A_j\right) + \Delta U_{WB} \cdot \left(\sum_j A_j - A_{cw}\right) \tag{4.25}$$

Die prinzipielle Systematik wird im Folgenden anhand des Beispiels aus Bild 4-14 verdeutlicht.

Tabelle 4.17 Eigenschaften des Gasgemisches 90 % Argon, 10 % Luft

Gas	ρ [kg/m³]	μ [kg/(ms)]	λ [W/(mK)]	c [J/(kgK)]
Argon	1,699	$2{,}164 \cdot 10^{-5}$	$1{,}684 \cdot 10^{-2}$	$0{,}519 \cdot 10^{3}$
Luft	1,232	$1{,}761 \cdot 10^{-5}$	$2{,}496 \cdot 10^{-2}$	$1{,}008 \cdot 10^{3}$
Gasgemisch (90 % Argon, 10 % Luft)	1,652	$2{,}124 \cdot 10^{-5}$	$1{,}765 \cdot 10^{-2}$	$0{,}568 \cdot 10^{3}$

Tabelle 4.18 U-Wert-Berechnung der Fassadenteile

Verglasung							
Scheibenzwischenraum							
	s [m]	ρ [kg/m³]	μ [kg/(ms)]	λ [W/(mK)]	c [J/(kgK)]	ε_1	ε_2	Ergebnis
Gr	0,016	1,652	$2{,}124 \cdot 10^{-5}$					12883,82568
Pr			$2{,}124 \cdot 10^{-5}$	$1{,}765 \cdot 10^{-2}$	$0{,}568 \cdot 10^{3}$			0,683530878
Nu								1,104315521
h_g	0,016			$1{,}765 \cdot 10^{-2}$				1,218198059
h_r						0,837	0,059	0,299842259
h_s								1,518040318

Glasscheiben			
	s [m]	λ [W/(mK)]	Ergebnis
Scheibe 1	0,006	1,0	0,006
Scheibe 2	0,006	1,0	0,006
Summe			0,012
$1/h_t$			0,670744032
U_g			1,2

Paneel			
Schicht	s [m]	λ [W/(mK)]	R [m²K/W]
R_{si}			0,13
Stahl	0,002	50,00	0,00004
Dämmung	0,080	0,04	2,0
Glas	0,008	1,00	0,008
R_{se}			0,04
Summe			2,17804
U_p			0,46

Tabelle 4.19 U-Wert-Berechnung der Vorhangfassade

Fassadenteil	A [m²]	U [W/(m²K)]	l [m]	Ψ [W/(mK)]	A · U bzw. l · Ψ
Verglasung	0,8811	1,2			1,057
Paneel	2,4150	0,46			1,111
Fensterrahmen	0,3264	2,40			0,783
Pfosten	0,1650	2,20			0,363
Riegel	0,1725	1,90			0,328
A$_{cw}$	3,9600				
Fugen					
Rahmen/ Verglasung			3,76	0,11	0,414
Paneel/ Pfosten und Riegel			8,80	0,18	1,584
Pfosten/ Rahmen			2,10	0,07	0,147
Riegel/ Rahmen			2,30	0,07	0,161
Summe					5,948
U$_{cw}$					1,5

4.7.2 Vereinfachtes Verfahren

Das Bundesministerium für Verkehr, Bau und Stadtentwicklung hat die Bekanntmachung der Regeln zur Datenaufnahme und Datenverwendung im Nichtwohngebäudebestand veröffentlicht. Diese Bekanntmachung darf angewendet werden, wenn die wärmetechnischen Eigenschaften der Gebäudehülle oder der Jahres-Primärenergiebedarf eines Gebäudes bestimmt werden sollen und exakte Angaben zu Abmessungen beziehungsweise energetischen Kennwerten fehlen. Darin wird auch ein Verfahren zur vereinfachten Bestimmung des U-Wertes von Vorhangfassaden vorgeschlagen. Es basiert auf wärmetechnischen Erfahrungswerten für Bauteile aus unterschiedlichen Altersklassen. In den Erfahrungswerten für Fenster ist der Einfluss des Rahmens auf den U-Wert bereits berücksichtigt. Die Berechnungsformel lautet:

$$U_{cw} = \frac{U_p A_p + U_W A_W + U_g A_g + U_{m,t} A_{m,t} + \psi_p P_p + \psi_W P_W + \psi_g P_g}{A_{cw}} \qquad (4.26)$$

P =   Sichtbare Gesamtumfangslänge der einzelnen Elemente [m]

Indices:

p =   Paneel

W =   Fenster inklusive Rahmen

g =   Festverglasung

m,t =   Fassadenprofil

Tabelle 4.20 Wärmetechnische Pauschalwerte für Fassaden im Urzustand

Fassadenteil	Differenzierung	Kennwert	Baualtersklasse			
			bis 1978	1979 bis 1983	1984 bis 1994	ab 1995
Fenster und Festverglasungen	Holzfenster einfach verglast	U_W	5,0			
		U_g	5,8			
	Holzfenster zwei Scheiben	U_W	2,7	2,7	2,7	1,6
		U_g	2,9	2,9	2,9	1,4
	Kunststofffenster Isolierverglasung	U_W	3,0	3,0	3,0	1,9
		U_g	2,9	2,9	2,9	1,4
	Alu-/Stahlfenster Isolierverglasung	U_W	4,3	4,3	3,2	1,9
		U_g	2,9	2,9	2,9	1,4
Fassadenprofil		$U_{m,t}$	7,0	4,5	3,0	2,6
Paneel		U_p	1,5	1,2	0,9	0,6
		Ψ_p	0,20	0,20	0,20	0,20
Fenster		Ψ_w	0,07	0,07	0,07	0,07
Festverglasung		Ψ_g	0,00	0,15	0,15	0,19

Die Längen und Flächen dürfen vereinfacht über die Achsmaße des Fassadenelements bestimmt werden. Die Fläche des Fassadenprofils $A_{m,t}$ kann als 0,15-faches der Fläche des gesamten Fassadenelements angenommen werden. Wird der Wärmedurchgangskoeffizient der Fassade U_{cw} über das vereinfachte Verfahren ermittelt, dann darf bei der Ermittlung der Transmissionswärmeverluste der pauschale Wärmebrückenzuschlag nicht um die Fläche der Vorhangfassade reduziert werden.

4.8 Bauteilverfahren

Das Bauteilverfahren ist bereits aus der EnEV 2007 bekannt. Es findet ausschließlich bei Bestandsgebäuden Anwendung. Beim Bauteilverfahren wird nicht die Gesamtenergieeffizienz eines Gebäudes nachgewiesen, sondern ausschließlich die wärmeschutztechnische Qualität einzelner Bauteile. Es ist nachzuweisen, dass die im Zuge einer Sanierungs-, Ausbau- oder Anbaumaßnahme ausgeführten Bauteile die bauteilspezifischen Wärmedurchgangskoeffizienten nach EnEV 2009 Anlage 3, Tabelle 1 nicht überschreiten. Der Nachweis lautet:

$$U_{Ist} \leq U_{max} \tag{4.27}$$

U_{max} = Maximaler bauteilspezifischer Wärmedurchgangskoeffizient nach Tabelle 3.2 beziehungsweise nach EnEV 2009 Anlage 3, Tabelle 1

Tabelle 4.21 Mindestanforderungen an den U-Wert bei Sanierung von Außenbauteilen

Geänderte Bauteile	U_{max} [W/(m²K)]	
	Innentemperaturen ≥ 19 °C	Innentemperaturen von 12 bis < 19 °C
Außenwände	0,24	0,35
Fenster, Fenstertüren	1,30	1,90
Dachflächenfenster	1,40	1,90
Verglasungen	1,10	Keine Anforderung
Vorhangfassaden	1,50	1,90
Glasdächer	2,00	2,70
Fenster, Fenstertüren, Dachflächenfenster mit Sonderverglasungen [a]	2,00	2,80
Sonderverglasungen [a]	1,60	Keine Anforderung
Vorhangfassaden mit Sonderverglasungen [a]	2,30	3,00
Decken, Dächer und Dachschrägen	0,24	0,35
Flachdächer	0,20	0,35
Decken und Wände gegen unbeheizte Räume oder Erdreich	0,30	Keine Anforderung
Fußbodenaufbauten	0,50	Keine Anforderung
Decken nach unten an Außenluft	0,24	0,35

a) Als Sonderverglasungen gelten: Schallschutzverglasungen, Brandschutzverglasungen sowie durchschusshemmende, durchbruchhemmende oder sprengwirkungshemmende Verglasungen

Es existieren einige Ausnahmefälle, in denen von den Höchstwerten nach Anlage 3, Tabelle 1 abgewichen werden darf. Wie die Praxis zeigt, sind diese Ausnahmeregelungen bei der Sanierung von Denkmalen häufig von Bedeutung. Die Fassade eines Denkmals soll in zahlreichen Fällen möglichst unverändert erhalten bleiben. Speziell wenn es sich um Sichtmauerwerk oder Fassaden mit Zierelementen handelt, ist die Sanierung mittels Wärmedämmverbundsystem unmöglich. In diesen Fällen kommt häufig eine Innendämmung zum Einsatz. Beim nachträglichen Einbau innenraumseitiger Dämmschichten wird das Anforderungsniveau bezüglich des U-Wertes von 0,24 W/(m²K) auf 0,35 W/(m²K) abgeschwächt.

Ein Sichtfachwerk ist bauphysikalisch sehr anfällig bei Schlagregenbeanspruchung. Der Regen kann speziell durch die Fugen zwischen der Ausfachung und dem Fachwerk weit in die Konstruktion eindringen. Es ist bisher nicht gelungen, diese Fugen dauerhaft abzudichten. Wird eine innenraumseitige Dämmschicht vorgesehen, dann verringert sich das Austrocknungspotenzial zum Innenraum hin und es kann zu kritischen Feuchten innerhalb der Konstruktion kommen. Deshalb sieht die EnEV auch für Fachwerkfassaden, die nicht verkleidet werden sollen, Erleichterungen vor. Befindet sich das Fachwerkgebäude in einem Gebiet der Schlagregenbeanspruchungsgruppe I und zusätzlich in besonders geschützter Lage, dann darf die Außenwand nach erfolgter Sanierung den U-Wert von 0,84 W/(m²K) nicht überschreiten. Ist die Fachwerkfassade einer höheren Schlagregenbelastung ausgesetzt, bleibt sie von den Anforderungen der EnEV gänzlich unberührt.

Ähnliche Sonderregelungen gelten auch bei Fenstern. Soll beispielsweise die Verglasung von Fenstern ersetzt werden, dann müssen die neuen Scheiben Mindestbestimmungen erfüllen, die sich allerdings verringern, wenn der bestehende Fensterrahmen ungeeignet ist, die vorgeschriebene Verglasung aufzunehmen. Ist aus technischen Gründen die Einbaudicke der Glasscheibe begrenzt, dann ist es ausreichend, wenn die Glasscheibe anstatt eines U-Wertes von 1,10 W/(m²K) den U-Wert von 1,30 W/(m²K) einhält. Werden Kasten- oder Verbundfenster saniert, gelten die Anforderungen der EnEV bereits dann als erfüllt, wenn eine Glasscheibe mit infrarot-reflektierender Beschichtung (Emissivität $\varepsilon_n \leq 0{,}2$) eingebaut wird (Kapitel 4.6.2).

Allgemein gilt für Außenwände, Decken, die an die Außenluft grenzen, Dächer, Wände beziehungsweise Decken gegen unbeheizte Räume oder Erdreich, dass es bei technisch beschränkten Dämmschichtdicken ausreichend ist, die nach anerkannten Regeln der Technik maximal mögliche Dämmschichtdicke mit einer Wärmeleitfähigkeit von 0,040 W/(mK) einzubauen. Ein Beispiel, bei dem diese Erleichterung von Bedeutung sein kann, ist die nachträgliche Ausführung einer Zwischensparrendämmung. Durch eine begrenzte Sparrenhöhe oder innenseitige Bekleidungen kann die maximal einbaubare Dämmschichtdicke begrenzt sein. Unter Umständen kann deshalb nicht das standardmäßige Anforderungsniveau an den maximalen U-Wert eingehalten werden. In diesen Fällen ist es ausreichend, wenn die nach anerkannten Regeln der Technik maximal mögliche Dämmschichtdicke ($\lambda = 0{,}040$ W/(mK)) eingebaut wird.

Tabelle 4.22 Mindestanforderungen an den U-Wert im Ausnahmefall

Bauteilspezifische Mindestanforderung im Standardfall	Ausnahmefall	Mindestanforderung im Ausnahmefall
Außenwand $U_{max} = 0{,}24$ W/(m²·K)	Innendämmung	$U_{max} = 0{,}35$ W/(m²·K)
	Sichtfachwerk, Schlagregenbeanspruchungsgruppe 1 und geschützte Lage	$U_{max} = 0{,}84$ W/(m²·K)
	Sichtfachwerk, höhere Schlagregenbeanspruchung	Keinerlei Anforderungen
Fenster $U_{g,max} = 1{,}10$ W/(m²·K)	Kasten- oder Verbundfenstern, Ersetzen der Verglasung	Infrarot-reflektierende Beschichtung ($\varepsilon_n \leq 0{,}2$)
	Glasdicke aus technischen Gründen begrenzt	$U_{g,max} = 1{,}30$ W/(m²·K)
Außenwände, Decken an Außenluft, Dächer $U_{max} = 0{,}24$ W/(m²·K)	Dämmschichtdicke aus technischen Gründen begrenzt	Nach anerkannten Regeln der Technik höchst mögliche Dämmschichtdicke einbauen ($\lambda = 0{,}040$ W/(m·K))
Decken und Wände an unbeheizte Räume oder Erdreich $U_{max} = 0{,}30$ W/(m²·K)	Dämmschichtdicke aus technischen Gründen begrenzt	Nach anerkannten Regeln der Technik höchst mögliche Dämmschichtdicke einbauen ($\lambda = 0{,}040$ W/(m·K))

Bei Sanierungsmaßnahmen, die oberhalb der Bagatellgrenze liegen, kann sowohl das Bauteilverfahren als auch das Referenzgebäudeverfahren angewendet werden. Die Wahl zwischen den beiden Verfahren ist jedem freigestellt. Findet bei einem Gebäude allerdings keine grundlegende Sanierung statt, dann können die erforderlichen Nachweise eigentlich nur mit Hilfe des Bauteilverfahrens erbracht werden. Für Bestandsgebäude gilt der Nachweis nach dem Referenzgebäudeverfahren nur dann als erfüllt, wenn das sanierte Gebäude den Jahres-Primärenergiebedarf eines entsprechenden Neubaus um nicht mehr als 40 % überschreitet. Das ist nur möglich, wenn die gesamte Außenhülle des Gebäudes saniert wird und auch die Anlagentechnik annähernd die Qualität der Referenzanlage erreicht. Bei Ausbau- oder Anbaumaßnahmen mit einer Erweiterung der Nutzfläche zwischen 15 m² und 50 m² kommt ausschließlich das Bauteilverfahren zur Anwendung.

4.9 Referenzgebäudeverfahren

Innerhalb des Referenzgebäudeverfahrens werden die Energiekenngrößen Nutzenergiebedarf, Endenergiebedarf und Primärenergiebedarf bestimmt. Zudem wird unterschieden zwischen absolutem Energiebedarf und flächenbezogenem Energiebedarf. Zum besseren Verständnis der nachfolgenden Ausführungen werden zunächst die Definitionen der Energiekenngrößen erläutert:

Nutzenergiebedarf

Der Nutzenergiebedarf Q_N ist die Menge an Energie, die vom Endverbraucher in Form von Heizenergie, warmem Wasser, konditionierter Raumluft (Lüftung, Heizung, Kühlung, Be- und Entfeuchtung) und Licht angefordert wird. Der Nutzenergiebedarf ist somit ein Oberbegriff für den Heizwärmebedarf, Trinkwasser-Wärmebedarf, Nutzenergiebedarf für Raumlufttechnik, Kühlbedarf und Nutzenergiebedarf für Beleuchtung.

Endenergiebedarf

Der Endenergiebedarf ist die berechnete Energiemenge, die an der Gebäudegrenze übergeben werden muss, um die im Verlauf eines durchschnittlichen Jahres zur Heizung, Lüftung, Warmwasserbereitung, Kühlung und Beleuchtung benötigte Energie bereitzustellen. Es sind bereits sämtliche Energieverluste, die innerhalb des Gebäudes auftreten, berücksichtigt. Dies sind die Verluste bei der Übergabe, Verteilung, Speicherung und Erzeugung der Nutzenergie. Der Endenergiebedarf berechnet sich aus dem Nutzenergiebedarf unter Berücksichtigung der anlagentechnischen Verluste.

$$Q_E = Q_N + \text{\textit{Anlagenverluste}} \tag{4.28}$$

Der Endenergiebedarf ist eine theoretische Größe, die aus mehreren Gründen nicht mit dem tatsächlichen jährlichen Energieverbrauch innerhalb eines Gebäudes gleichgesetzt werden kann. Zum einen wird sie unter standardisierten Klima- und Nutzungsrandbedingungen errechnet. Die einheitlichen Randbedingungen dienen der Vergleichbarkeit der Ergebnisse. Zum anderen bleibt der Energiebedarf zum Beispiel von Haushaltsgeräten und Unterhaltungselektronik unberücksichtigt.

Primärenergiebedarf

Der Primärenergiebedarf berücksichtigt neben der Endenergie zusätzlich die Energie, die bei der Gewinnung des Energieträgers an seiner Quelle, bei dessen Aufbereitung und beim Transport bis zum Gebäude verbraucht wird. Demzufolge wird die Energie, die in den vorgelagerten Prozessketten benötigt wird, ökologisch dem Endverbraucher in „Rechnung" gestellt. Der Zusammenhang zwischen Endenergiebedarf und Primärenergiebedarf ergibt sich mit Hilfe des Primärenergiefaktors f_P. Dieser bewertet die Energieträger bezüglich ihrer Nachhaltigkeit.

$$Q_P = f_P \cdot Q_E \ [\text{kWh/a}] \tag{4.29}$$

$$
\begin{aligned}
Q_P \quad &= \quad \text{Jahres-Primärenergiebedarf [kWh/a]} \\
f_P \quad &= \quad \text{Primärenergiefaktor [-]} \\
Q_E \quad &= \quad \text{Jahres-Endenergiebedarf [kWh/a]}
\end{aligned}
$$

Flächenbezogene Energiemenge

Im Verfahren nach DIN V 4108-6 i. V. m. DIN V 4701-10 wird zwischen der Energiemenge pro Jahr und der flächenbezogenen Energiemenge pro Jahr unterschieden. Die Energiemenge pro Jahr wird durch das Formelzeichen Q gekennzeichnet und besitzt die Einheit kWh/a. Die flächenbezogene Energiemenge q besitzt die Einheit kWh/(m²a). Die beiden Größen stehen über die Gebäudenutzfläche im Zusammenhang:

$$q = \frac{Q}{A_N} \ [\text{kWh/(m²a)}] \tag{4.30}$$

$$
\begin{aligned}
A_N \quad &= \quad 0{,}32 \ V_e \ [\text{m}^2], \ \text{Gebäudenutzfläche} \\
V_e \quad &= \quad \text{Bruttovolumen des Gebäudes [m}^3\text{]}
\end{aligned}
$$

Das Bruttovolumen V_e ist das von der wärmeübertragenden Umfassungsfläche eingeschlossene Volumen.

Über das Referenzgebäudeverfahren kann die Gesamtenergieeffizienz eines Gebäudes beurteilt werden. Dieses Verfahren stellt das zu beurteilende Gebäude einem virtuellen Referenzgebäude gegenüber. Das Referenzgebäude stimmt mit dem Bestandsgebäude hinsichtlich der Geometrie, der Orientierung und dem Fensterflächenanteil exakt überein. Das Referenzgebäude entspricht folglich rein optisch dem Bestandsgebäude eins zu eins. Die wärmeschutztechnische und anlagentechnische Ausführung des Referenzgebäudes wird allerdings unabhängig von dem betrachteten Gebäude innerhalb der EnEV definiert. Die Vorgaben für die Referenzausführung von Wohngebäuden finden sich in Anlage 1, Tabelle 1 der EnEV. Hierin sind die U-Werte und die anlagentechnischen Kenngrößen des Referenzgebäudes festgelegt. Die Referenzausführung für Nichtwohngebäude ist in Anlage 2, Tabelle 1 definiert. Zu beachten ist, dass die in Tabelle 1, Anlage 2 ab Zeile 1.13 beschriebenen Ausführungen des Referenzgebäudes fakultativ sind und nur dann bilanziert werden, wenn sie auch im betrachteten Nichtwohngebäude tatsächlich ausgeführt sind.

4

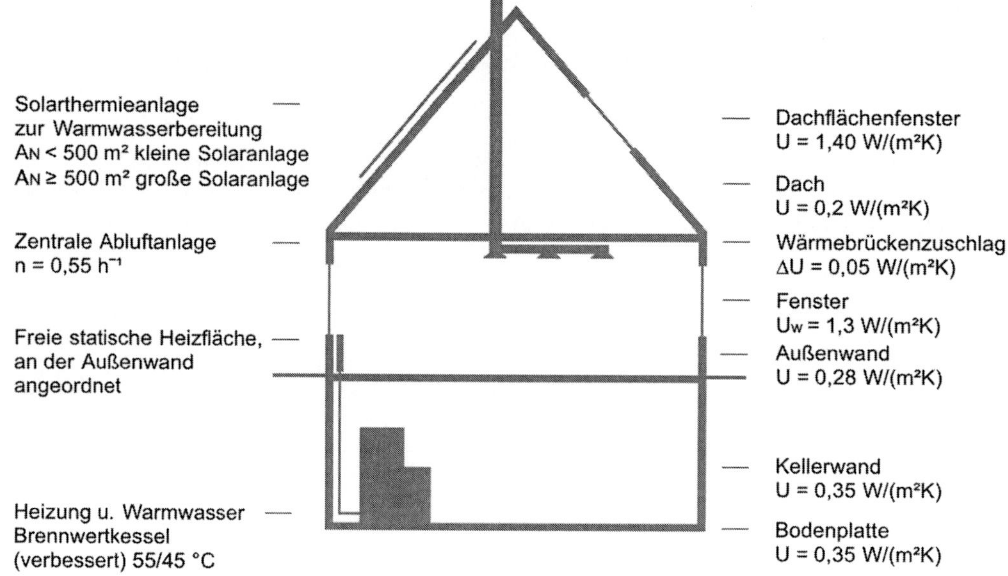

Bild 4-15 Ausführung des Referenz-Wohngebäudes gemäß EnEV 2009 Anlage 1

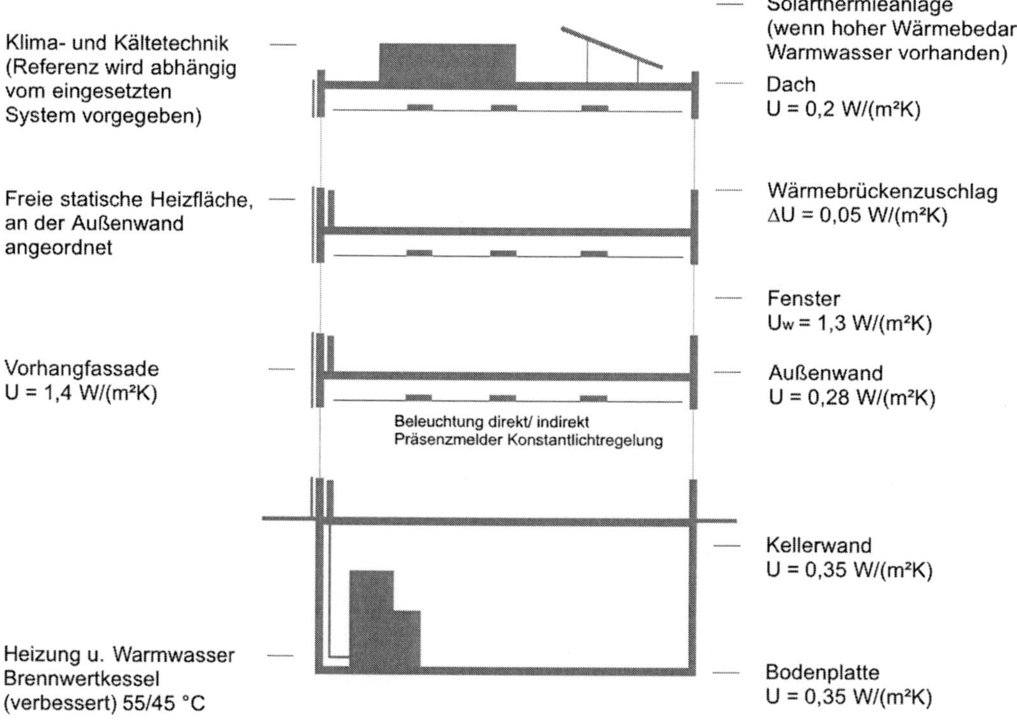

Bild 4-16 Ausführung des Referenz-Nichtwohngebäudes gemäß EnEV 2009 Anlage 2

Das Referenz-Wohngebäude wird im Gegensatz zum Referenz-Nichtwohngebäude prinzipiell mit einer Solarthermie-Anlage zur Trinkwarmwasserbereitung ausgerüstet. Zum Einsatz kommen Flachkollektoren (siehe Kapitel 7.6.2). In Abhängigkeit der Nutzfläche des Gebäudes wird eine kleine oder eine große Solaranlage vorgesehen. Die Definitionen zu den unterschiedlichen Solaranlagen finden sich in DIN V 4701-10 Abschnitt 5.1.4.1.1 und in DIN V 18 599-8 Abschnitt 6.4.1. Demnach verfügt eine kleine Solaranlage über einen bivalenten Trinkwasserspeicher. Das Wasser im unteren Bereich des bivalenten Speichers wird über einen Wärmetauscher durch die Solaranlage erhitzt. Das erhitzte Wasser steigt im Speicher nach oben, wo es durch einen anderen Wärmeerzeuger (zum Beispiel Heizkessel) auf die gewünschte Temperatur nacherhitzt wird. Eine große Solaranlage besteht hingegen aus einem Trinkwasserspeicher und einem separaten solaren Pufferspeicher. Der Trinkwasserspeicher wird durch die im Pufferspeicher gespeicherte Solarenergie und einen separaten Wärmeerzeuger (zum Beispiel Heizkessel) erhitzt. Die Kollektorfläche A_C der Referenzanlage ist abhängig von der Gebäudegeometrie des betrachteten Gebäudes. Ist im zu untersuchenden Nichtwohngebäude eine dezentrale Trinkwassererwärmung vorhanden, so werden beim Referenzgebäude Durchlauferhitzer bilanziert und es kommt keine Solaranlage zum Einsatz.

Die Energieeffizienz des Gebäudes wird durch den Jahres-Primärenergiebedarf charakterisiert. Der maximal zulässige Wert des Jahres-Primärenergiebedarfs des bestehenden Gebäudes ergibt sich aus dem errechneten Jahres-Primärenergiebedarf des Referenzgebäudes. Sanierte Bestandsgebäude dürfen den Jahres-Primärenergiebedarf des Referenzgebäudes um bis zu 40 % überschreiten (40%-Regel nach EnEV 2009 § 9). Dieser Bonus erklärt sich damit, dass es kaum möglich ist, ein bestehendes Gebäude unter Berücksichtigung des Wirtschaftlichkeitsgebots auf Neubaustandard zu sanieren.

Die Methode des Referenzgebäudes kann nach zwei verschiedenen Normverfahren durchgeführt werden:

- DIN V 4108-6 in Verbindung mit DIN V 4701-10

- DIN V 18 599

Das Verfahren nach DIN V 4108-6 i. V. m. DIN V 4701-10 ist ausschließlich für Wohngebäude gültig. Hingegen kann das Verfahren nach DIN V 18 599 sowohl bei Wohngebäuden als auch bei Nichtwohngebäuden angewendet werden. Die Bilanzierung des Referenzgebäudes und des zu beurteilenden Gebäudes hat nach demselben Verfahren zu erfolgen. In beiden Berechnungsverfahren werden normierte Klima- und Nutzungsrandbedingungen vorgegeben. Die Verwendung standardisierter Randbedingungen soll die Vergleichbarkeit des energetischen Standards verschiedener Gebäude ermöglichen. Die Gebäude werden folglich nicht mit den Klimarandbedingungen ihres tatsächlichen Standortes bilanziert, sondern mit einem definierten Referenzklima, das für ganz Deutschland einheitlich gültig ist. Würde man die Klimadaten des tatsächlichen Standortes verwenden, dann wäre ein Gebäude in den bayerischen Alpen nicht mit einem Gebäude in der Rheinebene vergleichbar. Trotz einer eventuell besseren energetischen Ausführung hätte das Gebäude in den Alpen einen höheren Jahres-Primärenergiebedarf. Ähnlich liegt die Problematik bei der Gebäudenutzung. Das Nutzerverhalten hat einen wesentlichen Einfluss auf den realen Energiebedarf eines Gebäudes. Der Energiebedarf ist beispielsweise von der Innenraumtemperatur abhängig, auf die ein Gebäude beheizt wird. Bei der Verwendung individueller Randbedingungen wäre folglich nicht die energetische Qualität eines Gebäudes der dominierende Einflussparameter, sondern die Klima- und Nutzungsrandbedingungen.

Neben den Anforderungen an den Jahres-Primärenergiebedarf des gesamten Gebäudes einschließlich der Anlagentechnik verlangt die EnEV zusätzlich eine wärmeschutztechnische

Mindestqualität der Außenbauteile. Beide Anforderungen müssen unabhängig voneinander erfüllt werden. Das bestehende Gebäude darf von der Referenzausführung in allen Punkten abweichen, solange die Höchstwerte bezüglich des Wärmeschutzes der Außenbauteile und des Jahres-Primärenergiebedarfs eingehalten werden. Die grundsätzliche Vorgehensweise bei der Berechnung des Jahres-Primärenergiebedarfs nach beiden Normverfahren wird im weiteren Verlauf in den Kapiteln 4.5.3 und 4.5.4 vorgestellt.

4.9.1 Qualität der thermischen Hülle

Wie bereits erwähnt, muss ein Gebäude zur Erfüllung der Vorgaben der EnEV nicht nur den Höchstwert des Jahres-Primärenergiebedarfs einhalten, sondern zusätzlich eine wärmeschutz-technische Mindestqualität der Außenbauteile aufweisen. Die Überprüfung der bestimmungs-gemäßen Ausführung der thermischen Hülle erfolgt bei Wohngebäuden und Nichtwohngebäu-den auf unterschiedliche Weise. Für beide Fälle sind als Eingangsgrößen die U-Werte der Außenbauteile und die dazugehörigen Bauteilflächen zu ermitteln. Die Wärmedurchgangsko-effizienten von bestehenden Konstruktionen können auf unterschiedliche Weise abgeschätzt werden. Zum einen sei auf zwei Richtlinien des Bundesministeriums für Verkehr, Bau und Stadtentwicklung verwiesen, die in Abhängigkeit von der Baualtersklasse pauschale Wärme-durchgangskoeffizienten für Bauteile angeben: Die Bekanntmachung der Regeln zur Daten-aufnahme und Datenverwendung im Wohngebäudebestand und die Bekanntmachung der Re-geln zur Datenaufnahme und Datenverwendung im Nichtwohngebäudebestand. Dabei handelt es sich allerdings um eine relativ ungenaue Vorgehensweise. Ist der grundsätzliche Aufbau eines Bauteils bekannt, kann dessen Wärmedurchgangskoeffizient in besserer Näherung mit Hilfe entsprechender Bauteilkataloge ermittelt werden. Die Bauteilflächen können durch Auf-maß oder aus vorhandenen Plänen ermittelt werden.

Wohngebäude

Wohngebäude müssen einen vom Gebäudetyp abhängigen Höchstwert des spezifischen Transmissionswärmeverlustes $H'_{T,max}$ einhalten. Mit Kenntnis der Wärmedurchgangskoeffi-zienten der unterschiedlichen Bauteile und der dazugehörigen Bauteilflächen lassen sich die Wärmeverluste durch die Gebäudehülle, also die Transmissionswärmeverluste, ermitteln. Hier-für wird regelmäßig der vereinfachte Ansatz nach DIN V 4108-6 verwendet. Der vereinfachte Ansatz berücksichtigt Wärmeverluste über Flächen, die nicht direkt an die Außenluft grenzen, mittels Temperaturkorrekturfaktoren F_x. Die Temperaturkorrekturfaktoren betreffen also zum Beispiel die Wärmeverluste an unbeheizte Räume, an nicht ausgebaute Dachräume oder über die Bodenplatte an das Erdreich.

$$H_T = \sum (F_{xi} \cdot U_i \cdot A_i) + \Delta U_{WB} \cdot A \ \ [\text{W/K}] \tag{4.31}$$

F_{xi} =   Temperaturkorrekturfaktor des Bauteils i (DIN V 4108-6 Tabelle 3) [-]

U_i =   Wärmedurchgangskoeffizient des Bauteils i [W/m²K]

A_i =   Außenoberfläche des Bauteils i [m²]

ΔU_{WB} =   Wärmebrückenzuschlag [W/m²K]

A =   Wärmeübertragende Umfassungsfläche des Gebäudes [m²]

Die Wärmebrücken innerhalb der Gebäudehülle werden mit Hilfe des Faktors ΔU_{WB} überschlägig berücksichtigt. Sind die Decken des betrachteten Gebäudes massiv ausgeführt und sind mehr als die Hälfte der Außenwände mit Innendämmung versehen, dann ist ein Wärmebrückenzuschlag von 0,15 W/(m²K) zu verwenden. Ist dies nicht der Fall, dann kann ΔU_{WB} ohne weiteren Nachweis zu 0,10 W/(m²K) gesetzt werden. Werden sämtliche Anschlussdetails gemäß DIN 4108 Beiblatt 2 ausgeführt, dann darf ΔU_{WB} gleich 0,05 W/(m²K) gesetzt werden. Soll der günstigere Wärmebrückenverlustfaktor 0,05 W/(m²K) verwendet werden, dann muss ein Gleichwertigkeitsnachweis entsprechend den Vorgaben des Beiblattes 2 der DIN 4108 geführt werden. Durch den Gleichwertigkeitsnachweis wird belegt, dass der tatsächlich ausgeführte Bauteilanschluss aus wärmeschutztechnischer Sicht äquivalent der Normausführung ist. Der Gleichwertigkeitsnachweis ist ausdrücklich für jeden einzelnen Bauteilanschluss innerhalb des betrachteten Gebäudes zu führen. Dabei kann die Gleichwertigkeit auf vier verschiedene Arten nachgewiesen werden:

- Das zu beurteilende Detail entspricht exakt einem Detail aus dem Beiblatt.

- Das zu beurteilenden Detail verwendet Materialien mit abweichender Wärmeleitfähigkeit. Wird in jedem Bereich der Konstruktion mindestens der Wärmedurchlasswiderstand des entsprechenden Details aus dem Beiblatt erreicht, ist die Gleichwertigkeit nachgewiesen.

- Detaillierte Wärmebrückenberechnung nach DIN EN ISO 10 211-1 unter Verwendung der Randbedingungen nach DIN 4108 Bbl. 2, Abschnitt 7.

- $\Psi \leq \Psi_{Beiblatt}$, Verwendung längenbezogener Wärmedurchgangskoeffizienten aus Veröffentlichungen oder Herstellerangaben (Achtung: Zur Ermittlung der Koeffizienten müssen die Randbedingungen des Beiblattes verwendet werden).

Nur wenn ein genauer rechnerischer Nachweis erbracht wird, kann der Wärmebrückenzuschlag ΔU_{WB} auch Werte kleiner als 0,05 W/(m²K) annehmen.

Der spezifische Transmissionswärmeverlust H'_T errechnet sich dann aus dem Transmissionswärmeverlust H_T, indem dieser ins Verhältnis zur wärmeübertragenden Umfassungsfläche A gesetzt wird:

$$H'_T = \frac{H_T}{A} \ [\text{W/(m}^2\text{ K)}] \tag{4.32}$$

H_T = Transmissionswärmeverlust nach Gleichung 4.31

A = Wärmeübertragende Umfassungsfläche des Gebäudes [m²]

Der Nachweis der thermischen Qualität der Gebäudehülle für bestehende Wohngebäude lautet folglich:

$$H'_T \leq H'_{T,\max} \cdot 1,4 \tag{4.33}$$

$H'_{T,\max}$ = Maximal zulässiger spezifischer Transmissionswärmeverlust nach Anlage 1, Tabelle 2

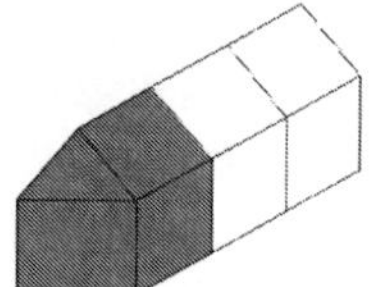
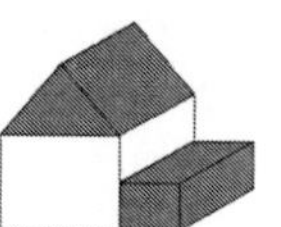
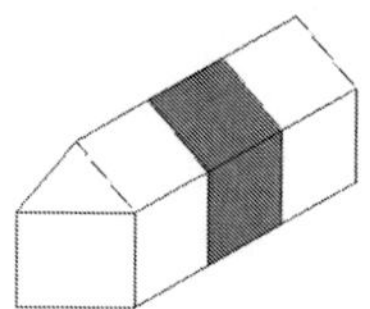

Freistehendes
Wohngebäude

$A_N \leq 350\ m^2$
$H'_{T,max} = 0{,}40$

$A_N > 350\ m^2$
$H'_{T,max} = 0{,}50$

einseitig angebautes
Wohngebäude

$H'_{T,max} = 0{,}45$

Erweiterungen
und Ausbauten

$H'_{T,max} = 0{,}65$

sonstige
Wohngebäude

$H'_{T,max} = 0{,}65$

Bild 4-17 Höchstwerte des spezifischen Transmissionswärmeverlustes

Nichtwohngebäude

Bei Nichtwohngebäuden wird die Einhaltung von bauteilgruppenspezifischen mittleren Wärmedurchgangskoeffizienten verlangt. Unterschieden wird nach folgenden Bauteilgruppen: opake Außenbauteile, transparente Außenbauteile, Vorhangfassaden sowie Glasdächer, Lichtbänder und Lichtkuppeln. Im Gebäudebestand ist nachzuweisen, dass der durchschnittliche Wärmedurchgangskoeffizient einer Bauteilgruppe nicht größer ist als das 1,4-fache des entsprechenden Höchstwerts nach EnEV 2009 Anlage 2, Tabelle 2. Das bedeutet aber auch, dass einzelne Bauteile der Bauteilgruppe den Höchstwert überschreiten dürfen, solange im Mittel der zulässige Wert eingehalten wird. Der mittlere Wärmedurchgangskoeffizient einer Bauteilgruppe wird berechnet, indem die U-Werte der Bauteile entsprechend ihres Flächenanteils berücksichtigt werden. U-Werte von Bauteilen, die an unbeheizte Räume oder an das Erdreich grenzen, werden zusätzlich mit dem Faktor 0,5 abgemindert. Unter Berücksichtigung der 40%-Regel lautet der Nachweis folglich:

$$\overline{U}_{Ist} \leq \overline{U}_{max} \cdot 1{,}4 \tag{4.34}$$

$\overline{U}_{Ist}$ = Mittelwert des Wärmedurchgangskoeffizienten der Bauteilgruppe

$\overline{U}_{max}$ = Zulässiger Höchstwert nach Anlage 2, Tabelle 2

Tabelle 4.23 Höchstwerte des mittleren Wärmedurchgangskoeffizienten der Bauteilgruppe

Bauteil	Höchstwert des mittleren Wärmedurchgangskoeffizienten [W/(m²K)]	
	Innentemperatur ≥ 19 °C	Innentemperatur 12 bis < 19 °C
Opake Außenbauteile	0,35	0,50
Transparente Außenbauteile	1,90	2,80
Vorhangfassade	1,90	3,00
Glasdächer, Lichtbänder, Lichtkuppeln	3,10	3,10

Soll das Referenzgebäudeverfahren für einen öffentlich-rechtlichen Nachweis angewendet werden, dann bietet es sich an, zuerst die Einhaltung des spezifischen Transmissionswärmeverlustes beziehungsweise der mittleren Wärmedurchgangskoeffizienten für die Sanierungsplanung zu überprüfen. Werden die wärmeschutztechnischen Grenzwerte nicht eingehalten, dann gilt der Nachweis bereits als nicht erfüllt. Das bedeutet, dass für diese Sanierungsplanung die relativ aufwendige Berechnung des Jahres-Primärenergiebedarfs gar nicht mehr erfolgen muss. Kann der Nachweis der wärmeschutztechnischen Qualität erbracht werden, dann können die dafür benötigten Eingangsgrößen und ermittelten Werte im weiteren Berechnungsgang verwendet werden.

4.9.2 Berechnungsverfahren nach DIN V 4108-6/DIN V 4701-10

Das Berechnungsverfahren nach DIN V 4108-6 in Verbindung mit DIN V 4701-10 darf nur bei der Beurteilung von Wohngebäuden angewendet werden. Die zu verwendenden Klima- und Nutzungsrandbedingungen können DIN V 4108-6 Tabelle D.3 und EnEV 2009 Anlage 3 Abs. 8 entnommen werden. Als Eingangsdaten für die Berechnung werden die Wärmedurchgangskoeffizienten der wärmeübertragenden Umfassungsbauteile sowie die dazugehörigen Bauteilflächen benötigt.

Maßbezüge

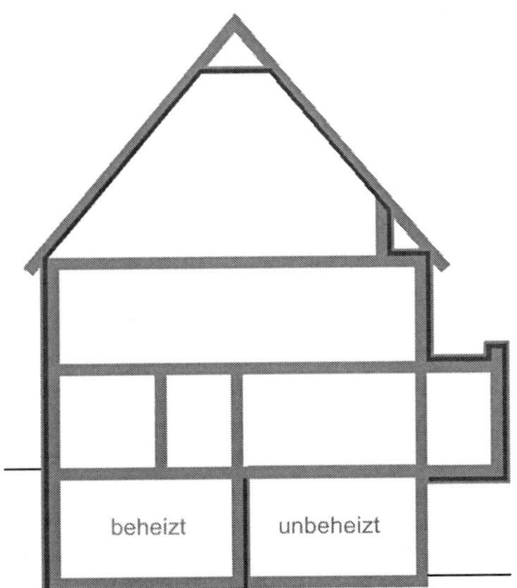

Bild 4-18 Wärmeübertragende Umfassungsfläche gemäß DIN V 4108-6

Laut EnEV muss die wärmeübertragende Umfassungsfläche beziehungsweise die Hüllfläche A nach DIN EN ISO 13 789 ermittelt werden. Dabei sind die Außenabmessungen der wärmeübertragenden Bauteile, einschließlich der Wärmedämmung und eventuell vorhandenem Putz, zu verwenden. Bei Fenstern kann eine Vereinfachung bezüglich der Systemgrenze vorgenommen werden. Die Systemgrenze muss nicht auf die Oberfläche der Glasscheibe gelegt werden, sondern kann vereinfachend bündig mit der Außenwand über die Fensteröffnung geführt werden. Die Fensterflächen sind stets als lichte Rohbaumaße zu bestimmen. Bei Kellerräumen verläuft die Hüllfläche auf der Außenseite der Kellerwand und der Unterseite der Grundplatte. Ist eine Perimeterdämmung vorhanden, dann verläuft die wärmeübertragende Umfassungsfläche auf der zum Erdreich zeigenden Oberfläche der Perimeterdämmung. Eventuell vorhandene Drainplatten, Sauberkeitsschichten oder Ähnliches liegen außerhalb der Systemgrenze. Beim oberen Gebäudeabschluss verläuft die Hüllfläche auf der Oberkante der letzten Wärmedämmschicht. Ist der Dachraum unbeheizt, dann verläuft die Systemgrenze auf der Oberkante der Decke. Ist auf der Decke zum Dachraum eine Dämmschicht angeordnet, dann verläuft die Systemgrenze auf dieser. Planmäßig unbeheizte Räume zählen zum unkonditionierten Gebäudebereich und befinden sich folglich außerhalb der wärmeübertragenden Umfassungsfläche. Eine Wand zu einem unbeheizten Raum zählt vollständig zum beheizten Bereich. Die Hüllfläche verläuft auf der zum unbeheizten Raum gerichteten Wandoberfläche.

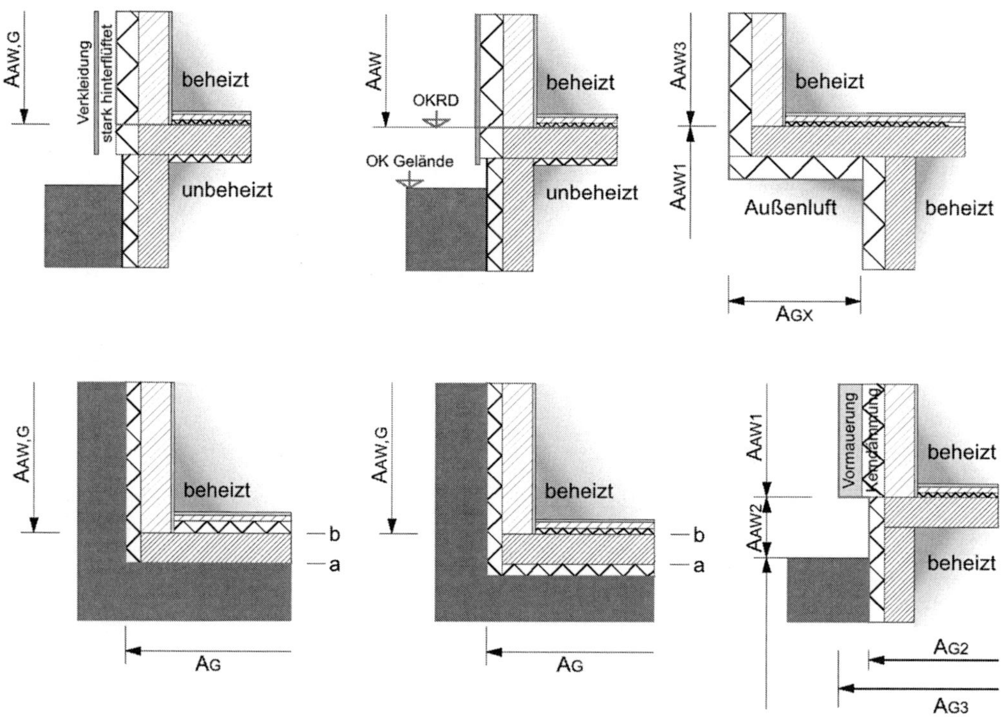

Bild 4-19 Details der wärmeübertragenden Umfassungsfläche gemäß DIN V 4108-6

Eine Besonderheit, bei der von dem Prinzip der Außenabmessungen abgewichen wird, ist die Definition der Systemgrenze in vertikaler Richtung zwischen einem beheizten und einem darunterliegenden unbeheizten Raum. Bei dieser räumlichen Konstellation verläuft die Hüllfläche unabhängig von der Lage einer Dämmschicht auf der Oberkante der Rohdecke, die die beiden Räume voneinander trennt. Das Bruttovolumen beziehungsweise Bezugsvolumen V_e ist das von den wärmeübertragenden Umfassungsflächen eingeschlossene Volumen. Das Bruttovolumen ist somit das beheizte Gebäudevolumen.

Ermittlung des Jahres-Heizwärmebedarfs nach DIN V 4108-6

Der Jahres-Heizwärmebedarf ist diejenige Wärmeenergie, die einem Gebäude im Verlauf der Heizperiode zugeführt werden muss, damit eine dazu definierte Innenraumtemperatur nicht unterschritten wird. Der zu bestimmende Jahres-Heizwärmebedarf ist nach dem Monatsbilanzverfahren zu ermitteln, bei dem die Wärmeverluste den Wärmegewinnen monatsweise gegenübergestellt werden. Aus der Differenz der beiden Werte ergibt sich der monatliche Heizwärmebedarf.

Die monatlichen Wärmeverluste $Q_{l,M}$ ergeben sich durch Addition der Transmissionswärmeverluste und der Lüftungswärmeverluste unter Berücksichtigung der mittleren monatlichen Temperaturdifferenzen:

$$Q_{l,M} = 0,024 \cdot (H_T + H_V) \cdot (\Theta_i - \Theta_{e,M}) \cdot t_M \ [\text{kWh}] \tag{4.35}$$

$$
\begin{aligned}
0,024 \quad &= \quad \text{Umrechnung Wd in kWh} \\
H_T \quad &= \quad \text{Transmissionswärmeverlust nach Gleichung 4.31} \\
H_V \quad &= \quad \text{Lüftungswärmeverlust nach Gleichung 4.36} \\
\Theta_i \quad &= \quad 19\,°\text{C, Innenraumtemperatur gemäß EnEV} \\
\Theta_{e,M} \quad &= \quad \text{Monatliche Durchschnittstemperatur gemäß DIN V 4108-6, Tabelle D.5} \\
t_M \quad &= \quad \text{Anzahl der Tage des betreffenden Monats}
\end{aligned}
$$

Die Transmissionswärmeverluste lassen sich nach Gleichung 4.31 ermitteln. Lüftungswärmeverluste entstehen hauptsächlich durch das Öffnen von Fenstern und Türen. Ein gewisser Luftaustausch mit der Umgebung ist durchaus erwünscht und notwendig, um ein behagliches und hygienisches Innenraumklima zu gewährleisten. Der Luftaustausch mit der Umgebung dient zur Begrenzung der Raumluftfeuchte und zur Sicherstellung einer ausreichenden Luftqualität. DIN 4108-2 schreibt als hygienisch notwendigen Mindestluftwechsel einen Wert von 0,5 h^{-1} vor. Der Lüftungswärmeverlust eines Gebäudes berechnet sich nach:

$$H_V = \rho_L \cdot c_{p,l} \cdot n \cdot V \ [\text{W/K}] \tag{4.36}$$

$$
\begin{aligned}
\rho_L \cdot c_{p,l} \quad &= \quad 0,34 \quad [\text{Wh/(m}^3\text{K)}], \text{ Wärmespeicherfähigkeit der Luft} \\
n \quad &= \quad 1,0 \quad [\text{h}^{-1}], \text{ bei offensichtlichen Undichtheiten} \\
&= \quad 0,7 \quad [\text{h}^{-1}], \text{ bei Fensterlüftung ohne Dichtheitsprüfung} \\
&= \quad 0,6 \quad [\text{h}^{-1}], \text{ bei Fensterlüftung mit Dichtheitsprüfung} \\
&= \quad \text{Bei raumlufttechnischen Anlagen nach Gleichung 4.37} \\
V \quad &= \quad 0,76\ V_e, \text{ beheiztes Luftvolumen bei Wohngebäuden bis zu drei} \\
&\qquad \text{Vollgeschossen} \\
V \quad &= \quad 0,80\ V_e, \text{ beheiztes Luftvolumen bei sonstigen Wohngebäuden} \\
V_e \quad &= \quad \text{Bruttovolumen des Gebäudes } [\text{m}^3]
\end{aligned}
$$

Die Begriffe beheiztes Luftvolumen, belüftetes Volumen und Nettovolumen werden synonym verwendet. Offensichtliche Undichtheiten liegen vor, wenn zum Beispiel Fenster ohne funktionstüchtige Lippendichtung eingebaut sind oder beheizte Dachgeschosse mit Dachflächen ohne luftdichte Ebene ausgeführt sind. In diesen Fällen ist mit einer Luftwechselzahl von 1,0 h^{-1} zu rechnen. Wird die Luftdichtheit eines Gebäudes mit Hilfe eines Blower-Door-Tests gemäß DIN EN 13 829 überprüft, sieht das Verfahren eine Gutschrift bei den Lüftungswärmeverlusten in Form einer geringeren Luftwechselzahl vor. Allerdings sollten auch Gebäude, bei denen die Dichtheit nicht ausdrücklich überprüft wird, luftundurchlässig nach den anerkannten

Regeln der Technik ausgeführt werden. Ansonsten ist mit einer unkontrollierten Infiltration zu rechnen, welche je nach Ausmaß zu beträchtlichen Wärmeverlusten führen kann.

Bei Einsatz von raumlufttechnischen Anlagen wird die Luftwechselzahl n nach der Gleichung D.11 der DIN V 4108-6 bestimmt:

$$n = n_A(1 - \eta_v) + n_x \tag{4.37}$$

n_A = 0,4 [h^{-1}], Anlagenluftwechsel nach DIN V 4701-10

η_v = Nutzungsfaktor des Luft/Luft-Wärmerückgewinnungssystems nach DIN V 4701-10

n_x = 0,2 [h^{-1}], Infiltrationsluftwechsel bei Zu- und Abluftanlagen

n_x = 0,15 [h^{-1}], Infiltrationsluftwechsel bei Abluftanlagen

Das Referenzgebäude nach EnEV 2009 ist mit einer Abluftanlage ohne Wärmerückgewinnung ausgerüstet. Dementsprechend sollte bei der Berechnung des Referenzgebäudes eine Luftwechselzahl von 0,55 h^{-1} verwendet werden.

Die monatlichen Wärmegewinne $Q_{g,M}$ setzen sich zusammen aus den solaren Wärmegewinnen und den internen Wärmegewinnen:

$$Q_{g,M} = 0,024 \cdot (\phi_{s,M} + \phi_{i,M}) \cdot t_M \quad [\text{kWh}] \tag{4.38}$$

0,024 = Umrechnung Wd in kWh

$\phi_{s,M}$ = Mittlerer monatlicher solarer Wärmegewinn nach Gleichung 4.39

$\phi_{i,M}$ = Interne Wärmegewinne nach Gleichung 4.40

t_M = Anzahl der Tage des betreffenden Monats

Solare Wärmegewinne ergeben sich aus der Sonneneinstrahlung durch transparente Bauteile und können rechnerisch folgendermaßen ermittelt werden:

$$\phi_{s,M} = \sum_{j=1}^{m} I_{s,M,j} \cdot \sum_{i=1}^{n} F_{F,i} \cdot F_{S,i} \cdot F_{C,i} \cdot F_W \cdot g_\perp \cdot A_i \quad [\text{W}] \tag{4.39}$$

$I_{s,M,j}$ = Mittlere monatliche Strahlungsintensität in Abhängigkeit der Orientierung j, nach DIN V 4108-6, Tabelle D.5

$F_{F,i}$ = 0,6 [-], Abminderungsfaktor für nicht transparenten Rahmenanteil bei Bestandsgebäuden, gemäß EnEV 2009 Anlage 3, Abschnitt 8.3.

$F_{S,i}$ = Abminderungsfaktor für Verschattung, wird standardmäßig zu 0,9 gesetzt, kann nach DIN V 4108-6, Kapitel 6.4.2 genauer berechnet werden

$F_{C,i}$ = Abminderungsfaktor für den Sonnenschutz: Wird zu 1,0 gesetzt, wenn keine feststehenden Verschattungselemente vorhanden sind.

F_W = 0,9 [-], Abminderungsfaktor infolge nicht senkrechten Strahlungseinfalls (DIN 4108-6, Tabelle D.3)

$g_\perp$ = Gesamtenergiedurchlassgrad der Verglasung als Materialwert

A_i = Entsprechende Fensterfläche, Rohbaumaß [m²]

Interne Wärmegewinne ergeben sich aus Wärmequellen innerhalb eines Raumes, die nicht Teil des Heizsystems sind. Beispiele für interne Wärmequellen sind Personen, elektrische Geräte (PCs, Fernsehgeräte, Waschmaschinen etc.) oder auch Lampen.

$$\phi_{i,M} = q_i \cdot A_N \ [W] \tag{4.40}$$

$$q_i \quad = \quad \text{Flächenbezogene interne Wärmegewinne [W/m}^2\text{]}$$
$$\quad = \quad 5 \ \text{W/m}^2, \ \text{bei Wohngebäuden}$$
$$A_N \quad = \quad 0{,}32 \ V_e \ [\text{m}^2], \ \text{Gebäudenutzfläche}$$
$$V_e \quad = \quad \text{Bruttovolumen des Gebäudes [m}^3\text{]}$$

Die flächenbezogenen internen Wärmegewinne sind im öffentlich-rechtlichen Nachweisverfahren abhängig vom Gebäudetyp standardmäßig festgelegt.

Sind die Wärmeverluste und die Wärmegewinne für einen Monat ermittelt, dann lässt sich der Heizwärmebedarf für den entsprechenden Monat wie folgt berechnen:

$$Q_{h,M} = Q_{l,M} - \eta_M \cdot Q_{g,M} \ [\text{kWh}] \tag{4.41}$$

$$\eta_M \quad = \quad \text{Monatlicher Ausnutzungsgrad der Wärmegewinne}$$

Der monatliche Ausnutzungsgrad der Wärmegewinne hängt von der wirksamen Speicherkapazität des Gebäudes ab. Sie gibt das Vermögen von Bauteilen an, thermische Energie zu speichern. Können überschüssige interne und solare Wärmegewinne in den Raumumschließungsflächen zwischengespeichert werden, dann bleibt die Raumtemperatur konstant, während die Bauteiltemperatur ansteigt. Die momentan überschüssige Wärmeenergie muss folglich nicht abgelüftet werden, sondern kann zu einem späteren Zeitpunkt wieder an den Raum abgegeben werden. Somit wird der Heizwärmebedarf zu einem späteren Zeitpunkt reduziert. Der monatliche Ausnutzungsgrad der Wärmegewinne hängt auch vom Verhältnis zwischen monatlichen Wärmegewinnen und monatlichen Wärmeverlusten ab. Je größer die monatlichen Wärmegewinne im Verhältnis zu den Wärmeverlusten werden, desto mehr überschüssige Wärmeenergie fällt an, da auch die kurzfristige Wärmespeicherfähigkeit der Bauteile begrenzt ist. Deshalb muss ein Teil der Wärmegewinne abgelüftet werden, um das Raumklima behaglich zu gestalten. Der monatliche Ausnutzungsgrad der Wärmegewinne η_M berechnet sich zu:

$$\eta_M = \frac{1 - \gamma_M{}^a}{1 - \gamma_M{}^{a+1}} \tag{4.42}$$

$$\gamma_M = \frac{Q_{g,M}}{Q_{l,M}} \tag{4.43}$$

$$a = 1 + \frac{\tau}{16} \tag{4.44}$$

$$\tau = \frac{C_{wirk}}{H_T + H_V} \tag{4.45}$$

In Abhängigkeit der Bauweise kann die wirksame Speicherfähigkeit C_{wirk} über Pauschalwerte angenommen werden:

$$C_{wirk} = 15 \ Wh/(m^3 K) \cdot V_e \qquad \text{für leichte Gebäude} \tag{4.46}$$

$$C_{wirk} = 50 \ Wh/(m^3 K) \cdot V_e \qquad \text{für schwere Gebäude} \tag{4.47}$$

Zu leichten Gebäuden werden Skelettkonstruktionen mit leichten Ständerwänden oder abgehängten Decken gezählt. Auch Gebäude mit großen durchgehenden Räumen, wie z. B. Sporthallen oder Veranstaltungshallen, gelten als leichte Bauweise, da einem großen inneren Volumen nur sehr geringe wärmespeichernde Raumumschließungsflächen gegenüber stehen. Schwere Gebäude sind Gebäude aus massiven Innen- und Außenbauteilen. Die wirksame Speicherfähigkeit C_{wirk} kann, wie dargestellt, entsprechend der Bauweise, pauschal angenommen werden oder für die konkrete Konstruktion nach DIN V 4108-6, Abschnitt 6.5.2 errechnet werden.

Der Jahres-Heizwärmebedarf Q_h ergibt sich jetzt als Summe der monatlichen Bedarfswerte:

$$Q_h = \sum_{M=1}^{12} Q_{h,M} \quad [\text{kWh}] \tag{4.48}$$

Ermittlung der Anlagenaufwandszahl nach DIN V 4701-10

Im weiteren Verlauf der Berechnung wird die Anlagentechnik des betrachteten Gebäudes bilanziert. Eine notwendige Voraussetzung hierfür ist die Kenntnis des oben berechneten Jahres-Heizwärmebedarfs Q_h. Das Verfahren nach DIN V 4701-10 berücksichtigt im Gegensatz zur DIN V 18 599 nur den Energiebedarf der Trinkwassererwärmungsanlage, der Lüftungsanlage und der Heizungsanlage. Der Energiebedarf für die Kühlung und die Beleuchtung eines Gebäudes bleibt im Gegensatz zur DIN V 18 599 unberücksichtigt. Nach EnEV wird eine eventuell vorhandene Kühlung durch pauschale Aufschläge, auf den nach DIN V 4701-10 errechneten Jahres-Primärenergiebedarf des betrachteten Gebäudes berücksichtigt. Die Beleuchtung bleibt unberücksichtigt.

Als Ergebnis der Bilanzierung der gesamten im Gebäude installierten Anlagentechnik ergeben sich der Jahres-Primärenergiebedarf des Gebäudes sowie die Anlagenaufwandszahl e_p. Sie ergibt sich aus dem Verhältnis zwischen insgesamt eingesetzter Primärenergie und insgesamt erzeugter Nutzwärme. Die Anlagenaufwandszahl ist somit ein Kennwert für die energetische Qualität der gesamten im Gebäude installierten Anlagentechnik. Je kleiner sie ist, umso effizienter ist die installierte Technik. Die Anlagenaufwandszahl ist definiert als:

$$e_p = \frac{Q_P}{Q_{tw} + Q_h} = \frac{Q_{TW,P} + Q_{L,P} + Q_{H,P}}{(q_{tw} + q_h) \cdot A_N} \tag{4.49}$$

Q_P = Jahres-Primärenergiebedarf [kWh/a]

Q_{tw} = Jahres-Trinkwasserwärmebedarf [kWh/a]

Q_h = Jahres-Heizwärmebedarf [kWh/a], siehe oben

$Q_{TW,P}$ = Jahres-Primärenergiebedarf der Trinkwassererwärmung [kWh/a]

$Q_{L,P}$ = Jahres-Primärenergiebedarf der Lüftungsanlage

$Q_{H,P}$ = Jahres-Primärenergiebedarf der Heizungsanlage

q_{tw} = 12,5 [kWh/(m²a)], Flächenbezogener Trinkwasserwärmebedarf

q_h = Flächenbezogener Heizwärmebedarf [kWh/(m²a)]

Zur Bilanzierung der Anlagentechnik stehen nach der DIN V 4701-10 drei Verfahren zur Auswahl:

- Diagrammverfahren

- Tabellenverfahren

- Detailliertes Verfahren

Das Diagrammverfahren ist ein grafisches Verfahren. In DIN V 4701-10 Beiblatt 1 sind für insgesamt 78 Anlagenkonfigurationen die entsprechenden Diagramme enthalten. Stimmt die zu beurteilende Anlagenkonfiguration mit keiner der 78 Anlagenkonfigurationen des Beiblattes 1 überein, so muss eines der beiden anderen Verfahren angewendet werden. Die Diagramme orientieren sich an marktüblichen Systemen, die von ihrer Energieeffizienz allerdings das untere Marktniveau widerspiegeln. Mit dem Diagrammverfahren werden folglich Anlagenaufwandszahlen ermittelt, die auf der sicheren Seite liegen. Dieses Verfahren eignet sich insbesondere für die Planungsphase einer Sanierung, wenn die genauen Produktkennwerte noch unbekannt sind. Es kann abgeschätzt werden, ob mit der angedachten Anlagentechnik die Vorgaben der EnEV eingehalten werden können. Sind die Produktkennwerte bekannt, bietet sich die Verwendung des detaillierten Verfahrens an. Hiermit ergeben sich im Regelfall energetisch günstigere Anlagenaufwandszahlen.

Für jede der 78 Anlagenkonfigurationen existiert ein Diagrammblatt, welches aus Vorder- und Rückseite besteht. Der prinzipielle Aufbau der verschiedenen Diagrammblätter ist immer gleich. Auf der Vorderseite oben links ist die Anlagenkonfiguration in Stichworten beschrieben. Hier wird die technische Ausgestaltung der drei grundsätzlichen Anlagenkomponenten Trinkwarmwasserbereitung, Lüftung und Heizung kurz erläutert. Rechts daneben ist in einer Skizze beziehungsweise einem Schaubild die Anlagenkonfiguration nochmals grafisch aufbereitet. Die Skizze ermöglicht es, schnell die grundsätzlich vorhandenen Anlagenkomponenten und deren Anordnung (innerhalb oder außerhalb der thermischen Hülle) zu erfassen. Über die stichwortartige und die grafische Beschreibung lässt sich feststellen, ob die zu beurteilende Anlagentechnik mit der im jeweiligen Diagrammblatt behandelten übereinstimmt.

Direkt unter der Anlagenbeschreibung befindet sich das Primärenergiediagramm, aus dem in Abhängigkeit des flächenbezogenen Heizwärmebedarfs q_h und der beheizten Nutzfläche A_N der Jahres-Primärenergiebedarf abgelesen werden kann. Wiederum unterhalb ist das Diagramm zusätzlich in tabellarischer Form dargestellt. Aus der Tabelle können die Werte des Jahres-Primärenergiebedarfs genauer abgelesen werden als aus dem Diagramm. Es ist erlaubt, Zwischenwerte, die nicht direkt aus der Tabelle abgelesen werden können, linear zu interpolieren. Eine Extrapolation über den Wertebereich der Tabelle beziehungsweise des Diagramms hinaus ist hingegen nicht erlaubt.

Auf der Rückseite der Diagrammblätter kann die flächenbezogene Endenergie für die Deckung des Wärmebedarfs ermittelt werden. Der Wärmebedarf umfasst sowohl die Erwärmung der Raumluft als auch die Trinkwassererwärmung. Das Beiblatt enthält Anlagenkonfigurationen, bei denen der Wärmebedarf durch maximal zwei verschiedene Energieträger gedeckt wird, beispielsweise ein Heizkessel, der mit Erdgas beschickt wird, und eine dezentrale Trinkwassererwärmung mit Elektro-Durchlauferhitzern und Elektro-Kleinspeichern. In diesen Fällen wird der flächenbezogene Endenergiebedarf für Wärme wegen der unterschiedlichen Primärenergiefaktoren für die Energieträger getrennt ermittelt. Zudem kann mittels Tabelle der flächenbezogene elektrische Hilfsenergiebedarf ermittelt werden. Unten auf der Rückseite des Diagrammblattes befindet sich die Tabelle, mit deren Hilfe sich die Anlagenaufwandszahl e_p ermitteln lässt.

Das Tabellenverfahren und das detaillierte Verfahren basieren auf dem Berechnungsalgorithmus nach DIN V 4701-10, Kapitel 4. Der einzige Unterschied zwischen Tabellenverfahren und detailliertem Verfahren ist, dass beim Tabellenverfahren für die Anlagenkennwerte die Normwerte nach DIN V 4701-10, Anhang C verwendet werden, während beim detaillierten Verfahren konkrete Produktkennwerte Eingang finden. Die Produktkennwerte müssen nach den Vorgaben der DIN V 4701-10, Teil 5 berechnet werden. Die Normwerte des Tabellenverfahrens basieren wie die des Diagrammverfahrens auf Gerätekennwerten, die aus energetischer Sicht den unteren Durchschnitt des Marktniveaus repräsentieren. Folglich ergeben sich in den meisten Fällen mit Hilfe des detaillierten Verfahrens günstigere Werte für den Primärenergiebedarf des betrachteten Gebäudes.

Sowohl beim Tabellenverfahren als auch beim detaillierten Verfahren wird der Primärenergiebedarf getrennt für die Trinkwassererwärmungs-, Lüftungs- und Heizungsanlage berechnet. Die Summe der Primärenergiebedarfswerte der einzelnen Anlagenkomponenten ergibt dann den Jahres-Primärenergiebedarf des gesamten Gebäudes:

$$Q_P = Q_{TW,P} + Q_{L,P} + Q_{H,P} \quad [\text{kWh/a}] \tag{4.50}$$

$Q_{TW,P}$ = Jahres-Primärenergiebedarf der Trinkwarmwasseranlage

$Q_{L,P}$ = Jahres-Primärenergiebedarf der Lüftungsanlage

$Q_{H,P}$ = Jahres-Primärenergiebedarf der Heizungsanlage

Bevor der Primärenergiebedarf der Heizungsanlage ermittelt werden kann, müssen die Trinkwarmwasser- und die Lüftungsanlage bilanziert werden, da auch diese einen Beitrag zur Deckung des Heizwärmebedarfs liefern können. Befinden sich der Speicher für Trinkwarmwasser und die Verteilleitungen innerhalb der thermischen Hülle, dann erhöhen die dort auftretenden Wärmeverluste zwar den Trinkwasserwärmebedarf, reduzieren aber gleichzeitig den Heizwärmebedarf und somit den Jahres-Primärenergiebedarf der Heizungsanlage. Ist eine Lüftungsanlage installiert, die in der Lage ist, die Zuluft zu erwärmen (Wärmerückgewinnung, Abluft/Zuluft-Wärmepumpe, Heizregister), dann verringert auch diese den Heizwärmebedarf, der durch die Heizungsanlage gedeckt werden muss.

Die prinzipielle Vorgehensweise bei der Bilanzierung der einzelnen Anlagenkomponenten wird am Beispiel der Trinkwarmwasseranlage aufgezeigt. Die Berechnung des Primärenergiebedarfs der Trinkwarmwasseranlage erfolgt, wie auch die der Lüftungs- und Heizungsanlage, jeweils getrennt nach Wärmeenergie und Hilfsenergie. Wärmeenergie ist diejenige Energie, die unmittelbar zur Erzeugung von Nutzwärme eingesetzt wird. Hilfsenergie ist Energie, die benötigt wird, um den Hauptprozess, also hier die Trinkwassererwärmung, in Gang zu halten. Hilfsenergie ist zum Beispiel Energie, die zum Betrieb einer Umwälzpumpe eingesetzt wird.

Als Ausgangsgröße der Analyse der Wärmeenergie muss der flächenbezogene Trinkwasser-Wärmebedarf des betrachteten Gebäudes bekannt sein. Dieser beträgt für ein Wohngebäude laut EnEV 12,5 kWh/(m² a). Dieser Wert stellt die beim Endverbraucher an gewünschter Stelle und in gewünschter Form ankommende Energie dar. Ausgehend von diesem Wert kann der Primärenergiebedarf zur Trinkwarmwasserbereitung ermittelt werden. Dazu muss die gesamte Energie bilanziert werden, die benötigt wird, um aus einem in Rohform vorliegenden Energieträger (zum Beispiel Rohöl) warmes Trinkwasser zu erzeugen und an einer gewünschten Stelle im Gebäude zur Verfügung zu stellen. Die gesamte Prozesskette wird ausgehend vom Trinkwasser-Wärmebedarf bis zur Gewinnung des in Rohform vorliegenden Energieträgers, also in umgekehrter Reihenfolge bilanziert. Es müssen sämtliche auftretenden Wärmeverluste und Energieverbräuche beachtet werden.

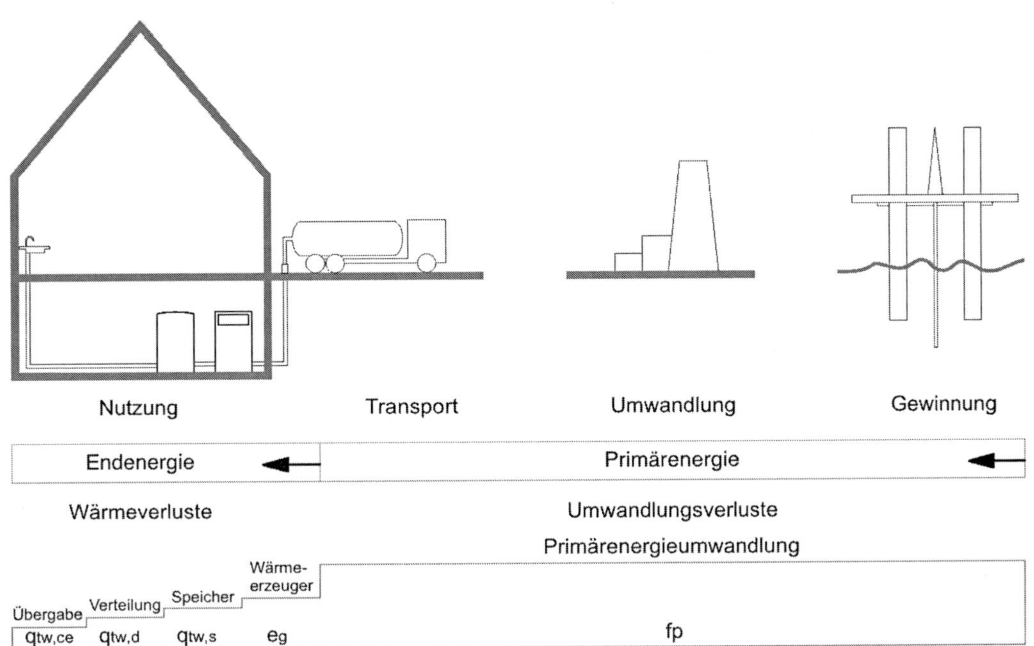

Bild 4-20 Prinzipielle Vorgehensweise bei der Bilanz der Anlagentechnik

Zunächst können Wärmeverluste bei der Übergabe des warmen Wassers an den Endverbraucher auftreten. Des Weiteren ist auch die Verteilung und Speicherung des Wassers innerhalb des Gebäudes nicht verlustfrei, da eine Temperaturdifferenz zwischen dem warmen Wasser und der Umgebung existiert. Finden diese Wärmeverluste innerhalb der thermischen Hülle des Gebäudes statt, dann wird dadurch zwar der Trinkwasser-Wärmebedarf erhöht, gleichzeitig aber ein Teil des Heizwärmebedarfs gedeckt. Die Anlagenaufwandszahl der Trinkwarmwasseranlage berücksichtigt die auftretenden Energieverluste bei der Energieumwandlung von Endenergie in warmes Trinkwasser. Die Anlagenaufwandszahl e_p ist das Verhältnis von eingesetzter Primärenergie zu abgegebener Nutzwärme für die gesamte Anlagentechnik des Gebäudes inklusive der Hilfsenergie. Demgegenüber sind die Anlagenaufwandszahlen e_g das Verhältnis zwischen eingesetzter Endenergie und abgegebener Nutzwärme für eine der Anlagenkomponenten Trinkwarmwasser-, Lüftungs- oder Heizungsanlage, exklusive Hilfsenergie. Die Anlagenaufwandszahl e_g ist also der Kehrwert des Wirkungsgrades einer einzelnen Anlagenkomponente. Der Primärenergiefaktor f_P spiegelt den Energiebedarf wider, der zur Gewinnung des Energieträgers, zu dessen Aufbereitung und zu dessen Transport an das Gebäude benötigt wird. Er berücksichtigt sämtliche Energieverbräuche außerhalb der Systemgrenze des Gebäudes. Es lassen sich fünf Prozessbereiche unterscheiden, für die eine Betrachtung der Wärme- oder Energieverluste stattfindet. Dies schlägt sich in der Indizierung der Variablen nieder:

- Übergabe des warmen Trinkwassers an den Nutzer (Index „ce", control and emission)
- Verteilung des warmen Trinkwassers zu den Zapfstellen (Index „d", distribution)
- Speicherung des warmen Trinkwassers (Index „s", storage)
- Erzeugung des warmen Trinkwassers (Index „g", generation)
- Umwandlung der Primärenergie in Endenergie (Primärenergiefaktor f_P)

Der primärenergetisch bewertete Wärmeenergiebedarf der Trinkwarmwasseranlage beträgt:

$$q_{TW,WE,P} = (q_{tw} + q_{TW,ce} + q_{TW,d} + q_{TW,s}) \cdot \sum_i (e_{TW,g,i} \cdot \alpha_{TW,g,i} \cdot f_{P,i}) \qquad (4.51)$$

q_{tw} = 12,5   [kWh/(m²a)], Flächenbezogener Trinkwasser-Wärmebedarf

$q_{TW,ce}$ = 0,0   [kWh/(m²a)] nach DIN V 4701-10, Flächenbezogener Wärmeverlust der Wärmeübergabe

$q_{TW,d}$ = Flächenbezogener Wärmeverlust der Wärmeverteilung

$q_{TW,s}$ = Flächenbezogener Wärmeverlust der Wärmespeicherung

$e_{TW,g,i}$ = Anlagenaufwandszahl der Trinkwarmwasseranlage i

$\alpha_{TW,g,i}$ = Deckungsanteil der Trinkwarmwasseranlage i

$f_{P,i}$ = Primärenergiefaktor der Trinkwarmwasseranlage i

Sämtliche Variablen der Formel außer dem Trinkwasser-Wärmebedarf können entweder den Tabellen nach DIN V 4701-10 Anhang C oder den Herstellerangaben entnommen werden. Unbedingt zu berücksichtigen ist allerdings, dass die EnEV 2009 abweichend von DIN V 4701-10/A1:2006-12 den Primärenergiefaktor für Strom zu 2,6 anstatt 2,7 festlegt. Weicht die EnEV von den Vorgaben der Normen ab, so gelten für den öffentlich-rechtlichen Nachweis grundsätzlich die Bestimmungen der EnEV.

Tabelle 4.24 Primärenergiefaktoren gemäß DIN V 4701-10/A1:2006-12 und EnEV 2009

Energieträger		Primärenergiefaktor f_p
Brennstoffe	Heizöl EL	1,1
	Erdgas H	1,1
	Flüssiggas	1,1
	Steinkohle	1,1
	Braunkohle	1,2
	Holz	0,2
Nah-/Fernwärme aus KWK	fossiler Brennstoff	0,7
	erneuerbarer Brennstoff	0,0
Nah-/Fernwärme aus Heizwerken	fossiler Brennstoff	1,3
	erneuerbarer Brennstoff	0,1
Strom	Strom-Mix	2,6
Umweltenergie	Solarenergie, Umgebungswärme	0,0

Der Hilfsenergiebedarf der Trinkwarmwasseranlage errechnet sich nach folgender Formel:

$$q_{TW,HE,P} = (q_{TW,ce,HE} + q_{TW,d,HE} + q_{TW,s,HE} + \sum_i q_{TW,g,HE,i} \cdot \alpha_{TW,g,i}) \cdot f_P \quad (4.52)$$

$q_{TW,ce,HE}$ = Flächenbezogener Hilfsenergiebedarf der Wärmeübergabe

$q_{TW,d,HE}$ = Flächenbezogener Hilfsenergiebedarf der Wärmeverteilung

$q_{TW,s,HE}$ = Flächenbezogener Hilfsenergiebedarf der Wärmespeicherung

$q_{TW,g,HE,i}$ = Flächenbezogener Hilfsenergiebedarf der Trinkwarmwasseranlage i

$\alpha_{TW,g,i}$ = Deckungsanteil der Trinkwarmwasseranlage i

f_P = 2,6 [-], Primärenergiefaktor für Strom nach EnEV

Bei Hilfsenergie handelt es sich prinzipiell um Strom, weshalb hier als Primärenergiefaktor 2,6 angegeben ist. Nachdem der flächenbezogene Wärme- und Hilfsenergiebedarf ermittelt ist, ergibt sich der Jahres-Primärenergiebedarf für die Trinkwarmwasseranlage zu:

$$Q_{TW,P} = (q_{TW,P} + q_{TW,HE,P}) \cdot A_N \ [\text{kWh/a}] \quad (4.53)$$

A_N = 0,32 V_e [m²], Gebäudenutzfläche

V_e = Bruttovolumen des Gebäudes [m³]

Nach derselben Systematik kann der Primärenergiebedarf der Lüftungsanlage und der Heizungsanlage berechnet werden. Der primärenergetisch bewertete Wärmeenergiebedarf der Lüftungsanlage kann mit Hilfe folgender Formel ermittelt werden:

$$q_{L,WE,P} = \sum_i (q_{L,g,i} \cdot e_{L,g,i} \cdot f_{P,i}) \quad (4.54)$$

$q_{L,g,i}$ = Flächenbezogene Heizarbeit des Wärmeerzeugers i [kWh/(m² a)]

Werden mehrere Wärmeerzeuger eingesetzt, dann werden die einzelnen Produkte addiert.

Der elektrische Hilfsenergiebedarf des Lüftungsstranges ergibt sich wiederum durch Addition der einzelnen Prozessschritte Wärmeübergabe, -verteilung, -speicherung und -erzeugung.

$$q_{L,HE,P} = (q_{L,ce,HE} + q_{L,d,HE} + \sum_i q_{L,g,HE,i}) \cdot f_P \quad (4.55)$$

Der Jahres-Primärenergiebedarf des Lüftungsstranges ergibt sich entsprechend als Summe des Wärme- und Hilfsenergiebedarfs:

$$Q_{L,P} = (q_{L,P} + q_{L,HE,P}) \cdot A_N \quad (4.56)$$

Zur Ermittlung des Wärmeenergiebedarfs der Heizungsanlage muss der flächenbezogene Jahres-Heizwärmebedarf q_h des Gebäudes bekannt sein. Dieser ermittelt sich, indem der nach DIN V 4108-6 berechnete Jahres-Heizwärmebedarf (Gleichung 4.48) ins Verhältnis zur Gebäudenutzfläche A_N gesetzt wird.

$$q_{H,WE,P} = (q_h - q_{h,TW} - q_{h,L} + q_{H,ce} + q_{H,d} + q_{H,s}) \cdot \sum_i (e_{H,g,i} \cdot \alpha_{H,g,i} \cdot f_{P,i}) \quad (4.57)$$

$q_{h,TW}$ = Heizwärmegutschriften der Trinkwassererwärmung [kWh/(m²a)]

$q_{h,L}$ = Beitrag der Lüftungsanlage zum Heizwärmebedarf [kWh/(m²a)]

Ein Teil des Heizwärmebedarfs wird bereits durch die innerhalb der thermischen Hülle anfallenden Wärmeverluste der Trinkwarmwasseranlage gedeckt. Außerdem kann eine eventuell vorhandene Lüftungsanlage die Zuluft erwärmen und somit einen Beitrag zum Heizwärmebedarf liefern. Diese beiden Komponenten reduzieren infolgedessen den Wärmeenergiebedarf der Heizungsanlage. Demgegenüber erhöhen die Verluste der Wärmeübergabe, -verteilung und -speicherung wiederum den Wärmeenergiebedarf der Heizungsanlage.

Wird elektrische Energie unmittelbar zur Erzeugung von Heizwärme eingesetzt, zum Beispiel für eine Wärmepumpe, dann wird sie dem Wärmeenergiebedarf, andernfalls dem Hilfsenergiebedarf zugerechnet:

$$q_{H,HE,P} = \left(q_{H,ce,HE} + q_{H,d,HE} + q_{H,s,HE} + \sum_i q_{H,g,HE,i} \cdot \alpha_{H,g,i}\right) \cdot f_P \qquad (4.58)$$

Der Primärenergiebedarf der Heizungsanlage ermittelt sich dann zu:

$$Q_{H,P} = \left(q_{H,WE,P} + q_{H,HE,P}\right) \cdot A_N \qquad (4.59)$$

Berücksichtigung einer eventuell vorhandenen Gebäudekühlung

In Deutschland ist zur Vermeidung sommerlicher Übertemperaturen in Wohngebäuden üblicherweise keine Gebäudekühlung erforderlich. Der sommerliche Wärmeschutz sollte durch Verschattungssysteme, interne Speichermassen sowie entsprechende Lüftungskonzepte realisiert werden. Deshalb sieht auch das Referenz-Wohngebäude der EnEV keine Gebäudekühlung vor. Soll trotzdem innerhalb eines Wohngebäudes eine Kühlung installiert werden, so steigt der Jahres-Primärenergiebedarf für das entsprechende Gebäude. Die zusätzlich benötigte Energie wird durch pauschale Zuschlagswerte nach EnEV berücksichtigt. Dabei sind die Zuschläge von der gewählten Kühltechnik abhängig (siehe Tabelle 4.25).

Tabelle 4.25 Gerätespezifische Pauschalwerte zur Erhöhung des Primär- und Endenergiebedarfs bei Kühlung von Wohngebäuden (EnEV 2009, Anlage 1, Abschnitt 2.8)

Geräte	Erhöhung des Jahres-Primärenergiebedarfs $q'_{P,c}$ [kWh/(m²a)]	Erhöhung des Endenergiebedarfs $q'_{E,c}$ [kWh/(m²a)]
Fest installierte Raumklimageräte der Energieeffizienzklassen A, B oder C entsprechend der Richtlinie 2002/31/EG Wohnungslüftungsanlagen mit reversibler Wärmepumpe	16,2	6,0
Kühlflächen im Raum mit Kaltwasserkreisen und elektrischer Kälteerzeugung (z. B. über reversible Wärmepumpen)	10,8	4,0
Kühlung mittels erneuerbarer Wärmesenken (z. B. Erdsonden, Zisternen)	2,7	1,0
Sonstige Geräte	18,9	7,0

In der EnEV 2007 wurde der Höchstwert des Jahres-Primärenergiebedarfs bei Einsatz einer Kühlung noch pauschal um 16,2 kWh/(m²a) erhöht. Das bedeutet, ein Wohngebäude mit Kühlung war nicht schlechter gestellt als eines ohne. Im Extremfall war es sogar möglich, dass ein Gebäude den Höchstwert des Jahres-Primärenergiebedarfs nur einhalten konnte, wenn eine energieeffiziente Kühlung eingebaut wurde (zum Beispiel eine Kühlung mittels erneuerbarer Wärmesenken). Folglich stieg der Höchstwert des Jahres-Primärenergiebedarfs deutlich stärker an (+ 16,2 kWh/(m²a)) als der Jahres-Primärenergiebedarf des betrachteten Gebäudes (+ 2,7 kWh/(m²a)). Der flächenbezogene Jahres-Primärenergiebedarf bei Einsatz einer Kühlung berechnet sich wie folgt:

$$q_{P,c} = q_P + q'_{P,c} \cdot \frac{A_{N,c}}{A_N} \ [\text{kWh/a}] \tag{4.60}$$

$q'_{P,c}$ = Pauschalwert zur Erhöhung des Primärenergiebedarfs entsprechend Tabelle 4.25

$A_{N,c}$ = Gekühlte Gebäudenutzfläche [m²]

Mit Einführung der EnEV 2009 werden Wohngebäude mit Kühlung nicht mehr bevorzugt behandelt. Das Referenzgebäude wird ohne Kühlung ausgeführt. Dementsprechend weist ein Wohngebäude mit Kühlung gegenüber dem Referenzgebäude einen zusätzlichen Energiebedarf auf, der an anderer Stelle kompensiert werden muss. Nur so kann trotz Kühltechnik der zulässige Höchstwert, der dem Jahres-Primärenergiebedarf des Referenzgebäudes entspricht, eingehalten werden.

4.9.3 Berechnungsverfahren nach DIN V 18 599

Das Verfahren zur energetischen Bewertung von Gebäuden nach DIN V 18 599 ist deutlich umfangreicher, aber auch detaillierter als jenes nach DIN V 4108-6 in Verbindung mit DIN V 4701-10. Nach dem Verfahren der DIN V 18 599 wird nicht nur der Primärenergiebedarf der Heizungsanlage detailliert bilanziert, sondern auch der Primärenergiebedarf einer eventuell vorhandenen Gebäudekühlung. Bilanziert man hingegen nach DIN V 4108-6 in Verbindung mit DIN V 4701-10, dann werden Anlagen zur Gebäudekühlung nur durch pauschale Zuschläge nach EnEV 2009, Anlage 1, Abschnitt 2.8, berücksichtigt. Wird der Jahres-Primärenergiebedarf eines Wohngebäudes nach den Maßgaben der EnEV 2009 und dem Verfahren nach DIN V 18 599 bestimmt, so darf eine eventuell vorhandene Gebäudekühlung nicht detailliert bilanziert werden. Sie muss ebenfalls über die pauschalen Zuschläge gemäß EnEV 2009 berücksichtigt werden. Die detaillierte Bewertung der Kühlenergie schlägt sich auch in der Terminologie der DIN V 18 599 nieder. Es kann nicht mehr pauschal von Wärmegewinnen und -verlusten gesprochen werden. Das lässt sich besonders anschaulich an den Wärmeeinträgen durch die Sonneneinstrahlung erläutern. Im Winter sind die solaren Wärmeeinträge erwünscht und führen zu einer Reduktion des von der Anlagentechnik zu deckenden Heizwärmebedarfs. Somit kann für den Winterfall durchaus von Wärmegewinnen gesprochen werden, da sie die Energiebilanz positiv beeinflussen. Anders ist die Situation für den Sommerfall zu beurteilen. Auch hier führt die solare Einstrahlung zu einer Erhöhung der Gebäudeinnentemperatur, die dann allerdings unerwünscht ist. Anstatt den Energiebedarf zu reduzieren, wird im Sommerfall der Kühlenergiebedarf erhöht. Folglich wird hierdurch die Energiebilanz negativ beeinflusst und es müssten negative Wärmegewinne bilanziert werden. Um dieser Komplexität gerecht zu werden und eine Terminologie zu etablieren, die sowohl für den Winter- als auch

für den Sommerfall plausibel ist, hat die DIN V 18599 erstmals normativ die Begriffe Wärmequelle und Wärmesenke eingeführt. Zudem berücksichtigt das Verfahren nach DIN V 18599
die über den gesamten Jahresverlauf anfallende Energie zur künstlichen Beleuchtung eines
Gebäudes.

Aufbau der Normenreihe DIN V 18 599

Die DIN V 18 599 besteht aus insgesamt 10 Teilen sowie einem Beiblatt. Mit dem Normenteil
100, der sämtliche Änderungen enthält, umfasst das Normenwerk fast eintausend Seiten. Einen
Überblick über die Inhalte der einzelnen Normenteile gibt die folgende Abbildung:

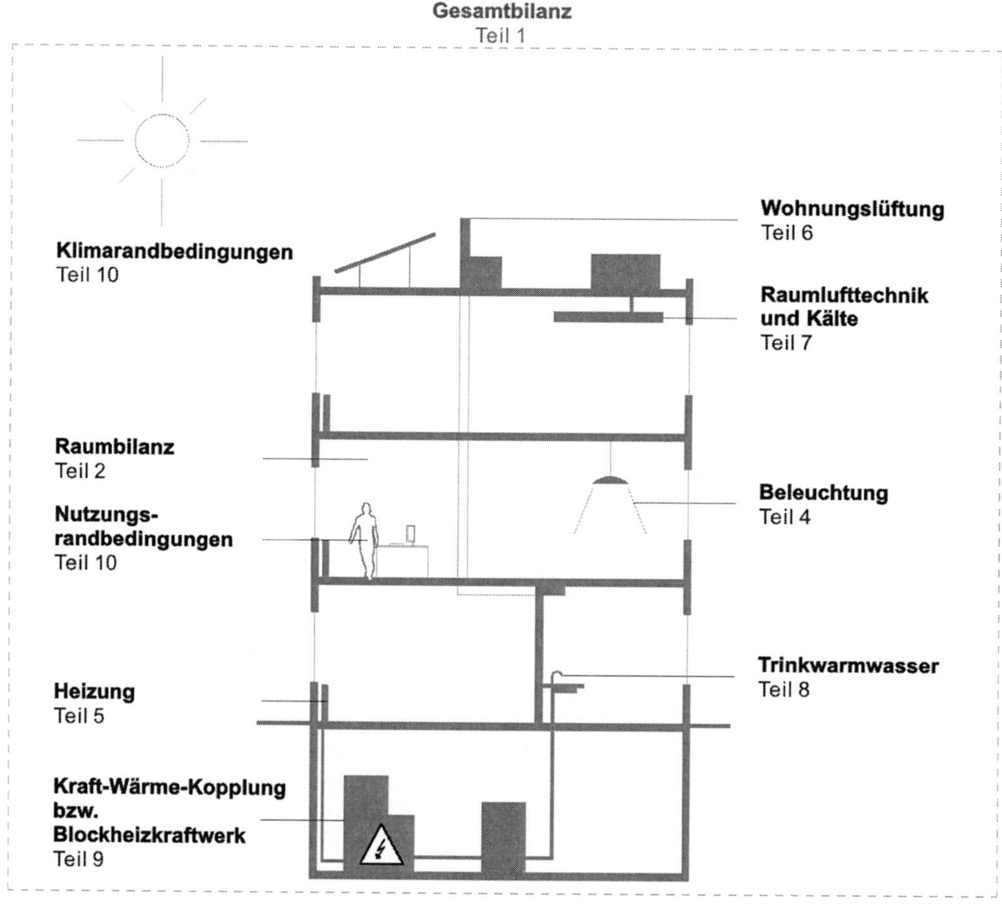

Bild 4-21 Systematik der Normteile der DIN V 18 599

Zu beachten ist, dass die Bezeichnung der Variablen und speziell die Indizierung nach DIN V
18 599 von der nach DIN V 4108-6 und DIN V 4701-10 abweichen.

Zonierung

Unter dem Begriff Nichtwohngebäude wird eine recht inhomogene Gesamtheit von Gebäuden subsumiert. Das Spektrum reicht von Krankenhäusern über Bürogebäude und Theater bis hin zu Parkhäusern (Beleuchtung und eventuell Lüftungsanlage). Einzige Gemeinsamkeit aller Nichtwohngebäude ist der Ausschluss einer Wohnnutzung. Ansonsten ist die Bandbreite möglicher Nutzungen sehr groß. Allerdings beeinflusst die Art der Nutzung den Energiebedarf entscheidend, wie folgendes Beispiel verdeutlicht: Das Foyer eines Theaters ist nur wenige Stunden am Tag in Betrieb, während die Räume eines Krankenhauses vierundzwanzig Stunden am Tag in Gebrauch sind. Diese sehr unterschiedlichen Nutzungsrandbedingungen machen es unmöglich, sämtliche Nichtwohngebäude mit einheitlichen Randbedingungen zu bilanzieren.

Selbst innerhalb eines einzigen Nichtwohngebäudes können sich die für die Energiebedarfsbilanzierung entscheidenden Nutzungsparameter derart unterscheiden, dass das Gebäude nicht als Einheit bilanziert werden kann. Betrachtet man die Räume eines durchschnittlichen Bürogebäudes, so fällt auf, dass in Abhängigkeit der Raumnutzung sehr unterschiedliche Anforderungen an die Qualität der Raumkonditionierung gestellt werden. Beispielsweise werden an einen Lagerraum deutlich geringere Anforderungen bezüglich Beleuchtung und Belüftung gestellt als an einen Büroraum. Hingegen ist die Belüftung bei einem WC ein entscheidender Parameter für den Energiebedarf. Diese sehr unterschiedlichen Nutzungsrandbedingungen machen es erforderlich, ein Nichtwohngebäude in Zonen gleicher Nutzung zu unterteilen und diese Zonen getrennt voneinander energetisch zu bilanzieren. Der Energiebedarf des gesamten Gebäudes ergibt sich dann als Summe der Bedarfswerte der einzelnen Zonen. Das Gebäude kann folglich nicht als Gesamtheit mit einheitlichen Randbedingungen bilanziert werden.

Um eine Vergleichbarkeit zwischen ähnlichen Gebäuden gewährleisten zu können, müssen die nutzungsspezifischen Randbedingungen einheitlich festgelegt sein. Die DIN V 18 599-10 definiert insgesamt vierunddreißig verschiedene Nutzungen, darunter auch eine für Wohngebäude. In Abhängigkeit der Nutzung definiert die Norm sämtliche für die Nachweisführung benötigten Randbedingungen. Das sind die Betriebsdauer, Soll-Raumtemperatur, Luftwechselzahl, Beleuchtungsstärke sowie die inneren Wärmequellen aus Personen und Geräten.

Die Einteilung eines Gebäudes in Zonen erfolgt in mehreren Schritten: Zuerst werden Räume in Zonen zusammengefasst, die eine einheitliche Nutzung entsprechend DIN V 18 599-10 aufweisen. Ist es das Ziel, einen öffentlich-rechtlichen Nachweis zu führen, so darf nur in Ausnahmen von den normierten Nutzungsprofilen abgewichen werden. Das ist der Fall, wenn die Nutzung eines Raumes mit keiner der normierten Nutzungen übereinstimmt. Diese Aussage führt häufig zu Fehlinterpretationen. Sind in einem Büroraum zum Beispiel geringere interne Wärmequellen als nach DIN V 18 599-10 vorhanden, dann sind trotzdem die normierten Nutzungsrandbedingungen zu verwenden. Es geht folglich um die Übereinstimmung der Nutzung und nicht der Nutzungsrandbedingungen. Die Nutzungsrandbedingungen dürfen im öffentlich-rechtlichen Nachweis nicht verändert oder angepasst werden. Stimmt die Nutzung eines Raumes mit keiner der normierten Nutzungen überein, dann bestehen laut EnEV 2009 Anlage 2, 2.2.2 folgende Möglichkeiten:

- Verwendung der Nutzung „Sonstige Aufenthaltsräume"

- Definition einer individuellen Nutzung auf Grundlage der DIN V 18 599-10 unter Einsatz des gesicherten allgemeinen Wissensstandes

In einem zweiten Schritt werden weitere Zonenteilungskriterien überprüft. Es kann erforderlich werden, verschiedene Räume trotz identischer Nutzung in verschiedene Zonen einzuteilen. Das ist nach DIN V 18 599-1 Kapitel 6.2.2 der Fall, wenn:

- Unterschiede hinsichtlich der Konditionierung bestehen
- Unterschiedliche raumlufttechnische Anlagen eingebaut sind

Unter Konditionierung wird die Beheizung, Kühlung, Be- und Entlüftung, Befeuchtung, Beleuchtung und Trinkwarmwasserversorgung einer Zone verstanden. Insbesondere wenn Zonen gekühlt werden, ist es häufig erforderlich, sie in einem weiteren Detaillierungsschritt zu unterteilen. Die gekühlten Zonen müssen weiter untergliedert werden, wenn sie sich in den folgenden Punkten unterscheiden:

- Unterschiedliche Funktionen der RLT-Anlagen
- Unterschiedliche Außenluftvolumenströme
- Unterschiedliche installierte Kunstlichtleistung
- Tageslichtversorgung
- Glasflächenanteile
- Sonnenschutz und Gebäudeorientierung

Herrscht zwischen verschiedenen Räumen oder Raumgruppen ein hoher Luftwechsel, so werden diese prinzipiell zu einer Zone zusammengefasst. Um den Berechnungsaufwand in einem vertretbaren Rahmen zu halten, sehen die EnEV und die DIN V 18 599-1 einige Vereinfachungen zur Reduktion der Zonenanzahl vor. Zonen mit einer Grundfläche von maximal 3 % der Nettogrundfläche des gesamten Gebäudes dürfen anderen Zonen zugeschlagen werden, falls kein erheblicher Unterschied zwischen den inneren Lasten der Zonen besteht. Des Weiteren dürfen die Nutzungsprofile Einzelbüro und Gruppenbüro zum Nutzungsprofil Einzelbüro zusammengefasst werden. Die Nebenflächen eines Gebäudes wie Garderobe, Teeküche, Lager, Archiv und Flur können in der Sammelzone „Nebenflächen ohne Aufenthaltsräume" zusammengefasst werden.

Unter bestimmten Voraussetzungen sieht die EnEV ein vereinfachtes Berechnungsverfahren vor, bei dem das Gebäude als Ein-Zonen-Modell abgebildet wird. Das ist selbstverständlich nur möglich, wenn das Gebäude einer relativ homogenen Nutzung unterliegt. Wohngebäude werden prinzipiell als Ein-Zonen-Modell bilanziert. Erfüllen Nichtwohngebäude die Voraussetzungen nach EnEV 2009 Anlage 2, Abschnitt 3.1.3, dann dürfen auch diese nach dem vereinfachten Verfahren berechnet werden. Die zu verwendenden Randbedingungen und Aufschläge für Nichtwohngebäude sind ebenfalls in der EnEV 2009 Anlage 2, allerdings im Abschnitt 3.2, angegeben.

Tabelle 4.26 Zonierungsregeln und Vereinfachungen

Regel	Regelwerk
Das Ziel der Zonierung ist, jeweils jene Bereiche eines Gebäudes (zu einer Zone) zusammenzufassen, für die sich ähnliche Nutzenergiemengen ergeben beziehungsweise im Falle der Heizung/Kühlung ähnliche Wärmequellen und Wärmesenken. Die Zonierung geht dazu vom folgenden Grundprinzip aus: das wichtigste Merkmal für ähnliche Nutzenergie/Wärmequellen/Wärmesenken ist eine einheitliche Nutzung (Beispiel: Einzelbüro). Weicht die Nutzung zweier Räume deutlich voneinander ab, werden sie unterschiedlichen Zonen zugeordnet.	DIN V 18 599, Teil 1, Abschnitt 6
Soweit sich bei einem Gebäude Flächen hinsichtlich ihrer Nutzung, ihrer technischen Ausstattung, ihrer inneren Lasten oder ihrer Versorgung mit Tageslicht wesentlich unterscheiden, ist das Gebäude [...] in Zonen zu unterteilen.	EnEV 2009, Anlage 2, Abschnitt 2.2.1
Ein Bereich gleicher Nutzung ist dann weiter zu untergliedern, wenn die baulichen oder anlagentechnischen Merkmale innerhalb des Bereichs derart variieren, dass eine getrennte Verrechnung der Bilanzanteile für Heizung, Raumklima und Beleuchtung erforderlich ist.	DIN V 18 599, Teil 1, Abschnitt 6.2.2
Für Nutzungen, die nicht in der DIN V 18 599-10 aufgeführt sind, kann a) die Nutzung 17 („Sonstige Aufenthaltsräume") verwendet werden oder b) eine Nutzung auf der Grundlage der DIN V 18 599-10 unter Anwendung gesicherten allgemeinen Wissensstandes individuell bestimmt und verwendet werden.	EnEV 2009, Anlage 2, Abschnitt 2.2.2
Bei hohem Luftwechsel zwischen verschiedenen Räumen oder Raumgruppen des Gebäudes sind diese jedoch grundsätzlich in einer Gebäudezone zusammenzufassen.	DIN V 18 599, Teil 1, Abschnitt 6.2.1
Nicht direkt beheizte/gekühlte Räume sind zu einer oder mehreren „unbeheizten Gebäudezonen" zusammenzufassen.	DIN V 18 599, Teil 1, Abschnitt 6.2
Die Nutzungen 1 („Einzelbüro") und 2 („Gruppenbüro") [...] dürfen zur Nutzung 1 („Einzelbüro") zusammengefasst werden.	EnEV 2009, Anlage 2, Abschnitt 2.2.1
Zur Vereinfachung der Zonierung dürfen die Nutzung 19 („Verkehrsflächen") und 20 („Lager, Technik, Archiv") auch der Nutzung 18 („Nebenflächen ohne Aufenthaltsräume") zugeordnet werden.	DIN V 18 599, Teil 10, Tabelle 4, Fußnote b
Bis zu einem Anteil von 3 % der Gesamtfläche des Gebäudes dürfen Grundflächen anderen Zonen zugeordnet werden, sofern sich die inneren Lasten der Zonen nicht erheblich unterscheiden.	DIN V 18 599, Teil 1, Abschnitt 6.2

Maßbezüge und Eingangsdaten für die energetische Bilanzierung

Als Eingangsdaten für die energetische Bilanzierung müssen Flächen, Volumina sowie bauphysikalische Kenngrößen für jede einzelne Zone ermittelt werden. Diese werden zur Berechnung unterschiedlicher Bilanzanteile benötigt. Die Transmissionswärmeverluste der Zonen sind abhängig von der Größe der wärmeübertragenden Umfassungsflächen und den dazugehörigen U-Werten. Die Bezugsmaße zur Ermittlung der wärmeübertragenden Umfassungsflächen einer Zone können DIN V 18 599-1, Abschnitt 8 entnommen werden. Die horizontalen Bezugsmaße ergeben sich aus dem Grundriss eines Gebäudes wie folgt: Grenzt eine temperierte Zone an die Außenluft, dann sind als Bezugsmaß die Außenabmessungen der Außenbauteile nach DIN EN ISO 13 789 zu verwenden. Die Außenabmessungen schließen die Wärmedämmung und den Putz mit ein, es handelt sich folglich nicht um die Rohbaumaße. Sind eine temperierte und eine untemperierte Zone durch eine Innenwand voneinander getrennt, so ist die gesamte Innenwand Teil der temperierten Zone. Somit gilt auch hier das Außenmaß der Innenwand als Hüllfläche der temperierten Zone. Grenzen zwei temperierte Zonen aneinander, bei denen die Differenz zwischen den Soll-Raumtemperaturen maximal vier Kelvin beträgt, dann ist die Transmission zwischen den Zonen zu vernachlässigen. Als Systemgrenze zwischen zwei (auch unterschiedlich) temperierten Zonen gilt das Achsmaß der Trennwand, das heißt die Mitte des Rohbaubauteils.

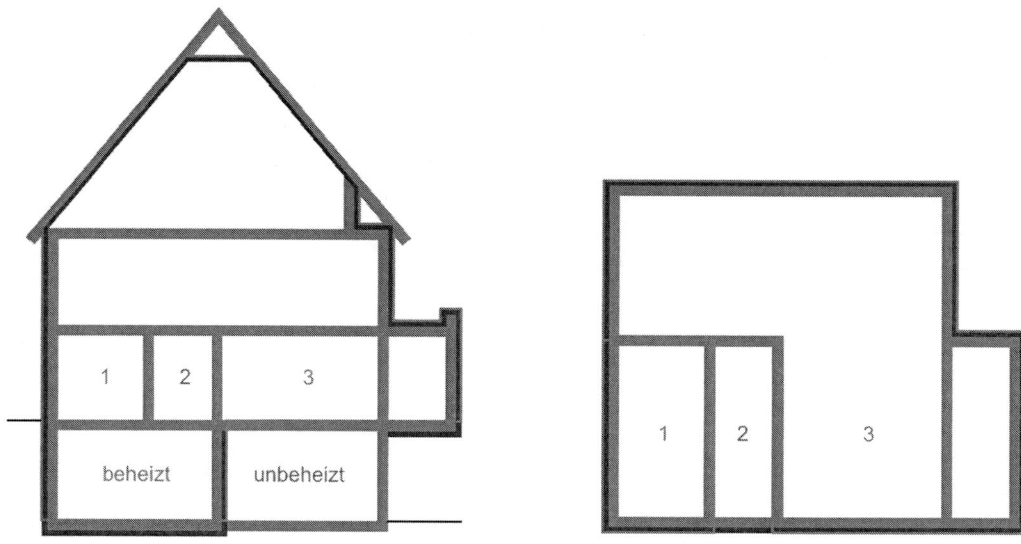

Bild 4-22 Definition der Systemgrenzen zwischen unterschiedlichen Zonen

Die vertikalen Bezugsmaße ergeben sich aus den Gebäudeschnitten. Sie definieren die wärmeübertragenden Umfassungsflächen und Systemgrenzen der Zonen in Bezug auf die Bodenplatte und Decken sowie das Dach. Das Bezugsmaß in vertikaler Richtung ist in allen Geschossen die Oberkante der Rohdecke beziehungsweise die Oberkante der Bodenplatte. Einzige Ausnahme ist der obere Gebäudeabschluss. Hier ist die wärmeübertragende Umfassungsfläche auf der Oberfläche der höchstgelegenen Wärmedämmschicht definiert. Das Bruttovolumen einer Zone entspricht dem Volumen, das durch die wärmeübertragenden Umfassungsflächen und die Systemgrenzen der Zone umgeben wird. Das Nettovolumen wird auch als Lüftungsvolumen oder beheiztes Luftvolumen bezeichnet. Es wird zur Berechnung der Lüftungswärmeverluste benötigt. Das Nettovolumen ist das Produkt aus Nettogrundfläche A_{NGF} und lichter Raumhöhe. Die Nettogrundfläche A_{NGF} ergibt sich gemäß der DIN 277, Teil 1 aus den Innenmaßen der Räume. Die lichte Raumhöhe definiert sich als Höhendifferenz zwischen der Unterkante der Geschossdecke beziehungsweise der Unterkante der abgehängten Decke und der Oberkante des Fußbodens. Unterscheiden sich die lichten Raumhöhen innerhalb einer Zone, dann ist die Höhe zu verwenden, die in der Mehrzahl der Räume relevant ist. Alternativ kann das Nettovolumen gemäß der EnEV auch näherungsweise durch Multiplikation des Bruttovolumens mit dem Faktor 0,8 errechnet werden.

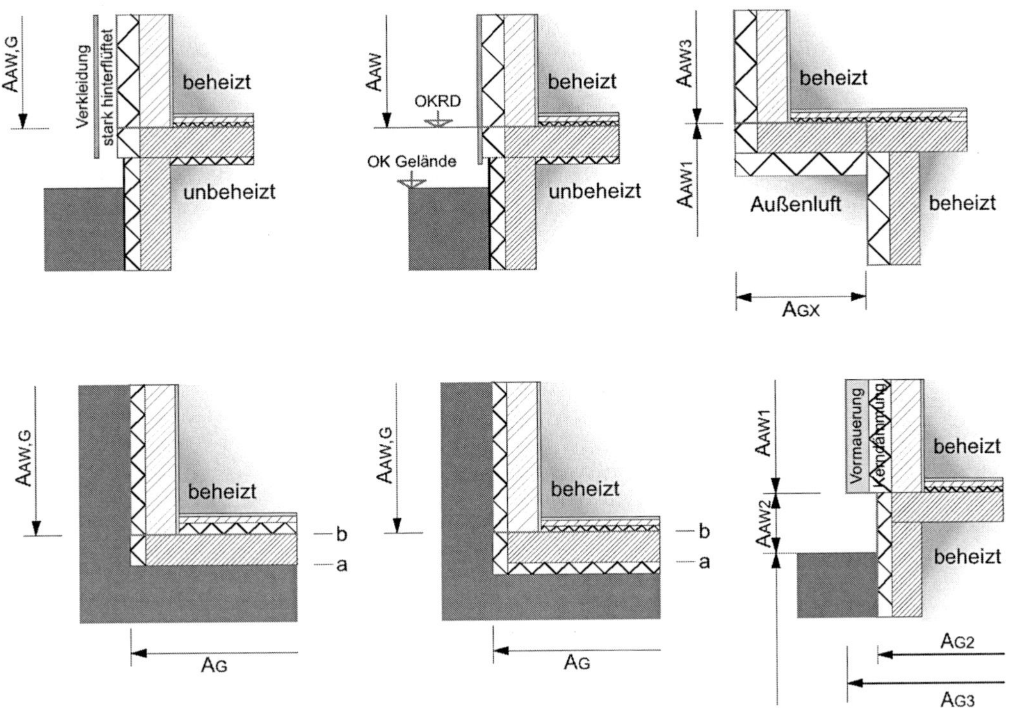

Bild 4-23 Details der wärmeübertragenden Umfassungsfläche gemäß DIN V 18 599

Zur Erinnerung wird im folgenden Bild nochmals der prinzipielle Unterschied hinsichtlich der vertikalen Systemgrenzen nach der DIN V 4108-6 und nach der DIN V 18 599 dargestellt:

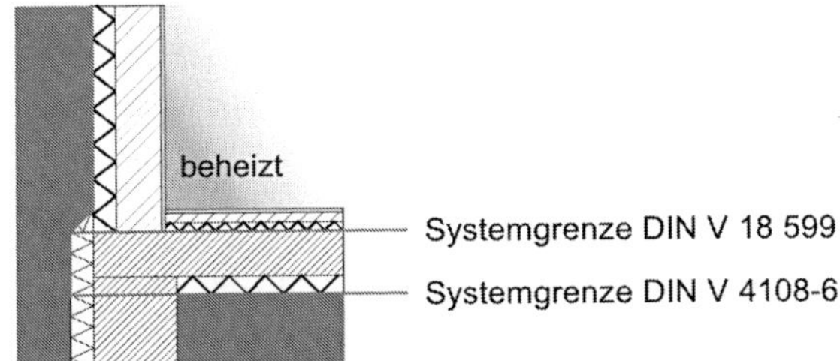

Bild 4-24 Vertikale Systemgrenze nach DIN V 4108-6 und DIN V 18 599

Fensterflächen werden als Eingangsgröße für die Bilanz der Wärmequellen infolge Sonneneinstrahlung und zur Bestimmung der tageslichtversorgten Bereiche jeder Zone benötigt. Hierzu werden die Rohbaumaße der Fensteröffnungen verwendet.

Sind die Leitungslängen der Heizungs- und Trinkwasserleitungen unbekannt, so können diese näherungsweise über die charakteristische Gebäudelänge L_G, die charakteristische Gebäudebreite B_G und die Geschosshöhe h_g ermittelt werden. Das Referenzgebäude sieht zudem eine

Solarthermie-Anlage zur Trinkwassererwärmung vor. Die Kollektorfläche A_C der Referenzanlage wird ebenfalls über die Größen L_G, B_G sowie über die Anzahl der Geschosse n_G bestimmt. Die Höhe der Geschosse wird von Oberkante Rohdecke bis Oberkante Rohdecke gemessen. Bei rechteckigen Gebäudegrundrissen ist die Bestimmung von Gebäudelänge und -breite ohne weiteres möglich. Die Ermittlung der Gebäudemaße bei komplizierten Grundrissen ergibt sich aus der folgenden Abbildung. Die Einzelmaße L_i und B_i werden zu einem Gesamtmaß der Gebäudelänge L_G und der Gebäudebreite B_G addiert.

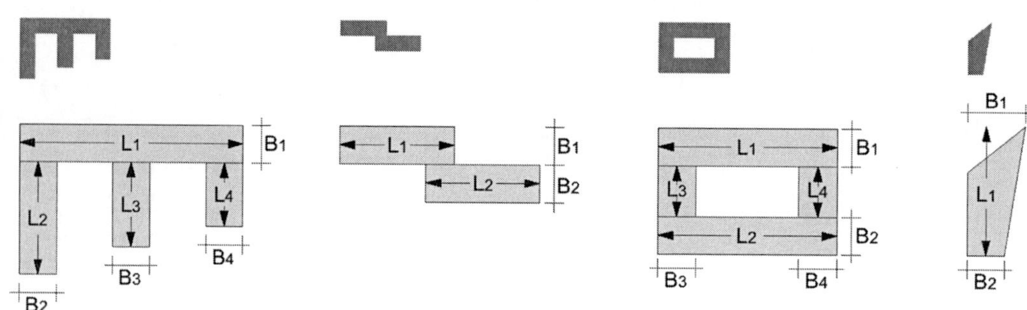

Bild 4-25 Definition Gesamtmaß der Gebäudelänge und Gesamtmaß der Gebäudebreite

Der Transmissionswärmeverlust über einen unbeheizten Raum kann über zwei Verfahren berücksichtigt werden. Zum einen kann der unbeheizte Raum nach dem Verfahren der DIN EN ISO 6946 Abschnitt 5.4.3 wie eine zusätzliche homogene Bauteilschicht mit dem Wärmedurchlasswiderstand R_u behandelt werden. Den zusätzlichen Wärmedurchlasswiderstand R_u addiert man anschließend zu dem Wärmedurchlasswiderstand des Bauteils zwischen beheiztem und unbeheiztem Raum. Der Wärmedurchlasswiderstand R_u des unbeheizten Raumes inklusive seiner Außenbauteile ergibt sich wie folgt:

$$R_u = \frac{A_i}{\sum\limits_{k}\left(A_{e,k} \cdot U_{e,k}\right) + 0{,}33 \cdot n \cdot V} \quad (\text{m}^2\text{K/W}) \qquad (4.61)$$

A_i = Bauteilfläche zwischen Innenraum und unbeheiztem Raum [m²]

$A_{e,k}$ = Fläche des Bauteils k zwischen unbeheiztem Raum und Außenumgebung

$U_{e,k}$ = Wärmedurchgangskoeffizient des Bauteils k zwischen unbeheiztem

             Raum und Außenumgebung (W/(m²K))

n = Luftwechselrate im unbeheizten Raum [h^{-1}]

V = Volumen des unbeheizten Raumes [m³]

Die andere Möglichkeit besteht darin, die mittlere Temperatur der unbeheizten Zone für den Heizfall mittels Temperatur-Korrekturfaktoren zu bestimmen. Dieses Verfahren ist in der DIN V 18 599-2 Abschnitt 6.1.3.2 erläutert. Die mittlere Temperatur des unbeheizten Raumes wird bestimmt zu:

$$\vartheta_u = \vartheta_i - F_x(\vartheta_i - \vartheta_e) \qquad (4.62)$$

ϑ_i = Bilanz-Innentemperatur der Gebäudezone

F_x = Temperaturkorrekturfaktor nach DIN V 18 599-2 Tabelle 3

ϑ_e = Monatsmittelwert der Außentemperatur

Mit der Kenntnis von ϑ_u lässt sich der Transmissionswärmeverlust über den unbeheizten Raum berechnen:

$$Q_{T,u} = H_{T,iu} \cdot (\vartheta_i - \vartheta_u) \cdot t \quad [\text{kWh}] \qquad (4.63)$$

t = 24 [h], Berechnungszeitraum

$H_{T,iu}$ ist der Transmissionswärmetransferkoeffizient zwischen beheizter und unbeheizter Gebäudezone. Dabei werden die Wärmedurchgangskoeffizienten der Bauteile zwischen beheiztem und unbeheiztem Raum mit den Randbedingungen, die für Innenbauteile gelten, berechnet. Das bedeutet, es wird auf beiden Seiten der Bauteile der Wärmeübergangswiderstand R_{si} angesetzt.

$$H_{T,iu} = \sum_j U_j A_j \quad [\text{W/K}] \qquad (4.64)$$

Prinzipieller Verfahrensablauf

Nachdem mit der Zonierung des Gebäudes und der Bestimmung der geometrischen und bauphysikalischen Eingangsgrößen sämtliche Voraussetzungen geschaffen wurden, kann mit der eigentlichen Bilanzierung begonnen werden. Entsprechend der Vorgehensweise nach DIN V 4108-6 i. V. m. DIN V 4701-10 wird auch hier in der bekannten Reihenfolge bilanziert: Ausgangspunkt ist der Nutzenergiebedarf der einzelnen Zonen. Werden zusätzlich die Verluste der Übergabe, der Verteilung und der Speicherung berücksichtigt, ergibt sich die vom Erzeuger abzugebende Energiemenge zur Deckung des Nutzenergiebedarfs. Werden ferner auch noch die Verluste des Erzeugers bewertet, so erhält man den Endenergiebedarf. Durch die Bewertung der Umweltwirksamkeit der im Erzeuger eingesetzten Energieträger ergibt sich schließlich der Primärenergiebedarf.

Der Nutzwärme- und Nutzkältebedarf der Zone ergibt sich aus der Bilanz der Wärmequellen und -senken einer Zone. Das Verfahren nach DIN V 18 599 beachtet die Wechselwirkungen zwischen dem Nutzwärme- beziehungsweise Nutzkältebedarf, dem daraus resultierenden Anlagenauslastungsgrad und den wiederum vom Auslastungsgrad abhängigen internen Wärmequellen und -senken der Anlagentechnik. So beeinflusst beispielsweise der Nutzwärmebedarf den Anlagenauslastungsgrad der Heizungsanlage. Von der Anlagenauslastung hängen wiederum die Wärmeverluste der Heizungsanlage aus Übergabe, Verteilung, Speicherung und Erzeugung ab. Diese Wärmeverluste wirken dann teilweise als Wärmequellen in der betrachteten Zone und beeinflussen somit den Nutzwärmebedarf der Zone. Aus diesem gegenseitigen Abhängigkeitsverhältnis der Größen Nutzwärmebedarf, Anlagenauslastungsgrad und Fremdwärme der Heizungsanlage ergibt sich die Notwendigkeit eines iterativen Verfahrens. Dieselben Abhängigkeiten gelten äquivalent für den Nutzkältebedarf.

Zunächst werden die von der Anlagentechnik unabhängigen Wärmequellen und -senken bilanziert. Diese bleiben somit während sämtlicher Iterationsschritte konstant. Dazu zählen:

- Transmission Q_T

- Lüftung $Q_{V,inf}$, $Q_{V,win}$, $Q_{V,mech}$

- Passive solare Wärmequellen $Q_{S,trans}$, $Q_{S,op}$

- Künstliche Beleuchtung $Q_{I,l}$

- Interne Wärmequellen/-senken ohne Anlagentechnik. Zum Beispiel Personen $Q_{I,p}$, Geräte $Q_{I,fac}$, elektrische Geräte $Q_{I,el}$ und Güterströme $Q_{I,good}$.

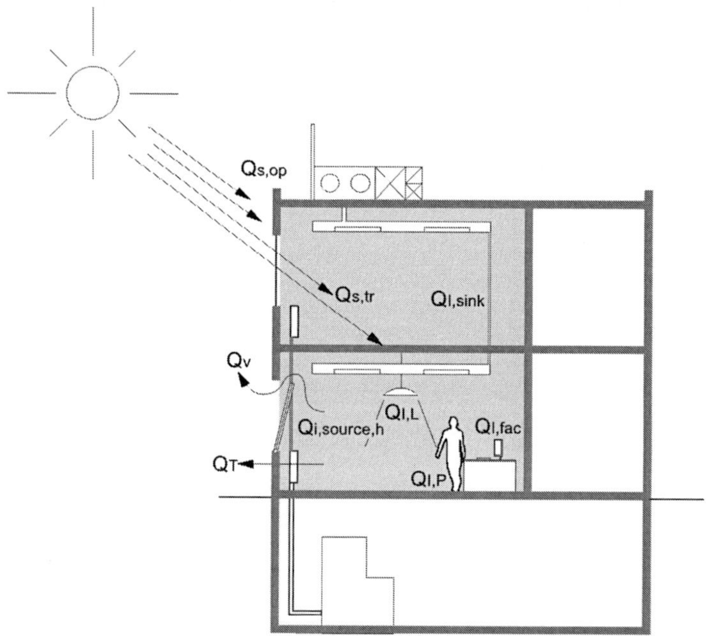

Bild 4-26 Bilanzanteile bei der Berechnung des Nutzenergiebedarfs nach DIN V 18 599

Durch Gegenüberstellung der konstanten Bilanzanteile lässt sich ein erster überschlägiger Nutzwärme- beziehungsweise Nutzkältebedarf ermitteln. Der Nutzwärmebedarf ergibt sich zu:

$$Q_{h,b} = Q_{sink} - \eta \cdot Q_{source} - \Delta Q_{c,b} \ \ [\text{kWh}] \tag{4.65}$$

Q_{sink} = Summe aller Wärmesenken in der Gebäudezone

Q_{source} = Summe aller Wärmequellen in der Gebäudezone

η = Ausnutzungsgrad der Wärmequellen

$\Delta Q_{c,b}$ = Während des reduzierten Betriebs an Wochenend- und Ferientagen

genutzte, aus den Bauteilen entspeicherte Wärme

Während die nutzbaren Wärmequellen den Heizwärmebedarf senken, führen die nicht nutzbaren zu einem ungewollten Anstieg der Raumtemperatur. Sämtliche Wärmeeinträge, die im Kühlfall zu einem Überschreiten der Raum-Solltemperatur um mehr als zwei Kelvin führen, gelten als nicht nutzbar. Sie müssen folglich durch das Kühlsystem abgeführt werden, um eine angenehme Raumtemperatur aufrecht zu erhalten.

$$Q_{c,b} = (1 - \eta) \cdot Q_{source} \ [\text{kWh}] \tag{4.66}$$

Im nächsten Schritt werden der ermittelte Nutzwärmebedarf und der Nutzkältebedarf auf die verschiedenen Anlagenkomponenten aufgeteilt. Sowohl der Nutzwärmebedarf als auch der Nutzkältebedarf können durch die Kombination verschiedener Anlagen gedeckt werden. Beispielsweise kann der Heizwärmebedarf durch eine Wärmepumpe in Kombination mit einem Heizkessel gedeckt werden. Der Nutzkältebedarf kann durch eine Kühldecke in Verknüpfung mit einer Nachkühlung der Zuluft innerhalb der raumlufttechnischen Anlage erfolgen. Für die energetische Bilanzierung der Anlagentechnik muss bekannt sein, welcher Anteil des Nutzenergiebedarfs durch die einzelnen Anlagenkomponenten gedeckt wird. Darauf aufbauend können die Wärmequellen respektive Wärmesenken, die aus der Anlagentechnik resultieren, für die Zone bestimmt werden. Sie haben wiederum Auswirkung auf den durch die Anlagentechnik zu deckenden Nutzwärme- und Nutzkältebedarf.

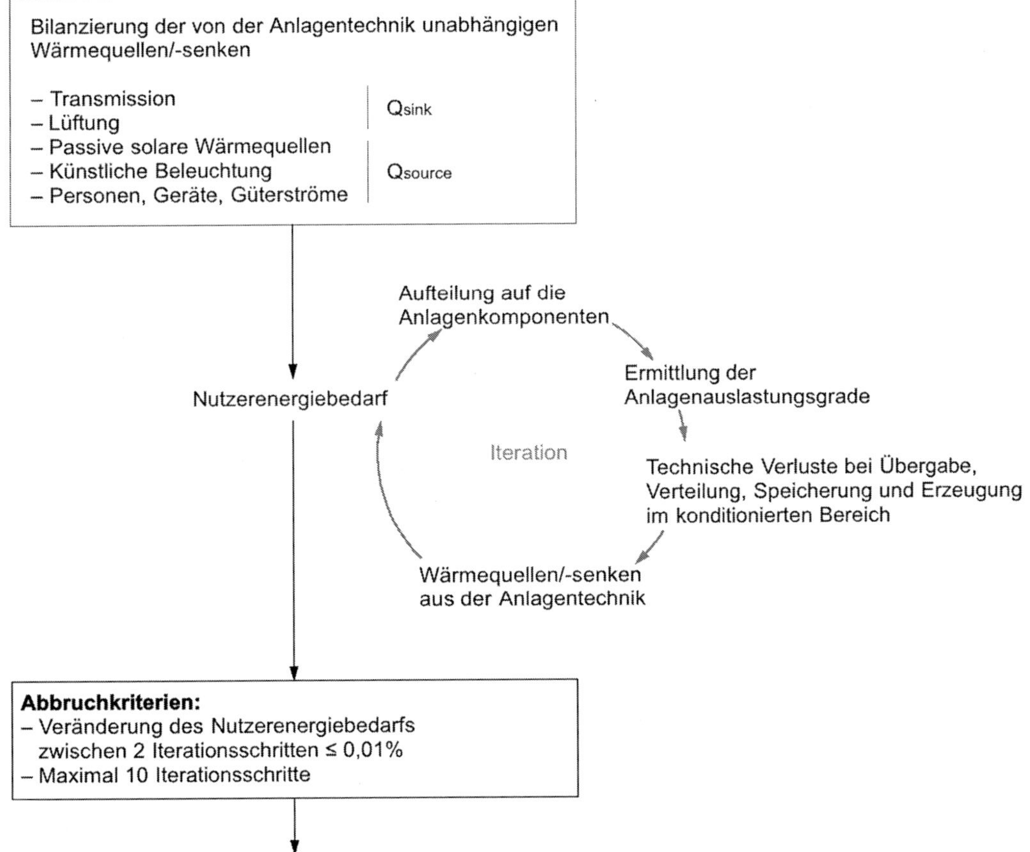

Bild 4-27 Iterative Ermittlung des Nutzenergiebedarfs nach DIN V 18 599

Zunächst wird die beschriebene Bilanzierung für das Heizsystem durchgeführt. Auf Grundlage der DIN V 18 599-5 werden die Wärmequellen infolge von Verteilung, Speicherung und Erzeugung der Heizwärme bestimmt. Ob die Wärmequellen einen Einfluss auf den Heizwärmebedarf der betrachteten Zone haben, hängt davon ab, ob sie innerhalb der Zone auftreten. Anschließend werden die Wärmequellen der Trinkwarmwasserbereitung und die Wärmesenken der Gebäudekühlung infolge Übergabe, Verteilung, Speicherung und Erzeugung bilanziert, soweit diese innerhalb der betrachteten Zone wirksam werden. Ist beispielsweise ein Trinkwarmwasser-Speicher innerhalb der thermischen Hülle einer Zone aufgestellt, so werden die Wärmeverluste des Speichers in der Zone wirksam und reduzieren den Heizwärmebedarf. Sind sämtliche inneren Wärmequellen und -senken aus der Anlagentechnik bekannt, dann kann ein weiteres Mal der Nutzwärme- und Nutzkältebedarf bilanziert werden. Diese zweite Bilanz berücksichtigt nun neben den von der Anlagentechnik unabhängigen Anteilen zusätzlich die Wärmequellen und -senken aus der Übergabe, Verteilung, Speicherung und Erzeugung der Nutzenergien. Die Iteration ist so lange zu wiederholen, bis sich die Ergebnisse für den Nutzwärme- und Nutzkältebedarf zweier aufeinanderfolgender Iterationsschritte um nicht mehr als 0,1 % voneinander unterscheiden. Die maximale Anzahl der Iterationsschritte ist auf zehn beschränkt.

Nachdem durch die Iteration der von den unterschiedlichen Anlagen zu deckende Nutzenergiebedarf endgültig bestimmt ist, kann der Endenergiebedarf einschließlich des Hilfsenergiebedarfs der einzelnen Anlagenkomponenten bestimmt werden:

$$Q_{f,j} = Q_{h,f,j} + Q_{h*,f,j} + Q_{c,f,j} + Q_{c*,f,j} + Q_{m*,f,j} + Q_{rv,f,j} + Q_{w,f,j} +$$

$$+ Q_{l,f,j} + Q_{aux,f,j} \tag{4.67}$$

$$
\begin{aligned}
Q_{f,j} &= \text{Endenergie des Energieträgers } j \\
Q_{h,f} &= \text{Endenergiebedarf für das Heizsystem} \\
Q_{h*,f} &= \text{Endenergiebedarf für die RLT-Heizfunktion} \\
Q_{c,f} &= \text{Endenergiebedarf für das Kühlsystem} \\
Q_{c*,f} &= \text{Endenergiebedarf für die RLT-Kühlfunktion} \\
Q_{m*,f} &= \text{Endenergiebedarf für die Befeuchtung (Klimaanlage)} \\
Q_{rv,f} &= \text{Endenergiebedarf für Wohnungslüftung} \\
Q_{w,f} &= \text{Endenergiebedarf für Trinkwarmwasser} \\
Q_{l,f} &= \text{Endenergiebedarf für die Beleuchtung} \\
Q_{aux,f} &= \text{Endenergiebedarf für Hilfsenergien}
\end{aligned}
$$

Dabei muss der Endenergiebedarf für die verschiedenen Energieträger getrennt ermittelt werden, damit anschließend, in Abhängigkeit der Umweltwirksamkeit des Energieträgers, die Primärenergiebewertung erfolgen kann. Im Gegensatz zum Verfahren nach DIN V 4108-6 in Verbindung mit DIN V 4701-10 werden beim Verfahren nach DIN V 18 599 die Endenergien brennwertbezogen ermittelt. Deswegen findet bei der Primärenergiebewertung gleichzeitig eine Umrechnung auf den Heizwert statt.

$$Q_p = \sum_j \left(Q_{f,j} \cdot \frac{f_{p,j}}{f_{HS/HI,j}} \right) \ [kWh] \qquad (4.68)$$

$f_{p,j}$ = Primärenergiefaktor

$f_{HS/HI,j}$ = Umrechnungsfaktor für die Endenergie, Verhältnis Brennwert zu Heizwert nach DIN V 18 599-1, Tabelle B1

Die Primärenergiefaktoren für die verschiedenen Energieträger können der Tabelle A1 der DIN V 18 599-1 entnommen werden. Unbedingt zu berücksichtigen ist allerdings, dass der Primärenergiefaktor für Strom, abweichend von der DIN, innerhalb der EnEV 2009 zu 2,6 festgelegt ist.

Auf Grund der sehr detaillierten Bilanzierung und der Durchführung mehrerer Iterationsschleifen ist es praktisch unmöglich, das Verfahren in einer Handrechnung anzuwenden. Man muss fast zwangsläufig auf PC-Programme zurückgreifen. Diese Tatsache bringt einige Nachteile mit sich. Zum einen können die Ergebnisse der Programme nur schwer nachvollzogen werden, zum anderen wird das grundsätzliche Verständnis des Verfahrens erschwert.

Aufstellungsort von Wärmeerzeugern

In den Software-Programmen zur Berechnung des Energiebedarfs nach DIN V 18 599 muss angegeben werden, in welchem Bereich eines Gebäudes ein Wärmeerzeuger aufgestellt ist. Der Wärmeerzeuger kann innerhalb eines unbeheizten Gebäudebereiches, innerhalb eines beheizten Gebäudebereiches oder innerhalb einer Zone installiert sein. Das hat erheblichen Einfluss auf die Größe der Energieverluste bei der Wärmeerzeugung und der Verteilung sowie auf die Verrechnung der Wärmeverluste als ungeregelte Wärmeeinträge auf die verschiedenen Zonen.

Bei einem Wärmeerzeuger, der im unbeheizten Bereich eines Gebäudes aufgestellt ist, verlaufen auch Abschnitte der Verteilleitungen im unbeheizten Bereich. Die Temperaturdifferenz zwischen Wärmeerzeuger und Raumluft sowie zwischen Verteilleitung und Raumluft ist im unbeheizten Bereich höher als im beheizten. Bei größerer Temperaturdifferenz steigen auch die Wärmeverluste. Unabhängig davon, ob ein Wärmeerzeuger im beheizten oder im unbeheizten Gebäudebereich aufgestellt ist, können die Wärmeverluste aus Erzeugung und teilweise auch aus Verteilung keiner Zone als ungeregelte Wärmeeinträge gutgeschrieben werden, da sie in einem Raum entstehen (zum Beispiel Heizraum), der keiner bestimmungsgemäßen Nutzung unterliegt. Anders sind die Verhältnisse, wenn der Wärmeerzeuger innerhalb einer Zone aufgestellt ist. Dann können sämtliche Wärmeverluste aus Erzeugung der entsprechenden Zone als ungeregelter Wärmeeintrag gutgeschrieben werden.

Versorgungsbereiche

Der Ablauf des beschriebenen iterativen Verfahrens wird zusätzlich erschwert, wenn nicht jede Zone für jedes technische Gewerk (Heizung, Trinkwarmwasser, RLT) mit einer eigenen Anlagentechnik ausgestattet ist. Das ist in der Realität sehr häufig der Fall, es sei denn, es kommt ein Ein-Zonen-Modell zur Anwendung. Werden verschiedene Zonen mit derselben Anlagentechnik versorgt, dann ist eine weitere Unterteilung des betrachteten Gebäudes in Versorgungsbereiche erforderlich. Ein Versorgungsbereich fasst die Gebäudebereiche zusammen, die durch dieselbe Technik versorgt werden. Die Einteilung in Versorgungsbereiche erfolgt unabhängig von der Einteilung in Zonen. Sie findet für jedes technische Gewerk (Heizung, Lüftung, Trinkwarmwasser etc.) getrennt statt. Sie dient dazu, die Wärmequellen und Wärmesenken aus Übergabe, Verteilung, Speicherung und Erzeugung sowie die daraus resultierenden Energiebedarfsgrößen (Nutzenergie-, Endenergie-, Hilfsenergie- und Primärenergiebedarf) den Zonen anteilig zuzurechnen, in denen sie tatsächlich anfallen. Es existieren grundsätzlich drei Fälle:

- Versorgungsbereich und Zone sind identisch (1)
- Ein Versorgungsbereich, der mehrere Zonen umfasst (2)
- Mehrere Versorgungsanlagen für ein technisches Gewerk (3)

Der einfachste Fall ist, dass Versorgungsbereich und Zone identisch sind. Das bedeutet, dass eine Zone für ein technisches Gewerk mit einer Anlagentechnik ausgerüstet ist, die ausschließlich diese eine Zone versorgt. Ein Beispiel dafür ist die Versorgung der Zone 2 in Bild 4-28 mit Trinkwarmwasser. Für diese Konstellation werden die technischen Verluste und Energiebedarfsgrößen ermittelt und der entsprechenden Zone zugewiesen. Es findet keine anteilige Verrechnung der Größen auf verschiedene Zonen statt.

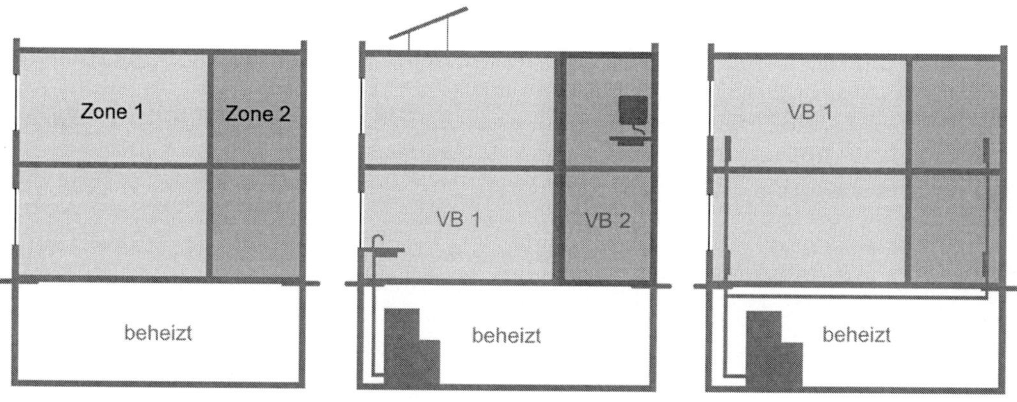

Bild 4-28 Zonen und Versorgungsbereiche

Der zweite Fall liegt vor, wenn mehrere Zonen durch dieselbe Anlagentechnik mit Nutzenergie versorgt werden. Werden beispielsweise zwei Zonen über denselben Heizkessel mit Wärme versorgt, sind die technischen Verluste der Wärmeübergabe als Kennwerte je Zone zu bestimmen. Gleiches gilt für die Verluste der Verteilung. Zur Berechnung der Verteilungsverluste sind als Eingangsdaten die Leitungslängen und Pumpenleistungen notwendig. Sind jedoch keine realen Planungsdaten bekannt, so sind die Standardkennwerte der Leitungslängen für den gesamten Versorgungsbereich einmal zu bestimmen und gewichtet nach der Nettogrundfläche auf die Zonen zu verteilen. Die technischen Verluste der Speicherung sowie die Hilfsenergien der Speicherung sind für den Versorgungsbereich als Gesamtwert zu bestimmen und werden, gewichtet nach dem Nutzenergiebedarf, auf die Zonen verteilt. Anfallende Wärmequellen/-senken aus Speicherung werden nur der Zone zugerechnet, in der der Speicher tatsächlich aufgestellt ist. Die Verluste und Hilfsenergien der Erzeugung werden insgesamt für den Versorgungsbereich bestimmt und entsprechend dem Nutzenergiebedarf auf die Zonen aufgeteilt.

Der dritte Fall liegt vor, wenn der Nutzenergiebedarf für ein technisches Gewerk durch die Kombination zweier unterschiedlicher Erzeuger gedeckt wird. Dieser Fall betrifft beispielsweise Zone 1 in dem Bild 4-28. Ein Teil des Trinkwarmwassers wird über eine Solarthermieanlage gedeckt, der andere durch den Heizkessel. Es muss nun bestimmt werden, welcher Anteil des Trinkwasser-Wärmebedarfs durch die Solarthermieanlage gedeckt wird. Davon hängen der Auslastungsgrad des Heizkessels und somit die Wärmeverluste der Erzeugung ab.

Die beschriebene Verrechnung der Wärmeverluste und der Hilfsenergien auf die verschiedenen Zonen macht es auch in den Softwareprogrammen erforderlich, die Wärmeerzeuger den Zonen zuzuweisen, die sie tatsächlich mit Wärme versorgen.

4.9.4 Sommerlicher Wärmeschutz

Der sommerliche Wärmeschutz spielt bei der Beurteilung der energetischen Qualität eines Gebäudes eine nicht unerhebliche Rolle. Kann mit Hilfe konstruktiver Maßnahmen auch in den Sommermonaten ein behagliches Innenraumklima erzielt werden, dann erübrigt sich der Einsatz einer Gebäudekühlung. Ist eine Gebäudekühlung erforderlich, so wirkt sie sich insbesondere beim Einsatz klassischer luftgestützter Klimaanlagen negativ auf die Energiebilanz des Gebäudes aus. Das Raumklima wird im Sommerfall von zahlreichen Parametern beeinflusst. Die Wärmezufuhr in den Innenraum findet prinzipiell über drei Mechanismen statt. Physikalisch am kompliziertesten zu erfassen ist der Wärmetransport durch die Bauteile im Sommerfall. Während im Winter vereinfacht von stationären Verhältnissen ausgegangen werden kann, das heißt innen warm und außen kalt, würde dies im Sommer die Realität nicht ausreichend genau widerspiegeln. Im Sommer tritt ein instationärer Wärmetransport durch die Bauteile auf. Die Außenlufttemperaturen und insbesondere die Sonneneinstrahlung auf opake Bauteiloberflächen führen dazu, dass die nach außen orientierten Bauteiloberflächen tagsüber höhere Temperaturen aufweisen als der Innenraum. Nachts verkehren sich die Verhältnisse infolge der Abkühlung der Außenluft und der langwelligen Abstrahlung ins Gegenteil. Somit ändert auch der Wärmestrom tageszeitabhängig seine Richtung. Eine weitere Ursache sommerlicher Überhitzung von Innenräumen ist die Sonneneinstrahlung durch transparente Bauteile. Über die Sonneneinstrahlung durch verglaste Flächen ohne Sonnenschutz kann in kurzer Zeit dem Raum deutlich mehr Energie zugeführt werden als durch Wärmeleitung über die Hüllbauteile. Als dritte Möglichkeit kann durch Lüftung beziehungsweise Infiltration warme Außenluft in den Innenraum gelangen. Dieser Mechanismus spielt in unseren Breiten nur an wenigen Tagen mit sehr hohen Außenlufttemperaturen eine Rolle und kann in der Regel vernachlässigt werden.

Es gibt zahlreiche Einflussgrößen, mit denen die Innenraumtemperatur, auch ohne den Einsatz von Anlagentechnik, in den Sommermonaten auf einem angenehmen Niveau gehalten werden kann. Wie bereits erwähnt, spielt die Sonneneinstrahlung über die Fenster eine entscheidende

Rolle. Folglich sind ein geringer Fensterflächenanteil oder geringe Gesamtenergiedurchlassgrade g der Verglasung von Vorteil. Diese Maßnahmen sind im Hinblick auf die erwünschten solaren Wärmeeinträge im Winter aber kontraproduktiv. Den unterschiedlichen Zielsetzungen im Sommer und im Winter kann besonders effektiv mit beweglichen, außenliegenden Sonnenschutzvorrichtungen begegnet werden. So können beispielsweise außenliegende, bewegliche Jalousien im Sommer die Fensterflächen verschatten, während sie im Winter die Sonneneinstrahlung durch die Fenster ermöglichen. Hat die Wärmeenergie einmal den Innenraum erreicht, dann ist die wirksame Wärmespeicherfähigkeit der Bauteile und die Möglichkeit zur gezielten Lüftung für das Raumklima entscheidend. Es existieren folglich zwei Ansatzweisen, mit denen einer sommerlichen Überhitzung vorgebeugt werden kann. Zum einen kann die Energiezufuhr infolge von Sonneneinstrahlung und Wärmeleitung reduziert werden, zum anderen kann versucht werden, die der Raumluft zugeführte Wärmeenergie an die Umgebung abzuführen.

Während die energetische Bilanzierung zonenweise durchgeführt wird, ist der sommerliche Wärmeschutz raumweise zu beurteilen. Die Ursache für diese raumweise Bilanzierung wird durch ein einfaches Beispiel deutlich. Angenommen, eine Zone besteht aus einem Raum an der Süd-West-Ecke eines Gebäudes mit hohem Fensterflächenanteil und einem daran angrenzenden fensterlosen Raum ohne Außenwände. Bei dem fensterlosen Raum im Gebäudeinneren ist die Gefahr der Überhitzung auf Grund äußerer thermischer Lasten relativ gering. Ganz anders ist die Situation im Eckraum zu beurteilen. Die transparenten und opaken Außenbauteile werden fast den ganzen Tag über von der Sonne beschienen. Folglich gelangt viel Wärme in den Raum. Die Wärmeenergie innerhalb des Eckraumes kann jedoch nicht von den Speichermassen des fensterlosen Raumes aufgenommen werden, die somit weitgehend ungenutzt bleiben. Würde man die Gefahr der Überhitzung zonenweise beurteilen, dann ergäbe sich in der Summe ein relativ geringer Fensterflächenanteil, dem eine große interne Speichermasse gegenüber stände. Man ginge davon aus, dass die Räume unbedenklich seien, obwohl der Raum an der Außenecke als kritisch einzustufen ist.

Nachweisverfahren nach DIN 4108-2

Die Energieeinsparverordnung sieht sowohl für Wohn- als auch für Nichtwohngebäude den Nachweis des sommerlichen Wärmeschutzes nach DIN 4108-2 vor. Das Verfahren nach DIN 4108-2 bewertet den sommerlichen Wärmeschutz ausschließlich anhand der Wärmeeinträge auf Grund von Sonneneinstrahlung durch verglaste Flächen. Der Nachweis ist für einzelne, kritische Räume des Gebäudes durchzuführen, die sich an der Außenfassade befinden und der Sonneneinstrahlung besonders ausgesetzt sind. Als Bewertungsgröße für den Wärmeeintrag infolge von Sonneneinstrahlung definiert die Norm den Sonneneintragskennwert S. Ist der Sonneneintragskennwert S des betrachteten Raumes nicht größer als der maximal zulässige Sonneneintragskennwert S_{zul}, so gilt der Nachweis für den entsprechenden Raum als erbracht.

$$S \leq S_{zul} \tag{4.69}$$

Der Nachweis des sommerlichen Wärmeschutzes für einen Raum darf entfallen, wenn der Grenzwert für den auf die Grundfläche bezogenen Fensterflächenanteil $f_{AG,grenz}$ nach Tabelle 4.27 für den entsprechenden Raum nicht überschritten wird.

$$f_{AG} = \frac{A_W}{A_G} \cdot 100 \leq f_{AG,grenz} \qquad (4.70)$$

A_W = Fensterfläche [m²], ermittelt über die lichten Rohbaumaße ohne Putz oder evtl. vorhandene Verkleidungen.

A_G = Nettogrundfläche des Raumes [m²], mit lichten Rohbaumaßen bestimmt

$f_{AG,grenz}$ = Grenzwert grundflächenbezogener Fensterflächenanteil, Tabelle 4.27

Tabelle 4.27 Grenzwerte für den grundflächenbezogenen Fensterflächenanteil $f_{AG,grenz}$

Neigung der Fenster gegen-über der Horizontalen	Orientierung der Fenster	$f_{AG,grenz}$ [%]
Über 60° bis 90°	Nord-West über Süd bis Nord-Ost	10
	Alle anderen Nordorientierungen	15
Von 0° bis 60°	Alle Orientierungen	7

Bei der Berechnung der Grundfläche des Raumes darf maximal eine Raumtiefe angesetzt werden, die der dreifachen lichten Raumhöhe entspricht. Räume mit zwei gegenüberliegenden Fassaden, bei denen der Fassadenabstand größer der sechsfachen lichten Raumhöhe ist, müssen in zwei Raumbereiche aufgeteilt werden. Der sommerliche Wärmeschutz wird dann für die beiden Raumbereiche getrennt beurteilt.

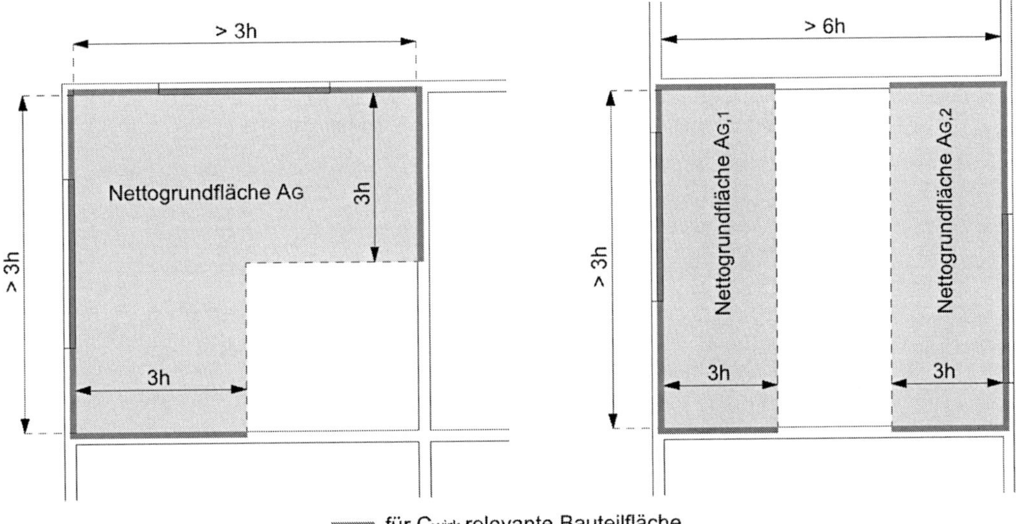

Bild 4-29 Maximale Nettogrundfläche beim Nachweis des sommerlichen Wärmeschutzes

Außerdem kann der Nachweis bei Ein- und Zweifamilienhäusern entfallen, wenn sämtliche Fenster mit Ost-, West- und Südausrichtung mit einem außenliegenden Sonnenschutz mit

$F_c \leq 0{,}3$ versehen sind. F_c ist der Abminderungsfaktor des Sonnenschutzes. Typische Werte für F_c sind in Tabelle 4.28 enthalten.

Der Sonneneintragskennwert S für einen speziellen Raum berechnet sich wie folgt:

$$S = \frac{\sum_j \left(A_{W,j} \cdot g_{total,j} \right)}{A_G} \tag{4.71}$$

g_{total} = Gesamtenergiedurchlassgrad inklusive Sonnenschutzvorrichtung [-], siehe Gleichung 4.72

A_G = Nettogrundfläche des Raumes [m²], mit lichten Rohbaumaßen bestimmt, Raumtiefe: Maximal dreifache lichte Raumhöhe

Der Wert g_{total} ist der Gesamtenergiedurchlassgrad der Verglasung inklusive eines eventuell vorhandenen Sonnenschutzes. Der Einfluss des Sonnenschutzes wird mit Hilfe des Abminderungsfaktors F_c berücksichtigt:

$$g_{total} = g \cdot F_c \tag{4.72}$$

g = Gesamtenergiedurchlassgrad der Verglasung [-]

F_c = Abminderungsfaktor des Sonnenschutzes [-], siehe Tabelle 4.28

Tabelle 4.28 Abminderungsfaktoren Fc nach DIN 4108-2

Zeile		Sonnenschutzvorrichtung	F_c
1		Ohne Sonnenschutzvorrichtung	1,0
2		Innenliegend oder zwischen den Scheiben	
	2.1	weiß oder reflektierende Oberfläche mit geringer Transparenz	0,75
	2.2	helle Farben oder geringe Transparenz	0,8
	2.3	dunkle Farbe oder hohe Transparenz	0,9
3		Außenliegend	
	3.1	drehbare Lamellen, hinterlüftet	0,25
	3.2	Jalousien und Stoffe mit geringer Transparenz, hinterlüftet	0,25
	3.3	Jalousien, allgemein	0,4
	3.4	Rollläden, Fensterläden	0,3
	3.5	Vordächer, Loggien, freistehende Lamellen	0,5
	3.6	Markisen, oben und seitlich ventiliert	0,4
	3.7	Markisen, allgemein	0,5

Der Sonnenschutz beeinflusst die Tageslichtversorgung der Innenräume. Es sollte vermieden werden, dass der Sonnenschutz die Räume so weit verdunkelt, dass eine künstliche Beleuchtung erforderlich wird. Denn auch die künstliche Beleuchtung wirkt als interne Wärmequelle und verursacht zudem noch einen zusätzlichen Energiebedarf.

Der maximal zulässige Sonneneintragskennwert eines bestimmten Raumes ermittelt sich zu:

$$S_{zul} = \sum_{x=1}^{6} S_x \qquad\qquad (4.73)$$

S_x = Anteiliger Sonneneintragskennwert nach Tabelle 4.29

Er ist von folgenden Parametern abhängig:

- Standort des Gebäudes, Klimaregion
- Wirksame Wärmespeicherfähigkeit der Bauteile
- Möglichkeit der erhöhten Nachtlüftung
- Gesamtenergiedurchlassgrad g der Verglasung
- Fensterneigung
- Fensterorientierung

Tabelle 4.29 Anteilige Sonneneintragskennwerte S_x nach DIN 4108-2

Parameter x	Anteiliger Sonneneintragskennwert S_x
1 Klimaregion	
Gebäude in Klimaregion A, sommerkühl	+ 0,04
Gebäude in Klimaregion B, gemäßigt	+ 0,03
Gebäude in Klimaregion C, sommerheiß	+ 0,015
2 Bauart, Wirksame Wärmespeicherfähigkeit	
Leichte Bauart	+ 0,06 · f_{gew}
Mittlere Bauart: 50 Wh/(Km²) ≤ C_{wirk}/A_G ≤ 130 Wh/(Km²)	+ 0,10 · f_{gew}
Schwere Bauart: C_{wirk}/A_G > 130 Wh/(Km²)	+ 0,115 · f_{gew}
3 Erhöhte Nachtlüftung während der zweiten Nachthälfte $n \geq 1,5$ h^{-1}	
Bei leichter und mittlerer Bauart: C_{wirk}/A_G ≤ 130 Wh/(Km²)	+ 0,02
Bei schwerer Bauart: C_{wirk}/A_G > 130 Wh/(Km²)	+ 0,03
4 Sonnenschutzverglasung	
g ≤ 0,4	+ 0,03
5 Fensterneigung gegenüber der Horizontalen	
0° ≤ Neigung ≤ 60°	− 0,12 · f_{neig}
6 Fensterorientierung	
Nord-, Nordost- und Nordwest-orientierte Fenster mit Neigung > 60° oder Fenster, die dauernd vom Gebäude selbst verschattet sind	+ 0,10 · f_{nord}

Der Standort des Gebäudes entscheidet über die maximalen Außenlufttemperaturen im Sommer. Je höher die Außenlufttemperatur ist, desto geringer dürfen die zusätzlichen Energieeinträge infolge Sonneneinstrahlung sein, um unterhalb einer kritischen Innenraumtemperatur zu bleiben. Entsprechend DIN 4108-2, Bild 3 wird Deutschland in die drei Klimaregionen sommerkühl, gemäßigt und sommerheiß unterteilt.

Um die Bauart eines Raumes einschätzen zu können, muss die wirksame Wärmespeicherfähigkeit der Umfassungsbauteile berechnet und ins Verhältnis zur Nettogrundfläche des Raumes gesetzt werden. Die Einteilung in die leichte Bauart bedeutet nicht zwingend, dass es sich um eine Skelettkonstruktion oder Ähnliches handeln muss. Ein Raum wird auch dann der leichten Bauart zugeordnet, wenn er von massiven und schweren Bauteilen flankiert wird, aber ein sehr großes Volumen aufweist.

$$C_{wirk} = \sum_j c_j \cdot \rho_j \cdot d_j \cdot A_j \quad \text{[J/K]} \tag{4.74}$$

$$
\begin{array}{lll}
j & = & \text{Bauteilschicht} \\
c_j & = & \text{Spezifische Wärmekapazität des Baustoffes [J/(kgK)]} \\
\rho_j & = & \text{Rohdichte des Baustoffes [kg/m}^3\text{]} \\
d_j & = & \text{Wirksame Schichtdicke des Baustoffes [m]} \\
A_j & = & \text{Wirksame Bauteilfläche [m}^2\text{]}
\end{array}
$$

Bei der Berechnung der wirksamen Wärmespeicherfähigkeit eines Raumes dürfen nur die Bauteile berücksichtigt werden, die nach Bild 4-29 die ansetzbare Nettogrundfläche des Raumes beziehungsweise Raumbereiches einschließen. Als wirksame Wärmespeichermasse wirken nur die Bauteilschichten, die zum betrachteten Raum hin orientiert sind und nicht tiefer als 0,1 m im Bauteilquerschnitt liegen. Die maximale wirksame Schichtdicke $d_{j,max}$ beträgt folglich 0,1 m. Befindet sich innerhalb eines Bauteils eine Wärmedämmschicht, dann dürfen als wirksame Wärmespeichermasse nur die Bauteilschichten angesetzt werden, die sich zwischen Dämmschicht und Innenraumoberfläche befinden. Das ist beispielsweise der Fall, wenn die Außenwände mit einer Innendämmung versehen sind. Bei einem Bauteil, dass zwei Innenräume voneinander trennt und das dünner als 20 cm ist, kann für jede Raumseite maximal die halbe Wanddicke angesetzt werden.

Der gewichtete Formfaktor f_{gew} berücksichtigt die Raumgeometrie:

$$f_{gew} = \frac{\left(A_W + 0,3 \cdot A_{AW} + 0,1 \cdot A_D\right)}{A_G} \tag{4.75}$$

$$
\begin{array}{lll}
A_W & = & \text{Fensterfläche [m}^2\text{], ermittelt über die lichten Rohbaumaße ohne Putz oder} \\
    &   & \text{evtl. vorhandene Verkleidungen} \\
A_{AW} & = & \text{Außenwandfläche [m}^2\text{], ermittelt über Außenmaße} \\
A_D & = & \text{Wärmeübertragende Dach- oder Deckenfläche. Nach oben oder unten ge-} \\
    &   & \text{gen Außenluft, Erdreich oder unbeheizte Dach- bzw. Kellerräume}
\end{array}
$$

Ein Fenster in einer senkrechten Wand wird nur einige Stunden am Tag von der Sonne beschienen. Im Gegensatz dazu sorgt ein flach geneigtes Fenster tagsüber fast die ganze Zeit für solare Energieeinträge. Deshalb wird bei flach geneigten Fenstern auch der zulässige Sonneneintragskennwert reduziert. Der Neigungsfaktor f_{neig} berücksichtigt den Einfluss der Fensterneigung.

$$f_{neig} = \frac{A_{W,neig}}{A_G} \tag{4.76}$$

$A_{W,neig}$ = Geneigte Fensterfläche

Nordorientierte Fenster sind auch im Sommer ständig, durch das Gebäude selbst, verschattet. Solare Energieeinträge über nordorientierte Fenster erfolgen ausschließlich über Diffusstrahlung. Die Energieeinträge durch Diffusstrahlung sind deutlich geringer als durch direkte Sonneneinstrahlung. Deshalb kann für den Fall nordorientierter oder dauerhaft vom Gebäude verschatteter Fenster der zulässige Sonneneintragskennwert erhöht werden. Dies geschieht über den Orientierungsfaktor f_{nord}:

$$f_{nord} = \frac{A_{W,nord}}{A_{W,gesamt}} \tag{4.77}$$

$A_{W,nord}$ = Fensterfläche mit der Orientierung Nord, Nordost oder Nordwest und einer Neigung gegenüber der Horizontalen $> 60°$ beziehungsweise Fensterfläche, die dauerhaft vom Gebäude selbst verschattet ist

$A_{W,gesamt}$ = Gesamte Fensterfläche des Raumes

Der Nachweis des sommerlichen Wärmeschutzes darf nicht nach DIN 4108-2 geführt werden, wenn die Außenwände der kritischen Räume als Doppelfassade ausgeführt oder mit transparenter Wärmedämmung versehen sind. In diesen Fällen wird der Nachweis mittels thermischer Gebäudesimulation erbracht. Anstatt des Nachweises nach DIN 4108-2 kann generell auch ein Simulationsverfahren angewendet werden. Dabei dürfen allerdings nicht mehr die Randbedingungen verwendet werden, die im Abschnitt 8.4 der DIN 4108-2 angegeben sind. Diese basieren auf Daten aus den Jahren vor 1980 und sind deshalb für die aktuellen Klimaverhältnisse innerhalb Deutschlands nur bedingt aussagefähig. Zu Beginn des Jahres 2011 hat das Bundesinstitut für Bau-, Stadt- und Raumforschung aktualisierte und erweiterte Testreferenzjahre für mittlere und extreme Witterungsverhältnisse veröffentlicht. Diese basieren auf einer 30 jährigen Periode von 1988 bis 2007 und können somit die aktuellen Klimaverhältnisse abbilden.

Bei zu errichtenden Gebäuden sieht die EnEV den Nachweis des sommerlichen Wärmeschutzes zwingend vor. Doch auch bei der grundlegenden Sanierung von Bestandsgebäuden sollte eine Überprüfung stattfinden, um eventuelle Schwachstellen aufdecken und eventuell beheben zu können. Bei den denkmalgeschützten Gebäuden sind insbesondere die Verwaltungsgebäude der 1950er und 1960er Jahre bezüglich des sommerlichen Wärmeschutzes als kritisch zu beurteilen. In dieser Zeit wurden in Deutschland erstmals großflächig Stahl- und Stahlbetonskelettkonstruktionen ausgeführt. Diese sind mit Vorhangfassaden versehen, die im Vergleich zu den bis dahin üblichen Bauweisen deutlich größere Fensterflächen aufweisen. Dementsprechend steigt der Einfluss der Sonnenstrahlung als Wärmequelle. Demgegenüber steht eine sehr geringe interne Wärmespeicherfähigkeit infolge leichter Trennwände und abgehängter Deckenkonstruktionen.

Ist der Nachweis des sommerlichen Wärmeschutzes erbracht, so kann davon ausgegangen werden, dass in Gebäuden mit üblichen internen Wärmelasten keine anlagentechnische Kühlung erforderlich ist. Das Referenz-Wohngebäude der EnEV sieht grundsätzlich keine Klimaanlage vor. Wird in einem Wohngebäude tatsächlich eine Klimaanlage eingesetzt, so muss dies bei der Bilanzierung des Primärenergiebedarfs des gesamten Gebäudes anderweitig kompensiert werden. Das stellt eine Verschärfung gegenüber den Vorschriften der EnEV 2007 dar. Die EnEV 2007 sah bei Wohngebäuden noch vor, dass beim Einsatz einer Klimaanlage auch der Maximalwert des Jahres-Primärenergiebedarfs erhöht wird. Diese Änderung der Vorschrift bei Wohngebäuden ist durchaus als sinnvoll einzuschätzen, da es in unseren Breiten äußerst unüblich ist, Wohngebäude mit einer Klimaanlage auszustatten. Normalerweise kann durch sinnvolle Sonnenschutzvorrichtungen und entsprechende Baukonstruktionen eine Überhitzung der Innenräume vermieden werden.

Bei der Beurteilung der energetischen Qualität von Nichtwohngebäuden nach DIN V 18 599 spielt der Nachweis des sommerlichen Wärmeschutzes nach DIN 4108-2 eine besondere Rolle. Das Referenz-Nichtwohngebäude nach EnEV 2009 sieht nämlich den Einsatz einer Gebäudekühlung vor, wenn auch das betrachtete Gebäude über eine Klimaanlage verfügt. Durch den Nachweis des sommerlichen Wärmeschutzes soll nun garantiert werden, dass eine Klimaanlage nicht dazu eingesetzt wird, einen hinsichtlich des sommerlichen Wärmeschutzes unzureichenden Gebäudeentwurf durch den Einsatz von Kühlenergie zu kompensieren. Es soll gewährleistet werden, dass anlagentechnische Lösungen nur verwendet werden, wenn diese auf Grund hoher interner Wärmelasten unumgänglich sind. Das ist insbesondere in Rechenzentren der Fall.

Das nach DIN 4108-2 vorgesehene Nachweisverfahren des sommerlichen Wärmeschutzes kann durchaus zu Fehleinschätzungen bezüglich der Gefahr sommerlicher Überhitzung von Innenräumen führen. Die Ursache hierfür liegt in der Vernachlässigung der Transmissionswärmeströme durch die Außenbauteile. Die Größe des Transmissionswärmestroms ist abhängig von der Temperaturdifferenz, die am Bauteil anliegt, sowie dessen Wärmeleitfähigkeit. Bei Bauteilen, die tagsüber längere Zeit der direkten Sonneneinstrahlung ausgesetzt sind, können sehr hohe Oberflächentemperaturen auftreten. Dies ist insbesondere bei Dachflächen der Fall, die mit dunklen Materialien gedeckt sind. Hier können im Sommer Oberflächentemperaturen bis zu 70 °C erreicht werden. Sind diese Bauteile zusätzlich schlecht gedämmt, tritt ein erheblicher Wärmestrom zum Innenraum hin auf. Speziell Räume im ausgebauten Dachgeschoss können bei der Untersuchung nach DIN 4108-2 falsch eingeschätzt werden. Häufig verfügen diese nur über einige wenige Dachgauben und dementsprechend über einen relativ geringen Fensterflächenanteil. Folglich sind die Energieeinträge durch Sonneneinstrahlung über transparente Bauteile marginal. Allerdings sind im beschriebenen Fall für die Innenraumtemperatur die Wärmeeinträge infolge von Transmission durch die Dachfläche entscheidend. Dieser Fehleinschätzung kann mit dem Verfahren nach DIN 4108-2 nicht begegnet werden. Als einziges Instrument kann hier die thermische Gebäudesimulation für Abhilfe sorgen.

4.10 Vereinfachte Datenaufnahme bei Bestandsgebäuden

Für Bestandsgebäude fehlen häufig die Eingangsdaten, welche für die energetische Bilanzierung notwendig sind. Aus diesem Grund hat das Bundesministerium für Verkehr, Bau und Stadtentwicklung zwei Bekanntmachungen zur Datenaufnahme und Datenverwendung im Gebäudebestand veröffentlicht, auf die auch die EnEV verweist. Die eine ist bei Wohngebäuden, die andere bei Nichtwohngebäuden anzuwenden.

Tabelle 4.30 Geometrische Vereinfachungen gemäß Bundesministerium

Lfd. Nr.	Bauteil	Wohngebäude	Nichtwohngebäude
1a	Fenster	Die Fensterfläche darf mit 20 % der Wohnfläche (gemäß § 2 Nr. 12 EnEV) angenommen werden. Die Fenster sind Ost/West orientiert anzunehmen.	Fensterbreite bei Lochfassaden kann analog zu DIN 5034 mit 55 % der Raumbreite angenommen werden. Die Fensterhöhe ergibt sich aus der lichten Raumhöhe minus 1,50 m.
1b	Außentüren	Türen sind in dem Pauschalwert für die Fensterfläche (Nr. 1a) enthalten	
1c	Rollladenkästen	10 % der Fensterfläche	
2	Opake Vor- und Rücksprünge in den Fassaden bis zu 0,5 m	Dürfen übermessen werden	
3	Innenliegende Treppenauf- und -abgänge zu unbeheizten Zonen	Dürfen übermessen werden	
4	Heizkörpernischen	Ein Drittel der Fensterfläche	
5	Lüftungsschächte	Dürfen übermessen werden	
6	Orientierung	Abweichungen von der Senkrechten auf die betrachtete Bauteilfläche von nicht mehr als 22,5° von der jeweiligen Himmelsrichtung sind zulässig. In Grenzfällen ist die Haupthimmelsrichtung (Nord, Ost, Süd, West) zu wählen.	
7	Neigung	Die Neigung von Flächen darf mathematisch auf 0°; 30°; 45°; 60°; 90° gerundet werden.	

Beide Bekanntmachungen enthalten vereinfachte Regeln für die Ermittlung der geometrischen Abmessungen der Gebäude, der U-Werte von Bauteilen sowie der energetischen Kennwerte der Anlagentechnik. Diese Vereinfachungen dürfen nur dann angewendet werden, wenn genauere Angaben zu den entsprechenden Eingangsdaten fehlen. Die Regeln für ein vereinfachtes geometrisches Aufmaß von Gebäuden im Bestand sind in Tabelle 4.30 dargestellt. Die Bekanntmachungen ermöglichen es, in Abhängigkeit der Baualtersklasse und der Konstruktionsart eines Bauteils dessen U-Wert pauschal aus Tabellen zu ermitteln. Auch die anlagentechnischen Kennwerte können in Abhängigkeit der Baualtersklasse und der Anlagenkonfiguration aus Tabellen abgelesen werden.

4.11 Energieausweis

Nach § 16 EnEV 2009 existieren fünf Fälle, in denen für ein Gebäude ein Energieausweis erstellt werden muss:

- Neubau (1)

- Änderung von Außenbauteilen (2)

- Erweiterung der Nutzfläche um mehr als 50 % (3)

- Verkauf, Vermietung, Verpachtung, Verleasung (4)

- > 1000 m² NF, öffentliche Dienstleistungen, hoher Publikumsverkehr (5)

Denkmalgeschützte Gebäude sind prinzipiell von der Pflicht zur Ausstellung eines Energieausweises befreit. Das wird allerdings nicht explizit in der EnEV formuliert, sondern ergibt sich erst bei genauerer Betrachtung des § 16. Für denkmalgeschützte Gebäude ist der erste Fall, der bei Neubauten gilt, von vornherein irrelevant. Werden Änderungen an der wärmeübertragenden Gebäudehülle vorgenommen oder wird die Nutzfläche der beheizten oder gekühlten Räume um mehr als 50 % erweitert (Fall 2 und 3), ist unter Umständen ein Energieausweis erforderlich. Allerdings nur, wenn sich der Gebäudeeigentümer dazu entscheidet, nicht das Bauteilverfahren, sondern das Referenzgebäudeverfahren anzuwenden und somit für das gesamte Gebäude detaillierte Berechnungen durchzuführen sind. Da die Auswahl des Nachweisverfahrens frei wählbar ist, existiert folglich keine Pflicht zur Erstellung eines Energieausweises. Von den Fällen 4 und 5 werden Denkmale nach § 16 Absatz 4 explizit ausgenommen.

Der Energieausweis dient in erster Linie als Informationsinstrument für Miet- beziehungsweise Kaufinteressenten von Immobilien. Er soll dem Verbraucher, insbesondere auch dem Laien, auf einfache Weise ermöglichen, die energetische Qualität eines Gebäudes zu beurteilen. Es wird die Möglichkeit geschaffen, die Energieeffizienz verschiedener Gebäude miteinander zu vergleichen, was zu einer erhöhten Transparenz des Immobilienmarktes beiträgt. Die Energieeffizienz kann somit als zusätzliche Kenngröße in den Entscheidungsprozess der Käufer beziehungsweise Mieter einbezogen werden. Das ist für den Verbraucher insofern von Bedeutung, da nicht allein die Kaltmiete über die Kosten einer Wohnung oder eines Hauses entscheidet, sondern auch der Energieverbrauch. Der Energieausweis wird in der Regel für ein ganzes Gebäude und beispielsweise nicht für einzelne Wohnungen erstellt. Eine Ausnahme sind sogenannte gemischt genutzte Gebäude nach § 22 EnEV 2009, die teilweise als Wohn- und teilweise als Nichtwohngebäude genutzt werden. Hier kann es erforderlich werden für die beiden Teile des Gebäudes zwei getrennte Energieausweise zu erstellen. Dies ist nicht notwendig, wenn sich die Nutzungsrandbedingungen zwischen dem Wohn- und dem Nichtwohnbereich kaum unterscheiden (zum Beispiel Anwaltskanzlei). Wird nur ein unerheblicher Teil des Gebäudes andersartig genutzt, dann ist ein einziger Energieausweis ausreichend. Werden weniger als 10 % der Gebäudenutzfläche andersartig genutzt, dann kann regelmäßig davon ausgegangen werden, dass es sich um einen unerheblichen Teil handelt. Als besonders anschauliches Instrument dient ein Bandtacho auf dem Energieausweis, bei dem auf einer farblich hinterlegten Skala der Energiebedarf beziehungsweise -verbrauch eines Gebäudes angezeigt wird. Das Instrument des Bandtachos ist mit der Einteilung von Elektrogeräten (zum Beispiel Kühlschränke oder Waschmaschinen) in Energieeffizienzklassen zu vergleichen. Durch die flächendeckende Verbreitung von Energieausweisen ist der Verbraucher in zunehmendem Maße an dieses Instrument gewöhnt und fordert auch bei einem denkmalgeschützten Gebäude Informationen bezüglich der energetischen Qualität ein. Dies macht es notwendig, auch bei denkmalgeschützten Gebäuden über energetische Sanierungsmaßnahmen und die Ausstellung von Energieausweisen nachzudenken.

Die EnEV sieht zwei unterschiedliche Arten von Energieausweisen vor:

- Verbrauchsausweis
- Bedarfsausweis

Die beiden Arten des Energieausweises basieren auf grundsätzlich unterschiedlichen Eingangsdaten und Berechnungsverfahren, so dass Vergleiche zwischen Gebäuden mit unterschiedlichen Arten von Energieausweisen nur schwer möglich sind. Die beiden Arten des Energieausweises enthalten Kennwerte zum Energieverbrauch beziehungsweise -bedarf des betrachteten Gebäudes. Zudem werden Vergleichswerte für den Energieverbrauch beziehungsweise -bedarf durchschnittlicher Gebäude angegeben, die es ermöglichen, das betrachtete Gebäude hinsichtlich seiner Energieeffizienz objektiv einzuordnen.

Dem Energieausweis sind entsprechend § 20 EnEV 2009 Modernisierungsempfehlungen anzufügen. Dabei handelt es sich um Empfehlungen des Ausweiserstellers, wie mit kostengünstigen Maßnahmen die energetische Qualität des betrachteten Gebäudes verbessert werden kann. Die Modernisierungsempfehlungen müssen vom Gebäudeeigentümer nicht umgesetzt werden. Sind keine Modernisierungsempfehlungen möglich, ist dies ebenfalls im Anhang des Energieausweises schriftlich festzuhalten. Der Energieausweis behält in der Regel für eine Dauer von zehn Jahren seine Gültigkeit (vergleiche § 17 Abs. 6 EnEV 2009).

4.11.1 Verbrauchsausweis

Der Verbrauchsausweis basiert auf dem tatsächlich gemessenen Energieverbrauch eines Gebäudes. Der tatsächliche Energieverbrauch eines Gebäudes wird durch zahlreiche Faktoren beeinflusst, die nicht im Zusammenhang mit der energetischen Qualität der Gebäudehülle und der Anlagentechnik stehen. Einfluss auf den Energieverbrauch haben die realen Klimarandbedingungen am Gebäudestandort, Leerstände des Gebäudes sowie das Nutzerverhalten. Wie mit diesen Faktoren umgegangen wird, um deren Einfluss weitestgehend zu minimieren, und wie Verbrauchsausweise prinzipiell erstellt werden, wird im Folgenden aufgezeigt.

Ein Verbrauchsausweis darf gemäß EnEV 2009 nur bei Verkauf, Vermietung und Verpachtung eines Gebäudes verwendet werden, wenn es sich um ein Nichtwohngebäude oder um ein Wohngebäude mit mehr als vier Wohneinheiten handelt. Bei einem Wohngebäude mit weniger als fünf Wohneinheiten darf nur dann ein Verbrauchsausweis ausgestellt werden, wenn das Gebäude mindestens den Standard der Wärmeschutzverordnung 1977 erfüllt. In allen anderen Fällen muss ein Bedarfausweis erstellt werden. Die eingeschränkte Anzahl der Wohneinheiten begründet sich mit dem Einfluss des Nutzerverhaltens auf den Energieverbrauch. Je weniger Nutzer vorhanden sind, umso mehr macht sich ein unübliches Nutzerverhalten in den Energieverbrauchswerten bemerkbar. Umgekehrt erhält man bei einer großen Anzahl von Nutzern ein durchschnittliches Verbrauchsverhalten, bei dem sich einzelne Extreme herausmitteln.

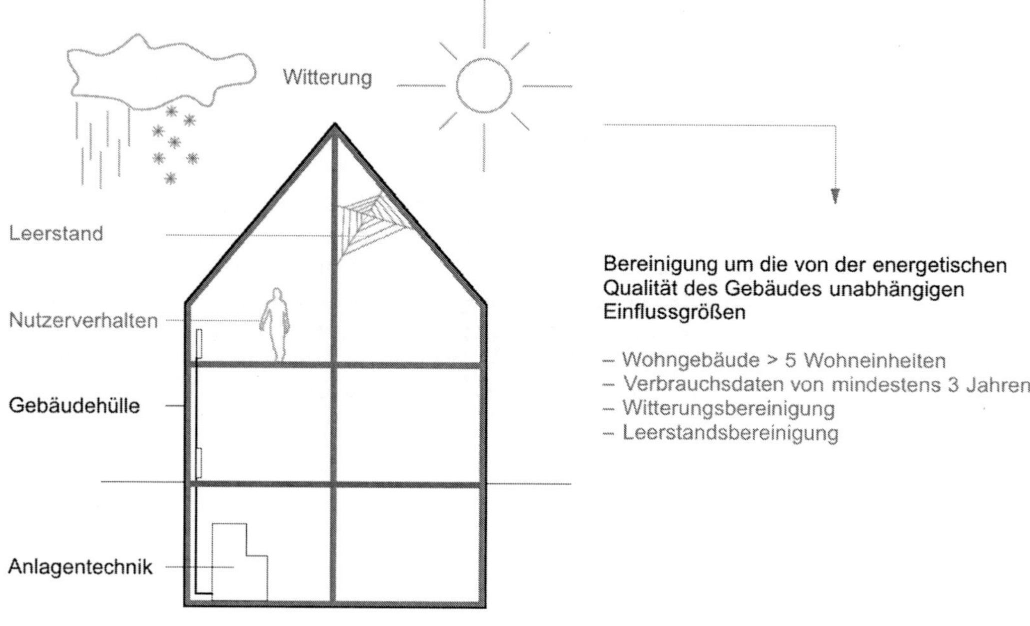

Bild 4-30 Elimination von qualitätsunabhängigen Einflüssen auf den Energieverbrauch

Bei der Erstellung von Verbrauchsausweisen sollten die Bekanntmachung der Regeln für Energieverbrauchskennwerte im Wohngebäudebestand und die Bekanntmachung der Regeln für Energieverbrauchskennwerte und der Vergleichswerte im Nichtwohngebäudebestand des Bundesministeriums für Verkehr, Bau und Stadtentwicklung angewendet werden.

Nach EnEV wird bei Verbrauchsausweisen für Wohngebäude ausschließlich der Energieverbrauch für Heizung und zentrale Warmwasserbereitung berücksichtigt. Es wird ein einzelner Energieverbrauchskennwert berechnet, der beide Verbrauchsarten zusammenfasst. Der Energieverbrauch einer dezentralen Warmwasserbereitung oder anderer anlagentechnischer Installationen, wie beispielsweise eine Gebäudekühlung, bleiben unberücksichtigt. Ist die Warmwasserbereitung auf Grund eines dezentralen Systems im Energieverbrauchskennwert des Wohngebäudes nicht enthalten, dann ist dies auf dem Energieausweis entsprechend zu kennzeichnen. Es muss das Kästchen „Energieverbrauch für Warmwasser nicht enthalten" markiert werden. Entsprechend ist dann auch im darauffolgenden Abschnitt des Energieausweises „Verbrauchserfassung – Heizung und Warmwasser" der Verbrauch an Warmwasser, trotz gegenteiliger Überschrift, nicht enthalten. Der Vergleich der Energieverbrauchskennwerte unterschiedlicher Wohngebäude ist demzufolge nicht ohne weiteres möglich. Als Hilfestellung ist auf den Verbrauchsausweisen ein durchschnittlicher Energieverbrauch für Warmwasserbereitung angegeben, der zwischen 20 und 40 kWh/(m²a) liegt. Die Angabe dieser üblichen Spannbreite ermöglicht es, Verbrauchsausweise mit und ohne Berücksichtigung des Energieverbrauchs für die Warmwasserbereitung näherungsweise miteinander zu vergleichen.

Für die Erstellung von Verbrauchsausweisen für Nichtwohngebäude werden zusätzlich zu dem Energieverbrauch von Heizung und Warmwasserbereitung noch die Energieverbrauchswerte für Kühlung, Lüftung und Beleuchtung berücksichtigt. Dezentrale Warmwasserbereitungsanlagen gehen ebenfalls in die Bilanz ein. Im Gegensatz zu Wohngebäuden werden bei Nichtwohngebäuden zwei Verbrauchskennwerte ermittelt, der Heizenergieverbrauchs- und der Stromverbrauchskennwert. Der Heizenergieverbrauchskennwert setzt sich zusammen aus dem Energieverbrauch für die Raumheizung und unter Umständen aus dem für die Warmwasserbereitung. Der Energieverbrauch für die Raumheizung wird auch dann dem Heizenergieverbrauchskennwert zugerechnet, wenn als Energieträger Strom eingesetzt wird. Erfolgt die Warmwasserbereitung in Kombination mit der Raumheizung, so wird dieser Energieverbrauch zusätzlich in den Heizenergieverbrauchskennwert eingerechnet. Der Stromverbrauchskennwert setzt sich zusammen aus dem Stromverbrauch für die Kühlung, Lüftung, Beleuchtung und dezentrale Warmwasserbereitung sowie dem elektrischen Hilfsenergieverbrauch der Heizung und dem elektrischen Hilfsenergieverbrauch einer eventuell vorhandenen zentralen Warmwasserbereitung.

Die grundsätzliche Vorgehensweise bei der Erstellung eines Energieausweises auf Grundlage des Verbrauchs ist bei Wohn- und Nichtwohngebäuden nahezu gleich. In die Verbrauchsermittlung müssen mindestens die Verbrauchsdaten der letzten drei Kalenderjahre beziehungsweise der letzten drei Abrechnungsjahre einfließen. Weiterhin ist es auch möglich, einen Verbrauchsausweis auszustellen, wenn die Verbrauchsdaten für die geforderten drei Jahre nicht separat, sondern als einzelner Dreijahres-Wert vorliegen. Die Berücksichtigung von Verbrauchsdaten der letzten drei Jahre soll sicherstellen, dass ein Energieausweis auf durchschnittlichen, für das Gebäude typischen Verbrauchsdaten basiert. Es soll ausgeschlossen werden, dass ein Verbrauchsausweis beispielsweise auf der Grundlage eines milden Winters erstellt wird, der unterdurchschnittliche Energieverbrauchswerte zur Folge hat. Der Energieverbrauch eines Gebäudes ist prinzipiell auf drei unterschiedlichen Wegen feststellbar:

- Verbrauchsdaten aus Abrechnungen von Heizkosten nach der Heizkostenverordnung
- Abrechnungen von Energielieferanten
- Verbrauchsmessungen mittels Verbrauchszählern

Die Energieverbrauchskennwerte werden in der Einheit kWh/(m²a) angegeben. Liegen die Verbrauchsdaten in Form von verbrauchten Brennstoffmengen vor (z. B. Liter Heizöl/Jahr), kann man diese mit Hilfe des Unteren Heizwertes H_i in kWh umrechnen:

$$E_{Vg,12mth,i} = B_{Vg,12mth,i} \cdot H_i \quad \text{[kWh/a]} \tag{4.78}$$

$E_{Vg,12mth,i} =$ Energieverbrauch für Heizung und zentrale Warmwasserbereitung

$B_{Vg,12mth,i} =$ Verbrauchte Brennstoffmenge für Heizung und zentrale Warmwasserbereitung in der jeweiligen Mengeneinheit [l, m³, kg, SRm]

$H_i \qquad =$ Unterer Heizwert [kWh/jeweilige Mengeneinheit]

$i \qquad =$ Zählindex für das Abrechnungs- oder Kalenderjahr

Der Untere Heizwert des Energieträgers muss den Abrechnungsunterlagen des Energieversorgers oder Brennstofflieferanten entnommen werden. Ist dies nicht möglich, können die entsprechenden Werte der jeweils gültigen Heizkostenverordnung entnommen werden.

Tabelle 4.31 Unterer Heizwert H_i gemäß Heizkostenverordnung (Stand 2.12. 2008)

Energieträger, Brennstoff	Unterer Heizwert H_i	Einheit
Leichtes Heizöl EL	10,0	kWh/l
Schweres Heizöl	10,9	kWh/l
Erdgas H	10,0	kWh/m³
Erdgas L	9,0	kWh/m³
Flüssiggas	13,0	kWh/kg
Koks	8,0	kWh/kg
Braunkohle	5,5	kWh/kg
Steinkohle	8,0	kWh/kg
Holz (lufttrocken)	4,1	kWh/kg
Holzpellets	5,0	kWh/kg
Holzhackschnitzel	650,0	kWh/SRm [a]

[a] Schüttraummeter, entspricht einer lose geschütteten Holzmenge von einem m³.

Bei kombinierter Erzeugung von Heizwärme und Trinkwarmwasser müssen zunächst der Energieverbrauchsanteil für Heizung und der Energieverbrauchsanteil für Warmwasser separiert werden:

$$E_{Vh,12mth,i} = E_{Vg,12mth,i} - E_{Vww,12mth,i} \quad [\text{kWh/a}] \tag{4.79}$$

$E_{Vg,12mth,i} =$ Energieverbrauch für Heizung und zentrale Warmwasserbereitung

$E_{Vh,12mth,i} =$ Energieverbrauchsanteil für Heizung

$E_{Vww,12mth,i} =$ Energieverbrauchsanteil für zentrale Warmwasserbereitung

Der Energieverbrauchsanteil für zentrale Warmwasserbereitung kann über mehrere Methoden ermittelt werden. Dabei ist zwischen Wohngebäuden und Nichtwohngebäuden zu unterscheiden. Für beide Nutzungsarten ist vorrangig ein Messwert des Energieverbrauchs für Warmwasserbereitung zu verwenden. Der auf die zentrale Warmwasserversorgungsanlage entfallende Energieverbrauch ist gemäß der Heizkostenverordnung ab dem 31. Dezember 2013 immer mit einem Zähler zu messen, wenn der dafür notwendige Aufwand zumutbar ist.

Ist kein Messwert vorhanden, so kann sowohl bei Wohn- als auch bei Nichtwohngebäuden auf ein Verfahren nach der Heizkostenverordnung zurückgegriffen werden, wonach sich der Energieverbrauchsanteil für Warmwasser wie folgt ermittelt:

$$E_{Vww,12mth,i} = 2{,}5 \cdot V \cdot (t_w - 10) \quad [\text{kWh/a}] \tag{4.80}$$

$V \qquad =$ Gemessenes Volumen des verbrauchten Warmwassers [m³]

$t_w \qquad =$ Gemessene oder geschätzte mittlere Temperatur des Warmwassers [°C]

Ausschließlich bei Wohngebäuden kann die folgende Formel der Heizkostenverordnung angewendet werden:

$$E_{Vww,12mth,i} = 32 \cdot A_{Wohn} \quad [\text{kWh/a}] \tag{4.81}$$

$$A_{Wohn} \quad = \quad \text{Wohnfläche } [\text{m}^2]$$

Sofern keine genaueren Angaben existieren, darf bei Nichtwohngebäuden der Energieverbrauchsanteil für zentrale Warmwasserbereitung mit einem Pauschalwert von 5 % des Energieverbrauchs für Heizung und zentrale Warmwasserbereitung abgeschätzt werden. Bei Nichtwohngebäuden, deren Wärmeverbrauch nutzungsbedingt durch den Warmwasserverbrauch bestimmt wird, kann ein Pauschalwert von 50 % angesetzt werden. Das ist häufig bei Hallenbädern, Krankenhäusern und Küchen der Fall. Eine weitere Möglichkeit für Nichtwohngebäude besteht darin, den Wärmeverbrauch in den Monaten Juni, Juli und August monatsweise zu erfassen und daraus über das Verfahren des VDI 3807-Blatt 1: 2007-03 den Energieverbrauchsanteil für Warmwasserbereitung zu ermitteln. Aus dem Wärmeverbrauch in den genannten Sommermonaten lässt sich der Verbrauchsanteil für Warmwasser ermitteln, da im Sommer in der Regel keine Heizenergie erforderlich ist.

Der Energieverbrauchsanteil für Heizung ist abhängig von den Klimarandbedingungen am Gebäudestandort. Das Klima ist die für ein Gebiet charakteristische Häufigkeitsverteilung atmosphärischer Zustände und Vorgänge während eines hinreichend langen Bezugszeitraums. Als Bezugszeitraum wird im Allgemeinen eine Zeitspanne von 30 Jahren gewählt, die sogenannte Normalperiode. Die Klimarandbedingungen bilden somit den durchschnittlichen charakteristischen Zustand der Atmosphäre in einem bestimmten Gebiet ab. Von Jahr zu Jahr können jedoch erhebliche Schwankungen zwischen den Jahresverläufen der Temperatur und anderer meteorologischer Größen auftreten. Folglich wird der Energieverbrauch insbesondere vom tatsächlichen Temperaturverlauf des betrachteten Jahres bestimmt. Um die Energieverbrauchswerte von Gebäuden innerhalb Deutschlands vergleichbar zu machen, werden diese einer Witterungsbereinigung unterzogen. Denn selbstverständlich ist der Heizenergieverbrauch eines Gebäudes in den bayerischen Alpen deutlich höher als der eines vergleichbaren Gebäudes in der Rheinebene. Durch die Witterungsbereinigung wird die tatsächliche Witterung am Gebäudestandort auf das Referenzklima für Deutschland vereinheitlicht. Somit ergibt sich der witterungsbereinigte Energieverbrauchskennwert für Heizung zu:

$$e_{Vhb,12mth,i} = \frac{E_{Vh,12mth,i} \cdot f_{Klima,12mth,i}}{A_{N/NGF}} \quad [\text{kWh/(m}^2\text{a)}] \tag{4.82}$$

$$f_{Klima,12mth,i} \quad = \quad \text{Klimafaktor des Deutschen Wetterdienstes}$$

$$A_{N/NGF} \quad = \quad \text{Gebäudenutzfläche nach EnEV für Wohngebäude } [\text{m}^2]$$
$$\text{Nettogrundfläche der beheizten Räume für Nichtwohngebäude } [\text{m}^2]$$

In Abhängigkeit der beiden Kriterien Postleitzahl des Gebäudestandortes und des Zeitabschnittes können die Klimafaktoren aus Tabellen des Deutschen Wetterdienstes (DWD) abgelesen werden. Die Tabellen können in digitaler Form direkt vom DWD bezogen werden. Da der Energieverbrauchsanteil für Warmwasser näherungsweise als unabhängig von der Witterung angenommen wird, wird dieser keiner Witterungsbereinigung unterzogen.

Der witterungsbereinigte Energieverbrauchskennwert des Wohngebäudes beziehungsweise der witterungsbereinigte Heizenergieverbrauchskennwert des Nichtwohngebäudes e_{Vb} ergibt, sich für den gesamten Zeitraum aus mindestens drei vorhergehenden Jahren zu:

$$e_{Vb} = \frac{\sum\limits_{i=1}^{n}\left(e_{Vhb,12mth,i} + \dfrac{E_{Vww,12mth,i}}{A_{N/NGF}}\right)}{n} \quad [\text{kWh/(m}^2\text{a})] \tag{4.83}$$

n = Anzahl der Abrechnungs- beziehungsweise Kalenderjahre

Der Stromverbrauchskennwert für Nichtwohngebäude e_{Vs} kann deutlich einfacher ermittelt werden als der Heizenergieverbrauchskennwert. Der gemessene Stromverbrauch wird keiner Witterungsbereinigung unterzogen und kann deshalb direkt berechnet werden:

$$e_{Vs} = \frac{\sum\limits_{i=1}^{n}\dfrac{E_{Vs,12mth,i}}{A_{NGF}}}{n} \quad [\text{kWh/(m}^2\text{a})] \tag{4.84}$$

$E_{Vs,12mth,i}$ = Energieverbrauch für Strom im Jahr i [kWh]

§ 19 Absatz 3 Satz 2 der EnEV 2009 schreibt vor, dass längere Leerstände von Teilen eines Gebäudes bei der Bestimmung der Energieverbrauchskennwerte berücksichtigt werden müssen. Die Bekanntmachungen des Bundesministeriums für Verkehr, Bau und Stadtentwicklung enthalten ein Verfahren, um die Auswirkungen längerer Leerstände auf den Energieverbrauch zu korrigieren. Dieses Verfahren ist dafür gedacht, den Energieverbrauch zu korrigieren, wenn ein einzelner Dreijahres-Wert vorliegt. Das Verfahren kann sinngemäß auch dann angewendet werden, wenn die Energieverbrauchsdaten getrennt für die einzelnen Jahre vorliegen. Entweder werden die Jahreswerte des Energieverbrauchs summiert und dann das Verfahren zur Leerstandsbereinigung für den einzelnen Dreijahres-Wert angewandt, oder man verfährt wie folgt:

Bei Nichtwohngebäuden werden der Energieverbrauch für die Heizung inklusive zentraler Warmwasserbereitung und der Energieverbrauch für Strom getrennt voneinander bereinigt. Die Leerstandsbereinigung hat demzufolge bei Nichtwohngebäuden vor der Aufteilung in die Energieverbrauchsanteile Heizung und Warmwasserbereitung nach Gleichung 4.79 zu erfolgen. Dies geschieht mit sogenannten Leerstandszuschlägen. Der leerstandsbereinigte Energieverbrauch eines Jahres ermittelt sich mit Hilfe der Leerstandszuschläge zu:

$$E_{Vg,12mth,i} = E_{Vg,leer,i} + \Delta E_{Vg,i} \tag{4.85}$$

$$E_{Vs,12mth,i} = E_{Vs,leer,i} + \Delta E_{Vs,i} \tag{4.86}$$

Die entsprechenden Leerstandszuschläge für jedes Jahr i berechnen sich folgendermaßen:

$$\Delta E_{Vg,i} = 0{,}5 \cdot f_{leer,i} \cdot \sum_{i=1}^{3} E_{Vg,leer,i} \ [\text{kWh}] \tag{4.87}$$

$E_{Vg,leer,i}$ = Festgestellter Energieverbrauch für Heizung und Warmwasserbereitung im Jahr i

$f_{leer,i}$ = Leerstandsfaktor für das Jahr i nach Gleichung 4.89

$$\Delta E_{Vs,i} = f_{leer,i} \cdot \sum_{i=1}^{3} E_{Vs,leer,i} \ [\text{kWh}] \tag{4.88}$$

$E_{Vs,leer,i}$ = Festgestellter Energieverbrauch für Strom im Jahr i

In Abhängigkeit der Dauer des Leerstandes und der Größe der leerstehenden Fläche wird der Leerstandsfaktor $f_{leer,i}$ für jedes Jahr i berechnet:

$$f_{leer,i} = \frac{A_{leer,i}}{A_{NGF}} \cdot \frac{t_{leer,i}}{36} \ [\text{-}] \tag{4.89}$$

A_{NGF} = Nettogrundfläche der beheizten Räume für Nichtwohngebäude [m²]

$A_{leer,i}$ = Leerstehende Nettogrundfläche [m²]

$t_{leer,i}$ = Dauer des Leerstandes im Jahr i in Monaten

Für die Leerstandsbereinigung des Heizenergieverbrauchs inklusive Warmwasserbereitung sind nur die Leerstände in den Monaten Oktober bis März zu beachten. Bei der Leerstandsbereinigung des Stromverbrauches sind hingegen sämtliche Leerstände einzubeziehen. Ist die Summe der Leerstandsfaktoren für die drei Jahre größer gleich 0,05, so liegt ein längerer Leerstand gemäß EnEV vor und der Energieverbrauch muss korrigiert werden. Ist die Summe der Leerstandsfaktoren größer als 0,3, so verliert das Verfahren zur Korrektur eines Leerstandes seine Gültigkeit.

Bei Wohngebäuden kann die Leerstandskorrektur erst nach der Trennung des Energieverbrauchs in die Anteile Heizung und Warmwasserbereitung erfolgen. Der korrigierte Energieverbrauch ergibt sich anschließend zu:

$$E_{Vh,12mth,i} = E_{Vh,leer,i} + \Delta E_{Vh,i} \tag{4.90}$$

$$E_{Vww,12mth,i} = E_{Vww,leer,i} + \Delta E_{Vww,i} \tag{4.91}$$

Die entsprechenden Leerstandszuschläge berechnen sich zu:

$$\Delta E_{Vh,i} = 0{,}5 \cdot f_{leer,i} \cdot \sum_{i=1}^{3} E_{Vh,leer,i} \tag{4.92}$$

$$\Delta E_{Vww,i} = f_{leer,i} \cdot \sum_{i=1}^{3} E_{Vww,leer,i} \tag{4.93}$$

In Abhängigkeit der Dauer des Leerstandes und der Größe der leerstehenden Fläche wird der Leerstandsfaktor $f_{leer,i}$ für jedes Jahr i berechnet:

$$f_{leer,i} = \frac{A_{leer,i}}{A_N} \cdot \frac{t_{leer,i}}{36} \ [\text{-}]$$

(4.94)

A_N = Gebäudenutzfläche des Wohngebäudes nach EnEV [m²]

$A_{leer,i}$ = Leerstehende Gebäudenutzfläche [m²]

$t_{leer,i}$ = Dauer des Leerstandes im Jahr i in Monaten

Für die Leerstandsbereinigung des Energieverbrauchsanteils Heizung ohne zentrale Warmwasserbereitung sind nur die Leerstände in den Monaten Oktober bis März zu beachten. Bei der Leerstandsbereinigung für den Energieverbrauchsanteil der zentralen Warmwasserbereitung sind hingegen sämtliche Leerstände einzubeziehen. Die Anwendungsgrenzen für das Verfahren ergeben sich, wie oben, über die Summe der Leerstandsfaktoren für die drei Jahre. Ist die Summe größer gleich 0,05, so muss der Energieverbrauch korrigiert werden. Ist die Summe der Leerstandsfaktoren größer als 0,3, so verliert das Verfahren seine Gültigkeit.

4.11.2 Bedarfsausweis

Der Bedarfsausweis ergibt sich aus den innerhalb des Referenzgebäudeverfahrens berechneten Werten. Innerhalb der beiden normierten Verfahren nach DIN V 4108-6 i. V. m. DIN V 4701-10 und nach DIN V 18 599 werden die erforderlichen Kennwerte berechnet und können direkt in den Energieausweis übernommen werden. Wie bereits in den Ausführungen zum Referenzgebäudeverfahren erwähnt, basieren die Berechnungen des Energiebedarfs auf normierten klimatischen Randbedingungen und normierten Nutzungsrandbedingungen. Bei der Berechnung des Energiebedarfs werden keine Leerstände berücksichtigt. Tatsächlich leerstehenden Räumen wird die normierte Nutzung zugewiesen, die ihnen normalerweise zugedacht ist. Dadurch sind sämtliche Randbedingungen, die nicht mit der energetischen Qualität des Gebäudes in Zusammenhang stehen, aber Einfluss auf den Energiebedarf haben, für jedes Gebäude einheitlich festgelegt. Die Basis für das Referenzgebäudeverfahren ist eine detaillierte Aufnahme des Gebäudebestandes. Innerhalb des Verfahrensablaufes wird die energetische Qualität des Gebäudes detailliert analysiert. Sämtliche bau- und anlagentechnischen Einflussgrößen, die Auswirkungen auf den Energieverbrauch haben, werden bilanziert. Dadurch werden eventuelle Schwachstellen exakt benennbar. Bei Wohngebäuden besteht bisher die Möglichkeit, den Energiebedarf mit zwei unterschiedlichen Verfahren zu bestimmen. Es kann das Verfahren nach DIN V 4108-6 i. V. m. DIN V 4701-10 oder das Verfahren nach DIN V 18 599 verwendet werden. Das Verfahren nach DIN V 18 599 ist deutlich detaillierter und berücksichtigt mehr Einflussgrößen als das nach DIN V 4108-6. Die Berechnungsalgorithmen der beiden Verfahren stimmen nicht überein. Folglich können auch Energieausweise bei Wohngebäuden, die auf unterschiedlichen Berechnungsverfahren basieren, nur bedingt miteinander verglichen werden.

Insgesamt gesehen erlaubt der Bedarfsausweis eine objektive Vergleichbarkeit zwischen unterschiedlichen Gebäuden, da wichtige Einflussgrößen auf den Energiebedarf, die unabhängig von der energetischen Qualität des Gebäudes sind (klimatische Randbedingungen, Nutzungsrandbedingungen und Leerstände), für alle Gebäude einheitlich definiert sind. Das ist insbesondere der Fall, wenn die Bedarfsausweise auf demselben Berechnungsverfahren (DIN V 4108-6 oder DIN V 18 599) basieren. Ist mittelfristig eine Sanierung am Gebäude geplant, sollte prinzipiell ein Bedarfsausweis erstellt werden. Die detaillierte Analyse der Bau- und Anlagentechnik im Verlauf der Berechnung des Energiebedarfs ermöglicht, energetische Schwachstellen des Gebäudes aufzudecken. Die Gebäudeaufnahme und die Berechnungen im Zuge des Bedarfsausweises können später als Grundlage für die Sanierungsplanung dienen. Das ist beim Verbrauchsausweis nicht möglich. Hier kann nur die Höhe des tatsächlichen Energieverbrauchs, aber nicht die Ursache dafür festgestellt werden. Folglich ist es kaum möglich, auf Grundlage eines Verbrauchsausweises konkrete Modernisierungsempfehlungen zu formulieren.

4.12 Weiterführende Literatur

Böhmer, Heike; Güsewelle, Frank: *U-Werte alter Bauteile*. Stuttgart: Fraunhofer IRB, 2005.

Bundesministerium für Verkehr, Bau und Stadtentwicklung: *Bekanntmachung der Regeln für Energieverbrauchskennwerte im Wohngebäudebestand*. Berlin, 2007.

Bundesministerium für Verkehr, Bau und Stadtentwicklung: *Bekanntmachung der Regeln für Energieverbrauchskennwerte und der Vergleichswerte im Nichtwohngebäudebestand*. Berlin, 2009.

Bundesministerium für Verkehr, Bau und Stadtentwicklung: *Bekanntmachung der Regeln zur Datenaufnahme und Datenverwendung im Wohngebäudebestand*. Berlin, 2009.

Bundesministerium für Verkehr, Bau und Stadtentwicklung: *Bekanntmachung der Regeln zur Datenaufnahme und Datenverwendung im Nichtwohngebäudebestand*. Berlin, 2009.

David, Ruth; de Boer, Jan; Erhorn, Hans; Reiß, Johann; Rouvel, Lothar; Schiller, Heiko; Weiß, Nina; Wenning, Martin: *Heizen, Kühlen, Belüften & Beleuchten: Bilanzierungsgrundlagen nach DIN V 1 8599*. 2. Aufl. Stuttgart: Fraunhofer IRB, 2009.

Dirk, Rainer: *Energieeinsparverordnung: Schritt für Schritt*. 5. Aufl. Köln: Werner, 2010.

Froelich, Hans; Hartmann, Hans-Jürgen; Huber, Konrad; Weimann, Waldemar; Sack, Norbert; Krause, Harald: *Untersuchung des Einflusses von unterschiedlichen Sprossenkonstruktionen auf den Wärmedurchgang von Fenstern / ift Rosenheim*, Rosenheim, 2001. − Forschungsbericht. Aktenzeichen IV 1-5-880/98.

Hegner, Hans-Dieter; Vogler, Ingrid: *Energieeinsparverordnung EnEV: für die Praxis kommentiert*. Berlin: Ernst & Sohn, 2002.

Janssen, Heinz P.: *Energieberatung für Wohngebäude: Praxishandbuch mit Tipps und Fallbeispielen*. Köln: Rudolf Müller, 2010.

Klauß, Swen; Kirchhof, Wiebke; Gissel, Johanna: *Erfassung regionaltypischer Materialien im Gebäudebestand mit Bezug auf die Baualtersklasse und Ableitung typischer Bauteilaufbauten / Zentrum für Umweltbewusstes Bauen*, Kassel, 2009. − Forschungsbericht. Aktenzeichen Z6 − 10.07.03-06.13 / II 2 − 80 01 06-13.

Liersch, Klaus W.; Langner, Normen: *EnEV-Praxis 2009 Wohnbau: leicht und verständlich*. 3. Aufl. Berlin: Bauwerk, 2009.

Schoch, Torsten: *EnEV 2009 und DIN V 18 599 Nichtwohnbau*. 2. Aufl. Berlin: Bauwerk, 2009.

Schittich, Christian; Staib, Gerald; Balkow, Dieter; Schuler, Matthias; Sobek, Werner: *Glasbau Atlas*. 2. Aufl. München: Institut für internationale Architektur-Dokumentation, 2006.

Wagner, Andreas: *Energieeffiziente Fenster und Verglasungen*. 3. Aufl. Karlsruhe: Solarpraxis, 2007.

5 Baukonstruktion im Bestand

5.1 Baualter und Konstruktion

Ausgangspunkt einer denkmalpflegerischen und energetischen Bewertung eines Gebäudes sollten die baukonstruktive Analyse und die Dokumentation der Bausubstanz bilden. Als hilfreich kann sich hierbei eine Differenzierung nach dem jeweiligen Baualter des Gebäudes erweisen. Im überwiegenden Teil des Gebäudebestandes spiegeln sich historische Prozesse wider, die zwar regional und sozial unterschiedlich abliefen, aber doch innerhalb begrenzter Zeitabschnitte erkennbare Gemeinsamkeiten aufweisen. Aus diesem Grund hat sich die Einteilung nach Baualtersstufen beziehungsweise nach Baualtersklassen für einen grundsätzlichen Überblick über häufig anzutreffende Baukonstruktionen und deren energetische Probleme bewährt.

Dabei muss man berücksichtigen, dass speziell die denkmalgeschützten Bauwerke eine besondere Stellung innerhalb des gesamten Gebäudebestandes einnehmen und sich mitunter durch ihre speziellen Konstruktionen von den gebräuchlichen Bauweisen abheben. Durch die starken lokalen und regionalen Unterschiede der Bauweisen in Deutschland haben die Baualtersklassen für den Denkmalbereich nur eingeschränkte Aussagekraft. Zudem sind sie in der Vergangenheit immer überformt und verändert worden.

Trotz dieser Einwände lassen sich mit Hilfe der Baualtersklassen baukonstruktive Grundlagen über die geografischen Differenzierungen hinaus und generelle Tendenzen im Hinblick auf eine energetische Bewertung ableiten. Übertragbare Merkmale findet man sowohl für die Baukonstruktion der Gebäudehülle, für die eingesetzten Baustoffe als auch für die auftretenden Schichtstärken. Für die Profanbauten des Wohnens und der Verwaltung, die den überwiegenden Teil der denkmalgeschützten Gebäude ausmachen, eignet sich folgende grobe zeitliche Unterteilung:

- Historischer Bestand vor 1871
- Gründerzeit
- Zwischenkriegszeit
- Nachkriegszeit
- 1960er Jahre

Aus dieser Systematik wurden die Sakralbauten, Burgen- und Schlösser sowie Militärbauten bewusst ausgeklammert. Die hier verwendete Einteilung dient als Hilfe bei der Dokumentation der Bausubstanz und gibt Hinweise auf die wahrscheinlich anzutreffenden Konstruktionen und Materialien. Sie erspart aber keinesfalls eine gewissenhafte Untersuchung des vorgefunden Bestands. Somit bleibt eine intensive historische Analyse und eine Aufnahme der jeweiligen Zeitschichten ein Zwang im Umgang mit einem Baudenkmal.

5.2 Historischer Gebäudebestand vor 1871

Der älteste Bestand an bäuerlichen und bürgerlichen Wohn- und Verwaltungsbauten stammt aus dem 12. Jahrhundert. Die wesentlichen mitteleuropäischen Bauweisen und Bauformen waren bereits im Mittelalter ausgeprägt und hatten für die folgenden Jahrhunderte Bestand. So lassen sich beispielweise viele der damals verwendeten Baukonstruktionen schon in den antiken Schriften Vitruvs finden. Die zahlreichen Übersetzungen und die weite Verbreitung der „Zehn Bücher über Architektur" zeugen von einem großen Einfluss des antiken Baumeisters auf dieses Baualter. Bei den noch vorhandenen Gebäuden aus dieser Zeit überwiegen die Massivbauten gegenüber den Holzbauten. Seit Ende des Mittelalters lässt sich tendenziell eine Verdrängung des Holzbaus durch den Massivbau nachweisen. Zudem hat sich der Bestand an Holzbauten im Laufe der Geschichte durch Brände stark reduziert.

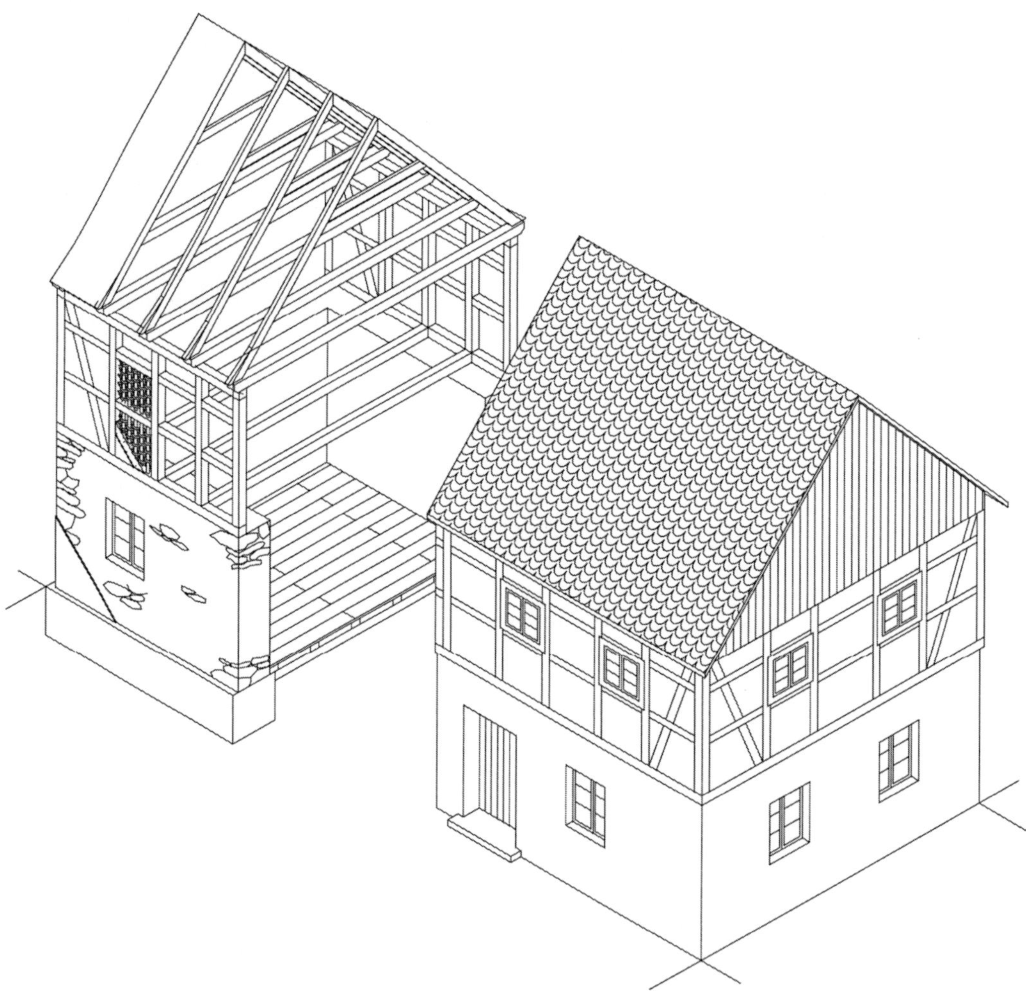

Bild 5-1 Isometrische Darstellung eines sächsischen Bauernhauses

Anhand des dargestellten sächsischen Bauernhauses in einer Mischbauweise erkennt man, dass in der Praxis häufig Holz- und Massivbauweisen gemeinsam auftreten. Dadurch erweist sich eine klare Trennung von ganzen Gebäude in jeweils eine Form als unzweckmäßig.

Über den gesamten Betrachtungszeitraum dieser Baualtersstufe lässt sich aus energetischer Sicht nur eine geringe baukonstruktive Entwicklung beobachten. Der Großteil der Veränderungen, die sich in diesem großen Zeitspanne abspielten, betrafen vorrangig das Erscheinungsbild und die Baustruktur. Seit dem 15. Jahrhundert ist eine zunehmende Zierfreudigkeit mit Schmuckelementen an Wohngebäuden zu erkennen. Die Tragsysteme wurden ebenfalls nach den jeweils benötigten Anforderungen angepasst und weiterentwickelt. Den größten Einfluss auf die Bauweisen übte die jeweils vorherrschende Kunstepoche aus, die zu einem Wandel in der Gestaltung der Gebäude führte. Erst mit der einsetzenden Industrialisierung und den damit verbundenen Veränderungen der Lebensweise im 19. Jahrhundert kam es zu maßgebenden Neuerungen im Bereich der Baukonstruktion.

5.2.1 Außenwand

Die meisten Bauweisen für Außenwände der Altersklasse vor 1871 waren keine Erfindungen des Mittelalters, sondern wurden schon in der römischen Zeit praktiziert. Im Wesentlichen beruhten die Bauweisen auf den Baustoffen Holz, Stein und Lehm. Baukonstruktiv lassen sich die Konstruktionen für die Gebäudehülle in Holz- und Massivbauweisen unterteilen.

Als reiner Holzbau ist die Blockbauweise anzusehen. Sie entstand durch Aufeinanderschichten von massiven Hölzern. Für diese Bauweisen wurden runde Stämme, ebenfalls auch vierkantig bearbeitete Stämme und Halbhölzer genutzt. Die Ausfachung von Holzständern durch Vollholz kann in dieser Betrachtung auch den Blockbauweisen zugeordnet werden.

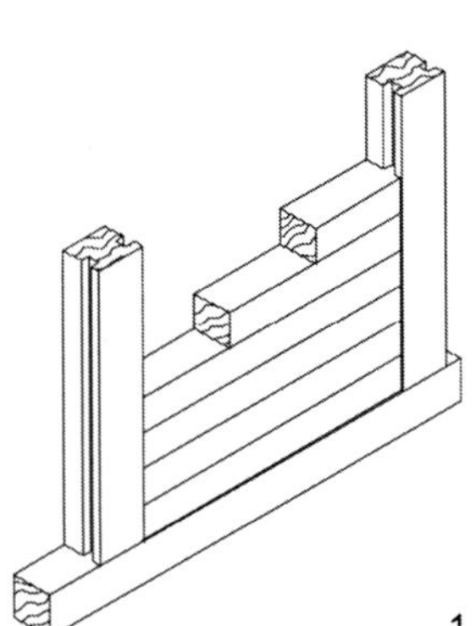
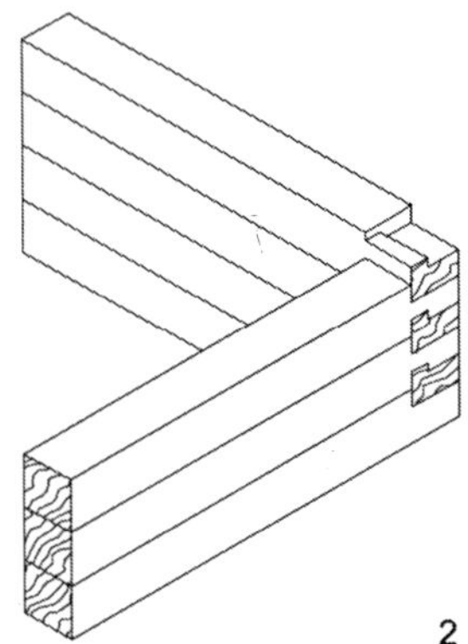
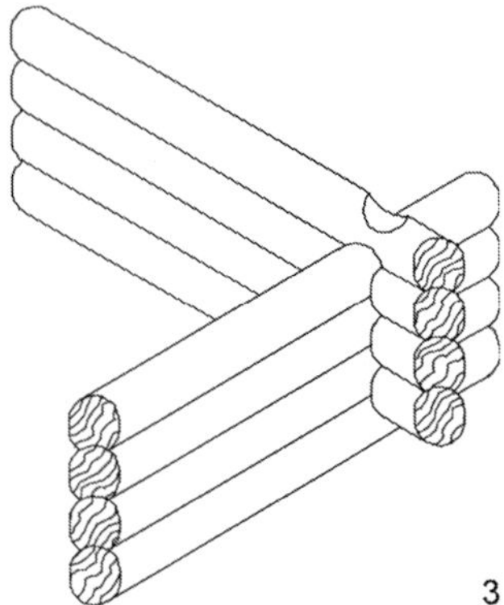

Bild 5-2 Verschiedene Blockbauweisen
1　Ausgefachter Ständerbau mit Vollholz
2　Blockwand mit vierkantbearbeitetem Holz
3　Blockwand mit Rundholz

Innerhalb der erhaltenen Holzbauweisen bildet der Ständerbau die bedeutungsvollste Gruppe für die derzeit noch vorhandenen Gebäude. Die Bauweisen lassen sich nach ihren unterschiedlichen Gefachfüllungen unterteilen. Die Gefache der verschiedenen Holzgerüste wurden durch Flechtwerk oder Holzstaken mit Lehm und Lehmstrohgemisch verfüllt. Die reinen Flechtbauweisen, welche ohne Holzgerüst nur aus Ruten und Spaltholz bestanden, sind mittlerweile bedeutungslos. Für die Gefachfüllung wurden weiterhin Lehmziegel, gebrannte Ziegel und Natursteine verwendet.

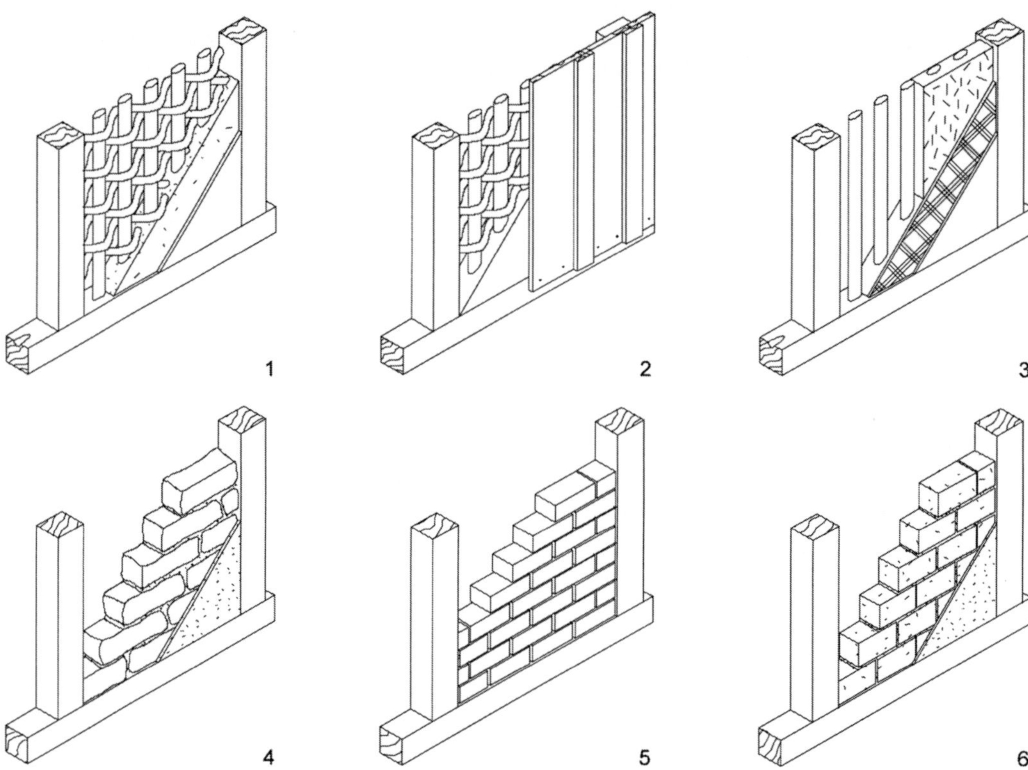

Bild 5-3 Übersicht der unterschiedlichen Ständerbauweisen
1   Verputzes Lehmflechtwerk
2   Lehmflechtwerk mit Verbretterung
3   Spalthölzer mit Lehmschlag
4   Natursteine
5   Ziegelsteine
6   Lehmpatzen-Steine

Die Massivbauweisen traten in Form des Lehmbaus, des Ziegelbaus und des Natursteinbaus auf. Die reinen Lehmbauweisen lassen sich in das Lehmstampfwerk und die luftgetrockneten Lehmziegelkonstruktionen unterteilen. Die mit Lehm und beispielsweise Stroh, Schilf oder Häcksel gemischten Lehmwände wiesen beachtliche Stärken auf. Die verschiedenen Formen des Natursteinbaus waren der Feld-, Bruch-, Quader- und Haussteinbau. Durch die unregelmäßigen Mauersteine entstanden oft große Zwischenräume, die mit Zwicksteinen ausgefüllt wurden. An den Ecken wurden große, annährend rechtwinklige Steine verbaut, um die Stabilität zu verbessern. Mauern aus unbearbeiteten Steinen kennzeichnet meist ein regelloser Verband.

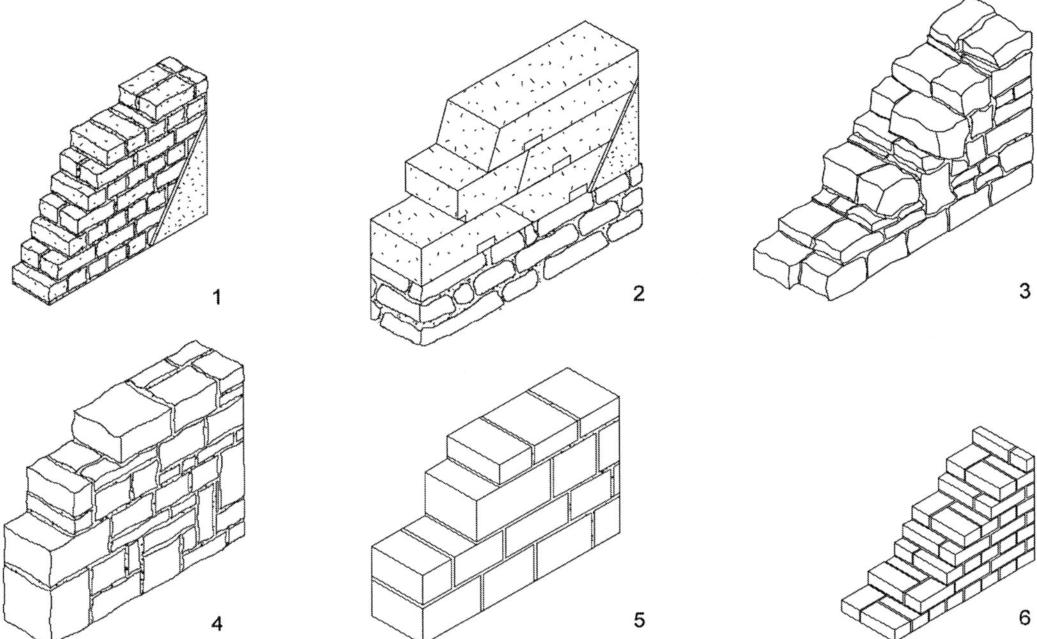

Bild 5-4 Massivbauweisen mit Lehm, Naturstein und gebrannten Ziegeln
1　Lehmpatzenwand
2　Stampflehmwand in Pise-Bauweise
3　Bruchsteinmauerwerk
4　Hammerrechtes Schichtenmauerwerk
5　Quadermauerwerk
6　Ziegelmauerwerk

Ein wesentlich dichteres Gefüge entstand durch bearbeitete Bruchsteine. Diese wiesen zumindest zwei mehr oder weniger parallele Seiten auf und ermöglichten eine Ausführung mit geringeren Zwischenräumen. Die daraus gefertigten Wandkonstruktionen wurden als Schichtmauerwerk bezeichnet. Trotz der höheren Passgenauigkeit musste wie beim unregelmäßigen Bruch- und Feldsteinmauerwerk in gewissen Abständen ein Höhenausgleich stattfinden. Für einen regelmäßigen Mauerverband waren flucht- und winkelrecht bearbeitete Quader- und Werksteine erforderlich. Als Baumaterial eigneten sich dafür sowohl witterungsbeständige metamorphe, magmatische als auch Sedimentgesteine, die in der näheren Umgebung des Bauortes vorkamen.

Für den Ziegelbau oder auch Backsteinbau wurden künstliche Mauersteine aus gebranntem Lehm benutzt. Ziegelbauten blieben vor 1800 weitgehend auf die Gebiete mit geringen Natursteinvorkommen beschränkt. Das Grundelement des Backsteinsbaus war der Ziegel. Die Steinformate variierten stark, waren aber tendenziell größer als in den folgenden Altersstufen. Ein romanischer Mauerziegel aus dem 12. Jahrhundert hatte noch etwa die Maße 29 cm × 14 cm × 10 cm. Die unterschiedlichen Materialeigenschaften wurden durch die Zusammensetzung des Rohmaterials und den Brennvorgang bestimmt. Dabei waren der Gehalt an Tonmineralien, Eisenverbindungen, Kalk und die Brenntemperatur die entscheidenden Faktoren.

5.2.2 Kellerdecke und Fußboden

Der untere Abschluss der energetischen Gebäudehülle erfolgt durch eine Kellerdecke oder durch einen direkt über dem Erdreich angeordneten Fußboden. Kellerräume wurden meist durch ein Gewölbe oder mit einer Holzbalkendecke abgeschlossen. Im städtischen Bereich sind die Keller oft älter als das aufgehende Bauwerk. Neue Gebäude wurden meist auf bestehende Fundamente errichtet. Aber auch der umgekehrte Fall von nachträglich errichteten Kellerräumen war nicht ungewöhnlich.

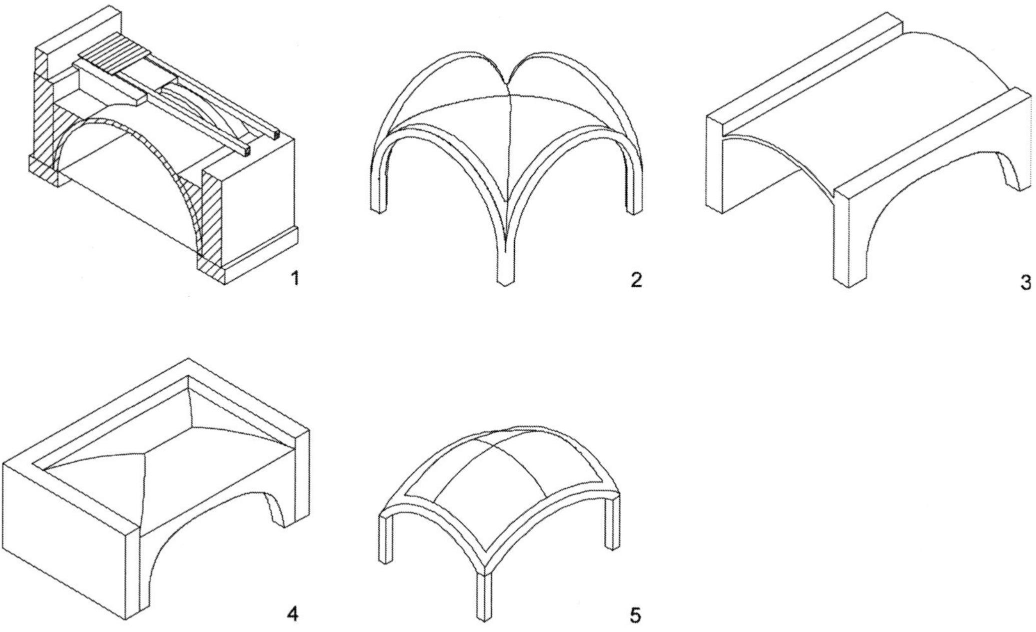

Bild 5-5 Gewölbekonstruktionen für Kellerdecken
1   Tonnengewölbe mit Aufbau
2   Kreuzgewölbe
3   Kappengewölbe
4   Klosterkappe
5   Böhmische Kappe

Im relevanten Bestand überwogen die massiven Gewölbe gegenüber den Holzbalkendecken. Als Gewölbeformen traten häufig das halbkreisförmige Tonnengewölbe, das Kreuzgewölbe und das Klostergewölbe auf. Ihre Wölblinien verliefen noch relativ steil. Erst bei jüngeren Gebäuden ist eine Entwicklung zu flacheren Wölblinien zu erkennen. Seit der Antike wurden für die Errichtung von Einwölbungen Ziegelsteine, Haussteine, Bruchsteine und Gussmauerwerk verwendet. Die entstehenden Zwischenräume wurden mit verschiedenen Materialien verfüllt. Eine weit verbreitete Variante des Fußbodenaufbaus bei nicht unterkellerten Gebäuden war ein Dielenboden auf einer gestampften Lehmschicht. Meist waren aber auch die Lagerhölzer für den Dielenboden nur auf eine Sandschicht gelegt und mit Sand oder Lehm verfüllt. Eine weitere Möglichkeit war der auf einer Sandschicht verlegte Steinboden.

5.2.3 Dach und oberste Geschossdecke

Der obere Abschluss der energetisch relevanten Gebäudehülle erfolgt, abhängig von der Nutzung, in der Dachebene oder in der obersten Geschossdecke. Die damaligen Dachkonstruktionen waren grundsätzlich mit den Prinzipen der Ständer- und Gerüstbauweise zu vergleichen. Die Eigenschaften der Hüllkonstruktion unterschieden sich durch die verwendete Dachhaut und durch die Füllweise der Gefache. Die Dachdeckung erfolgte durch eine weiche (Stroh, Schilfgras, Holzschindel) oder harte Bedachung (Ziegel, Schiefer, Stein, Metall). Aus Gründen des Feuerschutzes und des Materialverschleißes wurden ursprüngliche Weichdächer bei vielen Bauwerken durch harte Bedachungen ersetzt. Die Füllung der Gefache erfolgte vielfach durch mit Lehm verstärkte Strohwickeln und einen unterseitigen Putz als Abschluss.

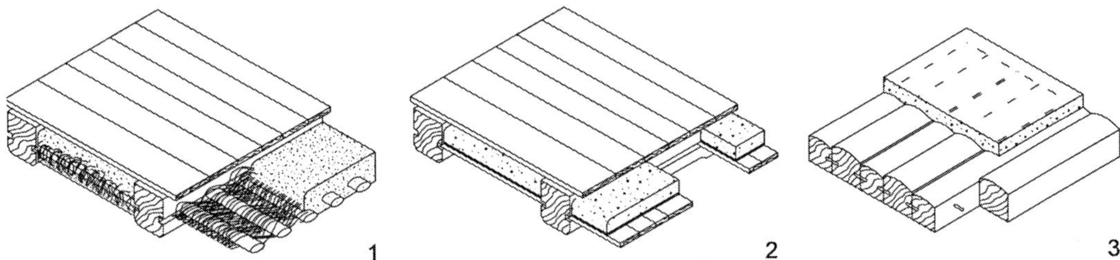

Bild 5-6 Deckenkonstruktionen für die oberste Geschossdecke
1 Windelboden
2 Einschubdecke
3 Dübelboden

Ähnliche Aufbauten, mit einer Fußbodendielung oberhalb der Holzbalken, verwendete man auch häufig für die oberste Geschossdecke. Die Holzbalkendecken unterschieden sich in der Art der Füllung der Balkenzwischenräume in Windelboden, Wickelboden und Einschubdecken. Eine Ausnahme bildete die Dübeldecke.

5.2.4 Fenster

Die Frühformen des Fensterverschlusses durch Tierhäute oder durchscheinende Steine wie Alabaster sind in Mitteleuropa im Baubestand kaum noch vorzufinden. Zahlenmäßig weit häufiger kommen noch die Verglasungen aus Butzenglas und Zylinderglas vor. Bis in das

20. Jahrhundert wurden durch das Zylinderglas- und das Butzenglasverfahren nahezu sämtliche Fenstergläser erzeugt. Ausnahmen blieben beispielsweise das Tellerglas und das Mondglas. Die Herstellung dieser Gläser beruhte auf Abwandlungen der voran genannten Verfahren.

Als Rahmenmaterial für Fensterkonstruktionen diente überwiegend Holz, das in verschiedenen Ausführungen als Blend-, Block-, Zargenrahmen und Flügelrahmen verarbeitet wurde. Häufig kam hochwertiges und witterungsbeständiges Eichenholz zum Einsatz. Dadurch blieben die Fensterrahmen unbehandelt beziehungsweise konnten schon durch eine leicht pigmentierte Leinölbehandlung gegen Witterungseinflüsse geschützt werden. Die Glaseinfassung erfolgte in Rahmennuten oder in Bleiruten bei unterteilten Gläsern.

Bild 5-7 Charakteristische Fensterformen vor 1871
1   Mittelkreuzstockfenster mit in Blei gefasstem Butzenglas
2   Mittelkreuzstockfenster mit rechteckigen Scheiben
3   Klassizistisches Kreuzstockfenster mit hochgesetztem Querholz und Sprossen
4   Klassizistisches Kreuzstockfenster mit hochgesetztem Querholz
5   Zweiflügliges Fenster aus einem Fachwerkhaus

Das gebräuchlichste Fenster war das Einfachfenster, das zur Verbesserung der Wärmedämmung oft mit vorgehängten Winterflügeln ergänzt wurde. In dieser Baualtersklasse sind sehr viele verschiedene Fensterformen anzutreffen. Zu den charakteristischen Fensterformen zählten das Mittelkreuzstockfenster und das klassizistische Kreuzstockfenster. Als Kreuzstockfenster galten auch die späteren Konstruktionen, in denen der untere Mittelpfosten durch eine überfälzte Stulpverbindung das untere Flügelpaar ersetzte. In der Barockzeit wurden zahlreiche Neuerungen im Bereich des Fensterbaues eingeführt. Die Nutverglasung wurde zunehmend durch eine Fassung der Verglasung mittels Kittfalz verdrängt. Ebenfalls ersetzten Holzsprossen die davor häufig verwendeten Bleiruten. Auch im Bereich der Beschläge wurden in der Barockzeit neben dem verbreiteten Vorreibern, der Espagnolette-Beschlag und der Bascule-Beschlag zum Verschluss der Fenster entwickelt. Die beweglichen Flügel blieben noch auf Dreh- und Schiebeflügel beschränkt.

Aus energetischer Sicht haben die vielfältigen gestalterischen Varianten der historischen Fenster nur eine untergeordnete Bedeutung. In erster Linie spielt die Anzahl der Scheibenebenen die Hauptrolle für das energetische Verhalten. Zudem kommt die allgemeine Dichtigkeit der Fenster hinzu. Sie hat einen großen Einfluss auf die Lüftungsverluste des gesamten Gebäudes.

5.2.5 Repräsentant für ein Fachwerkhaus

Fachwerkhaus

Gebäudetyp:
Wohngebäude

Baualter:
1897

Beheizte Fläche:
2528 m²

Bruttorauminhalt:
14 630 m³

Bauteil	Beschreibung	U-Wert (W/m²K)
Außenwand EG	50 cm starke Außenwände aus Bruchsteinmauerwerk aus der Region; beidseitig verputzt; Fenster- und Türlaibungen in Ziegelmauerwerk	2,2
Außenwand 1. OG	16 cm starke Außenwände in Fachwerkbauweise; Gefachfüllung aus Lehmflechtwerk; raumseitig mit Lehmputz verputzt; 14 cm Holzständer	1,7
Fußboden EG (Nicht unterkellert)	Bodenbelag auf Dielung und Lagerhölzern direkt auf Erdreich; Holzbalken in Sandbett; Luftraum unterhalb der Dielung	1,15
Oberste Geschossdecke	Holzbalkendecke mit Windelboden; Einschub aus Windelstaken; Füllung mit Strohlehm; oberseitig Dielung; unterseitig Kalkputz auf Spalierlatten (Brettschalung)	1,0
Fenster	Ursprünglich Zweiflügelfenster mit Pfosten; Einfachverglasung; Sprossen Teilweise nachträgliche Einflügelfenster; Isolierglas; aufgesetzte Sprossen	4,8/1,6

5.3 Gründerzeit

In der zweiten Hälfte des 19. Jahrhunderts traten für den Umfang und die Gestalt der mitteleuropäischen Bauweisen maßgebende Veränderungen ein. Im Zuge der voranschreitenden Industrialisierung und des wirtschaftlichen Aufschwungs entstanden durch eine Neubauwelle bisher unbekannten Ausmaßes ganze neue Stadtviertel. Den größten Teil dieser Baualtersklasse bildeten die meist von privaten Wohnungsbaugesellschaften errichteten etwa vier- bis sechsgeschossigen Gebäude in Blockrandbebauung und zahlreiche Gebäude für die staatliche Verwaltung. Eine weitere große Gruppe waren Siedlungsbauten, die am Anfang des 20. Jahrhundert in ersten Gartenstadtprojekten entstanden.

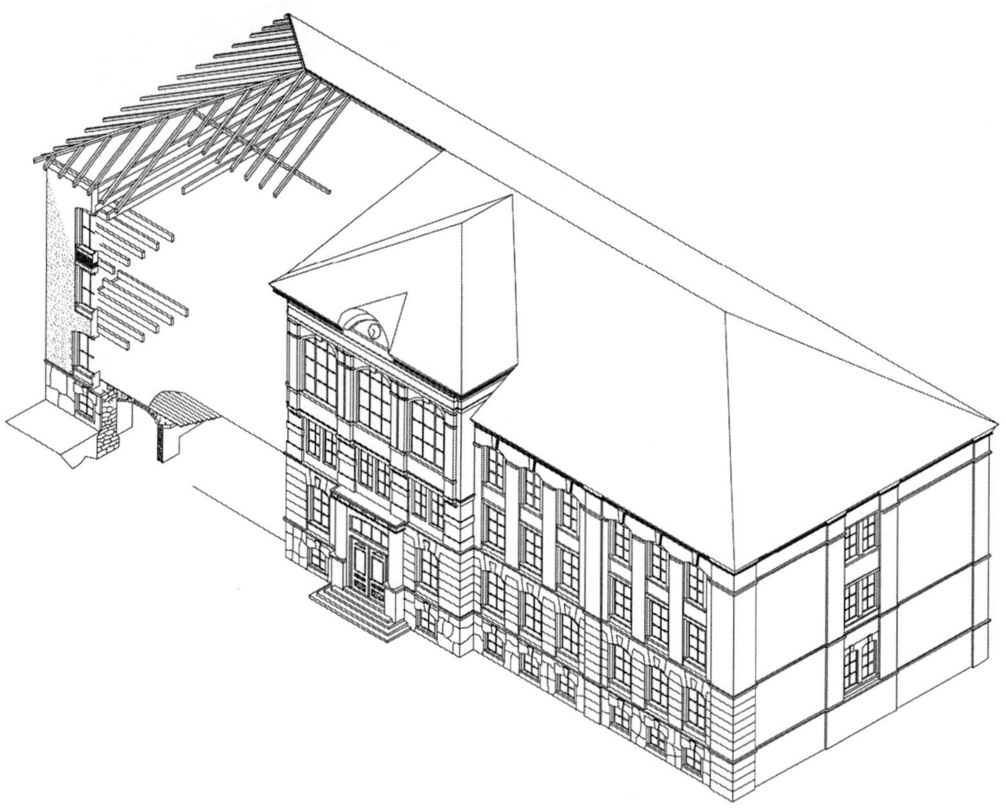

Bild 5-8 Isometrische Darstellung eines gründerzeitlichen Schulgebäudes

Die äußere Gestalt war durch reich dekorierte Fassaden geprägt, deren Einzelformen verschiedenen Neostilbewegungen des 19. Jahrhunderts folgten. Später wurde die äußere Gestalt stark durch den Jugendstil beeinflusst. Die Erhaltung dieser reich verzierten Straßenfassaden bildet auch seitens der Denkmalpflege ein wichtiges Schutzziel. An die Baukonstruktionen dieser Baualtersklasse wurden durch die beginnende Einführung von bindenden Bauordnungen zunehmend normierte und hohe Anforderungen gestellt. Weiterhin standen durch eine mechanisierte Produktion auch die benötigten Baumaterialien in ausreichender Menge zur Verfügung. Das führte zu soliden Bauwerken mit einer für damalige Verhältnisse hohen energetischen Qualität.

5.3.1 Außenwand

Die Außenwandkonstruktionen lassen sich prinzipiell in die gleichen Bauweisen der vorangegangen Baualtersklasse einteilen. Der Schwerpunkt lag jedoch auf den Massivbauweisen aus künstlichen und natürlichen Steinen. Die traditionellen Holz- und Lehmbauweisen verloren an Bedeutung und kamen meist nur noch im ländlichen Bereich vor. Nach 1900 lassen sich vereinzelt Fachwerkelemente als Verblendkonstruktion an Stadtvillen und repräsentativen Wohnhäusern finden.

Der gebräuchlichste Baustoff dieser Baualtersklasse war der gebrannte Ziegel. Durch die Fortschritte in der Fertigung und die Umstellung von manueller zu mechanisierter Produktion stand dieses Erzeugnis in großen Mengen und in unterschiedlichen Arten zur Verfügung. Beispielsweise wurden gebrannte Ziegel als Mauerziegel, Verblendziegel, Lochziegel, poröse Ziegel hergestellt. Diese Ziegel wurden im Mauerverband als Vollmauerwerk oder als Hohlmauerwerk ausgeführt. Neben dem Ziegel sind auch noch weitere künstliche Steine, wie erste Kalksandsteine oder Hüttensteine, seit ungefähr 1860 eingesetzt worden.

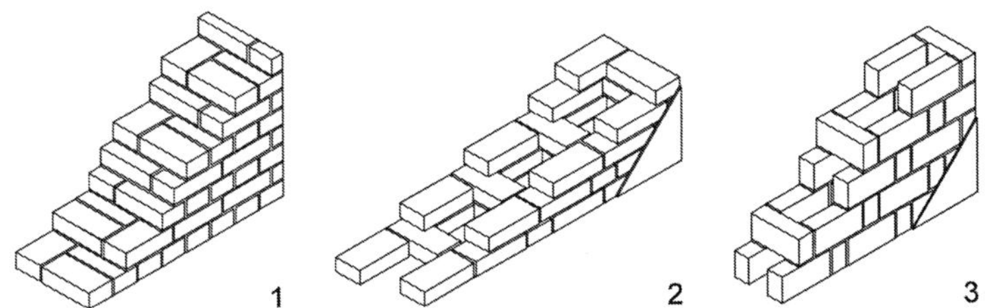

Bild 5-9 Ziegelwandkonstruktionen als Voll- und Hohlmauerwerk
1   Vollmauerwerk im Blockverband
2   Hohlmauerwerk mit senkrechter Luftschicht
3   Hohlmauerwerk im Kästelverband

Naturstein wurde häufig als Verblendung und für Schmuckelemente verwendet. War er in ausreichender Menge und kostengünstig in Baustellennähe vorhanden, so wurden auch weiterhin vielmals Vollwandkonstruktionen aus Naturstein errichtet. Die Dimensionierung der Konstruktionen erfolgte nach statischen Gesichtspunkten. Vor 1870 betrug die Wanddicke ungefähr 1/8 der aufgehenden Wandhöhe für Ziegelmauerwerk und 1/6 für Bruchsteinmauerwerk. Nach der Reichsgründung wurden die Wanddicken zunehmend über die Vorschriften der gültigen Bauordnungen geregelt.

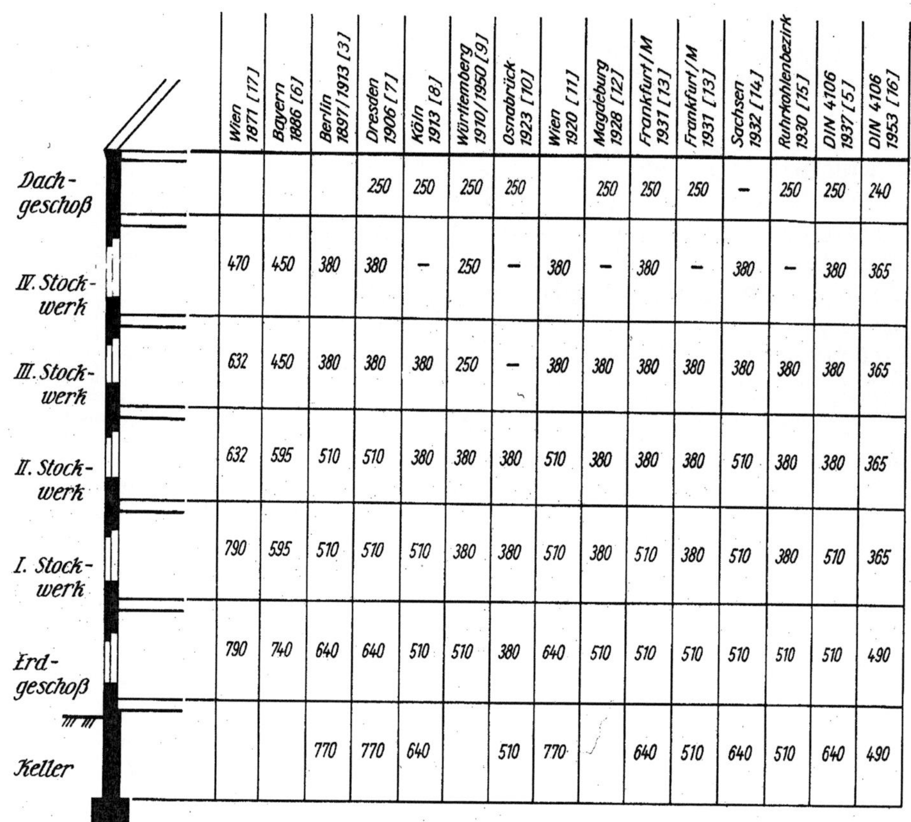

	Wien 1871 [17]	Bayern 1886 [6]	Berlin 1897/1913 [3]	Dresden 1906 [7]	Köln 1913 [8]	Württemberg 1910/1950 [9]	Osnabrück 1923 [10]	Wien 1920 [11]	Magdeburg 1928 [12]	Frankfurt/M 1931 [13]	Frankfurt/M 1931 [13]	Sachsen 1932 [14]	Ruhrkohlenbezirk 1930 [15]	DIN 4106 1937 [5]	DIN 4106 1953 [16]
Dachgeschoß				250	250	250	250		250	250	250	–	250	250	240
IV. Stockwerk	470	450	380	380	–	250	–	380	–	380	–	380	–	380	365
III. Stockwerk	632	450	380	380	380	250	–	380	380	380	380	380	380	380	365
II. Stockwerk	632	595	510	510	380	380	380	510	380	380	380	510	380	380	365
I. Stockwerk	790	595	510	510	510	380	380	510	380	510	380	510	380	510	365
Erdgeschoß	790	740	640	640	510	510	380	640	510	510	510	510	510	510	490
Keller			770	770	640		510	770		640	510	640	510	640	490

Bild 5-10 Landesbauordnungsrechtliche Mindestwandstärken nach 1871 (Quelle: Ahnert)

5.3.2 Kellerdecke und Fußboden

In der Gründerzeit wurden Kellerräume hauptsächlich durch die so genannten Kappendecken abgeschlossen. Dabei handelte es sich um aus einem Kreissegment gebildete, flach gewölbte Konstruktion. Tonnengewölbe wurden zunehmend seltener und zurückgedrängt. Als Baumaterial für das Gewölbe wurden gebrannte Ziegel verwendet und ab etwa 1890 auch Eisenbeton. Bei der Ausführung wurde vorrangig der Kufverband angewendet. Dabei wurden die Ziegelschichten parallel zur Tonnenachse angeordnet. Eine weitere Möglichkeit neben dem Kufverband war der Ringverband. Die Ziegel wurden mit ihren langen Seiten orthogonal zur Tonnenachse angeordnet. Durch den Ringschichtverband konnte man auf eine vollflächige Schalung verzichten. Für die Ausführung genügte ein ungefähr 60 cm breiter Rutschbogen. Eine freihändige Ausführung, also ohne Schalung, war mittels eines Schwalbenschwanzverbandes möglich. Bei dieser Konstruktion wurden die Steinschichten von der Mitte oder den Ecken beginnend diagonal zur Wölbachse geführt. In der Regel wurden diese Verbände als ½ Stein starke Gewölbe ausgebildet. Im Auflagerbereich und bei größeren Spannweiten war auch eine Verstärkung auf 25 cm möglich. Die Widerlager bei allen Verbänden wurden durch massive Wände, gemauerte Gurtbögen oder durch Stahlträger ausgebildet. Als Füllstoffe dienten Bauschutt, Sand und Schlacke.

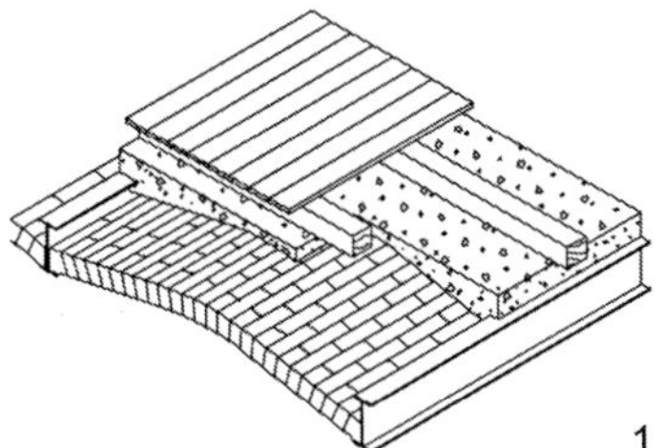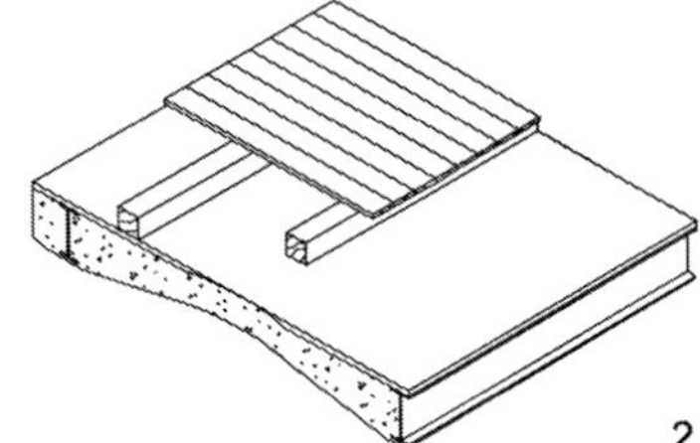

Bild 5-11 Kappendecken um 1900
1 Preußische Kappendecke mit Stahlträgern als Auflager
2 Frühe gewölbte Eisenbetondecke

Ende des 19. Jahrhunderts wurden auch schon erste ebene Massivdecken eingesetzt. Die nach vielfältigen Konstruktionsweisen errichteten ebenen Kellerdecken nahmen aber erst in der folgenden Baualtersklasse eine dominierende Stellung ein. Die Fußböden gegen das Erdreich wurden weiterhin durch einen Dielenfußboden auf Lagerhölzer ausgebildet. Sie wurden in einer Bettung aus Schlacke oder auch Sand verlegt. Als Abdichtung diente eine Bitumenbahn.

5.3.3 Dach und oberste Geschossdecke

Im 19. Jahrhundert war die thermische Grenze eines Gebäudes nicht durch eine Wärmedämmschicht abgegrenzt. Die Aufgaben der heutigen Dachebene wurden auf die verschiedenen Bauglieder, Dachraum, Dachhaut und Dachhautträger aufgeteilt. Dem nicht ausgebauten Dachraum wurde die Schutzfunktion gegen Kälte und Wärme zugeordnet. In dem ausgebauten Dachgeschoss wurden weiterhin Strohlehmwickel eingesetzt. Bei hohem Wohnraumbedarf wurden auch nachträglich Dachräume zu Wohnzwecken genutzt. Dazu wurde oftmals nur ein Putz auf Schilfrohmatten als Putzträger und aufgenagelten Latten als Bekleidung an den Dachsparren angebracht. Wesentlich solider, aber aus energetischer Sicht völlig unzureichend, war eine zusätzliche Ziegelschale zwischen den Sparren.

Die häufigste Lösung für die oberste Geschossdecke blieb auch in dieser Baualtersklasse die Holzbalkendecke. Im Vergleich zur vorangegangen Altersstufe wurden die typischen mit Lehm verstrichenen Schwartenhölzer des Einschubs weniger in einer eingestemmten Nut, sondern in der Regel auf seitlich angenagelten Latten gelagert.

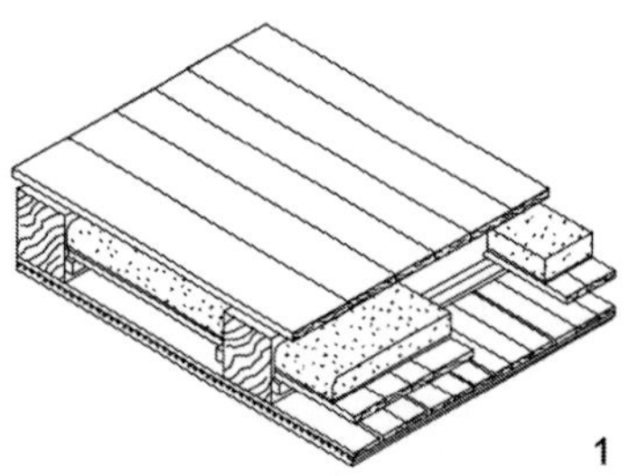

Bild 5-12 Oberste Geschossdecke in Form einer Einschubdecke

Die Auffüllung des Einschubs erfolgte mit Sand, Schlacke, Lehmgemischen und teilweise mit Baustoffresten. Die Unterseite der Decke verkleidete man durch einen Putz auf Schilfrohrmatten oder anderweitigen Putzträgern.

5.3.4 Fenster

Das am meisten eingebaute Fenster in dieser Baualtersklasse war das Einfachfenster mit einer Einfachverglasung. Neben diesen bekannten Konstruktionen entwickelte sich im 19. Jahrhundert aus den Zusatzverglasungen der Wintermonate über das Doppelfenster das in der Gründerzeit für die Straßenfassade häufig verwendete Kastenfenster. Im Hofseitenbereich waren aber oft auch noch Einfachfenster angeordnet. Die Verglasungen bestanden aus Zylinderglas. Das äußere Erscheinungsbild wurde stark durch das für diese Zeit typische Galgenfenster geprägt. Ein höher liegender Kämpfer teilte das Fenster in ein Oberlicht mit einem in dieser Altersklasse erstmals ausgeführten Kippflügel und in den unteren Bereich mit zwei Drehflügeln.

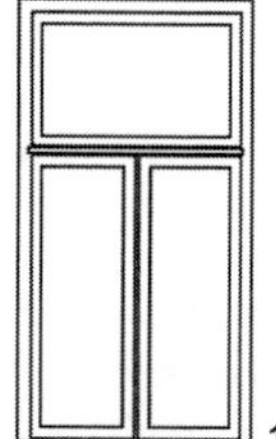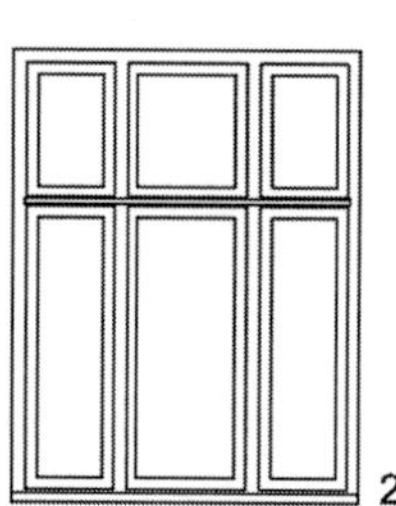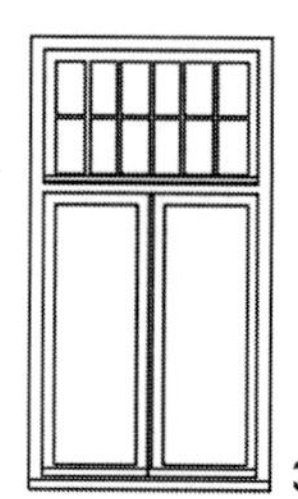

Bild 5-13 Typische Fenster um die Jahrhundertwende
1   Gründerzeitliches Galgenfenster
2   Drillingsfenster
3   Jugendstil-Galgenfenster
4   Jugendstil-Drillingsfenster

Um die Jahrhundertwende wirkte sich der Einfluss des Jugendstils auf den Fensterbau aus. Dabei wurde das durch mehrere Sprossen gegliederte Oberfenster über sprossenlosen unteren Flügeln zum besonderen Merkmal für mittlere und große Fenster dieser Stilrichtung.

5.3.5 Repräsentant der Gründerzeit

Mittelschule Ehrenfriedersdorf

Gebäudetyp:
Schulgebäude

Baujahr:
1897

Beheizte Fläche:
2528 m²

Bruttorauminhalt:
14 630 m³

Bauteil	Beschreibung	U-Wert (W/m²K)
Außenwand KG/EG	90 cm/70 cm starke Außenwände aus Bruchsteinmauerwerk mit Gneis, Granit und Schiefer aus der Region; beidseitig verputzt; Fenster- und Türlaibungen sowie einzelne Innenquerwände in Ziegelmauerwerk	1,90/2,5
Außenwand 1. OG/2. OG	54 cm/37 cm starke Außenwände aus Vollziegelmauerwerk; beidseitig verputzt; Fensterlaibungen und Sohlbänke als Werksteine in Sandstein ausgeführt	1,2/1,65
Fußboden EG (nicht unterkellert)	Bodenbelag auf nachträglich eingebrachtem Estrich auf Dielung und Lagerhölzern; 85 cm Luftraum unterhalb der Dielung	1,15
Kellerdecke	Kappengewölbe der Bauzeit, Ziegelmauerwerk; Wölbung auf Kuf, verschiedene Spannrichtungen; Verfüllung der Kappen mit Mörtelgemisch/Schuttverfüllung in unterschiedlichen Ausführungen; Bodenbelag auf Dielung und Lagerhölzern	0,85
Oberste Geschossdecke	Holzbalkendecke als Einschubdecke; Einschubbretter auf seitlich angeschlagenen Holzleisten; Füllung mit Sand/Mörtelresten; oberseitig Dielung; unterseitig Kalkputz auf Rohrgeflecht auf Sparschalung (Brettschalung)	1,0
Fenster	Ursprünglich gründerzeitliche Kreuzstockfenster mit hochgesetztem Querholz und Einfachverglasung; Teilweise nachträgliche Verbundfenster als Kreuzstockfenster mit mittlerem Querholz	4,8/2,4

5.4 Zwischenkriegszeit

Die Zwischenkriegszeit war durch eine Pluralität traditioneller sowie fortschrittlicher Bauweisen geprägt. Begründet aus den Idealen des deutschen Werkbundes vor dem Ersten Weltkrieg bekamen die Ideen des Neuen Bauens einen immer größeren Einfluss auf das Bauwesen. Verbunden waren die neuen Entwurfsansätze mit der Verwendung neuer Materialien beziehungsweise mit Materialien, die von der experimentellen Versuchsphase zur Massenanwendung geführt wurden. Neben der häufigen Verwendung von Glas, Stahl, Beton und Ziegel wurden auch schon erste Dämmmaterialien wie Torfoleum, Heraklith, HWL-Platten, Kork und verschiedene Faserzementplatten eingesetzt. Neben dem Neuen Bauen wird aber ein Großteil der Gebäude durch den Traditionalismus geprägt. Nach der Machtergreifung der NSDAP wird der Heimatstil sogar zur dominierenden Architektur für Wohn- und Siedlungsbauten.

Die Bauaufgaben reflektieren die gesellschaftlichen Veränderungen nach dem Ersten Weltkrieg. Dazu zählten die Beseitigung der Wohnungsnot und das Schaffen befriedigender Wohnverhältnissen. So entstanden in dieser Zeit vorrangig große Wohnsiedlungen und wegweisende Verwaltungsbauten, Schulbauten, Krankhäuser und Sportstätten. Für den denkmalgeschützten Bereich sind aber auch die herausragenden programmatischen Villenbauten und die vielfältigen Pionierprojekte des industriellen Bauens bedeutungsvoll. Durch ihre Innovationen auf dem Gebiet der Planung und Vorfertigung begründen sie einen Teil ihres Denkmalwertes.

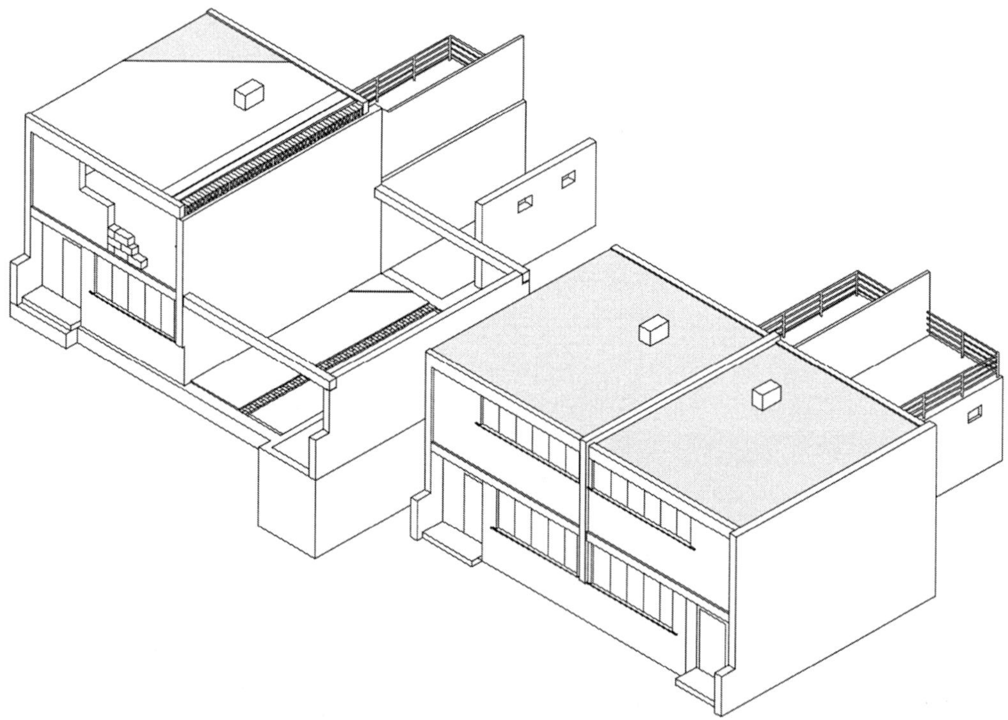

Bild 5-14 Isometrische Darstellung eines Siedlungshauses vom Typ Sietö I in Dessau

Die Konstruktionen dieser Baualtersklasse sind wesentlich filigraner als in der Gründerzeit. Verstärkte Kosten- und Materialreduzierung führten zu den so genannten Sparbauweisen. Als Konsequenz sind auch die Bauwerke energetisch meist ungünstiger zu bewerten als die Gebäude der vorangegangenen Baualtersklasse. Neben den neuen Bauweisen bewahrt der klassische Mauerwerksbau seine dominierende Stellung im Wohngebäudebestand.

5.4.1 Außenwand

Durch die gleichzeitigen Einflüsse aus Moderne und Traditionalismus treten in dieser Baualtersklasse neben den tradierenden Mauerwerkskonstruktionen neuartige und zukunftsweisende Außenwandkonstruktionen auf. In der Zwischenkriegszeit nahm die Vielfalt der Außenwandkonstruktionen und Materialien wesentlich zu. Neben den immer noch vorherrschenden Ziegeln wurden vermehrt Kalksandsteine, Bimssteine, Betonsteine und auch Schlackensteine in Form von Voll- und Hohlsteinen verwendet.

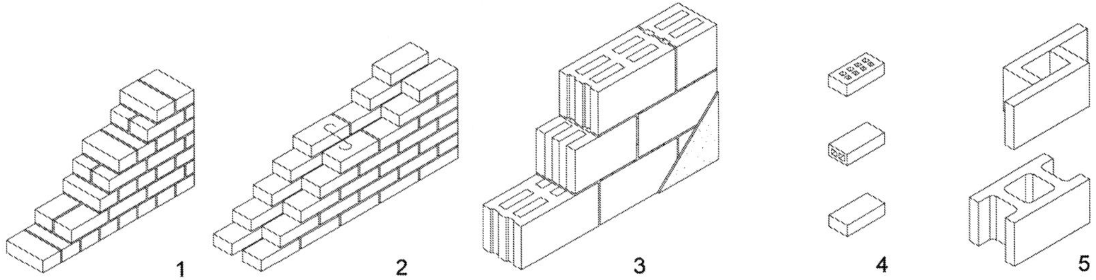

Bild 5-15 Typische Wandkonstruktionen der Zwischenkriegszeit
1   Traditionelles Vollmauerwerk
2   Hohlmauerwerk
3   Hohlblocksteine
4. Vollziegel und verschiedene Hohlziegel
5. Patentsteine

Für Siedlungsbauten wurden verstärkt Hohlmauerkonstruktionen angewendet. Der Mangel an Baustoffen und Brennstoffen führte unter der Verwendung von Beton zu zahlreichen Ersatzbauweisen. Durch Zugabe von Bimskies, Hochofenschlacke, Verbrennungsschlacke oder Treibmitteln als Zuschlagstoffe wurde Leichtbeton in verschiedenen Wandkonstruktionen eingesetzt. Die größte Weiterentwicklung für die Außenwand entstand durch die erneuerten Konstruktionsarten der Moderne. Beispielsweise ermöglichten die Skelettbauweisen eine Entmaterialisierung der Außenwand und somit den großflächigen Einsatz von Glas als Fassadenmaterial. Die ursprüngliche Form der Außenwand als Lochfassade wurde durch neuartige Fassadenkonzepte revolutioniert. Diese ersten Versuche waren aber bauphysikalisch noch nicht ausgereift und blieben in Deutschland auf wenige Bauwerke beschränkt.

5.4.2 Kellerdecke und Fußboden

Ab 1900 entwickelte sich eine Vielzahl von ebenen massiven Deckenkonstruktionen, die als bewährte und genormte Lösungen häufig in der Zwischenkriegszeit für Kellerdecken eingesetzt wurden. Die massiven Konstruktionen ließen sich in Stahlsteindecken, Stahlbetonplattendecken, Stahlbetonrippendecken und Stahlbetonbalkendecken unterteilen.

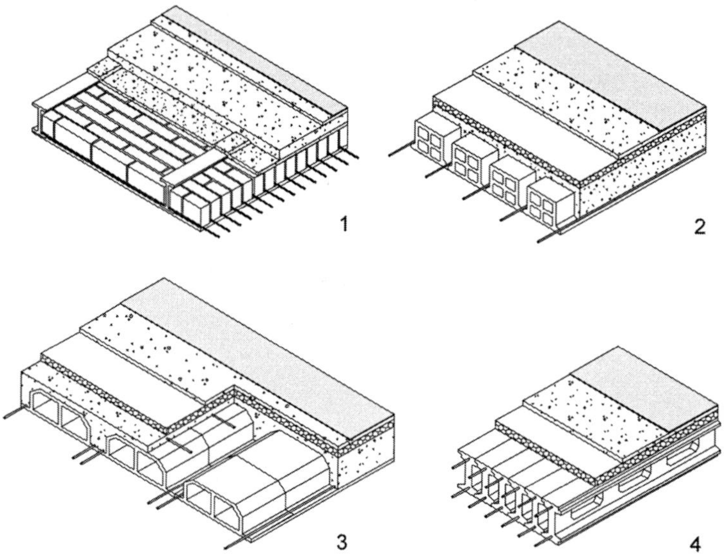

Bild 5-16 Ausführungsvarianten von Massivdecken
1   Kleinesche Decke
2   Stahlsteindecke
3   Stahlbetonrippendecke
4   Stahlbetonbalkendecke

Die historische Terminologie der Deckenkonstruktionen wurde in den Bestimmungen vom Deutschen Ausschuss für Eisenbeton 1932 beschrieben. Als Steineisendecken wurden mit Eisen bewehrte Steindecken mit und ohne Betondruckschicht verstanden, bei denen Voll- und Hohlsteine zur Aufnahme von Betondruckspannungen herangezogen wurden. Mit dem Begriff „Eisenbetonrippendecken" wurden Decken mit höchstens 70 Zentimeter Rippenabstand und einer mindestens fünf Zentimeter starken Druckplatte bezeichnet. Die Decken konnten auch statisch unwirksame Hohlsteine und Füllkörper enthalten.

Massiv-Balkendecken bestanden aus vorgefertigten Balken, die auf einer Baustelle zu einer Rohdecke verlegt wurden und deren Fugen durch Mörtel oder Leichtbeton geschlossen wurden. Die hier verwendeten Begriffe beruhen auf den genannten Definitionen, werden aber zu zeitgemäßen Bezeichnungen überführt.

Die Stahlsteindecken wurden in dieser Baualtersklasse sehr häufig mit Stahlträgern als Haupttragglied ausgeführt und mit Hohlziegeln oder Hohldielen ausgefacht. Die Konstruktionen können mit einer Bewehrung, wie bei der häufig verwendeten Kleineschen Decke, oder auch als unbewehrte Konstruktion, wie bei der Försterdecke, auftreten.

Nachdem das Tragverhalten der frühen Eisenbetondecken erforscht und durch Versuche überprüft war, veränderten sich die frühen Konstruktionsformen beispielsweise von leicht gewölbten Decken hin zu mit heute vergleichbaren ebenen Massivdecken. Diese Konstruktionen waren nun auch verstärkt im Verwaltungs- und im Wohnungsbau anzutreffen. Für die Einsparung von Beton und zur Minderung des Eigengewichts wurden als Ersatz für die volle Stahlbetonplatte auch Stahlbetonrippendecken angewendet. Im Gegensatz zu den genannten Deckenkonstruktionen benötigte die Stahlbetonbalkendecke keine Schalung und nur geringe Mengen an Mörtel. Diese Bauweisen bestanden aus industriell vorgefertigten Elementen, die auf der Baustelle mit geringem Aufwand zu einer Kellerdecke montiert wurden.

5.4.3 Dach und oberste Geschossdecke

Neben den traditionellen Steildachkonstruktionen wurden in dieser Baualtersklasse auch vermehrt Flachdächer ausgeführt. Die unterschiedlichen Ansichten zum flachen und steilen Dach führten zu heftigen Diskussionen in der damaligen Baupresse. Vertreter des Neuen Bauens, wie Walter Gropius, sahen das flache Dach als zentrales Gestaltungselement der Architektur und gleichzeitig als eine wirtschaftliche Lösung an. Dagegen sprachen Traditionalisten dem steilen Dach Vorteile bei der Dauerhaftigkeit und bei der Nutzung zu.

Das steile Dach wurde in der Tradition der vorangegangenen Baualtersklassen fortgeführt. Ein tragendes Dachgerüst aus Holz wurde vorrangig mit Materialien wie Ziegel, Schiefer, Bitumenpappe, Metall oder Holzzement eingedeckt. Das flache Dach, als wichtiges Element des Neuen Bauens, wurde als Holzkonstruktion, aber überwiegend als massive Konstruktion ausgeführt. Die Konstruktionsarten der tragenden Elemente waren mit den beschriebenen Deckensystemen für Kellerdecken identisch. Somit wurden Stahlsteindecken, Stahlbetonplattendecken, Stahlbetonrippendecken und Stahlbetonbalkendecken als Dachhautträger eingesetzt. Die Dachhaut wurde durch bituminöse Bedachungsstoffe, Metalldeckungen und durch Holzzementdeckung ausgeführt. Für das steile sowie das flache Dach wurden teilweise verschiedene Dämmstoffe wie Torfoleum, Heraklith, Kork oder unterschiedliche Faserzementplatten zur Wärmedämmung verwendet. Die vorhandenen geringen Dämmstoffstärken genügen aber ebenso wie die noch oftmals ungedämmten Varianten nicht den heutigen energetischen und bauphysikalischen Anforderungen.

5.4.4 Fenster

Wie für diese Baualtersklasse typisch, waren auch für die Gestaltung der Fenster zwei unterschiedliche Entwicklungsrichtungen zu beobachten. Eine Fortführung des traditionellen Fensterbaus mündete in den so genannten Heimatstil, wogegen im Neuen Bauen funktionsbetonte, großflächige und sprossenlose Fenster bevorzugt wurden.

Für sparsame und einfach errichtete Wohnhäuser war eine Hinwendung zu kleineren Fensterformen zu erkennen. Ein nahezu fassadenbündiger Einbau verringert die bei innerem Anschlag gegebene Schattenwirkung der Laibung.

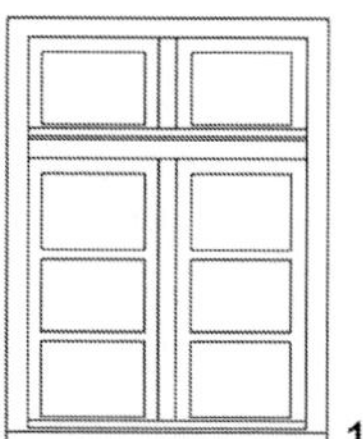 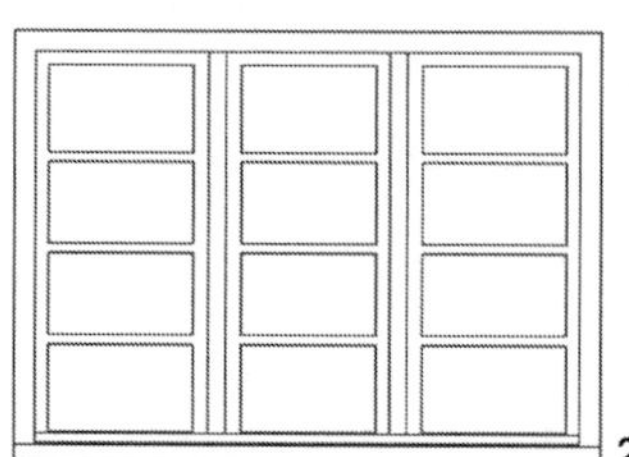 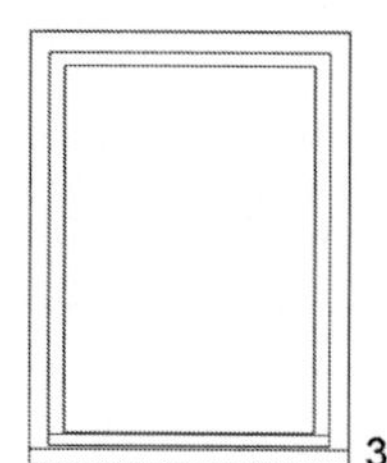

Bild 5-17 Charakteristische Fenster der Zwischenkriegszeit
1   Waagerecht gegliedertes Heimatstilfenster
2   Dreiteiliges Heimatstilfenster
3   Sprossenloses Fenster des Neuen Bauens

Die Ausführung der Fenster wurde an die schlichtere Fassadengestaltung angeglichen, lediglich Schlagleisten und Kämpfer wurden mit einfachen Profilierungen versehen. Die gebräuchlichsten Materialien für die Herstellung von Holzrahmenfenstern waren Kiefern- und Fichtenholz sowie in seltenen Fällen auch noch Eichenholz. Bestand der Wunsch nach dünneren Rahmen und Sprossen, wurden Stahlfenster eingesetzt. Insbesondere im Neuen Bauen wurden Stahlfenster bevorzugt. Die vorhandenen Produktionskapazitäten der Kriegswirtschaft nach dem Ersten Weltkrieg in der Metallverarbeitung trugen ebenfalls zur Förderung von Stahlfenstern bei. Charakteristisch wurden großflächige Eckfenster und Fensterbänder.

Eine bedeutsame Weiterentwicklung für die Fensterglasscheiben dieser Baualtersklasse war die Einführung des mechanischen Ziehprozesses zur Erzeugung von Tafelglas ab dem Jahre 1914 nach dem Fourcault-Verfahren. Dieses Verfahren revolutionierte die Flachglasherstellung und ermöglichte erstmals eine industrielle Massenproduktion von Fensterglas. Das auf diese Weise produzierte Ziehglas hatte an der Oberfläche leichte, vertikal zur Ziehrichtung liegende Ziehwellen, die schon bei Durchsicht, aber insbesondere im Reflexionsbild erkennbar waren. Für hochwertigere Verglasungen wurde Spiegelglas mit einer besseren Oberflächenqualität eingesetzt. Dabei wurde das aus dem Gießverfahren beziehungsweise aus dem Walzverfahren gewonnene Rohglas durch Schleifen und Polieren veredelt.

5.4.5 Repräsentant der Zwischenkriegszeit

Hufeisensiedlung

Gebäudetyp:
Wohngebäude

Baujahr:
1927

Beheizte Fläche:
108 m²

Bruttorauminhalt:
463 m³

Bauteil	Beschreibung	U-Wert (W/m²K)
Außenwand EG	36,5 cm starke Außenwände aus Vollziegelmauerwerk; beidseitig verputzt; 25 cm starke Trennwände aus Vollziegel zwischen den Gebäuden; beidseitig verputzt	1,59
Kellerdecke	Stahlsteindecke vom System Sperle mit Deckenhohlsteinen aus gebranntem Ton ohne Betondruckzone, Unterseite nicht verputzt; Bodenbelag auf Holzdielung	1,53
Oberste Geschossdecke	Holzbalkendecke als Einschubdecke; Einschubbretter auf seitlich angeschlagenen Holzleisten; Füllung mit Schlacke; oberseitig gehobelte Dielung; unterseitig Kalkputz auf Rohrgeflecht auf Sparschalung (Brettschalung)	0,9
Dach	Satteldachkonstruktion mit vermörtelter Bieberschwanzeindeckung; ohne Unterspannbahn; nicht verfüllter Gefachbereich; Dämmung aus Torfplatten; unterseitig verputzt	1,03
Kehlbalkenlage	Unterseitig bekleidete Kehlbalken mit geringer Dämmung im Gefachbereich; unterseitig Kalkputz auf Rohrgeflecht auf Sparschalung (Brettschalung)	0,85
Fenster	Kastenfenster mit zwei Scheibenebenen aus Holz; horizontal gegliederte Sprossen; Einfachfenster mit einer Scheibenebene aus Holz; horizontal gegliederte Sprossen	2,7/4,5

5.5 Nachkriegszeit

Kurz nach 1945 dominierten einfache und schlichte Bauweisen in der Tradition der Zwischenkriegszeit. Trotz des geteilten Deutschlands wiesen die Gebäude der Nachkriegszeit durch die gravierenden Auswirkungen des Zweiten Weltkrieges viele gemeinsame Merkmale auf. Unmittelbar in der Nachkriegszeit bestimmten Materialknappheit und Wohnungsmangel das Bauwesen. Das führte zu material- und kostensparenden Bauweisen, die den Wärmeschutz der Gebäudehülle stark vernachlässigten. Im städtischen Bereich wurden die entstandenen Baulücken durch Geschosswohnungsbauten mit minderer Bauqualität rasch geschlossen.

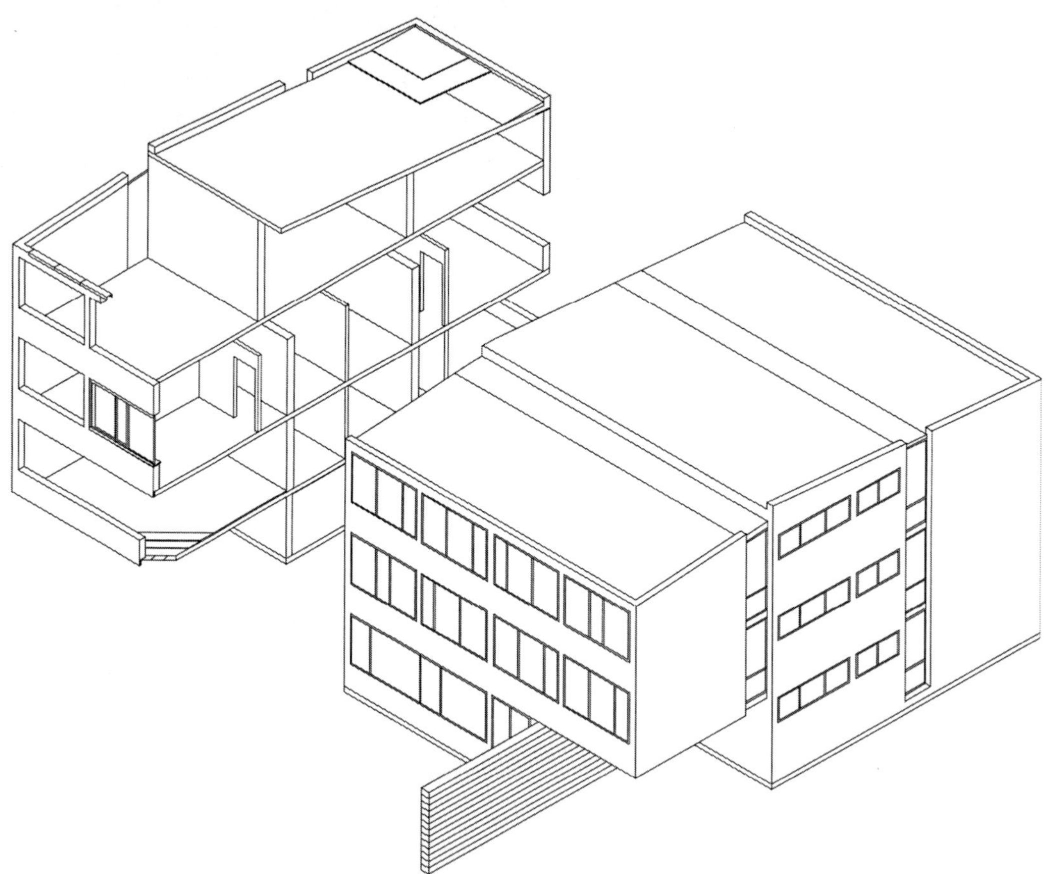

Bild 5-18 Isometrische Darstellung eines Studentenwohnheimes

Durch das kulturpolitische Klima in der sowjetischen Besatzungszone begann die Nachkriegsmoderne im Vergleich zum Westen erst mit Verspätung in der DDR. Die stalinistische Politik führte zur Rückbesinnung auf handwerkliche Bautechniken und zu einer traditionellen Formensprache. Erst nach dem Tod Stalins, Mitte der fünfziger Jahre, setzte der kulturpolitische Wandel ein. Dieser Umschwung und die gleichzeitigen wirtschaftlichen Notwendigkeiten führten zu einem Durchbruch des industriellen Bauens von Wohn- und Verwaltungsgebäuden nach dem Vorbild der architektonischen Moderne.

5.5.1 Außenwand

In den ersten Jahren des Wiederaufbaus waren die Wandkonstruktionen stark von der Verwendung von Trümmerschutt geprägt. Trümmerverwertungsgesellschaften bereiteten Mauerziegel zur direkten Wiederverwendung auf und stellten aus Trümmerschutt den häufig verwendeten Ziegelsplittbeton her. Prinzipiell ließen sich die Konstruktionen in tragende und nichttragende Außenwände unterscheiden. Die tragenden Wände wurden nach dem Vorbild der vorangegangenen Baualtersklassen ausgeführt. Neben den traditionellen Ziegeln wurden künstliche Steine aus Ziegelsplittbeton, Leichtbeton, Bimsstein, Kalksandstein als Vollsteine und Hohlsteine in verschiedenen Stärken vermauert.

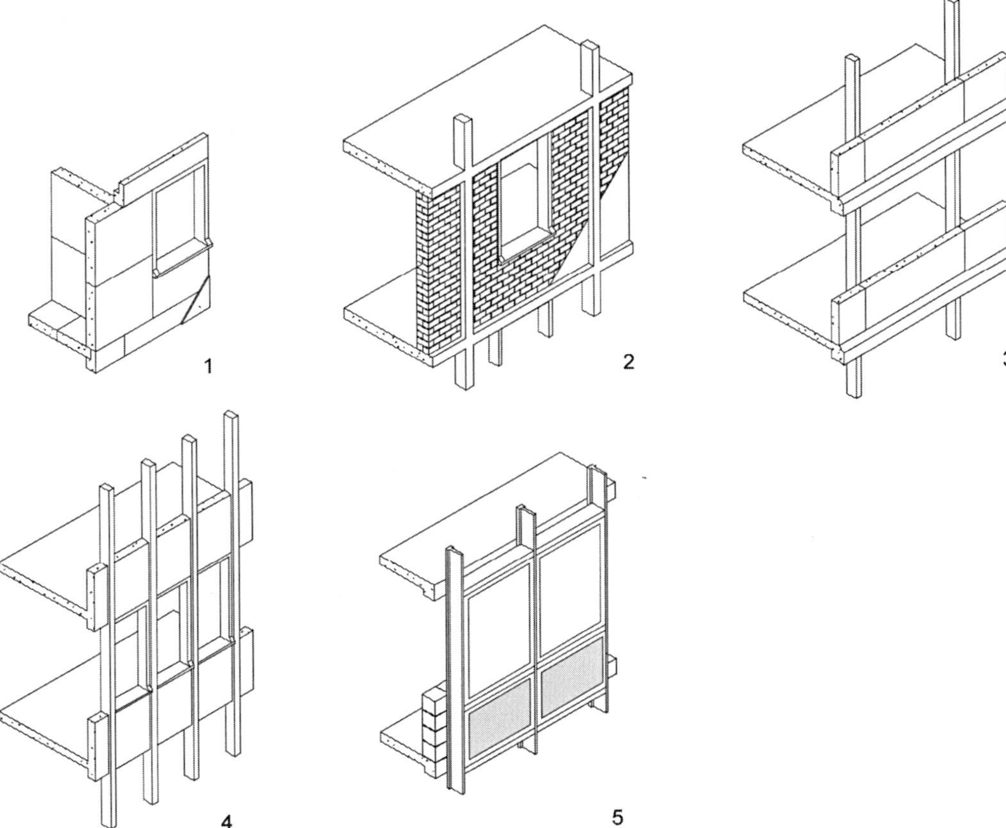

Bild 5-19 Tragende und nichttragende Außenwandkonstruktionen
1 Blockbauweise
2 Rasterfassade mit Mauerwerkausfüllung
3 Horizontale Skelettfassade mit Betonbrüstungen
4 Vertikale Skelettfassade mit Betonbrüstungen
5 Vorhangfassade als Pfosten-Riegelkonstruktion

Der gewaltige Bedarf an Wohnungen in einer kurzen Zeit erforderte schnell die Rationalisierung der konventionellen Mauerbauweisen. Das führte in den fünfziger Jahren zur Anwendung großformatiger Hohlblocksteine. Insbesondere wurde auf dem Gebiet der ehemaligen DDR die Anwendung industriell gefertigter Bauprodukte zur bestimmenden Bauweise. Als erste Montagebauweise wurde die Großblockbauweise angewendet. Dabei wurden bis zu 800 Kilogramm schwere Elemente aus Ziegelsplittbeton, Leichtbeton oder Schwerbeton mit Mauermörtel zu Außenwänden verbunden.

Im westlichen Teil Deutschlands begann die Wiederaufnahme nach den Konzepten des Neuen Bauens und damit der Beginn der Nachkriegsmoderne etwas früher. Diese Entwicklung führte zu differenzierten Außenwandkonstruktionen mit einer Trennung von Trag- und Hüllfunktion. Speziell die Büro- und Geschäftsbauten wurden häufig mit nichttragenden Außenwänden in Verbindung mit einer Skelettkonstruktion ausgeführt. Die Skelettfassade als Ausfachung des Skelettrasters durch Fassaden- und Fensterelemente bildete die erste Entwicklungsstufe.

Ab Mitte der fünfziger Jahre wurde die Vorhangfassade (Curtain Wall) mit zurückliegendem Tragskelett als neuer Fassadentypus gleichzeitig zu den bestehenden Loch- und Skelettfassaden für die Gebäudehülle angewendet. Die frühen Vorhangfassaden besaßen oft noch einen handwerklichen Charakter und hatten nur eine geringe Vorfertigungstiefe. Die Vorgänger der modernen Bauweise kamen schon Anfang des 20. Jahrhundert beispielsweise im Haillidie Building, San Francisco (1918) und am Hauptgebäude der Schuhleistenfabrik Fagus, Alfeld an der Leine (1911/1912) zum Einsatz. Ein großer Durchbruch dieser Konstruktionen in Deutschland blieb aber vor dem Zweiten Weltkrieg verwehrt. Die bevorzugten Materialen für die Oberflächen der Fassaden waren helle Putze, Natursteinplatten (Travertin, Muschelkalk), Keramik und Glasmosaike. Weiterhin wurden mit der Einführung von Vorhangfassaden farbiges Glas, eloxiertes Aluminium und emaillierte Stahlbleche vielfach eingesetzt.

5.5.2 Kellerdecke und Fußboden

Während des Wiederaufbaus kamen vorwiegend material- und kostensparende Massivdecken zum Einsatz. Häufig wurden die gegenüber der Vorkriegszeit modifizierten Stahlsteindecken, Stahlbetonrippendecken und Stahlbetonbalkendecken im größeren Umfang verwendet.

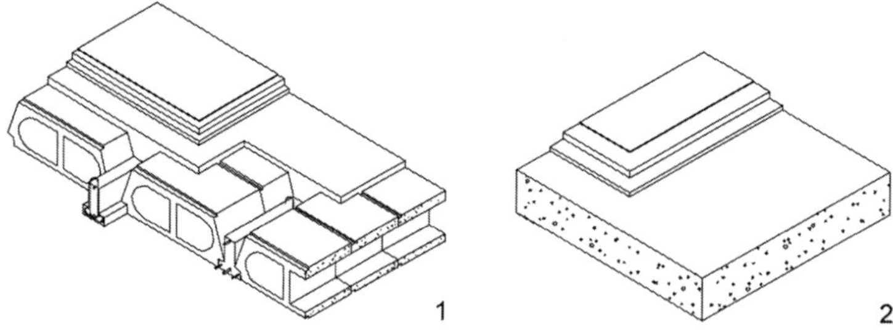

Bild 5-20 Massivdecken

1 Ziegeleinhängedecke
2 Stahlbetondecke

Dies Konstruktionen zeichneten sich durch einen geringen Material- und Schalungsbedarf aus und konnten relativ einfach in ausgebrannte Gebäude nachträglich eingebaut werden.

Tendenziell nimmt bei den Bauweisen der Nachkriegzeit der Grad an industrieller Vorfertigung zu. So wurden vielmals so genannte Ziegeleinhängedecken aus vorgefertigten bewehrten Ziegelträgern eingesetzt, die mit großformatigen Hohlsteinen gefüllt und vergossen wurden. Durch die Verwendung von Fertigteilbalken wurde keine Schalung benötigt und die erforderliche Ortbetonmenge reduziert.

Neben diesen Halblfertigteilbauweisen wurden auch häufig massive Stahlbetondecken ausgeführt. In der untermittelbaren Nachkriegszeit wurde dafür vielfach ein Ziegelsplittbeton aus Kriegstrümmern verwendet. Als typischer Fußbodenaufbau wurde auf die Tragschichten ein schwimmender Estrich verlegt. Zwischen Estrich und Tragschicht wurden dünne Dämmschichten aus beispielsweise Holzwolle-Leichtbauplatten angeordnet.

5.5.3 Dach und oberste Geschossdecke

In der unmittelbaren Nachkriegszeit wurden Flach- und Steildächer im gleichen Maße errichtet. Die Entwicklung der folgenden Jahre tendierte für Mehrfamilienhäuser und Verwaltungsbauten zum Flachdach. Für die Tragkonstruktionen war Beton der dominierende Baustoff. Innerhalb der Großblockbauweisen wurden auch Steildächer mit Stahlbetonsparren hergestellt, die in der Regel nicht ausgebaut waren. Flachdächer wurden direkt auf die oberste Geschossdecke als Warmdach oder über einen Kriechraum als Kaltdach angeordnet. Als Dachkonstruktionen wurden Ortbetonplatten oder vorgefertigte Dachsysteme verwendet. Bei vorgefertigten Lösungen kamen häufig Kassettenplatten und Stahlbetonhohldielen zum Einsatz. Die Dachhaut wurde bei Steildächern weiterhin traditionell mit einer Ziegeldeckung sowie mit Beton-, Schiefer- und Pappschindeln aufgebaut. Für Flachdächer wurden in erster Linie Bitumendachbahnen verwendet. Als Dämmstoffe wurden Füllstoffe sowie fabrikmäßige Platten und Matten verarbeitet. Die Grundstoffe waren Schlacke, Bimskies, Kork, Holz-, Glas- oder Schlackenwolle. Die eingesetzten Dämmstoffdicken sind nach heutigen Gesichtspunkten völlig unzureichend. Als besonders problematisch sind Wärmebrücken durch beispielsweise thermisch ungetrennte Dachüberstände anzusehen.

5.5.4 Fenster

Nach dem Zweiten Weltkrieg setzte sich der Funktionalismus im Fensterbau erneut durch. Daraus folgten großformatige und sprossenlose Fensterflächen. Für den Wohnungsbau blieb Holz das bevorzugte Rahmenmaterial. Dagegen wurden im Verwaltungsbau für Fenster und Fassadenkonstruktionen vorwiegend Stahl und Aluminium eingesetzt. Da jedoch meist nach alten Fertigungsgrundsätzen gearbeitet wurde, sind die Fensterkonstruktionen sehr schadensanfällig. Oft kam es schon in den späten fünfziger Jahren zu Frühschäden an neueingebauten Fenstern. Die verwendeten Fensterkonstruktionen lassen sich in Einfachfenster, Kasten- und Verbundfenster unterteilen. Als Öffnungsarten war besonders das Wendeflügelfenster beliebt, aber auch Schiebe-, Kipp- und Schwingflügel waren für die Nachkriegsmoderne typisch. Als Glasart kam im Wohnungsbau weiterhin Ziehglas zum Einsatz, wogegen im Verwaltungsbau vorrangig hochwertiges Spiegelglas verwendet wurde.

5.5.5 Repräsentant der Nachkriegzeit

Siedlung Schillerpark

Gebäudetyp:
Wohngebäude

Baualter:
1956

Beheizte Fläche:
1516 m²

Bruttorauminhalt:
4470 m³

Bauteil	Beschreibung	U-Wert (W/m²K)
Außenwand EG	24 cm starke Außenwände aus Hohlblocksteinen (Hbl), Rohdichte 1000–1600 kg/m³; beidseitig verputzt; Kalkzementedelputz; ungedämmt	1,56
Kellerdecke	Linoleum auf Gussasphaltestrich; 10 cm Ziegelsplitt-beton-Vollplatte; 2 cm Schlackenwolle; 4 cm Heraklitplatten unterseitig	0,87
Dach	Flachdach mit Bitumendachabdichtung; mehrschalige Konstruktion mit zwischenliegenden Dämmschichten; 1,5 cm Holzfaserplatten / 2 cm Holzwolle-Leichtbauplatten (HWL); 2 Lagen Bitumenabdichtungsbahnen; Dampfsperre; 15 cm / 5 cm Sta-Ka-Decke; unterseitig verputzte Rabitzdecke zum Innenraum	0,74
Blumenfenster	Geschosshohe Doppelfassade mit zwei Scheibenebenen, Holzrahmen, Einfachverglasung, Wärmebrücke infolge durchgehender Balkonplatte aus Ziegelsplittbeton	2,39
Fenster	Holz-Verbundfenster mit zwei Scheibenebenen; Einfachverglasung; keine Sprossen; Dreh- und Kippfunktion	2,68

5.6 Sechziger Jahre

Die Auswirkungen des Krieges mit Material- und Wohnungsmangel waren größtenteils überwunden. Die Wirtschaftsproduktion erreichte den Stand der Vorkriegszeit. Gleichzeitig begann eine neue Phase der gesellschaftlichen Entwicklung, verbunden mit einem Strukturwandel im Wohn- und Verwaltungsbau. Das Prinzip „Urbanität durch Dichte" wurde zum prägenden Leitmotiv für die Architektur und den Städtebau der sechziger Jahre. Das führte zu einer Reihe von Experimenten mit neuen Baustoffen und Bauweisen. Im städtischen Bereich dominierte der Geschosswohnungsbau mit streng gerasterten Fassaden. Bei den Nichtwohngebäuden hielt in dieser Baualtersklasse der so genannte Expressionismus Einzug.

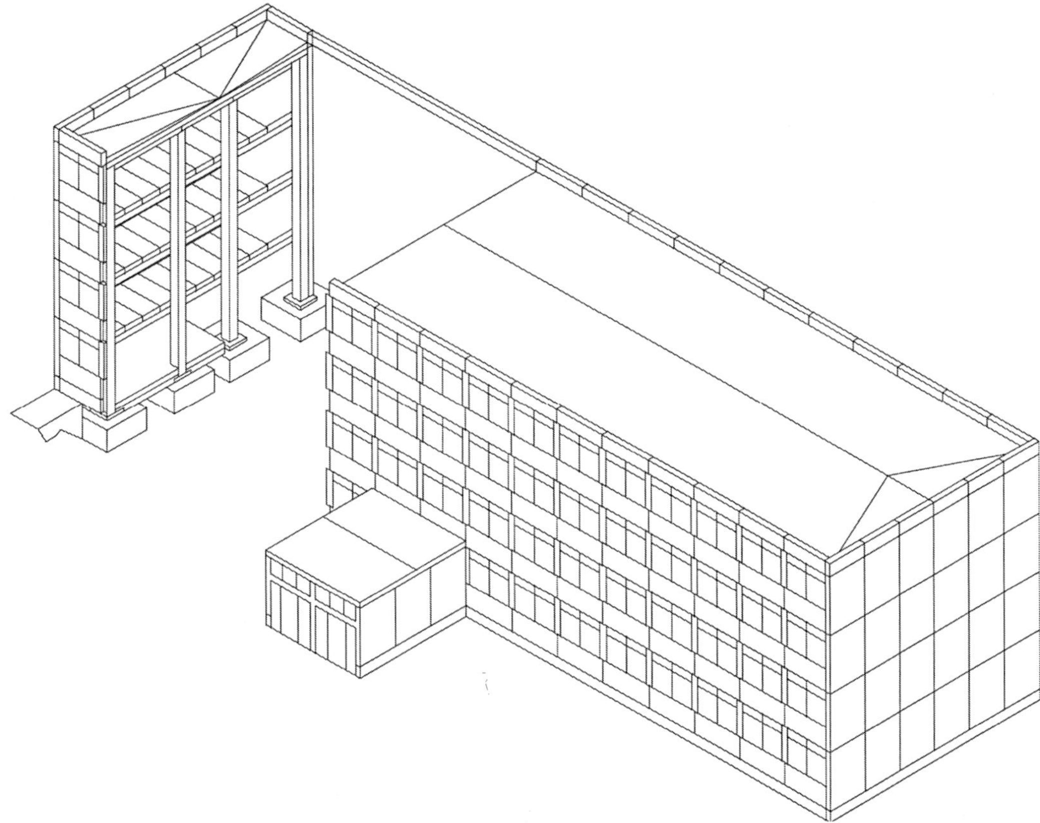

Bild 5-21 Stahlbetonskelettbau mit Vorhangfassade

Im Gebiet der ehemaligen DDR dominierte das staatliche Wohnungsbauprogramm das Bauwesen. Dabei standen industrielle Bauweisen mehr im Vordergrund als in den westlichen Gebieten. Aus denkmalpflegerischer Sicht sind derzeit nur einige wenige städtebauliche Projekte und innovative Verwaltungsbauten herauszuheben. Die Bauschäden der fünfziger Jahre und die Einführung der DIN 4108 „Richtlinien für den Wärmeschutz im Hochbau" im Jahre 1952 begünstigte die Entwicklung neuer Dämmstoffe. Dadurch wurde der großflächige Einsatz von Schaumglas und Kunstharzschäumen eingeleitet.

5.6.1 Außenwand

In den sechziger Jahren war ein starker Unterschied zwischen den Bauweisen für den Kleinhausbau und den Konstruktionen für größere Gebäude vorhanden. Für den Kleinhausbau blieb der Mauerwerksbau mit tragenden Außenwänden aus Hohlblocksteinen und Hochlochziegeln vorherrschend. Für den denkmalgeschützten Bereich waren eher herausragende Verwaltungs- und Wohnbauten sowie deren städtebauliche Einbindung von Bedeutung. Die Grundformen der Fassadenkonstruktionen hatten sich bereits Ende der fünfziger Jahre ausgebildet und wurden in den sechziger Jahren weiterentwickelt.

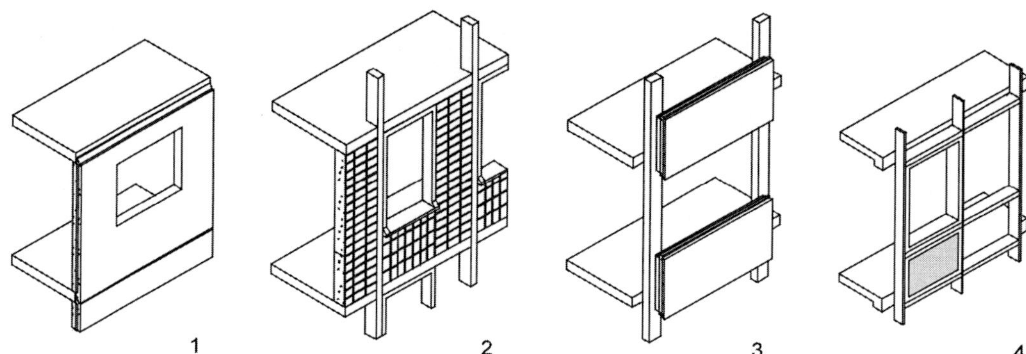

Bild 5-22 Fassadenkonstruktionen der 1960er Jahre
1   Plattenbauweise
2   Rasterfassade mit Betonfertigteilen
3   Vorhangfassade mit Betonfertigteilelementen
4   Vorhangfassade als Pfosten-Riegelkonstruktion

Die Skelettfassaden wurden mit Mauerwerk, Betonfertigteilen, Glas und Fensterelementen ausgefacht. Einerseits blieben Deckenkanten und Stützen gemeinsam sichtbar, andererseits wurden aber auch nur jeweils die Deckenkanten oder Stützen sichtbar gelassen, um die Horizontale beziehungsweise die Vertikale zu betonen. Aus energetischer Sicht sind diese Durchdringungen gravierende Wärmebrücken und verursachen dadurch spätere Bauschäden. Im Gegensatz zu den Skelettfassaden blieb bei den Vorhangfassaden oder bei den vorgestellten Fassaden das Primärtragwerk hinter der Gebäudehülle verborgen. Dadurch konnten zumindest die konstruktiven Schadenspunkte reduziert werden. Verwaltungsbauten wurden in dieser Baualterstufe häufig mit einschaligen Glasvorhangfassaden in einer Pfosten-Riegel-Bauweise verkleidet. Im Vergleich zu den Konstruktionen der fünfziger Jahre wurden die Qualität und der Vorfertigungsgrad gesteigert. In den sechziger Jahren wurden die Fassadensysteme erstmals durch thermisch getrennte Profile, durch Dichtungsprofile aus dauerelastischen Synthesekautschuk und durch Isolierverglasung verbessert. Die Erscheinung der Architektur wurde durch die gebräuchlichen Materialien wie Waschbeton, Keramik, polierter Granit, bruchrauer Quarzit, dunkel getöntes Glas und eloxiertes Metall geprägt.

Auch in Ostdeutschland haben sich für besondere Bauaufgaben und für einen Großteil der Verwaltungsbauten die Stahlbetonskelettkonstruktionen mit den dazugehörigen Fassadensystemen durchgesetzt. Im Wohnungsbau wurde die Montagebauweise durch eine Vergrößerung der verarbeiteten Einzelelemente weiter rationalisiert. Die Großblockweise wurde zur Streifen- und Plattenbauweise weiterentwickelt.

5.6.2 Kellerdecke und Fußboden

Waren die vorangegangen Baualtersklassen durch eine große Material- und Formenvielfalt gekennzeichnet, so begannen sich die ausgeführten Deckenformen im rezenten Bestand in den sechziger Jahren zu reduzieren und Stahlbeton wurde zum dominierenden Material. Insbesondere bei der Errichtung von Gründungsplatten, Kellerwänden und Kellerdecken überwogen die monolithischen Konstruktionen. Unter anderem wurde diese Bauweise durch den häufig auftretenden Fall begünstigt, dass sich der Grundriss des Kellergeschosses von den aufgehenden Geschossen unterschied und sich dadurch eine Geschossbauweise erst im oberen Bereich des Gebäudes anbot.

Stahl und Beton wurden im Verbund als Ortbetonvariante, als Halbfertigteil und als Fertigteil für Kellerdecken eingesetzt. Die Ausführungsart integrierte sich in das Konzept für die Herstellung des gesamten Primärtragwerks. Der Fußbodenaufbau wurde häufig durch einen schwimmenden Estrich auf einer Dämmschicht ausgebildet. Als Wärmedämmstoffe wurden Materialien auf Styrolgrundlage sowie Mineralfaserplatten bevorzugt. Jedoch sind die Dämmstoffstärken mit ungefähr zwei bis drei Zentimeter als sehr gering einzuschätzen.

5.6.3 Dach und oberste Geschossdecke

In den sechziger Jahren war das Flachdach die vorherrschende Dachkonstruktion. Aus thermischer Sicht lassen sich die Flachdachkonstruktionen in Kaltdach-, Warmdach- und Umkehrdachsysteme untergliedern.

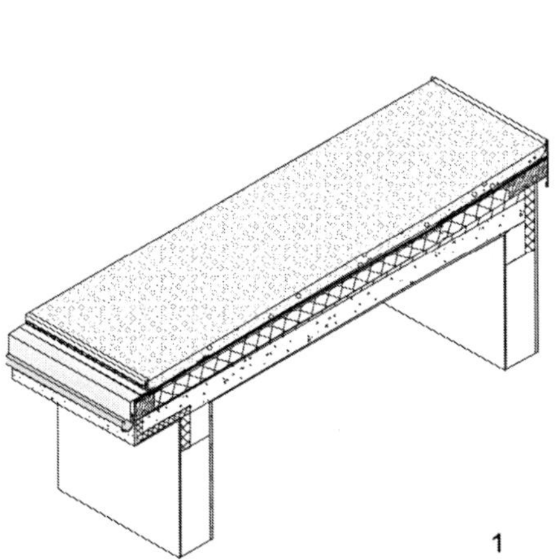
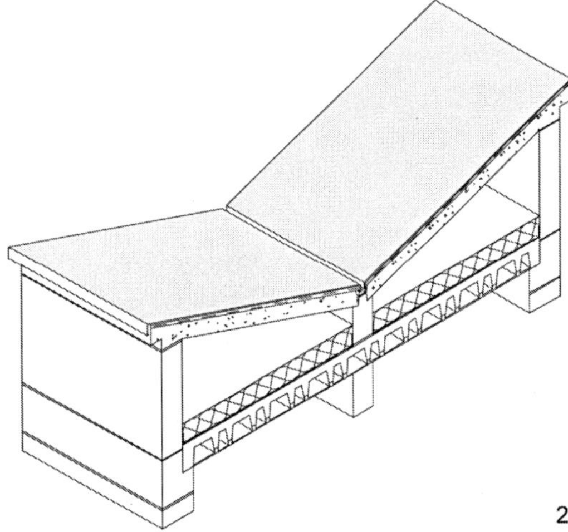

Bild 5-23 Flachdachkontruktionen
1 Flachdach als Warmdach
2 Schmettlerlingsdach als Kaltdach

Als Wärmedämmung wurden bevorzugt Schaumglasplatten und Schaumstoffplatten auf Styrolgrundlage, aber auch verschiedene Naturfaserplatten eingesetzt. Problematisch waren in dieser Baualtersklasse noch die ausgeführten Dämmstoffstärken sowie die teilweise fehlerhafte Ausführung aller notwendigen Funktionsschichten. Eine gewisse Sicherheit gewährleisteten vorgefertigte Wärmedämmplatten, die schon aus einer Falzpappe, einer Dampfsperre, einer Wärmedämmung und der untersten Papplage der Dachhaut bestanden. Als Dichtungsschichten wurden Bitumenbahnen, Polymerbitumenbahnen und Kunststoffdichtungsbahnen eingesetzt.

Im Wohnungsbau der DDR ging man mehr und mehr zum flachgeneigten Dach aus vorgefertigten Streifen- und Plattenelementen über. Als Dachformen kamen sowohl flachgeneigte Satteldächer als auch Schmetterlingsdächer mit Innenentwässerung zum Einsatz.

5.6.4 Fenster

Mittels Materialkombinationen aus Holz, Aluminium und Kunststoff stieg die Qualität der Fenster ab dem Ende der fünfziger Jahre. Gleichzeitig wurde durch die Einführung des industriellen Floatglasverfahrens die zweite technische Revolution in der Flachglasherstellung erreicht. Eine weitere wichtige Neuerung für den Fensterbau dieser Baualtersklasse war die Verwendung von Mehrscheiben-Isoliergläsern. Durch zwei miteinander luftdicht verbundene Scheiben wurde die Wärmedämmung der Fenster erheblich verbessert.

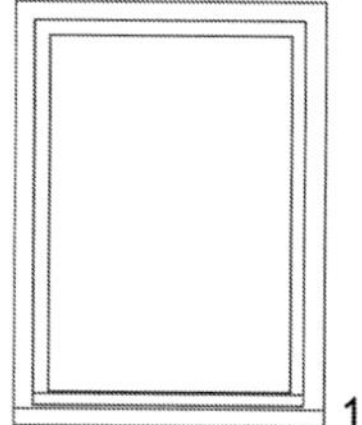  

Bild 5-24 Funktionale Fenstergestaltung der 1960er Jahre
1   Einfachfenster
2   Symmetrisches Doppelfenster
3   Unsymmetrisches Doppelfenster

Seit Ende der fünfziger Jahre kamen im Verwaltungsbau häufig die randverlöteten Systeme Thermopane und Cudo beziehungsweise das randverschweißte System Gado zum Einsatz. Grundsätzlich wurde im Fassaden- und Fensterbau eine hohe Transparenz angestrebt. Das führte durch eine Reduktion der Profile zu filigranen Fensterkonstruktionen. Im Wohnungsbau waren sprossenlose unsymmetrische Fenster mit jeweils einem großen und einem kleinen Flügel häufig anzutreffen.

5.6.5 Repräsentant der Sechziger Jahre

Pflanzenphysiologische Institut der FU Berlin

Gebäudetyp:
Lehrgebäude

Baualter:
1969

Beheizte Fläche:
8140 m²

Bruttorauminhalt:
43 000 m³

Bauteil	Beschreibung	U-Wert (W/m²K)
Außenwand Opak	31,5 cm starke Außenwände aus Stahlbeton; innenseitig verputzt; außenseitig mit vorgehängter hinterlüfteter Fassade; 3,0 cm Mineralfaserdämmplatte; Unterkonstruktion aus Holz, Eternit-Glasalplatten als Verkleidung	0,932
Vorhangfassade	Pfostenfassade mit Stahlprofilen, Stahlverbundfenster mit zwei Scheibenebenen; ohne thermische Trennung; Brüstungselement mit Opalglas, Schaumglasdämmung, Gipskartonverkleidung zum Innenraum	3,163
Fußboden EG (nicht unterkellert)	Bodenbelag auf Estrich mit Feinausgleichsschicht; 15,0 cm Unterbeton; 2,5 cm Mineralfaserdämmplatten / 4,0 cm Korksteinplatten, 2 Lagen Abdichtung	0,93
Decke (Außenluft von unten)	PVC-Belag/Fliesen auf Estrich mit Feinausgleichsschicht; 22 cm / 8 cm Sta-Ka-Decke mit 4,0 cm Steinwolle und Luftschicht; unterseitig verputzte Rabitzdecke gegen Außenluft	0,49
Dach	Flachdach mit Bitumendachabdichtung; Deckschicht aus Grobkies und Feinkies; 3 Lagen Bitumenabdichtungsbahnen; 5,0 cm Korksteinplatten; Dampfsperre; Stahlbetonvollplatte	0,63
Fenster	Holz-Verbundfenster mit zwei Scheibenebenen; Stahlfenster mit Isolierverglasung Stahlfenster mir Einfachverglasung	2,9 / 3,8 / 5,8

5.7 Weiterführende Literatur

Ahnert, Rudolf; Karl H. Krause: *Typische Baukonstruktionen von 1860 bis 1960: Band 1. 6. Auflage.* Berlin: Verlag Bauwesen, 2000.

Bedal, Konrad: *Historische Hausforschung.* 2. Auflage. Bad Windesheim : Fränkisches Freilandmuseum, 1995.

Böhmer, Heike; Güsewelle, Frank: *U-Werte alter Bauteile.* Stuttgart: Fraunhofer IRB, 2005.

Bundesarbeitskreis Altbauerneuerung (BAKA) e. V.: *Bauen im Bestand.* Köln: Verlagsgesellschaft Rudolf Müller, 2006.

Fiedler, Alfred; Helbig, Jochen: *Das Bauernhaus in Sachsen. Berlin*: Akademie Verlag, 1967

Frick, Otto; Knöll, Karl; Neumann, Friedrich: *Baukonstruktionslehre: Teil 1. 23. Auflage.* Stuttgart: B. G. Teubner, 1968.

Frick, Otto; Knöll, Karl; Neumann, Friedrich: *Baukonstruktionslehre: Teil 2. 23. Auflage.* Stuttgart: B. G. Teubner, 1968.

Giedion, Sigfried: *Raum, Zeit, Architektur: Die Entstehung einer neuen Tradition.* 3. Auflage. Basel; Boston; Berlin: Birkhäuser Verlag, 1996.

Gilly, David: *Handbuch der Landbaukunst.* 3. Auflage. Berlin: Vieweg Verlag, 1805.

Mielke, Friedrich: *Die Zukunft der Vergangenheit: Grundsätze, Probleme und Möglichkeiten.* Stuttgart: Deutsche Verlags-Anstalt, 1975.

Mislin, Miron: *Die Geschichte der Baukonstruktion: Band 1: Antike bis Renaissance.* 2. Auflage. Düsseldorf: Werner Verlag, 1997.

Mislin, Miron: *Die Geschichte der Baukonstruktion: Band 2: Vom Barock bis zur Neuzeit.* 2. Auflage. Düsseldorf: Werner Verlag, 2002.

Schittich, Christian; Staib, Gerald; Balkow, Dieter; Schuler, Matthias; Sobek, Werner: *Glasbau Atlas.* 2. Aufl. München: Detail, 2006.

Schneck, Adolf G.: *Fenster aus Holz und Metall.* Stuttgart: Julius Hoffmann Verlag, 1932.

Scholz, Siegfried: *Grundlagen der Montagebaukonstruktionen.* 4. Auflage. Berlin: Verlag für Bauwesen, 1975.

Siedler, E. Jobst: *Die Lehre vom Neuen Bauen: Ein Handbuch der Baustoffe und Bauweisen.* Berlin: Bauwelt Verlag, 1932.

Warth, Otto: *Die Konstruktionen in Stein.* 7. Auflage. Leipzig: J. M. Gebhardt's Verlag, 1903.

Wasmuth, Günther (Hrsg): Wasmuths Lexikon der Baukunst: Band 2. Berlin: Verlag Ernst Wasmuth, 1929.

Wiel, Leopold: *Baukonstruktionen des Wohnungsbaues.* 2. Auflage. Leipzig: BSB B. G. Teubner, 1974.

Wuppertal Institut für Klima, Umwelt, Energie (Hrsg.); Planungsbüro Schmitz (Hrsg.); Bundesarchitektenkammer (Hrsg.): *Energiegerechtes Bauen und Modernisieren. Grundlagen und Beispiele für Architekten, Bauherren und Bewohner.* Basel: Birkhäuser, 1996.

6 Gebäudehülle

6.1 Schutzfunktionen

Die Gebäudehülle, als Trennung zwischen dem konditionierten Innen- und dem Außenraum, muss eine Vielzahl von Funktionen erfüllen, um die Behaglichkeit und Sicherheit der Nutzer gewährleisten zu können. Sie schützt den Innenraum und damit die Nutzer vor unerwünschten Umwelteinflüssen wie Temperatur, Niederschlag, Wind und Schall.

Sowohl im Winter als auch im Sommer müssen angenehme, der Gesundheit zuträgliche Innenraumtemperaturen gewährleistet werden. Aus Gründen der Nachhaltigkeit sollte dies mit einem möglichst geringen Energiebedarf erreicht werden. Für einen effektiven und energieeffizienten winterlichen Wärmeschutz müssen die Transmissions- und Lüftungswärmeverluste so weit wie möglich reduziert werden. Dazu muss die Gebäudehülle gut gedämmt und luftdicht sein. Dies wirkt sich auf den Energiebedarf und die Behaglichkeit aus. Niedrige Wärmedurchgangskoeffizienten führen zu hohen Innenoberflächentemperaturen und verhindern dadurch unbehagliche Strahlungstemperaturasymmetrien. Unerwünschte Zugluft wird durch eine luftdichte Bauweise unterbunden. Im Sommer müssen hohe Temperaturen im Gebäudeinneren vermieden werden. Hier sind die entscheidenden baukonstruktiven Einflussgrößen der Sonnenschutz, die interne Wärmespeicherfähigkeit und die Wärmedämmung. Aus den Temperaturschwankungen im Jahres- und Tagesverlauf an der Außenseite der Gebäudehülle und den damit einhergehenden Längenänderungen der Bauteile dürfen keine Schäden resultieren. Besonders großen Temperaturdifferenzen sind Dächer mit dunklen Oberflächen ausgesetzt. Durch die teils ganztägige, ununterbrochene Besonnung entstehen Temperaturspitzen von über 70 °C.

Der Niederschlag betrifft primär die Dachflächen. Durch Schlagregen, also die kombinierte Einwirkung von Regen und Wind, sind allerdings auch Wandflächen betroffen. Die meisten Dachdeckungen bei Schrägdächern sind wegen der Deckfugen zwar regensicher, aber nicht wasserdicht. Durch Sprühwasser, Flugschnee oder Rückstau bei Eisbarrieren kann Feuchtigkeit durch die Deckfugen eindringen. Deshalb benötigen Schrägdächer, bei denen die Dachräume ausgebaut sind, eine unter der Dachdeckung liegende zweite wasserführende Schicht. Niederschlag ist allerdings nicht die einzige Feuchtequelle, die die Gebäudehülle beansprucht. Die in das Erdreich einbindenden Bauteile müssen zumindest gegen Bodenfeuchte abgedichtet werden, im Extremfall gegen Grundwasser. Des Weiteren wird die Gebäudehülle durch Wasserdampf beansprucht, der, wie in den weiteren Kapiteln gezeigt wird, zu erheblichen Bauschäden führen kann. Die Gebäudehülle muss Wohn- und Arbeitsräume vor Lärm von außen schützen. Die maßgebliche Lärmquelle ist in der Regel der Verkehr. Bei besonderen Gebäudenutzungen, wie beispielsweise im Industriebau, kann auch die Unterbindung von Schallemissionen aus dem Gebäudeinneren von Bedeutung sein.

Zudem trägt die Gebäudehülle wesentlich zum vorbeugenden baulichen Brandschutz bei. Sie muss den Brandüberschlag zwischen den Geschossen eines Gebäudes ausreichend lange verhindern, aber auch den Brandüberschlag von Gebäude zu Gebäude. Steht ein Nachbargebäude in Flammen, dann müssen die Umfassungsbauteile so resistent sein, dass sie sich nicht durch den Funkenflug entzünden.

Neben den genannten Anforderungen sind eine ausreichende Tageslichtversorgung und die Sichtbeziehung zur Umwelt für Gesundheit und Wohlbefinden des Menschen von entscheidender Bedeutung. Durch die Tageslichtnutzung kann zudem Beleuchtungsenergie eingespart werden. Bei ausreichend wärmedämmenden Verglasungen und entsprechender Orientierung kann sogar eine positive Energiebilanz erzielt werden. Infolge der Sonneneinstrahlung durch die Verglasung wird mehr Energie gewonnen als durch Transmission verloren geht.

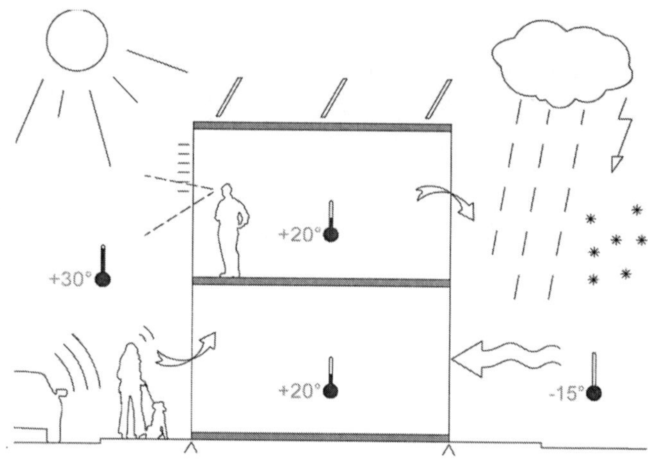

Bild 6-1 Schutzfunktionen der Gebäudehülle

Die Gebäudehülle hat neben den genannten Schutzfunktionen einen entscheidenden Einfluss auf das äußere Erscheinungsbild eines Gebäudes. Das Ziel, eine bestimmte äußere Gestalt oder innere Raumwirkung zu erzielen, war und ist über die Jahrhunderte hinweg die entscheidende Triebfeder des baukonstruktiven Fortschritts. Die Gebäudehülle ist das identitätsstiftende Merkmal eines Gebäudes schlechthin.

Über weite Strecken der Baugeschichte war die Gebäudehülle ein wesentlicher Bestandteil der Tragkonstruktion. Erst mit der Entwicklung der Skelettbauweise Ende des 19. Jahrhunderts wurde es möglich, die Außenwände, als Bestandteil der Gebäudehülle, von der Funktion des primären Lastabtrages zu befreien. Diese Entwicklung ist ein Ergebnis der qualitativen und herstellungstechnischen Weiterentwicklung der Baumaterialien Stahl und Stahlbeton im Zuge der Industrialisierung. Die durch John H. Lubbers, Irving Colburn und Emile Fourcault zu Beginn des 20. Jahrhunderts angestoßenen Neuerungen in der Glasherstellung machten es zudem möglich, große Glastafeln wirtschaftlich zu produzieren. Diese neuen technischen Möglichkeiten bedeuteten eine Revolution in der Baugeschichte, da es erstmals möglich war, die Fassade vollkommen frei von statischen Zwängen zu gestalten und zudem großformatige Fensterflächen anzuordnen. Dies führte zu einem deutlichen Bruch in der Architektur und war Grundlage für die Formensprache der Moderne mit hochtransparenten Fassaden. Mit der Entmaterialisierung der Gebäudehülle konnten zwar helle Räume und Sichtverbindungen zur Umwelt geschaffen werden, allerdings stellte man bald fest, dass die, auf das absolute Minimum reduzierten, Fassaden nicht in der Lage waren, sämtliche an sie gestellten bauklimatischen Anforderungen zu erfüllen. Die Anforderungen, die bisher häufig durch Mauerwerks-Außenwände mit großen Querschnitten erfüllt wurden, mussten nun durch eine extrem dünne und leichte, auf das Minimum reduzierte Schicht bewerkstelligt werden. Dies stellte insbesondere zu Beginn der Entwicklung ein großes Problem dar, welches erst im Laufe der Zeit durch die Fortschritte in der Material- und Fassadentechnik gelöst werden konnte.

Eine entscheidende Voraussetzung, um denkmalgeschützte Gebäude dauerhaft erhalten zu können, ist deren sinnvolle Nutzung. Dazu ist es erforderlich, dass die Behaglichkeit der Nutzer und ein wirtschaftlicher Betrieb sichergestellt sind. Beides kann durch eine energetische Sanierung erzielt werden. Die gleichlaufende Bedeutung der Gebäudehülle für das Erscheinungsbild und für die Energieeffizienz führt häufig zu gegensätzlichen Zielsetzungen, die nur schwer zu vereinbaren sind. Während aus energetischer und bauphysikalischer Sicht eine möglichst starke Außendämmung wünschenswert ist, kann dies aus denkmalpflegerischen Gesichtspunkten in aller Regel nicht befürwortet werden. Um die Authentizität eines Denkmals zu erhalten, müssen insbesondere Eingriffe an der Gebäudehülle mit besonderer Sensibilität erfolgen. Die standardmäßigen Lösungen für die energetische Sanierung von Bestandsgebäuden sind in den seltensten Fällen auf denkmalgeschützte Gebäude übertragbar. Deshalb werden im folgenden Kapitel spezielle Lösungsvorschläge für die denkmalgerechte, energetische Sanierung der Gebäudehülle vorgestellt. Dabei handelt es sich nicht um allgemeingültige Sanierungsvorschläge, die auf jeden Einzelfall übertragbar sind. Vielmehr muss fallbezogen gründlich geprüft werden, ob sich eine Maßnahme unter Beachtung aller Randbedingungen eignet.

6.2 Baukonstruktive Grundlagen

6.2.1 Dämmstoffe

Die Dämmstoffe werden bezüglich ihrer Rohstoffbasis in organische und anorganische Dämmstoffe unterteilt. Organische Stoffe setzen sich aus Kohlenstoffverbindungen zusammen, während anorganische Stoffe mit einigen wenigen Ausnahmen keine Kohlenstoffverbindungen enthalten. Die organischen und anorganischen Dämmstoffe werden weiter unterteilt in natürliche und synthetische Dämmstoffe. Organische Kohlenstoffverbindungen kommen in natürlicher Form nur in der belebten Natur (zum Beispiel Pflanzen, Tiere) vor, können allerdings auch im Labor aus anorganischen Substanzen synthetisiert werden. In die Gruppe der natürlichen organischen Dämmstoffe werden folglich alle nachwachsenden pflanzlichen und tierischen Dämmstoffe eingeordnet. Organische Kohlenstoffverbindungen kommen auch in Erdöl vor, dass unter anaeroben Bedingungen, hohem Druck und hohen Temperaturen aus abgestorbenen Meeresorganismen entsteht. Dementsprechend werden auch die petrochemisch erzeugten Dämmstoffe wie beispielsweise Polystyrol den organischen Dämmstoffen zugeordnet. Allerdings gehören sie zu der Untergruppe der synthetischen organischen Dämmstoffe. Die anorganischen Dämmstoffe sind mineralischen Ursprungs. Hier erfolgt die Einteilung in natürliche und synthetische Dämmstoffe nach einem anderen Gesichtspunkt. Werden die Rohstoffe zwar behandelt, also beispielsweise durch Erhitzung expandiert, aber in ihrer mineralogischen Zusammensetzung nicht verändert, so spricht man von natürlichen anorganischen Dämmstoffen, andernfalls von synthetischen anorganischen Dämmstoffen.

Tabelle 6.1 Materialeigenschaften verschiedener Dämmstoffe

Dämmstoff	Wärmeleitfähig-keit λ [W/(mK)]	Spezifische Wärmekapazität c [J/(kgK)]	Wasserdampf-diffusionswider-standszahl μ [-]	Brandverhalten DIN EN 13 501
Synthetische organische Dämmstoffe				
Expandiertes Polystyrol (EPS)	0,032 bis 0,040	1500	20 bis 100	E
Extrudierter Polystyrol-Hartschaum (XPS)	0,030 bis 0,040	1300 bis 1700	80 bis 200	E
Polyurethan-Hartschaum (PUR)	0,024 bis 0,030	1200 bis 1500	30 bis 150	C-s3, d0
Phenolharzschaum (PF)	0,022 bis 0,040	1500	60	B-s1, d0 C-s2, d0
Natürliche organische Dämmstoffe				
Holzwolle-Platten	0,090	1600 bis 2100	2 bis 5	B-s1, d0
Holzfasern	0,039 bis 0,055	1600 bis 2100	5 bis 10	E
Zellulosefasern	0,040 bis 0,045	1700 bis 2150	1 bis 2	E
Expandierter Kork	0,040 bis 0,060	1700 bis 2100	2 bis 10	B2 (DIN 4102)
Flachs	0,037 bis 0,045	1300 bis 1640	1 bis 2	B-s2, d0 bis C-s2, d0
Schilfrohr	0,040 bis 0,090	1200	2 bis 5	B2 (DIN 4102)
Stroh	0,038 bis 0,080	2000	1 bis 2	–
Synthetische anorganische Dämmstoffe				
Glaswolle	0,035 bis 0,045	840 bis 1000	1 bis 2	A1 bzw. A2
Steinwolle	0,035 bis 0,045	600 bis 840	1 bis 2	A1
Schaumglas	0,038 bis 0,060	800 bis 1100	∞	A1
Kalziumsilikatschaum	0,045 bis 0,065	1000	3 bis 20	A1
Porenbeton	0,040 bis 0,045	1300	2 bis 5	A1
Aerogel	0,017 bis 0,021	700 bis 1150	2 bis 3	A1
Pyrogene Kieselsäure	0,018 bis 0,025	1050	–	A1
Natürliche anorganische Dämmstoffe				
Blähperlit	0,045 bis 0,070	1000	3 bis 5	Schüttstoff: A1 Platten: C-s1,d0 bis D-s1, d0
Blähglimmer	0,046 bis 0,070	800 bis 1050	3 bis 4	Schüttstoff: A1
Lehm (ohne Zuschläge)	0,90 bis 1,20	1000	5 bis 12	A1 (DIN 4102)
Nicht eindeutig zuteilbar				
Wärmedämmputz	0,060 bis 0,120		5 bis 20	B1 (DIN 4102)

Expandiertes Polystyrol (EPS)

In Deutschland ist expandiertes Polystyrol der am zweithäufigsten eingesetzte Dämmstoff. Einen größeren Marktanteil erzielen nur noch Produkte aus Mineralfasern. Üblicherweise wird EPS in Plattenform hergestellt. Einige Produzenten bieten das Material auch als Schüttdämmstoff für Hohlräume an. EPS-Platten sind preiswert und werden besonders häufig in Wärmedämmverbundsystemen eingesetzt. Heutzutage wird insbesondere das graue EPS eingesetzt, bei dem der Ausgangsstoff mit Graphitpartikeln versetzt wird. Dadurch wird in den Materialporen die Wärmeübertragung durch Strahlung vermindert und die Wärmeleitfähigkeit kann bis auf einen Wert von 0,032 W/(mK) reduziert werden. Anstelle der charakteristischen weißen Farbe ist das Material durch die Graphitpartikel grau meliert. Im allgemeinen Sprachgebrauch wird für expandiertes Polystyrol häufig der Markenname Styropor des Chemiekonzerns BASF verwendet. EPS verrottet nicht und ist gegenüber den meisten Säuren und Laugen beständig. Es ist wasserbeständig, nimmt allerdings mit bis zu 5 Vol-% eine relativ hohe Menge an Wasser auf, die die Wärmeleitfähigkeit deutlich erhöht. Ist EPS mehrere Wochen der UV-Strahlung ausgesetzt, dann vergilbt und versprödet die Oberfläche. Deshalb sollten bereits kurz nach der Montage des Dämmstoffes die vorgesehenen Deckschichten aufgebracht werden. Des Weiteren ist das Material empfindlich gegenüber Lösemitteln, Kraftstoffen und Mineralölen. Bezüglich des Brandverhaltens ist expandiertes Polystyrol nach DIN 4102 der Baustoffklasse B2, schwer entflammbar, zuzuordnen und nach DIN EN 13 501 der Klasse E. Dementsprechend findet im Brandfall kein brennendes Abtropfen statt. Im Brandfall werden gesundheitsschädliche Verbrennungsprodukte, wie Styrol und Poly-Aromatische-Kohlenwasserstoffe (PAK), freigesetzt.

Extrudierter Polystyrol-Hartschaum (XPS)

Extrudierter Polystyrol-Hartschaum weist eine zu 98 % geschlossenzellige Struktur auf und nimmt folglich deutlich weniger Feuchtigkeit (0,1 bis 0,3 Vol-%) auf als EPS. Zudem ist XPS deutlich druckfester. Das Material ist wasserbeständig, wird nicht durch Insekten oder Schädlinge befallen und verrottet nicht. Diese Eigenschaften prädestinieren XPS zum Einsatz als Perimeterdämmung. Auch in anderen feuchtigkeitsbelasteten Bereichen wird dieser Dämmstoff häufig eingesetzt. Typische Anwendungsgebiete sind Flachdächer, insbesondere Umkehrdächer, Balkone, Sockelbereiche sowie Schwimmbadbereiche. Der Herstellungsprozess erlaubt ausschließlich die Produktion von Platten. Genauso wie EPS ist auch XPS unbeständig gegenüber Lösemitteln, Kraftstoffen, Mineralölen und UV-Strahlung. Eine mehrmonatige Einwirkung von UV-Strahlung auf extrudiertes Polystyrol führt zu einer Schädigung des Materialgefüges an der Oberfläche. Die oberflächennahen Schichten verlieren ihre Festigkeit und neigen zum Absanden. Eine Schädigung durch UV-Strahlung macht sich durch eine gelbe oder braune Verfärbung der Oberfläche bemerkbar.

Polyurethan-Hartschaum (PUR)

Ausgangsstoffe für die Herstellung von Polyurethan sind Polyol und Poly-Isocyanat. Die beiden Flüssigkeiten reagieren unter einer 30-fachen Volumenvergrößerung zum Feststoff Polyurethan. Bei Polyurethan-Hartschaum wird während der Reaktion ein weiteres Treibmittel, üblicherweise Pentan, zugesetzt. Pentan weist eine sehr geringe Wärmeleitfähigkeit zwischen 0,012 und 0,015 W/(mK) auf. Da Polyurethan-Hartschaum eine zu 90 % geschlossenzellige

Struktur aufweist, kann das Zellgas nicht ausdiffundieren. Die Folge sind Wärmeleitfähigkeiten von 0,030 W/(mK). Während der Produktion kann das Reaktionsgemisch mit diffusionsdichten Deckschichten verklebt werden. Dadurch wird das Ausdiffundieren des Zellglases verhindert. Bei Verwendung diffusionsdichter Deckschichten können ab einer Plattendicke von 8 cm sehr niedrige Bemessungswerte der Wärmeleitfähigkeit von 0,024 W/(mK) erreicht werden. PUR ist in Plattenform oder als Formteil lieferbar. Es weist eine hohe Druckfestigkeit auf, verrottet nicht und ist schimmel- sowie fäulnisresistent. Des Weiteren ist PUR auch gegen die meisten Baumaterialien oder die darin vorkommenden Bestandteile beständig wie beispielsweise Weichmacher, bituminöse Materialien, Dichtungsmassen und Lösemittel in Klebstoffen. Relativ widerstandsfähig ist PUR gegen Kraftstoffe, Mineralöle sowie verdünnte Säuren und Alkalien. Längere UV-Exposition führt zu einer Schädigung der Oberfläche des Dämmstoffes. Das Material hält kurzzeitige Temperaturbeanspruchungen bis 250 °C aus. Diese Eigenschaft und die hohe Druckfestigkeit ermöglichen es, Polyurethan-Hartschaum als Wärmedämmung unter Gussasphaltestrich ohne Trittschallanforderungen einzusetzen. Im Perimeterbereich wird ebenfalls häufig PUR verwendet. Polyurethan-Hartschaum ist in die Klasse C-s3, d0 nach DIN EN 13 501 einzuordnen. Das bedeutet, im Brandfall ist mit einer erhöhten Rauchentwicklung zu rechnen, brennendes Abtropfen tritt allerdings nicht auf. Nach DIN 4102 handelt es sich bei PUR um einen schwer entflammbaren Baustoff der Klasse B1. Allerdings können im Brandfall toxische Gase entstehen. PUR ist preisgünstiger als XPS.

Phenolharzschaum (PF)

Phenolharzschaum wird synonym als Resol-Hartschaumplatte bezeichnet. Er weist unter allen organischen Dämmstoffen mit 0,021 W/(mK) den geringsten Bemessungswert der Wärmeleitfähigkeit auf. Die Folge ist, dass mit relativ geringen Konstruktionsdicken gute Dämmwerte erzielt werden können. Phenolharzschaum wird als Bandware hergestellt. Dabei wird Phenolharz mit dem Treibmittel Pentan aufgeschäumt und ein Härter beigemischt. Zur Stabilisierung des zunächst viskosen Schaums wird dieser beidseitig mit einem Glasvlies kaschiert. Resol-Hartschaumplatten sind beständig gegen Chemikalien und Insekten. Sie sind druckfest und so hitzebeständig, dass sie unter Gussasphaltestrich zum Einsatz kommen können. Unbedingt zu vermeiden ist der direkte Kontakt von Phenolharzschaum mit Metall. Bei Anwesenheit von Feuchtigkeit kann sich aus dem Phenol Sulfonsäure lösen und zu Korrosion führen. Phenolharzschaum wird bezüglich des Brandverhaltens in die europäische Klasse C-s1, d0 eingeordnet und weist demzufolge im Brandfall nur eine geringe Rauchentwicklung auf. Des Weiteren tritt auch kein brennendes Abtropfen auf. Nach DIN 4102 erfüllt der Dämmstoff die Baustoffklasse B2, normal entflammbar.

Holzwolle

Holzwolle besteht aus Hobelspänen, die aus Restholz der Holzindustrie oder aus Bruchholz hergestellt werden. Sie werden in der Regel zu Holzwolle-Leichtbauplatten oder Holzwolle-Mehrschichtplatten weiterverarbeitet. Zur Herstellung von Holzwolle-Leichtbauplatten werden die Hobelspäne leicht angefeuchtet, mit den mineralischen Bindemitteln Zement oder kaustisch gebranntem Magnesit vermischt und dann in Formen gepresst. Durch die mineralische Bindung gelten Holzwolle-Leichtbauplatten als schwer entflammbar. Allerdings besitzen sie eine relativ hohe Wärmeleitfähigkeit von 0,090 W/(mK). Zu Dämmzwecken werden deshalb meist Mehrschicht-Leichtbauplatten eingesetzt. Dabei handelt es sich um zwei- oder dreilagige Verbundplatten aus Dämmstoff und Holzwolle-Leichtbauplatten. Als Dämmschicht wird Polystyrol oder Mineralwolle eingesetzt, auf die ein- oder beidseitig eine Holzwolle-Leichtbauplatte aufkaschiert wird. Die Mehrschicht-Leichtbauplatten kombinieren die Vorteile der Holzwolle-Leichtbauplatten mit der geringen Wärmeleitfähigkeit des Dämmstoffes. Dadurch ergibt sich ein wärmedämmendes, schalldämmendes, formstabiles Produkt mit einer Oberfläche, die sich ohne weitere Bearbeitung als Putzträger eignet. Holzwolle-Leichtbauplatten sind diffusionsoffen. Der Dampfdiffusionswiderstand von Mehrschicht-Leichtbauplatten ist abhängig von dem verwendeten Dämmstoff.

Holzfasern

Als Ausgangsstoff werden vor allem Nadelholzreste aus Sägewerken eingesetzt. Die Vorteile von Nadelholz sind dessen hohe Verfügbarkeit und die im Vergleich zu Laubholzfasern größere Faserlänge. Die Faserlänge hat Auswirkungen auf die Faservernetzung und damit auf die Festigkeit der fertigen Holzfaserdämmplatte. Die Nadelholzreste werden zunächst zu Hackschnitzeln verarbeitet, die durch Wasserdampf aufgeweicht und anschließend zwischen profilierten Mahlscheiben zerfasert werden. Die weitere Herstellung zu Holzfaserdämmplatten kann entweder nach dem Nass- oder dem Trockenverfahren erfolgen. Beim Nassverfahren werden die Fasern mit Wasser zu einem Brei vermischt und die holzeigenen Harze zur Verklebung genutzt. Der Faserbrei wird in Form gepresst, wobei ein Großteil des Wassers entweicht. Anschließend wird der Strang zu Platten geschnitten, die bei 160 bis 220 °C getrocknet werden. Beim Trockenverfahren werden die Fasern direkt nach der Zerfaserung getrocknet, mit Leim vermischt (in der Regel PUR-Harz) und zu Platten gepresst. Die Platten härten unter dem Einfluss von Wasserdampf aus. Als Alternative können die Holzfasern nach der Zerfaserung getrocknet und als Einblas- beziehungsweise Schüttdämmstoff verwendet werden.

Die Holzfaserplatten besitzen gute wärme- und schalldämmende Eigenschaften und sind diffusionsoffen. Auf Grund der hohen Wärmespeicherfähigkeit sind sie auch vorteilhaft in Hinblick auf den sommerlichen Wärmeschutz. Die Platten sind gut beständig gegen Schimmel und Ungeziefer. Ohne Zugabe von Zusätzen sind sie als normal entflammbar einzustufen.

Zellulosefasern

Zellulosefaserdämmstoffe werden aus Altpapier hergestellt, welches in kleine Flocken zermahlen wird. Den Zellulosefasern werden 8 bis 20 Gew.-% Borsalz beigemischt. Dadurch wird ein ausreichender Brandschutz erreicht und ein Schädlingsbefall verhindert. Die so aufbereiteten Flocken können direkt als Schütt- oder Einblasdämmstoff verwendet oder zu Platten weiterverarbeitet werden. Zur Herstellung von Platten werden die Zelluloseflocken mit Naturharzen als Bindemittel und Stützfasern (zum Beispiel Jute) vermischt und unter der Einwirkung von Wasserdampf zu Platten gepresst.

Die Dämmstoffe aus Zellulosefasern sind diffusionsoffen und formbeständig. Sie sind nicht auf Druck belastbar und sollten vor Feuchtigkeit geschützt werden, da sie sehr hydrophil sind und zum Aufquellen neigen. Durch die Zugabe von Borsalz erreichen sie die Baustoffklasse normal entflammbar. Die Wärmeleitfähigkeit liegt bei 0,040 bis 0,045 W/(mK).

Expandierter Kork

Als Rohstoff für expandiertes Kork dient die Rinde der Korkeiche. Die Korkeiche wächst in Südwesteuropa und Nordwestafrika. Der Großteil des heute verwendeten Korks stammt aus Portugal. Bei Korkeichen kann ab dem zwanzigsten Lebensjahr alle neun bis zwölf Jahre die Rinde abgeschält werden, ohne dass der Baum geschädigt wird. Kork ist auf Grund der relativ langen Zeiträume zwischen den Korkernten und der geringen weltweiten Verbreitung des Baumes nur eingeschränkt verfügbar. Zur Herstellung von expandiertem Kork muss die Rinde der Korkeiche zuerst getrocknet werden. Anschließend wird sie zu einem Granulat gemahlen, welches in überhitztem Wasserdampf bei 350 °C expandiert wird. Das expandierte Kork kann als Schüttdämmstoff verwendet werden. Alternativ kann das Korkgranulat während des Expandierens zu Blöcken gepresst werden. Dabei wird freigesetztes Suberin aus dem korkeigenen Harz als Bindemittel verwendet. Die Blöcke werden anschließend zu Platten geschnitten. Kork weist gute Wärme- und Schalldämmeigenschaften auf, ist diffusionsoffen, sehr leicht und hoch belastbar. Es ist hoch temperaturbeständig, so dass expandiertes Kork sogar mit Heißbitumen verarbeitet werden kann. Zudem ist es alterungsbeständig, verrottungsresistent, fäulnisresistent und bietet keinen Nährboden für Nagetiere oder Insekten. Des Weiteren ist Kork beständig gegen Säuren und Laugen. Ohne Zusatzmittel wird es der Baustoffklasse normal entflammbar zugeordnet. Expandiertes Korkgranulat wird als Leichtzuschlag für Lehmprodukte verwendet.

Flachs

Die hochwertigen Langfasern der Flachspflanze werden in der Textilindustrie zu Leinen weiterverarbeitet. Bei der Leinenproduktion fallen die Kurzfasern als Nebenprodukt an. Diese bilden das Ausgangsmaterial für die Herstellung von Dämmstoffen aus Flachs. Nachdem die Bastschicht entfernt wurde, können die Fasern durch mehrmaliges Kämmen zu Vliesen weiterverarbeitet werden. Um Matten in ausreichender Dicke zu erhalten, werden die einzelnen Vliese entweder mit Kartoffelstärke verklebt oder durch Polyesterfasern vernadelt. Zudem werden die Matten noch mit Brandschutzmittel behandelt. Flachs gehört zu den natürlichen Zellulosefasern und ist gut beständig gegen Feuchtigkeit und Schimmel. Matten aus Flachs sind diffusionsoffen und normal entflammbar. Die Wärmeleitfähigkeit liegt im Bereich zwischen 0,037 und 0,045 W/(mK).

Schilfrohr

Schilf ist eine Süßgräserart und wird schon seit Jahrhunderten als Baustoff eingesetzt. Insbesondere die Verwendung als wärmedämmende Dacheindeckung (Reet) ist in vielen Regionen der Welt verbreitet. Zudem wurde und wird Schilf auch als Putzträgermatte und als Zuschlag in Lehmbauprodukten verwendet. Ausgangsmaterial sind die Halme der Schilfpflanze. Diese müssen vor der Verarbeitung getrocknet werden. Dann können sie ohne zusätzliche Aufbereitung mechanisch gepresst und mit Hilfe von verzinkten Stahldrähten oder Nylonschnüren zu Matten gebunden werden. Die Herstellung von Schilfrohrdämmmatten benötigt folglich nur wenig Energie. Schilf ist von Natur aus feuchteresistent. Zudem ist es formbeständig, diffusionsoffen sowie weitgehend alterungs- und fäulnisbeständig. In Abhängigkeit des Durchmessers der verwendeten Schilfrohre ergeben sich Wärmeleitfähigkeiten, die zwischen 0,040 und 0,090 W/(mK) schwanken. Schilfrohrdämmmatten sind laut DIN normal entflammbar.

Stroh

Weizen-, Dinkel- und Roggenstroh fallen in der Landwirtschaft als Abfallprodukt an. Stroh wird auf Grund seiner geringen Wärmeleitfähigkeit als Lehmzusatz verwendet. Des Weiteren werden Strohballen als Dämmmaterial eingesetzt. Dazu wird das Stroh ohne weitere Bearbeitung und Zusätze zu Ballen gepresst und verschnürt. Strohballen werden insbesondere als Ausfachung in Holzständerwerke eingesetzt. Das Dämmvermögen von Strohballen variiert in Abhängigkeit des verwendeten Strohs, der Länge und der Ausrichtung der Halme im Ballen sowie der Dichte des Ballens. Strohballen weisen Wärmeleitfähigkeiten zwischen 0,038 und 0,080 W/(mK) auf. Es existiert eine vom Fachverband Strohballenbau Deutschland e. V. erwirkte Allgemeine bauaufsichtliche Zulassung für Wärmedämmstoff aus Strohballen (Z-23.11-1595). Als Bemessungswerte der Wärmeleitfähigkeit werden hierin 0,052 W/(mK) quer zur Halmrichtung und 0,080 W/(mK) in Halmrichtung angegeben. Die Strohballen sind diffusionsoffen und normal entflammbar.

Mineralwolle

Mineralwolle ist der am weitesten verbreitete Dämmstoff innerhalb Europas. In Bezug auf die im Hochbau innerhalb Deutschlands insgesamt verbaute Dämmstoffmenge in Kubikmetern erreicht Mineralwolle einen Marktanteil von über 50 %. Unter den Oberbegriff der Mineralwolle fallen die Erzeugnisse Glaswolle, Steinwolle und Schlackenwolle.

Die Bezeichnung der verschiedenen Mineralfasererzeugnisse ergibt sich aus den verwendeten Rohstoffen. Glaswolle wird aus den zur Glasherstellung verwendeten Rohstoffen Quarzsand, Kalkstein und Soda hergestellt. Die Rohstoffe werden unter Zugabe von circa 60 % Altglas geschmolzen und anschließend zu Fasern geschleudert. Ein in Wasser gelöstes Bindemittel, häufig Phenol-Formaldehydharz, wird den Fasern zugegeben. Das Wasser verdampft und führt zu einer schlagartigen Abkühlung der Fasern, die glasig erstarren. Die Fasern werden zu einem Vlies geschichtet, verdichtet und das Bindemittel im Heißluftstrom ausgehärtet. Der Prozess zur Herstellung von Steinwolle ist an sich identisch. Als Ausgangsmaterial wird allerdings eine Gesteinsschmelze aus Basalt, Diabas, Feldspat, Dolomit, Sand und Kalkstein, in unterschiedlicher Zusammensetzung, verwendet. Als Ausgangsstoff von Schlackenwolle dient Schlacke, die als Abfallprodukt bei Verbrennungsprozessen anfällt. Schlackenwolle findet heutzutage in der Bauindustrie wegen der enthaltenen Schwermetalle kaum noch Anwendung. Deshalb wird auf diese im Weiteren nicht näher eingegangen.

Mineralwolleerzeugnisse weisen eine geringe Wärmeleitfähigkeit auf, die sich im Bereich von 0,035 bis 0,045 W/(mK) bewegt. Die Produkte sind hochdiffusionsoffen, resistent gegen Schimmel und Ungeziefer sowie beständig gegen schwache Laugen, Säuren, organische Lösungsmittel und UV-Strahlung. Mineralwolle ist nicht brennbar und wird den europäischen Klassen zum Brandverhalten A1 oder A2 zugeordnet. Des Weiteren verfügen einige Erzeugnisse über gute schalldämmende Eigenschaften.

In einigen Materialeigenschaften unterscheiden sich Glas- und Steinwolleprodukte. Steinwolle ist weniger elastisch als Glaswolle. Für den Einsatz als Trittschalldämmung im Wohnungsbau ist Glaswolle ausreichend druckbeständig. Für höhere Druckbeanspruchungen muss auf spezielle Steinwolleprodukte zurückgegriffen werden. Ein Unterscheidungsmerkmal von Glaswolle und Steinwolle ist die Farbe. Glaswolle ist gelb, während Steinwolle grau-olivgrün ist.

Die Technische Regel für Gefahrstoffe (TRGS) 521 beschreibt Schutzmaßnahmen, die bei Abbruch-, Sanierungs- und Instandhaltungsarbeiten mit alter Mineralwolle zu ergreifen sind.

Die bei diesen Arbeiten aus alter Mineralwolle freigesetzten Faserstäube sind als krebserzeugend einzustufen. Laut TRGS ist bei Mineralwolle, die vor 1996 eingebaut wurde, davon auszugehen, dass die von ihr freigesetzten Faserstäube krebserzeugend sind. Mineralwolle, die mit dem RAL-Gütezeichen 388 „Erzeugnisse aus Mineralwolle" gekennzeichnet ist, ist grundsätzlich als unbedenklich einzustufen.

Schaumglas

Ausgangsmaterialien zur Herstellung von Schaumglas sind unter anderem Recyclingglas, Quarzsand, Dolomit, Kalzium- und Natriumkarbonat. Aus diesen wird in einem Schmelzprozess Glas mit genau definierten Eigenschaften hergestellt. Dieses Glas wird nach dem Abkühlen und Erstarren zu Pulver gemahlen. Das Pulver wird unter Zugabe von Kohlenstoff auf über 1000 °C erhitzt. Dabei oxydiert der Kohlenstoff und bildet Gasblasen, die zum Aufschäumen führen. Es entsteht eine geschlossenzellige Struktur.

Schaumglas nimmt auf Grund seiner geschlossenen Zellstruktur kein Wasser auf, ist dampfdicht und frostbeständig. Zudem ist es hoch druckfest, formstabil, alterungsbeständig und nicht brennbar (Euroklasse A1). Allerdings ist das Material spröde und kann keine Punktlasten aufnehmen. Deshalb muss es planeben auf dem Untergrund aufliegen und auch die Oberseite muss mit einem flächigen Abschluss, meist aus Bitumen, versehen werden. Der Dämmstoff eignet sich auf Grund seiner Eigenschaften für Anwendungen mit hoher Druck- und Feuchtigkeitsbeanspruchung. Typische Anwendungen sind der Einsatz als Perimeterdämmung, auf genutzten Flachdächern, Parkdecks oder Terrassen. Des Weiteren wird Schaumglas bei Industrieböden eingesetzt. Auf Grund der hohen dynamischen Steifigkeit ist das Material nicht zur Schall- und Trittschalldämmung geeignet.

Kalziumsilikatschaum

Kalziumsilikatschaum wird aus den Rohstoffen Kalk (Kalziumoxid), Quarzsand (Siliziumoxid) und Zellstoff hergestellt. Die Ausgangsstoffe werden in Wasser aufgeschlämmt und reagieren zu Kalziumsilikathydrat. Das Gemisch wird in Formen gefüllt und autoklav gehärtet. Durch den Autoklavierungsprozess, bei dem das Kalziumsilikathydrat mit heißem, unter hohem Druck stehenden Wasserdampf gehärtet wird, entsteht der feinporige, offenzellige Schaum. Kalziumsilikatplatten sind kapillaraktiv, diffusionsoffen, druckfest, formstabil und nicht brennbar (Euroklasse A1 und A2). Auf Grund der Kapillaraktivität wird Kalziumsilikat häufig als Dämmstoff für eine nachträgliche Innendämmung eingesetzt. Das Material ist in der Lage, Feuchtigkeit an den Porenwänden anzulagern, zwischenzuspeichern und wieder an die Umgebung abzugeben.

Porenbeton

Spezieller Porenbeton mit guten Wärmedämmeigenschaften, der auch als Mineralschaum oder Mineraldämmplatte bezeichnet wird, kann aus Kalk, Quarzsand, Zement und Zuschlagstoffen hergestellt werden. Die Grundstoffe werden unter Zugabe von Wasser und Porenbildner gemischt und in Formen gefüllt. Als Porenbildner wird Aluminium verwendet, das in der Mörtelsuspension zu Wasserstoffgas reagiert und somit zum Aufschäumen führt. Nach dem Abbinden werden die noch halbfesten Platten zugeschnitten und in Autoklaven dampfgehärtet. Es entsteht ein kapillaraktiver, diffusionsoffener, druckfester, formstabiler und nicht brennbarer (Euroklasse A1) Dämmstoff. Ein wichtiger Einsatzbereich ist besonders die nachträgliche Innendämmung.

Aerogel

Als Rohstoff für die Herstellung von Aerogel dienen Metalloxide. In der Regel wird Siliziumdioxid verwendet. Aerogele weisen sehr geringe Wärmeleitfähigkeiten zwischen 0,017 und 0,021 W/(mK) auf. Die Rohdichte beträgt circa 60 bis 80 kg/m³. Das Material ist hydrophob, UV- und alterungsbeständig. Es wurde erstmals in Raumfahrtanzügen eingesetzt. Aerogeldämmstoffe sind als loses Schüttgut oder in Form von Matten erhältlich. Das lose Schüttgut besteht aus Teilchen, die einige wenige Nanometer bis maximal 4 mm groß sind. Aerogele aus Siliziumdioxid sind lichtdurchlässig, so dass sie auch als transparente Wärmedämmung verwendet werden.

Pyrogene Kieselsäure

Bei der Verbrennung von Siliziumtetrachlorid ($SiCl_4$) in einer Wasserstoffflamme entsteht pyrogene Kieselsäure. Diese bildet in Verbindung mit einem Stabilisator einen mikroporösen Dämmstoff, der unter Zugabe von Trübungsmitteln und Faser-Filamenten unter hohem Druck zu Platten gepresst wird. Das Trübungsmittel dient dazu, die Wärmeübertragung infolge von Strahlung zu reduzieren. Die Faser-Filamente verleihen den Platten zusätzliche Festigkeit und Stabilität. Es entstehen Dämmplatten mit einer Wärmeleitfähigkeit, die sich im Bereich zwischen 0,018 und 0,021 W/(mK) bewegt. Die Platten sind formstabil, chemisch resistent und nicht brennbar (Euroklasse A1). Sie werden auch als Kern von Vakuum-Isolationspaneelen eingesetzt.

Blähperlit

Ausgangsstoff für die Herstellung von Blähperlit ist das vulkanische Gestein Perlit. Dieses glasartige Gestein entsteht bei unterseeischer Vulkanaktivität. Perlit wird zu feinen Körnern gemahlen und schockartig auf über 1000 °C erhitzt. Das im Stein enthaltene Wasser dehnt sich aus und bläht diesen auf das 15- bis 20-fache des ursprünglichen Volumens auf. Die aufgeblähten Körner können als Schüttdämmstoff verwendet werden oder mit Fasern und Bindemittel zu Platten gepresst werden. Blähperlit ist hochtemperaturbeständig und sehr druckfest. Der Schüttdämmstoff ist nicht brennbar, die Platten sind auf Grund der zusätzlichen Bestandteile in die Baustoffklasse normal entflammbar einzuteilen. Es werden Wärmeleitfähigkeiten zwischen 0,045 und 0,070 W/(mK) erreicht.

Blähglimmer/Vermiculit

Die Glimmermineralien und Vermiculit ähneln sich sowohl strukturell als auch von der Erscheinungsform. Um Dämmstoffe herzustellen, werden sowohl Glimmer als auch Vermiculit zu Körnern gemahlen und schockartig auf mehr als 1000 °C erhitzt. Dabei verdampft das chemisch gebundene Kristallwasser und die Körner blähen bis auf das 35-fache ihres Ursprungsvolumens auf. Das Granulat wird als Schüttdämmstoff verwendet oder unter Zugabe von Bitumen, Silikaten oder Kunstharzen zu Platten gepresst. Das unbehandelte Granulat ist nicht brennbar. Die Wärmeleitfähigkeit schwankt zwischen 0,046 und 0,070 W/(mK).

Lehm

Lehm ist ein Verwitterungsprodukt feldspatreicher Gesteinsarten. Die Hauptbestandteile sind Ton und Sand. Es existieren fast weltweit natürliche Lehmvorkommen. Der Energieaufwand für die Herstellung dieses Baustoffes ist sehr gering. In Deutschland spielt Lehm für den Neubau nur eine untergeordnete Rolle, allerdings ist er im Denkmalbereich, insbesondere bei Fachwerkbauten, von entscheidender Bedeutung. In zahlreichen Fällen bestehen die Ausfachungen aus Lehmbaustoffen. Zur Verwendung als Baustoff wird der natürlich vorkommende Lehm aufbereitet und mit Zusätzen und Zuschlagstoffen versehen. Durch die Zugabe pflanzlicher oder mineralischer Zuschläge lassen sich die Materialeigenschaften verbessern. Es können die Zug-, Druck- und Abriebfestigkeit erhöht werden, die Trockenschwindung, die Wasserempfindlichkeit und die Wärmeleitfähigkeit reduziert werden. Lehm ist nicht brennbar, diffusionsoffen, hygroskopisch und kapillar leitfähig. Nachteilig sind die hohen Schwindmaße (je nach Zusammensetzung 1,0 bis 7,5 %), der Verlust der Druckfestigkeit bei starker Durchfeuchtung und die geringe Zugfestigkeit. Natürlich vorkommender Lehm mit einer Rohdichte zwischen 1800 und 2000 kg/m³ weist eine relativ hohe Wärmeleitfähigkeit von circa 0,9 W/(mK) auf. Lehm kommt in folgenden Formen als Baustoff zum Einsatz: Lehmziegel, Leichtlehm und Wärmedämmlehm. Zur Herstellung von Lehmziegeln wird aufbereiteter Lehm in das gewünschte Steinformat gebracht und an der Luft oder maschinell getrocknet. Je nach genauer Zusammensetzung ergeben sich Wärmeleitfähigkeiten zwischen 0,50 und 1,40 W/(mK). Mit Leichtzuschlägen wie Blähton, Bims, Stroh oder Holzhackschnitzeln versetzter Lehm wird als Leichtlehm bezeichnet. Es können Wärmeleitfähigkeiten zwischen 0,15 und 0,22 W/(mK) erzielt werden. Eine recht geringe Wärmeleitfähigkeit von 0,08 W/(mK) erreicht Wärmedämmlehm. Diesem werden hochwärmedämmende Leichtzuschläge wie Kork oder Blähglas beigemischt.

Wärmedämmputz

Wärmedämmputze werden in sogenannten Wärmedämmputzsystemen (WDPS) eingesetzt. Ein Wärmedämmputzsystem besteht aus einem Wärmedämmputz als Unterputz und einem ein- oder mehrlagigen Oberputz. Wärmedämmputz kann sowohl raum- als auch außenseitig angewendet werden. Der Wärmedämmputz besteht aus den mineralischen Bindemitteln Kalk und Zement, organischen oder mineralischen Leichtzuschlägen sowie Zusatzstoffen zur Verbesserung der Verarbeitungseigenschaften. Als mineralische Leichtzuschläge werden Perlite, Vermiculite oder Blähton, als organische Leichtzuschläge EPS-Kügelchen verwendet. Wärmedämmputze erreichen je nach genauer Zusammensetzung Wärmeleitfähigkeiten zwischen 0,060 und 0,120 W/(mK) und sind diffusionsoffen. Als Oberputz werden in der Regel Silikat- oder Mineralputze eingesetzt. Dämm- und Deckputz sind ausnahmslos als System mit einer entsprechenden Zulassung einzusetzen. Auch die Fassadenanstriche müssen auf das WDPS abgestimmt sein. Bei Anwendung im Außenbereich übernimmt der Deckputz den Witterungsschutz. Deckputz und Fassadenanstrich sollten wasserabweisend, aber dampfdurchlässig sein. Wärmedämmputz mit mineralischen Zuschlägen ist nicht brennbar, während solcher mit organischen Zuschlägen als schwer entflammbar eingeordnet wird. Wärmedämmputzsysteme aus Mörteln mit mineralischen Bindemitteln und expandiertem Polystyrol sind in DIN 18 550-3 genormt. Dämmputze mit mineralischen Zuschlägen benötigen hingegen eine bauaufsichtliche Zulassung.

Die Dicke der Dämmputzschicht muss mindestens 20 mm betragen und darf 100 mm nicht überschreiten. Der Oberputz muss zwischen 8 mm und 15 mm dick sein. In einem Arbeitsgang kann eine Putzschicht von maximal 50 mm Dicke aufgebracht werden. Soll der Dämmputz in größerer Stärke ausgeführt werden, so sind zwei Arbeitsgänge erforderlich, zwischen denen je nach Witterung maximal ein Tag liegen darf. Ist der Unterputz fertiggestellt, so muss dieser mindestens einen Tag je 10 mm Putz, aber nicht weniger als sieben Tage aushärten, bevor der Deckputz aufgebracht werden darf. Bei ungünstiger Witterung, zum Beispiel hoher Luftfeuchtigkeit oder geringer Temperatur, ist die genannte Zeitspanne zu verlängern. Es sind die Zeitangaben der Hersteller zu beachten. Bei nichttragfähigen Untergründen oder großen Putzdicken müssen Putzträger verwendet werden. Diese sollten mindestens 20 mm vom Dämmputz überdeckt werden. Ein weiterer Vorteil des Dämmputzes ist sein geringer E-Modul, wodurch er in der Lage ist, Verformungen des Untergrunds auszugleichen. Dadurch werden Risse im Oberputz vermieden oder vermindert.

Von besonderem Interesse für den Denkmalbereich ist die Entwicklung eines Aerogel-Dämmputzes durch die Eidgenössische Materialprüfanstalt (EMPA). Aktuell ist der Putz noch in der Entwicklungsphase. Er soll im Jahr 2011 erstmals in Feldversuchen getestet werden. Die Markteinführung ist für das Jahr 2013 geplant. Der Aerogel-Dämmputz hat eine Wärmeleitfähigkeit von weniger als 0,030 W/(mK). Die Wärmeleitfähigkeit üblicher Wärmedämmputze beträgt das Zwei- bis Vierfache dieses Wertes. Von seinen optischen und verarbeitungstechnischen Eigenschaften entspricht er den althergebrachten Putzen sehr gut. Dadurch können verputzte Außenwände denkmalgeschützter Gebäude ohne Beeinträchtigung des äußeren Erscheinungsbildes energetisch saniert werden.

6.2.2 Feuchtebelastung durch Wasserdampf

Zum Verständnis der später folgenden Ausführungen und Sanierungsempfehlungen sind Grundkenntnisse über den Feuchtetransport durch Bauteilschichten erforderlich. Die Wasserdampfdiffusion ist die Bewegung gasförmiger Wassermoleküle in Luft auf Grund der thermischen Eigenbeweglichkeit, der sogenannten Braun'schen Molekularbewegung. Treten Konzentrationsunterschiede der Wasserdampfmoleküle auf, so tritt ein Massenstrom ein, der von den Bereichen höherer Konzentration zu den Bereichen niedrigerer Konzentration gerichtet ist. Die Menge des in der Luft vorhandenen Wasserdampfes wird in der Bauphysik üblicherweise nicht als Konzentration der Wasserdampfmoleküle, sondern als Wasserdampfpartialdruck angegeben. Bei bauphysikalischen Betrachtungen kann Luft mit ausreichender Genauigkeit als ideales Gas angesehen werden. Folglich gilt die ideale Gasgleichung:

$$p \cdot v = R \cdot T \qquad (6.1)$$

p = Luftdruck [Pa]

v = Spezifisches Volumen der Luft [m³/kg]

R = 8,314472 [J/(mol K)], Universelle Gaskonstante

T = Absolute Temperatur [K]

Die ideale Gasgleichung verknüpft den Druck und das spezifische Volumen eines Gases mit dessen absoluter Temperatur. Sie kann für alle Komponenten eines Gasgemisches getrennt angesetzt werden. Folglich gilt für die trockene Luft:

$$p_L \cdot v_L = R_L \cdot T_L \tag{6.2}$$

Für den Wasserdampf gilt:

$$p_D \cdot v_D = R_D \cdot T_D \tag{6.3}$$

Die Gleichung kann unter Verwendung der Wasserdampfkonzentration c_D, auch als absolute Feuchte bezeichnet, umgeformt werden zu:

$$p_D = c_D \cdot R_D \cdot T_D \; [\text{Pa}] \tag{6.4}$$

Als Quintessenz ergibt sich, dass die absolute Feuchte c_D proportional zum Wasserdampfpartialdruck p_D ist. Der Gasdruck, der aus dem Wasserdampf resultiert, wird als Wasserdampfpartialdruck bezeichnet. Die Menge des von der Luft aufnehmbaren Wasserdampfes ist beschränkt. Dabei zeigt sich eine deutlich ausgeprägte Abhängigkeit von der Temperatur. Mit steigender Temperatur nimmt die Menge des maximal aufnehmbaren Wasserdampfes exponentiell zu (Bild 6-2). Das Verhältnis aus dem in der Luft vorhandenen Wasserdampf zu der maximal aufnehmbaren Menge wird als relative Luftfeuchte ϕ bezeichnet. Der Wasserdampfpartialdruck, der erreicht wird, wenn die Luft mit Wasserdampf gesättigt ist, wird als Wasserdampfsättigungsdruck p_s bezeichnet.

$$\phi = \frac{c_D}{c_S} = \frac{p_D}{p_S} \; [\text{-}] \tag{6.5}$$

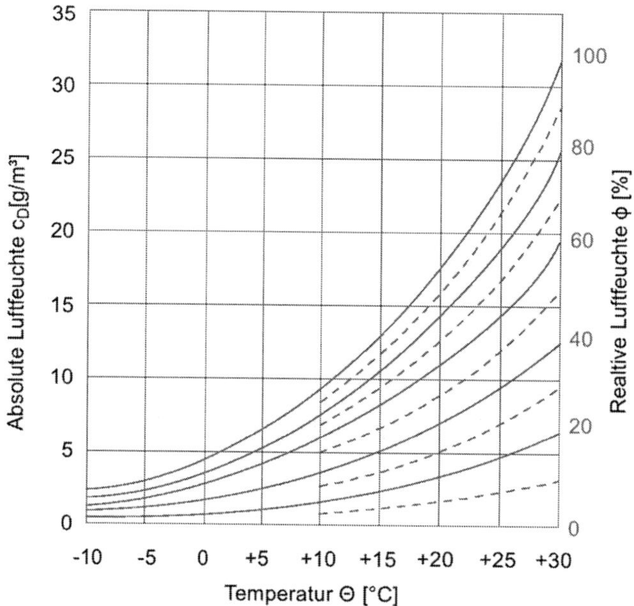

Bild 6-2 Wasserdampfgehalt der Luft als Funktion von Temperatur und relativer Luftfeuchte

Der Wasserdampfpartialdruck bei einer bestimmten Luftfeuchte ergibt sich folglich zu:

$$p_D = \phi \cdot p_S \ [\text{Pa}] \tag{6.6}$$

Die Wasserdampfdiffusion folgt, wie oben erläutert, dem Konzentrationsgefälle, also dem Wasserdampfpartialdruckgefälle. Der Wasserdampfpartialdruck ist das Produkt aus relativer Luftfeuchte und Wasserdampfsättigungsdruck. Da der Wasserdampfsättigungsdruck entsprechend der Sättigungskonzentration exponentiell von der Temperatur abhängt, erfolgt die Wasserdampfdiffusion in aller Regel von Bereichen höherer Temperatur zu Bereichen niedrigerer Temperatur.

Materialschichten behindern die Wasserdampfdiffusion. Die Wasserdampfmoleküle werden durch das Feststoffgerüst des Materials in ihrer Bewegung behindert und können sich nur durch den Porenraum des Materials hindurch bewegen. Die Wasserdampfdiffusionswiderstandszahl μ gibt an, um welchen Faktor ein Material dampfdichter ist als eine ruhende Luftschicht. Eine stillstehende Luftschicht ist die kleinst mögliche Behinderung des Wasserdampfdiffusionsstroms in der Erdatmosphäre. Wäre die Luftschicht nicht ruhend, sondern bewegt, dann würde der Transport der Wassermoleküle nicht mehr über Diffusion, sondern über Konvektion erfolgen. Bei der Wasserdampfdiffusionswiderstandszahl handelt es sich um eine dimensionslose Verhältnisgröße. Ihr möglicher Wertebereich erstreckt sich zwischen 1 und ∞. Diese Materialkenngröße lässt sich nur aus Versuchen ermitteln. Um den Wasserdampfdiffusionswiderstand einer Baustoffschicht quantifizieren zu können, ist zusätzlich noch die Dicke der Baustoffschicht von Bedeutung. Als Kenngröße wird die sogenannte wasserdampfdiffusionsäquivalente Luftschichtdicke s_d verwendet. Diese ermittelt sich als Produkt aus Wasserdampfdiffusionswiderstandszahl und Dicke der Baustoffschicht:

$$s_d = \mu \cdot d \ [\text{m}] \tag{6.7}$$

$$\mu \quad = \quad \text{Wasserdampfdiffusionswiderstandszahl [m]}$$
$$d \quad = \quad \text{Dicke der Baustoffschicht [m]}$$

Der s_d-Wert gibt an, welche Dicke eine ruhende Luftschicht aufweisen müsste, um denselben Wasserdampfdiffusionswiderstand aufzuweisen wie die entsprechende Baustoffschicht.

6.2.3 Nachträgliche Wärmedämmung

Für eine nachträgliche Wärmedämmung von Außenwänden stehen prinzipiell drei Varianten zur Verfügung:

- Außendämmung
- Kerndämmung
- Innendämmung

Aus bauphysikalischer Sicht ist die Außen- oder Kerndämmung der Innendämmung vorzuziehen. Durch eine außenseitige Dämmung steigt im Winter das Temperaturniveau der Tragkonstruktion (Bild 6-3), wodurch im Jahresverlauf die Temperaturschwankungen reduziert werden. Somit verringert sich die thermische Belastung des Tragwerks.

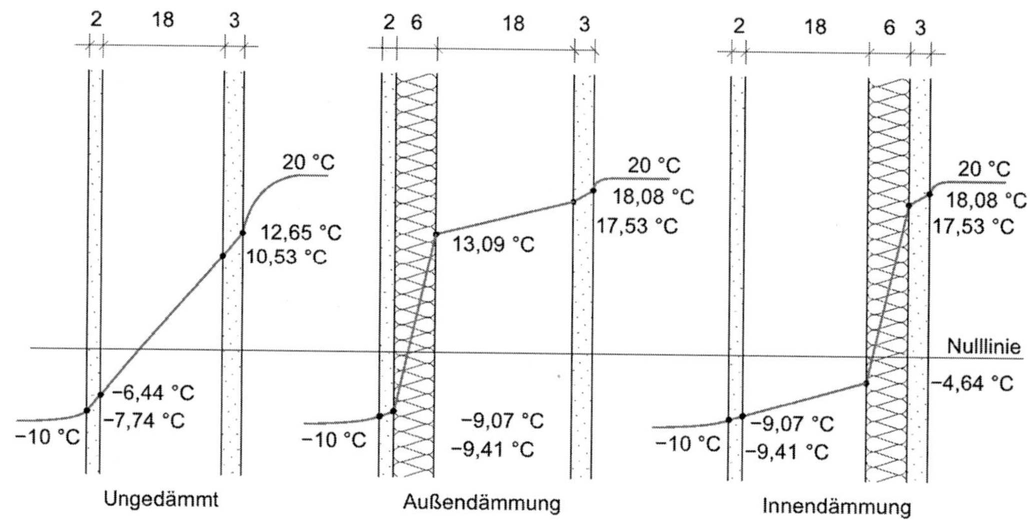

Bild 6-3 Temperaturverlauf in einer Außenwand unter stationären Randbedingungen

Bei einer Außen- oder Kerndämmung befindet sich die Dämmebene an der äußersten Schicht der Tragkonstruktion, wodurch auch sämtliche Anschlüsse zwischen tragenden Innenbauteilen und Gebäudehülle hinter der Dämmebene liegen. Somit werden Wärmebrücken, die bei einer Innendämmung zwangsläufig auftreten, vermieden. Des Weiteren bleiben insbesondere im Massivbau die für den sommerlichen Wärmeschutz bedeutsamen internen Speichermassen der Umfassungsbauteile vollständig aktiv. Eine Kerndämmung ist nur in den seltensten Fällen nachträglich ausführbar. Es müssen im Bauteilaufbau Luftschichten vorhanden sein, die mit Schüttdämmstoffen verfüllt werden können. Dies ist zumeist nur bei zweischaligen Mauerwerkskonstruktionen der Fall. Eine Außendämmung weist außer der erhöhten Gefahr eines mikrobiellen Bewuchses durch Algen- und Pilze bauphysikalisch keine Nachteile auf. Allerdings ist sie mit dem denkmalpflegerischen Ziel der Erhaltung des ursprünglichen Fassadenbildes außer bei Putzfassaden unvereinbar. Deshalb muss in zahlreichen Fällen bei der energetischen Sanierung auf Innendämmsysteme zurückgegriffen werden. Im Hinblick auf den Feuchteschutz ist die Innendämmung die kritischste Variante. Allerdings sind die mit der Innendämmung einhergehenden Probleme durch die Entwicklung spezieller Materialien heutzutage beherrschbar.

Durch den Einbau einer Innendämmung wird die Temperatur im Bauteilquerschnitt stark herabgesetzt (Bild 6-3). Dadurch liegt der Taupunkt, in Bezug auf die Innenraumluft, nah an der innenraumseitigen Bauteiloberfläche. Folglich stehen den Wasserdampfmolekülen, bis diese den temperaturkritischen Bereich des Bauteilquerschnittes erreichen, nur sehr wenige Bauteilschichten als Widerstand entgegen. Somit erreichen relativ viele Wasserdampfmoleküle die kalten Bauteilschichten. Die relative Luftfeuchte in diesen Bereichen steigt dadurch an und es kann zu Tauwasserausfall kommen.

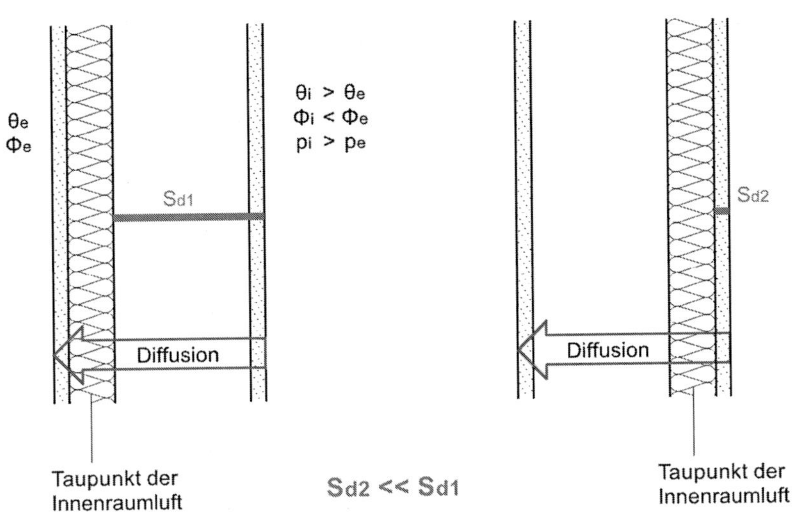

Bild 6-4 Gefahr des Tauwasserausfalls bei unterschiedlicher Anordnung der Wärmedämmung

Es ist möglich den Wasserdampfdiffusionswiderstand auf der Bauteilinnenseite durch eine Dampfsperre zu erhöhen. Theoretisch ist dies eine sinnvolle Lösung, allerdings muss in der baupraktischen Ausführung auf eine sehr sorgfältige und dauerhafte Umsetzung geachtet werden. Dazu müssen insbesondere die Stöße zwischen den Bahnen sowie Durchdringungen wie beispielsweise Steckdosen sorgsam abgedichtet werden. Ansonsten kann durch Fehlstellen in der dampfsperrenden Schicht Wasserdampf in die Wandkonstruktion eindiffundieren. Die dort anfallende Feuchtigkeit sammelt sich nicht ausschließlich im Bereich der Fehlstelle, sondern verteilt sich über große Bereiche der Wandfläche. In der Wandfläche ist die Dampfsperre jedoch intakt, so dass eine Austrocknung nach innen unterbunden wird. Gleichzeitig führt die Innendämmung zu einem geringeren Temperaturgefälle im äußeren Bauteilquerschnitt. Das Temperaturgefälle ist jedoch das Antriebspotenzial für die Austrocknung nach außen. Das bedeutet, auch die Trocknung nach außen wird durch eine Innendämmung vermindert. Durch die nach innen unterbundene Trocknung und das nach außen reduzierte Trocknungspotenzial besteht die Gefahr einer Feuchtigkeitsanreicherung im Bauteilquerschnitt. Dies ist bei feuchtigkeitsempfindlichen Konstruktionen wie Fachwerkwänden oder in Massivwände einbindende Holzbalkendecken besonders kritisch. Langjährige Erfahrungen haben gezeigt, dass die Anschlüsse von Dampfsperren im Fachwerkbereich infolge der ständigen Quell- und Schwindvorgänge des Holzes nicht dauerhaft dicht ausgeführt werden können.

Befinden sich in einer Außenwand wasserführende Rohrleitungen, dann ist bei der Planung einer Innendämmung besondere Vorsicht geboten. Die Innendämmung führt zu einem starken Temperaturabfall im ursprünglichen Bauteilquerschnitt und damit zu einer Gefährdung der Rohrleitungen durch Frost.

Um das Austrocknungspotenzial nach innen zu erhöhen, können kapillaraktive Innendämmungen eingesetzt werden. Dabei handelt es sich um diffusionsoffene, hygroskopische Dämmstoffe mit zahlreichen untereinander verbundenen Poren geringen Durchmessers. Hygroskopische Baustoffe sind in der Lage, Wasserdampf aus der umgebenden Luft zu sorbieren, das bedeutet, in Form von flüssigem Wasser an den Porenwandungen anzulagern. Je höher die relative Luftfeuchte der Umgebung, desto mehr Wasser wird durch das Material aufgenommen.

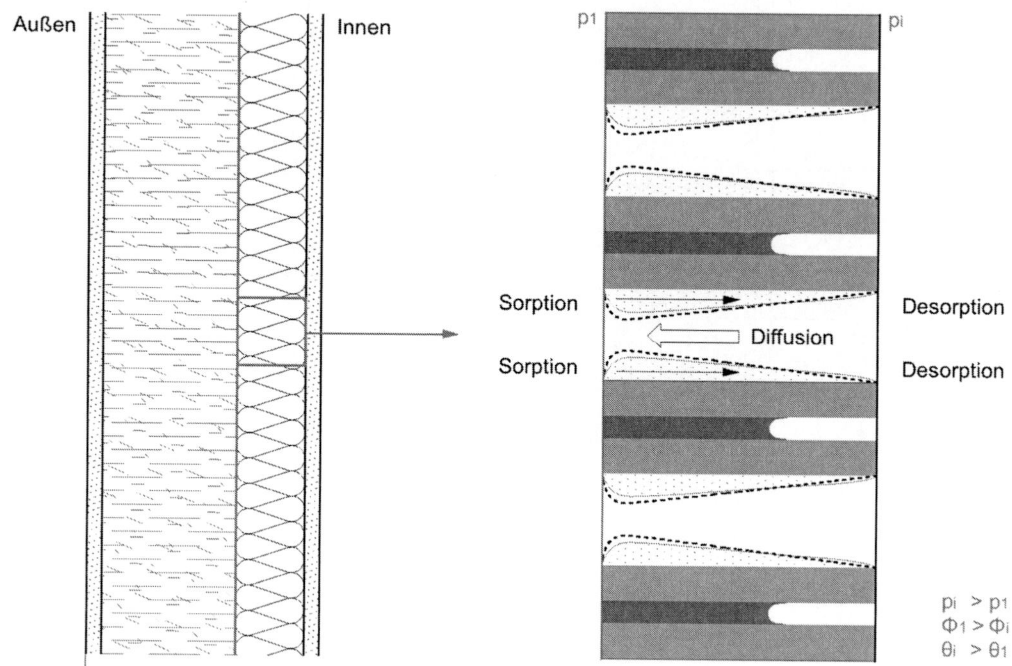

Bild 6-5 Funktionsprinzip der kapillaraktiven Innendämmung

Im Winterfall herrschen im Innenraum deutlich höhere Temperaturen als im Außenbereich. Folglich erfolgt die Wasserdampfdiffusion durch den Bauteilquerschnitt von innen nach außen. Mit sinkenden Bauteiltemperaturen nimmt die relative Luftfeuchtigkeit zu. Dementsprechend steigt auch die Menge des an den Porenwandungen sorbierten Wassers. Folglich entsteht ein Gefälle im Wasserfilm. Die Schichtdicke versucht sich auszugleichen und folglich findet ein Flüssigtransport statt, der dem Diffusionsstrom entgegengesetzt ist. Infolge des Flüssigtransports fällt auf der einen Seite des Dämmmaterials die Schichtdicke des Wasserfilms unter den Gleichgewichtszustand. Deshalb wird zusätzliche Feuchtigkeit aus der Luft an den Porenwandungen angelagert. Auf der zum Raum hin orientierten Seite setzt der umgekehrte Effekt ein. Durch den Flüssigtransport steigt die Dicke des Wasserfilms an der Raumoberfläche über den Gleichgewichtszustand. Folglich verdunstet Feuchtigkeit von der Porenwand in die Raumluft. Liegen so hohe Luftfeuchten vor, dass die Mikroporen des Dämmstoffes vollständig mit flüssigem Wasser gefüllt sind, so tritt tatsächlich Kapillarleitung ein. Wird im Innenraum gelüftet, dann sinkt dort die relative Luftfeuchtigkeit. Die Folge ist, dass mehr Feuchtigkeit an der raumseitigen Oberfläche des Dämmstoffes verdunstet und sich somit das Gefälle im Wasserfilm vergrößert. Durch den größeren Gradienten im Wasserfilm nimmt auch der Flüssigtransport zu und dem Dämmstoff wird die Feuchtigkeit wieder entzogen.

Werden keine kapillaraktiven Innendämmstoffe verwendet, so kann als alternative Lösungsmöglichkeit eine feuchteadaptive Dampfbremse verwendet werden. Diese wird vom Innenraum her gesehen vor der Dämmschicht eingebaut. In Abhängigkeit der relativen Luftfeuchte ändert sich die diffusionsäquivalente Luftschichtdicke dieser Dampfbremse. Im Winter, wenn im Innenraum Luftfeuchten zwischen 40 und 50 % herrschen, weist die feuchteadaptive Dampfbremse einen s_d-Wert von 4 m beziehungsweise 3 m auf. Damit ist sie in der Lage, den Wasserdampfdiffusionsstrom in das Bauteil in ausreichender Weise zu unterbinden. Dringt jedoch Wasser infolge von Schlagregen tief in die Konstruktion ein, dann sinkt der s_d-Wert der feuchteadaptiven Dampfbremse im Extremfall auf Werte von 0,1 m. Somit kann die Feuchtigkeit praktisch ungehindert auch nach innen austrocknen. Im Sommerfall, wenn die Sonne die Außenoberfläche der Wand stark erhitzt, tritt Umkehrdiffusion ein. Das bedeutet, der Diffusionsstrom erfolgt von außen nach innen. Bei einer Dampfsperre würde sich die Feuchtigkeit hinter dieser ansammeln. Die feuchteadaptive Dampfbremse ermöglicht aber auch in diesem Fall die Austrocknung nach innen und ist deshalb insgesamt als weniger empfindlich bei Ausführungsfehlern einzuschätzen.

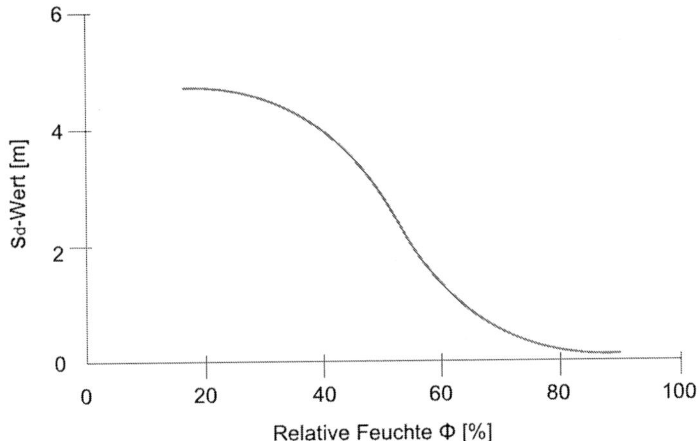

Bild 6-6 s_d-Wert einer feuchteadaptiven Dampfbremse in Abhängigkeit der relativen Feuchte

Der Nachweis über die Tauwasser- und Verdunstungsmassen im Inneren von Bauteilen kann bei der Verwendung von kapillaraktiven Dämmstoffen oder feuchteadaptiven Dampfbremsen nicht mehr nach dem vereinfachten Verfahren nach Glaser erfolgen. Das in DIN 4108-3, Anhang A.2 erläuterte Glaser-Verfahren ist insbesondere nicht in der Lage, den Flüssigwassertransport in Baustoffen abzubilden. Werden solche Bauteilaufbauten nach Glaser berechnet, ergeben sich unzulässig hohe Bauteilfeuchten, die allerdings deutlich über den realen Werten liegen. Um das feuchtetechnische Verhalten solcher Konstruktionen abbilden zu können sind spezielle Softwareprogramme zur Berechnung des gekoppelten Wärme- und Feuchtetransports erforderlich. Solche Programme zur hygrothermischen Bauteilsimulation wurden beispielsweise durch das Institut für Bauklimatik der TU Dresden und das Fraunhofer-Institut für Bauphysik entwickelt.

6.3 Baukonstruktive Maßnahmen am Beispiel

6.3.1 Gebäude vor 1871

Aus baukonstruktiver Sicht fand bei den Profanbauten in den kunsthistorischen Epochen der Romanik bis hin zum Klassizismus nur eine geringfügige Entwicklung statt. Ein typischer Vertreter, der die beiden in dieser Baualtersstufe vorherrschenden Bauweisen kombiniert, ist zum Beispiel das um 1780 erstellte Wohnhaus in der Langen Gasse 7 von Quedlinburg. Es befindet sich unterhalb des Burgberges inmitten der zum UNESCO-Weltkulturerbe ernannten Innenstadt von Quedlinburg. Der Keller und der überwiegende Teil des Erdgeschosses sind in Massivbauweise aus Sandstein erstellt. Die darüber befindlichen Geschosse sind als typische Holzständerkonstruktion mit Zierausfachungen aus roten Ziegelsteinen in weißlichem Kalkgipsmörtel ausgeführt. Ein abgewalmtes Satteldach schließt das Gebäude nach oben hin ab. Der barocke Stil ist durch eine rhythmische Anordnung der Fachwerkstützen mit sieben Fensterachsen geprägt. Die Geschossauskragung ist straßenseitig sehr gering, ursprünglich waren beide Giebelseiten bebaut.

Bild 6-7   Fachwerkhaus, Lange Gasse 7, Quedlinburg
Links: Fotomontage Straßenfassade vor der Sanierung (Quelle: U. Swieder, DFWZ QLB)
Rechts: Nordansicht nach der Sanierung (Quelle: B. Stöckicht, DFWZ QLB)

Das Gebäude in der Quedlinburger-Altstadt stand vor Beginn der Sanierung lange Zeit leer und war stark geschädigt (Bild 6-7, links). Die Schäden betrafen auch die Tragkonstruktion. Im Rahmen eines Forschungsprojektes unter Leitung des Deutschen Fachwerkzentrums Quedlinburg wurde das Gebäude denkmalgerecht saniert. Dabei entstanden fünf Mietwohnungen, in denen unterschiedliche Dämm- und Heizvarianten ausgeführt wurden. Ziel des Projektes war es, unterschiedliche Dämm- und Heizungssysteme auf ihre Praxistauglichkeit hin zu untersuchen und allgemeingültige Empfehlungen zur nachträglichen Innendämmung von Fachwerk zu geben. Durch eine umfangreiche Messkampagne ließ sich das wärme- und feuchtetechnische Verhalten der Dämmvarianten aufzeichnen und miteinander vergleichen.

In diesem Kapitel wird auf die typischen Problempunkte bei der energetischen Sanierung von Fachwerk eingegangen. Die bauphysikalischen Gesichtspunkte der Massivbauweise werden in dem folgenden Kapitel zu den Gebäuden der Gründerzeit ausführlich diskutiert. Zunächst wird die besondere Anfälligkeit von Fachwerk gegenüber Schlagregen erläutert, die bei nachträglichen Dämmmaßnahmen zu deutlichen Restriktionen führt. Anschließend werden die unterschiedlichen Möglichkeiten zur wärmeschutztechnischen Verbesserung von Fachwerkwänden detailliert erläutert. Zudem wird auf die Schrägdachdämmung eingegangen. Zuletzt soll auf eine Maßnahme eingegangen werden, die nur einen geringen Aufwand darstellt, zu keiner Beeinträchtigung des Erscheinungsbildes führt, energetisch aber einen wichtigen Beitrag leisten kann: Die nachträgliche Dämmung der obersten Geschossdecke.

Holzschädigung durch Feuchte

Fachwerkwände sind auf Grund des als Tragkonstruktion verbauten Holzes als besonders feuchteempfindlich einzuschätzen. Ein besonderes Gefährdungspotenzial stellen holzzerstörende Pilze dar. Für den Großteil der Schadensfälle in Deutschland ist der Echte Hausschwamm Serpula lacrymans verantwortlich. Dieser ist gefährlich, weil er in der Lage ist, Holz mit einem Feuchtegehalt von nur 21 Masse-% zu überwachsen, wenn eine anderweitige Feuchtequelle zur Verfügung steht. Holzabbau tritt allerdings erst ab einer Holzfeuchte von mindestens 26 Masse-% auf. Dadurch verliert das befallene Holz seine statische Festigkeit. Laut DIN EN 335-1 Anhang A benötigen holzzerstörende Pilze als Wachstumsvoraussetzung einen Holzfeuchtegehalt von mehr als 20 Masse-%. Dieser Feuchtegehalt wird allgemein als kritische Holzfeuchte bezeichnet. Um Schadenfreiheit gewährleisten zu können, sollte der kritische Holzfeuchtegehalt im Winter nur kurzfristig und im Sommer niemals überschritten werden. Moderfäulepilze benötigen deutlich höhere Holzfeuchten und stellen insbesondere ein Problem bei erdberührten Holzbauteilen dar.

Schlagregenproblematik

Im Gegensatz zu zahlreichen anderen Fassaden ist Sichtfachwerk besonders anfällig bei Schlagregenbeanspruchung. Sämtliche Versuche, Sichtfachwerk dauerhaft gegen Schlagregen abzudichten beziehungsweise wasserabweisend auszubilden, sind bisher fehlgeschlagen. Hier erwiesen sich insbesondere die Fugen zwischen Fachwerk und Ausfachung als Problemstelle. Es wurde versucht, die Fugen mit Hilfe dauerelastischer Verfugungsmaterialien abzudichten und gleichzeitig hydrophobierte Außenputze zu verwenden. In der ersten Zeit konnte das Eindringen der Feuchte infolge von Schlagregen tatsächlich deutlich vermindert werden. Die andauernden Quell- und Schwindvorgänge des Holzes führten allerdings nach einigen wenigen Jahren zum Abreißen der Flanken des Verfugungsmaterials vom Holz. Auf das Gefach auftreffender Schlagregen lief infolge des hydrophobierten Außenputzes fast vollständig ab und erreichte die aufgerissenen Fugen. Hier konnte die Feuchtigkeit ungehindert eindringen und erreichte direkt die feuchteempfindliche Holzkonstruktion. Infolge der diffusionsdichten dauerelastischen Verfugungsmaterialien wurde zudem die anschließende Austrocknung über die Fuge nach außen behindert. Bis heute existieren keine Möglichkeiten, die Fugen zwischen Fachwerk und Ausfachung dauerhaft abzudichten. Im Umkehrschluss ergibt sich daraus, dass saugfähige Außenputze in Verbindung mit diffusionsoffenen Bauteilaufbauten gewählt werden sollten. Der saugfähige Außenputz führt dazu, dass der auftreffende Schlagregen nicht bis zu den Fugen abläuft, sondern in den oberflächennahen Porenräumen des Putzes aufgenommen wird und später wieder austrocknen kann. Folglich werden die Fugen nur durch den an Ort und Stelle auftreffenden Regen belastet. Der diffusionsoffene Bauteilaufbau ermöglicht zudem ein schnelles Wiederaustrocknen der eingedrungenen Feuchtigkeit. Das Wasser, das durch Schlagregen auf die Fassade gelangt, kann über die Schwindfugen zwischen Fachwerk und Ausfachung tief in die Konstruktion eindringen. Das macht es erforderlich, auch die zum Innenraum orientierten Bauteilschichten möglichst diffusionsoffen auszubilden, um auch ein raumseitiges Austrocknen zu ermöglichen.

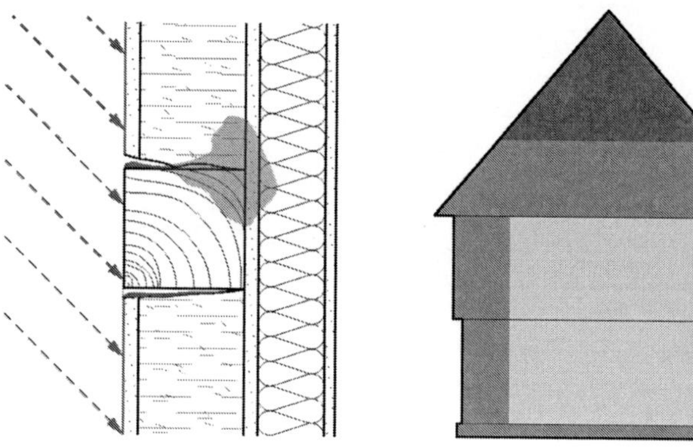

Bild 6-8 Schlagregenbeanspruchung von Fachwerkfassaden (dunkle Flächen: Erhöhte Beanspruchung)

Bei der Sanierung von Fachwerkgebäuden sehen die Gestaltungssatzungen zahlreicher Gemeinden vor, dass die Fachwerkkonstruktion freizulegen ist. Auch viele Hauseigentümer verfolgen dieses Ziel. Dabei kann eine solche Vorgehensweise im Sinne des Denkmalschutzes durchaus kontraproduktiv sein und zu erheblichen Feuchteschäden durch Schlagregen führen. Außerdem sollte man recherchieren, ob das Fachwerk nicht sogar im Ursprungszustand über eine Fassadenbekleidung, beispielsweise aus Schiefer, Holz oder Putz, verfügte. Bevor man sich dazu entscheidet, ein bisher verkleidetes oder verputztes Fachwerk freizulegen, sollte man auf alle Fälle die Schlagregenbeanspruchung der konkreten Fassade genau analysieren. Als Hilfsmittel dient die DIN 4108-3, die Deutschland in Abhängigkeit der durchschnittlichen Jahresniederschlagsmengen und der Windverhältnisse in drei Beanspruchungsgruppen unterteilt. Allerdings bietet dieses Instrument nur die Möglichkeit einer ersten groben Einschätzung. Selbstverständlich hängt die Beanspruchung durch Schlagregen im Einzelfall sehr stark von den Gegebenheiten vor Ort ab. Beispielsweise kann ein Gebäude, welches sich nach DIN 4108-3 in einem Gebiet mit geringer Schlagregenbeanspruchung befindet, aber exponiert auf einer Anhöhe steht, unter Umständen dem Schlagregen deutlich stärker ausgesetzt sein, als es die Norm auf den ersten Blick vermuten lässt. Deshalb weist die Norm explizit darauf hin, dass Gebäude, die besonders exponiert stehen oder die höher als die Umgebungsbebauung sind, unter Umständen einer höheren Beanspruchungsgruppe zugeordnet werden müssen, als sich aus der alleinigen regionalen Betrachtung ergeben würde. Umgekehrt können Gebäude, die sich in einer Senke befinden oder durch die Umgebungsbebauung von der Windanströmung abgeschottet sind, in eine niedrigere Beanspruchungsgruppe eingeordnet werden. Bei der Untersuchung einer konkreten Fassade empfiehlt es sich, als Erstes zu bestimmen, ob diese dem Wetter zu- oder abgewandt ist. Die Wetterseite ist selbstverständlich kritischer einzuschätzen als die Leeseite. Als Nächstes sollte beurteilt werden, ob die Fassade oder Teile davon frei vom Wind angeströmt werden können. Überragt die Fassade die umstehende Bebauung, dann kann von einer freien Anströmung der obersten Bereiche ausgegangen werden. Dieselbe

Schlussfolgerung ist zu ziehen, wenn der Abstand zur Nachbarbebauung größer als das 2,5-fache der Fassadenhöhe ist. In die Beurteilung sollte aber auch die Fassadenausbildung der benachbarten Gebäude einfließen. Verfügen auch diese über eine Fassadenverkleidung, dann ist dies ein deutlicher Hinweis auf eine erhöhte Schlagregenbelastung. Prinzipiell sind die Giebelbereiche einer Fassade am stärksten durch Schlagregen beansprucht. Es folgen der Spritzwasserbereich des Sockels und, wegen der erhöhten Windgeschwindigkeiten, die Eckbereiche eines Hauses. Die geringste Belastung weist folglich die Mitte der Fassade auf (Bild 6-8). Sichtfachwerk sollte im Allgemeinen nur in Gebieten der Beanspruchungsgruppe I nach DIN 4108-3 und in besonders geschützten Lagen der Beanspruchungsgruppe II ausgeführt werden. Die jährliche Schlagregenmenge auf eine Fassade aus Sichtfachwerk sollte den Wert von 150 Liter/m² nicht überschreiten. Auf Grund der Schlagregenproblematik stellt die EnEV innerhalb des Bauteilverfahrens an Sichtfachwerkwände nur Anforderungen, wenn diese der Beanspruchungsgruppe I zuzuordnen sind und sie zusätzlich in besonders geschützter Lage liegen. Die Anforderungen sind zudem gegenüber anderen Außenwandkonstruktionen deutlich verringert. So soll der U-Wert nach der Sanierung anstatt 0,24 W/(m²K) nur einen Wert von 0,84 W/(m²K) erreichen. Ansonsten werden an Fachwerkwände nur dann Anforderungen gestellt, wenn diese mit Bekleidungen oder Mauerwerks-Vorsatzschalen versehen werden.

Dass Fachwerkkonstruktionen sehr anfällig gegenüber Schlagregen sind, kann insbesondere an einer regionalspezifischen konstruktiven Regenschutzmaßnahme abgelesen werden, den sogenannten Klebdächern oder Klebedächlein. Diese sind im süddeutschen Raum, im Elsass und speziell in der Schweiz verbreitet (Bild 6-9).

Bild 6-9   Fachwerkgebäude mit Klebdächern an der Wetterseite
Links: Nehren, Landkreis Tübingen (Quelle: Gemeinde Nehren)
Rechts: Gemeindekanzlei Kesswil, Kanton Thurgau, Schweiz (Quelle: Paul Rienth, Kesswil)

Klebdächer sind Vordächer, an der dem Wetter zugewandten Fassade, die über jedem Stockwerk angeordnet sind. Sie dienen ausschließlich dem Schlagregenschutz. In Bild 6-9, links ist zudem zu erkennen, dass das Fachwerk durch hohe massive Sockelbereiche vor Spritzwasser geschützt wird. Eine weitere Maßnahme, die überregional verbreitet und dementsprechend häufiger anzutreffen ist, ist die Verschindelung der Wetterseite.

Bild 6-10 Fachwerkgebäude mit Schindeln
Links: Kesswil, Kanton Thurgau, Schweiz (Quelle: Paul Rienth, Kesswil)
Rechts: Umgebindehäuser, Obercunnersdorf, Sachsen

Nachträgliche Dämmung von Fachwerkwänden

Der Wärmeschutz unmodernisierter Fachwerkwände genügt den heutigen Ansprüchen an die energetische Qualität und den Wohnkomfort nicht mehr. Bei einer angestrebten Verbesserung des Wärmeschutzes sind grundsätzlich die fachwerkspezifischen Besonderheiten zu beachten. Eine Fachwerkwand ist ein inhomogenes Bauteil. Das wärme- und feuchtetechnische Verhalten der Holzbauteile und der Ausfachungsmaterialien unterscheidet sich zum Teil erheblich. In aller Regel weisen die Ausfachungsmaterialien deutlich höhere Wärmeleitfähigkeiten als das Holz auf. Die Wärmeleitfähigkeit λ der Holzkonstruktion von Eichenfachwerk kann mit 0,21 W/(mK) angenommen werden. Bei Fichtenfachwerk liegt diese mit einem Wert von 0,12 W/(mK) nochmals deutlich niedriger. Der Diffusionswiderstand der Ausfachungsmaterialien ist meistens geringer als der von Holz. Ausnahmen bilden Ausfachungen aus Natursteinmauerwerk. Die Diffusionswiderstandszahl ist von der Holzfeuchte abhängig und kann als Faustwert, für in Fachwerkhäusern verbautes Holz, mit $\mu = 40$ bis 50 abgeschätzt werden.

Mit einer Konstruktionsdicke der Fachwerkwand zwischen 12 und 20 cm können die heutigen Anforderungen an den Wärmedurchgangskoeffizient nicht erfüllt werden. Nach Untersuchungen des Institutes für Bauforschung e. V. in Hannover erreichen unverändert erhaltene Wände aus Sichtfachwerk U-Werte zwischen circa 1,65 W/(m²K) und 2,96 W/(m²K). Der günstigere Wert ergibt sich bei einer Strohlehmausfachung, der ungünstigere bei einer Ausfachung mit Mauerziegeln. Die Bekanntmachung der Regeln zur Datenaufnahme und Datenverwendung im Wohngebäudebestand des Bundesministeriums für Verkehr, Bau und Stadtentwicklung gibt als Pauschalwert für den Wärmedurchgangskoeffizienten von Fachwerkhäusern, die bis 1948 errichtet wurden, einen Wert von 2,0 W/(m²K) an.

Um hygienisch und gesundheitlich unbedenkliche Wohnverhältnisse sicherstellen zu können, müssen die Mindestanforderungen an den Wärmeschutz wärmeübertragender Bauteile nach DIN 4108-2 eingehalten werden. Diese sehen vor, dass bei Außenwänden Wärmedurchlasswiderstände von mindestens 1,2 m²K/W erreicht werden müssen. In der Regel kann man davon ausgehen, dass der Wärmedurchgangswiderstand des Gefachbereichs geringer ist als der des Holzes.

Tabelle 6.2 Wärmedurchlasswiderstand Fichtenfachwerk und Ausfachung

Schicht	d [m]	λ [W/(mK)]	R [m²K/W]
Fachwerk			
Innenputz	0,02	0,80	0,025
Fichtenholz	0,16	0,12	1,333
Summe R			1,358
Ziegelausfachung			
Innenputz	0,06	0,80	0,075
Ziegel	0,12	0,842	0,143
			0,218
Strohlehmausfachung			
Innenputz	0,02	0,80	0,025
Strohlehm	0,14	0,60	0,233
Außenputz	0,02	0,87	0,023
Summe R			0,281

Um eine Fachwerkfassade wärmetechnisch zu verbessern, stehen unterschiedliche Möglichkeiten zur Verfügung. Aus bauphysikalischer Sicht ist es vorteilhaft, die zusätzliche Dämmung außen anzubringen. Durch die außenseitige Dämmschicht erhöht sich die Temperatur im Bauteilquerschnitt und folglich sinkt dort die relative Luftfeuchte. Dadurch verbessern sich die Umgebungsbedingungen der Holzkonstruktion. Durch die geringere Feuchtigkeit sinkt die Gefahr des Pilzbefalls. Soll ein Sichtfachwerk erhalten bleiben, ist die Ausführung einer Außendämmung praktisch unmöglich. Häufig sind aber auch original erhaltene Fachwerkgebäude aus Gründen des Schlagregenschutzes verputzt oder mit einer vorgehängten, hinterlüfteten Fassade versehen. Soll ein verputztes Fachwerkhaus wärmetechnisch verbessert werden, dann bietet es sich an, den konventionellen Putz gegen ein Wärmedämmputzsystem nach DIN V 18 550 zu ersetzen. Dabei handelt es sich um eine sehr behutsame Maßnahme, die die äußere Gestalt und den prinzipiellen Wandaufbau unverändert belässt. Wärmedämmputze werden in der Regel mit Schichtdicken zwischen 2 und 10 cm ausgeführt. Die Wärmeleitfähigkeit üblicher Wärmedämmputze schwankt zwischen 0,07 und 0,16 W/(mK). Folglich können Verbesserungen des Wärmedurchgangswiderstandes von 0,125 bis 1,429 m²K/W erzielt werden. Da Fachwerk ein problematischer Putzgrund ist, sollten für eine dauerhafte Lösung Putzträgersysteme verwendet werden. Um Rissbildung im Putz weitestgehend zu vermeiden, sollte der Putzträger in der Ausfachung befestigt werden, der Putz sollte mit Hilfe eines diffusionsoffenen Vlies von den Fachwerkhölzern entkoppelt werden und die letzte Putzlage sollte mit einem speziellen Gewebe versehen werden. Bei Dämmputzdicken ab 3,5 cm ist gegebenenfalls eine Putzbewehrung erforderlich. Prinzipiell sollten diffusionsoffene Putze und Anstriche verwendet werden. Da die Ausfachungsmaterialien in aller Regel diffusionsoffen sind, können die Wasserdampfmoleküle aus der Innenraumluft durchaus bis an die Außenoberfläche der Wand gelangen. Um eine Feuchteanreicherung hinter dem Außenputz zu vermeiden, muss der weitere Aufbau ebenfalls diffusionsoffen sein. Zudem können auch bei fachgerechter Ausführung eines verputzten Fachwerkes im Lauf der Zeit Risse im Putz auftreten. Durch diese Risse kann

Wasser aus Schlagregen in die Konstruktion eindringen. Damit die Feuchtigkeit wieder nach außen austrocknen kann, sind ebenfalls diffusionsoffene Ausführungen zu wählen.

Geht man noch weiter, ist es auch möglich, ein Fachwerkgebäude mit einem Wärmedämmverbundsystem zu versehen. Hierbei ist aus den bereits beschriebenen Gründen darauf zu achten, dass diffusionsoffene Dämmstoffe, Putze und Anstriche verwendet werden. Als besonders geeignet haben sich Wärmedämmverbundsysteme mit Mineralwolle erwiesen. Ungeeignet sind expandiertes oder extrudiertes Polystyrol. Im Denkmalbereich ist der Einsatz eines Wärmedämmverbundsystems, wenn überhaupt, so nur mit sehr moderaten Dämmstoffdicken ausführbar. Insbesondere die Anschlüsse an einen vorhandenen Sockel aus Stein, an die Fenster und Türen sowie an das Dach stellen gestalterische Problempunkte dar. Werden zu große Dämmstoffstärken gewählt, dann ergeben sich im Vergleich zu einem bestehenden Sockelbereich große Vorsprünge, die Fenster liegen deutlich tiefer hinter der Fassadenoberfläche als ursprünglich und die Dachüberstände werden geringer. Die Folge ist, dass ein Gebäude seinen Charakter und gestalterischen Anspruch verlieren kann.

In Gebieten mit hoher Schlagregenbelastung sind Fachwerkwände häufig mit hinterlüfteten Bekleidungen aus Schiefer, Holz oder Dachziegeln versehen. Ist der Abstand zwischen Bekleidung und Fachwerkwand ausreichend groß, so kann dieser Zwischenraum genutzt werden, um eine zusätzliche Dämmschicht einzubauen. Auch nachdem die Wärmedämmung eingebaut ist, muss ein ausreichender Hinterlüftungsquerschnitt mit einer Tiefe von mindestens 2 cm verbleiben. Zudem sind ausreichende Be- und Entlüftungsöffnungen zu gewährleisten. Auf der Dämmschicht kann zusätzlich noch ein regenabweisender, diffusionsoffener Vlies befestigt werden. Durch Fugen kann Regenwasser in geringen Mengen hinter die Bekleidung gelangen. Der Vlies verhindert, dass die Feuchtigkeit durch die Dämmschicht aufgenommen wird und garantiert somit eine schnellere Austrocknung.

Eine spezielle Form der Außendämmung einer Fachwerkwand ist die Dämmung in der Gefachebene. Dabei bleibt die Holzkonstruktion unverändert sichtbar. Der Außenputz sowie die obersten Schichten der Ausfachung werden entfernt und gegen Materialien mit geringerer Wärmeleitfähigkeit ausgetauscht. Positive Erfahrungen wurden mit Materialien gemacht, die plastisch eingebracht werden können, diffusionsoffen und kapillarleitfähig sind. Werden die Ausfachungsmaterialien komplett ersetzt, dann sollten ebenfalls diffusionsoffene und kapillarleitfähige Materialien verwendet werden. Infolge der kapillaren Leitfähigkeit nehmen die Materialien das Wasser, das über die Fugen zwischen Ausfachung und Holz eindringt, schnell auf und leiten es von der feuchteempfindlichen Holzkonstruktion weg. Es sollte insgesamt jedoch darauf geachtet werden, dass der Wärmedurchlasswiderstand des Holzfachwerkes nicht geringer wird als der des Gefaches. Andernfalls werden die Holzbauteile zu Wärmebrücken und die Gefahr, dass sich Tauwasser direkt an den empfindlichen Holzbauteilen bildet, steigt.

Soll der Wärmeschutz der Außenwand deutlich verbessert und die Fassade als Sichtfachwerk erhalten werden, so bleibt häufig als einzige Möglichkeit die Innendämmung. Diese ist jedoch aus bauphysikalischer Sicht als problematisch einzuschätzen. Beachtet man jedoch einige wesentliche Planungsgrundsätze, so kann eine nachträgliche Innendämmung einer Fachwerkwand schadenfrei ausgeführt werden. Um das Austrocknungspotenzial nach innen nicht unnötig zu behindern, sollte der s_d-Wert der zusätzlichen Bauteilschichten innen zwischen 0,5 m und 2,0 m liegen. Gleichzeitig sollte die zusätzliche Wärmedämmung das Temperaturgefälle in den äußeren Wandschichten nicht zu sehr reduzieren, damit die Feuchtigkeit weiterhin in ausreichendem Umfang nach außen abtrocknen kann. Ohne zusätzlichen Nachweis kann eine Innendämmung ausgeführt werden, wenn deren Wärmedurchlasswiderstand 0,8 m²K/W nicht überschreitet. Andernfalls ist es erforderlich, das feuchtetechnische Verhalten der betreffenden

Wand gesondert nachzuweisen. Dabei muss die kapillare Feuchteleitung mit berücksichtigt werden. Dies ist eigentlich nur mittels hygrothermischer Bauteilsimulation möglich. Die Anwendung des Glaserverfahrens nach DIN 4108-3 Anhang A kann bei hygroskopischen, kapillaraktiven Baustoffen zu Fehleinschätzungen führen. Besteht die Ausfachung aus Natursteinmauerwerk, ist genau zu überprüfen, ob überhaupt eine Innendämmung ausgeführt werden kann, da das Natursteinmauerwerk unter Umständen sehr dampfdicht ist und somit ein Austrocknen nach außen behindert.

Innendämmungen können mit Hilfe plastisch formbarer Putze und Mörtel, mit Vorsatzschalen oder mit plattenförmigen Dämmstoffen ausgeführt werden. Ein entscheidender Vorteil von plastisch formbaren Putzen und Mörteln ist, dass sie direkt auf die Bestandskonstruktion aufgebracht werden können. Sie passen sich dem, in der Regel unebenen, Untergrund der Wand an, so dass ein homogener, hohlraumfreier Schichtaufbau entsteht. Ein hohlraumfreier Wandaufbau ist im Hinblick auf die Vermeidung von Feuchteschäden essenziell. Insbesondere Hohlräume hinter der neu aufgebrachten Dämmschicht stellen ein besonderes Gefährdungspotenzial dar. Über Fehlstellen oder Anschlussfugen in der Dämmung können unter Umständen große Mengen an Wasserdampf infolge Konvektion bis in die Hohlräume hinter der Dämmung gelangen. Infolge der niedrigen Temperaturen hinter der Dämmung ergeben sich deutlich erhöhte Luftfeuchten beziehungsweise es fällt Tauwasser aus. Zu beachten ist, dass der Transportmechanismus Konvektion deutlich höhere Masseströme verursacht als die Wasserdampfdiffusion und somit ein höheres Schadenspotenzial aufweist. Aus diesen Gründen empfiehlt auch die Wissenschaftlich-Technische Arbeitsgemeinschaft für Bauwerkserhaltung und Denkmalpflege e. V. (WTA), für die Innendämmung von Fachwerkwänden kapillar leitfähige Materialien zu verwenden, die in Form von Putzen oder Mörteln ohne Hohlräume eingebaut werden können.

Diese Forderung wird von mehreren Materialien erfüllt. Aus denkmalpflegerischer Sicht sind Baustoffe zu empfehlen, die auch in der ursprünglichen Konstruktion verwendet wurden. Hierzu zählen insbesondere Lehmbaustoffe. Leichtlehm und Wärmedämmlehm erfüllen dies. Es handelt sich um plastisch formbare Mörtel, die im feuchten Zustand eingebaut werden. Die feuchtetechnischen Eigenschaften, wie Sorptions- und Wasserdampfdiffusionsverhalten, entsprechen ungefähr denen einer historischen Lehmausfachung bei zugleich deutlich geringerer Wärmeleitfähigkeit. Insbesondere Wärmedämmlehm erzielt recht geringe Wärmeleitfähigkeiten im Bereich von 0,08 W/(mK). Um Risse im Lehmmörtel zu minimieren, sollte dieser über Trennlagen aus diffusionsoffenem Vlies von dem Holzfachwerk entkoppelt werden. Nachteilig ist insbesondere der erhöhte Feuchteeintrag durch den Lehmmörtel. Die eingebrachte Baufeuchte muss unbedingt wieder austrocknen können, was zwangsläufig zu einem verzögerten Baufortschritt führt. Erfahrungsgemäß dauert es in Abhängigkeit der Schichtdicke zwischen vier und zwölf Wochen, bis der Lehmmörtel ausreichend getrocknet ist. Leichtlehm und Wärmedämmlehm werden häufig in verlorene Schalungen eingebracht, die an der bestehenden Wand befestigt werden. Der Lehmmörtel wird darin lagenweise eingefüllt und durch leichtes Stampfen verdichtet. Die verlorene Schalung dient zugleich als Putzträger für den Innenputz.

Ebenfalls plastisch einbaubar sind Wärmedämmputz, Zellulosefaserputz und Verfüllmörtel. Der Wärmedämmputz wurde bereits im Zuge einer möglichen Außendämmung behandelt. Zellulosefaserputz besteht aus Zelluloseflocken, die unter Zusatz von mineralischem Bindemittel und Wasser auf die Wand gespritzt werden. Die Zelluloseflocken werden aus altem Zeitungspapier hergestellt. Das Zeitungspapier wird mechanisch zerkleinert und mit chemischen Zusätzen versehen, die es normal entflammbar, schimmelresistent und verrottungssicher machen. Bei Verfüllmörtel handelt es sich um einen Werktrockenmörtel aus mineralischen Bindemitteln und mineralischen Leichtzuschlägen. Für den Einbau des Verfüllmörtels ist eine Schalung erforderlich. Im Vergleich zum Lehmmörtel wird bei den beschriebenen mineralischen Putz- und Mörtelsystemen ein Großteil der Baufeuchte durch Hydratation gebunden. Es sind in der Regel geringere Austrocknungszeiten erforderlich. Die geringste Wärmeleitfähigkeit der beschriebenen Putz- und Mörtelsysteme erreicht mit einem Wert zwischen 0,050 und 0,055 W/(mK) der Zellulosefaserputz.

In der Baupraxis ebenfalls ausgeführt werden gemauerte Vorsatzschalen aus Lehmziegeln sowie Vorsatzschalen aus einem Ständerwerk, das mit Dämmstoff ausgefüllt wird. Allerdings weisen Lehmziegel im Vergleich zu Wärmedämmlehm eine höhere Wärmeleitfähigkeit auf. Um auch bei dieser Konstruktion Tauwasserbildung durch Konvektion ausschließen zu können, muss der Zwischenraum zwischen Vorsatzschale und bestehender Fachwerkwand vollständig verfüllt werden. Hierfür bietet sich wiederum Wärmedämmlehm an. Die Vorsatzschale muss in der Bestandswand rückverankert werden. Ein statischer Nachweis über die zusätzliche Lastabtragung ist unbedingt zu erbringen.

Bild 6-11 Nachträgliche Innendämmung mit Lehmbaustoffen
Links: Holzleichtlehmstein-Hintermauerung (Quelle: B. Stöckicht, DFWZ QLB)
Rechts: Einstampfen von Wärmedämmlehm (Kork) (Quelle: B. Stöckicht, DFWZ QLB)

Als Innendämmung kommen regelmäßig biegesteife, kapillaraktive, plattenförmige Dämmstoffe zum Einsatz. Diese können sich nicht an Unebenheiten des Untergrunds anpassen. Um Hohlräume zu vermeiden, sollten die Dämmplatten auf keinen Fall nur mit Mörtelbatzen, sondern vollflächig an der Wand befestigt werden. Unter Umständen muss zunächst eine ebene Wandfläche geschaffen werden. Als Ausgleichsschicht verwendet man kapillarleitfähigen Mörtel. Als Dämmmaterial kommen dann Platten aus Kalziumsilikatschäumen oder Leichtlehmplatten zum Einsatz.

Schrägdach

Ursprünglich wurden Dachräume unter Schrägdächern nicht genutzt, sondern dienten ausschließlich als Pufferraum zwischen Außenumgebung und genutztem Gebäudebereich. Dementsprechend existieren im Denkmalbereich Dächer, bei denen der Dachraum nur durch die Dachdeckung von der Außenumgebung getrennt wird. Die üblichen Dachdeckungen eines Schrägdaches sind regensicher, aber nicht wasserdicht. Durch Winddruck oder Wasserrückstau infolge von Schnee- und Eisbarrieren kann Wasser in die Fugen zwischen den Dachziegeln eindringen. Ist keine Unterspannbahn vorhanden, erreicht das Regenwasser den Dachraum. Ist dieser nicht ausgebaut, so stellt diese geringe Feuchtigkeitsmenge keinerlei Problem dar, da sie infolge der Luftdurchströmung des Dachraumes schnell wieder abtrocknen kann.

Soll der Dachraum nachträglich ausgebaut werden, so muss zunächst überprüft werden, ob die bestehende oberste Geschossdecke in der Lage ist, die zusätzlichen Lasten aufzunehmen. An die neu entstehenden Räume sind bezüglich Hygiene und Behaglichkeit dieselben Anforderungen zu stellen wie an jeden anderen Wohnraum auch. Folglich muss das Dach wasser- und luftdicht ausgeführt sowie ausreichend gedämmt werden. Die Wasserdichtheit wird durch eine Unterspannbahn erreicht. Die Aufgabe der Luftdichtheitsschicht übernimmt i. d. R die Dampfbremse, die zur Vermeidung von Tauwasser im Bauteilquerschnitt sowieso erforderlich wird. Soll ein Schrägdach nachträglich gedämmt werden, kommen prinzipiell vier Varianten in Betracht:

- Aufsparrendämmung
- Zwischensparrendämmung
- Untersparrendämmung
- Kombinationen aus den drei genannten Varianten

Eine ausreichende Dämmung der Dachflächen ist auch aus Gründen des sommerlichen Wärmeschutzes dringend zu empfehlen. Infolge der Sonneneinstrahlung können im Sommer auf der Dachoberfläche Temperaturen von über 70 °C auftreten. Der extreme Temperaturgradient zwischen Außenoberfläche und Innenraum führt zu einem erhöhten Wärmestrom in Richtung des Innenraumes.

Die Aufsparrendämmung ist eine Konstruktionsform, die hauptsächlich bei Neubauten ausgeführt wird. Soll ein bestehendes Dach mit einer Aufsparrendämmung versehen werden, so müssen zwangsläufig die Dachdeckung und die Dachlattung entfernt werden. Somit ist für die Maßnahme ein Gerüst erforderlich und die Dachkonstruktion beziehungsweise der Dachraum ist vorübergehend der Witterung ausgesetzt. Zumeist wird auf den Sparren eine Vollschalung befestigt, damit auf dieser die Dampfbremse sorgfältig verlegt werden kann. Darüber werden die Dämmelemente und die Unterspannbahn verlegt. Schließlich werden auf einer Konterlattung die Dachziegel befestigt. Es handelt sich um eine sehr aufwendige Maßnahme, die in der Regel nur wirtschaftlich ist, wenn die Dachdeckung defekt ist und sowieso saniert werden muss. Im Denkmalbereich wird diese Variante nur selten ausgeführt, da sie meist mit erheblichen Eingriffen in den Bestand verbunden ist. Die zusätzliche Aufbauhöhe des Daches erfordert eine Anpassung der Randanschlüsse, da ansonsten die Dämmung freiliegt. Die Oberfläche des Daches vergrößert sich, so dass zusätzliche Dachziegel notwendig werden. Regenfallrohre müssen versetzt, eventuell vorhandene Dachflächenfenster in die neue Dachebene angehoben werden. Bestehende Dachgauben versinken teilweise in der Dämmschicht. Bei einer nachträglichen Aufsparrendämmung erweist es sich als besonders problematisch, sämtliche Anschlüsse zwischen Dach und aufgehenden Wänden luftdicht auszuführen. In der Regel übernimmt die Dampfbremse neben ihrer eigentlichen Funktion zusätzlich die Aufgabe der Luftdichtheitsschicht. Die Luftdichtheitsschicht soll Wärmeverluste durch unkontrollierte Infiltration sowie den konvektiven Eintrag von Wasserdampf verhindern. Fehlstellen können zu erheblichen Wärmeverlusten und Feuchteschäden führen. Bei einer nachträglichen Aufsparrendämmung wird die Dampfbremse, wie beschrieben, oberhalb der Sparren auf der Vollschalung geführt. Die Dampfbremse muss von der Oberseite der Vollschalung an die Innenseite der Traufwand geführt und dort befestigt werden. Ragen die Sparren über die Traufwand hinaus, so durchdringen sie die Luftdichtheitsschicht. Eine dauerhaft luftdichte Ausführung dieser Durchdringungen ist kaum möglich. Eine nachträgliche Aufsparrendämmung ist insbesondere im Denkmalbereich die Ausnahme.

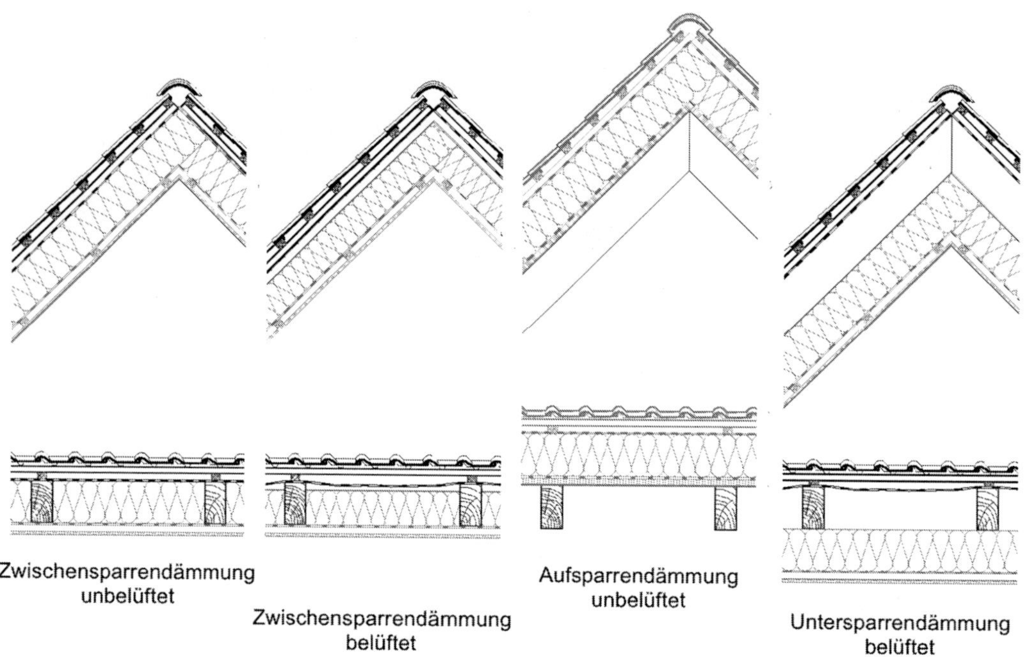

Bild 6-12 Möglichkeiten zur nachträglichen Dämmung von Schrägdächern

Das Dach kann äußerlich unverändert erhalten werden, wenn eine Zwischensparrendämmung, eine Untersparrendämmung oder eine Kombination aus beiden ausgeführt wird. Dabei können sämtliche Arbeiten vom Dachraum aus erledigt werden. Ist im Bestand keine Unterspannbahn vorhanden, so muss diese nachträglich ergänzt werden. Es empfiehlt sich, eine diffusionsoffene Unterspannbahn zu verwenden. Sollen die Dachdeckung und die Dachlattung unverändert beibehalten werden, so kann die Unterspannbahn nicht durchgängig über den Sparren verlegt werden. Stattdessen muss sie vom Dachraum aus eingefügt werden. Dabei bestehen zwei Möglichkeiten. Entweder man schneidet die Bahnen zu und passt sie zwischen die Sparren ein oder man führt die Unterspannbahn durchgängig unten um die Sparren herum. In beiden Fällen ist darauf zu achten, dass die Unterspannbahn mit einem leichten Durchhang in Feldmitte ausgeführt wird. Dadurch entsteht eine Art Rinne und eventuell eindringendes Wasser wird von der kritischen Fuge zwischen Unterspannbahn und Sparren weggeleitet. Um erhebliche Bauschäden zu vermeiden, muss die Unterspannbahn so an die Traufe angeschlossen werden, dass das anfallende Wasser nach außen abfließen kann und sich nicht am Fußpunkt des Daches ansammelt. Im Idealfall wird die Unterspannbahn in die Dachrinne geführt.

Verfügt die Bestandskonstruktion über eine intakte Unterspannbahn, so sollte diese erhalten werden, da der Einbau einer neuen Unterspannbahn, wie oben beschrieben, nur mit erheblichem Aufwand möglich ist. Außerdem stellt eine durchgängige Unterspannbahn über den Sparren gegenüber dem nachträglichen Einbau von der Innenseite aus die robustere Lösung dar. Zunächst muss geprüft werden, ob die bestehende Unterspannbahn diffusionsdicht oder diffusionsoffen ist. Je nachdem sind unterschiedliche Konstruktionsprinzipien zu beachten. Ist die Unterspannbahn dampfdicht, wie beispielsweise Bitumenpappe, so sollte zwischen dieser und der anzubringenden Wärmedämmung eine zweite Lüftungsebene vorgesehen werden. Die zirkulierende Luftschicht sollte eine Dicke von mindestens 4 cm aufweisen. Über eventuelle Fehlstellen an der raumseitigen Dampfsperre kann Feuchtigkeit in den Bauteilquerschnitt eindringen. Die Lüftungsebene soll sicherstellen, dass diese Feuchtigkeit wieder aus der Konstruktion abgeführt werden kann. Andernfalls könnte sich die Feuchtigkeit im Laufe der Zeit anreichern und zu Schäden führen. Im Idealfall verfügt das bestehende Dach über eine funktionstüchtige, diffusionsoffene Unterspannbahn. Dann kann problemlos und ohne zusätzliche Maßnahmen eine nachträgliche Vollsparrendämmung erfolgen.

Als Zwischensparrendämmung werden in der Regel elastische Dämmstoffmatten eingesetzt. Diese werden so zugeschnitten, dass sie etwas breiter als der Abstand zwischen den Sparren sind. Dadurch können sie zwischen die Sparren eingeklemmt werden und füllen die Zwischenräume vollständig aus. Die elastischen Matten passen sich zudem den Unebenheiten der Sparren an, so dass keine Hohlstellen entstehen. Die einbaubare Dämmschichtdicke wird bei der Zwischensparrendämmung durch die Sparrenhöhe begrenzt. Ist kein Unterdach vorhanden, so ist darauf zu achten, dass die Wärmedämmung die Unterspannbahn nicht nach oben drückt. Ansonsten wird der Belüftungsquerschnitt zwischen Unterspannbahn und Dachdeckung reduziert. Eine nachträglich eingebaute Unterspannbahn verliert zudem ihre Rinnenform in Feldmitte, wodurch die kritischen Fugen zwischen Sparren und Unterspannbahn stärker mit Wasser belastet werden. Die Wärmeleitfähigkeit der Sparren ist größer als die des Dämmmaterials, womit es sich um eine Konstruktion mit materialbedingten Wärmebrücken handelt. Durch eine Zwischensparrendämmung wird die lichte Höhe des Raumes nicht reduziert. Kann die benötigte Dämmschichtdicke nicht vollständig zwischen den Sparren eingebaut werden, kann zusätzlich eine Untersparrendämmung ausgeführt werden. Hierbei wird auf der Sparrenunterseite eine Konterlattung aufgebracht, zwischen die die Untersparrendämmung eingebracht wird. Durch die zusätzliche Dämmschicht auf der Sparrenunterseite wird die Wärmebrückenwirkung der Sparren reduziert. Eine Untersparrendämmung kann auch ohne Zwischensparrendämmung ausgeführt werden. Dies ist allerdings nicht zu empfehlen, da die lichte Raumhöhe um die gesamte Dämmschichtdicke verringert wird. Es entstehen nicht genutzte Hohlräume, die durch eine Zwischensparrendämmung sinnvoll genutzt werden können.

Die nachträgliche Dämmung des Schrägdaches bis an die Traufe ist häufig mit Problemen verbunden. Der Traufbereich ist nur schwer zugänglich. Zudem erschweren die zahlreichen Anschlusspunkte zwischen Sparren und Fußpfette beziehungsweise oberster Geschossdecke den sorgfältigen Einbau der Wärmedämmung und der Dampfbremse. Als besonders anfällig erweist sich der dauerhaft dichte Anschluss der Dampfbremse an die Traufe. Hier erweist es sich in zahlreichen Fällen als unproblematischer, die Dämmung des Schrägdaches an der Traufe zu unterlassen und stattdessen einen Teil der obersten Geschossdecke und einen nachträglich eingebauten Kniestock zu dämmen.

Die Dampfbremse und die Luftdichtheitsschicht müssen sorgfältig an alle aufgehenden Wände und Durchdringungen, wie beispielsweise Kamine und Antennen, angeschlossen werden. Auch die Stöße zwischen einzelnen Bahnen müssen sehr sorgfältig ausgeführt werden. Anschlüsse und Stöße der Dichtungsschicht sollten entsprechend den Empfehlungen der DIN 4108-7 geplant werden. Wird die Dampfbremse direkt unterhalb der Sparren geführt, sollten horizontale Stöße einzelner Bahnen vermieden werden, da eine durchgehende druckfeste Auflagerfläche fehlt. Stattdessen sollten Vertikalstöße an der Unterseite der Sparren ausgebildet werden. Die Bahnen werden mit doppelseitigem Klebeband überlappend verklebt. Zusätzlich wird der Stoß durch eine an den Sparren angeschraubte Anpresslatte mechanisch gesichert. Die

Dichtungsschicht darf nicht durch nachträglich eingebaute Leitungen, Kabel, Schalter, Steckdosen oder Ähnliches beschädigt werden. Im ungünstigsten Fall sind ansonsten erhebliche konvektive Feuchteeinträge in den Bauteilquerschnitt möglich. Um dies auch zukünftig sicher ausschließen zu können, sollte raumseitig eine Installationsebene vorgesehen werden. Zum besseren Schutz oder aus befestigungstechnischen Gründen kann die Dampfbremse auch innerhalb der Dämmschicht liegen. Wird eine Zwischen- mit einer Untersparrendämmung kombiniert, kann die Dampfbremse an der Unterseite der Sparren befestigt werden, wenn der Wärmedurchlasswiderstand der raumseitigen Schichten nicht mehr als 20 % des Gesamtwärmedurchlasswiderstandes des Bauteils beträgt. Ob die Luftdichtheitsschicht sorgfältig ausgeführt ist, kann mittels eines Blower-Door-Tests überprüft werden.

Die Dachoberfläche ist von allen Bauteiloberflächen den stärksten Temperaturschwankungen ausgesetzt. Sowohl im Tagesverlauf als auch im Jahresverlauf ergeben sich deutliche Temperaturunterschiede. Während im Winter Oberflächentemperaturen von $-20\ °C$ auftreten können, ergeben sich im Sommer insbesondere infolge der Sonneneinstrahlung Oberflächentemperaturen von über $+70\ °C$. Die Folge ist, dass in den Sommermonaten innerhalb der Dachkonstruktion in erheblichem Maße Umkehrdiffusion auftritt. Das bedeutet, dass der Diffusionsstrom im Vergleich zum Winterfall seine Richtung ändert und von außen nach innen gerichtet ist. Im Sommerfall ergeben sich erhebliche Temperaturdifferenzen zwischen der äußeren und der inneren Dachoberfläche. Daraus resultiert ein extremer Partialdampfdruckgradient und folglich eine große Massenstromdichte. Unter diesen Randbedingungen erweist sich eine Dampfbremse mit variablem s_d-Wert, entsprechend Bild 6-6, als vorteilhaft. Speziell wenn durch eine dampfdichte Dachdeckung oder Unterspannbahn im Winter die Austrocknung nach außen verhindert wird, kann eine feuchteadaptive Dampfbremse eine sinnvolle Lösung darstellen.

Wird eine klassische Dampfbremse unterhalb einer dampfdichten Unterspannbahn oder Dachdeckung verwendet, ergibt sich folgende feuchtetechnische Problematik: Trotz Dampfsperre muss damit gerechnet werden, dass Wasserdampf in geringen Mengen über Fehlstellen in der Dampfsperre oder mangelhafte Anschlüsse im Winter in die Konstruktion diffundieren kann. Die Feuchtigkeit sammelt sich unterhalb der dampfdichten Unterspannbahn oder Dachdeckung und kann folglich nicht austrocknen. Im Sommer setzt Umkehrdiffusion ein. Die Feuchtigkeit wandert zum Rauminneren und sammelt sich oberhalb der Dampfbremse, die wiederum eine Austrocknung nach innen verhindert. Die Feuchtigkeit kann sich über die Jahre in der Konstruktion anreichern und Schäden hervorrufen. Als Lösungsmöglichkeit stehen zwei Varianten zur Verfügung. Zum einen kann unterhalb der dampfdichten Dachdeckung oder Unterspannbahn eine Hinterlüftung vorgesehen werden. Zum anderen kann eine nicht hinterlüftete Konstruktion ausgeführt werden, auf deren Innenseite keine klassische, sondern eine feuchteadaptive Dampfbremse angeordnet wird. Im Winter herrschen in Innenräumen im Normalfall relative Luftfeuchten von circa 40 %. Infolge des Partialdampfdruckgefälles sammelt sich der in die Konstruktion über Fehlstellen eindiffundierte Wasserdampf auf der Außenseite. Folglich herrschen auch an der feuchteadaptiven Dampfbremse relative Luftfeuchten im Bereich zwischen 40 und 50 %. Der s_d-Wert bewegt sich folglich im Bereich zwischen 3 und 4 m. Damit behindert die feuchteadaptive Dampfbremse im Winter in ausreichendem Umfang die Diffusion in das Bauteil. Im Sommer sammelt sich die Feuchtigkeit wie beschrieben oberhalb der Dampfbremse. Sind größere Mengen Feuchtigkeit innerhalb der Konstruktion vorhanden, steigt die relative Luftfeuchtigkeit an der feuchteadaptiven Dampfbremse und die diffusionsäquivalente Luftschichtdicke sinkt auf Werte um circa 0,1 m. Somit kann die Feuchtigkeit zum Innenraum hin austrocknen. Mit einer feuchteadaptiven Dampfbremse lässt sich auch unterhalb einer bestehenden dampfdichten Unterspannbahn eine Vollsparrendämmung ohne zweite Lüftungsebene ausführen. Man gewinnt somit mindestens 4 cm Dämmstoffdicke.

Oberste Geschossdecke

Die EnEV 2009 fordert für bisher ungedämmte, nicht begehbare, aber zugängliche oberste Geschossdecken als unmittelbare Nachrüstverpflichtung eine nachträgliche Dämmung. Der für die oberste Geschossdecke geforderte U-Wert beträgt 0,24 W/(m²K). Die Anforderung gilt ebenfalls als erfüllt, wenn statt der Geschossdecke die Dachflächen und Giebelwände auf dasselbe Niveau (U = 0,24 W/(m²K)) gedämmt werden. Ist die oberste Geschossdecke begehbar, gilt die entsprechende Forderung erst nach dem 31. Dezember 2011.

Der Dachraum des Wohngebäudes in Quedlinburg wurde nicht ausgebaut. Ist der Dachboden unbeheizt und soll auch zukünftig nicht ausgebaut werden, so bietet es sich an, anstelle der Dachschrägen und der Giebelwände die oberste Geschossdecke zu dämmen. Dies ist aus energetischer und wirtschaftlicher Sicht regelmäßig die bessere Variante. Aus energetischer Betrachtung heraus, ist die wärmeübertragende Umfassungsfläche kleiner, wenn die oberste Geschossdecke anstatt des Daches einschließlich der Giebelwände gedämmt wird. Die Wärmedämmung verläuft exakt auf der Grenze des Bereiches, der planmäßig beheizt werden soll. Folglich ist die Temperatur im Dachraum geringer, als wenn die oberste Geschossdecke ungedämmt bleibt und stattdessen die Dachschrägen und Giebelwände gedämmt werden. Es werden also keine ungenutzten Gebäudebereiche unplanmäßig teilbeheizt. Die wirtschaftlichen Vorteile der Dämmung der obersten Geschossdecke resultieren aus der kleineren zu dämmenden Fläche und der einfacheren Montage. Die geringere Fläche hat sowohl Auswirkungen auf den Materialverbrauch als auch auf die benötigten Lohnstunden. Zudem erfordert der Bauablauf einen minimalen Arbeitsaufwand. Im Idealfall stellt sich die Oberfläche der obersten Geschossdecke als eine durchgängige Ebene dar, die nur durch den Schornstein unterbrochen wird. Ist der Dachraum ungenutzt oder sogar unzugänglich, so kann auf der Geschossdecke problemlos eine Dampfsperre verlegt werden und darüber Dämmplatten in zwei um 90° verdrehten Lagen. Die unterschiedliche Orientierung der beiden Dämmlagen soll ein Fugenversatz gewährleisten. Ist der Boden uneben, müssen elastische Dämmstoffe verwendet werden, die sich der Oberfläche anpassen. Dadurch wird verhindert, dass die Dämmplatten von kalter Luft unterströmt werden und somit die Wirksamkeit beeinträchtigt wird. Soll der Dachraum für gelegentliche Kontrollgänge zugänglich bleiben, so sind Holzstege über den Dämmplatten erforderlich. Soll der Dachraum vollständig begehbar bleiben, ist eine vollflächige Abdeckung der Wärmedämmung notwendig. Hierfür stehen unterschiedliche Konstruktionsprinzipien zur Verfügung:

- Druckbeständige Wärmedämmung, wird direkt mit Platten belegt
- Wärmedämmung unter aufgeständerter Fußbodenkonstruktion
- Dämmung zwischen Deckenbalken, oberseitige Beplankung

Ausreichend druckbeständig für eine direkte Begehbarkeit sind Expandiertes Polystyrol, Extrudierter Polystyrol-Hartschaum, Polyurethan-Hartschaum, aber auch spezielle Mineralfaser- und Holzfasermatten. Diese Dämmstoffe können direkt mit Spanplatten oder OSB-Platten belegt werden. Auf dem Markt sind aber auch Mineralfasermatten und Hartschaumplatten erhältlich, die direkt auf Spanplatten aufkaschiert und zum Teil schon mit einem Gehbelag versehen sind. Soll die oberste Geschossdecke nach der Dämmmaßnahme begehbar sein, so ist es eventuell wirtschaftlicher, zuerst eine Dampfsperre auf der Decke zu verlegen, dann einen aufgeständerten Boden zu installieren und den entstehenden Hohlraum mit Dämmstoff auszublasen. Durch den beschriebenen Bauablauf wird der lohnintensive Transport der Dämmplatten auf den Dachboden hinfällig.

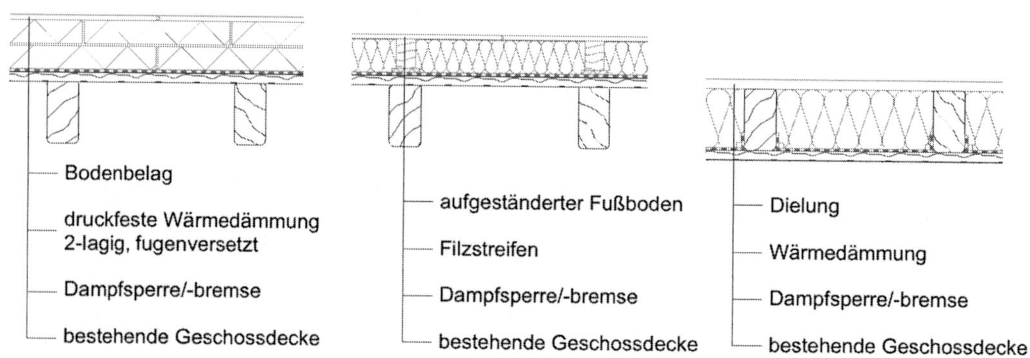

Bild 6-13 Möglichkeiten zur nachträglichen Dämmung von Holzbalkendecken im DG

Durchdringungen der obersten Geschossdecke, wie beispielsweise Kamine, durchgehende Wände oder Rohrleitungen, müssen auf Grund ihrer Wirkung als Wärmebrücke besonders gedämmt werden. Um die Auswirkungen solcher Wärmebrücken zu beschränken, sollten sie mindestens einen Meter in den Dachraum hinein gedämmt werden. Um Wärmeverluste infolge unkontrollierter Infiltration durch die oberste Geschossdecke und konvektive Feuchteeinträge in die Konstruktion zu verhindern, müssen sämtliche Öffnungen zwischen dem beheizten Innenraum und der gedämmten Deckenkonstruktion luftdicht ausgeführt werden.

Bauphysikalisch nicht ideal, aber dennoch möglich, ist eine Dämmung auf der Unterseite der obersten Geschossdecke. Dabei kann der Hohlraum einer abgehängten Decke mit Dämmstoff ausgefüllt werden oder es kann eine Aufdoppelung der Decke entsprechend der erforderlichen Dämmstoffdicke erfolgen. Ist im Bestand keine abgehängte Decke vorhanden, so wird durch eine Dämmung auf der Unterseite der Decke selbstverständlich die Raumhöhe verringert. Eine nachträgliche Innendämmung einer Decke ist aus feuchtetechnischer Sicht unkritischer zu beurteilen als die Innendämmung einer Außenwand. Zum einen wird die oberste Geschossdecke nicht durch Schlagregen beansprucht, zum anderen ist die Temperatur im Dachraum im Winter geringfügig höher als die der Außenluft. Dadurch sind das Partialdampfdruckgefälle und somit auch der Feuchtestrom über den Bauteilquerschnitt geringer.

Aus bauphysikalischen Gründen, speziell aus Gründen des Feuchteschutzes, ist es vorteilhaft, die Wärmedämmung auf der kalten Seite eines Bauteils anzuordnen. Dementsprechend sollte nach Möglichkeit die Decke zum unbeheizten Dachraum auf ihrer Oberseite, die Decke zum unbeheizten Keller auf ihrer Unterseite gedämmt werden.

6.3.2 Gebäude der Gründerzeit

Im Zuge der Industrialisierung wurde es möglich, künstliche Steine mechanisiert in großen Mengen herzustellen. Die Folge war, dass eine weitgehende Abwendung von Holzkonstruktionen stattfand. In Gegenden, in denen hochwertige Natursteine kostengünstig und in ausreichender Menge zur Verfügung standen, waren diese weiterhin ein beliebtes Baumaterial. So auch bei dem 1897 erbauten Gebäude der Mittelschule in Ehrenfriedersdorf. Hier sind die Außenwände des Keller- und Erdgeschosses aus Naturstein, die Mauerwerkswände der darüber liegenden Geschosse sind aus gebrannten Ziegeln. Das Schulgebäude ist ein typischer Vertreter des Historismus um die Jahrhundertwende. Inmitten der von einfachen Bauten geprägten Bergbaustadt Ehrenfriedersdorf fällt das im Stil der Neorenaissance beziehungsweise des Neoklassizismus erbaute Schulgebäude besonders auf. Die repräsentative Schaufront der Schule liegt in einer Sichtachse mit der Kirche und dem Rathaus. Durch die breite Ostfassade mit ihrem überhöhten Mittelrisalit erfährt das Schulgebäude eine wirkungsvolle Inszenierung. Seine reich gegliederte und wohlproportionierte Hauptfassade gibt dem Bau einen vornehmen Charakter. Zur Jahrhundertwende empfand man diesen Ausdruck auch für eine kleinstädtische Bürgerschule als angemessen. Nach 1870 entstand eine Vielzahl neuer Schulgebäude, die den Anforderungen nach besserer und breiterer Bildung Rechnung trugen und räumliche wie hygienische Verbesserungen mit sich brachten.

Bild 6-14 Mittelschule Ehrenfriedersdorf
Links: Historische Aufnahme
Rechts: Nach der Sanierung 2007

Aufgrund einiger Mängel in der Bausubstanz und des nicht mehr zeitgemäßen energetischen Zustandes sollte das Schulgebäude einer umfangreichen Sanierung unterzogen werden. Dies erfolgte im Rahmen eines durch die Deutsche Bundesstiftung Umwelt geförderten Forschungsprojektes unter Mitwirkung des Institutes für Baukonstruktion der TU Dresden. In diesem Kapitel wird zunächst auf die systematische Schadensanalyse eingegangen. Anschließend wird die Feuchteproblematik bei Innendämmungen erörtert und dabei auch auf besonders kritische Detailpunkte wie Wärmebrücken im Bereich von Fensterlaibungen und von einbindenden Innenwänden eingegangen. Ein seit langem bekannter Problempunkt, die eingemauerten Holzbalkenköpfe, wird ebenso erläutert. Weitere Schwerpunkte sind die Dämmung von Gewölben und die denkmalgerechte, energetische Sanierung von Fenstern. Ein Großteil der diskutierten Problempunkte ist beispielhaft und lässt sich sinngemäß auf andere Baualtersstufen übertragen.

Schadensanalyse

Vor der Sanierung musste zunächst der Zustand des Gebäudes detailliert untersucht werden. Schon bei der ersten Begehung des Gebäudes konnten einige Mängel festgestellt werden. Im Bereich des Kellers wiesen die Außen- und Innenwände deutliche Feuchte- und Salzschäden auf. Erhöhte Feuchtekennwerte wurden auch in den unteren Bereichen der Erdgeschoss-Außenwände festgestellt. Um den Feuchteverlauf über die Wandhöhe ermitteln zu können, wurde ein kompaktes Feuchtemessgerät verwendet, das auf dem Messprinzip eines kapazitiven elektrischen Feldes beruht. Die vor Ort ermittelten Messwerte liefern zunächst nur qualitative Aussagen über die Feuchtigkeit in den gemessenen Bereichen. Es sind zuerst nur Aussagen darüber möglich, an welchen Messstellen es feuchter und an welchen es trockener ist. Um aus den Messwerten auf den quantitativen Feuchtegehalt in Vol.-% beziehungsweise Masse-% schließen zu können, sind gravimetrische Untersuchungen an entnommenen Materialproben erforderlich. Direkt nach der Probenentnahme werden deren Gewicht und mit dem Feuchtemessgerät ein Messwert bestimmt. Anschließend wird die Probe im Labor darrgetrocknet. Über das Volumen der Probe und das Trockengewicht lässt sich die Trockenrohdichte ermitteln. Über die Gewichtsdifferenz zwischen Probenentnahme und dem darrtrockenen Zustand kann der quantitative Feuchtegehalt, sowohl in Masse-% als auch in Vol.-%, bestimmt werden. Somit ist es möglich, dem Messwert des kompakten Feuchtemessgerätes einen bestimmten Feuchtegehalt zuzuordnen.

Die entnommenen Bohrkerne aus den Außenwänden wurden des Weiteren dazu verwendet den genauen Wandaufbau und die verwendeten Gesteinsarten zu ermitteln. Mit Hilfe der Gesteinsanalyse und der Trockenrohdichte sind Aussagen über die bauphysikalischen Kennwerte möglich, die solche Steine üblicherweise aufweisen. Die Außenwände des Schulgebäudes bestehen aus einschaligen verputzten Mauerwerkskonstruktionen. Die Außenwände im Keller und Erdgeschoss bestehen aus Bruchsteinmauerwerk, während die darüberliegenden Wände aus Ziegeln aufgebaut sind. Entsprechend der statischen Erfordernisse nehmen die Wandstärken vom Keller nach oben hin ab. Im Keller schwanken die Wandstärken inklusive der beidseitigen Putzschichten zwischen 100 und 120 cm, im Erdgeschoss werden im Mittel 70 cm erreicht. Das darüber aufgehende Ziegelmauerwerk weist inklusive der Putzschichten eine Dicke von circa 50 cm auf. Die vor Ort festgestellten Wandaufbauten sind in der folgenden Tabelle zusammengefasst.

Tabelle 6.3 Wandaufbauten und Materialkennwerte der Schule Ehrenfriedersdorf

Geschoss	Aufbau und Material	Wandstärke [cm]	Trockenrohdichte [kg/m³]	Wärmeleitfähigkeit [W/(mK)]
Keller	Einschaliges Bruchsteinmauerwerk, im Wesentlichen aus Gneis, Schiefer und Granit	100 bis 115	2600	2,50
Erdgeschoss	Einschaliges Bruchsteinmauerwerk, im Wesentlichen aus Gneis, Schiefer und Granit	65 bis 70	2600	2,50
1. Obergeschoss	Einschaliges Ziegelmauerwerk	50	1800	0,80
2. Obergeschoss	Einschaliges Ziegelmauerwerk	50	1800	0,80

Durch endoskopische Untersuchungen konnte festgestellt werden, dass es sich bei den sehr dicken Wänden im Keller- und Erdgeschoss um durchgehende Bruchsteinmauern und nicht um Schalenmauerwerk mit nachträglich verfüllten Hohlräumen handelt.

Die ermittelten Feuchteprofile und das Schadensbild ließen nur den Schluss zu, dass die Ursache für die Feuchte- und Salzschäden in der Wand aufsteigende Feuchtigkeit war. Es bestand vermutlich weder eine funktionsfähige Vertikalabdichtung im erdberührten Bereich der Außenwände noch eine Horizontalsperre. Da die Kellerräume durch die Sanierung keiner höherwertigen Nutzung zugeführt werden sollten, wurde entschieden, die erhöhten Materialfeuchten dort hinzunehmen und auf eine aufwendige nachträgliche Vertikalabdichtung zu verzichten. Stattdessen wurde oberhalb des Spritzwasserbereiches, 30 cm über der Geländeoberkante, eine nachträgliche Horizontalabdichtung ausgeführt. Das Erdgeschoss ist als Hochparterre ausgeführt, so dass die Kellerwände aus dem Erdreich herausragen. Die Lage der Horizontalsperre verhindert folglich, dass die aufsteigende Feuchtigkeit die Erdgeschosswände erreicht.

Nachträgliche Innendämmung

Auf Grund der deutlich höheren Wärmeleitfähigkeit des Bruchsteinmauerwerks im Vergleich zum Ziegelmauerwerk weisen die dickeren Wandaufbauten im Erdgeschoss höhere Wärmedurchgangskoeffizienten als die Wände in den Obergeschossen auf. An den Erdgeschosswänden treten demzufolge niedrigere Innenoberflächentemperaturen als in den Obergeschossen auf. Somit ist die Gefahr des Schimmelpilzwachstums im Erdgeschoss größer als in den Obergeschossen. Dies deckt sich auch mit den Schadensbildern. Insbesondere die Fensterlaibungen im Erdgeschoss zeigten Schimmelbefall. Da die Erdgeschosswände sowohl für wärme- als auch feuchtetechnische Untersuchungen maßgebend sind, werden diese im Weiteren detailliert betrachtet.

Die für ein Gründerzeitgebäude typische, stark strukturierte Fassade prägt die künstlerische Bedeutung des Gebäudes und trägt somit erheblich zum Denkmalwert bei. Es war somit oberste Priorität, das äußere Erscheinungsbild zu erhalten. Aufgrund erheblicher Schäden am Außenputz musste dieser vollständig ersetzt werden, so dass überlegt wurde, einen Wärmedämmputz zu verwenden. Um das ursprüngliche Erscheinungsbild zu erhalten, wäre allerdings nur eine geringe Schichtdicke möglich gewesen, deren Wirkung vernachlässigbar war. Als einzige Möglichkeit einer wärmetechnischen Verbesserung ergab sich die Applikation einer Innendämmung. Durch die Innendämmung sollten die Transmissionswärmeverluste reduziert und ein Schimmelbewuchs an der Bauteiloberfläche verhindert werden. Nach DIN EN ISO 13 788 und DIN 4108, Teil 2 tritt bei relativen Luftfeuchten unter 80 % kein Schimmelbefall in Räumen auf. Nach Untersuchungen von Sedlbauer können die in Gebäuden auftretenden Schimmelpilze selbst auf einem biologischen Vollmedium als Nährboden nicht keimen, wenn die relative Luftfeuchte unter 70 % liegt. Bei den in Gebäuden zur Verfügung stehenden Oberflächen stellen Tapeten oder Gipskartonplatten die nährstoffreichsten verfügbaren Substrate dar. Liegt die relative Luftfeuchte unter 75 %, kann auch auf diesen, biologisch gut verwertbaren Substraten keine Schimmelpilzkeimung mehr auftreten. In Bild 6-15 sind die im dritten Jahr der Simulationsrechnung auftretenden Oberflächenfeuchten im ungestörten Wandbereich, in Abhängigkeit des auf der Innenseite verwendeten Dämmstoffes dargestellt. Die für die Simulation gewählten Randbedingungen stellen Extremwerte dar. Als Außenklima wurde ein durchschnittliches Jahr verwendet, bei dem der Winter allerdings durch einen kalten Winter ersetzt wurde. Das Innenraumklima wird konstant mit 20 °C und 55 % r. F. angenommen. Unter diesen extremen Randbedingungen erreicht eine Innendämmung aus Wärmedämmputz in den ersten Monaten des dritten Jahres Oberflächenfeuchten von 80 %. Bei einer Innendämmung aus 50 mm Calciumsilikat bleibt die relative Luftfeuchte an der Innenoberfläche unter 75 %. Bei den Varianten mit 50 mm Mineraldämmplatten bzw. Polystyrol könnte nicht mal auf einem Vollmedium Schimmelbefall auftreten. Die Unterschiede der relativen Luftfeuchten zwischen den Dämmstoffen resultieren aus den verschiedenen Wärmeleitfähigkeiten. Der Wärmedämmputz weist die höchste Wärmeleitfähigkeit der betrachteten Dämmstoffe auf, dementsprechend erreicht die Innenoberfläche die niedrigste Temperatur und somit die höchste relative Luftfeuchte. Polystyrol hat die geringste Wärmeleitfähigkeit der untersuchten Dämmstoffe.

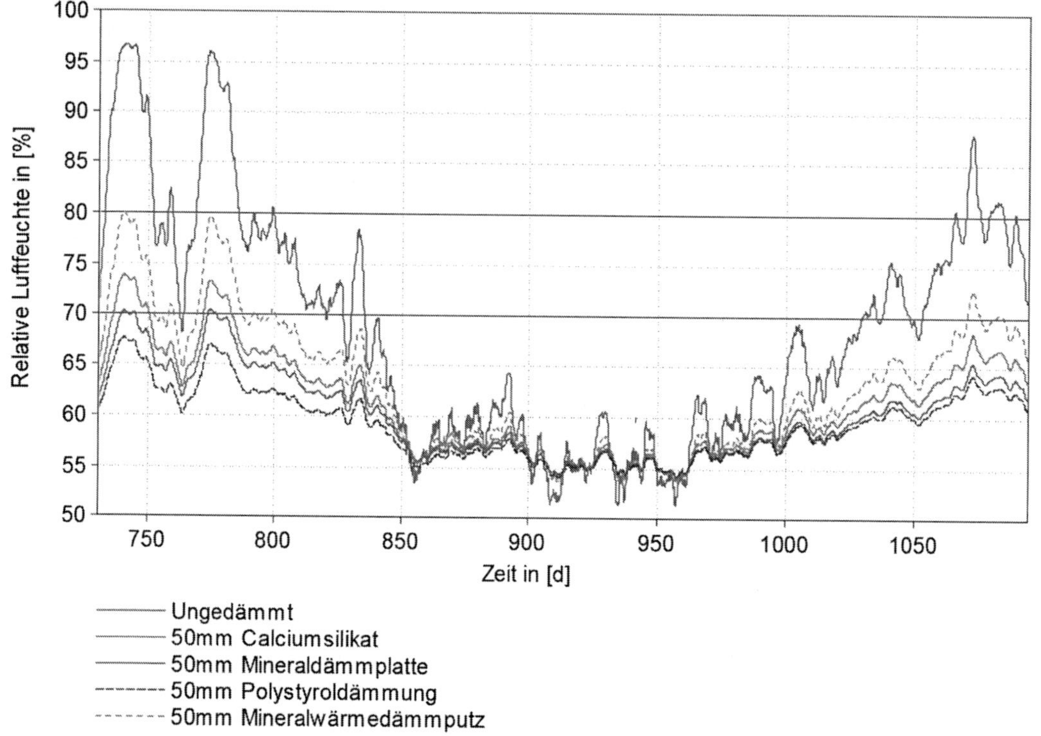

Bild 6-15 Relative Luftfeuchte an der Innenoberfläche der Erdgeschoss-Außenwand (Quelle: Institut für Bauklimatik, TU Dresden)

Selbst unter den oben beschriebenen, extremen Randbedingungen garantiert eine 50 mm starke Innendämmung aus Calciumsilikat, Mineraldämmplatten oder Polystyrol unbedenkliche hygienische Verhältnisse auf der Innenoberfläche der Außenwand. Die Simulationsergebnisse entsprechen einer fehlerfreien Ausführung der Innendämmung ohne Stoßfugen. Mit einer Wasserdampfdiffusionswiderstandszahl von circa 50 ist Polystyrol um den Faktor zehn dampfdichter als die restlichen untersuchten Materialien. Allerdings ist Polystyrol hydrophob und weist dementsprechend keinerlei Kapillarleitfähigkeit auf. Feuchtigkeit, die entweder durch Diffusion aus dem Innenraum über Fehlstellen hinter die Dämmung gelangen kann oder die über Schlagregen eingetragen wird, kann nicht mehr zum Innenraum hin austrocknen. Somit reduziert Polystyrol das Trocknungspotenzial und ist bei Ausführungsfehlern schadensanfällig. Im Gegensatz dazu sind die drei anderen Dämmstoffe diffusionsoffen und kapillaraktiv. Dadurch kann zwar Wasserdampf im Winter ungehindert in die Außenwandkonstruktion eindiffundieren, dieser wird jedoch in Form von flüssigem Wasser in der Dämmschicht zwischengespeichert und an die Innenoberfläche zurückgeführt. Insbesondere wenn im Innenraum gelüftet wird, kann die Feuchtigkeit schnell wieder austrocknen. Zudem kann auch in die Konstruktion eingedrungener Schlagregen zu beiden Bauteiloberflächen hin austrocknen. Aufgrund der geringen Anfälligkeit bei Ausführungsfehlern und des höheren Trocknungspotenzials wurde entschieden, eines der kapillaraktiven Materialien zu verwenden. Wegen der geringeren Wärmeleitfähigkeit und der geringeren Materialkosten kamen trotz der im Vergleich zum Calciumsilikat reduzierten Kapillarleitfähigkeit die Mineraldämmplatten zur Ausführung.

Im Vergleich zu den im vorigen Abschnitt behandelten Fachwerkwänden sind Massivwände hinsichtlich der feuchtetechnischen Probleme bei einer nachträglichen Innendämmung weniger kritisch zu beurteilen. Insbesondere verputzte Mauerwerkswände verhalten sich unempfindlicher gegenüber Schlagregen. Bei Sichtmauerwerk hängt das Verhalten von der Steinporosität und der Fugenausführung ab. Zudem sind keine feuchteempfindlichen Holzbauteile in der Konstruktion vorhanden. Allerdings führt eine Innendämmung zu stärkeren Temperaturschwankungen in den Außenbauteilen. Insbesondere im Winter werden im ursprünglichen Wandquerschnitt tiefere Temperaturen erreicht. Die damit einhergehenden vergrößerten thermischen Verformungen der Materialien können zum Aufreißen der Mauerwerksfugen führen, wodurch Schlagregen leichter und tiefer eindringen kann.

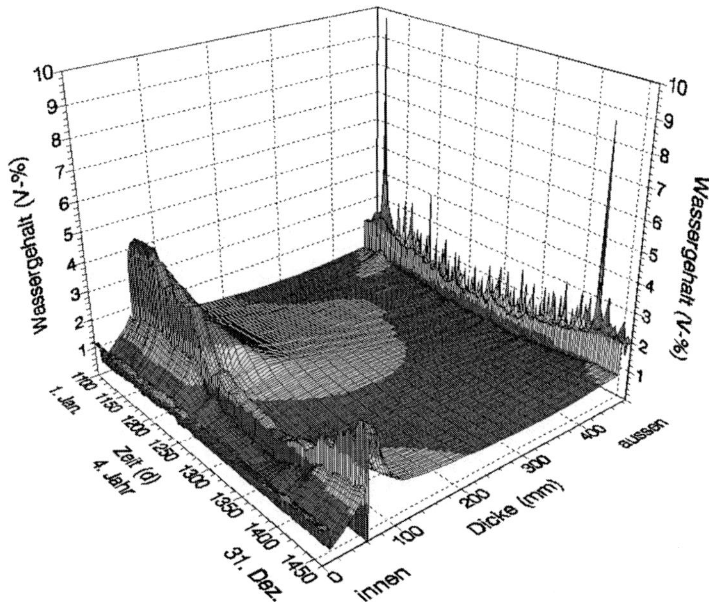

Bild 6-16 Jahreszeitlicher Verlauf der Feuchtigkeit in einer Wand aus Ziegelmauerwerk mit kapillaraktiver Innendämmung und Außenputz (Quelle: Institut für Bauklimatik, TU Dresden)

Die Wirkung einer kapillaraktiven Innendämmung an einer massiven Ziegelwand wird aus Bild 6-16 ersichtlich. Der Wandaufbau besteht aus einem 42 cm starken Ziegelmauerwerk mit einem 1,5 cm starken Kalkzement-Außenputz und einer 6,5 cm dicken kapillaraktiven Innendämmung. Die Innendämmung ist diffusionsoffen, so dass im Winter infolge des Wasserdampfpartialdruckgefälles Feuchtigkeit in den Bauteilquerschnitt diffundieren kann. Die Feuchtigkeit innerhalb der kapillaraktiven Innendämmung steigt so lange an, bis sich ein Gleichgewicht zwischen eindiffundierendem Wasserdampf und Flüssigtransport in der Sorbatschicht einstellt (vergleiche auch die Ausführungen zu Bild 6-5 bezüglich der Funktionsweise der kapillaraktiven Innendämmung). Mit steigender Dicke der Flüssigkeitsschicht an den Porenwänden reduziert sich der zur Diffusion zur Verfügung stehende Querschnitt. Infolge des sich einstellenden Gleichgewichts steigt die Feuchtigkeit hinter der Innendämmung nur bis zu einem konstanten Wert an. Im Sommer erlaubt die kapillaraktive Innendämmung eine Austrocknung nach innen, so dass über das Jahr gesehen keine Feuchtigkeitsanreicherung stattfindet. Außerdem erkennt man in Bild 6-16 das Schlagregenverhalten des Außenputzes. Dieser kann den Schlagregen in den Materialporen aufnehmen, zwischenspeichern und anschließend schnell wieder zur Außenluft hin austrocknen.

Bei zweischaligen Mauerwerkskonstruktionen kann unter Umständen eine sowohl aus denkmalpflegerischer als auch aus bauphysikalischer Sicht befriedigende Lösung durchgeführt werden: Die nachträgliche Kerndämmung. In den Luftspalt zwischen Wetterschale und tragender Mauerwerkswand wird entweder ein loser Dämmstoff eingeblasen oder der Hohlraum ausgeschäumt. Voraussetzung ist, dass zwischen den Mauerwerksschalen ein durchgängiger und ausreichend dicker Luftspalt besteht. Ob sich der Luftraum zur nachträglichen Verfüllung mit Dämmstoff eignet, sollte durch Probebohrungen in den Mauerwerksschalen und anschließende Endoskopie untersucht werden. Die Vorsatzschale ist über Mauerwerksanker mit der tragenden Innenschale verbunden und dient insbesondere dem Schlagregenschutz. Solche Konstruktionen sind vorwiegend in Norddeutschland anzutreffen. Der Luftspalt zwischen den beiden Mauerwerksschalen verhindert, dass Regenwasser, das durch Risse in den Fugen eindringt, die Innenschale erreicht. Eindringendes Wasser läuft an der Innenoberfläche der Vorsatzschale ab. Ist der Luftspalt belüftet, kann das Wasser schnell wieder abtrocknen. Wird der Luftspalt nachträglich verfüllt, besteht die Gefahr, dass durch die Außenschale eindringendes Wasser über den Dämmstoff an die Innenschale weitergeleitet wird und somit eine feuchtetechnische Überbrückung des ursprünglichen Hohlraumes bewirkt. Es dürfen nur wasserdichte Schäume oder anorganische, hydrophobe Dämmstoffe verwendet werden, zum Beispiel Polystyrolgranulat, Polyurethangranulat, Blähglasgranulat, Blähperlite, Steinwolleflocken und Dämmschaum (Wärmeleitfähigkeit zwischen 0,035 und 0,070 W/(mK)). Wegen der beschränkten Einbaudicke sollten Materialien mit geringer Wärmeleitfähigkeit verwendet werden. Ein besonders leistungsfähiger Schüttdämmstoff ist Aerogelgranulat (Wärmeleitfähigkeit zwischen 0,018 und 0,021 W/(mK)). In Verbindung mit den minimalen Korngrößen von einigen Nanometern können schon Hohlräume ab einer Dicke von 1,5 cm effektiv gedämmt werden. Einer weitreichenden Verbreitung dieses Dämmstoffes steht bisher der hohe Preis entgegen. Da das Schulgebäude in Ehrenfriedersdorf wie oben beschrieben aus einschaligen Mauerwerkswänden aufgebaut ist, entfiel die Möglichkeit der nachträglichen Kerndämmung.

Wärmebrücken

Bei ungedämmten Bestandsgebäuden sind die Fensterlaibungen ein häufiger Problempunkt. Durch den Bauteilübergang zwischen homogener Außenwand und Fensterkonstruktion wird der effektiv als Wärmedurchgangswiderstand zur Verfügung stehende Wandquerschnitt eingeschnürt. Durch die geringe Bauteiltiefe der Fensterkonstruktionen im Vergleich zum Wandquerschnitt reduziert sich am Bauteilübergang der Weg des Wärmestroms (Bild 6-17). Folglich sinkt die Innenoberflächentemperatur im Laibungsbereich und die relative Luftfeuchte steigt an. Wie bereits erwähnt zeigten sich auch in den Laibungsbereichen des Schulgebäudes Ehrenfriedersdorf Feuchteschäden. Um den Wärmebrückeneffekt im Laibungsbereich zu reduzieren, wurde dieser ebenfalls gedämmt, so dass sich die in Bild 6-18 simulierten Verhältnisse einstellten. Durch diese Maßnahme blieben in der Simulation selbst unter kritischen Randbedingungen die Oberflächenfeuchten unterhalb der kritischen Werte.

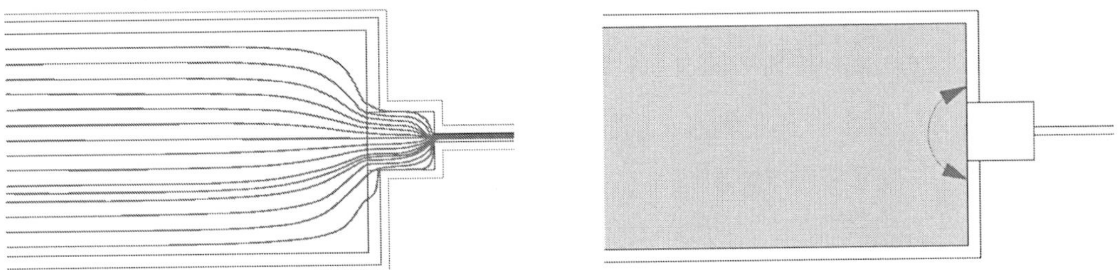

Bild 6-17 Wärmebrücke am Fensteranschluss, links: Schematischer Isothermenverlauf

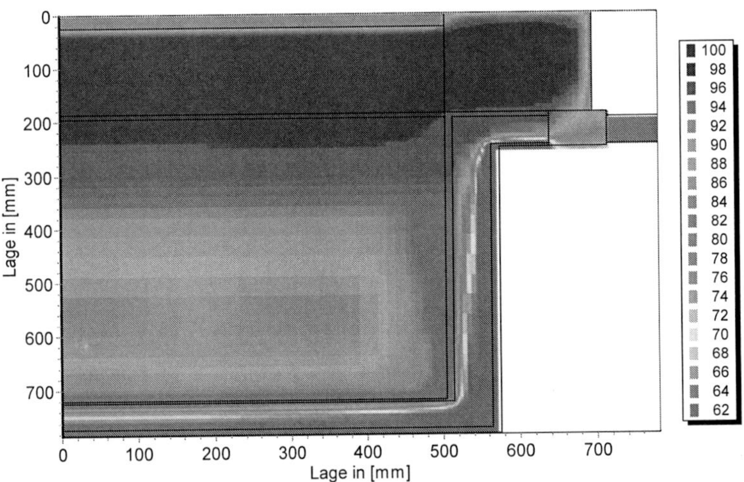

Bild 6-18 Relative Luftfeuchte in % im Bereich der Fensterlaibung (Quelle: TU Dresden, Institut für Bauklimatik)

Wird wie in diesem Beispiel eine Innendämmung ausgeführt, entstehen zwangsläufig Wärmebrücken, wenn massive Innenbauteile in die Außenwand einbinden. Über die ungedämmten Bereiche ist ein erhöhter Wärmestrom zu beobachten. Folglich ergeben sich im Übergangsbereich zwischen ungestörter, gedämmter Wandfläche und dem einbindenden Bauteil sehr niedrige Oberflächentemperaturen. Somit sind diese Stellen besonders häufig von Schimmelpilzwachstum betroffen. Die Wärmebrückenwirkung kann deutlich vermindert werden, indem die einbindenden Bauteile teilweise mitgedämmt werden (vergleiche Bild 6-19). Damit wird der Weg des Wärmestroms um den gedämmten Wandbereich verlängert. Somit werden die Bauteildicke und damit auch der Wärmedurchgangswiderstand künstlich vergrößert.

Bild 6-19 Dämmung der einbindenden Bauteile

Die Decken über den vollwertig genutzten Geschossen des Schulgebäudes Ehrenfriedersdorf sind Holzbalkendecken. Bei diesen ergibt sich die Möglichkeit, den Anschluss zwischen Decke und Außenwand nahezu wärmebrückenfrei auszuführen. Hierzu werden die Holzbalkendecken geöffnet und die Innendämmung wird zwischen den tragenden Balken hindurchgeführt. Als punktuelle Wärmebrücken verbleiben lediglich die, in die Außenwand einbindenden, Holzbalken. Deren Wirkung als Wärmebrücke ist infolge der relativ geringen Wärmeleitfähigkeit von Holz allerdings begrenzt. Infolge der Innendämmung sinkt zudem die Temperatur im Bereich des Holzbalkenauflagers, wodurch ein neuer Problempunkt entsteht.

Balkenkopfproblematik

Die hygrothermischen Verhältnisse an einem Holzbalkenkopf, der die Innendämmung durchdringt, sind besonders kritisch und müssen sorgfältig analysiert werden. Als besonders problematisch haben sich vollständig eingemauerte Holzbalkenköpfe erwiesen. Sie binden in die Außenwand ein und befinden sich deshalb bereits ohne zusätzliche Innendämmung in einem Wandbereich mit erniedrigter Umgebungstemperatur und deshalb erhöhter relativer Feuchte. Durch die am Holzbalkenauflager reduzierte Wandstärke ist zudem die Gefahr größer, dass Schlagregen bis zum Auflagerbereich eindringen kann. Aus den genannten Gründen ist es umso kritischer, je weiter die Holzbalkenköpfe in die Außenwand einbinden. Des Weiteren sind die Auflagerbereiche für Sanierungs- und Wartungsarbeiten nur schwer einsehbar und unzugänglich. Bei freiliegenden Balkenauflagern auf Streichbalken oder Steinkonsolen ist das Problem nicht im selben Umfang vorhanden, da die Auflagerbereiche nach Öffnen der Dielung bzw. der Deckenschalung eingesehen werden können.

Aus bauphysikalischer Sicht ist es wichtig, den Holzbalken hygrisch von dem umgebenden Mauerwerk zu entkoppeln. Dadurch wird ein Flüssigwassertransport vom Mauerwerk in das Holz sicher unterbunden. Das Wasser kann aus eingedrungenem Schlagregen, aufsteigender Feuchte oder Dampfdiffusion resultieren.

Um das Temperaturniveau am Balkenkopf anzuheben und damit die relative Luftfeuchtigkeit zu senken, bietet es sich an, vorhandene Hohlräume zwischen Mauerwerk und einbindendem Holzbalken vollständig mit einem hydrophoben, diffusionsoffenen, kompressiblen Schüttdämmstoffe auszufüllen. Das wasserabweisende Verhalten des Dämmstoffes soll die feuchtetechnische Entkopplung zwischen Mauerwerk und Holz sicherstellen. Die Kompressibilität soll weiterhin zwängungsfreie Verformungen des Holzbalkens infolge von Quellen und Schwinden ermöglichen.

Eine weitere Möglichkeit, die Temperatur im Bereich des Holzbalkenkopfes zu erhöhen, ist die gezielte Wärmeenergiezufuhr. Hierbei haben sich passive Maßnahmen als Mittel der Wahl herausgestellt. Bei den passiven Maßnahmen wird nicht gezielt eine bestimmte Wärmemenge zugeführt, sondern es werden vorhandene Temperaturgradienten zwischen Bauwerk und Außenraum genutzt. Insbesondere planmäßige Verluste bei der Heizwärmeverteilung haben sich bewährt. Die Innendämmung wird nicht bis ganz an die Oberkante der Holzbalkendecke heruntergeführt. Es sollte ein ungedämmter Spalt von circa 10 cm verbleiben. In diesen können die Heizungsrohre für den Vor- und Rücklauf der Heizungsanlage eingelegt werden (Bild 6-20, oben Mitte). Der Heizkanal kann anschließend verkleidet werden. Durch den großen Temperaturgradient zwischen Heizwasser und Außenumgebung wird der Balkenkopfbereich ausreichend erwärmt. Durch eine solche Maßnahme steigen im Vergleich zu einer durchgehenden Dämmschicht die Transmissionswärmeverluste. Nach Berechnungen der Hochschule Lausitz betragen diese zusätzlichen Wärmeverluste im Vergleich zu einer durchgängigen Innendämmung bei einer Geschosshöhe von 3,0 m nur circa 10 %. Das bedeutet, dass durch diese Maßnahme die Transmissionswärmeverluste im ungestörten Wandbereich stark reduziert werden und gleichzeitig die Dauerhaftigkeit der Holzbalken sichergestellt wird. Die Sanierung eines Balkenkopfes, welcher infolge holzzerstörender Pilze seine Festigkeit verloren hat, ist eine sehr aufwendige Maßnahme. Bleibt die Zersetzung des Holzes unbemerkt, kann dies zum Versagen der Deckenkonstruktion und somit zur Gefährdung von Leib und Leben führen. In diesem Zusammenhang sollten die planmäßigen Wärmeverluste hingenommen werden und stattdessen auf eine nachhaltige Wärmeerzeugung Wert gelegt werden. Im Falle einer Fußbodenheizung kann derselbe Effekt erzielt werden, indem bei einer mäanderförmigen Anordnung der Rohrregister der wärmere Zulauf direkt an die Außenwand geführt wird. Andernfalls kann auch der Abstand zwischen den Rohrregistern an der Außenwand verringert werden. Um die Wärmeenergiezufuhr an den Balkenkopf weiter zu erhöhen, können Metallstäbe mit hoher Wärmeleitfähigkeit (Wärmestäbe) diagonal in den Balkenkopf eingeschlagen und mit der Vorlaufleitung verbunden werden (Bild 6-20, oben rechts).

Materialien mit hoher Wärmeleitfähigkeit können, wie beschrieben, diagonal eingeschlagen oder um den Balken herum angeordnet und statt mit einer Heizleitung auch mit der Innenraumluft verbunden werden. Dann sollten die Wärmeleiter allerdings mit Blechen im Innenraum verbunden werden, um die zur Wärmeaufnahme verfügbare Fläche zu vergrößern. Das Temperaturniveau der Innenraumluft ist allerdings nicht immer in der Lage, den Balkenkopf ausreichend zu erwärmen. Eine deutlich größere Wärmestromdichte als mit Metallteilen kann mit sogenannten Heatpipes erreicht werden. Damit ergeben sich am Balkenauflager höhere Temperaturen. Der erhöhte Energietransport wird indirekt, durch den stoffgebundenen Transport latenter Wärme, erzielt. Das in der Heatpipe befindliche Arbeitsmedium verdampft auf der warmen Seite. Beim Phasenübergang wird der Umgebung sehr viel Energie entzogen und latent gespeichert. Beim Verdampfen steigt das Volumen des Arbeitsmediums und somit erhöht sich über der Flüssigkeitsoberfläche lokal der Druck. Durch das Druckgefälle wird der Dampf zur anderen Seite des Rohres transportiert. Infolge der dort vorherrschenden niedrigeren Temperatur kondensiert das Arbeitsmittel und gibt die latent gespeicherte Energie an die

Umgebung ab. Über Kapillaren wird das nun flüssige Medium auch gegen die Schwerkraft zurück zum Verdampfer geführt. Dasselbe Prinzip kann auch bei solarthermischen Röhrenkollektoren verwendet werden.

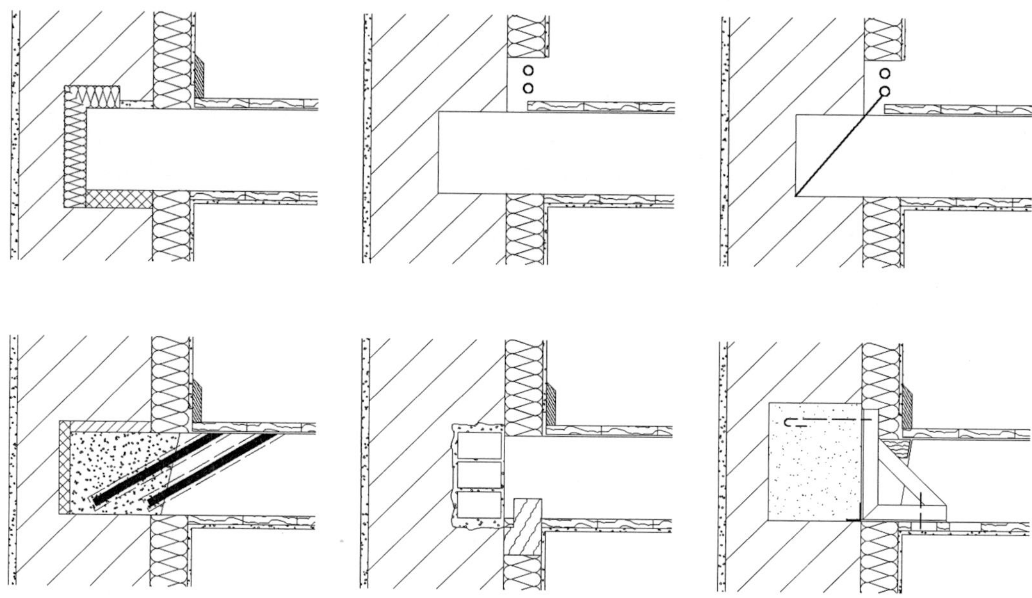

Bild 6-20 Möglichkeiten zur schadenfreien Innendämmung am Balkenkopfauflager

Können die genannten Maßnahmen nicht umgesetzt werden oder sind sie nicht ausreichend, um am Holzbalkenkopf unter der kritischen Holzfeuchte zu bleiben, dann besteht noch die Möglichkeit des chemischen Holzschutzes. Hierbei sollte eine tiefenwirksame Behandlung und nicht nur ein oberflächlicher Schutz gewählt werden.

Prinzipiell ist es auch möglich, wie bei einer Balkenkopfsanierung zu verfahren und den Balkenkopf durch feuchteunempfindlichere Materialien wie Polymer- beziehungsweise Reaktionsharzbeton oder glasfaserverstärkten Kunststoff zu ersetzen (Bild 6-20, unten links). Über einen zu erstellenden Unterzug beziehungsweise Streichbalken oder eine Weimarer-Korbaufhängung kann ein neues Auflager für den Holzbalken im wärmeren Bereich geschaffen werden (Bild 6-20, unten Mitte und rechts). Der in das Mauerwerk einbindende Teil des Holzbalkens wird abgeschnitten und die Aussparung geschlossen. Diese Methoden sind recht radikal und deshalb denkmalpflegerisch umstritten. Sie stellen jedoch einen dauerhaften Erfolg sicher. Inwiefern die genannten Maßnahmen am Holzbalkenkopf im konkreten Fall baukonstruktiv umsetzbar und wirtschaftlich vertretbar sind, ist im Einzelfall zu prüfen.

Als kontraproduktiv hat sich ein in die Außenwand eingemauertes und von Innenraumluft umspültes Balkenauflager erwiesen. Der Luftstrom ist nicht ausreichend groß, um den Bereich am Balkenauflager zu erwärmen. Stattdessen kühlt die warme, feuchte Innenraumluft am Mauerwerk ab und die relative Luftfeuchtigkeit am Balkenauflager steigt an. Durch einen konvektiven Feuchteeintrag können deutlich größere Feuchtemengen in den Auflagerbereich eingetragen werden als durch Diffusion. Untersuchungen der Fachhochschule Lausitz haben gezeigt, dass auch ein überdurchschnittlich langes Lüften des Innenraumes im Winter nicht zu einer geringeren Luftfeuchte am luftumspülten Balkenauflager führt, sondern im Gegenteil die relative Luftfeuchte weiter ansteigt. Ursache hierfür ist, dass nicht die Frischluft das Balkenauflager erreicht, sondern hauptsächlich die feuchte Raumluft in den Hohlraum eingedrückt wird.

Kellerdecke

Eine ungedämmte Kellerdecke beeinträchtigt nicht nur die energetische Qualität eines Gebäudes, sondern auch die Behaglichkeit in den darüberliegenden Räumen. Ein kalter Fußboden ist bezüglich der Behaglichkeit kritischer einzustufen als eine kalte Decke, da der Nutzer mit den Füßen in direktem Kontakt zum Boden steht. Deshalb kühlt der Fuß bei geringen Oberflächentemperaturen des Bodenbelages schnell aus. Die Wärmeverluste über die Decke zu unbeheizten Kellerräumen sind geringer als über wärmetechnisch vergleichbare Außenwände, da die über das Jahr summierten Temperaturdifferenzen zwischen Innenraum und Keller geringer sind als zwischen Innenraum und Außenluft.

Nicht nur die bauphysikalischen Grundsätze, sondern auch denkmalpflegerische und wirtschaftliche Überlegungen sprechen dafür, eine Kellerdecke von unten zu dämmen. Eine Aufdeckendämmung in einem Wohnraum erfordert deutlich größere Eingriffe in den Bestand und ist in der Regel kostenintensiver als eine Unterdeckendämmung. Üblicherweise ist der Fußboden im Erdgeschoss besser erhalten und qualitativ hochwertiger als die Deckenverkleidung im Keller. Soll die Kellerdecke von oben gedämmt werden, so muss der bestehende Fußbodenaufbau entfernt werden. Es ist nicht immer möglich, den Bodenbelag unbeschadet auszubauen. Infolge der zusätzlichen Dämmschicht erreicht der neue Fußbodenaufbau eine größere Höhe als der ursprüngliche. Die Dicke der Dämmschicht wird insbesondere durch die Höhe der Türstürze beschränkt. Bestehende Türblätter müssen auf ihrer Unterseite um die zusätzliche Aufbauhöhe des Fußbodens gekürzt werden. Auch die Anschlüsse an Treppen müssen angepasst werden. Nachteilig auf den Raumeindruck können sich unter Umständen auch die geringeren Raumhöhen im Erdgeschoss auswirken. Um die Wärmebrückenwirkung durchgehender Wände zu reduzieren, sind diese im Erdgeschoss bis in eine Höhe von circa einem Meter über Oberkante Fertigfußboden zu dämmen. Dies hat zur Folge, dass ein Versatz auf der Innenwandoberfläche entsteht. Eventuelle Installationen wie Steckdosen etc. müssen um die Dämmschichtdicke versetzt werden. Das Problem der zusätzlichen Aufbauhöhe des Fußbodens kann durch Vakuumdämmplatten gelöst werden. Diese erreichen bei Dicken von 2 cm denselben Wärmedurchlasswiderstand wie eine 10 cm dicke Schicht Mineralwolle.

Sprechen keine besonderen Gegebenheiten oder sehr geringe Raumhöhen im Keller gegen eine Dämmung auf der Unterseite, so ist diese Variante zu bevorzugen. Sie bringt einen deutlich geringeren Arbeitsaufwand mit sich und ermöglicht es, die Räume im Erdgeschoss unverändert zu belassen. In Abhängigkeit der Deckenkonstruktion kann es sich anbieten, vorhandene Hohlräume zu dämmen. Dies stellt optisch den geringsten Eingriff dar und auch die lichte Raumhöhe des Kellers bleibt unverändert erhalten. Bei denkmalgeschützten Gebäuden aus der Epoche des Historismus sind die Kellerdecken sehr häufig als Kappengewölbe ausgebildet. Immer wieder sind die Hohlräume zwischen dem Gewölbe und der Fußbodenbeplankung nicht oder nur teilweise verfüllt. Dann bietet sich ein nachträgliches Verfüllen mit Dämmstoff an. Diese Variante wurde auch bei dem betrachteten Schulgebäude ausgeführt (Bild 6-21 links).

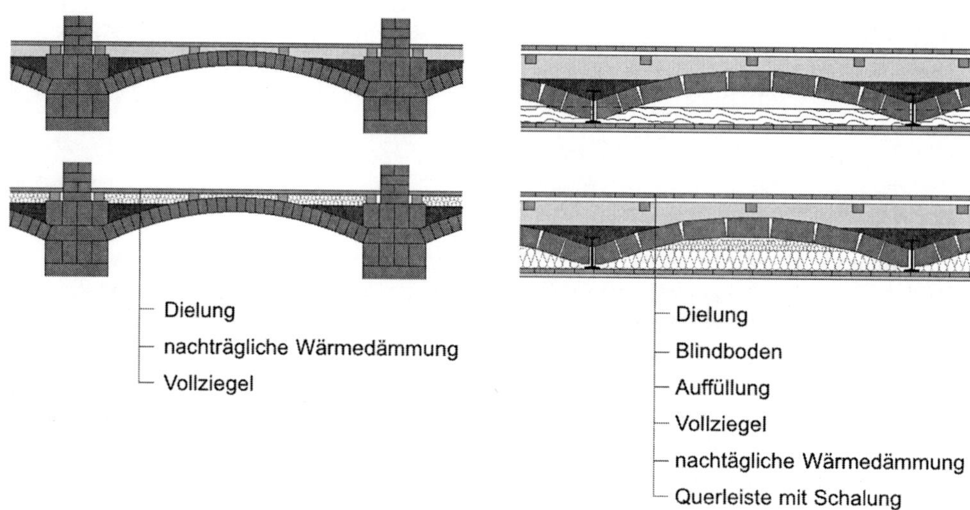

Bild 6-21 Möglichkeiten zur nachträglichen Dämmung von Kappendecken

Bis zur Entwicklung von Stahlbetondecken war es praktisch unmöglich, massive Decken mit ebener Untersicht herzustellen. Deshalb wurden Kappengewölbe teilweise von unten verkleidet, um diese glatte Unteransicht zu erreichen. Dazu wurden zwischen die Steinreihen des Gewölbes und senkrecht zur Spannrichtung der I-Profile Holzleisten auf die Flansche aufgelegt. Die Holzleisten dienten dann als Tragkonstruktion für die Unterdecke. Zwischen Gewölbe und Unterdecke entsteht ein Hohlraum, der nachträglich gedämmt werden kann. Häufig sind die Hohlräume zwischen Gewölbe und Fußbodenbeplankung jedoch bereits mit Schlacke oder Sand verfüllt und das Gewölbe ist von unten sichtbar. Soll in diesen Fällen eine Dämmung ohne Eingriff in die Räume des Erdgeschosses erfolgen, bleibt nur noch die Möglichkeit, das Gewölbe von unten zu dämmen. Hierfür ist eine Unterkonstruktion erforderlich, da Dämmstoffe nur schwer auf der gewölbten Oberfläche befestigt werden können. Verlaufen auf der Unterseite der Decke Leitungen oder ist die Oberfläche uneben, kann eine lückenlose Dämmschicht mit dem Sprühverfahren erreicht werden. Dabei werden Zelluloseflocken in einem Wassernebel auf die Deckenunterseite gesprüht. Durch die Feuchtigkeit haften die Flocken an der Deckenunterseite und untereinander. Auch die Hohlräume zwischen Decke und Leitungen werden bei diesem Verfahren vollständig verfüllt. Bei dem Sprühverfahren ist ebenfalls eine Unterkonstruktion erforderlich, da sonst die getrockneten Flocken wieder abfallen würden. Bei Holzbalkendecken kann der Hohlraum zwischen den Balken mit Dämmung ausgefüllt werden. Dampfbremsen oder Dampfsperren sind wiederum auf der warmen Seite der Dämmung anzuordnen, bei der Kellerdecke also über der Dämmung.

Fenster

Bei dem Schulgebäude in Ehrenfriedersdorf wurden während einer Sanierung zu DDR-Zeiten die ursprünglichen Fenster gegen neue Einfachfenster mit Zweischeibenverglasung ausgetauscht. Diese entsprachen dem Erscheinungsbild der historischen Fenstern weder von der Aufteilung noch von den Proportionen, so dass aus denkmalpflegerischer Sicht nichts gegen einen Ausbau sprach. Zudem erfüllten Sie auch nicht mehr die energetischen Ansprüche. Es wurde entschieden, die Fenster zu ersetzen und das einstige Erscheinungsbild wieder herzustellen. Dafür wurden auf Grundlage alter Fotos filigrane Fensterrahmen aus Holz gefertigt, die mit den historischen Vorbildern weitestgehend übereinstimmten. Die Fenster wurden mit hochwertiger Wärmeschutzverglasung versehen.

Häufig werden in denkmalgeschützten Gebäuden gut erhaltene, historische Fenster im Zuge einer gut gemeinten energetischen Sanierung komplett ausgetauscht. Damit wird leichtfertig der Verlust historischer Substanz hingenommen. Anstelle der recht filigranen Holzrahmenkonstruktionen werden neue Fensterrahmen, häufig aus Kunststoff, mit Mehrscheiben-Isolierverglasung, eingesetzt. Es wird versucht, die ursprünglichen Fenster zu imitieren. Allerdings weisen neue Fensterrahmen in aller Regel deutlich größere Profilstärken auf als die historischen Vorbilder. Dies resultiert aus dem größeren Gewicht einer Mehrscheiben-Isolierverglasung, im Vergleich zu einer Einscheibenverglasung, aus Mehrfachfalzen, zusätzlichen Dichtungen und komplizierten Verriegelungen. Sowohl durch veränderte Proportionen zwischen Rahmen- und Glasfläche als auch durch eine abweichende Oberflächenstruktur der Profile kann der Charakter der Fassade verloren gehen. Infolge des geringeren Glasflächenanteils fällt zudem weniger Licht in die Innenräume, was den Raumeindruck nachteilig beeinflusst. Diese aus denkmalpflegerischer und gestalterischer Sicht eingehandelten Nachteile können allerdings vermieden werden. Es existieren verschiedene Möglichkeiten, die historischen Fensterkonstruktionen komplett oder weitestgehend zu erhalten und gleichzeitig die Anforderungen an einen neuzeitlichen Wärmeschutz zu erfüllen.

Bevor man sich mit der Verbesserung des U-Wertes eines bestehenden Fensters oder einer bestehenden Tür beschäftigt, sollte man zu allererst deren Fugendichtheit überprüfen. Durch unkontrollierte Infiltration über undichte Fugen kann deutlich mehr Wärmeenergie verloren gehen als über Transmissionswärmeströme durch die Konstruktion. Insbesondere können Zuglufterscheinungen auftreten, die die Behaglichkeit beeinträchtigen. Um trotz der Zugluft ein behagliches Innenraumklima zu erreichen, sind höhere Raumtemperaturen erforderlich, welche allerdings mit steigenden Transmissions- und Lüftungswärmeverlusten einhergehen.

Eine Fensterkonstruktion verfügt prinzipiell über drei Dichtungsebenen. Für den Wärmeschutz von Bedeutung sind die Dichtungsebenen zwischen Fensterlaibung und Blendrahmen beziehungsweise Fensterstock sowie zwischen Blend- und Flügelrahmen.

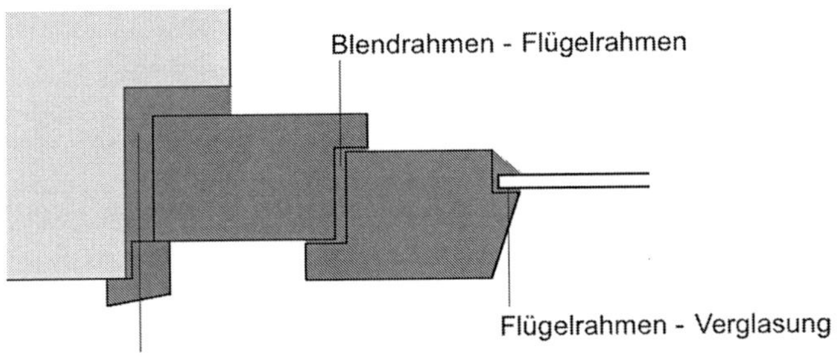

Bild 6-22 Dichtungsebenen eines Fensters

Die dritte Dichtungsebene befindet sich am Übergang zwischen Flügelrahmen und Glasscheibe, also im Kittfalz. Diese Fuge ist für die Infiltration von untergeordneter Bedeutung. Sie besitzt vielmehr eine entscheidende Bedeutung für den Schutz gegen eindringendes Regenwasser. Es muss verhindert werden, dass an den Scheiben ablaufendes Regenwasser in die Fuge eindringen kann und dort auf Dauer zu einer Zerstörung des Flügelholzes führt. Der Bauwerksanschluss zwischen dem Blendrahmen und der Laibung muss mehrere Anforderungen erfüllen. Die Fuge sollte aus wärme- und schallschutztechnischen Gründen mit Dämmstoff ausgestopft sein. Hierzu eignen sich Mineralwolle, Sisal, Jute, Flachs und Hanf. Des Weiteren muss die Fuge von innen luftdicht verschlossen sein, um unkontrollierte Infiltration zu unterbinden. Hierzu werden spritzbare Dichtstoffe, Dichtungsbänder und Elastomerfugenbänder eingesetzt. Zu guter Letzt muss auch sichergestellt werden, dass in die Fuge kein Schlagregen eindringen kann. Dies wird häufig durch ein Anputzen mit Kalkhaarmörtel gewährleistet.

Als Nächstes wird die Fuge zwischen Blend- und Flügelrahmen betrachtet. Schließen die Fenster an dieser Fuge nicht ausreichend dicht, so kann dies in vielen Fällen durch Abschleifen zu vieler Anstrichschichten oder durch Justieren der Beschläge behoben werden. Ist dies nicht ausreichend, so ist es möglich, nachträglich eine Silikonschlauchdichtung in den Falz einzubauen. Hierzu wird eine umlaufende Nut in das Holz eingefräst, in die anschließend der Steg der Silikonschlauchdichtung eingedrückt wird. Bei Kastenfenstern ist darauf zu achten, dass die zusätzliche Dichtung am Innenflügel angebracht wird. Es wird verhindert, dass die warme Innenraumluft in den Futterkasten einströmt und der mittransportierte Wasserdampf an der kalten Außenscheibe kondensiert. Stattdessen kann der in geringen Mengen in den Futterkasten eindringende Wasserdampf durch die einströmende Außenluft abtransportiert werden.

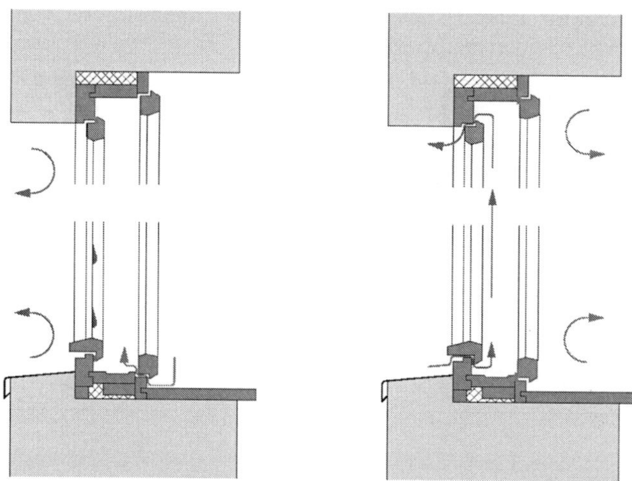

Bild 6-23 Anordnung einer nachträglichen Abdichtung bei Kastenfenstern

Einfachfenster mit Einscheibenverglasung können auf drei Arten in ihrer energetischen Qualität verbessert werden:

- Einbau eines Innenvorfensters (Konstruktion: Kastenfenster)
- Einbau einer Vorsatzscheibe (Konstruktion: Verbundfenster)
- Umrüstung auf Mehrscheiben-Isolierglas

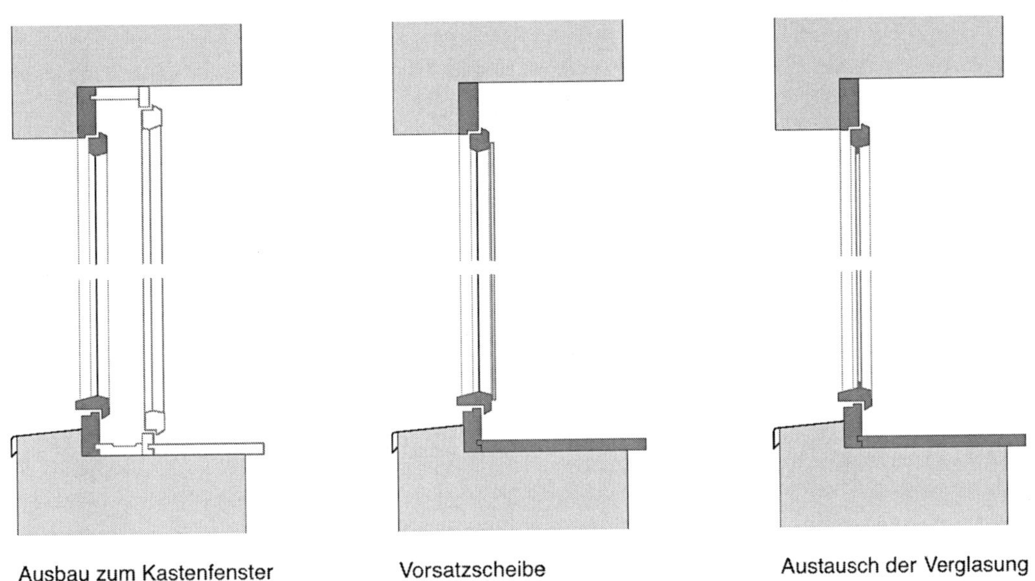

Bild 6-24 Energetische Ertüchtigung von Einfachfenstern mit Einscheibenverglasung

Bei der Variante des Innenvorfensters bleibt das historische Fenster in seiner Substanz unverändert erhalten. Stattdessen wird in die bestehende Laibung ein zusätzliches, neues Fenster eingebaut. Dadurch entsteht vom Prinzip her ein Kastenfenster. Bei der Ausgestaltung des Innenvorfensters ist man relativ frei. Es kann ein Fenster eingebaut werden, das auch alleine sämtliche heutige Anforderungen an den Wärme-, Schall- und Einbruchschutz erfüllt. Um eine zweite Fensterebene einfügen zu können, muss die Laibung ausreichend tief sein. Dies ist bei historischen Massivbauten in der Regel der Fall. Das Innenvorfenster sollte ohne Unterteilungen und Sprossen ausgeführt werden, um die optische Beeinträchtigung der Originalsubstanz möglichst gering zu halten. Aufgrund des Ausbaus zu einem Kastenfenster wird die Wirkung der geometrischen Wärmebrücke an der Fensterlaibung reduziert. Ein Kastenfenster hat eine größere Konstruktionstiefe als ein Einfachfenster. Dadurch vergrößert sich die Weglänge, die der Wärmestrom durch den Laibungsbereich zurücklegen muss, und die Oberflächentemperatur an der Innenseite der Laibung steigt an. Die Variante des Innenvorfensters ist vollständig reversibel, was aus denkmalpflegerischer Sicht äußerst positiv zu bewerten ist.

Eine Verbesserung des Wärmeschutzes, bei minimaler optischer Beeinträchtigung der Originalsubstanz, kann durch eine innenseitige Vorsatzscheibe erzielt werden. Die Vorsatzscheibe besteht aus 4 mm dickem und gehärtetem Einscheibensicherheitsglas mit umlaufend profilierten Kanten und Low-E-Beschichtung. Das Bestandsfenster wird im Prinzip zu einem Verbundfenster ausgebaut. Die ESG-Vorsatzscheibe wird ohne einen zusätzlichen Fensterrahmen über vier punktuelle Beschläge auf den bestehenden Rahmen montiert. Die entstehende Fuge zwischen ESG-Vorsatzscheibe und Flügelrahmen wird durch eine umlaufend aufgeklebte Hohlkammer-D-Profildichtung verschlossen. Zwei der vier Punkthalter, mit denen die Vorsatzscheibe auf dem Flügelrahmen fixiert wird, sind als Drehscharnier ausgebildet. Dadurch kann die Vorsatzscheibe insbesondere für Reinigungszwecke aufgeklappt werden. Die Verbesserung des Wärmeschutzes ergibt sich zum einen durch den entstehenden Luftzwischenraum, zum anderen durch den infolge der Low-E-Beschichtung reduzierten Strahlungsaustausch.

Bild 6-25 Vorsatzscheibe ESG mit Low-E-Beschichtung (Quelle: Kramp & Kramp GmbH & Co KG, Lemgo-Lieme)

Die dritte Möglichkeit besteht darin, die Einscheibenverglasung gegen eine Mehrscheiben-Isolierverglasung auszutauschen. Dabei geht jedoch zwangsläufig die ursprüngliche Verglasung verloren. Normalerweise ist ein filigraner, historischer Flügelrahmen allein von seinen Abmessungen her nicht in der Lage, eine heutzutage übliche Isolierverglasung mit einer Dicke von mindestens 20 mm aufzunehmen. Allerdings existieren spezielle, für die Sanierung hergestellte Wärmeschutzverglasungen mit einer Aufbaudicke von nur 12 mm (4–4–4). Der Scheibenzwischenraum ist mit Krypton befüllt und die Außenoberfläche der Innenscheibe ist mit einer Low-E-Beschichtung versehen. Die beschriebene Verglasung erreicht einen U_g-Wert von circa 1,9 W/(m²K). Bevor eine solche Maßnahme in Angriff genommen wird, ist zu überprüfen, ob der bestehende Flügelrahmen die zusätzlichen Lasten aus der Zweischeiben-Isolierverglasung abtragen kann. Ist dies der Fall, so sind vielfach nur geringe Eingriffe in den Flügelrahmen erforderlich, um die spezielle Isolierverglasung einbauen zu können. Meistens ist es ausreichend, den Glasfalz durch Fräsen zu verbreitern und anschließend die neue Verglasung einzukitten. Ist der Flügelrahmen nicht ausreichend tief, um eine Isolierverglasung aufzunehmen, oder soll eine Isolierverglasung mit größerem Scheibenzwischenraum eingebaut werden, so sind umfangreichere Veränderungen am Flügelrahmen erforderlich. Der Flügelrahmen muss aufgedoppelt werden, so dass von außen nicht mehr die originalen Schlagleisten sichtbar sind. Diese werden teilweise abgesägt und auf sie werden neue, nach historischem Vorbild angefertigte Wetterschenkel aufgeleimt. Inwiefern ein solcher Eingriff noch denkmalverträglich ist, ist kritisch zu hinterfragen.

Historische Verglasungen besitzen wellige Oberflächen mit Schlieren, Schürfen, Striemen, Ziehstreifen und Lufteinschlüssen. Dadurch sind Spiegelungen auf den Scheibenoberflächen verzerrt und auch bei der Durchsicht ergibt sich ein gewisses Zerrbild. Soll trotz einer neuen Verglasung dieser Effekt erhalten bleiben, so können speziell hergestellte Restaurierungsgläser eingesetzt werden. Diese werden im Maschinenziehverfahren (Fourcaultverfahren) oder im Mundblasverfahren hergestellt. Diese Gläser können auch zu Isolierverglasungen weiterverarbeitet werden und entsprechen in ihren optischen Eigenschaften historischen Gläsern.

6.3.3 Gebäude der Zwischenkriegszeit

Die Klassische Moderne manifestiert sich in Berlin in zahlreichen Siedlungen der 1920er Jahre. Diese entstanden zumeist nach Plänen der damals führenden, progressiven Architekten. So auch im Fall der Siedlung Schillerpark im Berliner Stadtbezirk Wedding, deren Name sich von dem angrenzenden Park ableitet. Sie gilt als das erste großstädtische Wohnprojekt in Deutschland nach Ende des Ersten Weltkriegs. Der erste Siedlungsabschnitt entstand zwischen 1924 und 1930 im so genannten Englischen Viertel nach den Entwürfen von Bruno Taut und Franz Hoffmann.

Bild 6-26 Luftbildaufnahme und ein Wohnblock aus dem ersten Bauabschnitt

Nach Kriegsbeschädigungen erfolgten ab 1954 der teilweise Wiederaufbau und die Erweiterung der Siedlung entlang der Corker Straße, diesmal unter der Federführung von Max Taut und Hans Hoffmann.Mit ihrem neuen städtebaulichen Konzept und der anspruchsvollen architektonischen Gestaltung gehört die Siedlung Schillerpark zu den wegweisenden Beispielen des sozialen Wohnungsbaus in der Weimarer Republik. Projekte dieser Art erregten damals international Aufsehen. Ihre kompromisslose Modernität und architektonische Qualität vermögen heute noch zu überzeugen. Umso lohnender erscheint es, dieses bauliche Erbe zu bewahren.

Zentrale Forderungen des Neuen Bauens, häufig unter der griffigen Formel „Licht, Luft und Sonne!" zusammengefasst, wurden auch in dieser Siedlung umgesetzt. Helle, behagliche und funktionale Wohneinheiten in großräumlichen Strukturen sollten einen Kontrapunkt zu den üblichen tristen und beengten Mietskasernen setzen, welche Arbeitern und Angestellten zugedacht waren. Taut und Hoffmann knüpften mit ihrem Siedlungsentwurf an die deutsche Gartenstadtbewegung an. Die städtebauliche Figur einer durchbrochenen Zeilenbebauung gewährleistete optimale Besonnung. Statt der typischen Hinterhöfe entstanden im Blockinneren der zwei- bis viergeschossigen Bebauung durchgrünte Wohnhöfe. Ein differenziertes Wohnungsangebot versuchte den unterschiedlichen Bedürfnissen der Bewohner gerecht zu werden.

Das Reform-Wohnungsbauvorhaben wurde durch das Aufkommen rationeller Bauweisen und durch zunehmende Typisierung der Bauteile begünstigt. Man erkannte wesentliche Voraussetzungen für schnelles und kostengünstiges Bauen.

Die Berliner Siedlungen der 1920er Jahre zählen heute zum international anerkannten Architekturerbe der Klassischen Moderne in Deutschland. Im Jahr 2008 erfolgte zusammen mit fünf weiteren Berliner Wohnsiedlungen die Aufnahme in die Welterbeliste der UNESCO.

Die hier vorgelegten Informationen zu den Siedlungshäusern zeigen exemplarisch die Mängel, aber auch die Qualitäten einer typischen 1920er-Jahre-Siedlung. Sie lassen sich auf ähnliche Wohnanlagen dieser Zeit übertragen, deren Problemfelder meist ähnlich gelagert sind.

Um derartige Probleme zu lösen und den Charakter der Siedlung langfristig zu bewahren, empfehlen sich im Vorfeld eine gründliche Bestandsanalyse und die Erarbeitung eines energetischen Sanierungskonzeptes in Abstimmung mit den Denkmalbehörden.

Gebäude-Kurzbeschreibung

Die Wohnsiedlung gliedert sich in sechs Bauabschnitte. Die Abschnitte I.–III. entstanden durch das Büro Bruno Taut zwischen 1924–1930 und bestehen aus 13 Wohnblöcken mit etwa 300 Wohnungen. Der III. Bauabschnitt südöstlich der Oxforder Straße blieb aufgrund der Weltwirtschaftskrise mit lediglich vier Blockrandzeilen unvollendet.

Prägend für die Siedlungsbauten sind rote Ziegelfassaden, die von Putzflächen mit starker Horizontalgliederung (Schmuckbändern) unterbrochen werden. Zur Lebendigkeit der Fassaden tragen zahlreiche Erker, Balkone oder Loggien bei, ferner Dachvorsprünge und die kleinformatigen so genannten „Taut'schen Bodenfenster". Die sorgfältige plastische Durcharbeitung findet sich auch in Details, wie den profilierten Haustürgewänden, wieder. Die Häuser verfügen über Flach- beziehungsweise schwach geneigte Pultdächer mit teilweise vorgesetzten Attiken. In den verschiedenen Gestaltungselementen, von den Architekten sparsam aber effektvoll eingesetzt, begegnen sich Neue Sachlichkeit und Expressionismus.

Bild 6-27 Detailaufnahme einer verglasten Loggia und eines Eingangsbereichs

Im IV. Bauabschnitt kam es ab 1954 zu einer Nachverdichtung mit Zeilenbauten nach Plänen des Architekten Hans Hoffmann. Er ergänzte den Blockrand um weitere Wohngebäude und errichtete im Blockinnenbereich drei parallel angeordnete Hauszeilen.

Neben dem Tautschen Siedlungsbestand entstanden in einem V. und VI. Bauabschnitt in den Jahren 1955–1959 weitere Wohnblöcke nördlich der Siedlung. In diesem Bereich, für den ebenfalls Hans Hoffmann verantwortlich zeichnete, erhielten die Gebäude durchweg Putzfassaden. Die Architektur der späteren Siedlungserweiterung übernahm im Wesentlichen die Material- und Gestaltungsprinzipien, steigerte jedoch die Fassadentransparenz. In diesem Siedlungsbereich lassen sich im Vergleich zur Zwischenkriegszeit die verstärkten Einflüsse der Nachkriegsmoderne gut erkennen.

Typische Schadensbilder

Der historische Zustand des Objekts war bis auf einige nachträgliche Veränderungen auf Wunsch einzelner Bewohner weitgehend erhalten geblieben. Die größten Beeinträchtigungen entstanden durch einzelne Instandsetzungs- und Sanierungsmaßnahmen in den 1960er und 1970er Jahren. Diese führten zum Verlust der farbigen Anstriche an den Treppenhausachsen. Zudem kam es durch die Wärmedämmung von zwei Wohnblöcken zu einer Beeinträchtigung der Baukörperkontur sowie zum Verlust von Sichtmauerwerksflächen.

Nach teilweise über 80 Jahren Nutzung befanden sich die Gebäude allgemein in einem sanierungswürdigen Zustand. Bei nahezu allen Siedlungsbauten wies die äußere Hülle Mängel auf. Feststellbare Schäden an der bauzeitlichen Fassadenfront waren der zum Teil verwitterte Außenputz, abgeplatzte Bereiche des original schwefelgelben Anstrichs der tieferen Fensterlaibungen, das marode Erscheinungsbild der Holzrahmen und Fensterbänke sowie die nahezu vollständig korrodierten Stahlfensterrahmen.

Die Schäden beruhten auf Alterungsprozessen, Witterungseinflüssen und vereinzelt auf Kriegseinwirkungen. Der damals verwendete, weiche Fugenmörtel war vielfach ausgewaschen und gerissen. Fehlende Bauwerksabdichtungen verursachten Durchfeuchtungen des Keller- und Sockelmauerwerks. Durch Korrosion der Sturzträger oder der Bewehrung traten Risse und Abplatzungen auf – vor allem im Bereich der Stürze, Vordächer, Pfeiler und Brüstungsfelder. Kritische Verformungen einzelner Bauteile (zum Beispiel durchhängende Vordächer) ließen sich auf statische Überlastung zurückführen. Die häufig noch bauzeitlichen Fenster (überwiegend aus Holz) und deren Bauwerksanschlüsse waren an vielen Stellen schadhaft. Vereinzelte Einschusslöcher hinterließen ihre Spuren im Sichtmauerwerk.

Aus bauphysikalischer Sicht waren die vielen Wärmebrücken zu beanstanden, die sich im nicht gedämmten Altbaubestand kaum auswirken, allerdings infolge der geplanten Sanierungsmaßnahmen nennenswerte bauphysikalische Probleme und ein hohes Bauschadenspotenzial darstellen können.

Zu den typischen Schwachstellen zählen:

- Geometrische Wärmebrücken im Bereich von Fensterlaibungen, Gebäudeecken und Wandpfeilern
- Konstruktive Wärmebrücken beim Decken-Wand-Anschluss und bei den auskragenden Balkonen

Wärmebrücken besitzen im Vergleich zur übrigen Gebäudehülle eine hohe Wärmeleitfähigkeit. Sie können punktförmig, linienförmig oder flächig auftreten und drei verschiedene Ursachen haben. Geometrischen Wärmebrücken entstehen, wenn der Innenfläche eine größere Außenfläche gegenüber steht und somit eine größere Wärmemenge abfließt. Solche konstruktionsbedingten Wärmebrücken ergeben sich beispielsweise durch Vorsprünge oder Ecken. Besonders deutlich tritt dieser Effekt im Bereich der Fensterlaibungen auf. Die Fensterlaibung bewirkt eine Vergrößerung der Wärmeaustauschfläche auf der Außenseite. Der Wärmefluss nimmt an dieser Stelle zu und so sinkt die Oberflächentemperatur auf der Innenseite.

Unter konstruktiven Wärmebrücken versteht man materialbedingte Schwachstellen, welche durch deutliche Unterschiede in der Wärmeleitfähigkeit der angrenzenden Bauteilschichten entstehen. Beim Deckenanschluss an die Außenwände ist dieses Phänomen zu finden, denn die Wärmeleitfähigkeit des Betons ist viel größer als die der Mauerwerksziegel. Letztendlich lassen sich Wärmebrücken auch auf eine unsachgemäße Ausführung zurückführen

Ein weiteres Problem stellen sie aus feuchtetechnischer Sicht dar, wenn es durch extrem niedrige innere Wandoberflächentemperaturen im Bereich von Wärmebrücken zu hohen relativen Luftfeuchten oder zu Tauwasserausfall und damit zu Schimmelpilzbildung kommt.

Die Situation im Bereich der Gebäudetechnik stellte sich ähnlich dar. Die Energieversorgung sowie die Verteilungsleitungen entsprachen nicht mehr dem Stand der Technik. Für die elektronischen Anlagen gilt es, die DIN VDE 100-410 innerhalb der Wohnungen umzusetzen. An den Komponenten der Wasserver- und entsorgung ließen sich deutliche Korrosionsspuren erkennen.

Allgemeine Instandsetzungs- und Sanierungsmaßnahmen

Die regelmäßig durchgeführten Instandhaltungs- beziehungsweise Modernisierungsmaßnahmen umfassten die Erneuerung von Fensterelementen und -stürzen sowie das Anbringen von Außenjalousien bzw. -rollläden. Als zentrales Anliegen der Bewohner sollte der Schallschutz gegen den Fluglärm des Flughafens Tegel verbessert werden. Dazu wurden einige Loggien und Balkone in verglaste Wintergärten umgewandelt. Dies erfolgte entweder im Einzelfall (Mieterwunsch) oder betraf größere Bereiche (zum Beispiel die Erdgeschosszone). Als weitere Lärmschutzmaßnahme wurden teilweise die inneren Flügel der Kastenfenster durch Schallschutzverglasungen ersetzt. So blieb das äußere Erscheinungsbild unverändert.

Die umfangreichsten Eingriffe stellten vereinzelte Geschossaufstockungen zur Wohnraumerweiterung dar. Hierbei wird die Absicht zur gestalterischen Einbindung und Kaschierung spürbar, welche jedoch nicht konsequent umgesetzt wurde.

Bild 6-28 Geschossaufstockung mit unterschiedlicher Behandlung der Vorder- und Rückfront (hier: Bristolstraße 1)

Die gestalterische Umsetzung wurde auch bewusst aufgrund der vorrangegangenen Kriegsschäden gewählt. In Teilbereichen wurden die Mauerwerks- und Fugenschäden ausgebessert, der Putz und der Anstrich erneuert. Die Maßnahmen erfolgten vorrangig bei Wänden, Decken und Betonpfeilern der Loggien beziehungsweise Balkone. Wo der Zustand es erforderte, wurden Balkone durch eine dem Original nachempfundene Stahlbetonkonstruktion mit Eckpfeilern ersetzt. Bei einigen jüngeren Wohnblöcken wurden analog dazu die in Leichtbauweise ausgeführten Brüstungsfelder erneuert.

Die Mehrzahl der durchgeführten Maßnahmen diente dem normalen Bauunterhalt, also der Reparatur und dem Substanzerhalt. Energierelevante Maßnahmen stehen dagegen noch aus und rücken angesichts der rapide steigenden Verbrauchskosten („zweite Miete") zunehmend in den Vordergrund. Mit der flächendeckenden Einführung der Energieausweise steigt für die Wohnungsgenossenschaft der Handlungsdruck, durch geeignete Maßnahmen die Attraktivität der Wohnungen langfristig zu sichern.

Außenwand

Ähnlich wie in den bereits beschriebenen Beispielen aus anderen Baualtersklassen stellt die nachträgliche Dämmung der Außenwand ein Problem dar. Prinzipiell führt eine Innendämmung zu keinen Störungen des äußeren Erscheinungsbildes. Die genaue Erläuterung zum Thema Innendämmung erfolgte bereits in den vorangegangenen Kapiteln. Für die Zwischenkriegsbauten besteht unter gewissen Umständen auch die Möglichkeit, mit einem Wärmedämmverbundsystem zu arbeiten.

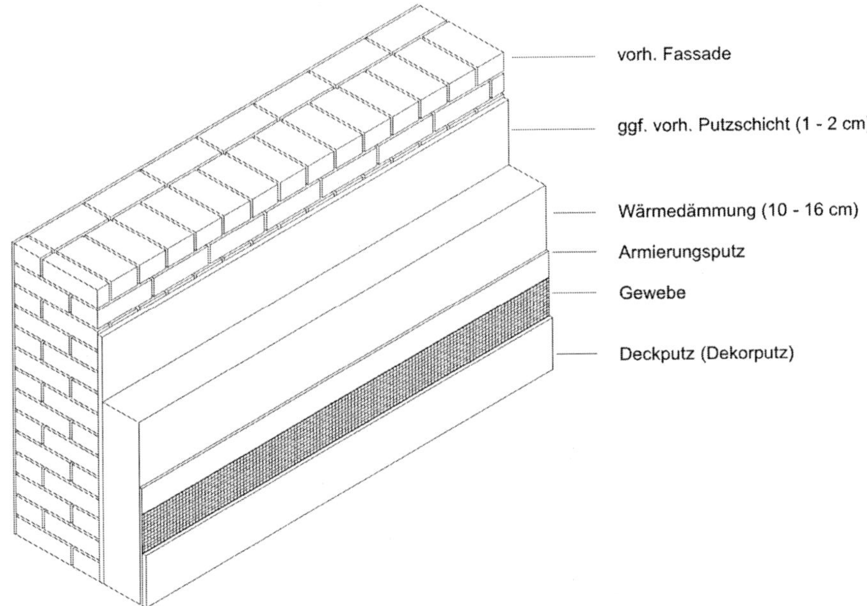

Bild 6-29 Systemaufbau von der vorhandenen Wand ausgehend:

Wärmedämm-Verbundsysteme sind seit etwa 1970 als Fassadendämmung im Einsatz. Es handelt sich dabei um Systeme aus aufeinander abgestimmten Materialien, welche miteinander verbunden sind und auf die Außenwand aufgebracht werden. Dabei sind mindestens drei Schichten notwendig: Die Wärmedämmschicht, eine Armierungsschicht sowie die Schlussbeschichtung mit der Gestaltung der Oberfläche. Armierungsschicht und Schlussbeschichtung übernehmen gemeinsam den Wetterschutz. Übliche Schichtdicken sind derzeit ungefähr 10 bis 16 cm stark. Wobei je nach baukonstruktiven Randbedingungen und erhöhten energetischen Zielen auch stärkere Schichtdicken sinnvoll sein können. Außendämmsysteme können bei der Altbausanierung nur angeordnet werden, wenn keine gestalterischen Zwänge vorhanden sind. Der Untergrund sollte vor dem Anbringen der Dämmung instandgesetzt werden. Schmutz, Algen und Moos sind zu entfernen und offene Mörtelfugen müssen geschlossen werden. Aus ökologischer Sicht lassen sich Wärmedämmverbundsysteme nach ihrer Nutzungsphase teilweise nur schwer trennen oder wiederverwerten. Grundsätzlich weist die Außendämmung im Vergleich zur Innendämmung ein günstigeres bauphysikalisches Verhalten auf. Jedoch müssen auch bei schlichten Putzfassaden die Anschlussdetails sorgfältig geplant werden. Insbesondere an Sockel- und Fensteranschlüssen treten Problempunkte auf. Um die ursprüngliche Fassadenprofilierung zu erhalten, müssen gegebenenfalls die Fensterebenen versetzt werden.

In der Siedlung Schillerpark kam eine Außendämmung nur in wenigen Bereichen zum Einsatz. Bereits in den 1970er-Jahren wurden die Außenwände einzelner Hauseinheiten mit einer Thermohaut aus 10 cm Polystyrol versehen. So wurde ein Wärmedämmverbundsystems bei den Häusern Barfußstraße 23/25 und 29/31 angebracht. Zudem kam ein vollflächiger Wärmedämmputz in der Dubliner Straße und an den geschlossenen Giebelseiten an der Bristolstraße 1 zum Einsatz. Die ursprüngliche Materialität der Fassade lässt sich hier nur noch punktuell nachvollziehen; das Erscheinungsbild wurde zum Teil negativ beeinträchtigt. In der folgenden Abbildung zeigen sich die Problempunkte.

Bild 6-30 Freiliegende Mauerecke mit Übergang zum WDVS (Barfußstraße 31)

Während der 1980er Jahre erfolgten weitere Sanierungsmaßnahmen, die zu einer Verringerung des Wärmebedarfs führten. Dazu zählt eine Außendämmmaßnahme unter Wahrung des äußeren Erscheinungsbildes an einigen Blöcken zwischen 1986 und 1990. Die Maßnahme an den Häusern der Barfußstraße 23/25 stellt eine Kompromisslösung dar: Hier erhielt das WDVS eine Verblendung in Ziegeloptik, die das originale Erscheinungsbild wiederherstellen sollte. Eine solche Ausführung kann zwar energetisch und bauphysikalisch, selten aber gestalterisch befriedigen, zumal sich die Authentizität des Originals verfälscht. In den 1990er Jahren hat man versucht, die bisherigen Maßnahmen durch behutsame Eingriffe etwas denkmalverträglicher zu gestalten. Die vorhandene Wärmedämmung wurde teilweise durch dünnere Dämmplatten mit einer Profilierung ersetzt. Zusätzlich setzen sich die Dämmelemente durch eine Schattenfuge von der originalen Bausubstanz ab. Insgesamt konnten viele Oberflächen und die originale Farbigkeit der Treppenhäuser wiederhergestellt werden. Eine partielle Außendämmung wie in der Bristolstraße 1 ist nicht unkritisch zu bewerten, da sie die Wärmebrückenproblematik sogar noch verschärft, etwa am Übergang zu ungedämmten Außenwandecken.

Kellerdecke

Wesentlich einfacher lässt sich für die Gebäude der Zwischenkriegszeit eine nachträgliche Dämmung der Kellerdecke gestalten. Eine wichtige Vorraussetzung ist die ausreichende lichte Raumhöhe. Seit den 1920er Jahren werden Kellerdecken fast ausschließlich aus Stahlbeton oder Stahlsteindecken hergestellt. Hier sind in aller Regel keine Gefachräume wie bei Holzbalkendecken vorhanden, die nachträglich gedämmt werden können. Eine Ausnahme sind Keller mit abgehängter Decke, in der beispielsweise Rohrleitungen geführt werden.

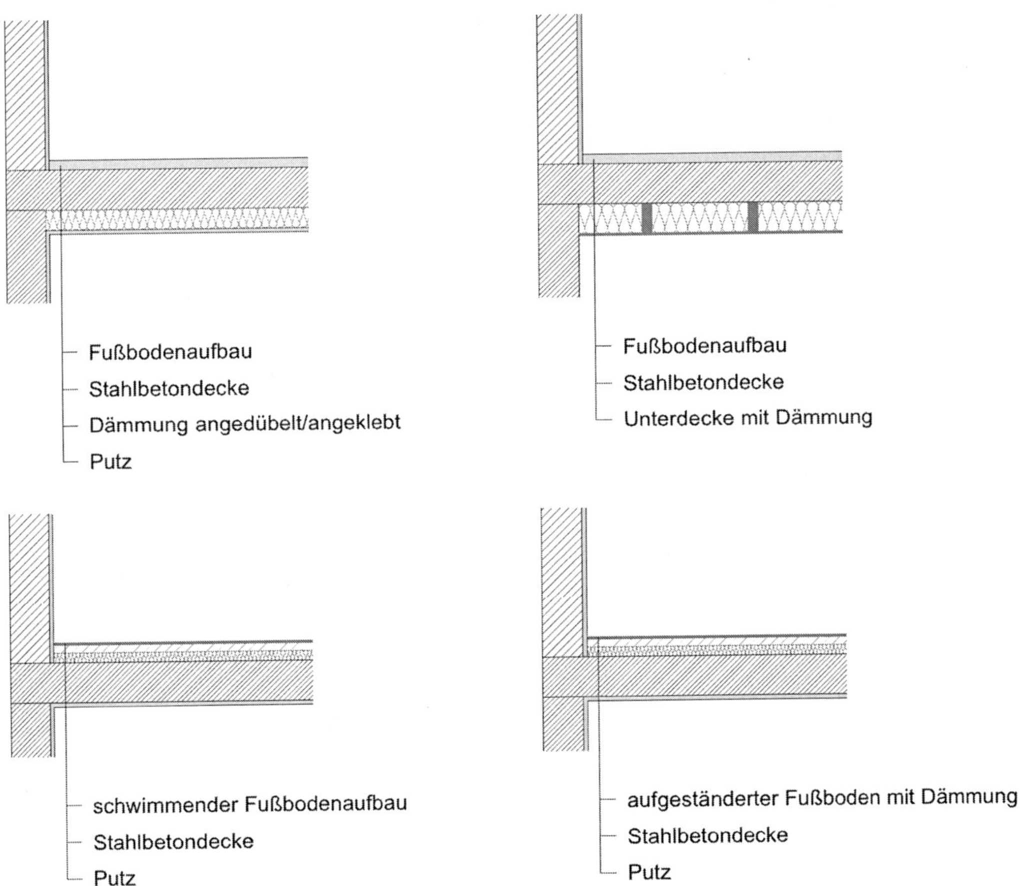

Bild 6-31 Möglichkeiten zur nachträglichen Dämmung von Stahlbetondecken

Auf ebene und ausreichend tragfähige Deckenunterseiten können Dämmplatten direkt aufgeklebt oder festgedübelt werden. Es muss verhindert werden, dass die Dämmung von kalter Kellerluft hinterströmt wird, um die Wirksamkeit der Dämmmaßnahme sicherzustellen. Es existieren Verbundplatten aus Dämmstoffen, die auf eine Gipskartonplatte aufkaschiert sind. Werden diese auf der Deckenunterseite befestigt, erhält man in einem Arbeitsgang eine Dämmschicht mit streich- beziehungsweise tapezierfähiger Oberfläche. Die maximale Dämmstoffdicke, die auf der Unterseite der Kellerdecke angebracht werden kann, ist unter Umständen durch die lichte Raumhöhe, durch den Abstand zwischen Kellerfenstersturz und Deckenunterseite oder Kellertürsturz und Deckenunterseite beschränkt.

In der Siedlung Schillerpark erfolgte in mehreren Gebäuden eine unterseitige Dämmung der Kellerdecke durch 8 cm Mineralfaserplatten beziehungsweise Hartschaumplatten. Dadurch reduziert sich der Wärmedurchgangskoeffizient auf $U = 0,33$ W/(m²K). Zusätzlich wurden bei dieser Maßnahme auch freiliegende Rohrleitungen (Warmwasser, Heizleitungen) gedämmt.

Bild 6-32 Nachträglich gedämmte Kellerdecke

Die Dämmung der Kellerdecke hat zur Folge, dass die Temperaturen im unbeheizten Keller sinken. Liegen die Kellerräume zum Großteil oder vollständig unterhalb der Erdoberfläche, bleiben die Temperaturen im Keller auch bei sehr guter Dämmung der Kellerdecke immer oberhalb des Gefrierpunktes, so dass keine Frostgefahr für wasserführende Leitungen besteht.

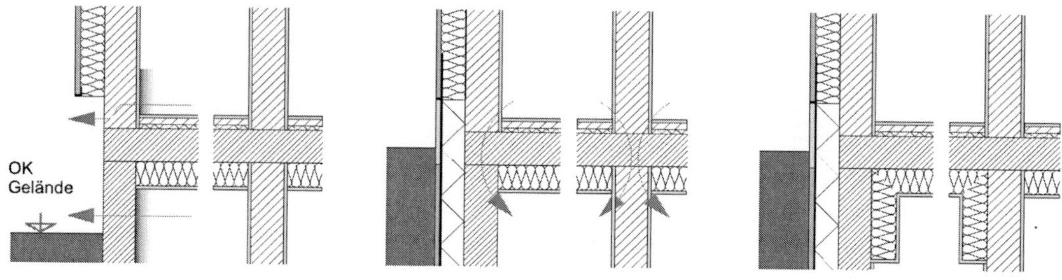

Bild 6-33 Mögliche Wärmebrücken bei der nachträglichen Kellerdeckendämmung

Allerdings haben die reduzierten Kellertemperaturen eine erhöhte relative Luftfeuchte und somit eine erhöhte Gefahr von Schimmelbildung zur Folge. Im Winter erweisen sich insbesondere die Bereiche der Kelleraußenwände, die oberhalb der Erdoberfläche liegen, als kritisch (siehe Bild 6-32). Infolge der geringen Außentemperaturen in Verbindung mit dem geringen Wärmedurchgangswiderstand erreichen die besagten Außenwandbereiche kritische Innenoberflächentemperaturen. Auch für die untere Raumkante im Erdgeschoss kann eine solche Ausführung feuchtetechnisch kritisch sein. Deshalb sollte die Außendämmung bis einen Meter unter die Geländeoberkante geführt werden. Zudem sollten alle zwischen Keller und Erdgeschoss durchgehenden Wände im Keller innenseitig bis einen Meter unter die Unterkante Fertigdecke gedämmt werden.

In unbeheizte Kellerräume sollte nach Möglichkeit keine zusätzliche Feuchte zum Beispiel durch trocknende Wäsche eingebracht werden, da sonst die Gefahr von Schimmelbildung steigt. Zudem sollte in den Sommermonaten insbesondere bei Kombination von warmer Witterung und Niederschlägen auf eine Kellerlüftung verzichtet werden. Die erhöhte absolute Luftfeuchtigkeit der Außenluft führt in den wesentlich kühleren Kellerräumen zum Ausfall von Kondensat.

Flachdach

Bevor man sich mit der wärmetechnischen Verbesserung eines Flachdaches beschäftigen kann, muss festgestellt werden, ob es sich bei der bestehenden Konstruktion um ein einschaliges, nicht belüftetes Flachdach (Warmdach) oder ein zweischaliges, belüftetes Flachdach (Kaltdach) handelt (Bild 6-34).

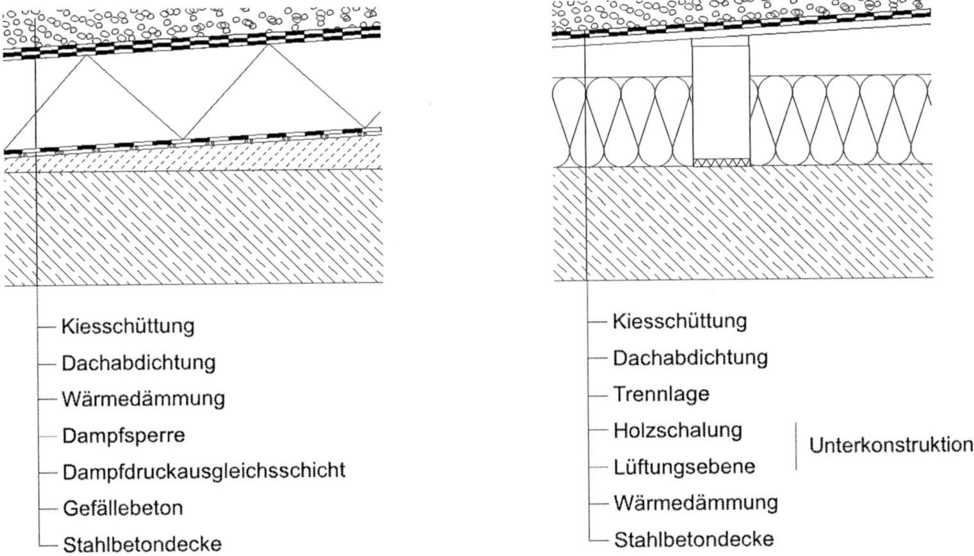

Bild 6-34 Prinzipielle Konstruktionsmöglichkeiten von Flachdächern

Das zweischalige, belüftete Flachdach besteht aus einer unteren tragenden Schale, meist eine Stahlbetondecke, auf der die Wärmedämmung aufliegt, und einer aufgeständerten oberen Schale, die ausschließlich dem Regenschutz dient. Die beiden Schalen sind durch eine Belüftungsebene voneinander getrennt. Im Gegensatz dazu liegen beim einschaligen, nicht belüfteten Flachdach sämtliche Funktionsschichten ohne Zwischenräume direkt übereinander.

Verfügt ein bestehendes Warmdach über eine intakte Dachabdichtung, so bietet es sich an, auf dieser die zusätzliche Wärmedämmung zu verlegen. Es entsteht ein sogenanntes Plusdach, das eine Kombination aus einem Warmdach und einem Umkehrdach ist (Bild 6-35). Dementsprechend muss die zusätzliche Wärmedämmung druckfest und wasserresistent sein. Diese Anforderungen erfüllt beispielsweise extrudierter Polystyrol-Hartschaum. Durch die neue Dämmlage ist die Dachabdichtung besser vor mechanischer Beschädigung und UV-Strahlung geschützt. Es entsteht eine sichere und langlebige Konstruktion. Nach diesem Prinzip lassen sich auch Terrassen- und Gründächer erstellen. Bei schadhafter Dachabdichtung ist die darunterliegende Wärmedämmung durchfeuchtet und somit nicht mehr wirksam. Folglich muss der bestehende Dachaufbau mindestens bis zur Dampfsperre abgetragen werden. Bestehen Zweifel an der einwandfreien Ausführung der Dampfsperre, so sollten sämtliche Schichten bis zur Tragkonstruktion entfernt werden. Anschließend wird ein neuer Flachdachaufbau mit größerer Dämmschichtdicke realisiert.

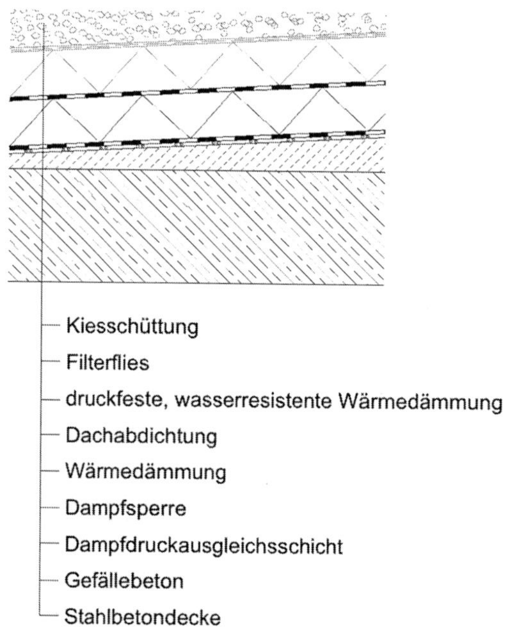

Bild 6-35 Konstruktionsprinzip eines Plusdachs

Häufig verfügen bestehende Kaltdächer über große, zugängliche Lufträume. In diesen sogenannten Kriechdächern kann ohne Weiteres eine zusätzliche Dämmlage eingebaut werden. Ist der Belüftungsquerschnitt unzugänglich oder zu dünn für eine zusätzliche Dämmung, so sind andere Maßnahmen zu ergreifen. Ist bei einem Kaltdach die Abdichtung schadhaft, so sollte zunächst die obere Schale komplett entfernt werden. Teilweise ist die Unterkonstruktion so hoch, dass auch nach Einbringen einer zusätzlichen Dämmschicht ein ausreichender Lüftungsquerschnitt verbleibt. Dann kann die neue Dämmlage einfach auf der bestehenden verlegt und die obere Schale neu aufgebaut werden. Ist der Querschnitt nicht ausreichend hoch, so kann die Unterkonstruktion um die Dicke der zusätzlich aufzubringenden Wärmedämmung erhöht werden. Die neue Wärmedämmung muss bei den beschriebenen Maßnahmen unbedingt diffusionsoffen sein, damit eindringender Wasserdampf ungehindert bis zur Belüftungsschicht diffundieren kann. Bei den beschriebenen Varianten verändert sich die bauphysikalische Konzeption des Bauteils nicht. Eventuell eindringende Feuchtigkeit kann nach wie vor abgelüftet werden. Ist die obere Schale unbeschädigt und der Luftraum unzugänglich, so besteht noch die Möglichkeit, die Luftöffnungen an den Dachrändern zu verschließen und den Hohlraum vollständig mit Dämmstoff auszublasen. Bei dieser Variante ist allerdings Vorsicht geboten, da Feuchtigkeit nicht mehr abgelüftet werden kann. Ein nachträglicher Einbau einer Dampfbremse ist meistens nicht oder nur unter erheblichem Aufwand möglich. Allerdings kann es sein, dass die bestehende Tragkonstruktion ausreichend dampfdicht ist. Dies muss aber auf jeden Fall rechnerisch nachgewiesen werden.

Sowohl beim Warmdach als auch beim Kaltdach besteht, neben den genannten Varianten, noch die Möglichkeit der Dämmung auf der Innenseite der Dachkonstruktion. Hierbei ergibt sich allerdings die bereits bei der Innendämmung von Wänden erläuterte Feuchteproblematik. Um den Wärmebrückeneffekt aufgehender Wände zu reduzieren, sollten diese von der Unterseite der Flachdachkonstruktion bis circa einen Meter in den Innenraum mit Dämmstreifen versehen werden.

Die den flachen Dächern vorgeblendeten Attiken aus Vollziegeln stellen „klassische" Wärmebrücken dar. Da eine allseitige Dämmung der Attika ausscheidet, ist allenfalls die nachträgliche thermische Trennung am Attikaansatz möglich.

Fenster und Türen

Einen großen energetischen Schwachpunkt innerhalb der Siedlung stellen die überwiegend originalen, einfach verglasten Fenster dar. Sie weisen im ungünstigsten Fall einen U-Wert von 5,0 W/(m²K) auf. Problematisch sind auch die Wohnungseingangstüren aus Vollholz (U-Wert ca. 2 W/(m²K)), die für einen beständigen Wärmeabfluss in das ungeheizte Treppenhaus sorgen. Die grundsätzlichen Sanierungsempfehlungen wurden bereits in vorangegangenen Beispielen erläutert. Auch hier können eine Dichtheitsprüfung und Reparatur der Wohnungsfenster und -türen zur Eindämmung der Transmissionswärmeverluste beitragen.

In den später errichteten Wohnblöcken ist die Situation besser, da hier meist Verbundgläser eingebaut wurden. Ein Teil der Objekte verfügt über Wintergärten mit großflächiger Einfachverglasung. Die hier auftretende Kondenswasserbildung an kalten Tagen lässt sich durch eine neue Isolierverglasung oder bessere Belüftung verhindern. Mit einer neuen Verglasung erhöht sich zudem die thermische Pufferfunktion der Wintergärten und die solaren Gewinne im Winter können den Heizwärmebedarf reduzieren.

Ein besonderes Detail stellt die energetische Sanierung der begehbaren Doppelfassade in der Schillerpark-Siedlung dar. Die geschosshohen und begehbaren Verglasungen gelten als typisches Markenzeichen des Architekten Hans Hoffmann und sind in den Bauten aus den 1950er Jahren anzutreffen. Hier konnte durch eine geschickte Integration der Fensterkonstruktion in das Lüftungskonzept ein Beitrag zur Energieeinsparung und zu einer verbesserten Raumluftqualität geleistet werden.

Bild 6-36 Begehbare Doppelfassade in den Gebäuden der 1950er Jahre

Das Lüftungskonzept sieht eine Durchströmung der Fassade durch einen Unterdruck in den Wohnungen vor. Damit sollen eine gezielte Luftführung innerhalb der Wohnung und durch den Wärmetauscheffekt eine Vorerwärmung der Außenluft im Bereich der Fenster erreicht werden.

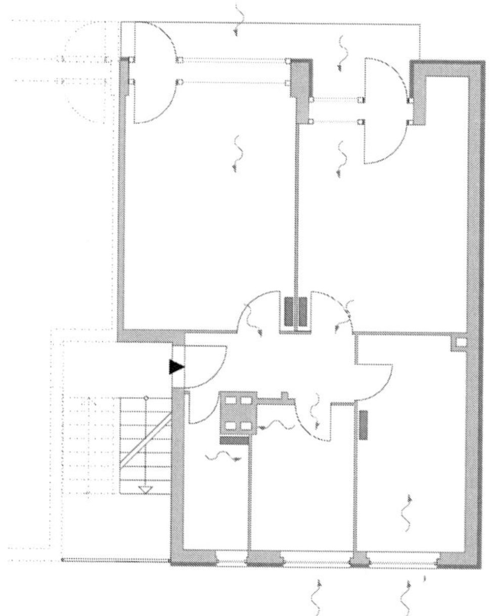 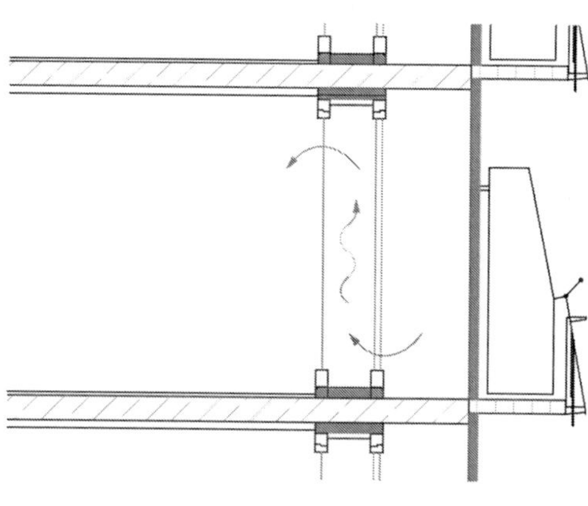

Bild 6-37 Darstellung des Lüftungskonzepts

Bei der Ausführung der Sanierung wurde großen Wert auf die Einhaltung der Luftdichtigkeit gelegt. Leckagen, die für eine ungewollte Infiltration sorgen, stellen ernste Störstellen für die Funktionsweise des energetischen Gesamtkonzepts dar.

6.3.4 Gebäude der Nachkriegszeit

Viele wertvolle Zeugnisse der Architektur der Moderne stehen mittlerweile unter Denkmalschutz. Besonders prägend sind für diese Gebäude die Fassadenkonstruktionen. Auf den Gebäuden der Klassischen Moderne sowie der Nachkriegsmoderne lastet ein erhöhter Sanierungsdruck. Es zeigt sich, dass insbesondere die Bauten der Nachkriegsmoderne energetisch kritisch und im denkmalpflegerischen Umgang anspruchsvoll sind. Einfache und schlichte Bauweisen in der Tradition der Zwischenkriegszeit weisen eine Reihe von typischen Problemen auf. Dazu zählen zu knapp bemessene Konstruktionsquerschnitte, zu geringe Betonüberdeckung der Bewehrung, fehlende Dehnungsfugen, ungenügende Diffusionsfähigkeit und Haftschlüsse von gefliesten Fassaden sowie konstruktive Fehler bei Materialübergängen. Als grundsätzliche Probleme sind die ungenügende Wärmedämmung sowie die zahlreichen Wärmebrücken an auskragenden Betonbauteilen zu nennen.

Die vorhandenen Konstruktionen lassen sich prinzipiell in Lochfassade, Skelettfassade und Vorhangfassade unterteilen. Für den denkmalrelevanten Bereich besitzen die Skelettfassaden und die Vorhangfassaden eine übergeordnete Bedeutung.

Auch die Konstruktionen für die Fassaden der Nachkriegsmoderne gehen auf die Vorbilder der Klassischen Moderne zurück. Aus energetischer Sicht gelten für Lochfassaden die bereits beschriebenen Empfehlungen für massive Außenwände. Bei Skelett- und Vorhangfassaden lässt sich in der Entwicklung der 1950er bis 1970er Jahre eine stetige Vergrößerung des Fensterflächenanteils gegenüber der ursprünglichen Lochfassade erkennen. Als dominierender Fassadentypus der 1950er Jahre entwickelte sich die Skelettfassade, die ein Zwischenschritt zur Entwicklung der heute üblichen Vorhangfassade darstellt. Das gesamte Gebäudeskelett aus Stützen, Decken und Wänden verlagert sich im Entwicklungsprozess schrittweise hinter die Fassadenebene.

Tabelle 6.4 Übersicht über die verschiedenen Fassadentypen der Nachkriegsmoderne

Fassaden der Moderne		
Lochfassaden	Skelettfassaden	Vorhangfassaden
Einschalig	Rasterfassade	Tafel-/Plattenkonstruktion – Elementfassade
Mehrschalig	Horizontale Gliederung	Sprossenkonstruktion – Pfosten/Riegel-Fassade – Pfosten-Fassade – Riegel-Fassade
	Vertikale Gliederung	

Die Skelettfassade gilt als Vorstufe der Vorhangfassade. Bei ihr bleibt das Gebäudeskelett, aus Stützen, Decken und Wänden, vollständig oder teilweise sichtbar. Die zwischen den Skelettbestandteilen bestehenden Fassadenabschnitte, die sogenannten Ausfachungen, schließen entweder mit der Vorderkante des Gebäudeskeletts ab, stehen über oder sind um eine Ebene zurückversetzt angeordnet und schließen mit der Hinterkante der äußersten Teile des Gebäudeskeletts ab.

Eine mögliche Form der Skelettfassade ist die sogenannte Rasterfassade (Bild 6-38, links oben). Hier erfolgt durch die sichtbaren Stützen und Decken eine gleichzeitige Betonung der Horizontalen und der Vertikalen. Auf Grund der vielfältigen Gestaltungsmöglichkeiten in

Ebene und Form der unterschiedlich betonten Skelettbestandteile oder der bereits beschriebenen Ausfachungen wirkt diese Fassade aufgelockerter. Zusätzlich verstärkt sich diese Wahrnehmung durch die plastische und farbliche Vielfalt der eingesetzten Materialien. Die in dieser Art entstandenen Büro- und Geschäftshäuser wirkten stilbildend für die 1950er Jahre.

Weitere Untergruppen der Skelettfassaden ergeben sich durch die ausschließliche Betonung der Horizontalen oder der Vertikalen. Angelehnt an die Architektur der 1920er bis 1930er Jahre wird die horizontale Betonung durch das Heraustreten der Geschossdecken aus der Fassadenebene sowie der eventuell zusätzlichen, visuell absetzenden Verkleidung der Geschossdecken vorrangig für großstädtische Funktionsgebäude angewendet. Diese Konstruktionsart wird auch als Horizontalismus beschrieben und ist in der folgenden Abbildung rechts oben dargestellt.

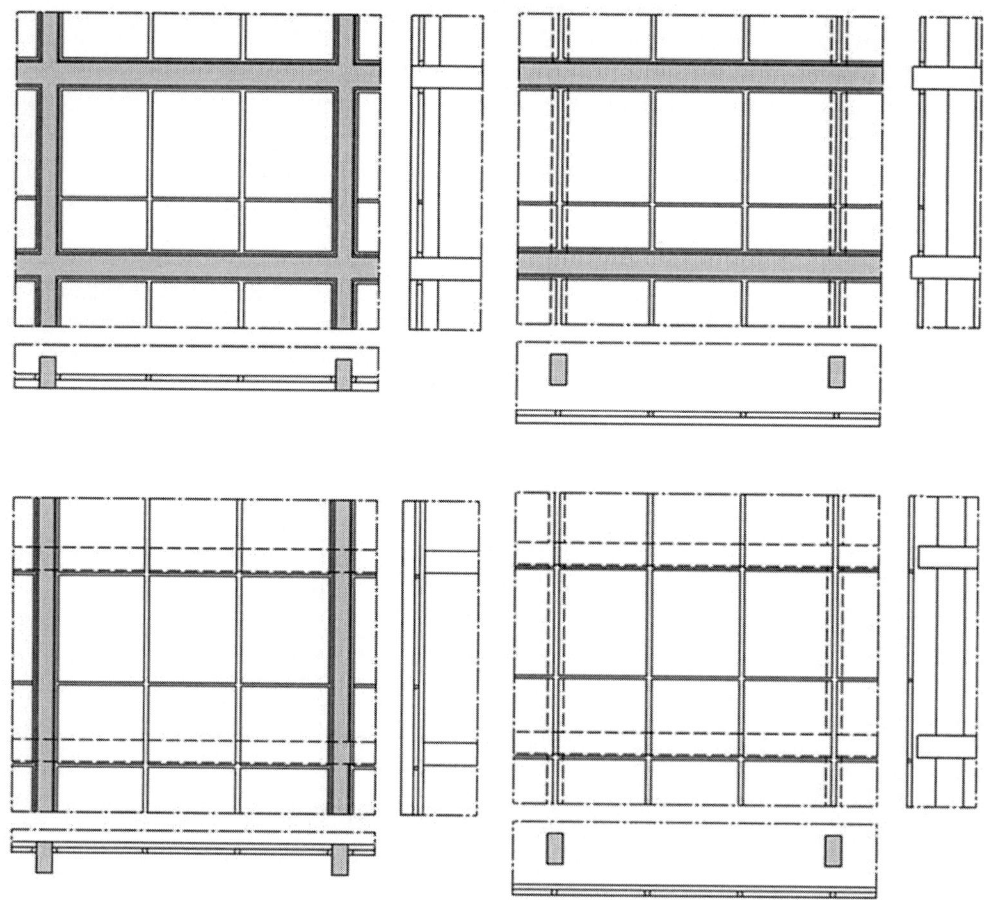

Bild 6-38 Verschiedene Fassadentypen der Nachkriegsmoderne

Aus der Gebäudehülle hervortretende, durchlaufende Gebäudestützen zeigen den für die 1950er bis 1970er Jahre bekannten Vertikalismus (Bild 6-38, links unten). Auch diese heben sich zusätzlich oft farblich oder strukturell von der Fassade ab. So wirkende, aufwärts strebende Fassadenstrukturen findet man eher bei repräsentativen, konservativen Gebäudekomplexen oder im Hochhausbau.

Fassaden, die in den Horizontalismus oder Vertikalismus eingeordnet werden, verleihen, im Vergleich zur gleichmäßigen Rasterfassade, Gebäuden auf Grund der intensiven Betonung eine stärkere Dynamik. Dem steht nahe, dass nicht jede vertikal betonte Stütze ein tragender Skelettbestandteil ist, sondern auch rein aus gestalterischen Gesichtspunkten Stützen vorgesehen wurden.

Aus dem schon immer vorhandenen architektonischen Wunsch nach noch großzügiger verglasten Flächen entwickelten sich neue Fassadenkonstruktionen, die das gesamte Gebäudeskelett vollständig umhüllen. Tragstruktur und Gebäudehülle sind aufgelöst. Die daraus hervorgegangene Vorhangfassade, die sogenannte „Curtain Wall", ist im Vergleich zu den eingangs beschriebenen Skelettformen nicht mehr zwischen Decken und Stützen befestigt, sondern hängt mit ihren Auflagerkonstruktionen an der Stirnseite von Decken und/oder Stützen (Bild 6-38, rechts unten). Die Tragkonstruktion tritt in den Hintergrund. Es können ununterbrochen vollflächige Fassadenelemente mit hohem Glasanteil ausgebildet werden. Zudem besitzt die Vorhangfassade vielfältige Material- und Gestaltungsmöglichkeiten. Die bereits bekannten Prinzipien, Stützen und Decken zu bekleiden beziehungsweise zu betonen, bleiben Gestaltungsmittel. Durch die auf Decken und Stützen ausgerichtete Aufteilung und Ausbildung der Elemente sind Vorhangfassaden manchmal schwer von Skelettfassaden zu unterscheiden.

Die folgenden Beispiele zeigen zwei unterschiedliche Strategien im Umgang mit Fassaden der Nachkriegsmoderne. Einerseits genügen beispielsweise bei einem guten Erhaltungszustand und einer entsprechenden Denkmalwürdigkeit konservatorische Maßnahmen, wie die Reinigung und Reparatur einzelner Bauelemente. Anderseits lässt sich in vielen Fällen der Austausch von Bauteilen oder der ganzen Fassade aufgrund der fortgeschrittenen Schädigung nicht abwenden. Hier bleibt nur eine Rekonstruktion beziehungsweise eine Neugestaltung der Fassade übrig. Das denkmalpflegerische Ziel ist der größtmögliche Erhalt originaler Bausubstanz.

Sanierungsempfehlungen

Die Sanierungsmaßnahmen an Skelett- und Vorhangfassaden unterliegen grundsätzlich den allgemeinen technischen Anforderungen für Fassadenkonstruktionen und müssen, wenn möglich, dem aktuellen Stand der Technik entsprechen. Fassaden entstehen nicht mehr wie noch in den 1950er Jahren vorrangig durch den Architekten, sondern in einem interdisziplinären Planungsprozess mit einer Reihe von zusätzlichen Fachingenieuren. Dabei muss eine enorme Fülle baurechtlicher Anforderungen sowie zahlreicher technischer Regelwerke, DIN-Vorschriften und EU-Normen beachtet werden. Die Energieeinsparverordnung(EnEV) mit der zugehörigen Berechnungsnorm DIN V 18 599 besitzt inzwischen einen entscheidenden Einfluss auf die Ausbildung von Fassadenkonstruktionen.

Für die Sanierung von Fassaden der Nachkriegsmoderne bieten sich mehrere Möglichkeiten. Standardisierte Lösungsansätze erweisen sich in der Regel als unzweckmäßig. Vielmehr muss ein auf den Zustand des Bestandes und meist unter Berücksichtigung von denkmalpflegerischen Aspekten individuelles Konzept zum Einsatz kommen.

Besteht die Zielsetzung eines reduzierten Energieverbrauchs, erfordert das den Austausch beziehungsweise die Nachrüstung von einzelnen Fassadenelementen. Bei einem guten Erhaltungszustand der Fassadenprofile und bei gegebenem Konstruktionsspielraum können der nachträgliche Einsatz von modernem Mehrscheibenisolierglas sowie der Austausch der Brüstungselemente eine große energetische Einsparung erzielen. Zudem steigt die Behaglichkeit in den Räumen, die sich direkt hinter der Fassade befinden, deutlich an. Mitunter werden durch die höheren Lasten der nachträglichen Veränderungen zusätzliche Verstärkungen erforderlich.

Eine weitere Möglichkeit besteht im Einbau einer zweiten Fassadenebene. Dadurch kann die Fassade weitestgehend im Original erhalten bleiben und eine offensichtliche energetische Verbesserung erreicht werden. Dieses Vorgehen bedarf besonderer bauphysikalischer Untersuchungen zum Wärme- und Feuchtetransport der gesamten Doppelfassade, um spätere Bauschäden und den Ausfall von Kondensat zu verhindern.

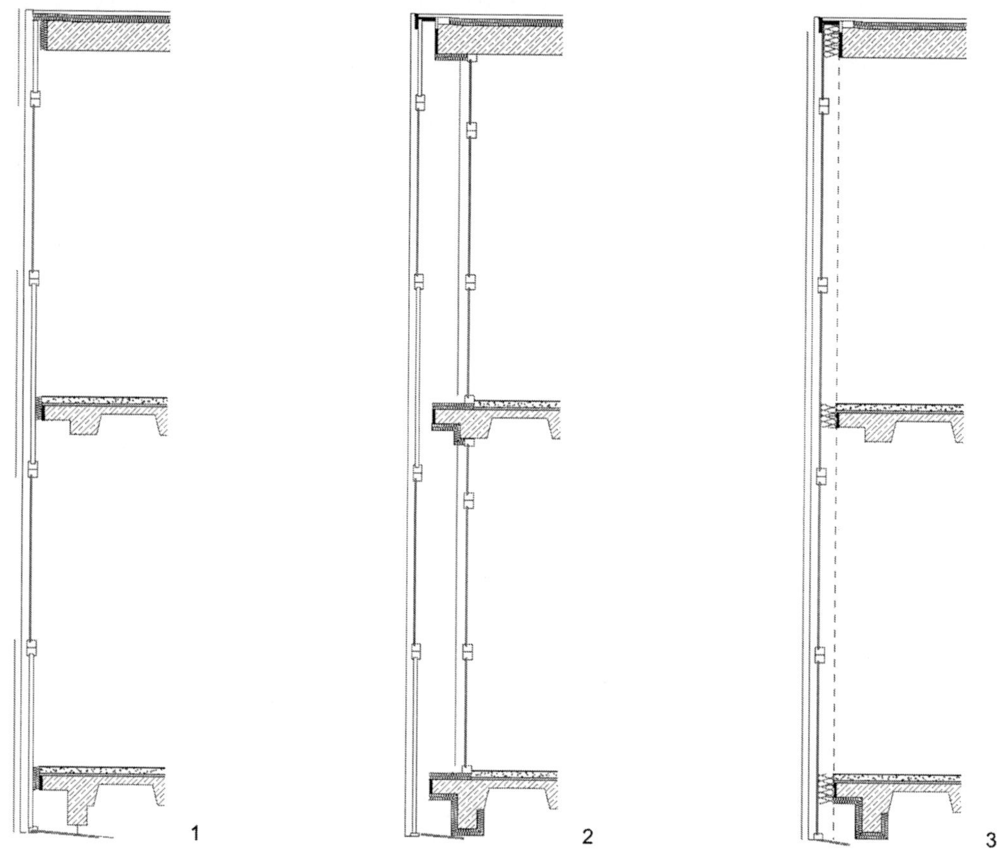

Bild 6-39 Verschiedene Prinzipien für eine energetische Sanierung von Fassaden
1   Austausch oder Nachrüstung einzelner Fassadenelemente
2   Einbau einer zweiten Fassadenebene
3   Komplettaustausch der Fassade

Aufgrund der genannten Vielzahl von Schadensbildern, Problemen und heutigen Nutzeranforderungen bleibt häufig jedoch nur die Möglichkeit einer Rekonstruktion oder Neukonstruktion der Fassade übrig. Hierbei bietet die Anpassung moderner Fassadentechnologien an den Bestand zahlreiche Möglichkeiten. Häufig empfinden die Lösungen auf Basis heutiger Fassadensysteme in erster Linie nur das Aussehen der ursprünglichen Konstruktion nach. Dabei gehen oftmals die markanten Details wie Wendeflügelfenster oder weitere Sonderbeschläge verloren. Im Sinne der Denkmalpflege stellt dieses Vorgehen keine optimale Lösung dar. Jedoch kann der Nachbau des originalen Erscheinungsbildes aus architektonischer Sicht die wichtige stadtbildprägende Bedeutung sowie auch die städtebauliche Leitfunktion des Gebäudes erhalten.

Bei allem Varianten spielt das Thema „Brandschutz" eine wichtige Rolle. Insbesondere müssen bei allen Varianten Vorkehrungen gegen einen Brandüberschlag getroffen werden. Zudem muss man beachten, dass in den ursprünglichen Konstruktionen häufig Asbest zum Einsatz kam. Dann lässt sich aufgrund der Gesundheitsgefährdung bei der Bearbeitung in den meisten Fällen eine sorgfältige Sanierung nicht vermeiden.

Konstruktive Durchbildung

Obwohl der Schutz vor Witterungseinflüssen zur primären Hauptfunktion einer Vorhangfassade zählt, beruht ein Großteil der Schadensfälle im Bestand auf einer ungenügenden Abdichtung. Die Schäden zeigen sich zum Beispiel in der verstärkten Korrosion der Fassaden- und Fensterprofile.

Bei den Fassaden der 1950er und 1960er Jahre erfolgte die Glasabdichtung nach dem damaligen Stand der Technik überwiegend mit ausgefüllten Falzräumen. Als zusätzlicher Schutz bei erhöhter Beanspruchung sowie einer größeren Gebäudehöhe wurde im Außenbereich eine Silikonversiegelung zwischen Falz und Glaskante verwendet. Heute kommen hauptsächlich mehrstufige Abdichtungssysteme zum Einsatz. Bei diesen Systemen befindet sich hinter der schlagregendichten, wasserabweisenden Ebene eine zweite Ebene zur Abführung von eindringender Feuchtigkeit. Die Falzräume bleiben dabei dichtstofffrei und sollten so gestaltet sein, dass anfallendes Wasser durch Drainageöffnungen abfließen kann und die verbleibende Restfeuchte verdunstet.

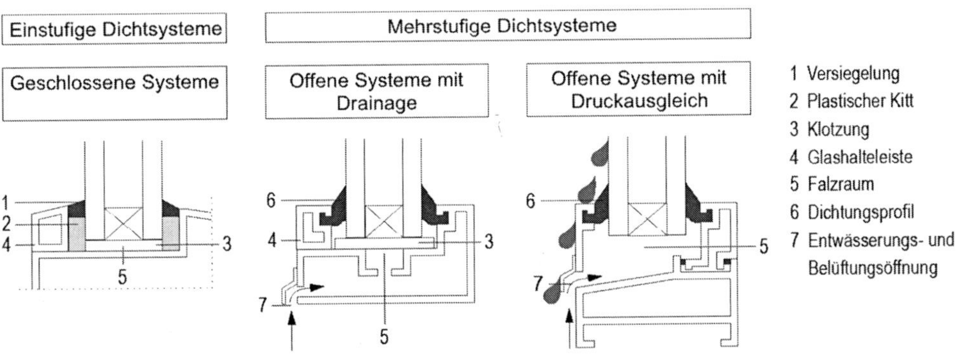

Bild 6-40 Traditionelle und heutige Dichtungssysteme im Überblick.

Bei heutigen Pfosten-Riegel-Konstruktionen kann die Entwässerung und Belüftung des Falzraumes fassadenweise oder feldweise sowie auch in einer Mischform erfolgen. Für die häufig vorkommende fassaden- beziehungsweise geschossweise Belüftung dienen seitliche Öffnungen der unteren und oberen Riegelfalzräume über durchgehende Pfosten-Falzräume mit Verbindung zur Außenluft. Durch untere Zuluft- und obere Abluftöffnungen der Pfosten-Falzräume entsteht ein Kamineffekt. Als Voraussetzung für gute Strömungsverhältnisse in einer Pfosten-Riegel-Fassade und aus Gründen des Wärmeschutzes sollte auf eine wirksame Luft- und Dampfdichtigkeit zur Raumseite bestanden werden. Die Verbindungen zwischen Riegeln und Pfosten dienen auch als Drainagesystem zur Ableitung von Feuchtigkeit. Bei größeren Fassadenfeldern können abhängig von der Größe der freien Pfosten-Falzräume zusätzlich Lüftungsöffnungen in den Riegeln erforderlich sein.

Die feldweise Belüftung und Entwässerung erfolgen jeweils einzeln für jedes Glasfeld durch Schlitze oder Bohrungen über die horizontalen Anpressleisten. Für die Luftzirkulation führen Öffnungen mit Verbindung zum Glasfalz durch EPDM-Dichtungsprofile und Deckleisten. Nach den Technischen Richtlinien des Glaserhandwerks muss die Größe der Öffnungen bei Schlitzen mindestens 5×20 mm oder alternativ bei Bohrungen einen Mindestdurchmesser von acht Millimeter aufweisen. Es sollten im unteren Rahmenbereich mindestens drei Öffnungen mit einem Abstand von kleiner als 600 mm bestehen. Dabei sollten die Drainageöffnungen derart positioniert und ausgeführt werden, dass sie vor Schlagregen und Verschmutzung geschützt bleiben.

Luftdichtheit ist im Zusammenhang mit dem Wärmeschutz eine wichtige Größe. Je dichter die Außenwand, desto geringer sind die Wärmeverluste. Raumluftaustausch und Abtransport zu warmer Luft sollten ausschließlich durch gezielte Lüftung über Fensteröffnungen oder Lüftungsanlagen erfolgen.

Eine klimatrennende Glaskonstruktion muss vom Innenraum eindiffundierenden Wasserdampf nach außen weiterleiten, damit es zu keiner Kondensation kommt. Die Wand muss von innen nach außen diffusionsoffener werden. Es sind folgende Einzelmaßnahmen erforderlich:

- Eine innere Dichtungsebene mit möglichst hohem Dampfdiffusionwiderstand.

- Eine äußere Dichtungsebene mit möglichst geringem Dampfdiffusionwiderstand.

- Eine konstruktive Ausbildung der Falzräume zur konvektiven Abfuhr von Feuchte.

- Eine ebenfalls konstruktive Ausbildung der Falzräume zur gezielten Kondensatabfuhr.

- Diffusionswegsteuerung auch im Anschlussbereich zum angrenzenden Baukörper.

Sanierungsbeispiel: Haus Hardenberg

Das Haus Hardenberg, eines der bedeutendsten Büro- und Geschäftshäuser der West-Berliner Nachkriegsmoderne, entstand 1955/56 nach Plänen des Architekten Paul Schwebes. Mit seiner geschwungenen Glasfassade und einem weit ausschwingenden Flugdach passt sich der siebengeschossige Baukörper in eleganter Weise an die Straßenkreuzung an.

Das Gebäude stellt ein besonders gelungenes Beispiel der Nachkriegsmoderne dar. Es repräsentiert in charakteristischer Weise die Aufbauphase Berlins in den 1950er Jahren, als nach fast vollständiger Kriegszerstörung die Bebauung um den Ernst-Reuter-Platz neu entstand. Über der Sockelzone mit Verkaufsräumen war das Gebäude ursprünglich mit mehreren Textilfirmen belegt. Nach deren Auszug übernahmen verschiedene Institute der TU Berlin und private Nutzer die flexibel teilbaren Obergeschosse als Büro, während das Erdgeschoss bis heute Läden und Dienstleistungsbetriebe beherbergt.

Bei dem vermeintlichen Solitär handelt es sich tatsächlich um einen dreiflügeligen Bau mit unterschiedlich langen Seitenflügeln, der funktional in zwei Geschäftshäuser mit einheitlicher Gestaltung aufgeteilt ist. Die durchlaufenden Fensterbänder betonen zusammen mit Sockel- beziehungsweise Staffelgeschoss und Flugdach stark die Horizontale. Großformatige Scheiben mit dünnen Messingprofilen und schwarz-opaken Brüstungsfeldern verleihen der Fassade ihre besondere Eleganz.

Bild 6-41 Ansicht des Haus Hardenberg

Konstruktiv handelt es sich beim Haus Hardenberg um einen Stahlbetonskelettbau mit drei Stützenreihen und Mauerwerksausfachungen. Vom 1. bis 5. Obergeschoss bestehen die Decken aus einer Stahlbetonrippenkonstruktion in Spannbetonbauweise. Die äußere Hülle bildet eine Skelettfassade mit horizontaler Betonung und gliedert sich in Sockel-, Haupt- und Staffelgeschoss. Pro Achse sind je drei Fenster, die sich aus zwei seitlichen Lüftungsflügeln und stehender Scheibe in der Mitte nach dem Vorbild des „Chicago window" zusammenset- zen, zu einem geschosshohen Element aus Stahlfensterprofilen zusammengefasst [7]. Die Brüstungen bestehen aus schwarzem Detopakglas. Ein besonderes Merkmal bilden die weißen mit Detopakglas verkleideten Deckenscheiben, die als horizontale Bänder vor die Fassade treten. Dagegen ist das Staffelgeschoss um 1,50 m zurückgesetzt.

Aufgrund der hohen Sonneneinstrahlung auf die exponierten West- und Ostflächen der Fassade sah der Architekt Paul Schwebes in seinem Entwurf einen außen liegenden Sonnenschutz vor. Die elementbreiten Lamellen wurden in die Deckscheiben eingelassen und damit optisch kaschiert. Im Sockelgeschoss kamen für die Schaufenster messingeloxierte Aluminiumrahmen zum Einsatz. Die Hoffassade fällt im Vergleich zur Straßenseite wesentlich schlichter aus. Die Stützen des Stahlbetonskeletts liegen an der Hofseite bündig in der glatt verputzten Lochfassade. Pro Achse befinden sich hier 3 durch Pfeiler getrennte Fenster aus Stahlprofilen. Die gesamte Hoffassade ist einheitlich verputzt. Innerhalb dieser Putzflächen sorgen lediglich 3 vollverglaste, halbzylindrische Treppentürme mit Sichtbetonpfeilern für Akzente.

Während das Gebäude nach 1974 innen mehrfach verändert wurde, blieb sein Äußeres weitgehend erhalten. Diesen Charakter galt es im Rahmen der 2003/2004 erfolgten Sanierung zu bewahren beziehungsweise neu herauszuarbeiten, um die Architektursprache und den „Geist" der 1950er Jahre weiterhin erlebbar zu machen. Diese Aufgabe wurde von Winkens Architekten in Zusammenarbeit mit der Fensterfabrik Montag mit hohem Aufwand und viel Feingefühl in bemerkenswerter Weise umgesetzt.

Bild 6-42 Vergleich zwischen ursprünglicher und sanierter Fassade

Mit Ausnahme weniger Elemente (etwa der Treppenhausfassaden oder des Sonnenschutzes) konnte die Originalsubstanz der Gebäudehülle aufgearbeitet werden. Die detailgetreue Aufarbeitung der bestehenden Vor- und Rückfassaden unter größtmöglicher Beibehaltung der Substanz und des originalen Erscheinungsbildes bestand im Wesentlichen aus folgenden Maßnahmen: Reinigung der Fassadenprofile und -scheiben, Teilaustausch der Brüstungselemente, Austausch des Sonnenschutzes, Illuminierung der Straßenfassade, Ersatz der maroden Treppenhausfassaden durch thermisch getrennte Alu-Glasfassaden, Teilerneuerung der technischen

Gebäudeausrüstung unter Erhalt der bestehenden Aufzugsanlagen. Die neue Fassadenillumination betont nachts effektvoll die Außenkonturen – wie bei vielen modernen Bauten seit den 1920er Jahren angewandt. Auch innen ist an vielen Stellen die zeittypische Gestaltung der Nachkriegszeit wieder erlebbar, so zum Beispiel in den Treppenhäusern und Fluren.

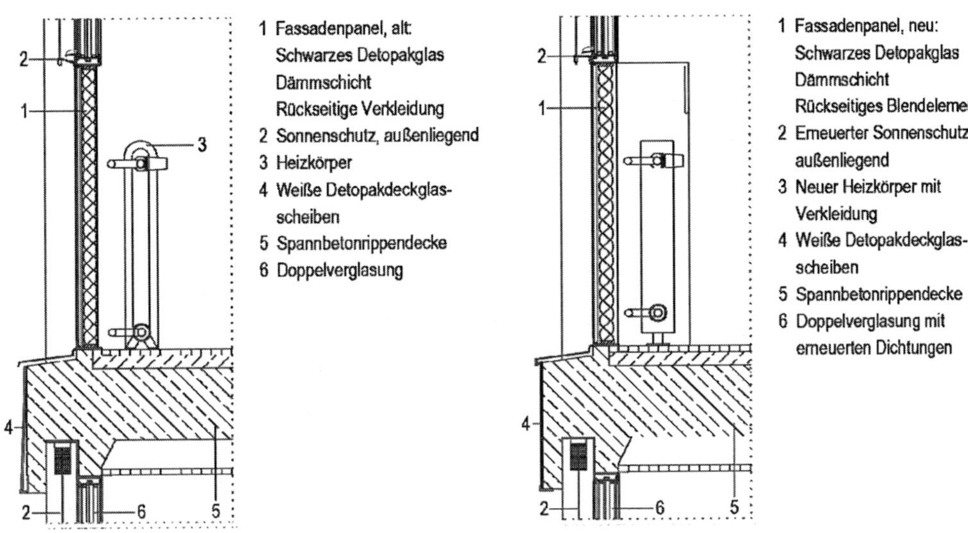

Bild 6-43 Gegenüberstellung des ursprünglichen und des sanierten Vertikalschnitts

Aus energetischer und bauphysikalischer Sicht entstanden durch die Sanierung nur geringfügige Verbesserungen. Die Wärmebrücken der durchgehenden Deckenscheiben blieben entsprechend dem Originalzustand erhalten. Auf eine Wärmedämmung im Außenbereich wurde komplett verzichtet, so dass sich der Heizwärmebedarf kaum veränderte. Durch die verbesserte Anlagentechnik konnte eine Reduktion des Primärenergiebedarfs erzielt werden. Jedoch zählt diese Sanierung im Bereich der Denkmalpflege als vorbildhaft. Man zählt das Haus Hardenberg zu den originalgetreuesten Gebäuden der 1950er Jahre in Berlin, so dass Hühne Immobilien dafür einen Sonderpreis im Rahmen des „Bundespreises für Handwerk in der Denkmalpflege" erhielt. Auch die ausführende Firma für den Glasbau erhielt für die Umsetzung eine Auszeichnung des Glaserhandwerks.

Sanierungsbeispiel: Fakultät Bergbau- und Hüttenwesen

Das Fakultätsgebäude für Bergbau und Hüttenwesen zählt mit der Erstellung von 1955 bis 1959 zu einem der wenigen Stahlskelettkonstruktionen der Nachkriegsmoderne in Deutschland. Das denkmalgeschützte Gebäude am Ernst-Reuter-Platz ist einer der elegantesten Berliner Bauten dieser Zeit und vermittelt eindrucksvoll die damalige modern-rationale Architektursprache. Auftraggeber dieses Gebäudes war die 1945 aus der Technischen Hochschule Charlottenburg gegründete Technische Universität Berlin.

Die Umsetzung folgte den Architektur-Entwürfen von Willi Kreuer, der seit 1949 Assistent am Lehrstuhl für Städtebau an der TU Berlin war und 1952 die Berufung zum Lehrstuhl für Entwerfen und Gebäudelehre erhielt.

Bild 6-44 Fakultätsgebäude 2009, Ansicht von Hardenbergstraße nach der Sanierung

Das elfgeschossige Hochhaus ist ein dreiständiger, schlanker Stahlskelettbau. Mit der Ausbildung eines Mittelganges ist dieser prädestiniert für die Nutzung hinsichtlich Lehre und Verwaltung. Die horizontale Aussteifung des Gebäudes besteht aus Decken, deren Trägerroste mit Beton ausgegossen sind. Fahrstühle, Wetterschacht und senkrechte Beton-Querscheiben dienen zur vertikalen Aussteifung. Die vorhandenen Mittelstützen benötigte man während der Montage des Stahlskeletts als Gitterstützen und wurden nachfolgend mit einer Stahlbetonummantelung versehen. Alle weiteren in der Fassadenebene befindlichen Stahlteile, wie Hauptträger, Decken- und Abschlussträger sowie Unterzüge und Binnenpfosten, waren des Feuerschutzes wegen mit einer etwa 2,5 cm starken Asbestummantelung versehen.

Bis auf den Erschließungskern am östlichen Ende ist das Hochhaus als eine Vorhangfassade vollständig verglast. Die in Erscheinung tretenden, schlanken Außenstützen sind mit einer Aluminiumblech-Verkleidung über die gesamte Gebäudehöhe von 40 m abgedeckt. Das Erdgeschoss liegt an zwei Straßenseiten zurückgesetzt, wobei die in der Fassadenebene liegenden und über die gesamte Höhe durchlaufenden Stützen dort frei stehen. Zwischen den Hauptstützen des Stahlskeletts und den Binnenstützen befanden sich geschosshohe, anthrazitfarbene Fassadenelemente, mit eingebauten Wendeflügeln inklusive zeittypischer Thermopane-Glasscheiben. Dabei wurden die Anschlüsse an die Binnenstützen und die Geschossdecken mit hellblau lackierten, gefalzten Stahlblechen versehen. Das Panel in Brüstungshöhe besteht aus dunkelblauem Durocolorglas. Rückseitig befindet sich auf dem Einscheibensicherheitsglas eine Emaillierung. Im Brüstungs-Detail ist hinter einem Luftraum die 20 cm starke, innenseitig verputzte Hintermauerung mit Gasbetonsteinen erkennbar. Diese weist für damalige DIN-Vorschriften einen ausreichenden Dämmwert auf. Eingebaute Fensterbänke bestanden aus Asbestfaserplatten.

Die fensterlosen Anteile des gesamten Fakultätsgebäudes zeigen weiß-blaues Glasmosaik, welches in einem Mörtelbett auf eine Stahlbetonwand oder Gasbetonsteine angebracht wurde. Typisch für die Nachkriegsmoderne sind die rückwärtigen zum TU-Campus zeigenden Fassadenabschnitte mit anthrazitfarbenem, mineralischem Spritzputz. Im Erdgeschoss verlegte man in Anlehnung an das Rot des benachbarten Sandsteingebäudes bruchraue Riemchen aus Verona-Rot-Kalkstein in ein Mörtelbett auf Gasbetonstein.

Rein äußerlich waren nur wenige Bauschäden an der Fassade des Fakultätsgebäudes feststellbar. Erst bei genauerer Untersuchung im Zuge der Sanierungsplanung traten gravierende Mängel zu Tage. Infolge schlechter Bauunterhaltung und mangelnder Pflege wiesen die Metallteile der Fassade deutliche Korrosionsschäden auf. Besonders betroffen waren die thermisch ungetrennten Stahlprofile der Fenster. Durch die Wärmebrückenwirkung bildeten sich in diesen Bereichen erhebliche Mengen Kondensat. Als Folge waren die Rahmen und Beschläge so weit korrodiert, dass die Fenster teilweise nicht mehr dicht schlossen. Dies beeinträchtigte sowohl den Wärme- als auch den Schallschutz. Des Weiteren waren die tragenden Stahlprofile der Fassade mit einer gesundheitsschädlichen Brandschutzbeschichtung versehen. Im Rahmen einer Aufarbeitung der Fassade hätte diese Beschichtung in aufwendiger Kleinarbeit sowie unter erhöhten Arbeitsschutzmaßnahmen entfernt werden müssen. Die Summe der Problempunkte führte im Gegensatz zum Haus Hardenberg zu der Entscheidung, eine komplette Fassadenrekonstruktion nach dem heutigen Stand der Technik mit Beibehaltung des ursprünglichen Erscheinungsbilds durchzuführen.

Bild 6-45 Vergleich zwischen ursprünglicher und sanierter Fassade

Vorbildlich an der Sanierung, die 2008 durch den Radeburger Fensterbau ausgeführt wurde, ist die Nachempfindung der äußeren Proportionen. Die sanierte Fassade weist gleich dimensionierte Pfosten auf. Notwendige Stoßfugen sind in den Bereich der hellblauen Stahlbleche gelegt. Indem die Fassade vollständig ersetzt wurde konnten sämtliche bauphysikalischen Anforderungen problemlos erfüllt werden. Von außen betrachtet wurde der Abstand zwischen den vertikalen Stützen und der dahinter liegenden Fassadenebene lediglich um wenige Zentimeter verringert, um dahinter eine Wärmedämmschicht einfügen zu können. Die stranggepressten Aluminium-Fassadenprofile stammen von einem Systemhersteller und sind thermisch getrennt.

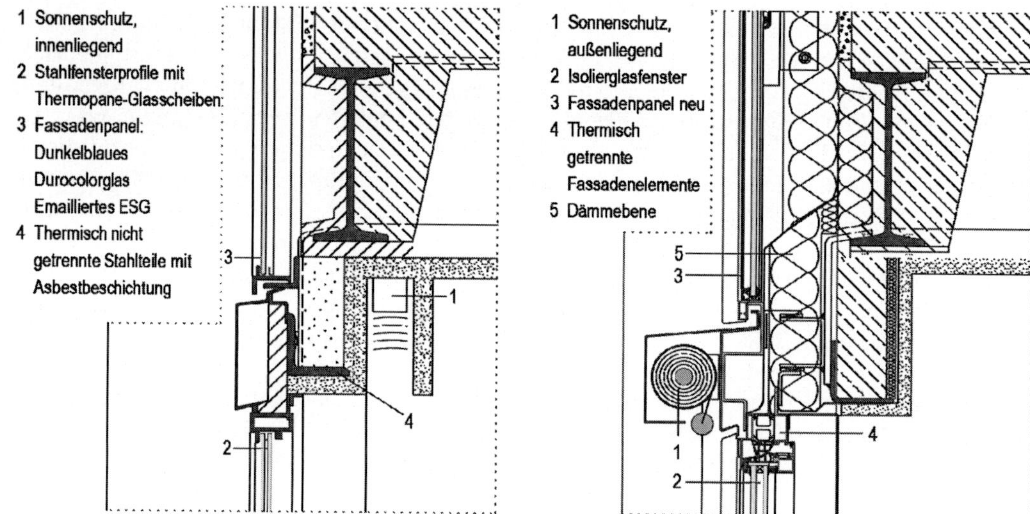

Bild 6-46 Vergleich zwischen ursprünglicher und sanierter Fassade

Die neuen Isolierglaseinheiten erbringen verbesserte Schall- und Wärmeschutzwerte. Da die ursprünglichen Fenster nur mit einem Anschlag konstruiert waren und keine Dichtung besaßen, konnte durch den Fassadenaustausch auch die Dichtheit verbessert werden. Im Hinblick auf den sommerlichen Wärmeschutz erweist sich der außenliegende Sonnenschutz als vorteilhaft. Den bauphysikalischen Vorteilen steht allerdings der Totalverlust der historischen Fassadensubstanz gegenüber. Dies ist aus denkmalpflegerischer Sicht äußerst bedauerlich.

6.4 Weiterführende Literatur

Arendt, Claus: *Modernisierung alter Häuser: Planung, Bautechnik, Haustechnik.* München: Deutsche Verlagsanstalt, 2003.

Böhning, Jörg: *Altbaumodernisierung im Detail: Konstruktionsempfehlungen.* 5.Aufl. Köln: Rudolf Müller, 2005.

Bruckner, Heinrich; Schneider, Ulrich: *Naturbaustoffe.* Düsseldorf: Werner, 1998.

Bundesarbeitskreis Altbauerneuerung e.V. (Hrsg.): *Bauen im Bestand: Schäden, Maßnahmen und Bauteile – Katalog für die Altbauerneuerung.* 2. Aufl. Köln: Rudolf Müller, 2008.

Eßmann, Frank; Gänßmantel, Jürgen; Geburtig, Gerd: *Energetische Sanierung von Fachwerkhäusern: Die richtige Anwendung der EnEV.* Stuttgart: Fraunhofer IRB, 2005.

Eßmann, Frank: Balkenköpfe in Außenwänden: Bauschaden durch Innendämmung? In: Mankel, Werner (Hrsg.): *Tagungsband der EIPOS-Sachverständigentage Bauschadensbewertung und Immobilienbewertung 2011.* Dresden: Eigenverlag des Europäischen Instituts für postgraduale Bildung an der Technischen Universität Dresden, 2011.

Fischer, Heinz-Martin; Freymuth, Hanns; Häupl, Peter; Homann, Martin; Jenisch, Richard; Richter, Ekkehard; Stohrer, Martin: *Lehrbuch der Bauphysik: Schall – Wärme – Feuchte – Licht – Brand – Klima.* 6. Aufl. Wiesbaden: Vieweg + Teubner, 2008.

Gnoth, Steffen; Jurk, Karsten; Strangfeld, Peter: Hygrothermisches Verhalten eingebetteter Holzbalkenköpfe im innengedämmten Außenmauerwerk: Heizungstechnisch gestützte Innendämmung bei Holzbalkendecken. In: *Bauphysik* 27 (2005), Nr. 2, S. 117–128.

Geburtig, Gerd (Hrsg.): *Innendämmung im Bestand.* Stuttgart: Fraunhofer IRB, 2010.

Haas-Arndt, Doris; Ranft, Fred: *Altbauten sanieren: Energie sparen.* 2. Aufl. Berlin: Solarpraxis, 2008.

Hähnel, Ekkehart: Holzbalkenauflager in Außenwänden. In: Venzmer, Helmuth (Hrsg.): *Feuchte und Altbausanierung: 20. Hanseatische Sanierungstage vom 5. bis 7. November 2009 im Ostseebad Heringsdorf/Usedom.* Berlin: Beuth, 2009.

Hestermann, Ulf; Rongen, Ludwig: *Frick/Knöll Baukonstruktionslehre 1.* 35. Aufl. Wiesbaden: Vieweg + Teubner, 2010.

Huckfeldt, Tobias: *Ökologie und Cytologie des Echten Hausschwammes (Serpula lacrymans) und anderer Hausfäulepilze.* Hamburg, Universität, Fachbereich Biologie, Diss. 2003 und Mitteilung der Bundesforschungsanstalt für Forst- und Holzwirtschaft Nr. 213 (2003).

Huckfeldt, Tobias (Hrsg.); Wenk, Hans-Joachim (Hrsg.): *Holzfenster: Konstruktion, Schäden, Sanierung, Wartung.* Köln: Rudolf Müller, 2009.

Künzel, Helmut: *Der Feuchtehaushalt von Holz-Fachwerkwänden: Untersuchungen an Fachwerkelementen und Fachwerkhäusern und Folgerungen für die Praxis.* Bauforschung für die Praxis Bd. 23. Stuttgart: Fraunhofer IRB, 1996.

Lenze, Wolfgang: *Fachwerkhäuser: Restaurieren – sanieren – modernisieren: Materialien und Verfahren für eine dauerhafte Instandsetzung.* Stuttgart: Fraunhofer IRB, 2009.

Maier, Josef: *Energetische Sanierung von Altbauten.* Stuttgart: Fraunhofer IRB, 2009.

Müller, Johann (Hrsg.): *Holzschutz im Hochbau: Grundlagen – Holzschädlinge – Vorbeugung – Bekämpfung.* Stuttgart: Fraunhofer IRB, 2005.

Neumann, Dietrich; Hestermann, Ulf; Rongen, Ludwig: *Frick/Knöll Baukonstruktionslehre 2*. 33. Aufl. Wiesbaden: Vieweg + Teubner, 2008.

Pfundstein, Margit; Gellert, Roland; Spitzner, Martin H.; Rudolphi, Alexander: *Dämmstoffe: Grundlagen, Materialien, Anwendungen*. München: Institut für internationale Architektur-Dokumentation, 2007.

Schild, Kai; Weyers, Michael: *Handbuch Fassadendämmsysteme: Grundlagen – Produkte – Details*. Stuttgart: Fraunhofer IRB, 2003.

Sedlbauer, Klaus: *Vorhersage von Schimmelpilzbildung auf und in Bauteilen*. Stuttgart, Universität, Fakultät Bauingenieur- und Vermessungswesen, Diss., 2001.

Stöckicht, Bettina; Eckermann, Wulf: Abschlussbericht Ökologisches Pilotprojekt unter wissenschaftlicher Begleitung: Lange Gasse 7 in Quedlinburg / Deutsches Fachwerkzentrum Quedlinburg, 2006. – Forschungsbericht. Forschungsprojekt Az: 21529 gefördert durch die Deutsche Bundesstiftung Umwelt.

Stopp, Horst; Strangfeld, Peter; Toepel, Torsten; Anlauft, Eva: Messergebnisse und bauphysikalische Lösungsansätze zur Problematik der Holzbalkenköpfe in Außenwänden mit Innendämmung. In: *Bauphysik* 32 (2010), Nr. 2, S. 61–72.

Weller, Bernhard; Jakubetz, Sven: Denkmal und Energie: Energetische Sanierung von Baudenkmalen. In: *Wissenschaftliche Zeitschrift der Technischen Universität Dresden*, Bd. 56 (2007), Nr.3–4, S. 146–150.

Weller, Bernhard; Jakubetz, Sven; May, Friedrich; Meier, Anja: Sanierung von Vorhangfassaden der 1950er- bis 1970er-Jahre. In: *Stahlbau-Kalender 2010*: Verbundbau, S. 701–764.

Weller, Bernhard; Rexroth, Susanne; Jakubetz, Sven: *Denkmal und Energie: Technologien und Systeminnovationen zur Energieversorgung und -einsparung bei Baudenkmalen* / Institut für Baukonstruktion der Technischen Universität Dresden, 2008. – Forschungsbericht. Forschungsprojekt Az: 22814-25 gefördert durch die Deutsche Bundesstiftung Umwelt.

7 Gebäudetechnik

Wie im vorhergehenden Kapitel ausführlich erläutert, ist es bei Baudenkmalen nicht immer vertretbar, die Gebäudehülle energetisch entscheidend zu verbessern, da es gilt, den Charakter und das Erscheinungsbild des Gebäudes weitestgehend zu erhalten. Dies befreit den Planer selbstverständlich nicht davon, das Mögliche umzusetzen und weitere, innovative Lösungen zur Energieeinsparung zu finden. Die energetischen Bilanzierungsverfahren, auf die die EnEV verweist und die in Kapitel 4 eingehend behandelt werden, beurteilen die Energieeffizienz eines Gebäudes anhand des Jahres-Primärenergiebedarfs. Die energetische Bewertung eines Gebäudes wird nicht ausschließlich durch den Heizwärmebedarf und damit im Wesentlichen durch die Gebäudehülle bestimmt, sondern auch darüber, auf welche Weise der Energiebedarf gedeckt wird. Einen entscheidenden Einfluss hat dabei der Primärenergiefaktor f_p. Er ist ein Indikator für die Umweltrelevanz der eingesetzten Energie. Wird der gesamte Energiebedarf eines Gebäudes über Umweltenergie gedeckt ($f_p = 0{,}0$), so wird der Jahres-Primärenergiebedarf des entsprechenden Gebäudes zu null. Konsequenterweise müsste man bei der Beurteilung von Gebäuden nicht von Energieeffizienz, sondern von energetischer Umweltrelevanz sprechen. Hierin besteht eine große Chance für die energetische Sanierung von Baudenkmalen. So sollte bei der energetischen Sanierung von denkmalgeschützten Gebäuden ein Hauptaugenmerk auf einer innovativen Gebäudetechnik liegen, um damit energetische Defizite der Gebäudehülle zu kompensieren. Werden nicht erneuerbare Energiequellen eingesetzt, so ist die Erzeuger-Aufwandszahl e_g ein wesentlicher Einflussfaktor. Sie beschreibt das Verhältnis zwischen eingesetzter Endenergie zu abgegebener Nutzwärme eines Wärmeerzeugers. Sie ist somit ein Kennwert dafür, wie effizient der Wärmeerzeuger die im Energieträger gespeicherte Energie ausnutzt. Damit die erzeugte Nutzwärme möglichst verlustfrei den Verbraucher erreicht, müssen die Verluste bei der Wärmespeicherung, -verteilung und −übergabe auf ein Minimum reduziert werden. Schon durch diese kurze Einführung wird deutlich, welche Bedeutung die Anlagentechnik auf die energetische Bewertung eines Gebäudes hat. Sie ist ein wesentlicher Einflussfaktor, der bei jeglichen Sanierungsüberlegungen mit einbezogen werden muss.

7.1 Wärmeerzeugung

Aus thermodynamischer Sicht kann Wärme nicht erzeugt werden, sondern es wird in anderer Form vorliegende Energie in Wärme umgewandelt. Trotzdem hat sich der Begriff Wärmeerzeugung im Fachgebiet der Gebäudetechnik durchgesetzt. Die Wärmeerzeugung ist bei der energetischen Beurteilung der Anlagentechnik von besonderer Bedeutung, da sie gleich zwei Bewertungsgrößen beeinflusst. Über den zur Wärmeerzeugung eingesetzten Energieträger beziehungsweise Brennstoff wird der Primärenergiefaktor f_p, über die Effizienz des Wärmeerzeugers selbst die Erzeuger-Aufwandszahl e_g beeinflusst.

7.1.1 Kesselanlagen

Fossile Brennstoffe setzen sich im Wesentlichen aus den Elementen Kohlenstoff (C) und Wasserstoff (H) zusammen. In geringeren Anteilen sind auch Schwefel (S), Stickstoff (N) und andere Elemente enthalten. Bei der Verbrennung entstehen infolge von Oxidation mit dem Luftsauerstoff hauptsächlich Kohlendioxid und Wasserdampf. Der im Brennstoff und in der Luft enthaltene Stickstoff reagiert zu Stickoxiden (NO_x). Eventuell im Brennstoff vorliegender Schwefel reagiert zu Schwefeloxid (SO_2). Die prinzipielle Reaktionsgleichung für die vollkommene Verbrennung wird am Beispiel von Propan (C_3H_8) aufgezeigt:

$$C_3H_8 + 5O_2 \longrightarrow 3CO_2 + 4H_2O \tag{7.1}$$

Sauerstoffmangel oder zu geringe Verbrennungstemperaturen führen zu einer unvollkommenen Oxidation des Brennstoffes. Folglich wird nicht die gesamte im Brennstoff vorhandene Energie in Wärme umgewandelt. Als Reaktionsprodukte der unvollkommenen Verbrennung entstehen das giftige Kohlenmonoxid (CO) und elementarer Kohlenstoff in Form von Ruß. Ein Hinweis auf unvollkommene Verbrennung ist eine gelbe Färbung der Flamme. Die gelbe Färbung kommt durch glühende Kohlenstoffteilchen zustande. Um in der Praxis eine vollkommene Verbrennung zu erreichen, muss an der Flamme ein Luftüberschuss von circa 10 % vorliegen. Bei höherem Luftüberschuss sinkt die Verbrennungstemperatur zu stark, so dass ebenfalls keine vollständige Verbrennung stattfindet. Durch den erhöhten Luftvolumenstrom geht mehr Wärme durch die Abgase verloren.

Der Heizwert H_i (i: inferior) eines Brennstoffes ist definiert als die bei der vollkommenen Verbrennung des Brennstoffes freiwerdende fühlbare, das heißt sensible Wärme. Das im Brennstoff vorhandene Wasser oder das bei der Verbrennungsreaktion entstehende Wasser liegt in Form von Wasserdampf vor. Die im Wasserdampf enthaltene latente Wärme, das heißt die Verdampfungswärme, bleibt beim Heizwert unberücksichtigt. Der Heizwert H_i wurde früher als unterer Heizwert H_u bezeichnet.

Tabelle 7.1 Heizwert und Brennwert unterschiedlicher Brennstoffe

Brennstoff	Einheit	Heizwert H_i [kWh/Einheit]	Brennwert H_s
Heizöl EL	l	circa 10,0	$1,06 \cdot H_i$
Stadtgas	m³	4,1 bis 5,2	$1,13 \cdot H_i$
Erdgas E	m³	9,4 bis 11,8	$1,11 \cdot H_i$
Erdgas LL	m³	7,6 bis 10,1	$1,11 \cdot H_i$
Propan (C_3H_8)	kg	12,9	$1,09 \cdot H_i$
Butan (C_4H_{10})	kg	12,7	$1,08 \cdot H_i$
Holzhackschnitzel	kg	3,5 bis 4,0	$1,08 \cdot H_i$
Holzpellets	kg	4,9 bis 5,1	$1,08 \cdot H_i$

Der Brennwert H_s (s: superior) eines Brennstoffes ist die bei vollständiger Verbrennung insgesamt freiwerdende sensible und latente Wärme. Der Brennwert berücksichtigt also auch die Wärmemenge, die latent im Wasserdampf gespeichert ist. Die Bezeichnung Brennwert H_s entspricht dem früher gebräuchlichen oberen Heizwert H_o. Die Menge des bei der Verbrennung anfallenden Wassers ist abhängig von dem verwendeten Brennstoff. Der Brennwert eines Brennstoffes liegt zwischen 6 und 13 % über dessen Heizwert (Tabelle 7.1). Die exakte Bestimmung von Heizwert und Brennwert eines festen oder flüssigen Brennstoffes wird in der Normenreihe DIN 51 900 erläutert. Die entsprechenden Vorgaben für gasförmige Brennstoffe sind in DIN 51 857 definiert.

Bei der Verbrennung von Brennstoffen in einem Heizkessel wird niemals die gesamte im Brennstoff enthaltene Energie verlustfrei an das Heizmedium (in der Regel Wasser) übertragen. Bei jedem Heizkessel ergeben sich drei verschiedene Verlustquellen:

- Abgasverluste
- Strahlungsverluste
- Bereitschaftsverluste

Die Abgase, die aus dem Kessel austreten, sind wärmer als die in den Kessel eintretende Verbrennungsluft und der Brennstoff. Somit entstehen Wärmeverluste, die als sensible Abgasverluste bezeichnet werden. Zudem enthalten die Abgase Wasserdampf und die darin gespeicherte latente Wärme. Das Wasser, das den Kessel in Form von Wasserdampf verlässt, verursacht die sogenannten latenten Abgasverluste. Die Summe der Abgasverluste erfasst folglich die sensible und die latente Wärmemenge, die ungenutzt aus dem Kessel entweicht. Abgasverluste treten nur auf, wenn der Brenner in Betrieb ist. Die sogenannten Strahlungsverluste resultieren aus der Temperaturdifferenz zwischen dem Kesselinnenraum und der Umgebung. Auf Grund des Temperaturgefälles ergibt sich ein Wärmestrom über die Kesselwandung. Die Wärmeübertragung an die Umgebung erfolgt nicht ausschließlich infolge von Strahlung, sondern auch durch die Wärmeübertragungsmechanismen Leitung und Konvektion. Trotzdem spricht man von Strahlungsverlusten. Die Strahlungsverluste sind abhängig von der Kesselgröße, der Dämmung des Kessels und der Kesselwassertemperatur. Bereitschaftsverluste ergeben sich, wenn der Kessel zwar in Betrieb ist, aber kein Wärmebedarf vorhanden ist und somit keine Wärmeübertragung an das Heizmedium stattfindet. Wenn der Kessel in Bereitschaft ist, muss gewährleistet sein, dass bei Anforderung von Wärme diese schnell an das Heizmedium übertragen werden kann. Hierzu muss der Kessel auf Temperatur gehalten werden. Bereitschaftsverluste resultieren aus den Strahlungsverlusten, dem Kaminzug und den Brennerundichtheiten, die zu einer Luftdurchströmung und damit zu einem Auskühlen des Kessels führen.

Unabhängig vom Kessel ergeben sich Wärmeverluste durch die Verteilung des warmen Wassers innerhalb des Gebäudes. Je höher die Temperatur des warmen Wassers ist, umso größer ist die Temperaturdifferenz zur Umgebung und umso größer sind folglich die Verluste bei der Verteilung.

Die Feuerungsleistung ist die je Zeiteinheit freiwerdende sensible, das heißt fühlbare Wärme, wenn der Brenner mit einer zeitlich konstanten Brennstoffmenge beschickt wird. Sie berechnet sich aus dem Heizwert H_i des Brennstoffes und der Brennstoffmenge.

$$Q_F = \dot{m} \cdot H_i \quad \text{bzw.} \quad \dot{V} \cdot H_i \ [\text{kW}] \tag{7.2}$$

$\dot{m}$ = Massenstrom bei Dauerbetrieb [kg/h]

$\dot{V}$ = Volumenstrom bei Dauerbetrieb [m³/h]

H_i = Heizwert des Brennstoffes

Die Nennwärmeleistung des Heizkessels Q_N entspricht der höchsten Wärmemenge, die bei konstantem Brennerbetrieb an den Wärmeträger Wasser übertragbar ist. Sie ermittelt sich ausgehend vom Brennwert H_s des Brennstoffes und der im Dauerbetrieb erforderlichen Menge Brennstoff.

$$Q_N = \dot{m} \cdot H_s - Q_A - Q_S \quad \text{bzw.} \quad \dot{V} \cdot H_s - Q_A - Q_S \quad [\text{kW}] \tag{7.3}$$

$\dot{m}$ = Massenstrom bei Dauerbetrieb [kg/h]

$\dot{V}$ = Volumenstrom bei Dauerbetrieb [m³/h]

H_s = Brennwert des Brennstoffes

Q_A = Abgasverluste (sensible und latente Abgasverluste) [kW]

Q_S = Strahlungsverluste [kW]

Der Kesselwirkungsgrad η_K berechnet sich als Quotient aus Nennwärmeleistung und Feuerungswärmeleistung. Es wird eine brennwertbezogene Größe zu einer heizwertbezogenen Größe ins Verhältnis gesetzt.

$$\eta_K = \frac{Q_N}{Q_F} \cdot 100 \quad [\%] \tag{7.4}$$

Der Wirkungsgrad ist das Nutzen/Aufwand-Verhältnis eines Heizkessels, wenn der Brenner unter konstanter Wärmeleistung in Betrieb ist. Im Gegensatz dazu wird bei der Bestimmung des Nutzungsgrades das Nutzen/Aufwand-Verhältnis über einen Zeitraum gebildet, währenddessen unterschiedliche Betriebszustände auftreten. In DIN 4702-8 wird die Vorgehensweise zur Ermittlung des Norm-Nutzungsgrades η_N definiert. Dabei wird das Betriebsverhalten eines Heizkessels unter einem genormten Lastverlauf festgestellt. Die während des Lastverlaufes an das Wasser abgegebene Wärmeleistung wird ins Verhältnis zu der entsprechenden Feuerungsleistung gesetzt:

$$\eta_N = \frac{Q_H}{Q_F} \cdot 100 \quad [\%] \tag{7.5}$$

Q_H = Wärmeleistung

Q_F = Feuerungsleistung

Der Jahresnutzungsgrad η_a gibt Auskunft über die Effizienz des Kessels unter den tatsächlichen Betriebsbedingungen in einem Gebäude. Er ermittelt sich, indem die innerhalb eines Jahres genutzte Wärmeleistung der Feuerungsleistung gegenübergestellt wird. In die Berechnung gehen auch die Bereitschaftsverluste und die Stillstandzeiten des Brenners ein. Ist ein Wärmemengenzähler installiert und ist der Brennstoffverbrauch eines Jahres bekannt, so lässt sich der Jahresnutzungsgrad sehr einfach ermitteln. Der Jahresnutzungsgrad liefert eine Aussage darüber, wie gut der Kessel für das tatsächliche Wärmeverbrauchsverhalten geeignet ist.

Für den Einsatz in Gebäuden existieren drei Kesselarten, die sich in ihrer Energieeffizienz unterscheiden:

- Standardkessel

- Niedertemperaturkessel

- Brennwertkessel

Standardkessel arbeiten unabhängig von der angeforderten Wärmeleistung mit konstanter Kesselwassertemperatur von mindestens 60 °C. Dementsprechend werden sie auch als Konstanttemperaturkessel bezeichnet. Sie wurden bis ungefähr 1978 eingebaut. Die hohe Kesseltemperatur ist aus konstruktiven Gründen erforderlich. Sie verhindert, dass der Wasserdampf im Kessel kondensiert und der Kessel rostet. Die Abgastemperatur liegt bei Standardkesseln über 160 °C. Bestehende, gemauerte Schornsteine erfordern eine hohe Abgastemperatur, um eine Kondensation im Schornstein zu verhindern. Andernfalls bildet sich infolge der schwefelhaltigen Abgase Schwefelsäure (H_2SO_4). Bestehen die Mörtelfugen aus Kalk- oder Kalkzementmörtel, reagiert die Schwefelsäure mit dem Kalk ($CaCO_3$) der Mörtelfugen zu Gips ($CaSO_4 \cdot 2H_2O$), was zu einer Volumenvergrößerung und damit zur Zerstörung des Schornsteins führt. Dieser Prozess wird als Versottung bezeichnet.

$$H_2SO_4 + CaCO_3 \longrightarrow CaSO_4 + H_2O + CO_2 \tag{7.6}$$

Infolge der konstant hohen Kessel- und Abgastemperaturen ergeben sich ganzjährig hohe Strahlungs- und Abgasverluste. Die Brennerleistung ist in der Regel nicht variabel. Es wird eine Zweipunktregelung (An/Aus) verwendet. Das bedeutet, der Brenner läuft entweder mit voller Leistung oder gar nicht. Vor jedem Brennerstart muss der Brennerraum mit Luft gespült werden, was zu zusätzlichen Wärmeverlusten führt.

Bei Niedertemperaturkesseln wird die Vorlauftemperatur des Heizkreises in Abhängigkeit einer geeigneten Führungsgröße, zum Beispiel der Außentemperatur, zwischen 75 °C und 30 °C gleitend variiert. Die Temperatur der Abgase liegt beim Verlassen des Kessels in der Regel oberhalb der Taupunkttemperatur. Allerdings kann es innerhalb des Schornsteins zu Kondensation kommen, weshalb dieser entsprechend feuchte- und säureresistent ausgebildet sein muss. Durch die geringeren Vorlauftemperaturen sinken die Bereitschaftsverluste und die Verluste bei der Verteilung des warmen Wassers innerhalb des Gebäudes. Niedertemperaturkessel werden seit 1975 in Gebäuden eingesetzt.

Häufig werden modulierende Brenner verwendet, bei denen die Brennerleistung in Abhängigkeit des Wärmebedarfs variiert. Die variierende Brennerleistung macht sich durch unterschiedliche Größen der Flamme bemerkbar. Sinkt der Wärmebedarf unter die Minimalleistung des modulierenden Brenners, dann verhält er sich wie bei einer Zweipunktregelung (An/Aus). Durch die modulierende Brennerleistung wird das häufige An- und Ausschalten konventioneller Brenner vermieden. Dadurch muss die Brennkammer seltener mit Luft gespült werden und die Wärmeverluste können weiter reduziert werden. Bei geringer Brennerleistung strömen die Abgase langsamer durch den Kessel und können dementsprechend mehr Wärme an den Wärmetauschern abgeben. Die Abgasverluste sinken. Wird vor einer energetischen Sanierung der Gebäudehülle der Wärmeerzeuger ausgetauscht, so sollte ein Kessel mit modulierendem Brenner eingebaut werden. Die Minimalleistung des modulierenden Brenners muss ausreichend niedrig gewählt werden, so dass dieser auch nach der Sanierung der Gebäudehülle und dem damit einhergehenden geringeren Heizwärmebedarf oberhalb der Minimalleistung arbeitet. Nur dann sind auch nach der energetischen Sanierung der Gebäudehülle die Vorteile eines modulierenden Brenners nutzbar.

Brennwertkessel sind Niedertemperaturkessel, die einen höheren Wirkungsgrad erzielen, indem sie neben der fühlbaren, sensiblen Wärme zusätzlich die im Abgas enthaltene latente Wärme nutzen. Dazu muss der in den Abgasen enthaltene Wasserdampf kondensieren. Es wird erreicht, dass nicht nur der Heizwert, sondern auch der Brennwert eines Brennstoffes ausgenutzt wird. Da sich der Kesselwirkungsgrad auf den Heizwert bezieht, können Brennwertgeräte Wirkungsgrade über 100 % erreichen (siehe Gleichung 7.4). Die latente Wärme kann direkt auf das Heizmedium übertragen werden. Hierzu muss die Rücklauftemperatur des Heizkreises unterhalb der Taupunkttemperatur des im Abgas enthaltenen Wasserdampfes liegen, so dass dieser am Wärmetauscher kondensiert. Die dabei freiwerdende Wärme geht an das Heizmedium über (Bild 7-1). Die Menge des bei der Verbrennung entstehenden Wasserdampfes ist abhängig vom Brennstoff. Je mehr Wasserdampf entsteht, desto höher liegt die Taupunkttemperatur der Abgase. Wird Heizöl EL (extra leicht) als Brennstoff verwendet, liegt die Taupunkttemperatur der Abgase bei circa 47 °C, bei Erdgas bei circa 57 °C. Das bedeutet, dass die Rücklauftemperatur bei einem Öl-Brennwertkessel niedriger sein muss als bei einem Gas-Brennwertgerät und deutlich niedriger ist als bei einem Standardkessel. Andererseits besteht die Möglichkeit, die latente Wärme für die Vorwärmung der Verbrennungsluft zu nutzen. Die Temperatur der zugeführten Verbrennungsluft liegt ganzjährig unterhalb des Taupunktes der Verbrennungsgase. Der Vorteil dieser Variante liegt darin, dass die Brennwertnutzung unabhängig von der Rücklauftemperatur des Heizkreises ist.

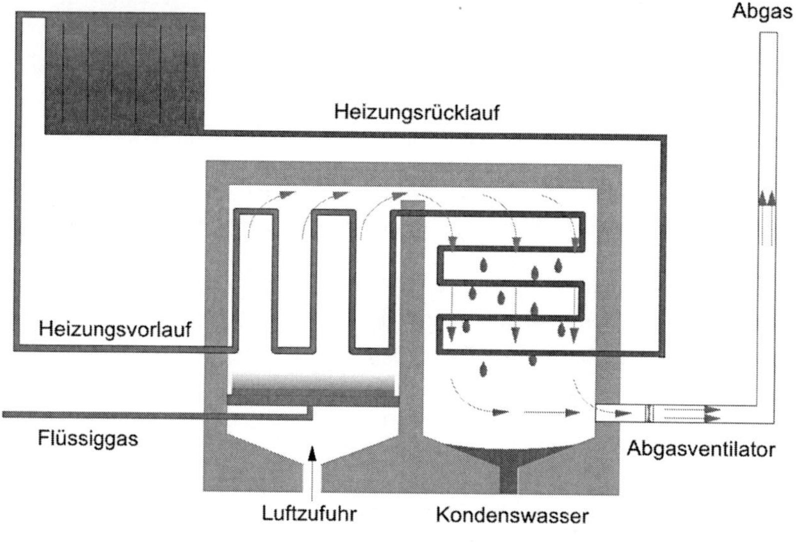

Bild 7-1 Funktionsschema eines Brennwertkessels

Das Kondensat, das in Brennwertgeräten anfällt, ist sauer und weist einen pH-Wert zwischen 2 und 5,5 auf. Besonders bei Heizöl-Brennwertgeräten entsteht sehr saures Kondensat, da sich infolge des im Heizöl befindlichen Schwefels bei der Kondensation Schwefelsäure bildet. Bei der Verbrennung von Gas bildet sich hingegen nur Kohlensäure. Überschreitet der Heizkessel bestimmte Feuerungsleistungen, muss das Kondensat neutralisiert werden. Ansonsten werden die Abwasserrohre und die biologischen Stufen von Kläranlagen beschädigt. Bis zu einer Feuerungsleistung von 200 kW muss das Kondensat von Gas-Brennwertgeräten nicht neutralisiert werden. Bei Heizöl-Brennwertgeräten gilt dieselbe Grenze, wenn diese mit Heizöl EL schwefelarm (maximal 50 mg/kg Schwefelgehalt) beschickt werden. Wird anderes Heizöl verwendet, muss das Kondensat unabhängig von der Feuerungsleistung der Anlage neutralisiert werden. Allerdings ist nicht jeder Brenner für schwefelarmes Heizöl geeignet. Um Korrosion zu vermeiden, werden die Wärmetauscher aus hochwertigem Edelstahl gefertigt. Die Abgastemperatur liegt bei Brennwertkesseln unter 80 °C. Dadurch ist der thermische Auftrieb so gering, dass ein Gebläse für den Abtransport der Abgase erforderlich ist. Brennwertgeräte sind seit 1985 auf dem Markt und werden in Deutschland seit 1995 verstärkt eingebaut. Wird ein Standardkessel gegen einen Niedertemperatur- oder Brennwertkessel ausgetauscht, sinken die Temperaturen im Heizkreis deutlich. Die niedrigeren Vorlauftemperaturen machen größere Heizflächen erforderlich, da sich die Temperaturdifferenz zwischen Heizfläche und Innenraum verringert. Es existieren spezielle Niedertemperaturheizkörper. Sehr gut geeignet sind auch Flächenheizungen, die sowieso nur für relativ geringe Oberflächentemperaturen geeignet sind. Wird gleichzeitig zum Kesseltausch die Gebäudehülle energetisch saniert, so reichen die bestehenden Heizkörper mit den relativ kleinen Heizflächen häufig aus, um eine ausreichende Heizleistung zu erbringen.

Biomassewärmeerzeuger

Prinzipiell können Biomasseheizkessel als Standard-, Niedertemperatur- oder Brennwertkessel ausgeführt werden. Unter den Begriff der Biomasse fallen alle organischen Substanzen, die durch Pflanzen oder Tiere entstehen. Teil der Biomasse sind somit alle lebenden Pflanzen, Tiere und Mikroorganismen, aber auch abgestorbene organische Substanzen wie Totholz, Laub oder Stroh. Die aus Biomasse entstandenen fossilen Energieträger Kohle, Erdöl und Erdgas zählen nicht zur Biomasse. Als Brennstoff für Biomassewärmeerzeuger kommt hauptsächlich Holz zum Einsatz. Ein entscheidender Vorteil des Brennstoffes Holz gegenüber den fossilen Energieträgern ist seine Klimaneutralität.

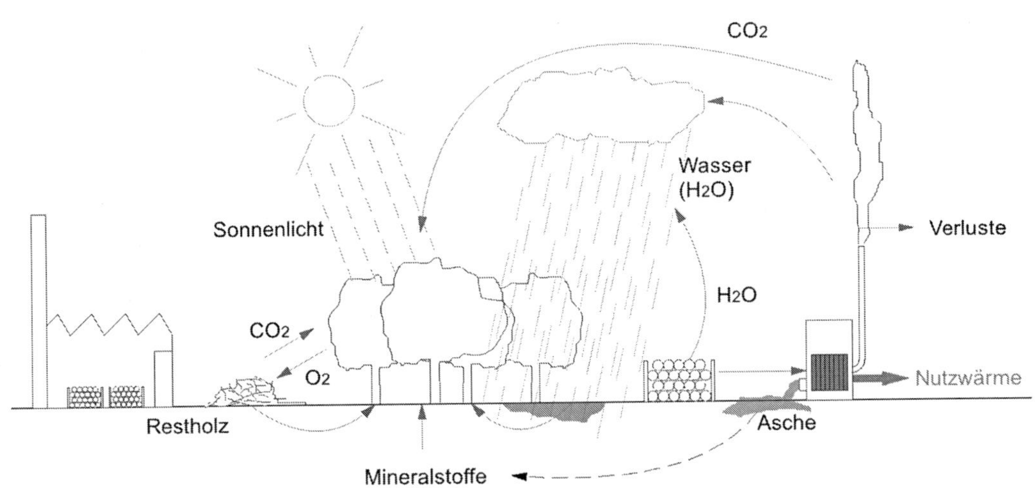

Bild 7-2 CO_2-Kreislauf bei der Verbrennung von Restholz

Das bei Verbrennungsprozessen freiwerdende CO_2 führt in der Atmosphäre zu einer Verstärkung des Treibhauseffekts. Der Anstieg des CO_2-Gehalts in der Atmosphäre ist eine der treibenden Einflussgrößen für den vom Menschen verursachten Klimawandel. Werden zwei Bedingungen erfüllt, dann kann die Verbrennung von Holz als CO_2-neutral beurteilt werden. Zum einen muss als Brennstoff Restholz verwendet werden, das beispielsweise in der holzverarbeitenden Industrie sowieso als Abfallprodukt anfällt. Bei der Verbrennung der Holzreste wird genauso viel CO_2 freigesetzt wie auch bei der Verrottung anfallen würde. Zum anderen muss das Restholz im räumlichen Zusammenhang zum Verbraucher anfallen. Ansonsten führen die langen Transportwege zu zusätzlichen CO_2-Emissionen. Werden aufbereitete Brennstoffe aus Holz verwendet, wie zum Beispiel Pellets, so ist zusätzlich die bei der Weiterverarbeitung benötigte Energie in die Umweltbilanz einzubeziehen. Nicht zu vernachlässigen ist die Emission von Feinstaub bei der Verbrennung von Holz.

Die Verbrennung von Holz erfolgt in drei Stufen. Bei Temperaturen bis 150 °C verdampft zunächst das im Holz enthaltene Wasser. Anschließend findet im Temperaturbereich zwischen 150 und 600 °C die Pyrolyse statt. Dabei treten aus dem Holz die flüchtigen Bestandteile, die sogenannten Schwelgase, aus. Diese enthalten 85 % der im Holz gebundenen Energie. Als Rückstand der Entgasung verbleibt Holzkohle, die die restlichen 15 % der Energie in Form von Kohlenstoff enthält. Bei Temperaturen zwischen 400 und 1000 °C reagieren die Schwelgase und der Kohlenstoff der Holzkohle mit dem Sauerstoff der Verbrennungsluft. Bei diesem Oxidationsprozess handelt es sich um die eigentliche Verbrennung, bei der Wärme frei wird.

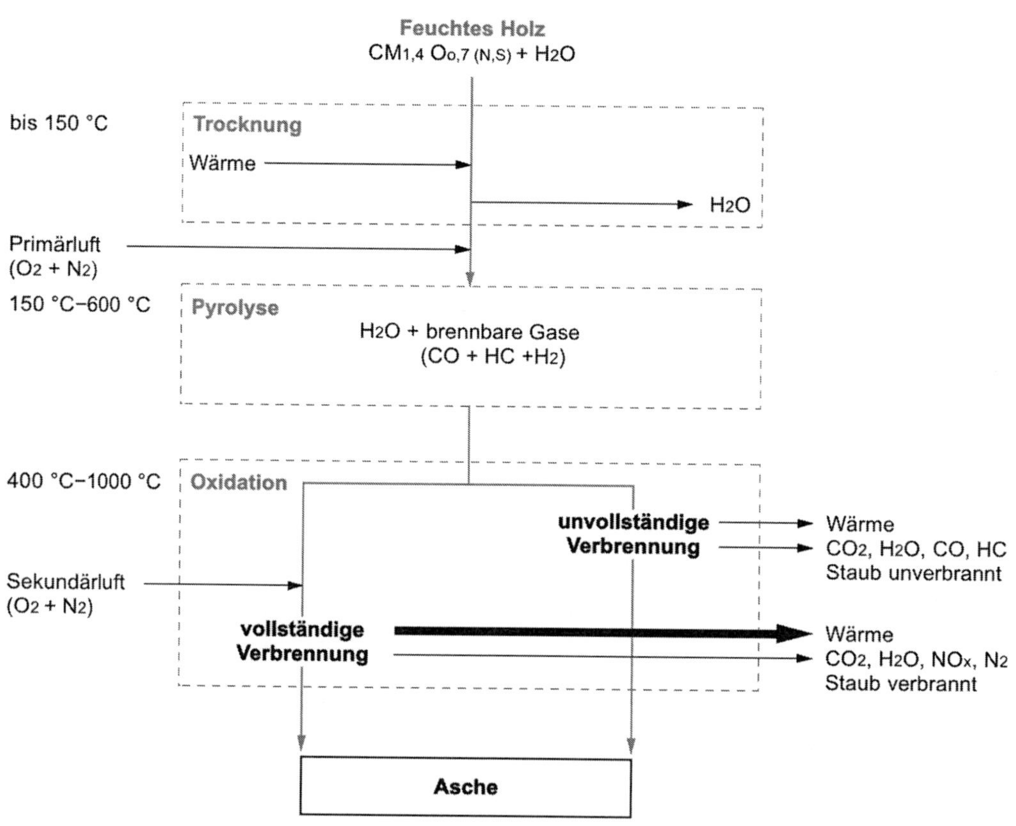

Bild 7-3 Chemische Prozesse bei der Holzverbrennung

Eine vollständige und damit schadstoffarme Verbrennung von Holz ist deutlich schwieriger zu erreichen als bei fossilen Brennstoffen. Die Ursache hierfür liegt in der schwankenden Holzqualität. Unterschiede treten insbesondere hinsichtlich der Holzfeuchte, der Stückgröße (Stückholz, Späne etc.) und der Dichte (Laubholz, Nadelholz, Äste etc.) auf. Um die Schadstoffemissionen zu reduzieren und eine möglichst vollständige Verbrennung zu erreichen, muss eine gleichbleibende Holzqualität gewährleistet sein. Hierfür eignen sich insbesondere Holzpellets. Sie werden aus Hobelspänen oder Waldrestholz hergestellt. Das Holz wird getrocknet und ohne Zugabe von Bindemitteln unter hohem Druck zu kleinen Zylindern verpresst. Der Durchmesser der Presslinge liegt zwischen 4 und 10 mm, bei einer Länge von 10 bis 30 mm. Durch die Pelletierung entsteht ein sehr homogener Brennstoff mit einem geringen Feuchtegehalt und hoher Energiedichte. Dadurch wird die benötigte Lagerfläche reduziert. Um dieselbe Energiemenge zu erzeugen, benötigen Pellets circa die Hälfte des Lagerraumes wie Stückholz. Im Vergleich zu Heizöl ergeben sich nur geringfügig größere Lagerräume. Die Holzpellets können in Silowagen transportiert und in das Brennstofflager eingeblasen werden.

Holzhackschnitzel werden ebenfalls häufig eingesetzt. Hierbei handelt es sich um mechanisch zerkleinertes Restholz mit einer Länge von 3,15 bis 100 mm. Es wird nicht weiter bearbeitet. Im Vergleich zu Holzpellets sind Hackschnitzel qualitativ minderwertig. Auf Grund der geringeren Energiedichte benötigen sie größere Lagerräume. Allerdings sind die Herstellungskosten geringer als bei Pellets. Die Energiekosten pro kWh liegen momentan sowohl bei Hackschnitzeln als auch bei Pellets unter denen für Heizöl oder Gas. Ein Vorteil von Holzhackschnitzeln, aber auch Pellets, ist die Rieselfähigkeit. Diese Eigenschaft ermöglicht eine vollautomatische Beschickung des Heizkessels, während bei Stückholz eine manuelle Bedienung erforderlich ist. Dadurch sind heutige Holzheizkessel genauso bedienerfreundlich wie Öl- oder Gasheizkessel.

Bei der Verbrennung fester Brennstoffe lassen sich drei Feuerungsprinzipien unterscheiden:

- Durchbrand

- Oberer Abbrand

- Unterer Abbrand

Die Feuerungsprinzipien Durchbrand und oberer Abbrand können nicht immer klar voneinander abgegrenzt werden. Deshalb werden sie in der Literatur teilweise auch gemeinsam behandelt. Die Unterschiede und Gemeinsamkeiten werden im Folgenden kurz herausgearbeitet.

Bei der Durchbrandfeuerung wird der Brennstoff auf einem Rost aufgehäuft und von unten gezündet. Die Verbrennungsluft strömt von unten in den Brennraum ein und durchströmt den Rost und die gesamte Brennstoffauflage. Zunächst bildet sich in der Brennstoffschicht über dem Rost eine Glutschicht aus. Durch die aufströmende Verbrennungsluft werden sämtliche darüberliegenden Brennstoffschichten erhitzt und entzündet. Die Durchströmung mit Verbrennungsluft führt zu einem Anfachen der gesamten Brennstoffauflage und somit zu einem Schub in der Feuerungsleistung. In relativ kurzen Intervallen muss Brennstoff nachgelegt werden. Andernfalls erlischt das Feuer. Bei der Durchbrandfeuerung kann kein gleichmäßiger Verbrennungsablauf erzielt werden, weshalb zur vollständigen Oxidation ständig wechselnde Verbrennungsluftmengen erforderlich sind. Die Anpassung der Verbrennungsluftmenge ist nur schwer möglich, weshalb meistens keine vollständige Verbrennung erreicht wird. Dementsprechend ergeben sich erhöhte Schadstoffemissionen und es wird ein niedriger Wirkungsgrad erreicht.

Beim oberen Abbrand durchströmt die Verbrennungsluft nicht einen Rost und damit die gesamte Brennstoffauflage, sondern wird seitlich eingeleitet. Beim Anheizen des Kessels wird die oberste Brennstoffschicht gezündet. Der Brennstoffvorrat wird langsam von oben nach unten erhitzt und schrittweise verbrannt. Es brennen immer annähernd gleiche Schichtdicken. Dadurch wird eine gleichmäßigere Verbrennung als bei der Durchbrandfeuerung erreicht. Neuer Brennstoff wird auf das verbliebene Glutbett nachgelegt. Ab der zweiten Brennstoffcharge erfolgt die Zündung demnach von unten und das Abbrandverhalten ähnelt dem bei der Durchbrandfeuerung.

Das Prinzip der unteren Abbrandfeuerung ist in Bild 7-4 verdeutlicht. Durch ein Gebläse werden die Brenngase durch die Brennkammer hindurch nach unten abgeführt. Folglich findet der eigentliche Verbrennungsvorgang nur in der untersten Brennstoffschicht statt. Durch die Strömungsrichtung des Brenngas-Luftgemisches breitet sich auch die Flamme nach unten aus. Beim Prinzip der unteren Abbrandfeuerung finden die einzelnen Verbrennungsvorgänge Trocknung, Pyrolyse, Verbrennung und Nachverbrennung in unterschiedlichen Bereichen des Heizkessels statt. Der Brennstoff wird von oben der Primärbrennkammer zugeführt. Durch den Verbrennungsvorgang im unteren Teil der Brennkammer herrschen auch im Einfüllbereich erhöhte Temperaturen. Das im Holz enthaltene Wasser verdampft bei Temperaturen bis 150 °C. Durch den Abbrand im unteren Bereich der Brennkammer rutscht der Brennstoff nach und gelangt in immer heißere Bereiche. Bei Temperaturen zwischen 150 bis 600 °C findet eine thermische Zersetzung des Holzes in gasförmige Verbindungen statt (Pyrolyse). Die bei der Pyrolyse entstandenen brennbaren Gase werden durch das Gebläse mit Luft vermischt und in den untersten Bereich des Brennraumes geführt, wo die Oxidation und somit die eigentliche Verbrennung stattfindet. Da bei der Verbrennung nicht sämtliche brennbaren Bestandteile oxidieren, werden die entstehenden Abgase zur Seite in die Sekundärbrennkammer geführt. Sie werden abermals mit Luft vermischt (Sekundärluftzufuhr), um eine möglichst vollständige Oxidation zu erreichen (Nachverbrennung).

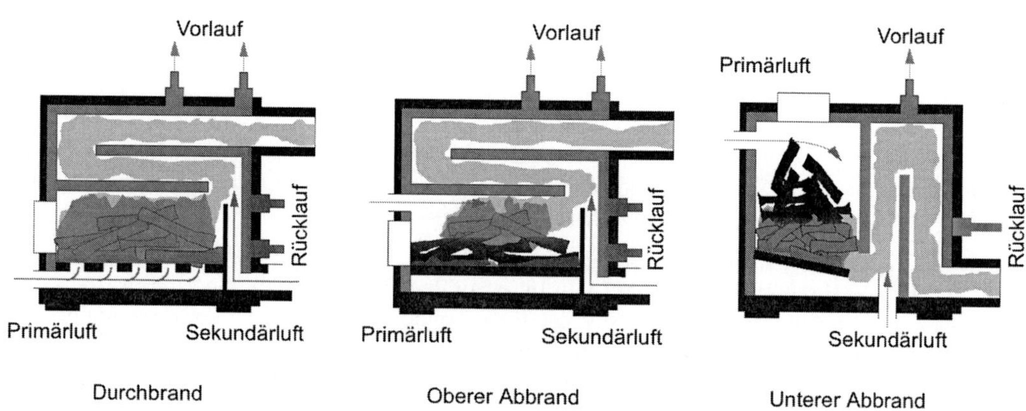

Bild 7-4 Feuerungsprinzipien

7.1.2 Wärmepumpen

Die Wärmepumpe ermöglicht es, der Umgebung technisch nicht nutzbare Wärme (Anergie) zu entziehen und diese durch Einsatz von Arbeit beziehungsweise Antriebsenergie auf ein höheres und damit für Heizzwecke nutzbares Temperaturniveau anzuheben (Exergie). Die Antriebsenergie, die der Wärmepumpe zugeführt werden muss, beträgt nur einen Bruchteil der erzeugten Heizwärmeenergie. Eine elektrisch betriebene Wärmepumpe erzeugt aus 1 kW Antriebsenergie zwischen 3 und 5 kW Heizwärme. Die Wärmepumpe arbeitet nach dem thermodynamischen Grundprinzip eines linksläufigen Kreisprozesses. In einem geschlossenen Kreislauf wird ein Kältemittel geführt, welches durch Änderung der Temperatur, des Aggregatzustandes und des Druckes Wärmeenergie aufnehmen und wieder abgeben kann. Der Siedepunkt des Kältemittels muss unterhalb der Temperatur der Umweltwärme liegen, die als Wärmequelle genutzt werden soll. Als Wärmequellen kommen in Frage:

- Erdreich
- Grundwasser
- Außenluft
- Abwärme

Es lassen sich zwei Arten von Wärmepumpen unterscheiden:

- Kompressionswärmepumpe
- Absorptionswärmepumpe

Kompressionswärmepumpe

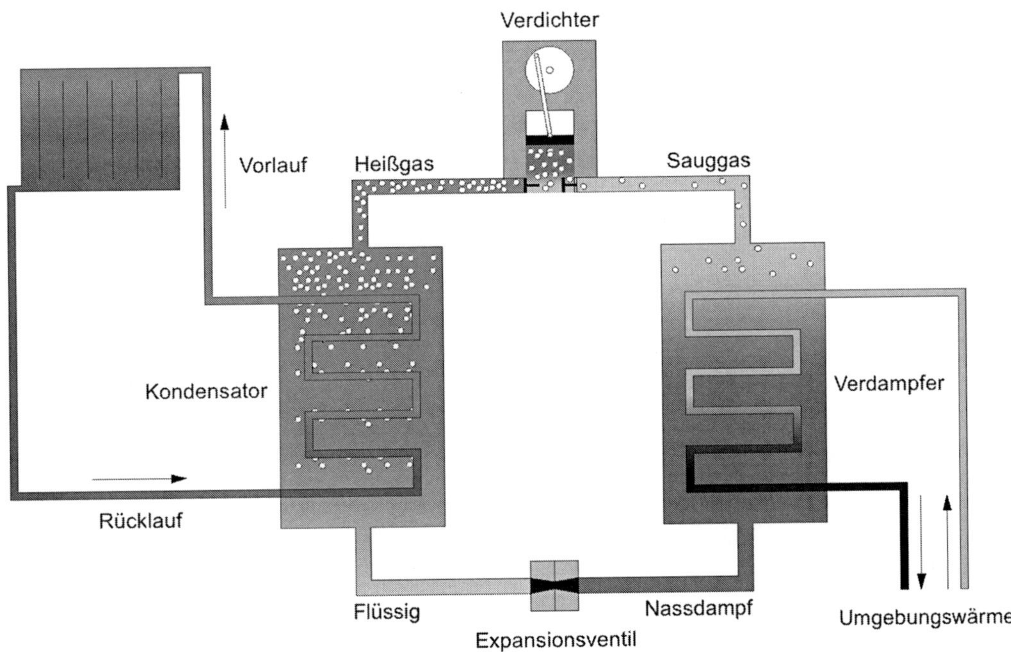

Bild 7-5 Funktionsschema Kompressionswärmepumpe

Das Kältemittel entzieht der Umgebung in einem Wärmetauscher Umweltwärme und ändert dabei seinen Aggregatzustand von flüssig zu gasförmig. Anschließend wird das gasförmige

Kältemittel in einem Kompressor mechanisch verdichtet. Das ist der einzige Prozessschritt, bei dem Antriebsenergie von außen zugeführt werden muss. Bei Gasen steigt im Gegensatz zu Flüssigkeiten mit zunehmendem Druck die Temperatur. Das gasförmige Kältemittel wird verdichtet, bis ein ausreichendes Temperaturniveau für Heizzwecke erreicht wird. In einem zweiten Wärmetauscher kondensiert das Kältemittel und gibt die aufgenommene Wärmeenergie an das Heizungswasser ab. Durch ein Expansionsventil wird das Kältemittel entspannt und der ursprüngliche thermodynamische Zustand wieder hergestellt. Das Kältemittel fließt bei niedrigem Druck und geringer Temperatur zurück in den Verdampfer, wo der Kreislauf von vorne beginnt. Kompressionswärmepumpen erreichen infolge der verwendeten Kältemittel Heizwassertemperaturen von maximal 60 °C. Dadurch ist der Einsatzbereich auf Niedertemperaturheizsysteme beschränkt.

Absorptionswärmepumpe

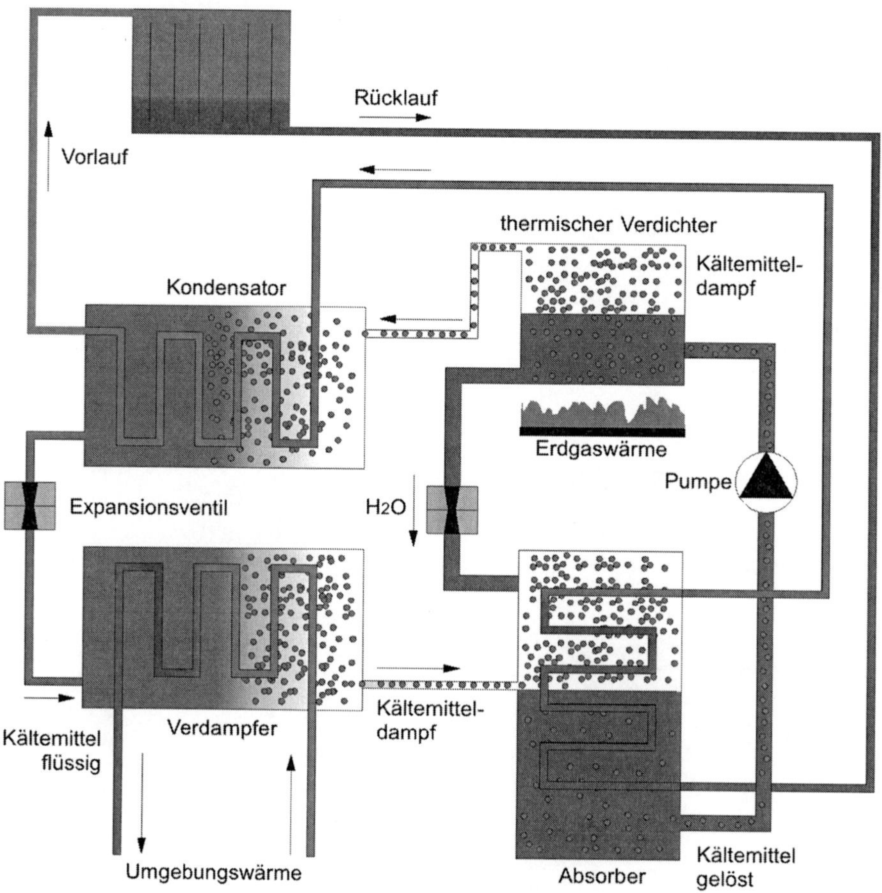

Bild 7-6 Funktionsschema Absorptionswärmepumpe

Bei Absorptionswärmepumpen wird anstatt eines mechanischen Verdichters ein thermischer Verdichter eingesetzt. Es handelt sich um einen physikalisch-chemischen Prozess, bei dem ein Zweistoffgemisch aus Komponenten mit sehr unterschiedlichen Siedepunkten verwendet wird. Beispielsweise kann ein Ammoniak/Wassergemisch verwendet werden. Der Siedepunkt von Ammoniak (NH_3) liegt bei $-33\ °C$, der von Wasser bei $+100\ °C$. Eine 25prozentige wässrige Lösung aus Ammoniak besitzt einen Siedepunkt von $37{,}7\ °C$. Die Ammoniak-Wasser-Lösung wird unter Zufuhr von Exergie erhitzt. Dabei verdampft das leichter siedende Kältemittel Ammoniak und der Druck des Ammoniak/Wassergemisches erhöht sich. Das gasförmige Ammoniak wird in einen Wärmetauscher geführt, in dem es kondensiert und die aufgenommene Wärme an das Heizwasser abgibt. Das Kondensat wird in einem Expansionsventil entspannt und strömt in einen zweiten Wärmetauscher. Hier wird das Kältemittel durch Umweltwärme verdampft und gelangt anschließend in den Absorber. Darin befindet sich die arme Lösung des Ammoniak/Wassergemisches, die bestrebt ist, ein Lösungsgleichgewicht zu erreichen und deshalb Ammoniak absorbiert. Hierbei werden Lösungswärme und Kondensationswärme frei, die wiederum über einen Wärmetauscher an das Heizungswasser abgeführt werden. Absorptionswärmepumpen haben im Vergleich zu Kompressionswärmepumpen eine höhere Lebensdauer, da sie nur wenige bewegte Verschleißteile besitzen.

Um Wärmepumpen effizient einsetzen zu können, muss der Heizkreis mit möglichst niedriger Vorlauftemperatur betrieben werden. Sie sollte $55\ °C$ nicht übersteigen. Voraussetzung hierfür ist ein guter Wärmeschutz der Gebäudehülle, um den Heizwärmebedarf möglichst gering zu halten, sowie ausreichend große Heizflächen. Die bestehenden Heizkörper sind nach einer wärmetechnischen Verbesserung der Außenbauteile in der Regel überdimensioniert, so dass sie auch bei niedrigen Vorlauftemperaturen ausreichend sind. Werden neue Wärmeübergabesysteme eingebaut, sollten flächige Systeme wie Fußboden- oder Wandheizungen verwendet werden.

Kennzahlen von Wärmepumpen

Die Güte von Wärmepumpen beziehungsweise deren energetische Effizienz kann über folgende Kennzahlen festgestellt werden:

- Leistungszahl im Heizbetrieb COP

- Jahresarbeitszahl JAZ

Die Leistungszahl im Heizbetrieb COP (coefficient of performance) ist das Verhältnis von Heizleistung zu effektiver Leistungsaufnahme. Die Heizleistung ist die von der Wärmepumpe je Zeiteinheit an das Heizungswasser abgegebene Wärmemenge. Die effektive Leistungsaufnahme berücksichtigt die Energie für den mechanischen oder thermischen Verdichter und zusätzlich sämtliche Hilfsenergie, die zur Aufrechterhaltung des Heizkreislaufes erforderlich ist. Teil der effektiven Leistungsaufnahme sind die Leistungsaufnahmen zum Abtauen, die Heizungs-Umwälzpumpen, Solepumpen und Grundwasser-Förderpumpen sowie die Steuer-, Regel- und Sicherheitseinrichtungen.

$$COP = \frac{P_H}{P_E}\ \text{[Watt/Watt]} \qquad\qquad (7.7)$$

P_H =   Heizleistung [W]

P_E =   Effektive Leistungsaufnahme [W]

Je höher die Temperatur der Wärmequelle und je niedriger die erforderliche Vorlauftemperatur, umso besser wird die Leistungszahl COP. Um verschiedene Wärmepumpen miteinander vergleichen zu können, wird der COP-Wert unter genormten Laborbedingungen ermittelt.

Die Jahresarbeitszahl JAZ gibt das Verhältnis zwischen abgegebener Heizwärme und effektiver Leistungsaufnahme für ein ganzes Jahr an. Die Jahresarbeitszahl gibt darüber Auskunft, wie effizient die Wärmepumpe unter den tatsächlichen Betriebsbedingungen arbeitet.

Wärmequelle

In den obersten Bodenschichten bis in eine Tiefe von 10 bis 20 m schwanken die Temperaturen des Erdreiches über das Jahr (Bild 7-7). Sie werden durch die jahreszeitlichen Schwankungen der Außenlufttemperatur und der Sonneneinstrahlung beeinflusst. Der Einfluss der Wärmeströme aus dem Erdinneren (0,05 W/m² bis 0,12 W/m²) ist an der Geländeoberfläche im Vergleich zu den Energieeinträgen aus Sonnenstrahlung (bis 1000 W/m²) vernachlässigbar. Die Wärmeeinträge in das Erdreich ergeben sich hauptsächlich durch Wärmeleitung und durch Einsickern von Niederschlagswasser. In Folge der großen Speichermasse des Erdreiches macht sich schon in geringen Tiefen eine Phasenverschiebung bemerkbar. Die höchsten Temperaturen im Erdreich treten zeitlich verzögert zu den höchsten Temperaturen an der Erdoberfläche auf. Des Weiteren nimmt die Amplitude der Temperaturschwankungen mit zunehmender Tiefe ab. In Abhängigkeit der Eigenschaften des Erdreiches werden ab einer Tiefe von 10 bis 20 m konstante Bodentemperaturen erreicht, die in Deutschland im Schnitt circa 10 °C betragen. Ab dieser Tiefe nimmt die Temperatur des Erdreiches um circa 3 K pro 100 m Tiefe zu. Die Ursache hierfür ist der aufwärtsgerichtete Wärmestrom aus dem Erdinneren.

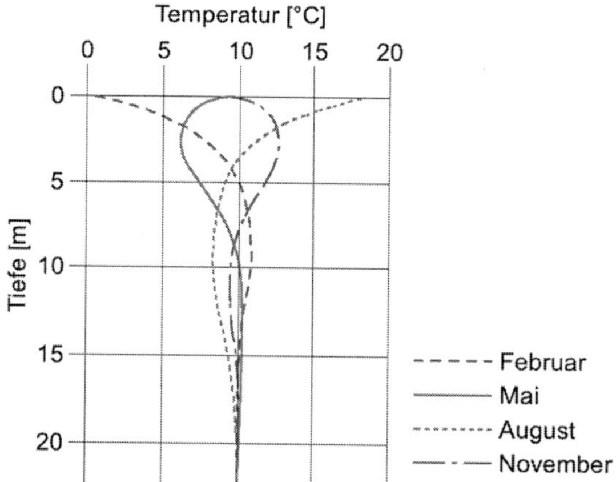

Bild 7-7 Jahreszeitabhängiger Temperaturverlauf in den obersten Schichten des Erdreichs

Wärmepumpen im Gebäudebereich nutzen in der Regel die Wärme, die im Erdreich bis zu einer Tiefe von 99 m gespeichert ist. Bis zu dieser Tiefe muss die Maßnahme in aller Regel nur bei der unteren Wasserbehörde angezeigt werden. Es gilt das Wasserhaushaltsgesetz (WHG) in Verbindung mit den Wassergesetzen der Länder. Ab einer Tiefe von 100 m ist zusätzlich eine Genehmigung des zuständigen Oberbergamtes gemäß Bundesberggesetz (BBergG) erforderlich. Wird die Erdwärme in Tiefen bis zu 200 m genutzt, spricht man von oberflächennaher Geothermie. Die Wärmetauscher, die bis zu einer Tiefe von 20 m eingesetzt werden, bezeichnet man als Erdreichkollektoren. Bei größeren Tiefen ist die Bezeichnung Erdsonden gebräuchlich.

Erdreich-Flächenkollektoren werden in einer Tiefe von 1,5 m horizontal mit einem Schleifenabstand von 0,5 bis 1,0 m verlegt. In dieser Tiefe beträgt die Erdreichtemperatur im Winter circa +5 °C. Die Wärmeentzugsleistung liegt bei trockenen, sandigen Böden bei 15 W/m² und kann bei feuchten Lehmböden bis auf einen Wert von 50 W/m² ansteigen. Erdreich-Flächenkollektoren haben folglich einen relativ großen Flächenbedarf. Je Kilowatt Heizlast sind zwischen 20 und 70 m² Fläche erforderlich. Auf Grund der umfangreichen Erdarbeiten wird dieses Prinzip hauptsächlich bei Neubauten eingesetzt. Als Alternative werden häufig Graben-Erdkollektoren verwendet. Hierbei werden die Rohre in einem geböschten Graben parallel übereinander verlegt. Der Graben ist etwa 3,0 m tief und weist an der Oberfläche eine Breite von circa 2,5 m auf. Je Kilowatt Heizlast sind 2,0 bis 3,0 laufende Meter Graben erforderlich, was einer Fläche von 5,0 bis 7,5 m² entspricht. Dieser gegenüber dem Flächenkollektor deutlich geringere Platzbedarf macht einen nachträglichen Einbau möglich. In den Rohren der Kollektoren wird ein Gemisch aus Wasser und einem biologisch abbaubaren Frostschutzmittel verwendet, das allgemein als Sole bezeichnet wird. Die Oberflächen unter denen Erdreichkollektoren installiert sind, dürfen nicht überbaut oder versiegelt werden, da sonst die thermische Regeneration des Erdreiches durch Sonneneinstrahlung und Sickerwasser behindert wird. Zudem dürfen keine tiefwurzelnden Pflanzen gesetzt werden, die die Rohre beschädigen könnten.

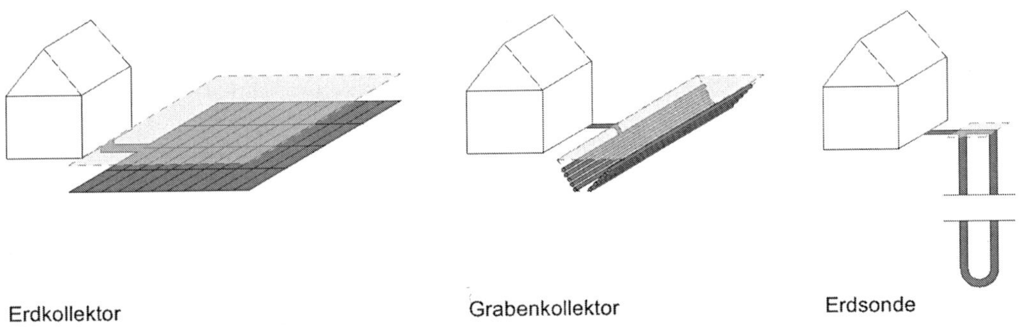

Bild 7-8 Erdreichkollektoren und Erdsonden

Erdsonden sind vertikal oder schräg ins Erdreich eingebrachte längliche Wärmetauscher, die dem Erdreich in Tiefen über 20 m Wärme entziehen. Eine einzelne Erdsonde mit einer Länge von 95 m kann eine Heizlast von 3 bis 10 kW abdecken. Der Durchmesser des benötigten Bohrloches beträgt 150 mm. Erdsonden haben einen minimalen Flächenbedarf an der Erdoberfläche und eignen sich deshalb besonders für eine nachträgliche Installation. Die VDI-Richtlinie 4640 Blatt 1 bis 4 befasst sich ausführlich mit der thermischen Nutzung des Untergrunds.

Als weitere Wärmequelle kann unter Umständen das Grundwasser verwendet werden. Es hat ganzjährig eine Temperatur zwischen 8 und 12 °C, was einen gleichmäßigen Betrieb der Wärmepumpe ermöglicht. Das Grundwasser wird über einen Förderbrunnen entnommen, an den Verdampfer der Wärmepumpe geleitet, dadurch abgekühlt und über einen Schluckbrunnen wieder in die grundwasserführende Schicht eingeleitet. Der Abstand zwischen Förderbrunnen und Schluckbrunnen muss mindestens 10 bis 15 m betragen. Dabei muss der Förderbrunnen in Fließrichtung des Grundwassers vor dem Schluckbrunnen angeordnet werden, um einen thermischen Kurzschluss zu verhindern. Eine Entnahme von Grundwasser ist grundsätzlich genehmigungspflichtig. Zuständig sind die unteren Wasserbehörden, das heißt die Gemeinden oder Landratsämter. Die Wärmeentzugsleistung ist abhängig von der förderbaren Grundwassermenge. Sie kann beim Wasserwirtschaftsamt erfragt oder durch Pumpversuche festgestellt werden. Die Inhaltsstoffe des Grundwassers sind ebenfalls von Bedeutung, da sie die verbauten Materialien nicht schädigen dürfen. Im Grundwasser mitgeführter Schlamm oder Sand kann insbesondere den Verdampfer der Wärmepumpe verstopfen.

Die Wärmequelle Außenluft steht überall in unbegrenzter Menge zur Verfügung. Im Gegensatz zu der Nutzung von Erdwärme oder Grundwasser sind keine Erdarbeiten und keine Genehmigungen erforderlich. Deshalb werden Außenluft-Wärmepumpen bei der nachträglichen Installation in bestehenden Gebäuden bevorzugt eingesetzt. Ein entscheidender Nachteil der Wärmequelle Luft ist, dass sich der Heizwärmebedarf eines Gebäudes umgekehrt proportional zur Temperatur der Außenluft verhält. Der Heizwärmebedarf eines Gebäudes ist im Winter am höchsten, wenn die Wärmequelle die geringste Temperatur aufweist und die Wärmepumpe somit die geringste Heizleistung liefert. Darum werden Außenluft-Wärmepumpen fast ausschließlich als bivalente Anlagen ausgeführt. Das bedeutet, dass bei zu niedrigen Außentemperaturen die Wärmepumpe durch einen zweiten Wärmeerzeuger unterstützt wird (bivalent-paralleler Betrieb) oder der zweite Wärmeerzeuger den Heizbetrieb vollständig übernimmt (bivalent-alternativer Betrieb). Der Bivalenzpunkt gibt die Grenze an, ab der der zweite Wärmeerzeuger alleine arbeitet. Bei einer Außenluft-Wärmepumpe mit bivalent-alternativem Betrieb liegt der Bivalenzpunkt zwischen 3 und 0 °C, bei bivalent-parallelem Betrieb zwischen −10 und −15 °C. Um das Problem zu niedriger Außenlufttemperaturen zu vermeiden, existieren Anlagen mit Luftvorwärmung. Dabei wird im Winter die Außenluft durch ein im Erdreich verlegtes Rohrnetz angesaugt und nimmt Wärme und Feuchtigkeit auf. Es handelt sich um eine kombinierte Nutzung von Luft- und Erdwärme. In der Übergangszeit und im Sommer wird die Außenluft direkt angesaugt, da sich in diesen Fällen die Außenluft bei der Durchströmung des Erdreiches abkühlen würde. Die Außenluft wird durch einen Ventilator angesaugt und zum Verdampfer der Wärmepumpe geführt. Dort wird die Luft abgekühlt und der enthaltene Wasserdampf kann am Wärmetauscher kondensieren. Neben der sensiblen Wärme wird zusätzlich die Kondensationswärme genutzt. Ab Außenlufttemperaturen von circa 4 °C beginnt das Kondensat am Verdampfer zu gefrieren. Das muss durch zusätzlichen Energieaufwand verhindert werden. Die Zuluft- und die Abluftöffnungen müssen so angeordnet werden, dass ein thermischer Kurzschluss vermieden wird. Die erforderlichen Ventilatoren sind Schallquellen, die zu einer Lärmbelästigung im Gebäude oder in Nachbargebäuden führen können.

Der Einsatz von Abwärme aus gewerblichen oder industriellen Prozessen stellt im Denkmalbereich eine Ausnahme dar. Diese Möglichkeit ergibt sich meist nur dann, wenn denkmalgeschützte Industrie- oder Produktionshallen weiterhin gewerblich oder industriell genutzt werden. Aufgrund der hohen Temperaturen der Prozessabwärme weisen solche Wärmepumpen allerdings sehr hohe Wirkungsgrade auf. Ein sehr wirtschaftlicher Einsatz von Wärmepumpen ist möglich, wenn Gebäudeteile infolge hoher interner Wärmelasten gekühlt werden müssen und gleichzeitig in anderen Bereichen ein Heizwärmebedarf besteht. Dann kann die Abwärme der Kühlanlage zum Betrieb einer Wärmepumpe eingesetzt werden.

Wird in Gebäuden eine mechanische Lüftungsanlage eingesetzt, so kann die Abluft aus den Räumen dazu verwendet werden, eine Wärmepumpe zu betreiben. Die Abluft ist meistens warm und feucht, wodurch ein großes Potenzial an sensibler und latenter Wärme vorhanden ist. Wird eine reine Abluftanlage eingesetzt, so kann die Wärmepumpe zur Beheizung des Gebäudes oder zur Trinkwassererwärmung verwendet werden. Aufgrund der relativ geringen Luftwechselzahlen können solche Wärmepumpen nur einen kleinen Anteil des Heizwärmebedarfs decken. Bei Zu- und Abluftanlage wird die Zuluft durch die Abluft über einen Wärmetauscher vorgewärmt. Wird stattdessen mit der Abluft eine Wärmepumpe betrieben, lassen sich deutlich höhere Zulufttemperaturen erzielen. Um eine Vereisung des Verdampfers zu vermeiden, sollte die Abluft nicht auf Temperaturen unter +5 °C abgekühlt werden.

Antriebsenergie

Der Verdichter einer Kompressionswärmepumpe kann entweder über elektrischen Strom oder über einen Verbrennungsmotor angetrieben werden. Im Durchschnitt erreichen deutsche Kraftwerke bei der Stromerzeugung einen Wirkungsgrad von 33 %. Wird der Verdichter mit Strom angetrieben, muss die Wärmepumpe folglich eine Jahresarbeitszahl von mindestens 3,0 erreichen, damit ein ökologisch sinnvoller Betrieb gesichert ist. Andernfalls wäre es besser, die Energieträger direkt in einem Brennwertkessel zu verfeuern. Bei Wärmepumpen, die mit einem Verbrennungsmotor betrieben werden, kann die im Kühlwasser und in den Abgasen enthaltene Wärmeenergie zu Heizzwecken herangezogen werden. Im Prinzip handelt es sich um eine Kombination von Wärmepumpe und Kraft-Wärme-Kopplung. Es wird eine deutlich höhere Ausnutzung der Primärenergie erreicht. Die Abwärme des Verbrennungsmotors kann direkt über einen Wärmetauscher an das Heizungswasser übertragen werden beziehungsweise ganz oder teilweise zur Verdampfung des Kältemittels eingesetzt werden. Solche Anlagen erreichen Gesamtwirkungsgrade von über 140 %. Der Gesamtwirkungsgrad ergibt sich als Verhältnis von abgegebener Nutzwärme zu eingesetzter Exergie. Wird die Außenluft als Wärmequelle verwendet, dann ergeben sich bei Nutzung der Motorabwärme im Verdampfer auch bei niedrigen Außenlufttemperaturen hohe Heizleistungen. Es werden Diesel- und insbesondere Gasmotoren eingesetzt. Beim Betrieb einer Absorptionswärmepumpe ist anstatt eines mechanischen Verdichters eine Wärmequelle erforderlich. In der Regel wird ein Gasbrenner verwendet.

7.1.3 Kraft-Wärme-Kopplung

Unter Kraft-Wärme-Kopplung (KWK) wird die gleichzeitige Erzeugung von elektrischer beziehungsweise mechanischer und thermischer Nutzenergie verstanden. Die bei der Stromerzeugung sowieso anfallende Abwärme wird als Nutzwärme für Heizzwecke verwendet. Als Blockheizkraftwerk (BHKW) bezeichnet man kleine KWK-Anlagen, die in Wohngebäuden eingesetzt werden. Der Strom und die Wärme werden direkt beim Verbraucher erzeugt, wodurch Verteilungsverluste auf ein Minimum reduziert werden. BHKW erreichen infolge der Abwärmenutzung Gesamtwirkungsgrade von bis zu 95 %. Der Gesamtwirkungsgrad ist die Summe aus elektrischer und thermischer Nutzenergie, im Verhältnis zu der eingesetzten Brennstoffenergie. Im Vergleich dazu werden bei der konventionellen Stromerzeugung in zentralen Kraftwerken Gesamtwirkungsgrade im Bereich von 35 % erzielt. Wird der in einem BHKW erzeugte Strom dafür genutzt, eine Wärmepumpe zu betreiben, lassen sich in Bezug auf die eingesetzte Primärenergie Gesamtwirkungsgrade von über 140 % erzielen.

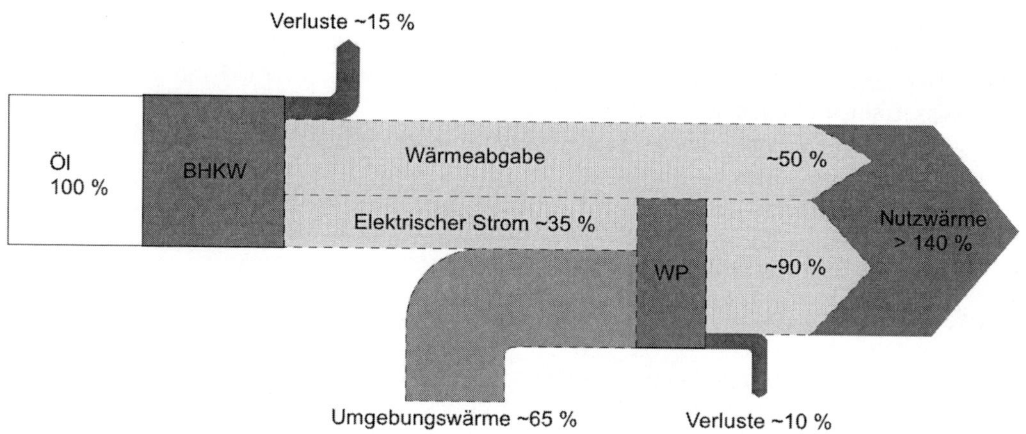

Bild 7-9 Energieflussdiagramm für ein BHKW mit Wärmepumpe

BHKWs werden meistens mit Verbrennungsmotoren betrieben, die mit Diesel, Gas oder Pflanzenöl beschickt werden. Mit Palmöl betriebene BHKWs sind durchaus kritisch zu betrachten, da für die Palmölgewinnung Tropenwälder abgeholzt werden. Zudem sind weite Transportwege erforderlich und bei den Produktionsprozessen können große Mengen Methan anfallen. Der Verbrennungsmotor treibt einen Generator an. Circa ein Drittel der eingesetzten Primärenergie wird dadurch in Strom umgewandelt. Über Kühlwasser- und Abgaswärmetauscher wird die beim Verbrennungsprozess entstehende Wärme auf das Heizmedium übertragen (Bild 7-10). Daneben kommen vereinzelt auch Stirlingmotoren oder Brennstoffzellen in BHKWs zum Einsatz. Der Primärenergiefaktor für Nah- und Fernwärme aus KWK-Anlagen beträgt 0,7, wenn fossile Brennstoffe verwendet werden, und 0,0 bei erneuerbaren.

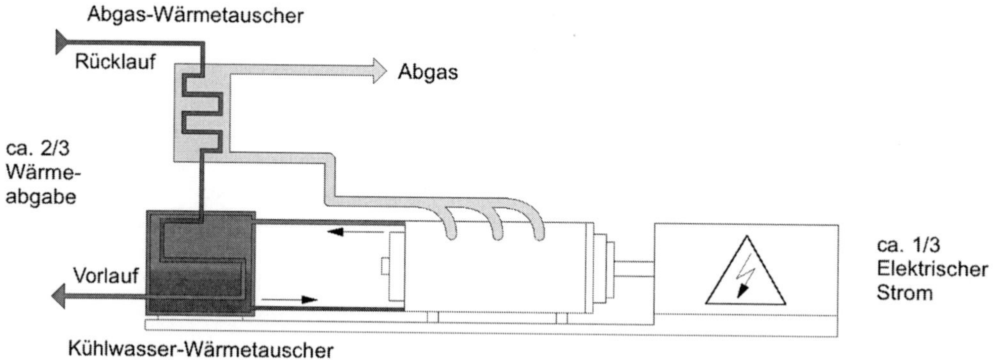

Bild 7-10 Funktionsschema Blockheizkraftwerk

BHKWs sind erst ab einer jährlichen Betriebsdauer von 4000 h wirtschaftlich einsetzbar. Da die Stromerzeugung bei BHKWs generell mit der Wärmeerzeugung gekoppelt ist, muss zum ökonomischen und ökologischen Betrieb ganzjährig ein Heizwärmebedarf vorhanden sein.

Aus diesem Grund wird die Leistung in der Regel auf die Wärmegrundlast ausgelegt. In Wohn- oder Verwaltungsgebäuden fällt gleichmäßig über das ganze Jahr ein Trinkwasser-Wärmebedarf an. Längere Betriebsdauern können mit leistungsmodulierenden BHKWs erreicht werden. Diese können einen über die Grundlast hinausgehenden Wärmebedarf decken. Die Spitzenlast muss aber grundsätzlich über einen separaten Spitzenlast-Wärmeerzeuger bereitgestellt werden. Die Zahl der Betriebsstunden lässt sich erhöhen, indem das BHKW in Zeiten geringer Heizlast einen Pufferspeicher erwärmt. Dadurch verbessert sich auch die Wirtschaftlichkeit der Anlage. Die Menge des erzeugten Stroms ist niemals der begrenzende Faktor beim Betrieb eines BHKWs. Der Strom, der den Eigenbedarf übersteigt, kann ins Stromnetz eingespeist werden.

7.1.4 Fernwärme

Die Nutzwärme wird zentral in einem Heizwerk oder Heizkraftwerk (Kraft-Wärme-Kopplung) erzeugt und über ein Rohrleitungsnetz zu mehreren Verbrauchern transportiert. In einem Heizwerk wird ausschließlich Wärme für das Fernwärmenetz erzeugt, während bei einem Heizkraftwerk Strom beziehungsweise mechanische Energie erzeugt und die dabei anfallende Abwärme in das Fernwärmenetz eingespeist wird. Ökologisch sinnvoll ist die Nutzung von Fernwärme, wenn sowieso anfallende Abwärme, zum Beispiel aus Industrieprozessen oder Kraftwerken, genutzt wird. Kritische Brennstoffe, wie beispielsweise Klärschlamm, Abfall oder Kohle, können auf Grund der notwendigen Anlagen- und Filtertechnik ausschließlich in Großkraftwerken wirtschaftlich eingesetzt werden. Ist die Erschließung von erneuerbaren Energiequellen technologisch und finanziell aufwendig, so dass sie nicht dezentral bei jedem Verbraucher durchgeführt werden kann, bietet sich ebenfalls das Prinzip der Fernwärme an. Das ist beispielsweise bei der Nutzung von tiefer Geothermie der Fall. Hierfür sind kostspielige Bohrungen notwendig, die in Deutschland in der Regel Tiefen zwischen 2500 und 5000 m erreichen müssen. Inzwischen existieren in Deutschland einige Geothermieheizwerke beziehungsweise -heizkraftwerke mit angeschlossenen Fernwärmenetzen (Landau, Neustadt-Glewe, Unterhaching).

Das Fernwärmenetz wird in der Regel mit unter Druck stehendem Heißwasser betrieben, das Vorlauftemperaturen bis zu 140 °C aufweist. Deutlich seltener wird als Wärmeträgermedium Dampf verwendet. Wegen des höheren spezifischen Volumens sind deutlich größere Leitungsquerschnitte erforderlich als bei Heißwassernetzen. Der Vorteil bei Dampfnetzen ist, dass keine Förderpumpen in der Dampfleitung erforderlich sind. Der Dampf wird ausschließlich infolge des entstehenden Druckgefälles zwischen Erzeuger und Verbraucher transportiert. Das Bindeglied zwischen dem Fernwärmenetz und der Heizungsanlage eines Gebäudes ist die Fernwärme-Hausstation. In dieser wird die vom Versorger gelieferte Wärme mittels eines Wärmetauschers an die Heizungs- beziehungsweise Warmwasseranlage des Verbrauchers übergeben.

Bei der Verteilung innerhalb des Fernwärmenetzes treten Verteilungsverluste auf und es wird eventuell Hilfsenergie für Förderpumpen benötigt. Um die Verteilungsverluste und die Hilfsenergie gering zu halten, sind Fernwärmenetze nur in dicht besiedelten Gebieten, bei denen geringe Leitungslängen erforderlich sind, zweckmäßig einsetzbar. Ist ein Fernwärmenetz am Standort des Gebäudes vorhanden, ist eine Umrüstung auf Fernwärmenutzung meist problemlos möglich. Der Platzbedarf für eine Fernwärme-Hausstation ist deutlich geringer als der für einen Heizkessel inklusive Brennstofflager. Zudem ist der Wartungsaufwand für den Verbraucher geringer. Die Vorlauftemperaturen liegen deutlich über denen eines Niedertemperaturheizkessels und häufig sogar über denen eines Standardheizkessels, so dass die bestehenden Heizkörperflächen weiterhin ausreichen. Die standardmäßigen Primärenergiefaktoren für Fernwärme gemäß EnEV sind davon abhängig, ob die Wärme aus einem Heizwerk (1,3 beziehungsweise 0,1) oder einem Heizkraftwerk (0,7 beziehungsweise 0,0) stammt und ob sie mittels eines fossilen oder erneuerbaren Brennstoffes erzeugt wird. Da Fernwärmenetze meist durch mehrere unterschiedliche Wärmequellen gespeist werden, liegen die Primärenergiefaktoren realer Fernwärmenetze zwischen den Standardwerten nach EnEV. Deshalb lassen die meisten Betreiber die tatsächlichen Primärenergiefaktoren ihrer Fernwärmenetze bestimmen und in einem Zertifikat bescheinigen.

7.2 Speicherung

Je nachdem, welches Medium gespeichert wird, kann zwischen Heizwasserspeichern, Trinkwarmwasserspeichern oder Kombispeichern unterschieden werden. In einem Kombispeicher wird in separaten Kammern Heizwasser und Trinkwarmwasser gespeichert. Durch die Speicherung von Heizwasser kann erreicht werden, dass der Wärmeerzeuger ausschließlich im Nennlastbereich und somit im energetisch optimalen Betriebszustand arbeitet. Der Wärmeerzeuger beheizt unter Nennlast den Heizwasserspeicher und ist somit besonders energieeffizient. Die Auslegung des Speichers orientiert sich an der Kesselleistung. Je kW Kesselleistung sollten mindestens 25 l Speichervolumen zur Verfügung stehen. Soll der Speicher auch den Spitzenbedarf decken, erhöht sich das Volumen auf 50 l/kW. Das Verhältnis von Kesselleistung zu Speichervolumen sollte so gewählt werden, dass die Aufheizzeit zwischen 30 min und 1 h liegt. Außerdem sollte der Heizkessel in der Lage sein, auch im Winter eine ausreichende direkte Heizleistung zu erbringen. Festbrennstoffkessel sollten prinzipiell mit einem Pufferspeicher kombiniert werden, da eine vollständige Verbrennung von Festbrennstoffen im Teillastbereich nur schwer möglich ist (Kapitel 7.1.1). Für eine sinnvolle und effiziente Anwendung sollten auch KWK-Anlagen und Wärmepumpen lange Betriebszeiten bei Nennleistung ohne Taktung aufweisen. Das kann ebenso durch die Beheizung eines Speichers erreicht werden. Der überschüssige Strom einer KWK-Anlage kann immer ins Netz eingespeist werden, so dass dieser nie den limitierenden Faktor darstellt.

In Wohngebäuden besteht der größte Bedarf an warmem Trinkwasser typischerweise morgens und abends. Zu diesen Zeitpunkten werden nahezu gleichzeitig von sämtlichen Bewohnern große Mengen Trinkwarmwasser angefordert. Um diesen Spitzenbedarf mit einem Wärmeerzeuger direkt decken zu können, müsste dieser eine sehr hohe Heizleistung aufweisen. Stattdessen bietet es sich an, mit einem leistungsschwächeren Wärmeerzeuger eventuell in Verbindung mit einer regenerativen Energiequelle einen Trinkwarmwasserspeicher zu beheizen. Der Trinkwarmwasserspeicher wird in den verbrauchsarmen Zeiten erhitzt, so dass dann ausreichend warmes Wasser für den Spitzenbedarf zur Verfügung steht. Bei der Speicherung und Verteilung von warmem Trinkwasser müssen einige hygienische Standards unbedingt beachtet werden, um eine Vermehrung und Übertragung von Krankheitserregern zu vermeiden. Eine besondere Gefahr geht von Legionellen aus. Das sind Bakterien, die natürlicherweise im Wasser vorkommen. Bei den natürlich vorkommenden Legionellen-Konzentrationen besteht in der Regel keine Gefahr für die menschliche Gesundheit. Allerdings können sich die Legionellen unter entsprechenden Lebensbedingungen rasch vermehren. Die optimalen Lebensbedingungen herrschen in stagnierendem Wasser in einem Temperaturbereich zwischen 30 und 45 °C, wie es speziell in Speichern für Trinkwarmwasser vorkommen kann. Bei Wassertemperaturen unter 20 °C und über 60 °C vermehren sich die Legionellen nicht mehr. Bei Temperaturen über 70 °C sterben sie ab. Eine Gesundheitsgefährdung durch mit Legionellen verunreinigtes Wasser besteht erst dann, wenn das bakterienhaltige Wasser als Aerosol, das heißt in Form von lungengängigen Tröpfchen, eingeatmet wird. Dies geschieht typischerweise beim Duschen. Legionellen verursachen die Legionärskrankheit sowie das Pontiac-Fieber. Die Legionärskrankheit kann zum Tod führen. Der Krankheitsverlauf ist dem einer Lungenentzündung ähnlich. Wird die Legionärskrankheit entsprechend einer Lungenentzündung behandelt, dann bleibt die Behandlung wirkungslos. Infolge des Risikos der Krankheitsübertragung über Wasser sind die „Verordnung über die Qualität von Wasser für den menschlichen Gebrauch" (TrinkwV) und die Technische Regel W551, herausgegeben durch den DVGW Deutscher Verein des Gas- und Wasserfaches e. V., zu beachten. Die Richtlinie W551 macht die zu ergreifenden Maßnahmen bei der Erwärmung von Trinkwasser von der Anlagengröße abhängig. Es wird unterschieden zwischen Kleinstanlagen, Kleinanlagen und Großanlagen. Kleinstanlagen sind dezentrale Durchfluss-Trinkwassererwärmer mit einem Wasservolumen (Speicher und Leitungen) von maximal 3 l. Solche Anlagen können ohne weitere Maßnahmen betrieben werden. Bei Kleinanlagen bis 400 l Speichervolumen wird empfohlen, dass das Wasser beim Austreten aus dem Speicher eine Temperatur von 60 °C aufweist. Bei Großanlagen muss die Speicheraustrittstemperatur von 60 °C eingehalten werden. Warmwasserleitungen mit einem Wasserinhalt von mehr als 3 l sind als Zirkulationsleitungen auszubilden und es sollte an keiner Stelle eine Temperatur von 55 °C unterschritten werden.

Trinkwarmwasserspeicher sind meist zylindrisch geschlossene Druckspeicher. Um die Speicherverluste zu minimieren, werden sie sehr gut gedämmt. Bei Heizwasserleitungen und -speichern besteht in der Regel nur eine geringe Korrosionsgefahr, da es sich um einen geschlossenen Kreislauf ohne Frischwassereinspeisung handelt. Somit fehlt für den Korrosionsprozess der erforderliche Sauerstoff. Bei Trinkwasseranlagen steht durch das Frischwasser hingegen ausreichend Sauerstoff zur Verfügung. Deshalb werden Trinkwarmwasserspeicher auch aus emailliertem Stahl oder Edelstahl hergestellt. Um Trinkwasser zu erwärmen und zu speichern, werden insbesondere bei kleinen Anlagen in Wohngebäuden sogenannte Kombinationskessel verwendet. Bei Kombinationskesseln ist in den Kessel des Wärmeerzeugers ein Speicher für Trinkwarmwasser integriert. Das Trinkwasser wird indirekt über das Heizwasser erwärmt. Der Trinkwarmwasserspeicher wird bei diesen Anlagen häufig nach dem Prinzip des Doppelmantelspeichers ausgeführt. Der Trinkwarmwasserspeicher ist in einen Tank integriert, der geringfügig größer ist als der Speicher selbst. Das Heizwasser wird in den entstehenden Spalt eingeleitet und umspült den Trinkwarmwasserspeicher allseitig. Eine andere Variante, um die Wärme des Heizwassers auf das Trinkwasser zu übertragen, ist ein einwandiger Speicher mit Wärmetauscher. In den Speicher wird ein Wärmetauscher eingesetzt, der mit Heizwasser durchflossen wird. Damit immer ausreichend Trinkwarmwasser verfügbar ist, kann auch ein prinzipiell anderer Ansatz gewählt werden. Ein Heizwasserspeicher wird mit einem von Trinkwarmwasser durchflossenen Wärmetauscher versehen und als Durchlauferhitzer verwendet. Somit steht immer frisches Trinkwarmwasser zur Verfügung, das selbst nicht gespeichert wird. Wird das Trinkwasser durch das Heizwasser erwärmt, so muss der Wärmeerzeuger auch im Sommer Heizwasser mit ausreichender Vorlauftemperatur bereitstellen, um das Trinkwasser auf die gewünschte Temperatur zu erwärmen. Um den primären Wärmeerzeuger in den Sommermonaten komplett abstellen zu können, bietet sich eine bivalente Beheizung des Trinkwarmwasserspeichers an. Das bedeutet, dass zwei Wärmequellen zur Beheizung des Speichers herangezogen werden. Als zweite Wärmequelle kann beispielsweise eine Solarthermieanlage oder eine Wärmepumpe verwendet werden. Bivalente Speicher verfügen über zwei Wärmetauscher. Im unteren Bereich des Speichers ist der Wärmetauscher angeordnet, der über die regenerative Energiequelle mit dem niedrigeren Temperaturniveau versorgt wird. Im oberen Bereich kann das Trinkwasser bei Bedarf indirekt durch den primären Wärmeerzeuger nachgeheizt werden. Das ist insbesondere im Winter und in der Übergangszeit erforderlich. Die EnEV 2009 sieht für das Referenzwohngebäude die Trinkwassererwärmung über einen bivalenten Speicher mit einer Solarthermieanlage vor.

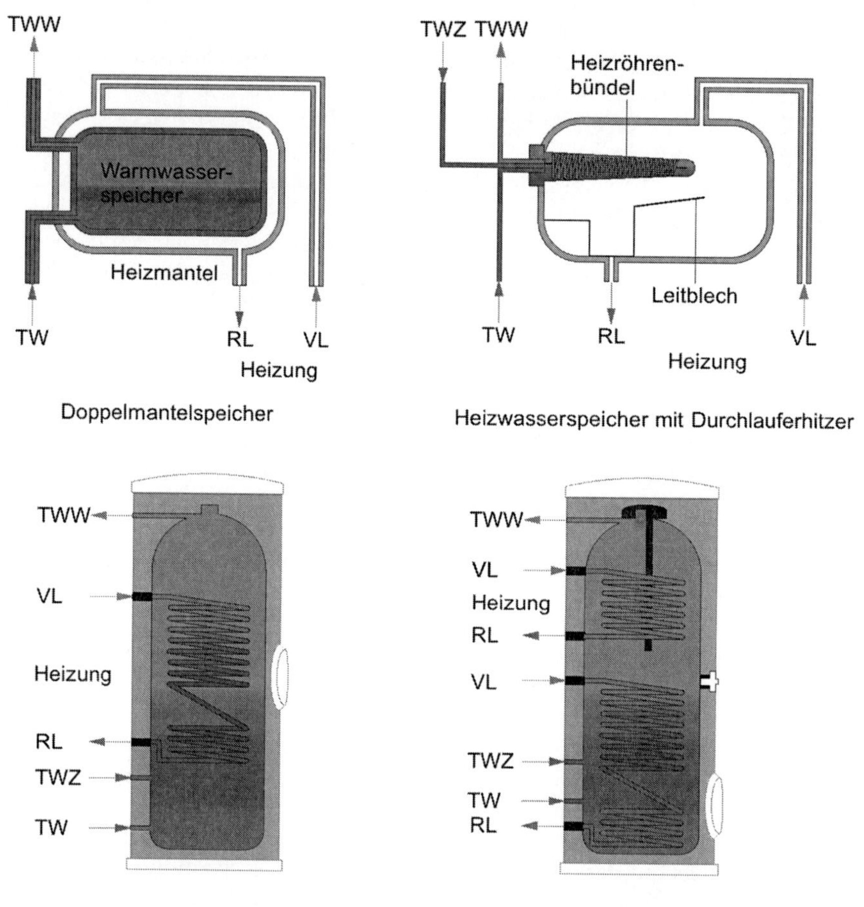

Bild 7-11 Varianten von Trinkwarmwasser-Speichern

Die Dichte von Wasser nimmt ab einer Temperatur von +4 °C mit steigender Temperatur ab. Folglich steigt warmes Wasser nach oben. Diese Tatsache macht man sich in einem Schichtenspeicher zunutzen. Es wird Wasser unterschiedlicher Temperatur in einem Behälter ohne Zwischenwände gespeichert. Im Speicher bilden sich übereinanderliegende Wasserschichten mit nach oben zunehmender Temperatur. Innerhalb des Speichers dürfen keine Strömungen oder Turbulenzen auftreten, um eine Durchmischung der Wasserschichten zu vermeiden. Die Verwendung eines Schichtenspeichers bietet sich besonders an, wenn der Speicher durch mehrere Wärmequellen beheizt wird und die Wärmequellen entweder unterschiedliche Temperaturen aufweisen oder eine der Wärmequellen starken Temperaturschwankungen unterliegt. Das trifft insbesondere auf die Solarthermie zu. In Abhängigkeit der Strahlungsintensität liefern die Kollektoren sehr unterschiedliche Vorlauftemperaturen. Die Intensität der auf die Kollektorfläche auftreffenden Strahlung ist abhängig von dem Wetter, der Tages- und der Jahreszeit. Um eine stabile Temperaturschichtung innerhalb des Speichers zu erhalten, muss die Wärme in Abhängigkeit des Temperaturniveaus auf unterschiedlichen Höhen eingespeist werden. Es existieren zwei Möglichkeiten, dies umzusetzen. Dementsprechend unterscheidet man zwischen Schichtenspeichern mit internen Wärmetauschern und Schichtenspeichern mit externen Wärmetauschern. Innerhalb eines Schichtenspeichers mit internen Wärmetauschern befinden sich mehrere Wärmetauscher auf unterschiedlichen Höhen des Speichers. Der untere Wärmetauscher überträgt die Wärme der Solarkollektoren an das Speicherwasser. Der mittlere Wärmetauscher ist an einen Wärmeerzeuger angeschlossen, der ein konstant hohes Temperaturniveau liefert. Dieser wird zur Nachheizung eingesetzt, wenn die Solarthermie Wärme auf einem nicht ausreichenden Niveau liefert. Der Wärmetauscher an der höchsten Stelle des Speichers ist an das Verteilnetz des Trinkwarmwassers angeschlossen. Für den Fall, dass die Solarthermie beispielsweise im Sommer sehr hohe Vorlauftemperaturen liefert, ist eine trichterartige Konstruktion über dem unteren Wärmetauscher angeordnet. Dadurch kann das sehr warme Wasser dann in den oberen Bereich des Speichers strömen, ohne die Temperaturschichtung zu zerstören. Ist das Wasser kälter als in der oberen Schicht, so kann es auf Grund der Dichteunterschiede nicht durch den Trichter fließen. Genauso befindet sich unter dem Trinkwasser-Wärmetauscher ein Trichter, der das abgekühlte Wasser in den unteren Bereich des Speichers führt. Bei der Variante mit externen Wärmetauschern findet die Wärmeübertragung außerhalb des eigentlichen Speichers statt. Das durch die Solarthermie erwärmte Wasser überträgt seine Wärme in einem Wärmetauscher außerhalb des Speichers an das Speicherwasser. Je nach erreichtem Temperaturniveau wird das erwärmte Speicherwasser auf verschiedenen Höhen wieder in den Speicher eingeleitet. Damit die Temperaturschichtung im Speicher stabil bleibt, muss das Wasser dort eingeleitet werden, wo sich Wasser derselben Temperatur befindet. Hierbei wird wiederum der Zusammenhang zwischen Wassertemperatur und Wasserdichte ausgenutzt. Das Rohr, durch das das Wasser in den Speicher eingeleitet wird, ist mit mehreren Auslässen auf unterschiedlichen Höhen versehen. Die Auslässe sind mit Klappen versehen, die sich in Richtung der Speichermitte öffnen. Ist das Wasser im Einleitungsrohr wärmer als das Wasser an einem Auslass, so bleibt die Klappe geschlossen. Ursache hierfür ist die geringere Dichte des wärmeren Wassers im Rohr, im Vergleich zum Wasser in der entsprechenden Speicherschicht. Sobald das Wasser im Einleitungsrohr geringfügig kälter ist als das Wasser im Speicher, wird infolge des Dichteunterschieds die Klappe aufgedrückt und das Wasser kann ins Innere des Speichers einströmen. Die Einleitungsrohre für die Nachheizung des Speicherwassers sind auf einer festgelegten Höhe, da die Vorlauftemperatur des zweiten Wärmeerzeugers konstant ist. Schichtenspeicher können als reine Trinkwarmwasserspeicher oder als Kombispeicher ausgeführt werden. Dieselbe Zielsetzung wie bei einem Schichtenspeicher kann auch durch einen Kaskadenspeicher erreicht werden. Allerdings werden hierbei die unterschiedlichen Temperaturniveaus in verschiedenen, miteinander verbundenen Speichern eingelagert.

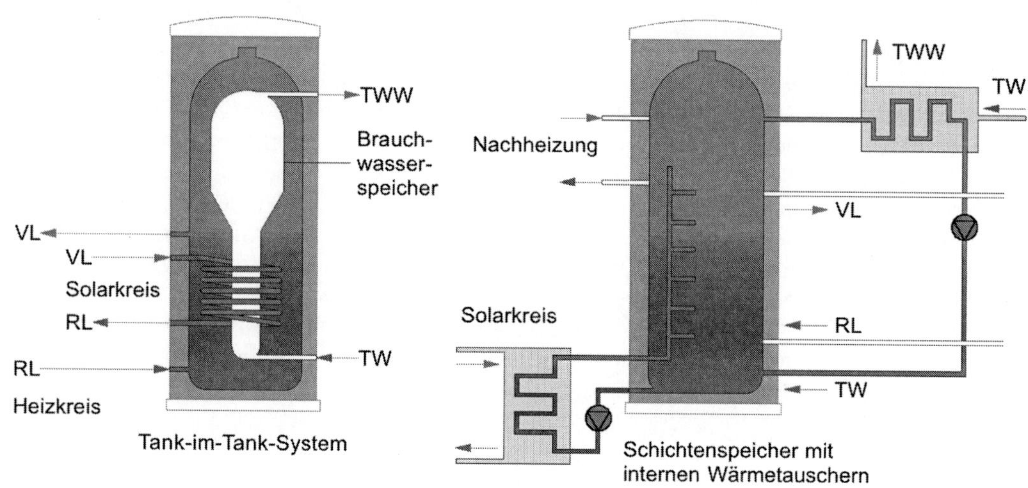

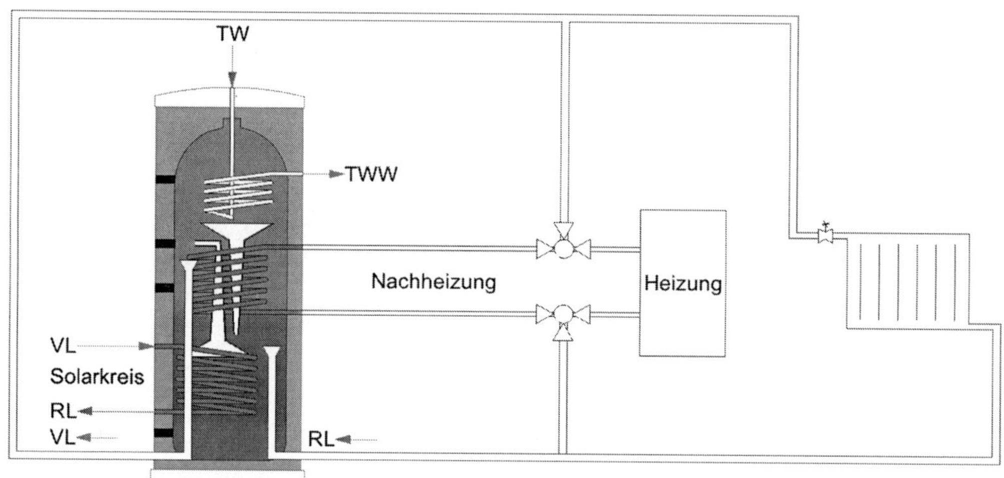

Bild 7-12 Varianten von Kombispeichern

Ein Kombispeicher kann als Schichtenspeicher oder auch nach dem Tank-im-Tank-System ausgeführt werden. Bei dem Tank-im-Tank-System ist in einen großen Heizwasserspeicher ein kleinerer Trinkwasserspeicher integriert. Die Erwärmung der beiden Speicher erfolgt gemeinsam und kann über mehrere Wärmequellen erfolgen. Anstelle zwei getrennter Speicher wird ein Speicher mit großem Volumen verwendet. Dadurch reduziert sich die volumenbezogene Hüllfläche und die Speicherverluste verringern sich.

Neben der Möglichkeit zur kurzzeitigen Speicherung von Wärme in den oben beschriebenen Behältnissen kann Wärme auch über längere Zeitspannen (mehrere Monate) gespeichert werden. Das bietet sich insbesondere an, wenn das Ziel verfolgt wird, mit großflächigen Solarthermieanlagen den Jahres-Heizenergiebedarfs ganz oder teilweise zu decken. Aufgrund von

Solarthermieanlagen können in den Sommermonaten große Wärmemengen auf einem hohen Temperaturniveau in Form von warmem Wasser nutzbar gemacht werden. Allerdings liefert die Solarthermie die höchsten Wärmeerträge dann, wenn der Heizenergiebedarf sein Minimum erreicht. Um die Wärme für die Gebäudeheizung nutzbar zu machen, muss sie möglichst verlustarm bis in die Heizperiode hinein gespeichert werden. Speicher, die dies ermöglichen, werden als Langzeitspeicher oder Saisonspeicher bezeichnet. Die Größe des benötigten Speichers ist abhängig von der Kollektorfläche und dem angestrebten solaren Deckungsgrad des Heizenergiebedarfs. Nach dem Bezug zum Gebäude wird unterschieden in:

- Gebäudeintegrierte Speicher

- Speicher außerhalb des Gebäudes

Zu den gebäudeintegrierten Speichern zählen unter anderem Heißwasserspeicher aus Stahl. Es handelt sich um große zylindrische Stahltanks mit einem inneren Volumen zwischen 10 und 30 m³ und einer Höhe zwischen 4 und 8 m. Sie werden innerhalb der wärmeübertragenden Umfassungsfläche in das Gebäude integriert und reichen über mehrere Stockwerke. Um das benötigte Speichervolumen zu reduzieren, können Latentwärmespeicher oder thermochemische Speicher eingesetzt werden. In Latentwärmespeichern kommen sogenannte Phasenwechselmaterialien (phase change materials = PCM) zum Einsatz. Diese Materialien zeichnen sich dadurch aus, dass sie bei bestimmten Temperaturen ihre Phase wechseln, also ein Übergang von fest nach flüssig oder von flüssig nach gasförmig stattfindet. Bei einem PCM ist der Phasenübergang zudem reversibel. Allgemein bekanntes Beispiel eines PCMs ist Wasser. Bei einer Temperatur von 0 °C kann Wasser sowohl in fester (Eis) als auch flüssiger Form vorliegen. Liegt Eis bei 0 °C vor und wird diesem thermische Energie zugeführt, dann schmilzt es, ohne dass sich die Temperatur ändert. Das bedeutet sowohl das restliche Eis als auch das Wasser haben eine Temperatur von 0 °C. Erst wenn das Eis vollständig geschmolzen ist und weiterhin Wärme zugeführt wird, erwärmt sich das Wasser wieder. Dementsprechend wird von latenter und sensibler Wärme gesprochen. Die Energie, die zum Schmelzen des Eis genutzt wurde, ist im Wasser latent, das heißt verborgen enthalten. Die Wärme, die zur Erhöhung der Wassertemperatur führt, ist hingegen sensibel, das heißt fühlbar. Um den Phasenübergang zu erreichen, muss dem PCM sehr viel Energie zugeführt werden, ohne dass sich dessen Temperatur erhöht. In der technischen Anwendung werden als Latentwärmespeicher Paraffine oder Salzhydrate verwendet, bei denen sich der Schmelzpunkt durch Veränderung der chemischen Zusammensetzung in einem weiten Spektrum variieren lässt. Bei derselben Temperaturänderung der Speichermedien ist die volumenbezogene Wärmespeicherfähigkeit von PCM extrem höher als die von Wasser. Die Funktion thermochemischer Wärmespeicher beruht auf reversiblen chemischen Reaktionen. Das soll am Beispiel von Silikagel verdeutlicht werden. Silikagel hat die Eigenschaft, Wasserdampf aus der Umgebung an der Oberfläche anzulagern (Adsorption). Im Sommer wird das Silikagel über einen Wärmetauscher erwärmt und getrocknet. Durch Energiezufuhr wird das Wasser in einer chemisch endothermen Reaktion (Desorption) von der Oberfläche des Silikagels gelöst. Im Winter wird der Speicher mit dem darin enthaltenen Silikagel belüftet und schrittweise auf den Partialdampfdruck der Umgebung gebracht. Der Wasserdampf der Umgebung wird an der Oberfläche des Silikagels chemisch gebunden (Adsorption). Das ist eine exotherme Reaktion und Wärme wird freigesetzt.

Als Saisonspeicher außerhalb des Gebäudes kommen Heißwasser-Betonspeicher, Kies-Wasser-Speicher, Erdsondenspeicher oder Aquiferspeicher in Frage. Heißwasser-Betonspeicher sind große in das Erdreich eingelassene und gedämmte Speicher aus Stahlbeton. Es können Speicher mit mehreren tausend Kubikmetern Speicherinhalt hergestellt werden. Je größer der Speicher, desto geringer wird das Verhältnis von Oberfläche zu Volumen. Somit sinken die spezifischen Wärmeverluste. Kies-Wasser-Speicher sind künstlich angelegte unterirdische Speicher, bei denen die Wärme in wassergesättigten Kiesschichten gespeichert wird. Im Erdreich wird ein Becken ausgehoben, welches mit einer Folie ausgekleidet wird. In Sandschichten, welche sich mit wassergesättigten Kiesschichten abwechseln, werden Rohrregister verlegt. Die Rohrregister dienen zur Be- und Entladung des Speichers. Durch die Verfüllung mit Sand und Kiesschüttung muss der Speicher nach oben nicht durch eine Tragkonstruktion abgedeckt werden. Der Speicher kann allseitig mit Dämmplatten versehen werden. So wie dem Erdreich über Erdsonden Wärme, zum Beispiel für den Betrieb einer Wärmepumpe, entzogen werden kann, kann ihm über eine Erdsonde auch Wärme zugeführt werden. So wird bei Erdsondenspeichern der natürliche Untergrund als Speichermedium verwendet. Das Grundwasser im Erdreich darf keine hohe Fließgeschwindigkeit aufweisen, da sonst zuviel Wärme abtransportiert wird. Als Wärmespeicher können auch natürlich vorkommende, abgeschlossene Grundwasserschichten, sogenannte Aquifere, erschlossen werden.

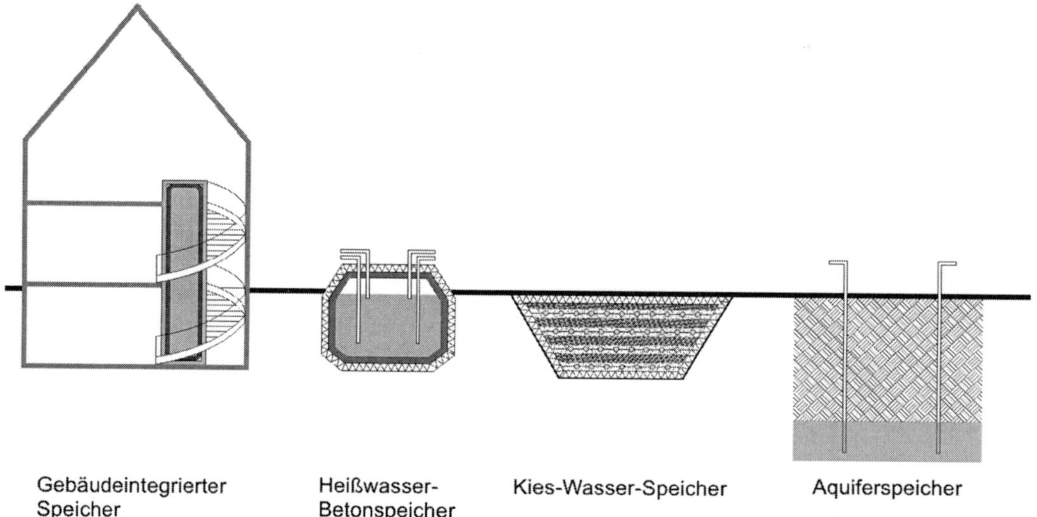

Bild 7-13 Varianten von Langzeitspeichern

7.3 Verteilung

Um die Heizwärme vom Wärmeerzeuger beziehungsweise Speicher über das Heizmedium zu den Verbrauchsstellen transportieren zu können, sind Verteilleitungen erforderlich. Die Verteilung des Heizwassers kann über unterschiedliche Prinzipien erfolgen. Nach der Art der Zirkulation des Heizwassers unterscheidet man in:

- Schwerkraftheizung
- Pumpenheizung

Nach der Schaltung der Heizkörper unterscheidet man in:

- Einrohrsystem
- Zweirohrsystem

Nach der Lage der Verteilung unterscheidet man in:

- Vertikale Verteilung
- Horizontale Verteilung

Die einfachste Art, eine Zirkulation des Heizwassers zu erreichen, ist das Prinzip der Schwerkraftheizung. Hierbei wird der Dichteunterschied zwischen dem heißen Wasser im Vorlauf und dem kälteren Wasser im Rücklauf genutzt, um eine Zirkulation zu erzeugen. Der Wärmeerzeuger bildet die tiefste Stelle des Systems. Das erwärmte Wasser steigt auf Grund seiner geringeren Dichte in der Vorlaufleitung nach oben. Nachdem sich das Wasser in den Heizflächen abgekühlt hat, fließt es in der Rücklaufleitung nach unten, zurück zum Wärmeerzeuger. Der hydrostatische Druck in der Rücklaufleitung ist infolge der höheren Dichte des kälteren Wassers höher als in der Vorlaufleitung. Durch diese Druckdifferenz zirkuliert das Wasser. Die Druckdifferenz ist abhängig von der Temperaturdifferenz zwischen Vorlauf und Rücklauf sowie dem Höhenunterschied zwischen Wärmeerzeuger und der Heizflächenmitte:

$$\Delta p = h \cdot g \cdot \left(\rho_R - \rho_V \right) \ [\text{Pa}] \tag{7.8}$$

h = Höhendifferenz zwischen Heizkessel und Heizkörpermitte [m]

g = 9,81 m/s², Erdbeschleunigung

ρ_R = Rohdichte des Wassers im Rücklauf [kg/m³]

ρ_V = Rohdichte des Wassers im Vorlauf [kg/m³]

Die relativ geringen Temperaturunterschiede zwischen Vorlauf und Rücklauf haben geringe Druckdifferenzen zur Folge, womit das System träge reagiert. Um trotz des geringen Förder-Differenzdruckes einen ausreichenden Volumenstrom zu erreichen, müssen große Leitungsquerschnitte verwendet werden. Die großen Querschnitte sind auch erforderlich, um den Strömungswiderstand gering und somit die Zirkulation aufrecht zu erhalten. Folglich benötigt die Schwerkraftheizung keine Hilfsenergie für Umwälzpumpen. Nachteilig ist die Trägheit und schlechte Regelbarkeit des Systems. Des Weiteren können keine Heizflächen betrieben werden, die tiefer als der Wärmeerzeuger angeordnet sind oder die sich in größerer Entfernung zum Wärmeerzeuger befinden.

Heutzutage wird die Zirkulation des Heizwassers in der Regel durch Umwälzpumpen erzielt. Üblicherweise wird eine zentrale Umwälzpumpe im Vorlauf eingebaut. Durch modulierende Pumpen kann der Volumenstrom geregelt werden. Die Umwälzpumpen erzeugen im Rohrleitungsnetz einen höheren Druck als eine Schwerkraftheizung. Deshalb kann auch bei kleineren Rohrdurchmessern der erhöhte Strömungswiderstand überwunden und ein ausreichender Volumenstrom erreicht werden. Die geringeren Leitungsquerschnitte reduzieren die Materialkosten und die Wärmeverluste bei der Verteilung. In Bezug auf den Wärmeerzeuger weit entfernte oder tieferliegende Heizflächen können problemlos realisiert werden.

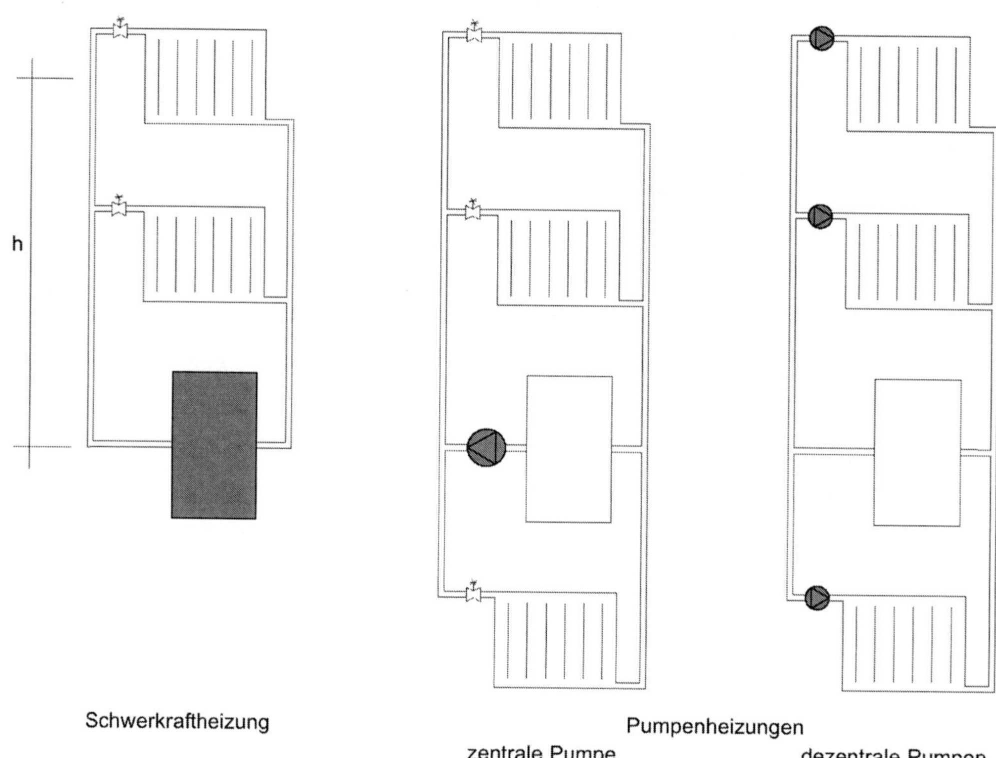

Bild 7-14 Mögliche Prinzipien der Heizwasserzirkulation

Eine Neuentwicklung stellen Heizungssysteme mit dezentralen Heizungspumpen dar. Anstelle einer zentralen Umwälzpumpe wird an jedem Heizkörper eine dezentrale Miniaturpumpe eingesetzt. Bei einer zentralen Umwälzpumpe wird durch den hydraulischen Abgleich dafür gesorgt, dass alle Heizkörperkreisläufe denselben Strömungswiderstand aufweisen und somit alle Heizkörper gleichmäßig mit Wasser durchströmt werden. Der Strömungswiderstand wird durch Drosselventile an jedem Heizkörper eingestellt. Die Drosselventile und die Thermostatventile an jedem Heizkörper erhöhen den Strömungswiderstand des gesamten Heizkreislaufes, so dass die Pumpe eine höhere Leistung benötigt. Ohne die beschriebenen Komponenten wäre häufig die Hälfte der Pumpenleistung ausreichend. Im Gebäudebestand wird ein unzureichender hydraulischer Abgleich immer wieder durch größer dimensionierte Umwälzpumpen kompensiert. Dadurch steigt der Hilfsenergiebedarf für die Pumpe. Zusätzlich ergeben sich auch höhere Wärmeverluste, da die Rücklauftemperaturen über den planmäßigen liegen. Die dezentralen Miniaturpumpen ersetzen die Thermostatventile. Sinkt die Raumtemperatur unter die eingestellte Soll-Temperatur, so beginnt die Pumpe Heizungswasser durch die entsprechende Heizfläche zu pumpen. Außerdem werden die Drosselventile überflüssig, da die dezentralen Pumpen dafür sorgen, dass jede Heizfläche mit der erforderlichen Warmwassermenge versorgt wird. Da die Drossel- und Thermostatventile wegfallen, wird der Strömungswiderstand im Heizkreis geringer und es reichen dezentrale Pumpen mit sehr geringer Leistung aus. Die dezentralen Pumpen sind nur in Betrieb, wenn in dem entsprechenden Raum ein Wärmebedarf besteht. Durch dezentrale Heizungspumpen kann Hilfs- und Heizenergie eingespart werden.

Bei einem Einrohrsystem strömt das Heizwasser durch eine Ringleitung und passiert der Reihe nach sämtliche Heizflächen des Heizkreises. Mit zunehmender Anzahl der bereits durchströmten Heizflächen sinkt die Temperatur des Heizwassers. Die Heizflächen verfügen folglich über unterschiedliche Vorlauftemperaturen. Deshalb müssen die Heizflächen am Ende eines Heizkreises größer dimensioniert sein, um dieselbe Heizleistung zu erreichen. Ein entscheidender Vorteil der Einrohrheizung ist die geringe Zahl an Leitungssträngen. Nachteilig ist die gegenseitige Beeinflussung der hintereinandergeschalteten Heizflächen sowie der im Vergleich zum Zweirohrsystem höhere Druckverlust. Dieser macht eine höhere Pumpenleistung erforderlich. Im Bestand findet sich nach wie vor das Zwangsumlaufsystem. Hierbei wird jede Heizfläche nacheinander von demselben Volumenstrom an Heizwasser durchflossen. Es ist nicht möglich, einzelne Heizflächen abzuschalten, ohne den gesamten Heizkreislauf zu unterbrechen. Eine raum- oder heizflächenweise Regelung ist ausgeschlossen. Die EnEV 2009 fordert in § 14, dass in Wohngebäuden eine raumweise, in Nichtwohngebäuden eine gruppenweise Regelung der Heizflächen möglich sein muss. Bestehende Gebäude müssen dementsprechend nachgerüstet werden. Das wird im Sinne der Energieeinsparung als sehr sinnvoll beurteilt. Andernfalls werden sämtliche Räume ständig auf die gleiche Soll-Temperatur beheizt. Die Möglichkeit, Nebenflächen geringer zu beheizen oder bei längerer Abwesenheit die Temperatur raum- oder wohnungsweise abzusenken, besteht ansonsten nicht.

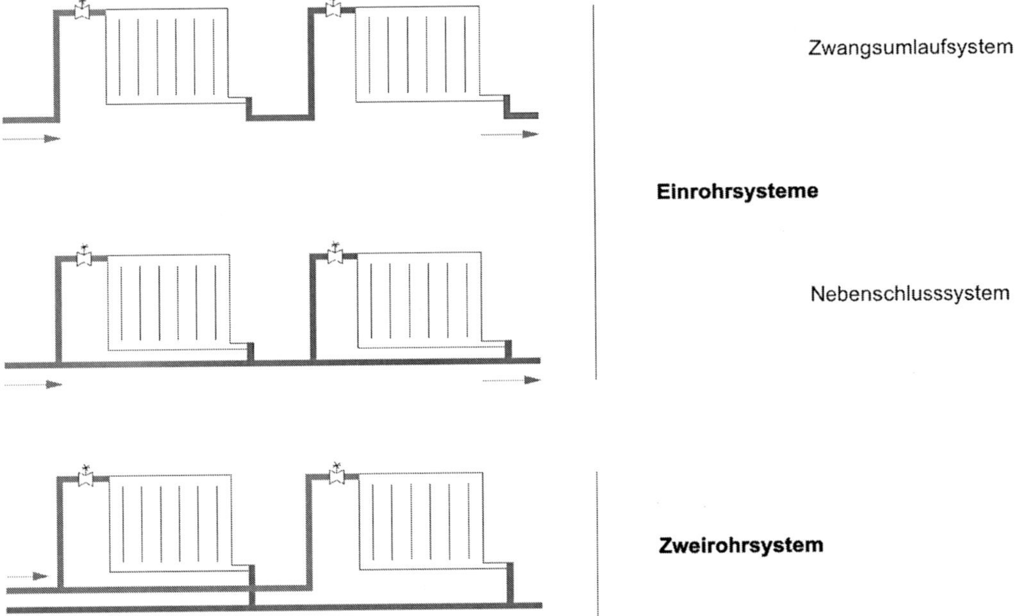

Bild 7-15 Mögliche Prinzipien der Schaltung von Heizflächen

Mit dem Nebenschlusssystem ist es möglich, die Heizflächen einer Einrohrheizung einzeln über Thermostatventile zu regeln. Es besteht weiterhin eine kombinierte Vorlauf- und Rücklaufleitung, die auch dann ein geschlossenes Ringsystem bildet, wenn keine Heizfläche durchströmt wird. Die Heizflächen sind jeweils über zwei Anbindeleitungen an die durchgängige Ringleitung angeschlossen. Eine Umrüstung von dem Zwangsumlauf- auf das Nebenschlusssystem ist in der Regel mit vertretbarem Aufwand möglich.

Das Zweirohrsystem besteht, wie der Name schon sagt, aus zwei getrennten Leitungssträngen. Die Vorlaufleitung versorgt sämtliche Heizflächen mit dem warmen Heizungswasser. Die Rücklaufleitung sammelt das in den Heizflächen abgekühlte Wasser und führt es zurück zum Wärmeerzeuger. Damit wird jede Heizfläche praktisch mit derselben Vorlauftemperatur versorgt. Im Gegensatz zum Einrohrsystem, bei dem die Heizflächen in Reihe geschaltet sind, handelt es sich beim Zweirohrsystem um eine Parallelschaltung.

Sowohl beim Einrohr- als auch beim Zweirohrsystem ist eine vertikale oder horizontale Verteilung umsetzbar. Bei der vertikalen Verteilung werden die Heizflächen über Steigleitungen angefahren. Die Heizkörper der einzelnen Stockwerke sind nicht über horizontale Leitungen miteinander verbunden. Bei der horizontalen Verteilung existiert eine zentrale Steigleitung, von der in jedem Stockwerk horizontale Leitungen abzweigen, die die Heizflächen anfahren. Die horizontale Verteilung erfordert nur einen senkrechten Installationsschacht, während die vertikale Verteilung zahlreiche Deckendurchbrüche benötigt. Die horizontale Verteilung bietet sich an, wenn die Etagen durch verschiedene Nutzer belegt sind. Dann kann an jedem Abzweig der horizontalen Verteilleitungen ein Wärmemengenzähler installiert werden und die Stockwerke sind einzeln absperrbar.

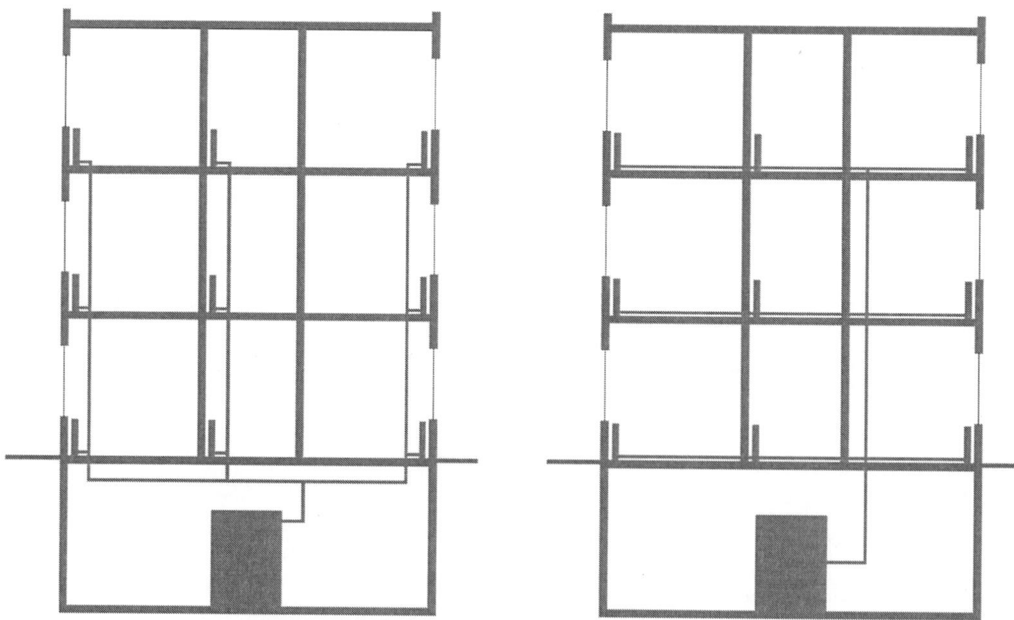

Bild 7-16 Vertikale und horizontale Verteilung

Für die energetische Qualität ist zudem von entscheidender Bedeutung, ob die Verteilleitungen im beheizten oder im unbeheizten Bereich des Gebäudes geführt werden. Je größer die Temperaturdifferenz zwischen Heizwasser und Umgebung ist, desto höher sind die Wärmeverluste. Sind die Verteilleitungen im beheizten Bereich angeordnet, so kommen die Verteilungsverluste den Räumen als ungeregelte Wärmeeinträge zugute. Außerdem ist es energetisch günstiger, die Leitungen an beziehungsweise in Innenbauteilen entlangzuführen. Andernfalls werden die Außenbauteile durch die Verteilungsverluste erwärmt und die Transmissionswärmeverluste über die Außenbauteile nehmen infolge des größeren Temperaturgradienten zu.

7.4 Übergabe

Die Heizanlage soll für ein thermisch behagliches Klima in den Innenräumen sorgen. Der menschliche Körper gibt an die Umgebung Wärme ab. Hauptsächlich geschieht das durch Konvektion und Strahlung. Steht der Mensch in direktem Kontakt mit den Bauteilflächen, so findet auch Wärmeabgabe über den Transportmechanismus Leitung statt. Das ist typischerweise bei den Füßen der Fall, die direkten Kontakt zum Fußboden aufweisen. Durch die Größe, Art und Anordnung der Heizflächen lassen sich folgende Faktoren beeinflussen, die eine Auswirkung auf das Behaglichkeitsempfinden des Menschen haben:

- Raumlufttemperatur
- Luftfeuchtigkeit
- Vertikale Temperaturschichtung im Raum
- Oberflächentemperatur der Raumumschließungsflächen
- Luftbewegung

Je niedriger die Vorlauftemperatur einer Heizfläche ist, umso größer muss die wärmeübertragende Fläche sein, um eine definierte Heizleistung zu erzielen. Bei konstanter absoluter Feuchte [g/m³] und steigender Raumlufttemperatur nimmt die relative Luftfeuchte ab (Bild 6-1). Die theoretisch ideale Temperaturverteilung über die Raumhöhe ist in Bild 7-17 dargestellt. Die höchste Temperatur sollte an den Füßen herrschen und nach oben leicht abnehmen. Die Temperaturdifferenz zwischen Fuß (0,10 m über OKFF) und Kopf (1,70 m über OKFF) sollte 4 K keinesfalls überschreiten.

Da der menschliche Körper mit der Umgebung im Strahlungsaustausch steht, ist auch die Oberflächentemperatur der Raumumschließungsflächen von Bedeutung. Bis zu 50 % der Körperwärme wird über Strahlung abgegeben. Je geringer die Oberflächentemperaturen, desto größer ist die Wärmeabstrahlung des Körpers. Eine verstärkte Wärmeabstrahlung wird vom Menschen als Zugerscheinung wahrgenommen. Für die menschliche Empfindung ist deshalb auch nicht die Raumlufttemperatur entscheidend, sondern die operative Raumtemperatur beziehungsweise Empfindungstemperatur. Sie ergibt sich näherungsweise als Mittelwert zwischen der Raumlufttemperatur und der mittleren Strahlungstemperatur der Umgebung:

$$\vartheta_{op} = \frac{\vartheta_L + \vartheta_S}{2} \ [°C] \tag{7.9}$$

ϑ_L = Raumlufttemperatur [°C]

ϑ_S = Mittlere Strahlungstemperatur der Umgebung [°C]

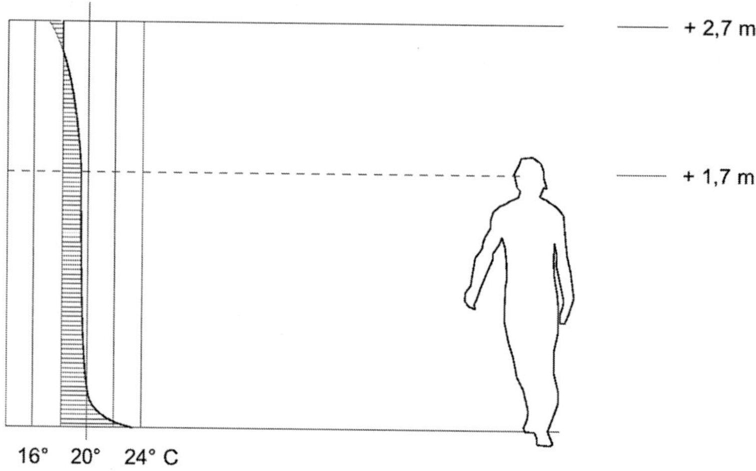

Bild 7-17 Theoretisch optimale Temperaturverteilung über die Raumhöhe

Die mittlere Strahlungstemperatur der Umgebung ergibt sich als flächengewichteter Mittelwert der Oberflächentemperaturen der Raumumschließungsflächen:

$$\vartheta_S = \frac{\sum\limits_{k=1}^{6}\left(A_k \cdot \vartheta_{o,i,k}\right)}{\sum\limits_{k=1}^{6} A_k} \quad [°C] \tag{7.10}$$

k = Raumumschließungsflächen

A_k = Oberfläche [m²]

$\vartheta_{o,i,k}$ = Oberflächentemperatur der Raumumschließungsfläche [°C]

Sind die Temperaturunterschiede zwischen den Oberflächen des Raumes zu groß, so wird dies ebenfalls als unangenehm empfunden. Die Ursache sind asymmetrische Strahlungsverhältnisse, die eine einseitige Unterkühlung beziehungsweise Überwärmung des Körpers verursachen. Die Strahlungstemperatur-Asymmetrie kann für eine bestimmten Position im Raum berechnet werden. Sie wird idealerweise für die Stelle im Raum berechnet, an der sich eine Person die meiste Zeit aufhält. In einem Büro ist dies beispielsweise der Schreibtisch. Der Raum wird an der gewählten Stelle parallel zu den Oberflächen mit der größten Temperaturdifferenz in zwei Halbräume aufgeteilt. Als Referenzpunkt wird häufig der Schwerpunkt einer sitzenden Person in einer Höhe von 0,6 m über der Oberkante Fertig-Fußboden angenommen. Für die beiden Halbräume kann die Halbraumstrahlungstemperatur ϑ_{rH} zweidimensional über vereinfachende Winkelbeziehungen berechnet werden.

$$\vartheta_{rH} = \sum_{i} \frac{\varphi_i}{180°} \cdot \vartheta_{o,i,k} \quad [°C] \tag{7.11}$$

i = Oberflächen im Halbraum mit unterschiedlicher Temperatur

φ_i = Winkel zwischen den Verbindungslinien von dem Referenzpunkt zu den Rändern der Oberflächen gleicher Temperatur

Die Strahlungstemperatur-Asymmetrie berechnet sich als Differenz der beiden ermittelten Halbraumstrahlungstemperaturen:

$$\Delta\vartheta_{rH} = \left|\vartheta_{rH1} - \vartheta_{rH2}\right| \ [°C] \tag{7.12}$$

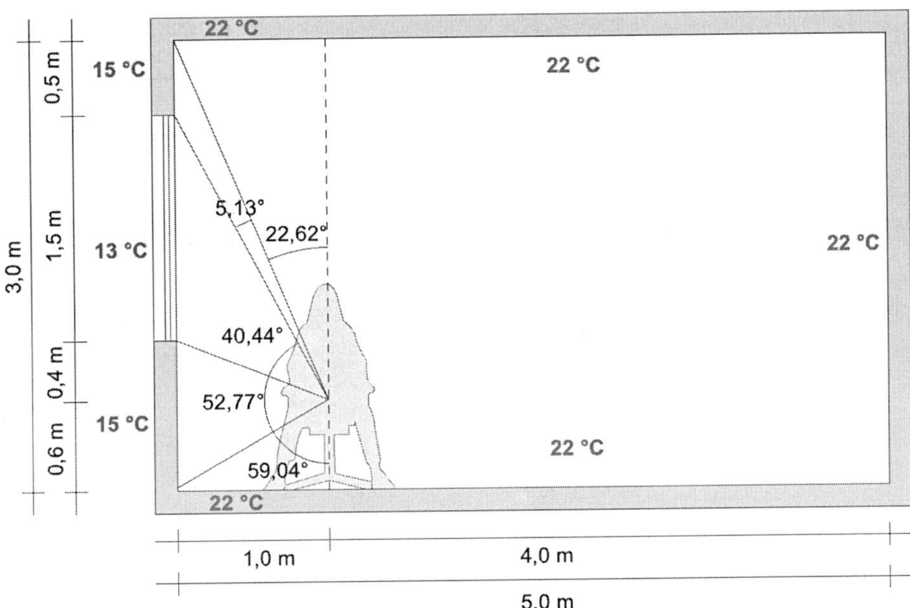

Bild 7-18 Beispiel zur Berechnung der Strahlungstemperatur-Asymmetrie

Tabelle 7.2 Berechnung der Strahlungstemperatur-Asymmetrie

Oberfläche	φ_i **[Gradmaß]**	$\vartheta_{o,i,k}$ **[°C]**	$\dfrac{\varphi_i}{180°} \cdot \vartheta_{o,i,k}$ **[°C]**
Linker Halbraum			
Decke	22,62	22,0	2,76
Sturz	5,13	15,0	0,43
Fenster	40,44	13,0	2,92
Brüstung	52,77	15,0	4,40
Fußboden	59,04	22,0	7,22
ϑ_{rH1}			17,73
Rechter Halbraum			
ϑ_{rH2}			22,0
Strahlungstemperatur-Asymmetrie			
$\Delta\vartheta_{rH}$			4,27

DIN EN ISO 7726 beschreibt ein genaueres Verfahren zur Berechnung der Strahlungstemperatur-Asymmetrie. Die maximal zulässige Strahlungstemperatur-Asymmetrie ist in DIN EN ISO 7730 in Abhängigkeit des Prozentsatzes an Unzufriedenen definiert. Der menschliche Organismus reagiert am empfindlichsten auf eine warme Decke und am tolerantesten auf eine warme Wand. Dies wird aus Tabelle 7.3 und Bild 7-19 deutlich.

Tabelle 7.3 Zulässige Strahlungstemperatur-Asymmetrie gemäß DIN EN ISO 7730

Prozentsatz Unzufriedener	Asymmetrie der Strahlungstemperatur			
	Warme Decke	Kühle Wand	Kühle Decke	Warme Wand
< 6	< 5	< 10	< 14	< 23
< 10	< 5	< 10	< 14	< 23
< 15	< 7	< 13	< 18	< 35

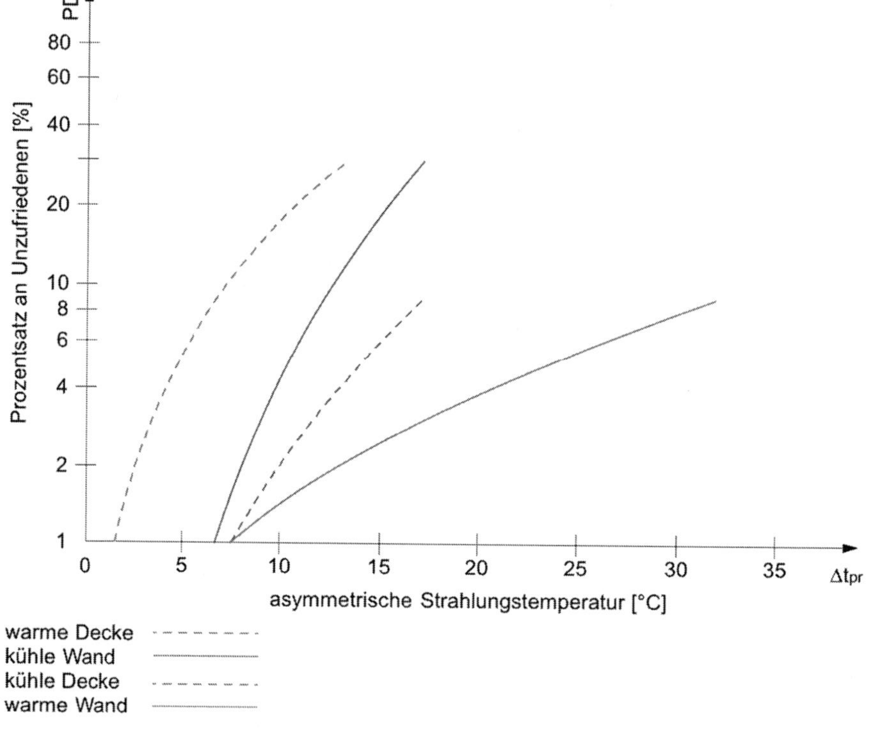

Bild 7-19 Reaktion des Menschen auf unterschiedliche Strahlungstemperatur-Asymmetrien

Eine starke Luftbewegung der Innenraumluft führt zu einer erhöhten Wärmeabgabe des Körpers über Konvektion. Besonders empfindlich reagiert der Mensch auf Zugluft mit geringer Temperatur, wie sie in der Nähe großer Fensterflächen auftritt. Hervorgerufen wird dies durch die niedrige Innenoberflächentemperatur der Verglasung, die einen abfallenden Kaltluftstrom hervorruft. Je höher die Luftgeschwindigkeit ist, desto höher muss die Raumlufttemperatur sein, damit ein behagliches Klima entsteht. Bei einer Raumlufttemperatur von 20,0 °C sollte die Luftgeschwindigkeit nicht über 0,15 m/s liegen. Um der Strahlungstemperatur-Asymmetrie und Zuglufterscheinungen an Fenstern entgegenzuwirken, werden Heizflächen im Normalfall im Brüstungsbereich unterhalb von Fenstern angeordnet.

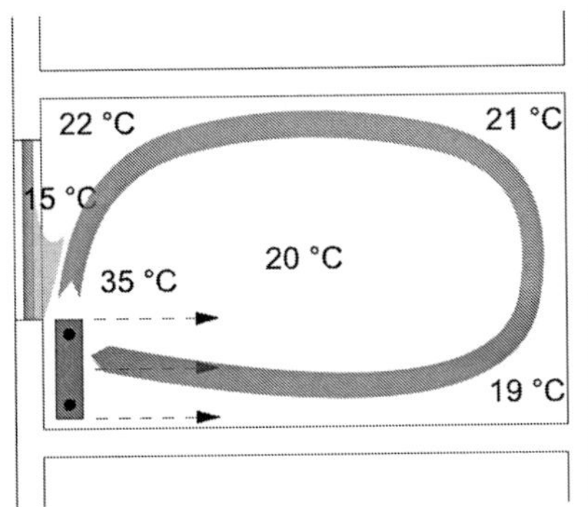

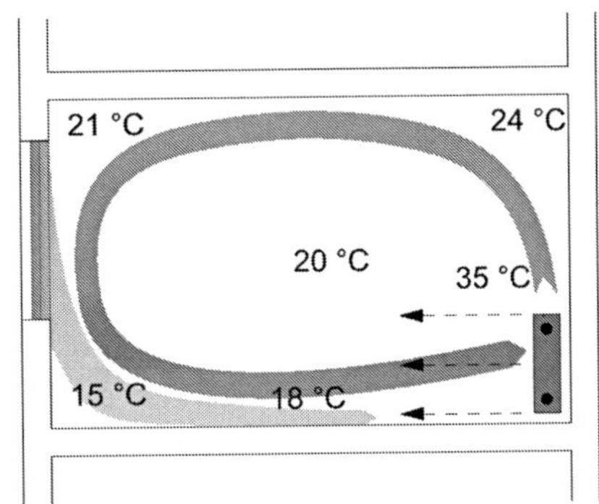

Bild 7-20 Heizflächenanordnung

Die Wärmeübergabe an den Raum erfolgt über Heizflächen. In Abhängigkeit des bautechnischen Zusammenhangs zwischen Heizfläche und Baukörper unterscheidet man:

- Freie Heizflächen
- In den Baukörper integrierte Heizflächen

7.4.1 Freie Heizflächen

Freie Heizflächen sind über lösbare, meist metallische Verbindungsmittel mit dem Baukörper verbunden. Sie können ohne Beschädigung der Heizfläche oder des Bauteils wieder entfernt werden. Man unterscheidet folgende Varianten freier Heizflächen:

- Plattenheizkörper
- Radiatoren
- Konvektoren

Plattenheizkörper werden in der Regel aus Stahlblech gefertigt und mit glatten oder profilierten Platten angeboten. Um die Heizleistung und die Wärmeübertragung infolge von Konvektion zu erhöhen, werden Plattenheizkörper mit Konvektorblechen versehen. Konvektorbleche sind senkrechte Leitbleche die zur Oberflächenvergrößerung an den Platten angebracht werden. Während die Wärme an der Vorderseite über die Platte weitestgehend in Form von Strahlung abgegeben wird, erfolgt die Wärmeübertragung an den rückseitigen Konvektorblechen durch Konvektion. Bei den Plattenheizkörpern existieren viele Varianten, die von dem einreihigen Plattenheizkörper ohne Konvektorblech bis zum dreireihigen Plattenheizkörper mit drei Konvektorblechen reicht. Bei einreihigen Plattenheizkörpern ohne Konvektorblech erfolgt die Wärmeübertragung an den Raum zu mindestens 55 % über Strahlung. Ein hoher Strahlungs- und ein geringer Konvektionsanteil wird als angenehm empfunden. Ein zweireihiger Plattenheizkörper mit drei Konvektorblechen hat zwar eine deutlich höhere Heizleistung, gibt die Wärme aber zu über 65 % durch Konvektion ab. Die Vorteile des Plattenheizkörpers sind sein geringer Wasserinhalt und der geringe Einbauraum. Als Nachteil ist zu erwähnen, dass sich Plattenheizkörper mit Konvektorblechen nur schwer reinigen lassen.

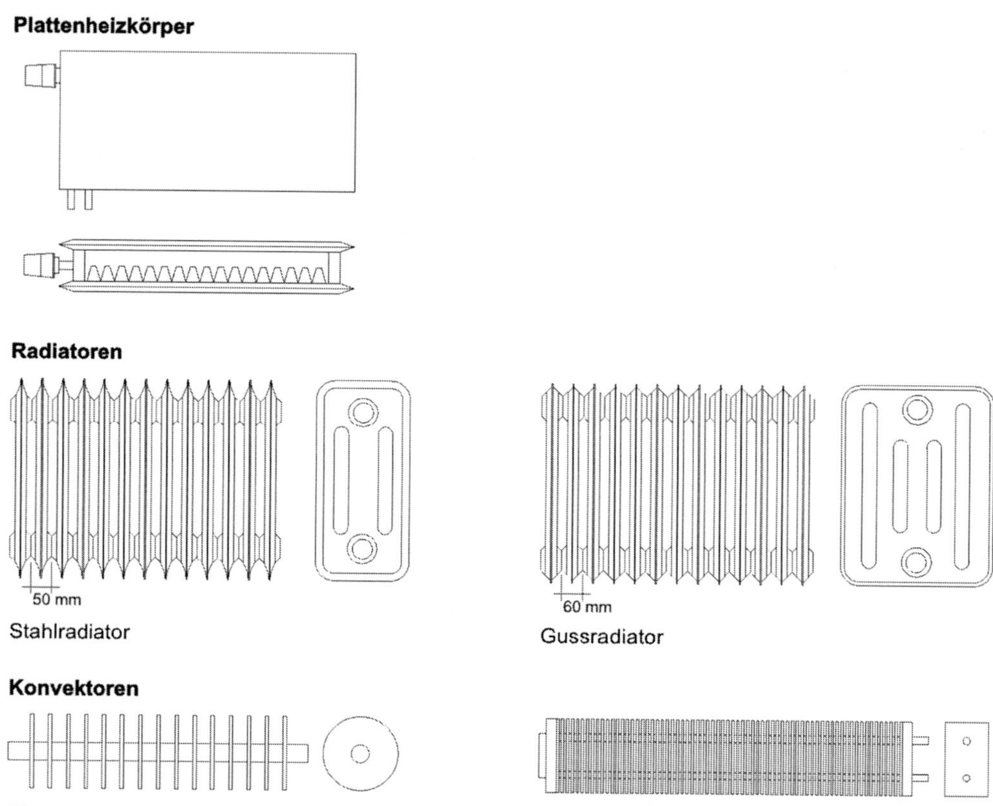

Bild 7-21 Varianten freier Heizflächen

Radiatoren werden auch als Gliederheizkörper bezeichnet. Die Bezeichnung bezieht sich auf die Tatsache, dass sie aus einzelnen Gliedern gleicher Größe zusammengefügt werden. Dadurch entstehen Heizflächen, die aus einer beliebigen Anzahl an Gliedern bestehen. Man unterscheidet Gussradiatoren, Stahlradiatoren und Stahlrohrradiatoren. Gussradiatoren sind schwerer und teurer als Stahlradiatoren. Sie werden im Neubau fast gar nicht mehr eingesetzt, finden sich aber häufig im Bestand. Auf Grund der hohen Korrosionsbeständigkeit verfügen Gussradiatoren über eine nahezu unbeschränkte Lebensdauer. Stahlradiatoren sind bruchsicherer als Gussradiatoren. Stahlrohrradiatoren bestehen aus senkrechten Rohren, die oben und unten mit einem waagrechten Sammler verschweißt sind. Als Unterscheidungsmerkmal zwischen Guss-, Stahl- und Stahlrohrradiatoren kann die Länge der einzelnen Glieder herangezogen werden. Die Glieder eines Gussradiators sind 60 mm, die eines Stahlradiators 50 mm und die eines Stahlrohrradiators 46 mm lang. Zudem sind die Glieder des Stahlradiators filigraner als die eines Gussradiators. Stahlrohrradiatoren haben auf Grund der verwendeten Rohre gerundete Kanten. Dadurch sinkt die Verletzungsgefahr, weshalb sie in Schulen und Kindergärten bevorzugt verwendet werden. Die Bezeichnung Radiator (lateinisch radiare: strahlen) ist irreführend, da Radiatoren weniger als 50 % der Wärme über Strahlung an den Raum abgeben.

Konvektoren übertragen die Wärme zum Großteil über Konvektion an den Raum. Sie bestehen aus wasserführenden Rohren, auf die in engen Abständen Lamellen aufgebracht sind. Konvektoren werden üblicherweise in Schächten oder hinter schachtähnlichen Verkleidungen eingebaut. Die kalte Luft tritt unten in den Konvektor ein. Infolge des thermischen Auftriebs streicht sie an den Lamellen entlang, erwärmt sich und tritt oben aus dem Konvektor aus. Je höher die Luftgeschwindigkeit innerhalb des Konvektors ist, desto höher ist die Heizleistung. Infolge des Kamineffekts steigt die Luftgeschwindigkeit mit größer werdender Schachthöhe an. Die Vorteile des Konvektors sind seine im Vergleich zur Heizleistung geringen Abmessungen und sein niedriges Gewicht. Der reduzierte Wasserinhalt führt in Verbindung mit der Konvektionswirkung zu kurzen Aufheizzeiten. Die erzeugte Konvektionswalze führt zu starken Luftbewegungen im Raum. Dadurch sind für ein angenehmes Raumklima tendenziell höhere Raumtemperaturen erforderlich. Zudem wird verstärkt Staub aufgewirbelt, was insbesondere bei Allergikern kritisch zu beurteilen ist.

Die einfachste Form des Konvektors ist der Rippenrohrheizkörper, bei dem auf ein wasserführendes Heizrohr Lamellen aufgesteckt oder spiralförmig aufgeschweißt sind. Diese Form des Konvektors wird vornehmlich in Nebenräumen oder Fabriken auch ohne Verkleidung verwendet. Eine Besonderheit stellen Unterflurkonvektoren dar, bei denen ein Konvektor mit niedriger Bauhöhe in eine Vertiefung im Fußboden eingebaut wird. Die Aussparung wird mit einem fußbodengleichen Rost abgedeckt. Unterflurkonvektoren eignen sich insbesondere für den Einbau vor Fensterflächen, die bis zum Boden reichen. Sie schirmen die Fensterflächen, die in der Regel geringere Innenoberflächentemperaturen als die Außenwand aufweisen, gegen den Raum ab. Bei der Anordnung der Unterflurkonvektoren ist darauf zu achten, dass der am Fenster abfallende Kaltluftstrom nicht gegen die aus dem Konvektor aufsteigende Warmluft drückt.

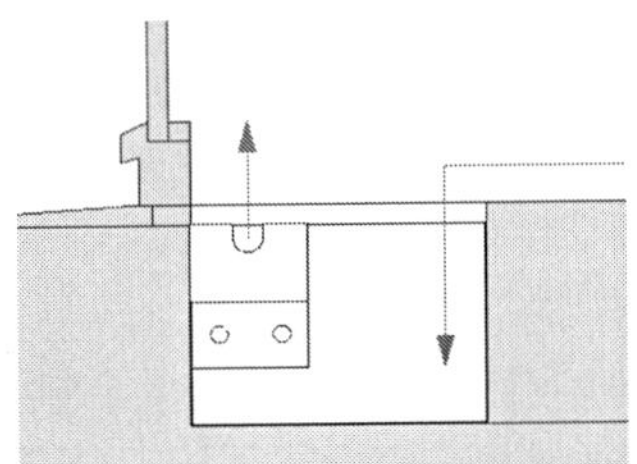 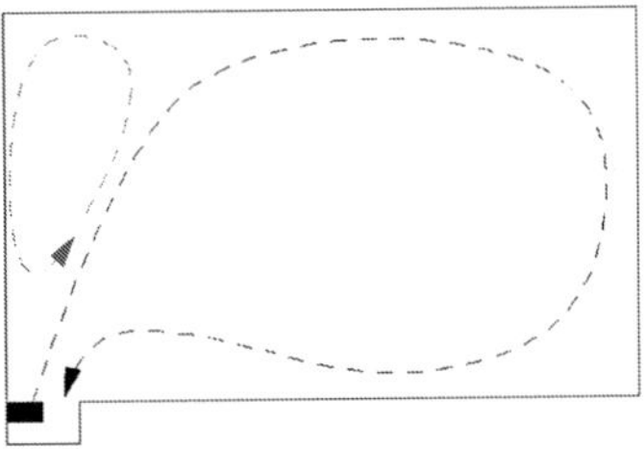

Bild 7-22 Kritische Anordnung eines Unterflurkonvektors

Eine extrem geringe Bauhöhe weisen sogenannte Estricheinbau-Konvektoren auf. Die erforderliche Höhe der Aussparung im Fußboden beträgt lediglich zwischen 75 und 90 mm. Das ermöglicht es, Estricheinbau-Konvektoren auch im Bestand zu verwenden, wenn sowieso eine Erneuerung des Fußbodenaufbaus geplant ist. Insbesondere zum nachträglichen Einbau einer Zentralheizung in bestehende Gebäude eignen sich Fußleistenkonvektoren. Sie weisen eine sehr geringe Bauhöhe und Bautiefe auf und werden auf Höhe der Fußleisten umlaufend an den Wänden eines Raumes angeordnet. Sie werden mit Verkleidungsblechen abgedeckt, die zum einen den für die Konvektion erforderlichen Schacht bilden und zum anderen optisch wie eine umgehende Sockelleiste wirken. Um einen geringen Platzbedarf zu erreichen, werden die Fußleistenkonvektoren in der Regel als Einrohrheizungen betrieben. Die Erschließung der Räume erfolgt meist durch die Tür. Dafür gibt es auf dem Markt spezielle Türunterfahrungsprofile mit passenden Abdeckungen. Dadurch ergibt sich bei Bestandsgebäuden der besondere Vorteil, dass kaum Durchbrüche erforderlich werden. Zudem werden die Heizleitungen durch die Fußleisten akzeptabel kaschiert. Als Nachteil ist die beschränkte Anordnung von Möbeln an den Wänden zu erwähnen.

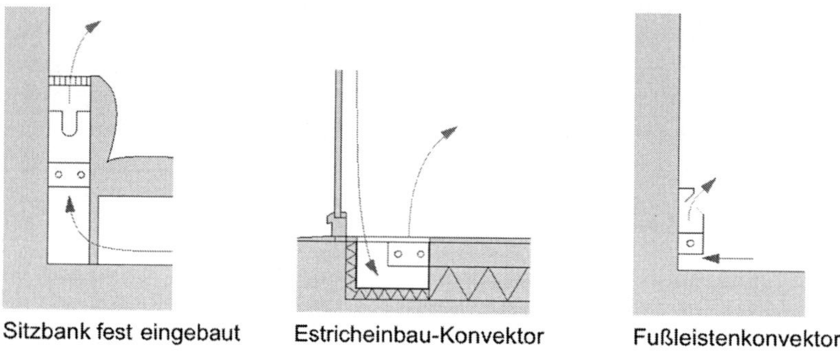

Bild 7-23 Besondere Einbauvarianten von Konvektoren

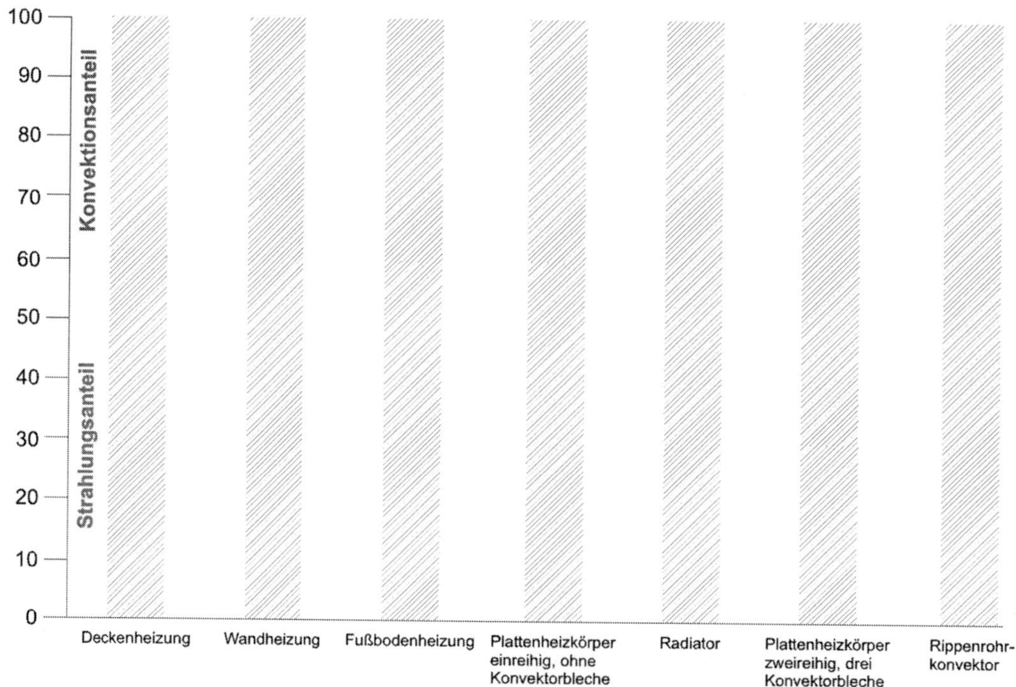

Bild 7-24 Verhältnis von Strahlung zu Konvektion bei unterschiedlichen Heizflächen

Um den Kamineffekt aufrecht zu erhalten, ist eine deutliche Übertemperatur des Konvektors erforderlich. Das ist insbesondere im Teillastfall problematisch. Konvektoren sind für niedrige Vorlauftemperaturen ungeeignet, es sei denn, es werden Gebläsekonvektoren eingesetzt. Die Luftzufuhr wird bei Gebläsekonvektoren nicht durch den Kamineffekt hervorgerufen (freie Konvektion), sondern durch Ventilatoren erzwungen. Bei sonst unveränderten Randbedingungen erhöht ein Ventilator die Heizleistung des Konvektors um das 1,5 bis 2,5-fache. Insbesondere bei schwierigen Einbausituationen, wie bei Unterflurkonvektoren oder bei der Anordnung hinter Einbaumöbeln, ist der Einsatz von Gebläsekonvektoren sinnvoll. Plattenheizkörper oder Radiatoren erreichen hinter Einbaumöbeln nur einen Bruchteil ihrer Heizleistung, da die Wärmeübertragung durch Strahlung durch die Möbel verhindert wird. Der Nachteil von Gebläsekonvektoren liegt in den höheren Investitions- und Betriebskosten. Um die Ventilatoren zu betreiben, ist zusätzliche Hilfsenergie erforderlich. Zudem können die Ventilatorgeräusche störend sein.

7.4.2 Integrierte Heizflächen

Die Heizrohre werden großflächig direkt in den zum Innenraum weisenden Bauteilschichten verlegt. Das Bauteil erwärmt sich und gibt die Wärme zeitverzögert an den Raum ab. Die Wärmeübertragung an den Raum erfolgt hauptsächlich durch Strahlung. In Bauteile integrierte Heizflächen können aus Gründen der menschlichen Physiologie und der Behaglichkeit nur mit niedrigen Vorlauftemperaturen betrieben werden. Trotz der niedrigen Vorlauftemperaturen werden große Heizleistungen erzielt, da große Bauteilflächen als Heizfläche herangezogen werden. Die systembedingt niedrigen Vorlauftemperaturen machen integrierte Heizflächen zum Mittel der Wahl, wenn regenerative Energien mit niedrigem Temperaturniveau zur Wärmeerzeugung herangezogen werden sollen. Die niedrigen Vorlauftemperaturen haben geringere Verteilungsverluste zur Folge, da sich die Temperaturdifferenz zwischen Heizmedium und Umgebung reduziert. Durch die relativ geringe Übertemperatur der Heizfläche und die vorwiegende Wärmeübergabe durch Strahlung entsteht ein relativ gleichmäßiges und nahezu ideales Temperaturprofil im Raum. Zudem erhöht sich bei gleichbleibender Raumlufttemperatur infolge der höheren Oberflächentemperaturen die operative Raumtemperatur. Folglich kann bei integrierten Heizflächen die Raumlufttemperatur um circa 2 K abgesenkt werden, ohne dass ein unangenehmes Raumklima entsteht. Dadurch werden die Transmissions- und Lüftungswärmeverluste des Gebäudes deutlich reduziert. Die integrierten Heizflächen sind optisch nicht wahrnehmbar und sorgen somit für einen großzügigen Raumeindruck, allerdings ziehen Defekte aufwendige Reparaturmaßnahmen nach sich. Infolge der hohen Speichermassen der Bauteile reagieren Flächenheizungen verzögert auf Regeleingriffe. Die Trägheit des Systems macht einen nächtlichen Absenkbetrieb nahezu unmöglich, außerdem kommen integrierte Heizflächen deshalb nur für ständig beheizte Räume in Frage. Werden bauteilintegrierte Heizflächen in Bauteilen installiert, die an unbeheizte Räume oder an die Außenluft grenzen, so müssen die Bauteilschichten, die von den Heizrohren zu dem unbeheizten Raum oder der Außenumgebung zeigen, gemäß DIN EN 1264, Teil 4 erhöhte Wärmeleitwiderstände aufweisen (Tabelle 7.4). Das soll verhindern, dass infolge der erhöhten Bauteiltemperatur die Transmissionswärmeverluste zunehmen.

Tabelle 7.4 Mindest-Wärmeleitwiderstände hinter integrierten Heizflächen

	Benachbarter beheizter Raum	Benachbarter unbeheizter Raum, direkt ans Erdreich grenzende Fläche	Außenlufttemperatur im benachbarten Bereich		
			Auslegungsaußentemperatur $\vartheta_d \geq 0\ °C$	Auslegungsaußentemperatur $0\ °C > \vartheta_d \geq -5\ °C$	Auslegungsaußentemperatur $-5\ °C > \vartheta_d \geq -15\ °C$
Wärmeleitwiderstand $R_{\lambda,\text{ins}}$	0,75	1,25	1,25	1,50	2,00

Die am weitesten verbreitete Form der integrierten Heizfläche ist die Fußbodenheizung. Prinzipiell können die Heizrohre in drei Varianten im Fußboden verlegt werden: mäanderförmig, bifilar oder bifilar-mäanderförmig (Bild 7-25). Bei der mäanderförmigen Anordnung der Heizungsrohre entsteht im Fußboden ein Temperaturgefälle, da die Temperatur des Heizwassers mit zunehmender Entfernung vom Vorlauf abnimmt. Bei der bifilar und bifilar-mäanderförmigen Verlegung wird dieser Effekt weitestgehend vermieden. Die Vorlauf- und die Rücklaufleitung liegen nebeneinander, so dass der Rohrabschnitt des Vorlaufs mit der höchsten Temperatur neben dem Rohrabschnitt des Rücklaufs mit der niedrigsten Temperatur liegt. Das führt insgesamt zu einer recht gleichmäßigen Oberflächentemperatur.

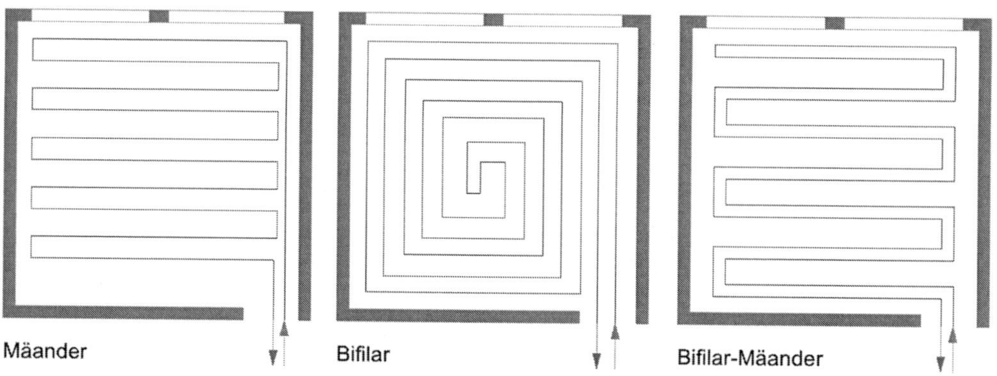

Bild 7-25 Verlegevarianten von Fußbodenheizungen

Auf einem Heizestrich sollten nach Möglichkeit Bodenbeläge mit hoher Wärmeleitfähigkeit verlegt werden, da ansonsten die Wärmeabgabe behindert und die Vorlauftemperatur erhöht werden muss. Der Wärmedurchlasswiderstand des Bodenbelages darf nicht über 0,15 m²K/W liegen. Besonders gut geeignet sind Naturstein- und Keramikbeläge, aber auch elastische Beläge wie PVC, Linoleum oder Kork können auf Grund ihrer sehr geringen Schichtdicken verwendet werden. Teppichbeläge sind infolge ihrer Dämmwirkung weniger geeignet. Allerdings existieren auch Teppichböden, die für Fußbodenheizungen geeignet und entsprechend markiert sind. Infolge der Trockenheit sollten die Teppichbeläge mit einer antistatischen Ausrüstung ausgestattet sein. Nur sehr wenige Holzbeläge sind als Belag für einen Heizestrich geeignet. Das liegt an ihrer verminderten Wärmeleitfähigkeit und der Eigenschaft zu quellen und zu schwinden. Es sind spezielle, sehr dünne Fertigparkett-Elemente erhältlich, die sich eignen. Auf Grund der Fußphysiologie und der Tatsache, dass der Mensch über die Füße ständig im Kontakt mit dem Fußboden ist, darf die Oberflächentemperatur des Fußbodens gewisse Grenzen nicht übersteigen. Die DIN EN 1264, Teil 2 sieht in Tabelle A.12 folgende Grenzwerte vor:

- Im Daueraufenthaltsbereich $\leq 29\ °C$

- In Bädern oder Ähnlichem $\leq 33\ °C$

- In Randbereichen $\leq 35\ °C$

Diese Angaben sind die absoluten Maximalwerte. Optimalerweise sollte die Oberflächentemperatur zwischen 23 °C und 26 °C liegen.

Es bestehen zwei Möglichkeiten, Wandheizungen auszuführen. Zum einen existieren sogenannte Vorwandheizflächen, bei denen vorgefertigte Verbundelemente in Trockenbauweise vor die bestehende Wand vorgehängt werden. Die Verbundelemente bestehen aus Wärmedämmung, Kupferrohren und Leitblechen. Sie müssen zum Innenraum hin nur noch verspachtelt werden, um die fertige Konstruktion zu erhalten. Die zweite Möglichkeit ist der konventionelle und schichtweise Aufbau. Zunächst wird innenseitig eine Wärmedämmung vor der bestehenden Wand aufgebracht, damit die abgegebene Wärme vorrangig dem Raum zugutekommt. Anschließend werden vorgefertigte mäander- oder zickzackförmige Heizregister befestigt, die zuletzt in eine 25 bis 35 mm starke Putzschicht mit hoher Wärmeleitfähigkeit eingebettet werden. Vor Wandheizflächen dürfen keine Möbel gestellt werden, da ansonsten die Wärmeübertragung an den Raum behindert wird. Dadurch reduzieren sich die Stellflächen für Möbel. Laut DIN EN 1264, Teil 3 sollte die durchschnittliche Oberflächentemperatur einer Wandheizung 40 °C nicht überschreiten.

Soll im Bestand eine Deckenheizung installiert werden, dann ist dies in der Regel nur mittels einer Deckenbekleidung oder einer abgehängten Decke möglich. Sind in denkmalgeschützten Gebäuden Decken mit Holzvertäfelungen, Stuck oder Ähnlichem erhalten, dann entfällt diese Variante der Wärmeübergabe. Andernfalls wird durch die Deckenbekleidung beziehungsweise die abgehängte Decke ein Installationsraum geschaffen, in dem die Haupt- und Verteilleitungen der Heizdecke frei geführt werden können. Die Heizregister sind entweder direkt in die Decklage integriert oder werden oberhalb der Decklage verlegt. Zahlreiche Hersteller bieten Deckensysteme an, bei denen vorgefertigte Heizregister einfach an der Unterkonstruktion der abgehängten Decke befestigt werden. Die Heizleitungen der einzelnen vorgefertigten Elemente werden anschließend noch miteinander verbunden. Die Heizregister sollten nach oben, zur tragenden Decke hin gedämmt sein, damit die Wärme hauptsächlich nach unten in den Aufenthaltsraum abgestrahlt wird. Umfangreiche Eingriffe in die bestehende tragende Decke sind nicht erforderlich. Im Falle der Deckenheizung wird die Wärme fast ausschließlich über Strahlung an den Raum übertragen. Die DIN EN 1264, Teil 3 gibt als Höchstwert für die mittlere Temperatur einer Heizdeckenoberfläche 29 °C an. Allerdings ist die als behaglich empfundene maximale Oberflächentemperatur einer Heizdecke in besonderem Maße von der lichten Raumhöhe abhängig. Der in DIN EN 1264, Teil 3 angegebene Wert gilt deshalb auch nur für die geometrischen Bedingungen üblicher Aufenthaltsräume. Was üblich ist, wird allerdings nicht genauer spezifiziert. Deswegen muss bei höheren Temperaturen der Deckenoberfläche die Behaglichkeit explizit nach DIN EN ISO 7730 nachgewiesen werden. Durch eine Deckenheizung entsteht im Raum ein nach oben ansteigendes Temperaturprofil, was vom Menschen als weniger angenehm empfunden wird.

Gemäß DIN EN 15 377, Teil 1 beträgt der Wärmeübergangskoeffizient zwischen der warmen Oberfläche einer gewöhnlichen Fußbodenheizung und der Raumluft $h_t = 8{,}92$ W/m²K. Der Wärmeübergangskoeffizient h_t setzt sich zusammen aus dem Wärmeübergangskoeffizienten für Konvektion h_{cv} und den Wärmeübergangskoeffizienten für Strahlung h_r. Die DIN EN 15 377, Teil 1 definiert den Wärmeübergangskoeffizienten für Strahlung bei allen integrierten Heizflächen mit Oberflächentemperaturen zwischen 15 und 30 °C zu 5,5 W/m²K. Damit ergibt sich für die Fußbodenheizung ein Strahlungsanteil an der Gesamtwärmeübertragung von 62 %. Mit den typischen Wärmeübergangskoeffizienten für die Wandheizung ($h_t = 8{,}0$ W/m²K) und die Deckenheizung ($h_t = 6{,}0$ W/m²K) ergeben sich Strahlungsanteile von 69 % beziehungsweise 92 %.

7.5 Lüftung

Die Gebäudelüftung liefert einen wesentlichen Beitrag zur Sicherstellung eines hygienischen und behaglichen Innenraumklimas. Durch Lüften wird die verbrauchte, mit CO_2, Luftschadstoffen, Gerüchen und Feuchtigkeit angereicherte Raumluft abgeführt und gegen sauerstoffreiche Außenluft ausgetauscht. Eine hohe CO_2-Konzentration macht sich beim Menschen durch Müdigkeit, Konzentrationsschwäche, Kopfschmerzen sowie Reizerscheinungen an Augen, Nase und Rachen bemerkbar. Als Richtwert für die maximale CO_2-Konzentration in Innenräumen wird häufig die Pettenkofer-Zahl herangezogen. Demnach sollte die CO_2-Konzentration 0,1 Vol.% beziehungsweise 1000 ppm nicht überschreiten. 1 ppm (parts per million) entspricht 1 ml/m³. Die vom Menschen ausgeatmete Luft enthält 40 000 ppm, die Außenluft zwischen 300 und 400 ppm CO_2. Die DIN EN 15 251 empfiehlt für Nichtwohngebäude eine Beschränkung der CO_2-Konzentration auf Werte zwischen 350 und 800 ppm über der Außenluftkonzentration. Beinhaltet die Raumluft 800 ppm CO_2 mehr als die Außenluft, ist mit 30 % Unzufriedenen zu rechnen. Die Feuchtigkeit der Innenraumluft sollte ebenfalls beschränkt werden, um die Entwicklung von Schimmelpilzen im Innenraum zu vermeiden.

Insbesondere bei Neubauten, aber in zunehmendem Maße auch bei der Sanierung bestehender Gebäude wird über den Einbau mechanischer Lüftungsanlagen nachgedacht. Durch die zunehmend luftdichte Ausführung der Gebäude wird zwar eine unkontrollierte Infiltration kalter Außenluft verhindert und dadurch der Heizwärmebedarf reduziert, gleichzeitig muss aber der Nutzer gezielter und häufiger manuell lüften. Dieses Bewusstsein ist bei zahlreichen Gebäudenutzern nicht vorhanden, wodurch der hygienisch notwendige Mindestluftwechsel häufig nicht erreicht wird. Das kann auch bei mangelfreier Bauausführung zu Schimmelpilzbefall führen. Durch eine mechanische Lüftungsanlage kann nutzerunabhängig der hygienische Mindestluftwechsel sichergestellt werden. Mit zunehmender energetischer Optimierung eines Gebäudes wächst der relative Anteil der Lüftungswärmeverluste am Gesamtenergiebedarf. Mittels einer mechanischen Lüftungsanlage kann der Luftwechsel auf das hygienisch notwendige Mindestmaß reduziert werden. Durch Einrichtungen zur Wärmerückgewinnung oder Abluftwärmepumpen kann der Abluft Wärmeenergie entzogen werden und zur Deckung des Energiebedarfs des Gebäudes herangezogen werden. Beim Einsatz mechanischer Lüftungsanlagen wird allerdings zusätzliche Hilfsenergie für die Ventilatoren benötigt. Um die Leistungsaufnahme der Ventilatoren möglichst gering zu halten, sind folgende Grundsätze bei der Planung und dem Betrieb von Lüftungsanlagen zu beachten. Das Kanalnetz sollte möglichst kurz und mit wenigen Einbauten versehen sein. Um die Verschmutzung des Kanalnetzes zu verhindern, sind Filter notwendig. Je feiner die Filter, desto höher ist der Druckverlust und desto höher muss dementsprechend die Ventilatorleistung sein. Um den Druckabfall an den Filtern möglichst gering zu halten, sollten diese regelmäßig inspiziert und verschmutzte Filter frühzeitig ausgetauscht werden. Zum Schallschutz zwischen einzelnen Räumen sind Schalldämpfer im Kanalnetz erforderlich. Bezüglich des Strömungswiderstandes sind runde oder flache Schalldämpfer den Rohreinschubschalldämpfern vorzuziehen. Insbesondere bei Lüftungsanlagen, die die Abluftwärme nutzen, entspricht die Energieeinsparung einem Vielfachen gegenüber der für die Ventilatoren zusätzlich benötigten Hilfsenergie. Zusammenfassend kann folglich festgestellt werden, dass eine mechanische Lüftungsanlage mit Wärmerückgewinnung in der Lage ist, den hygienisch notwendigen Mindestluftwechsel bei minimalem Energieverbrauch sicherzustellen. Auch bei Abwesenheit der Nutzer und nachts findet ein, dann eventuell reduzierter, Luftaustausch statt.

Mechanische Lüftungsanlagen können nach der Luftführung im Gebäude in zentrale und dezentrale Anlagen unterschieden werden. Ist für die Lüftungsanlage ein Luftkanalsystem im Gebäude erforderlich, so handelt es sich um eine zentrale Lüftungsanlage, andernfalls um eine dezentrale. Die Unterscheidung in Abluftanlage und kombinierte Zu- und Abluftanlage erfolgt danach, ob die Zuluft passiv infolge von Druckunterschieden durch spezielle Öffnungen in der Gebäudehülle nachströmt oder aktiv und kontrolliert durch Ventilatoren gefördert wird. Aus energetischer Sicht ist eine Unterscheidung zwischen Anlagen, die die Wärme der Abluft nutzen und solchen, die sie vollständig an die Außenumgebung abführen, sinnvoll.

Bei dezentralen Lüftungsanlagen wird die Abluft an mehreren Stellen aus dem Gebäude geführt. Hierzu werden lokal Einzelventilatoren in die Außenwand integriert. Die Ventilatoren sollten in den Räumen mit der höchsten Geruchs- oder Feuchtigkeitsbelastung vorgesehen werden, also beispielsweise in WCs, Bädern und Küchen. Die einfachste technische Ausführung stellt die dezentrale Abluftanlage ohne Wärmerückgewinnung dar. Hierdurch wird das Prinzip der Querlüftung angewandt. Auf der Seite des Gebäudes, auf der sich die Bäder und Küchen befinden, werden Abluftventilatoren in der Außenwand installiert. In der gegenüberliegenden Außenwand des Gebäudes werden schall- und wärmegedämmte Zuluftöffnungen eingebaut. Die Überströmung der Luft zwischen dem Zuluft- und Abluftbereich muss ermöglicht werden. Das kann durch vergrößerte Türspalte oder Luftgitter in den Innentüren gewährleistet werden. Die Abluftventilatoren befördern die geruchs- und feuchtebelastete Luft nach außen. Dadurch entsteht in den entsprechenden Räumen ein Unterdruck, so dass Außenluft durch die Zuluftöffnungen nachströmt und durch den Überström- in den Abluftbereich gelangt. Die Strömungsrichtung stellt sicher, dass sich Gerüche aus den Abluftbereichen nicht in die Aufenthaltsräume ausbreiten können. Um mit dezentralen Lüftungsanlagen eine Wärmerückgewinnung zu realisieren, existieren zwei Prinzipien. Zum einen kann nach dem eben beschriebenen Prinzip verfahren werden, allerdings werden anstatt der Zuluftöffnungen ebenfalls Ventilatoren installiert. Sämtliche Ventilatoren sind zudem mit Wärmetauschern in Form von Metallgittern versehen. Für die Dauer von circa einer Minute befördern die Ventilatoren in der einen Außenwand Abluft nach außen, während die gegenüberliegenden Ventilatoren den Räumen Außenluft zuführen. Der Vorgang erfolgt wechselzyklisch, so dass die Metallgitter erst der Abluft Wärme entziehen und diese anschließend auf die Zuluft übertragen. Zum anderen besteht die Möglichkeit, jeden Raum mit einem Einzelraumlüftungsgerät auszustatten, welches gleichzeitig Zuluft und Abluft im Gegenstrom über einen Plattenwärmetauscher führt.

Eine zentrale Abluftanlage verfügt über ein Kanalnetz, das die Abluft aller Belüftungsbereiche sammelt und über einen zentralen Ventilator aus dem Gebäude fördert. Die Zuluft strömt passiv über dezentrale Zuluftöffnungen nach. Im Gegensatz dazu wird bei einer kombinierten Zu- und Abluftanlage sowohl die Zuluft als auch die Abluft kontrolliert über Ventilatoren gefördert. Bei einer zentralen Zu- und Abluftanlage werden die Zuluft und die Abluft über zwei getrennte Kanäle und zwei getrennte Ventilatoren gefördert. Infolge der doppelten Leitungsführungen sind innerhalb des Gebäudes größere Installationsflächen für die Luftkanäle erforderlich. An Kreuzungspunkten von Zu- und Abluftkanälen sind zudem größere Installationshöhen notwendig. Von Vorteil ist, dass eine Wärmerückgewinnung sehr einfach über einen Plattenwärmetauscher realisiert werden kann. Wird die Zuluft zentral angesaugt, so ist darauf zu achten, dass dies nicht in der Nähe von Schornsteinen oder stark befahrenen Straßen geschieht. Die Zuluft- und Abluftöffnung müssen in ausreichendem Abstand zueinander angeordnet sein, um einen Kurzschluss zu vermeiden. Die zentralen Lüftungsanlagen haben den Vorteil, dass in den einzelnen Räumen keine Ventilatoren erforderlich sind und dementsprechend auch keine störenden Ventilatorgeräusche entstehen.

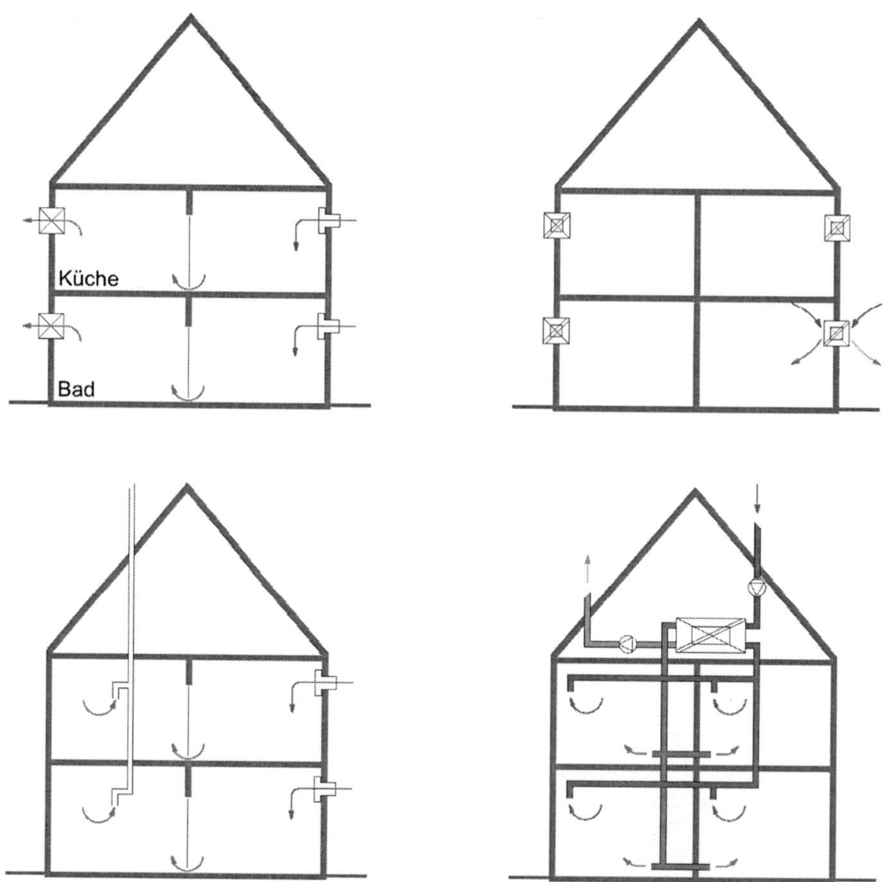

Bild 7-26 Varianten mechanischer Lüftungsanlagen

Bei reinen Abluftanlagen ist keine Wärmerückgewinnung möglich. Trotzdem kann der Abluft Wärmeenergie entzogen werden, die dann als Wärmequelle für den Betrieb einer Wärmepumpe dienen kann. Die Abluftwärmepumpe kann entweder zur Trinkwassererwärmung oder zur Heizungsunterstützung beitragen. Diese Variante wird im Altbau häufig bevorzugt, um die aufwendige Leitungsführung bei einer zentralen Zu- und Abluftanlage zu vermeiden.

Damit auch bei starker Windanströmung keine ungewollte Infiltration durch die dezentralen Zuluftöffnungen erfolgt, sind diese mit automatischen Volumenstrombegrenzern auszustatten. Die Zuluftöffnungen sollten in ausreichendem Abstand zum Aufenthaltsbereich und möglichst über Heizflächen angeordnet sein, um Zugerscheinungen zu vermeiden. Die Abluftöffnungen werden möglichst in der Nähe von Geruchs- und Feuchtequellen angeordnet. Allerdings sollten aus hygienischen Gründen, um Fettablagerungen in den Luftkanälen zu vermeiden, Abluftöffnungen niemals direkt über Küchenherden vorgesehen werden. Bei der Luftführung in Bädern ist darauf zu achten, dass weder in der Dusche noch oberhalb der Badewanne Zugerscheinungen auftreten.

Bei kombinierten Zu- und Abluftanlagen muss ein Abgleich zwischen Zu- und Abluftvolumenstrom stattfinden, andernfalls kann es im Extremfall zu Feuchteschäden oder Zuglufterscheinungen kommen. Ist der Zuluftvolumenstrom größer als der Abluftvolumenstrom, so entwickelt sich im Gebäude ein Überdruck. Das kann zu einer Exfiltration über Undichtheiten in der Gebäudehülle führen. Der konvektiv mitgeführte Wasserdampf kondensiert innerhalb des Bauteilquerschnitts und führt zu Feuchteschäden. Ist der Zuluftvolumenstrom geringer als der Abluftvolumenstrom, so ergibt sich im Gebäudeinneren ein Unterdruck. Schon über geringe Undichtheiten in der Gebäudehülle kann Außenluft einströmen und zu Zuglufterscheinungen führen.

Energetisch hat der Einbau einer Lüftungsanlage nur bei gut gedämmten und dichten Gebäuden einen Sinn. Die Energieeinsparung durch Lüftungsanlagen darf beim Nachweis nach EnEV 2009 nur dann berücksichtigt werden, wenn die Dichtheit des Gebäudes die Anforderungen nach EnEV 2009, Anlage 4, Nummer 2 erfüllt. Das muss mittels eines Blower-Door-Tests gemäß DIN EN 13 829 überprüft werden. Dabei darf bei einem Druckunterschied von 50 Pa zwischen innen und außen der Luftwechsel nicht mehr als $1{,}5\ \mathrm{h}^{-1}$ betragen.

7.6 Solartechnik

Immer häufiger drängt sich bei der Sanierung historischer Gebäude die Frage nach dem Einsatz regenerativer Energien auf. Dabei zeigt sich die Nutzung von Solarenergie am Baudenkmal als besonders konfliktreich, denn sie stellt in vielen Fällen einen starken Eingriff in das äußere Erscheinungsbild eines Gebäudes dar. Die großflächigen und reflektierenden Solarmodule unterscheiden sich in ihrer Struktur und Materialität sehr deutlich von einer kleinteiligen historischen Dachdeckung. Andererseits bietet sich aber gerade an denkmalgeschützten Bauwerken ein hohes Potenzial für die solare Energienutzung, denn bei ihnen handelt es sich vielfach um städtebauliche Solitäre in exponierter Lage mit großen verschattungsfreien Flächen, und letztendlich kommt es dem Erhalt der Bauwerke zugute, wenn der erzeugte Solarstrom aggressive Emissionen konventioneller Kraftwerke vermeidet. Am Gebäude kommen aus dem Bereich der Solartechnik vorrangig die Photovoltaik (PV) und die Solarthermie zum Einsatz. Für diese beiden Technologien existieren mittlerweile über die gebräuchlichen Standardlösungen hinaus vielfältige Gestaltungsmöglichkeiten, die eine Anpassung in Form, Farbe und Lage der Solarelemente an das Bauwerk erlauben. So können individuelle Kompromisslösungen häufig die Interessen von Denkmalschutz und regenerativer Energiegewinnung in Einklang bringen.

Bild 7-27 Gelungenes Beispiel für Solartechnik am Baudenkmal an der Dorfkirche im sächsischen Bärwalde (Quelle: Landesamt für Denkmalpflege Sachsen, Pinkwart)

Eine Solaranlage am Denkmal bleibt immer eine Einzelfallentscheidung, die ein hohes Fachwissen und Verständnis für die denkmalpflegerischen Belange verlangt. Als Voraussetzung muss die Planung sehr feinfühlig auf die bestehende Bausubstanz eingehen – Struktur, Textur, Form, Farbe, Materialität und Reflexionsverhalten spielen eine große Rolle. Im Vergleich zu den meisten bestehenden Gebäuden oder gar Neubauten erlauben Baudenkmale nur noch geringe gestalterische Freiheitsgrade.

Bei vielen gelungenen Beispielen sucht die Solartechnik die Harmonie zum Baudenkmal. Das gelingt mit der dachintegrierten Montage besser als mit aufgeständerten Modulen. Während Denkmalpfleger bei vielen Projekten eine Begrenzung im Bereich von 10 bis 25 % der Dachfläche wünschen, kann sich beispielsweise in Gebäuden der Nachkriegsmoderne auch eine vollflächige Belegung gut ins Erscheinungsbild einfügen. Häufig kommen angepasste Sondermodule zum Einsatz, bevorzugt mit schwarzen, teilweise auch naturbelassenen silbergrauen Solarzellen, deren Hintergrundfarbe dank dunkler Folien oder bedruckter Gläser sich möglichst wenig absetzt und die typische Rasterwirkung kristalliner Solarmodule verhindert. Daneben bieten sich Dünnschichtmodule mit ihren homogenen, inzwischen auch farbigen und bedruckten Oberflächen an. In Kombination mit Schiefer- oder Blechdächern können aber auch klassisch blaue Solarzellen in einen harmonischen Dialog treten.

7.6.1 Photovoltaik

Unter dem Begriff Photovoltaik (PV) versteht man den Vorgang, bei dem Sonnenlicht mittels Solarzellen in elektrische Energie umgewandelt wird. In den letzten Jahren fand im PV-Bereich eine rasante technologische Entwicklung statt, so dass heute vielfältige Produkte auf dem Markt zur Verfügung stehen. Die wesentlichen Unterschiede lassen sich im Bereich der PV-Zellen, der Modulart und der Befestigung finden.

Unter dem Begriff „PV-Anlage" versteht man alle Komponenten, die zur Umwandlung der Solarstrahlung in elektrische Energie und der Nutzung oder Einspeisung notwendig sind. Dazu gehören im Wesentlichen die PV-Module, die Verkabelung, der Wechselrichter und der Einspeisezähler. Den Kern der Anlage bildet das PV-Modul, das optisch am stärksten in Erscheinung tritt. Das Modul setzt sich wiederum aus einzelnen verschalteten Solarzellen zusammen. Die heutigen PV-Module stehen in unterschiedlichen Aufbauten und mit verschiedenen Zellkonzepten zur Verfügung.

Für den praktischen Einsatz von Photovoltaik sind neben den denkmalpflegerischen Gesichtspunkten eine Reihe von konstruktiven und technischen Anforderungen zu beachten, so dass im Folgenden ein kurzer Überblick über die wesentlichen Faktoren der einzelnen Komponenten gegeben wird.

Solarzellen

Die heutigen Solarzellen lassen sich nach ihrer Struktur und den verwendeten Basismaterialien in verschiedene Kategorien einteilen. Der Hauptteil der weltweit eingesetzten PV-Zellen besteht aus kristallinem Silizium, aus dem sogenannte Wafer mit den üblichen Abmaßen 10×10 cm, $12,5 \times 12,5$ cm oder 15×15 cm gefertigt werden. Die Dicke beträgt bei allen Varianten rund 0,2 mm. Eine weitere Unterteilung kann in monokristalline und polykristalline Zellen erfolgen. Dabei zeichnen sich monokristalline Zellen durch einen etwas höheren Wirkungsgrad und ein homogeneres Erscheinungsbild aus.

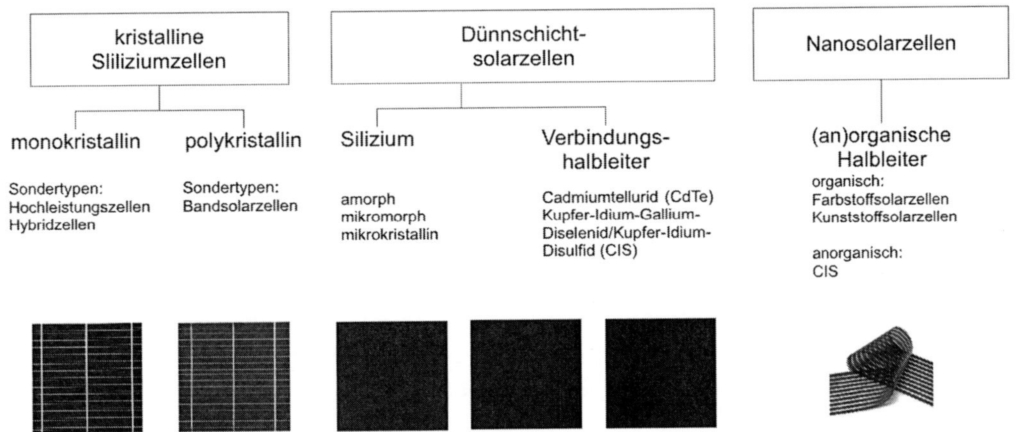

Bild 7-28 Übersicht marktüblicher Solarzellen

Die zweite große Gruppe bilden die sogenannten Dünnschichtsolarzellen. Sie entstehen durch eine dünne Beschichtung eines Substratmaterials – meist eine Glasscheibe – mit verschieden photoaktiven Halbleitermaterialen. Am häufigsten kommen dafür amorphes Silizium, Cadmiumtellurid (CdTe) und Kupfer-Indium-Gallium-Diselenid (CIS) zur Anwendung. Die Vorteile gegenüber den kristallinen Zellen liegen in einem wesentlich geringeren Materialeinsatz und einem höheren Gestaltungspotenzial.

Eine weitere Möglichkeit der elektrischen Energiegewinnung besteht durch Nanosolarzellen. Diese beruhen auf sehr dünnen lichtsammelnden Schichten, die aus organischen und anorganischen Stoffen bestehen. Ein Beispiel für diese Gruppe ist die aus Schulexperimenten bekannte Grätzel-Zelle. Sie wandelt Sonnenenergie mithilfe eines Farbstoffes in elektrischen Strom um. Die Vorteile dieser Zellen liegen in der einfachen Verarbeitung, beispielsweise durch Tintenstrahldruck oder Filmziehen. Jedoch weisen die aktuellen Entwicklungen noch Probleme bei der Dauerhaftigkeit auf.

Module

Die nächst größere Einheit stellt das PV-Modul dar. Es entsteht aus mehreren untereinander verschalteten Solarzellen. Zum Schutz der Zellen vor Witterungseinflüssen handelt es sich hierbei in der Regel um einen Glas-Folien-Verbund. Kristalline Standardmodule besitzen die typischen Abmaße von 0,60 × 1m bis 1 × 2 m und eine Nennleistung von 80 bis 300 Watt Peak (Nennleistung unter standardisierten Testbedingungen). Ihr Aufbau besteht aus einer Deckscheibe aus eisenarmem Einscheibensicherheitsglas, einem rückseitigen Folienverbund und Aluminiumrahmen zur Einfassung der Glasscheibe. Daneben existieren abhängig von der Einbausituation und von der verwendeten Zelltechnologie vielfältige weitere Modulvarianten.

Grundsätzlich erlauben alle Zelltechnologien die Herstellung von Solarmodulen mit oder ohne Rahmen. Für eine weitreichende Gebäudeintegration besitzen rahmenlose PV-Module Vorteile, da sie ohne weitere Hilfskonstruktionen direkt mit der Unterkonstruktion verbunden werden. Abhängig von der Fertigungstechnologie kommen für die Modulherstellung sowohl Walzglas als auch Floatglas sowie Veredlungen wie Teilvorgespanntes Glas (TVG) oder Einscheiben-Sicherheitsglas (ESG) zum Einsatz. Bei hohen Glasbelastungen und ungünstiger Wärmeentwicklung im Modul sind ESG-Scheiben aufgrund ihrer höheren Festigkeit vorteilhaft. Eine Ausnahme bilden PV-Module der Dünnschicht-Technologie. Durch die hohen Temperaturen im Fertigungsprozess erfolgt die PV-Beschichtung in der Regel auf Floatglas, somit besteht zumindest die Substratscheibe aus einem nicht vorgespannten Glas. Existieren keine Anforderungen an den Wärmeschutz, finden folgende Einfachverglasungen Verwendung:

- Glas-Folien-Laminate
- Glas-Glas-Laminate
- Glas-Glas-Gießharztechnologie
- Einbettung in Acrylglas
- Solarmodule auf Metallbahnen eingebettet in Kunststofffolie

Aus baurechtlicher Sicht gelten Glas-Glas-Laminate nicht als Verbundsicherheitsglas (VSG), sondern als Verbundglas (VG). Der Wärmeschutz lässt sich mit PV-Isolierglasaufbauten verbessern. Hierbei erweitert ein weiteres Rückseitenglas das bestehende Modul. Durch die thermische Trennung werden die innenliegenden Scheiben im Isolierglasaufbau nicht übermäßig belastet, so dass man hierfür auch VSG aus thermisch empfindlichem, nicht vorgespannten, Floatglas einsetzen kann.

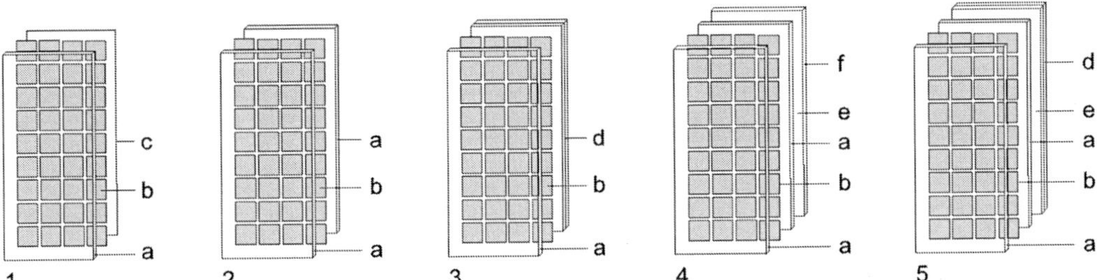

Bild 7-29 Häufig verwendete Modulaufbauten
1   Glas-Folien-Laminat
2   Glas-Glas-Laminat
3   Glas-Glas-Laminat mit VSG-Rückglas
4   Glas-Glas-Laminat im Isolierglasaufbau
5   Glas-Glas-Laminat im Isolierglasaufbau mit VSG-Rückglas
Bestandteile der Abbildungen 1–5:
a   ESG-Scheibe
b   PV-Schicht mit Verbundfolie
c   Rückfolie
d   VSG-Scheibe
e   Scheibenzwischenraum
f   Floatglas

Aus gestalterischer Sicht bieten konventionelle Standardmodule nur eingeschränkte Möglichkeiten für eine harmonische Integration von PV in ein Baudenkmal. Deutlich verbesserte Ergebnisse lassen sich durch ein homogenes Erscheinungsbild, einen geringeren Glanzgrad sowie durch eine aufgelöste Modularität erzielen. Das erreicht man zum Beispiel schon durch eine auf Zellfarbe angepasste Rückfolie, die zu einem wesentlich einheitlicheren Bild beiträgt. Des Weiteren lässt sich durch spezielle Deckgläser das Reflexionsverhalten gegenüber konventionellen Modulen verbessern. Ebenfalls kann im Vergleich zu typischen Frontkontakten bei kristallinen Modulen, durch eine rückseitige Kontaktierung, die optische Erscheinung der PV-Anlage vereinheitlicht werden. Eine interessante Alternative für den Denkmalbereich stellen farbige Dünnschichtmodule dar. Sie erhöhen den Gestaltungsspielraum und die Anpassung an Baudenkmale. Leider führen die meisten gestalterischen Anpassungsmaßnahmen zu Einbußen beim Energieertrag und zu erhöhten Herstellungskosten gegenüber den konventionellen Modulen. Aus denkmalpflegerischer Sicht ist der erhöhte Aufwand in jedem Fall zu begrüßen.

Bild 7-30 Farbige Dünnschichtsolarzellen

Befestigung

Aus konstruktiver Sicht hat die Fixierung der PV-Module auf der Unter- beziehungsweise Fassadenkonstruktion eine wichtige Bedeutung. Hierbei müssen eine ausreichende Standsicherheit, der Korrosionsschutz sowie eine leichte Montage gewährleistet werden. Die Konstruktionen unterscheiden sich bei rahmenlosen und bei gerahmten Modulen. Für rahmenlose Module eignen sich prinzipiell die bekannten Verbindungstechniken beziehungsweise die geregelten Bauarten des konstruktiven Glasbaus. Dazu zählen:

- Linienförmige Lagerung nach den Technischen Regeln für die Verwendung von linienförmig gelagerten Verglasungen (TRLV)

- Punktförmige Lagerung nach den Technischen Regeln für die Bemessung und die Ausführung von punktförmig gelagerten Verglasungen (TRPV)

- Fassaden-Befestigungen nach DIN 18 516 „Außenwandbekleidungen, hinterlüftet"

Gerahmte Module gehören zur linienförmigen Lagerung nach TRLV und können relativ unproblematisch mit der Unterkonstruktion verschraubt oder verklemmt werden. Insbesondere für aufgeständerte Dachanlagen und vorgehängte Fassaden stellt das eine häufig ausgeführte Variante dar. Neben den genannten geregelten Bauarten bestehen weitere verbreitete Konstruktionen für die Befestigung von PV-Modulen:

- Punkthalter mit durchbohrten Scheiben

- Klebverbindungen

Für die Verwendung dieser Konstruktionen in einer baurechtlich relevanten Einbausituation ist eine Zustimmung im Einzelfall (ZiE), eine Allgemeine bauaufsichtliche Zulassung (AbZ) oder eine Europäische Technische Zulassung notwendig. In untergeordneten Gebäudebereichen kann der Einbau nach den allgemein anerkannten Regeln der Technik erfolgen.

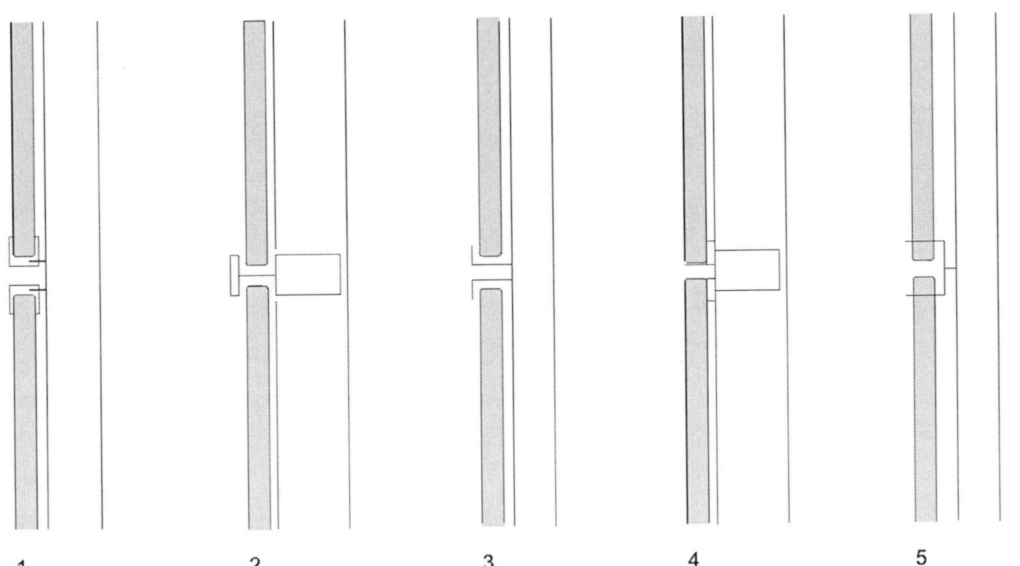

Bild 7-31 Übersicht marktüblicher Solarzellen
1 Verschraubung der Rahmen
2 Lineare Klemmung
3 Punktuelle Klammerung
4 Klebung
5 Bohrung

Die linienförmige Lagerung eines PV-Moduls entsprechend TRLV setzt das Einhalten einiger Randbedingungen voraus: Die Lagerung der Verglasung muss an mindestens zwei gegenüberliegenden Kanten und für alle Lastfälle wirksam erfolgen, wobei ein ausreichender Glaseinstand am Auflager einzuhalten ist. Eine drei- oder vierseitige Lagerung gilt auch als zulässig. Der Grenzwert für die Durchbiegung der Auflagerprofile liegt bei 1/200 der aufzulagernden Scheibenlänge, jedoch maximal bei 15 mm. Glas und harte Werkstoffe dürfen sich unter Last- und Temperatureinwirkungen nicht berühren. Außerdem dürfen die Scheiben dank geeigneter Maßnahmen nicht verrutschen.

Die einfachste und am häufigsten verwendete linienförmige Lagerung des PV-Moduls erfolgt durch die Einfassung in einen Aluminium- oder seltener in einen Stahlrahmen. Das Glas-Laminat wird in die Nut des Rahmenprofils eingesteckt und zusätzlich verklebt. Als Dichtung und zur Sicherstellung des Verbunds dient überwiegend Silikonklebstoff oder ein Klebeband. Die Verbindung des gerahmten Moduls mit der Unterkonstruktion lässt sich wiederum durch punktförmiges oder linienförmiges Klemmen, durch Einhängen oder Verschrauben relativ einfach herstellen. Die linienförmige Befestigung von rahmenlosen PV-Modulen geschieht über Anpress- oder Glashalteleisten unmittelbar auf die Unterkonstruktion. Die Profile zur

Herstellung des Anpressdrucks bestehen üblicherweise aus Aluminium, Stahl, Holz oder Kunststoff. Der Kontakt zwischen Glas und Unterkonstruktion beziehungsweise Glas und Anpressleiste erfolgt durch ein elastisches Dichtungsprofil. Beim vertikalen Einbau wird neben der Klemmbefestigung das Eigengewicht des PV-Moduls über eine Klotzung abgetragen. Als typische Unterkonstruktionen bieten sich Pfosten-Riegel-Fassaden für die Integration von PV-Modulen im Vertikalbereich an.

Alternativ zur linienförmigen Lagerung können PV-Module auch punktuell befestigt werden. Punkthalterungen erlauben eine rahmenlose Verarbeitung von Solarmodulen und somit den Verzicht auf eine umlaufende Kante. Dadurch besitzt diese Halterungsart besondere Vorteile: Die punktförmigen Befestigungsmittel erzeugen nur eine geringe Eigenverschattung und Schmutzansammlung. Für die Anwendung eignen sich Glas-Glas-Laminate und Glas-Folien-Laminate in Standard- oder Spezialausführungen. Folgende Punkthalterungssysteme werden bei Solarmodulen verwendet:

- Laminatklemmhalter in der Fuge

- Klemmsysteme in den Modulecken

- Clipsysteme in den Fugen

- Klassische Punkthalter in durchbohrten Glasscheiben mit versenktem oder aufgesetztem Kopf

- Hinterschnittanker

Einfache und weitverbreitete punktförmige Befestigungselemente stellen Laminatklemmhalter dar. Sie lagern das PV-Modul im Randbereich mit einem UV-beständigen Ethylen-Propylen-Dien-Kautschuk (EPDM). Standardklemmen sind in der Lage, unterschiedliche Modulstärken zu halten, und werden im Fugenbereich zwischen zwei Modulen angeordnet. Die Randmodule einer Reihe schließen mit einer analog konstruierten Endklemme ab. Für den senkrechten Einbau sind zusätzliche Abrutschsicherungen notwendig. Durch die einfache Bauweise ermöglichen Laminatklemmen eine schnelle Montage. Vorrangig eignen sich standardmäßige Laminatklemmhalter für die Befestigung von Freilandanlagen und aufgeständerten Dach-Modulen und sind nur bedingt für eine Fassaden-Integration anwendbar.

Eine weitere alternative Befestigungsmöglichkeit ist die Verklebung der Module mit Unterkonstruktion. Da es sich aber hierbei um eine nicht geregelte Konstruktion handelt, werden zusätzliche bautechnische Nachweise erforderlich.

7.6.2 Solarthermie

Trifft die kurzwellige Sonnenstrahlung auf Materie, so wird ein Teil der Strahlung reflektiert, ein Teil transmittiert und ein Teil absorbiert. Bei der Absorption von kurzwelliger Strahlung wird diese in langwellige Wärmestrahlung umgewandelt. Dieses Naturgesetz, welches als photothermischer Effekt bekannt ist, wird bei der Solarthermie ausgenutzt. Ziel ist es, die Energie der Sonnenstrahlung in thermische Energie umzuwandeln und durch Übertragung an ein Wärmeträgermedium aktiv nutzbar zu machen. Die auf die Oberfläche auftreffende, kurzwellige Strahlung soll möglichst vollständig in Wärme umgewandelt werden. Dazu muss der Absorptionsgrad der Oberfläche für die kurzwellige Strahlung möglichst hoch sein. Gleichzeitig sollte der Emissionsgrad der Oberfläche für die entstehende langwellige Wärmestrahlung möglichst gering sein, damit die Wärme im Material verbleibt und über Wärmeleitung an das Wärmeträgermedium übertragen werden kann. Andernfalls würde die Wärme direkt wieder an die Umgebung abgestrahlt werden. Beschichtungen, die das gewünschte Verhalten aufweisen, werden als selektiv bezeichnet. Optimierte Absorbermaterialien, die das kurzwellige Sonnenlicht fast vollständig absorbieren und nur einen sehr geringen Teil der Wärmestrahlung emittieren, sind aus physikalischen Gründen dunkelblau bis schwarz. Es existieren auch andersfarbige Absorbermaterialien, die allerdings einen geringeren Teil der insgesamt eingestrahlten Energie als nutzbare Wärme an das Wärmeträgermedium übergeben. Als Wärmeträgermedium wird üblicherweise ein Wasser-Glykol-Gemisch verwendet, um ein Einfrieren im Winter zu verhindern. Da die nutzbar gemachte Solarwärme in den meisten Fällen nicht unmittelbar zur Deckung des Heizwärmebedarfs benötigt wird, muss sie zwischengespeichert werden. Je nach angestrebtem Verwendungszweck der thermischen Solarenergie werden Kurzzeitspeicher oder Saisonspeicher eingesetzt (Kapitel 7.2).

Ein Absorber beziehungsweise offener Absorber ist die einfachste technische Installation, um die Energie der Solarstrahlung in Form von Wärme aktiv nutzbar zu machen. Ein Absorber besteht aus Absorbermaterial, Rohrleitungen und einem Wärmeträgermedium. Der Absorber wandelt die kurzwellige Solarstrahlung in Wärme um und überträgt sie durch Wärmeleitung an die mit dem Wärmeträgermedium gefüllten Rohrleitungen. Dadurch, dass das Wärmeträgermedium transportabel ist, wird die Wärme aktiv nutzbar. Infolge der Temperaturdifferenz zwischen Absorber und Umgebung, wird ein Teil der Wärme an die Umgebung abgegeben. Um die Wärmeverluste zu reduzieren, werden die Absorber ummantelt, so dass Kollektoren entstehen. Folgende Kollektortypen stehen zur Auswahl:

- Flachkollektor
- Vakuum-Flachkollektor
- Speicherkollektor
- Luftkollektor
- Vakuum-Röhrenkollektor

Der am weitesten verbreitete Kollektortyp ist der Flachkollektor. Bei diesem wird der Absorber auf der sonnenabgewandten Seite mit Wärmedämmung versehen, während die sonnenzugewandte Seite eine transparente Abdeckung erhält. Letztere muss reflexionsarm sein und einen hohen Energiedurchlassgrad aufweisen, damit die Sonnenstrahlung möglichst ungehindert das Absorbermaterial erreicht. Die transparente Abdeckung reduziert die konvektiven Wärmeverluste, da der Wind nicht mehr ungehindert über die Oberfläche des Absorbers streichen kann. Zudem werden infolge des Treibhauseffektes die schon geringen Verluste durch die Emission von Wärmestrahlung weiter reduziert. Als transparente Abdeckung wird in der Regel Sicherheitsglas verwendet. Um die konvektive Wärmeübertragung in dem Luftspalt zwischen Absorbermaterial und transparenter Abdeckung zu reduzieren, kann der Spalt mit Edelgas befüllt werden. Wird der Spalt evakuiert, so entsteht ein Vakuum-Flachkollektor. Infolge des Unterdrucks würde sich die Abdeckscheibe durchbiegen, was durch Abstandhalter im Spalt verhindert wird. Die geringeren Wärmeverluste führen zu einem höheren Wirkungsgrad des Kollektors. Durch das Vakuum wird zudem verhindert, dass sich im Inneren des Kollektors Staub ablagern kann oder Wasserdampf kondensiert. Dadurch wird die Lebensdauer des Kollektors verlängert. Um das Vakuum aufrecht zu erhalten, müssen die Kollektoren dauerhaft dicht sein. Der Preis für gewöhnliche Flachkollektoren liegt zwischen 120 bis 450 € pro m² Kollektorfläche. Die in unseren Breiten jährlich erzeugte Energie schwankt je nach Fabrikat zwischen 300 und 550 kWh pro m² Kollektorfläche.

Ein Speicherkollektor vereint die Funktion des Kollektors und des Speichers in einem Bauteil. In einem gebogenen, nach oben offenen Reflektor befindet sich ein Warmwasserspeicher, dessen Oberfläche mit selektivem Absorbermaterial beschichtet ist. Der Reflektor ist auf der sonnenabgewandten Seite gedämmt. Die der Sonne zugewandte Seite ist wiederum mit einer transparenten Abdeckung versehen. Unter dieser befindet sich zusätzlich eine Schicht transparente Wärmedämmung, um die Wärmeverluste des Speichers, insbesondere in Zeiten ohne solare Einstrahlung, zu reduzieren. Durch den Reflektor wird die Sonnenstrahlung auf die Speicheroberfläche gelenkt und erwärmt diese. Ein Speicherkollektor hat einen höheren Aufbau und ist schwerer als ein Flachkollektor.

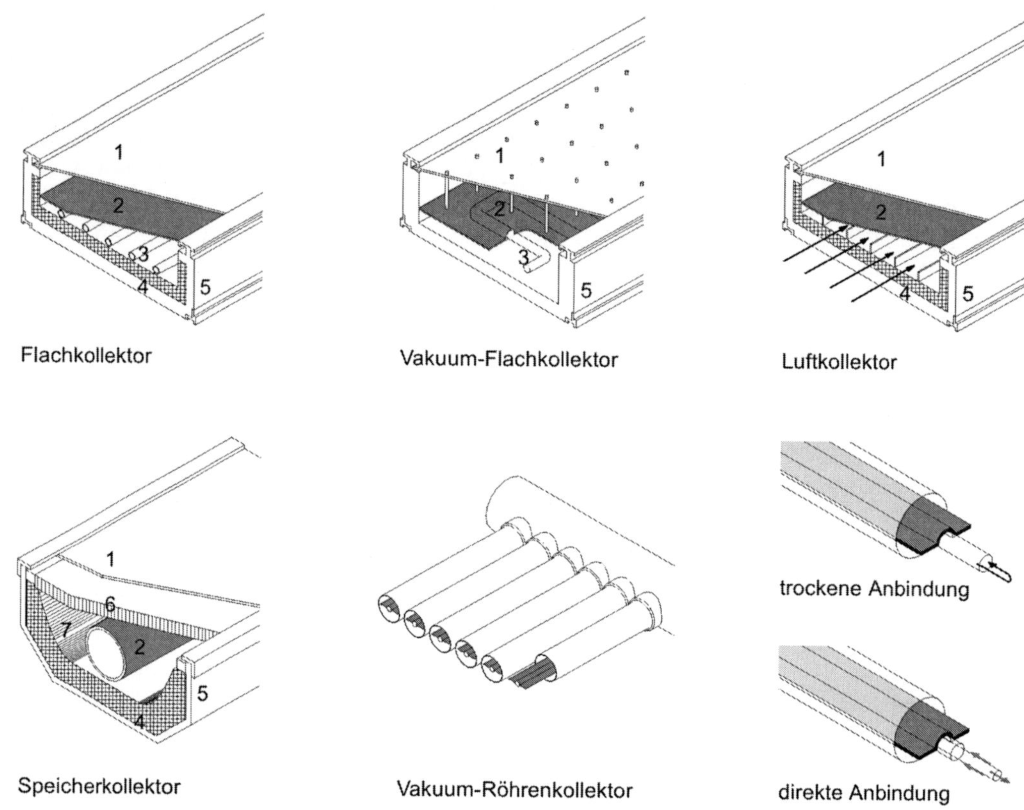

Bild 7-32 Bauarten von Solarkollektoren
1   Solarglas
2   Absorber
3   Wärmeträgerrohre
4   Wärmedämmung
5   Gehäuse
6   Transparente Wärmedämmung
7   Reflektor

Ein Luftkollektor ist ähnlich aufgebaut wie ein Flachkollektor. Der entscheidende Unterschied ist, dass als Wärmeträgermedium Luft anstatt eines Wasser-Glykol-Gemisches verwendet wird. Die Luft strömt unter dem solar erwärmten Absorberblech entlang und entzieht diesem Wärme. Luftkollektoren eignen sich insbesondere für die solare Vorerwärmung der Zuluft bei mechanischen Lüftungsanlagen. Die EnEV 2009 sieht erstmals bei zu errichtenden Wohngebäuden den Einsatz einer Abluftanlage vor. Darin ist ein Trend hin zu einer mechanischen Wohnungslüftung erkennbar, was dem Luftkollektor in Zukunft zu einem vermehrten Einsatz verhelfen wird. Die Kosten eines Luftkollektors liegen zwischen 150 und 200 € pro m² Kollektorfläche. In unseren Breiten wird ein jährlicher Energieertrag von 100 bis 150 kWh pro m² Kollektorfläche erzielt.

Ein höherer Wirkungsgrad als mit sämtlichen Varianten des Flachkollektors kann mit einem Vakuum-Röhrenkollektor erreicht werden. Bei diesem Kollektortyp liegen evakuierte Glasröhren mit Durchmessern zwischen 65 und 100 mm nebeneinander. In den Glasröhren befindet sich das Absorbermaterial. Durch das ringsum herrschende Vakuum wird die Wärmeübertragung durch Konvektion und Leitung verhindert. Der niedrige Emissionsgrad des Absorbermaterials für Wärmestrahlung hält auch den dritten Wärmeübertragungsmechanismus auf einem sehr niedrigen Niveau. Die Glasröhren sind in einem senkrecht liegenden Sammler verankert. Die Übertragung der Wärme vom Absorbermaterial auf das Wärmeträgermedium im Sammler kann auf zwei Arten erfolgen:

- Direkte Anbindung

- Trockene Anbindung

Bei der direkten Anbindung befindet sich im Zentrum der evakuierten Glasröhre ein koaxiales Doppelrohr, welches ringsum mit dem Absorbermaterial in Kontakt steht. Das koaxiale Doppelrohr wird vom Wärmeträgermedium durchströmt. Im inneren Rohr strömt die abgekühlte Sole vom Wärmespeicher in die Vakuumröhre, im äußeren wird die Wärme des Absorbermaterials auf die Sole übertragen und strömt zum Speicher. Bei der trockenen Anbindung ist im Zentrum der Vakuumröhre ein geschlossenes Rohr, in dem sich eine leicht siedende Flüssigkeit befindet. Sie verdampft durch die solare Wärme. Der Dampf steigt in der Röhre nach oben zum Sammler, der durch das Wärmeträgermedium durchströmt wird. Der Dampf wird durch das Wärmeträgermedium abgekühlt, kondensiert und fließt an der Oberfläche des Rohrs wieder nach unten. Damit der Dampf zum Sammler aufsteigen kann, muss der Vakuum-Röhrenkollektor bei der trockenen Anbindung eine Neigung von mindestens 15 bis 20° gegenüber der Horizontalen aufweisen. Demgegenüber kann ein Vakuum-Röhrenkollektor mit einer direkten Anbindung auch waagrecht montiert werden.

Die einzelnen Vakuumröhren sind mit einer speziellen Verschraubung im Sammler befestigt, so dass sie sich drehen lassen. Ist die Installationsebene des Kollektors ungünstig, so kann durch Drehen der Röhren das Absorbermaterial ideal auf die Sonne ausgerichtet werden. Als Spezialfall des Vakuum-Röhrenkollektors existieren fokussierende Vakuum-Röhrenkollektoren, sogenannte CPC (Compound Parabolic Collector). Dabei befindet sich auf der einen Seite der Vakuumröhre ein parabolischer oder halbzylindrischer Reflektor, der das Sonnenlicht auf ein mit Absorbermaterial beschichtetes Wärmeträgerrohr fokussiert. Dadurch können sowohl flacher einfallende Strahlung als auch diffuse Strahlung besser genutzt werden, was den Wirkungsgrad weiter steigert. Der Preis für Vakuum-Röhrenkollektoren liegt deutlich über dem von Flachkollektoren. Er schwankt bei Kleinanlagen je nach Hersteller und Ausführung zwischen 500 und 900 € pro m² Kollektorfläche. Dafür liegt aber der Energieertrag auch deutlich höher und erreicht Werte zwischen 500 und 800 kWh pro m² Kollektorfläche. Grundsätzlich werden Solarkollektoren auf eine Lebensdauer von 20 bis 30 Jahren ausgelegt.

In aller Regel werden Solarkollektoren auf Dachflächen installiert. Um die Wirksamkeit der Kollektoren nicht zu beeinträchtigen, sollten für die Montage Flächen gewählt werden, die nicht durch die umgebende Bebauung oder Flora verschattet werden. Bei Schrägdächern bestehen prinzipiell drei Montagemöglichkeiten:

- Aufdachmontage

- Indachmontage

- Dachintegrierte Montage

Bei der Aufdachmontage werden die Kollektoren über der bestehenden Dachdeckung montiert. Die Befestigung erfolgt über sogenannte Dachhaken oder Sparrenanker, die unter den Dachziegeln an den Sparren befestigt werden. Auf die Dachhaken werden Montageschienen aufgeschraubt, auf denen dann die Kollektoren installiert werden. Bei einer nachträglichen Aufdachmontage muss geprüft werden, ob die bestehende Tragkonstruktion für das zusätzliche Gewicht der Kollektoren (Flachkollektoren: 20–25 kg/m², Vakuum-Röhrenkollektoren 15–20 kg/m²) ausreichend ist. Bei der Aufdachmontage müssen die Leitungen teilweise über der Dachhaut geführt werden. Deshalb müssen sie witterungsbeständig und widerstandsfähig gegen Tierfraß sein. Um die Leitungen durch die Dachdeckung zu führen, werden Lüfterziegel verwendet. Die Vorteile sind die schnelle und preiswerte Montage sowie eine geschlossene Dachhaut. Allerdings ist die Indachmontage optisch gefälliger.

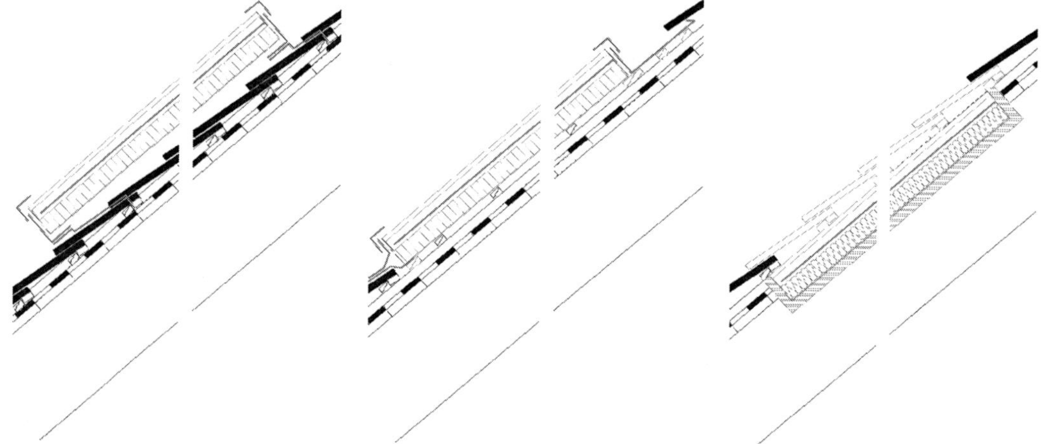

Bild 7-33 Varianten der Dachmontage von Solarkollektoren

Bei der Indachmontage ersetzen die Kollektoren die Dachziegel und sind somit integraler Bestandteil der Gebäudehülle. Die Kollektoren werden direkt auf die Dachlatten montiert. Die Abdichtung zwischen Kollektor und Dachziegeln erfolgt ähnlich wie bei Dachfenstern über vorgefertigte Eindeckrahmen aus Aluminium oder Zink. Obwohl Vakuum-Röhrenkollektoren keine durchgängige Oberfläche bilden, sind inzwischen auch Systeme auf dem Markt, die die Indachmontage ermöglichen. Bei der Indachmontage können die Leitungen vollständig unter der Dachhaut geführt werden. Da die Dachziegel gegen die Kollektoren getauscht werden, wird die Tragkonstruktion nicht durch zusätzliche Dachlasten beansprucht.

Bild 7-34 Indachmontage von Flachkollektoren auf einer Schleppgaube (Quelle: Landesamt für Denkmalpflege Sachsen, Pinkwart)

Eine Sonderlösung stellt die dachintegrierte Montage dar. Hierbei werden Absorber unterhalb der Dachlatten verlegt und die bestehenden Dachziegel werden gegen transparente Acryl-Dachziegel ausgetauscht. Da die Absorberfläche teilweise durch die Dachlatten verschattet wird und die Acryl-Dachziegel eine geringere Lichtdurchlässigkeit als das Solarglas der Kollektoren aufweist, wird der Wirkungsgrad reduziert. Gegenüber einem gewöhnlichen Flachkollektor muss die Kollektorfläche mindestens um 30 % vergrößert werden, um dieselbe Wärmeleistung zu erzielen.

Deutlich einfacher stellt sich die Montage bei Flachdächern dar. Flachkollektoren werden in der Regel aufgeständert. Vakuum-Röhrenkollektoren können bei entsprechender Ausrichtung des Absorbers durch Drehung der Glasröhren ohne Ertragsminderung auch horizontal auf dem Dach verlegt werden. Dadurch sind die Kollektoren vom Straßenniveau nicht zu sehen. Besteht ein großer Bedarf an Wärme mit Temperaturen unter 40 °C, zum Beispiel um eine Wärmepumpe zu betreiben, können auch übliche Metallflächen als Kollektoren aktiviert werden. Hinter den Metallflächen von Dächern oder Fassaden werden mit Sole durchflossene Wärmetauscher installiert.

Mit einer Kollektorfläche von 5 m² und einem Speichervolumen eines Kurzzeitspeichers von 0,4 m³ kann bereits der jährliche Warmwasserbedarf einer vierköpfigen Familie zu 50 bis 60 % durch Solarthermie gedeckt werden. Das zeigt, dass mit sehr geringen Kollektorflächen deutliche Verbesserungen bei der Energieeffizienz eines Gebäudes erzielt werden können.

7.7 Weiterführende Literatur

Buderus Heiztechnik GmbH (Hrsg.): *Handbuch für Heizungstechnik*. 34. Aufl. Berlin: Beuth, 2002.

DGS Deutsche Gesellschaft für Sonnenenergie e. V.: *Solarthermische Anlagen*. 7. Aufl. Berlin: Deutsche Gesellschaft für Sonnenenergie, 2004.

Haas-Arndt, Doris; Ranft, Fred: *Altbauten sanieren: Energie sparen*. 2.Aufl. Berlin: Solarpraxis, 2008.

Janssen, Heinz P.: *Energieberatung für Wohngebäud : Praxishandbuch mit Tipps und Fallbeispielen*. Köln: Rudolf Müller, 2010.

Krimmling, Jörn; Preuß, André; Deutschmann, Jens U.; Renner, Eberhard: *Atlas Gebäudetechnik: Grundlagen, Konstruktionen, Details*. Köln : Rudolf Müller, 2008.

Lenz, Bernhard; Schreiber, Jürgen; Stark, Thomas: *Nachhaltige Gebäudetechnik: Grundlagen, Systeme, Konzepte*. München: Institut für internationale Architektur-Dokumentation, 2010.

Pistohl, Wolfram: *Handbuch der Gebäudetechnik: Allgemeines, Sanitär, Elektro, Gas: Planungsgrundlagen und Beispiele*. Bd. 1. 7. Aufl. Köln: Werner, 2009.

Pistohl, Wolfram: *Handbuch der Gebäudetechnik: Heizung, Lüftung, Beleuchtung, Energiesparen: Planungsgrundlagen und Beispiele*. Bd. 2. 7. Aufl. Köln: Werner, 2009.

Rexroth, Susanne: *Gestaltungspotenzial von Solarpaneelen als neue Bauelemente – Sonderaufgabe Baudenkmal*. Dissertation. Berlin: Universität der Künste, 2005.

Richter, Wolfgang: *Handbuch der thermischen Behaglichkeit – Heizperiode*. Schriftenreihe der Bundesanstalt für Arbeitsschutz und Arbeitsmedizin. Dortmund: Wirtschaftsverlag NW, 2003.

Schramek, Ernst-Rudolf (Hrsg.): *Taschenbuch für Heizung und Klimatechnik: einschließlich Warmwasser- und Kältetechnik*. 74. Aufl. München: Oldenbourg, 2009.

Weller, Bernhard; Hemmerle, Claudia; Jakubetz, Sven; Unnewehr, Stefan: *Photovoltaik: Technik, Gestaltung, Konstruktion*. München: Institut für internationale Architektur-Dokumentation, 2009.

Wichtermann, Karl-Heinz: *Praxis der Gebäude-Energieberatung EnEV 2009: Lehrbuch für den öffentlichen-rechtlichen Nachweis nach der DIN V 18 599, DIN V 4701-10, DIN V 4108-6*. 2. Aufl. Bad Nenndorf: Wuth Independent Publishing, 2010.

8 Wirtschaftlichkeit

8.1 Grundlagen

Da sich die öffentliche Förderung von denkmalpflegerischen Maßnahmen immer weiter reduziert und in erster Linie der Nutzer den Erhalt des Baudenkmals erbringen muss, wächst zunehmend die Bedeutung die Wirtschaftlichkeit. Mit zusätzlich steigenden Rohstoffkosten und internationalen Klimaschutzbemühungen stellt die effiziente Energieversorgung unter wirtschaftlichen Gesichtspunkten ein entscheidendes Kriterium für eine Umnutzung oder eine Nutzungsfortführung eines Bestandsgebäudes dar. Wiederum kann ohne eine Nutzung nur im Ausnahmefall der Erhalt eines Baudenkmals gesichert werden. Damit können energiesparende Maßnahmen einen wesentlichen Beitrag zur wirtschaftlichen Weiternutzung und zum dauerhaften Erhalt des Bauwerks leisten. Des Weiteren werden im Energieeinsparungsgesetz (EnEG) energetische Maßnahmen mit dem Wirtschaftlichkeitsgebot verknüpft. Das bedeutet, dass sich die erforderlichen Aufwendungen für eine energetische Sanierung innerhalb der üblichen Nutzungsdauer durch die eintretenden Einsparungen erwirtschaftet haben sollen.

8.1.1 Akteurs- und Analyseebenen

Die Bewertung der Wirtschaftlichkeit von energiesparenden Maßnahmen hängt von der Betrachtungsdimension und vom Betrachtungsstandpunkt des Entscheidungsträgers ab. Ein privater Hauhalt, eine Wohnungsbaugesellschaft, eine Kommune und ein Unternehmen können von der Analyseebene als einzelwirtschaftliche Akteure gesehen werden. Sie verfolgen ihre individuellen Zielvorstellungen und sind grundsätzlich nach Gewinnmaximierung bestrebt. Für die einzelwirtschaftliche Perspektive stellt die betriebswirtschaftliche Investitionstheorie eine Reihe von unterschiedlichen Berechnungsverfahren zur Verfügung. Grundsätzlich lassen sich diese Verfahren in statische und dynamische Berechnungsmethoden differenzieren.

Aber auch innerhalb der einzelwirtschaftlichen Analyseebene unterscheiden sich die Ergebnisse bei der Bewertung von energetischen Maßnahmen. Als Beispiel sei hier das bekannte Nutzer-Investor-Dilemma genannt, welches sich äußerst negativ bei der Umsetzung von Klimaschutzmaßnahmen im Gebäudebestand zeigt. Des Weiteren unterscheiden sich öffentliche Gebäudeeigener von privaten. Beispielsweise können Gemeinden nicht direkt die für private Bauherrn initiierten Förderprogramme nutzen, die gezielt für die Verbesserung der Wirtschaftlichkeit aufgelegt sind. Aus wirtschaftlicher Sicht ist hier auch die steuerliche Begünstigung von Baudenkmalen hervorzuheben. Aufwendungen für Sanierungen und Instandsetzungen können im Vergleich zu ungeschützten Gebäuden über einen sehr viel kürzeren Zeitraum abgeschrieben werden. Somit bieten sich Baudenkmale für Steuersparmodelle an. Neben der einzelwirtschaftlichen Perspektive besitzt insbesondere für politische Entscheidungen die volkswirtschaftliche Ebene eine große Bedeutung. Da diese Perspektive für die praktische

Entscheidungsfindung bei energetischen Maßnahmen an denkmalgeschützten Gebäuden nur eine indirekte Auswirkung besitzt, soll sie im Rahmen dieser Publikation nur am Rande behandelt werden.

8.1.2 Einzelwirtschaftliche Bewertung

Am bedeutsamsten für die praktische Bewertung von baulichen Maßnahmen ist die einzelwirtschaftliche Perspektive. Für eine solche Bewertung stellt die betriebswirtschaftliche Investitionstheorie eine Reihe von unterschiedlichen Verfahren zur Verfügung. Diese Bewertungsverfahren lassen sich in folgende statische und dynamische Berechnungsmethoden unterteilen:

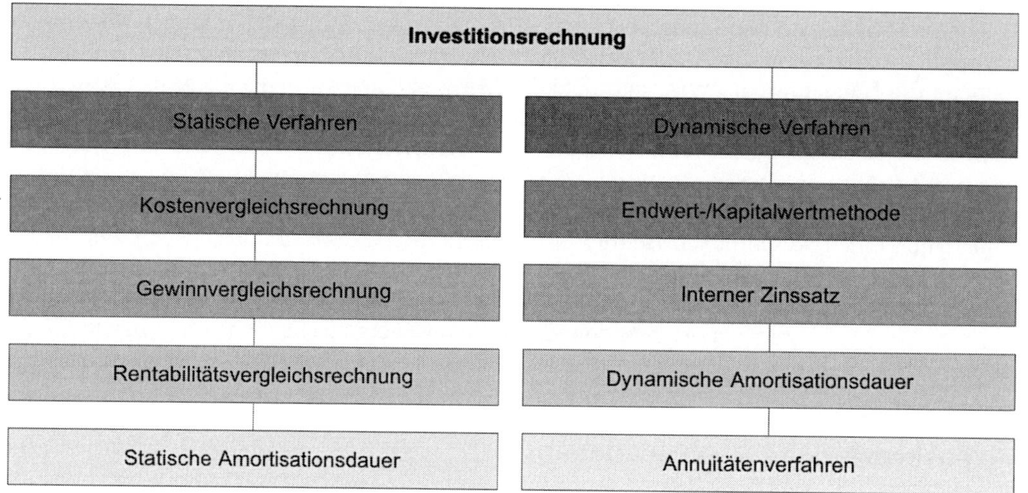

Bild 8-1 Übersicht der verschiedenen Verfahren der Investitionsrechnung

Statische Verfahren bieten durch ihre einfache Handhabung und durch den relativ geringen Bedarf an Ausgangsinformationen eine gute Möglichkeit für eine frühe Entscheidungshilfe. Zu den Verfahren zählen die Gewinnvergleichsrechnung, die Kostenvergleichsrechnung, die Rentabilitätsvergleichsrechnung und die statische Amortisationsrechnung. Nachteiligerweise bleiben bei diesen Verfahren Rohstoffpreisentwicklungen und Zinseffekte unberücksichtigt. Wesentlich mehr Möglichkeiten, Preisentwicklungen zu berücksichtigen oder Zinseffekte zu diskontieren, bieten die dynamischen Verfahren. Häufig angewendete dynamische Verfahren sind die Kapitalwertmethode, die Annuitätenmethode und die interne Zinssatzmethode. Somit lassen sich auch verschiedene Finanzierungsarten abbilden.

Zur ersten Orientierung über die wirtschaftliche Relevanz energetischer Maßnahmen kann die statische Amortisationsdauer herangezogen werden. Für die Ermittlung der Amortisationsdauer werden die Investitionskosten ins Verhältnis zur jährlichen Energieeinsparung gesetzt. Dieses Verfahren liefert nur einen groben Anhaltspunkt und kann ohne ökonomische Zielgröße nicht als Kriterium für die Auslegung und Dimensionierung verwendet werden. Aber schon diese einfache Methode zeigt, dass sich viele Energiesparmaßnahmen erst durch die Kopplung mit einer ohnehin notwendigen baulichen Maßnahme wirtschaftlich umsetzen lassen.

Mit Hilfe der dynamischen Verfahren können Energiesparmaßnahmen nach verschiedenen Zielen, beispielsweise nach der Amortisationszeit oder dem maximalen Gewinn nach einer Nutzungsperiode, optimiert werden. Für die Dimensionierung der Dämmstoffdicke einer Außenwandkonstruktion ergeben sich je nach gewählten wirtschaftlichen Optimierungskriterien unterschiedliche Lösungen. Zudem zeigt sich, dass sich durch die vorhandenen komplexen Berechnungsmethoden eine Vielzahl an verschiedenen Einflussparametern berücksichtigen lassen. Aber gerade die Vielzahl von benötigten Ausgangskenndaten in Verbindung mit möglichen Abweichungen aus den Bilanzierungsmodellen führt nicht immer zu einer besseren Rechengenauigkeit.

8.2 Statische Wirtschaftlichkeitsberechnung

Mit Hilfe der statischen Verfahren können energetische Maßnahmen nach verschiedenen Zielgrößen, wie Kosten, Gewinn, Rentabilität oder Amortisationsdauer, untersucht und verglichen werden. Entsprechend der Zielgröße lassen sich die unterschiedlichen Verfahren unterteilen.

Da alle Verfahren die zeitlichen Unterschiede im Auftreten von Einzahlungen und Auszahlungen einer Investition nicht oder nur unvollkommen berücksichtigen, werden sie als statisch bezeichnet. Dementsprechend handelt es sich bei statischen Verfahren um eine einperiodige Betrachtungsweise. Eine Ausnahme bildet die statische Amortisationsdauer. In der Praxis finden die Verfahren wegen ihrer einfachen Handhabung und des geringen Rechenaufwands eine häufige Anwendung.

8.2.1 Kostenvergleichsrechnung

Die Kostenvergleichsrechnung stellt ein einfaches Verfahren der statischen Investitionsrechnung dar. Mit relativ geringem Zeitaufwand ermöglicht dieses Verfahren, alternative Lösungsvorschläge in Bezug auf ihre Kosten miteinander zu vergleichen und die kostengünstigste Alternative zu bestimmen. Als Vorrausetzung für die Anwendung der Kostenvergleichsmethode sollten sich die geplanten Investitionen im Nutzen nicht unterscheiden oder leistungsgleich sein. Das ist der Fall, wenn sich der Nutzen nicht errechnen lässt oder der gleiche Ertrag vorliegt. Typischerweise wird ein Berechnungszeitraum eines Jahres betrachtet oder die Kosten pro Energieeinheit herangezogen. Bei der Beurteilung von energiesparenden Maßnahmen kann die Kostenvergleichsrechnung für die Vergleiche von verschiedenen Bauweisen, -verfahren und -ausführungen und für die kostenmäßigen Bewertungen von Varianten der gebäudetechnischen Anlagen zum Einsatz kommen.

Die Gesamtkosten errechnen sich aus allen der Investition zuzurechnenden Kosten, wie beispielsweise Kapitalkosten, Personalkosten, Sachkosten, Gemeinkosten und weitere Folgekosten. Grundsätzlich sind in der Erfassung zwei Verfahren verbreitet: die Vollkostenrechnung und die Teilkostenrechnung. Bei der betriebswirtschaftlichen Vollkostenrechnung werden sowohl Kosten erfasst, die unmittelbar mit der Erbringung einer Leistung zusammenhängen, als auch allgemeine Kosten, die nicht direkt der Leistung zuordenbar sind. In diesem Zusammenhang wird vor allem die Zuordnung von allgemeinen betrieblichen Kosten unabhängig von deren Verursachung als Hauptkritikpunkt gesehen. So kann die Vollkostenrechnung bei der Bewertung von energetischen Maßnahmen zu geringeren Kosteneinsparungen führen. Als Alternative kann die Teilkostenrechnung angewendet werden. Hierbei konzentriert man sich nur auf relevante Kosten, die direkt die Entscheidungssituation betreffen. Das setzt eine mögliche Trennung in variable und fixe Kosten voraus. Da die Kostenvergleichsrechnung die durchschnittlichen Kosten einer Periode typischerweise für den Zeitraum eines Jahres betrachtet, muss die Anschaffungsauszahlung über den geplanten Nutzungszeitraum verteilt werden. Diese Kapitalkosten setzten sich aus den kalkulatorischen Abschreibungen und den kalkulatorischen Zinsen zusammen. Dabei ermitteln sich die jährlichen Kapitalkosten wie folgt:

$$K = \frac{I_0 - L_T}{n} + \frac{I_0 - L_T}{2} \cdot i \qquad (8.1)$$

mit

K = Kapitalkosten

I_0 = Anschaffungskosten

L_T = Liquidationserlös/Resterlös

i = Kalkulationszinssatz

n = Nutzungsdauer

Neben den Kapitalkosten sind die Kosten für die Betriebsbereitschaft zu erfassen. Fallen Personal- oder Sachkosten an, können diese vereinfacht über Personalkostensätze oder Sachkostenpauschalen berechnet werden. Eventuelle Verbrauchskosten hängen vom Energiebedarf und den Energiekosten ab. Folgendes Beispiel zeigt hierbei grundsätzlich die Anwendung der Kostenvergleichsrechnung.

Tabelle 8.1 Kostenvergleichsrechnung für zwei unterschiedliche Heizsysteme

	Gaskessel	**Wärmepumpe**	**Einheit**
Investitionsausgabe	10000,00	20000,00	€
Zinssatz	8	8	%
Nutzungsdauer	20	20	a
Kapitalkosten	900,00	1800,00	€/a
Verbrauchskosten	2200,00	800,00	€/a
Betriebskosten	200,00	300,00	€/a
Jahreskosten	3300,00	2900,00	€/a
Wärmeverbrauch	25000,00	25000,00	kWh/a
Spezifische Wärmekosten	0,132	0,116	€/kWh

Die Kostenvergleichsrechnung kommt auf Grund des geringen Rechenaufwands relativ häufig in der Praxis zum Einsatz. Jedoch besitzt das statische Verfahren einige Nachteile. So bleiben Erträge oder Rentabilitäten bei der Beurteilung unberücksichtigt. Da die Betrachtung nur für eine repräsentative Periode mit Durchschnittswerten erfolgt, bleibt auch der unterschiedliche zeitliche Anfall von Kosten unbeachtet. Somit stellt die Kostenvergleichsrechnung eine starke Vereinfachung dar und sollte vorrangig bei Alternativentscheidungen mit gleichem Nutzen eingesetzt werden.

8.2.2 Gewinnvergleichsrechnung

Ein weiteres statisches Verfahren zur Beurteilung von Ersatz-, Erweiterungs- und Rationalisierungsinvestitionen ist die Gewinnvergleichsrechnung. Dieses Verfahren erweitert die Kostenvergleichsrechnung durch die Einbeziehung von Erträgen. Dadurch wird sowohl eine Bewertung der absoluten Vorteilhaftigkeit einer Investition als auch die Beurteilung der relativen Vorteilhaftigkeit mehrerer Alternativentscheidungen ermöglicht.

Im folgenden Beispiel wird anhand des Gewinnvergleiches bei Photovoltaikdachanlagen die Vorgehensweise gezeigt. Hierbei wird für eine begrenzte Dachfläche von 150 Quadratmetern eine Anlage mit gebräuchlichen kristallinen Modulen mit Modulen aus amorphem Silizium in Dünnschichttechnologie verglichen.

Tabelle 8.2 Gewinnvergleichsrechnung für kristalline Standardmodule und Dünnschichtmodule aus amorphem Silizium auf einer Dachfläche von 150 m²

	PV–Si	PV–ASi	Einheit
Anschaffung	4400,00	4100,00	€/kWp
Leistung	130,00	55,00	Wp/m²
Fläche	150,00	150,00	m²
Investitionsausgabe	85800,00	33825,00	€
Zinssatz	5	5	%
Nutzungsdauer	20	20	a
Kapitalkosten	7285,00	2536,88	€/a
Betriebskosten	850,00	350,00	€/a
Jahreskosten	8572,00	2886,88	€/a
Jahresertrag	870,00	900,00	kWh/kWp/a
Vergütung	46,75	46,75	ct
Erlöse	7931,14	3471,19	€
Gewinn	646,14	584,31	€

Das Beispiel verdeutlicht, dass sich mit den kristallinen Zellen in diesem Fall ein höherer jährlicher Gewinn erzielen lässt. Demzufolge müssten trotz höherer Investitionsausgaben nach der Gewinnvergleichsrechnung die kristallinen Module vorgezogen werden.

Durch die Berücksichtigung von Erlösen deckt die Gewinnvergleichsrechnung einen breiteren Anwendungsbereich als die Kostenvergleichsrechnung ab. Sind jedoch keine Erlöse durch die energetisch motivierten Maßnahmen zu erwarten, so ist die Kostenvergleichsrechnung der Gewinnvergleichsrechnung vorzuziehen. Grundsätzlich ist aber auch dieses Verfahren mit genannten Nachteilen der Kostenvergleichsrechnung behaftet.

8.2.3 Rentabilitätsvergleichrechnung

Die Rentabilitätsvergleichsrechnung wird gegenüber der Gewinnvergleichsrechnung durch die Berücksichtigung des Kapitaleinsatzes ergänzt. Die Rentabilität errechnet sich aus dem Verhältnis von Gewinn zum durchschnittlich eingesetzten Kapital. Da es sich bei energieeinsparenden Baumaßnahmen im betriebswirtschaftlichen Sinne um Anlagegüter handelt, ergibt sich das durchschnittlich gebundene Kapital durch die halbierte Summe von Investitionsausgabe und Restwert. Bei einer Verwendung des Gewinns vor Abzug kalkulatorischer Zinsen wird die Bruttorentabilität errechnet. Die Nettorentabilität gibt die über die kalkulatorischen Zinsen hinausgehende Rendite im Sinne eines wertorientierten Übergewinns wieder. Treten bei energetischen Rationalisierungsinvestitionen keine Gewinne auf, können die entstehenden Minderkosten an Stelle des Gewinns angesetzt werden.

Bei Anwendung der Rentabilitätsvergleichsrechnung auf das vorangegangene Beispiel weisen die Module aus amorphem Silizium eine höhere Rentabilität auf und sind im Gegensatz zur Gewinnvergleichsrechnung vorzuziehen.

Tabelle 8.3 Rentabilitätsvergleichsrechnung für kristalline Standardmodule und Dünnschichtmodule aus amorphem Silizium auf einer Dachfläche von 150 m²

	PV–Si	PV–ASi	Einheit
Anschaffung	4400,00	4100,00	€/kWp
Leistung	130,00	55,00	Wp/m²
Fläche	150,00	150,00	m²
Investitionsausgabe	85800,00	33825,00	€
Zinssatz	5	5	%
Nutzungsdauer	20	20	a
Kapitalkosten	7285,00	2536,88	€/a
Betriebskosten	850,00	350,00	€/a
Jahreskosten	8572,00	2886,88	€/a
Jahresertrag	870,00	900,00	kWh/kWp/a
Vergütung	46,75	46,75	ct
Erlöse	7931,14	3471,19	€
Gewinn	646,14	584,31	€
Bruttorentabilität	6,50	8,45	%
Nettorentabilität	1,50	3,45	%

Um bei unterschiedlichen Investitionsausgaben eine Vergleichbarkeit zu gewährleisten, kann es abhängig von der Finanzierungsart zweckmäßig sein, eine mögliche Differenzinvestition zu berücksichtigen. Für die Differenzinvestition ist im Vorfeld ein geeigneter Ertrag festzulegen.

8.2.4 Statische Amortisationsdauer

Die Amortisationsdauer gibt den benötigten Zeitraum an, in dem die Anfangsausgaben durch Rückflüsse beziehungsweise durch finanzielle Vorteile refinanziert sind. Dadurch eignet sich dieses Verfahren für die Risikobeurteilung von Investitionen, denn je länger die Kapitalbindung ist, desto größer wird auch das Risiko einer Investition eingestuft. Im Weiteren minimieren kurze Amortisationszeiten die Unsicherheiten durch Berechnungsannahmen und Prognosen. Darüber hinaus kann das Verfahren grundsätzlich eine Aussage über die Sinnfälligkeit einer Maßnahme aus wirtschaftlicher Sicht geben. Überschreitet die Amortisationsdauer die Nutzungsdauer um ein Vielfaches, so ist die Wirtschaftlichkeit grundsätzlich infrage gestellt.

Die Amortisationszeit errechnet sich aus Quotienten von Kapitaleinsatz und Rückflüssen bestehend aus Gewinn und Abschreibungen. Wie bei den vorangegangenen Verfahren können diese Vorteile durch Energieeinsparungen erbracht werden. Die Anwendung kann an dem bereits verwendeten Vergleich zweier Photovoltaikanlagen aufgezeigt werden.

Tabelle 8.4 Amortisationsrechnung für kristalline Standardmodule und Dünnschichtmodule aus amorphem Silizium auf einer Dachfläche von 150 m²

	PV–Si	PV–ASi	Einheit
Investitionsausgabe	85800,00	33825,00	€
Nutzungsdauer	20	20	a
Abschreibung	7285,00	2536,88	€
Gewinn	646,14	584,31	€
Rückfluss	7931,14	1691,25	€
Amortisationsdauer	10,83	10,83	a

Da die statische Amortisationsrechnung die allgemeinen Schwachstellen der statischen Investitionsrechnungsverfahren aufweist, empfiehlt es sich, diese Verfahren nur für Überschlagsbetrachtungen zu verwenden und eher dynamische Investitionsrechenverfahren vorzuziehen.

8.3 Dynamische Wirtschaftlichkeitsberechnung

Die dynamischen Investitionsrechenverfahren berücksichtigen im Vergleich zu den vorangegangen statischen Verfahren Zinseffekte und unterschiedliche Zeitpunkte von Ein- und Auszahlungen. Insbesondere wird dies bei energetischen Maßnahmen, bei denen die Rückflüsse über viele Jahre oder oft Jahrzehnte anfallen, entscheidend.

Im Folgenden werden für die Kapitalwertmethode, den Internen Zinssatz, die Annuitätenmethode, die dynamische Amortisationsdauer und das Endwertverfahren die Grundlagen sowie die Besonderheiten bei der Anwendung für energetische Maßnahmen erläutert. Diese Verfahren erfahren im Weiteren eine Anwendung an ausgewählten Repräsentanten für die eingeführten Baualtersklassen.

8.3.1 Kapitalwertmethode

Das am häufigsten angewandte Verfahren der dynamischen Investitionsrechnung ist die Kapitalwertmethode. Dabei ist der Kapitalwert einer Investition als Summe aller mit dem Kalkulationszins diskontierten zukünftigen Rückflüsse unter Einbeziehung der Anschaffungskosten über eine angestrebte Laufzeit zu ermitteln.

$$C_0 = \sum_{t=1}^{T} R_t \cdot (1+i)^{-t} + L \cdot (1+i)^{-T} - I \qquad (8.2)$$

mit

C_0 =   Kapitalwert

I =   Investition

T =   Betrachtungsdauer

R_t =   Rückfluss in der Periode t

L =   Liquidationserlös/Resterlös

i =   Kalkulationszinssatz

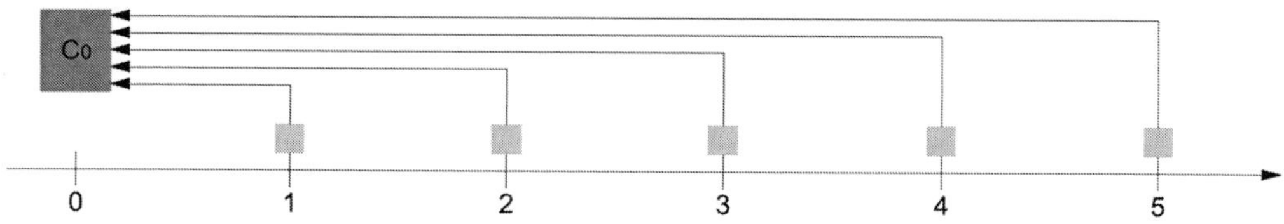

Bild 8-2 Prinzipdarstellung der Kapitalwertmethode

Bei der Berechnung des Kapitalwertes werden alle Zahlungen, die nach dem Investitionszeitpunkt anfallen, mit dem Kalkulationszinssatz abgezinst. Man erhält so den Barwert der Ein- und Auszahlungsreihen, von dem die Anfangsinvestition subtrahiert wird. Ist der so erhaltene Kapitalwert der Investition größer als Null, ist die Investition vorteilhaft. Bei mehreren Investitionsalternativen ist die Alternative mit dem höchsten Kapitalwert vorzuziehen.

Die Kapitalwertmethode setzt die Annahme eines Zinssatzes dem Kalkulationszins voraus. Dieser stellt die Mindestverzinsung aus der Sicht des Anlegers dar. Der Kalkulationszinssatz kann beispielsweise aus den um eine Risikoprämie erhöhten Kapitalkosten ermittelt werden. Bei der Wahl des Kalkulationszinssatzes ist zwischen vollständiger Eigenfinanzierung, vollständiger Fremdfinanzierung beziehungsweise Mischfinanzierung der Investition zu differenzieren. Der Kalkulationszinssatz muss die von den Eigenkapitalgebern geforderte Verzinsung und die durch eine Fremdfinanzierung verursachte Zinsbelastung widerspiegeln. Bei einer Mischfinanzierung bietet sich das gewogene arithmetische Mittel aus Eigen- und Fremdkapitalzinssatz an.

Folgendes Beispiel verdeutlicht die grundsätzliche Vorgehensweise und berücksichtigt für die Auswahlentscheidung auch eine Differenzinvestition infolge der unterschiedlichen Anfangsausgaben.

Tabelle 8.5 Berechnung des Kapitalwertes für zwei Investitionsmaßnahmen

		Investition I		Investition II		Differenzinvestition	
Investitionsausgabe		100000,00		60000,00		40000,00	
Zinssatz (%)		5		5		5	
Nutzungsdauer (a)		5		5		5	
n	Abzinsfaktor	Rückfluss	Barwert	Rückfluss	Barwert	Rückfluss	Barwert
0	1,0000		−100000,00		−60000,00		−40000,00
1	0,9524	25000,00	23810,00	20000,00	19048,00	10000,00	9524,00
2	0,9070	25000,00	22675,00	20000,00	18140,00	10000,00	9070,00
3	0,8638	25000,00	21595,00	20000,00	17276,00	10000,00	8638,00
4	0,8227	25000,00	20567,00	20000,00	16454,00	10000,00	8277,00
5	0,7835	25000,00	19587,00	20000,00	15670,00	10000,00	7835,00
L	0,7835	20000,00	15670,00	10000,00	7835,00	2000,00	1567,00
Kapitalwert			23904,00		34423,00		4911,00

8.3.2 Endwertverfahren

Im Gegensatz zur Kapitalwertmethode und den zugehörigen Verfahren werden bei den Endwertverfahren die Ein- und Auszahlungsreihen nicht auf einen Anfangszeitpunkt abgezinst, sondern auf das Ende der Nutzungsdauer aufgezinst.

$$\Delta EW = -I \cdot (1+i)^T + \sum_{t=1}^{T} R_t \cdot (1+i)^{T-t} + L \qquad (8.3)$$

mit

ΔEW = Endwert

I = Investition

T = Betrachtungsdauer

R_t = Rückfluss in der Periode t

L = Liquidationserlös/Resterlös

i = Kalkulationszinssatz

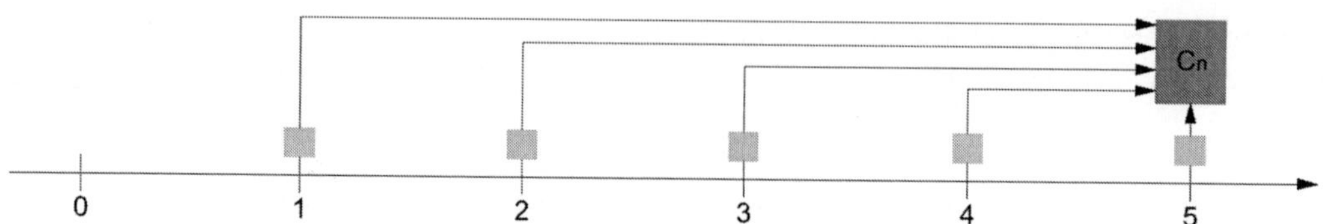

Bild 8-3 Prinzipdarstellung des Endwertverfahrens

Eine Investition ist nach dieser Gleichung vorteilhaft, wenn bei dem vorzugebenden Kalkulationszinssatz i ein endwertiger Überschuss entsteht und damit ΔEW positiv ist. Hervorzuheben ist, dass sich dieses Verfahren insbesondere für die Erfassung von unterschiedlichen Soll- und Habenzinsen anbietet. Hierbei erfolgte eine getrennte Betrachtung für Fremd- und Eigenkapital. Für die Ergebnisfindung werden die Endwerte der Investition und seiner Opportunität getrennt berechnet und verglichen.

Da die Prinzipien der Endwertmethode und der Kapitalwertmethode ähnlich sind, gelten auch die gleichen Kritikpunkte. So ist festzuhalten, dass die Ermittlung der Ein- und Auszahlungsreihen von künftigen Zahlungen und der Investitionsnutzungsdauer auf Schätzungen und auf der Annahme eines geeigneten Kalkulationszinssatzes beruhen. Als Vorteil gegenüber der Kapitalwertmethode kann die bessere Berücksichtigung von unterschiedlichen Soll- und Habenzinsen aufgeführt werden.

8.3.3 Annuitätenmethode

Ein weiteres Verfahren der klassischen, dynamischen Investitionsrechnung, das in Bewertung von energieeinsparenden Maßnahmen herangezogen wird, ist die Annuitätenmethode. Mit Hilfe der Annuitätenmethode wird ein finanzmathematischer durchschnittlicher jährlicher Gewinn ermittelt. Im Gegensatz zur Kapitalwertmethode wird nicht der Gesamterfolg ermittelt, sondern der Zielwert periodisiert. Hierzu wird der Kapitalwert einer Investition mit Hilfe des Annuitätenfaktors gleichmäßig über den Investitionszeitraum verteilt, so dass die Zahlungsfolge aus Einzahlungen und Auszahlungen in die sogenannte Annuität umgewandelt wird.

$$a = C_0 \, \frac{i \cdot (1+i)^n}{(1+i)^n - 1} \tag{8.4}$$

mit

C_0 = Kapitalwert

a = Annuität

n = Nutzungsdauer

i = Kalkulationszinssatz

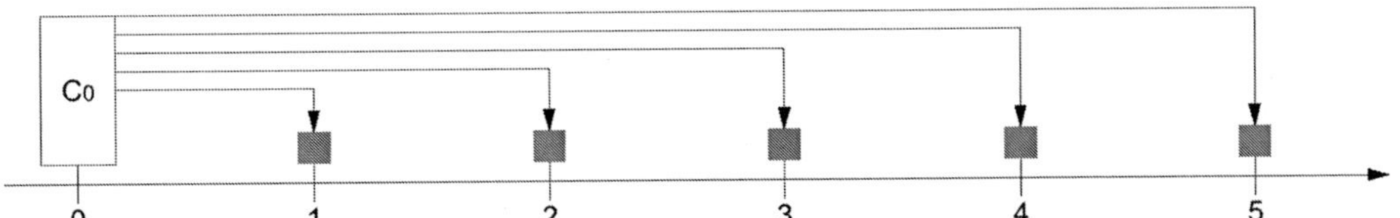

Bild 8-4 Prinzipdarstellung der Annuitätenmethode

Bei der praktischen Bewertung von energetischen Maßnahmen wird häufig das Verfahren des annuitätischen Gewinns angewendet. Hierbei ist der annuitätische Gewinn die Differenz zwischen den jährlichen Erlösen und den annuitätischen Kosten. Aufbauend darauf lassen sich wiederum die spezifischen Gestehungskosten ermitteln. Die Berechnung erfolgt, wie folgendes Beispiel für die Wärmebereitstellung zeigt, indem man die annuitätischen Kosten durch die jährlichen erzeugte Energiemenge dividiert.

Tabelle 8.6 Anwendungsbeispiel der Annuitätenmethode

	Gaskessel	Wärmepumpe	Einheit
Investitionsausgabe	10000,00	20000,00	€
Zinssatz	8	8	%
Nutzungsdauer	20	20	A
Annuität	1018,52	2037,84	€/a
Verbrauchskosten	2200,00	800,00	€/a
Betriebskosten	200,00	300,00	€/a
Jahreskosten	3418,52	3137,84	€/a
Wärmeverbrauch	25000,00	25000,00	kWh/a
Spezifische Wärmekosten	0,137	0,125	€/kWh

In der VDI 2067 wird dieses Verfahren für die Bewertung von verschiedenen Heizsystemen durch genauere Vorgaben präzisiert. Die jährlichen Kosten werden dabei durch kapitalgebundene, verbrauchsgebundene und betriebsgebundene Kosten definiert. Indem die anfallenden Kosten durch den jährlichen Nutzwärmebedarf dividiert werden, ergibt sich der mittlere Vollkostenwärmepreis.

8.3.4 Interner Zinssatz

Eine weitere Methode der dynamischen Investitionsrechnung ist das Verfahren des Internen Zinssatzes. Der Interne Zinssatz gibt die effektive Verzinsung des jeweils in der Investition gebundenen Kapitals an und kann als Gesamtkapitalrendite interpretiert werden. Mathematisch ist der Interne Zinssatz einer Investition derjenige Zinssatz, bei dessen Verwendung als Kalkulationszinssatz sich ein Kapitalwert von Null ergibt.

$$C_0 = \sum_{t=1}^{T} \frac{C_t}{(1+i)^t} - I = 0 \tag{8.5}$$

mit

C_0 = Kapitalwert

I = Investition

T = Betrachtungsdauer

C_t = Rückfluss in der Periode t

i = Kalkulationszinssatz

Grafisch interpretiert entspricht der Interne Zinssatz einer Nullstelle der Kapitalwertfunktion. Für die praktische Lösung der Gleichung werden Iterationsverfahren, wie beispielsweise das Newton-Verfahren oder das Regula-Falsi-Verfahren, verwendet. Aus mathematischer Sicht ist zu beachten, dass durch einen Vorzeichenwechsel in der Zahlungsreihe mehre Nullstellen und damit mehrere mögliche Interne Zinssätze entstehen können.

Tabelle 8.7 Berechnung des Internen Zinssatzes unter Berücksichtigung einer Differenzinvestition

	Investition I	Investition II	Differenzinvestition
Investitionsausgabe	100000,00	60000,00	40000,00
Nutzungsdauer (a)	5	5	5
n	Rückfluss	Rückfluss	Rückfluss
0	−100000,00	−60000,00	−40000,00
1	25000,00	20000,00	10000,00
2	25000,00	20000,00	10000,00
3	25000,00	20000,00	10000,00
4	25000,00	20000,00	10000,00
5	25000,00	20000,00	10000,00
L	20000,00	10000,00	2000,00
Interner Zinssatz	11,37 %	16,75 %	

Insbesondere bei energetisch motivierten Maßnahmen sind häufig konstante Rückflüsse sowie gleiche Laufzeiten zu verzeichnen, so dass die Vorraussetzungen für die Anwendung des internen Zinssatzes gegeben sind.

Die Methode des Internen Zinssatzes lässt sich vorrangig als Entscheidungskriterium über die grundsätzliche Beurteilung der Wirtschaftlichkeit einer Einzelinvestition verwenden. Eine Investition kann bei Anwendung des Verfahrens als Entscheidungskriterium als vorteilhaft bewertet werden, wenn der Interne Zinssatz plus Risikozuschlag über dem Marktzins liegt.

Wesentlich komplexer stellt sich die Anwendung des internen Zinssatzsatzes bei Auswahlentscheidungen dar, so dass diese Anwendung in der Literatur teilweise als ungeeignet bezeichnet wird. Bei einer Auswahlentscheidung mit der Möglichkeit einer expliziten Unterlassung der Maßnahme kann das Verfahren mehrdeutige Ergebnisse liefern. Im Sinne der Kapitalwertmaximierung sind mehrere interne Zinssätze als Relativzahlen bei unterschiedlichen Anfangsinvestitionen und unterschiedlicher Dauer nicht sinnvoll vergleichbar. Aufgrund dessen kann bei unterschiedlichen Laufzeiten und unterschiedlichen Investitionskosten eine Investition einen höheren Kapitalwert als die Alternativinvestition mit höherem internem Zinssatz aufweisen.

Wie man am gezeigten Beispiel erkennt, kann bei bestimmten Voraussetzungen und durch die Berücksichtigung einer Differenzinvestition das Verfahren auch bei Auswahlentscheidungen eingesetzt werden.

8.3.5 Dynamische Amortisationsdauer

Die dynamische Amortisationsrechnung beruht auf der Kapitalwertmethode und berücksichtigt dementsprechend den gesamten Investitionszeitraum und die Kapitalverzinsung. Die dynamische Amortisationszeit einer Investition ist die Zeit, bei der sich ein Kapitalwert von Null ergibt. Rechnerisch wird das Kumulationsverfahren verwendet. Die jährlichen Kapitalwerte werden aufaddiert, bis die Anfangsinvestition erreicht ist. Im Sinne der dynamischen Amortisationsrechnung ist eine Investition vorteilhaft, wenn ihre tatsächliche Amortisationszeit die Nutzungsdauer nicht überschreitet.

Bei energetischen Maßnahmen wird vorrangig die Zeit gesucht, bei der der Barwert der Investition für wärmeschutztechnische und anlagentechnische Verbesserungen des Gebäudes gleich dem Barwert der eingesparten Heiz- oder Kühlenergie ist. Die Betrachtung kann sowohl für ein gesamtes Gebäude als auch für ein einzelnes Bauteil erfolgen.

8.3.6 Sensitivitätsanalyse

Die Genauigkeit von Wirtschaftlichkeitsberechnungen hängt stark von den zu wählenden Eingangsparametern ab. Mit Hilfe einer Sensitivitätsanalyse ist es möglich, den Einfluss der abgeschätzten Werte auf den Zielwert zu untersuchen. Entscheidenden Einfluss auf das Ergebnis haben beispielsweise der angenommene Energiepreis und dessen Entwicklung sowie der Kapitalzins. Insbesondere die Prognosen der künftigen Energiepreise fallen sehr unterschiedlich aus, haben aber für die Wirtschaftlichkeitsbetrachtungen von energetischen Maßnahmen eine entscheidende Bedeutung.

Eine Sensitivitätsanalyse in einfacher Form kann durch eine Variation der Ausgangsparameter erfolgen. Dabei wird geprüft, in welchen Wertebereichen sich bestimmte Parameter bewegen dürfen, ohne dass sich das Ergebnis der Investitionsentscheidung verändert. Da dieses Verfahren mit relativ geringem Aufwand durchgeführt werden kann, stellt es eine einfache Möglichkeit zur Risikobeurteilung einer Investition dar. Jedoch ist kritisch zu werten, dass jeweils nur ein Parameter variiert wird und die restlichen Werte konstant bleiben. In der Realität sind die Parameter jedoch häufig nicht unabhängig voneinander.

8.4 Wirtschaftlichkeitsparameter

Da die Annahme und die Berücksichtigung geeigneter Eingangsparameter eine besondere Bedeutung für die Wirtschaftlichkeitsuntersuchung besitzen, werden im Folgenden ausgewählte Parameter spezifiziert.

- Kalkulationszins

- Energiepreis und Energiepreisentwicklung

- Steuern

Auch wenn mit Hilfe der Sensitivitätsanalyse die Beurteilung der einzelnen Parameter möglich ist, wird im Regelfall die Bestimmung im Vorfeld erfolgen müssen. Somit ist ein Grundverständnis der einzelnen Parameter erforderlich.

8.4.1 Kalkulationszinssatz

Die Festlegung eines geeigneten Kalkulationszinssatzes gehört zu den umstrittenen Problemen der Investitionstheorie und hat gleichzeitig einen starken Einfluss auf das Ergebnis der Wirtschaftlichkeitsuntersuchungen von energetischen Maßnahmen. Im Prinzip stellt der Kalkulationszins die angestrebte Mindestverzinsung des Investors dar. Die Festlegung dieses Wirtschaftlichkeitsparameters kann finanzierungs- oder opportunitätsorientiert erfolgen.

Bei der finanzierungsorientierten Ableitung wird der Kalkulationszinssatz abhängig von der Art der Finanzierung über anfallende Fremd- oder Eigenkapitalkosten gebildet. Dementsprechend bestimmen bei einer Finanzierung mit Eigenkapital die Eigenkapitalkosten den Kalkulationszins. Hierbei ist der Ansatz verbreitet, sich an einer Investition mit gleichem Risiko oder sich an einer vergleichbaren Durchschnittsrendite aus der Vergangenheit zu orientieren. Bei einer Finanzierung mit Fremdkapital kann der anfallende Zinssatz herangezogen werden. Für den praktisch häufig auftretendem Fall einer Mischfinanzierung kann die Berechnung durch ein gewogenes arithmetisches Mittel aus Eigen- und Fremdkapitalkosten verwendet werden.

Im Gegensatz zu den finanzierungsorientierten Ansätzen leitet sich bei den opportunitätsorientierten Ansätzen der Kalkulationszinssatz aus einem Vergleich mit anderen Anlagemöglichkeiten ab. Letztere können alternative Finanzanlagen oder Investitionsprojekte sein. Im Bereich der Bau- und Immobilienwirtschaft werden hierfür häufig risikolose Staatsanleihen oder Pfandbriefe mit hoher Bonität angesetzt. Des Weiteren ist bei der Bestimmung des Kalkulationszinssatzes die Berücksichtigung des Risikos von Bedeutung. Hierbei werden in der Literatur mehrere Ansätze diskutiert. Prinzipiell sollte das Investitionsrisiko durch einen Zuschlag auf den Kalkulationszins einer risikolosen Anlage erfolgen. Im Sinne der Investitionstheorie stellen energetische Maßnahmen ein eher geringes Risiko dar und erfordern dementsprechend einen geringen Risikozuschlag.

8.4.2 Energiepreis und Energiepreisentwicklung

Die Annahme spezifischer Energiepreise und deren zeitlicher Entwicklung sind bei der Beurteilung von energetischen Maßnahmen von entscheidender Bedeutung. In der Vergangenheit waren Energiepreise starken Schwankungen unterworfen und wiesen zusätzlich regionale

Unterschiede auf. Demnach sollten für die Beurteilung künftiger Maßnahmen die gültigen Energiepreise immer neu erhoben werden.

Mit dem aktuellen Energiepreis und dem Energieverbrauch lassen sich die momentanen Energiekosten und daraus die Kosten pro Kilowattstunde ermitteln. Da die Energiepreise mit hoher Wahrscheinlichkeit in der Zukunft weiter steigen werden, ist für die Beurteilung energetischer Maßnahmen eine Energiepreissteigerung über den Nutzungszeitraum zu berücksichtigen. Hierbei ist zwischen den verschiedenen Energieträgern zu differenzieren. Bei fossilen Energieträgern ist mit einer fortgesetzten Steigerung der Preise zu rechnen. Mit circa 30 % am weltweiten Energiekonsum und durch die Kopplung des Erdgaspreises an den Erdölpreis ist die Erdölpreisentwicklung als Referenz zu sehen.

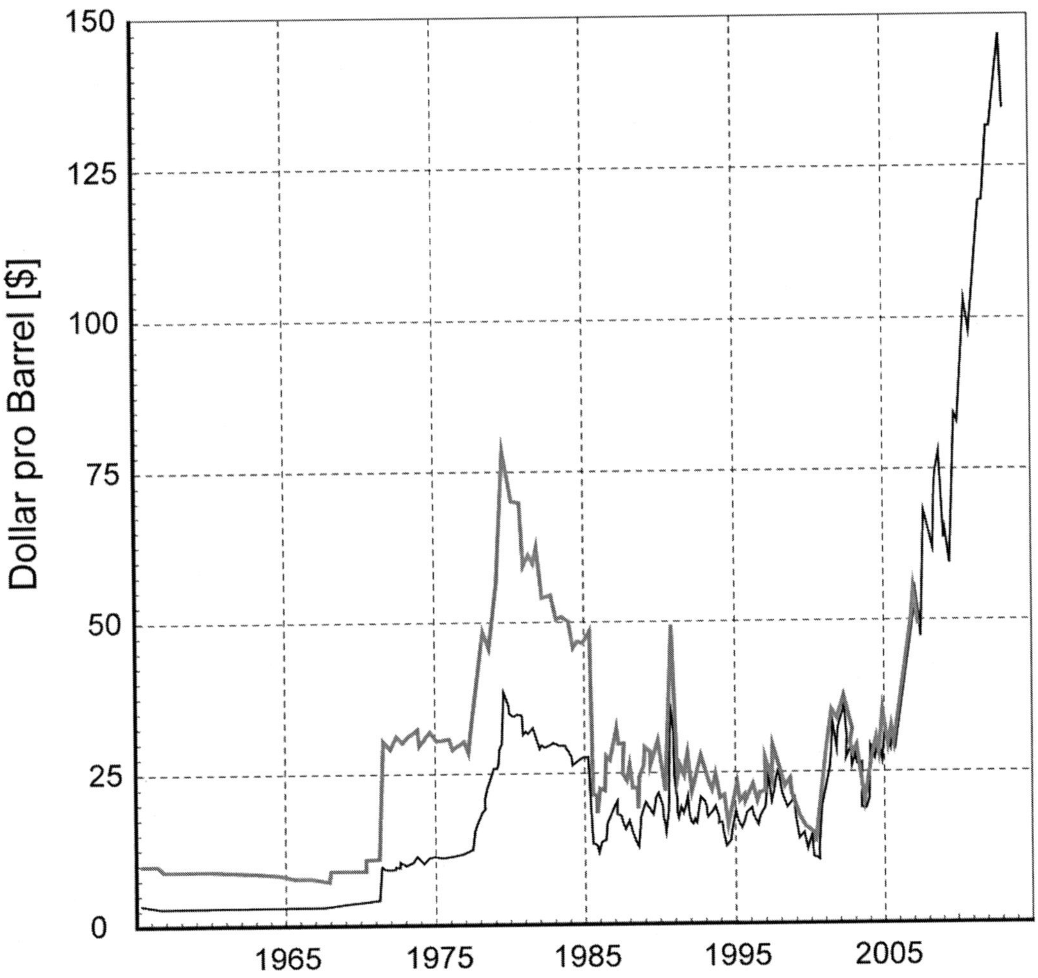

Bild 8-5 Ölpreisentwicklung. Der orangefarbene Graph zeigt die inflationsbereinigte Entwicklung im Vergleich zum Nominalpreis.

Durch die enorme weltwirtschaftliche Bedeutung beschäftigen sich zahlreiche Prognosen mit der zukünftigen Preisentwicklung und den vorhandenen Reserven. Auf internationaler Ebene besitzen die Prognosen der Internationalen Energie Agentur (IEA) eine große Bedeutung. Im World Energy Outlook 2007 wird von der IEA entgegen der Zielstellung der internationalen Klimaschutzbemühungen ein weltweiter Anstieg des Primärenergieverbrauchs um 55 % bis zum Jahr 2030 prognostiziert. Dabei wird Rohöl mit 32 % auch weiterhin die größte Einzelkomponente im Energiemix darstellen. Im bevorzugten Durchschnittsszenario wird für das Jahr 2030 von einem Preis von 62 Dollar pro Barrel (Realpreis auf den Dollarwert von 2006) ausgegangen. Die Energieprognosen des Bundesministeriums für Wirtschaft und Technologie (BMWi) basieren auf Studien von beauftragten unabhängigen wissenschaftlichen Forschungseinrichtungen. Im aktuellsten Bericht, dem „Energiereport IV" aus dem Jahr 2005 vom Energiewirtschaftlichen Institut der Universität zu Köln wird ein Ölpreisanstieg auf 37 Dollar (Realpreis auf den Dollarwert von 2000) prognostiziert.

Bei der Betrachtung der aktuellen Preisentwicklung müssen die Prognosewerte stark angezweifelt werden und auch künftig von einer Ölpreisentwicklung über den derzeitigen Prognosen ausgegangen werden. Eine Reihe von Faktoren sprechen für eine hohe Wahrscheinlichkeit der Fortsetzung der aktuellen Tendenzen.

Die Ausweitung der Förderkapazitäten scheint sich derzeit nicht weiter steigern zu lassen. In diesem Zusammenhang wird sogar ein „Peak Oil" kontrovers diskutiert. Das erreichen des „Peak-Oil" hat signifikante Auswirkungen auf weltweite Energieversorgung und den Rohölpreis. Zumindest ist die Erschließung neuer Erdölquellen, wie Ölsande und Tiefseebohranlagen, mit erhöhten Kosten und zunehmenden Risiken verbunden. Hinzu kommen politischen Faktoren und die Gefahr von Naturkatastrophen. Der Ausfall einzelner Fördergebiete oder eines ganzen Förderlandes wie etwa Iran, Irak, Venezuela, Nigeria oder Saudi Arabien kann nicht durch ausreichend frei verfügbare Kapazitäten kompensiert werden. Daher ist in der Zukunft durch die begrenzte Angebotsseite und die genannten Risiken mit einem permanenten Anstieg mit kurzfristigen extremen Preisspitzen sehr wahrscheinlich zu rechnen. Somit sollte sich die Berücksichtigung der Preissteigerung für fossile Energieträger in der Wirtschaftlichkeit eher an den oberen Prognosegrenzen orientieren.

Die Preissteigerung der leitungsgebundenen Energieträger Elektrizität und Fernwärme ist stark an einzelne Energieversorgungsunternehmungen gebunden und somit nur schwer pauschal zu bewerten. Jedoch dürften durch effizientere Umwandlungs- und Stromerzeugungstechnologien tendenziell die erwarteten Preissteigerungen geringer ausfallen als die der Basisenergieträger. Im „Energiereport IV" geht man sogar von einer realen Preisreduktion aus.

Ebenfalls wird die Preissteigerung bei regenerativen biologischen Energieträgern geringer ausfallen als bei Erdöl und Erdgas. Bei nachwachsenden Rohstoffen ist mit konstanten beziehungsweise leicht erhöhten Anbaukosten zu rechnen. Aber auch hier wird durch eine erhöhte Nachfrage bei begrenztem Angebot eine Preisersteigerung entstehen. Relativ entspannt sieht die Situation für Holzbrennstoffe in Mitteleuropa aus. Deutschland verfügt über ausreichend große Holzvorräte für Holzschnitzel und Holzpelletproduktion. Gleichzeitig haben sich in den letzten Jahren die Produktionskapazitäten stark erhöht, so dass für diesen Bereich gleichbleibende oder nur moderat steigende Preise zu erwarten sind. Wogegen bei solargewonnener Energie langfristig mit sinkenden Gestehungskosten zu rechnen ist. Die Senkung der Herstellungskosten und ein steigendes Angebot werden zu sinkenden Preisen führen und die Energieerzeugung wird in den wirtschaftlichen Bereich rücken. Bei der Photovoltaik kann mit hoher Wahrscheinlichkeit von einer Preissenkung im Bereich der sinkenden Fördersätze für die Vergütung von Strom aus Photovoltaikanlagen ausgegangen werden.

Folgende Tabelle dient zur Orientierung bei der Annahme der derzeitigen Energiekosten. Im Weiteren werden für Hauptenergieträger Ansätze zur Erfassung der Energiepreissteigerung dargestellt. Dabei werden Steigerungsraten für drei prinzipielle Erwartungshaltungen vorgeschlagen.

Tabelle 8.8 Energiepreissteigerung.

	Spezifische Wärmekosten	Minimal	Mittel	Maximal
Heizöl	0,060 €	6,0 %	8,0 %	10,0 %
Erdgas	0,060 €	5,0 %	7,0 %	9,0 %
Holzpellets	0,039 €	2,0 %	4,0 %	6,0 %
Stückholz	0,030 €	1,5 %	2,5 %	3,0 %
Strom-Mix	0,185 €	3,0 %	4,0 %	5,0 %
Bio-Öl	0,080 €	2,0 %	4,0 %	6,0 %

Zusammenfassend kann festgehalten werden, dass eine Prognose der künftigen Energiepreisentwicklung mit großen Unsicherheiten behaftet ist. Tendenziell werden sich die Preissteigerungen von den fossilen Energieträgern Erdöl und Erdgas an den oberen Prognosegrenzen einordnen und stärker ausfallen als bei alternativen Energieträgern. Dementsprechend ist langfristig der Anteil dieser fossilen Energieträger zu reduzieren.

8.4.3 Steuern

Im Rahmen der Wirtschaftlichkeitsanalyse spielen auch steuerliche Aspekte eine wichtige Rolle. Allerdings sind die steuerlichen Regelungen sehr komplex und regelmäßig von gesetzlichen Veränderungen betroffen. Bei Immobilien unterscheidet sich die Besteuerung natürlicher Personen beziehungsweise Personengesellschaften von juristischen Personen. Investitionen für energetische Maßnahmen haben direkten Einfluss auf die Einkommens- beziehungsweise Gewinnsituation der jeweiligen Akteure.

Für natürliche Personen, wie private Bauherrn oder Vermieter kleinerer Immobilien, wird die Besteuerung in erster Linie im Einkommensteuergesetz (EStG) geregelt. Außerdem werden ein Solidaritätszuschlag und eventuelle Kirchensteuern erhoben. Die Besteuerung von Personengesellschaften (OHG, KG, GbR) erfolgt einheitlich und gesondert und wird den beteiligten Personen zugerechnet. Für gewerbliche Einkünfte von Unternehmen kann zusätzlich eine Gewerbesteuer anfallen.

Ein Großteil von denkmalgeschützten Gebäuden befindet sich im Besitz von Unternehmen, die sich als Kapitalgesellschaften (AG, kGaA, GmbH) und Genossenschaften organisieren. Die steuerlichen Bestimmungen für diese juristische Personen werden im Körperschaftsteuergesetz (KStG) geregelt. Des Weiteren fallen durch die gewerblichen Einkünfte Gewerbesteuern an und zusätzlich wird ein Solidarzuschlag erhoben. Dagegen entfällt die Kirchensteuer. Eine Ausnahme bilden steuerbefreite Wohnungsgenossenschaften.

Derzeit werden Sanierungsmaßnahmen an denkmalgeschützten Gebäuden durch günstigere Abschreibungsmöglichkeiten unterstützt. Modernisierungskosten können innerhalb von

12 Jahren zu 100 % abgeschrieben werden. Damit sind energetische Maßnahmen an Baudenkmalen gegenüber denen am ungeschützten Bestand steuerlich bevorteilt. Die Denkmaleigenschaft sowie die Erforderlichkeit der Baumaßnahmen zur Erhaltung und sinnvollen Nutzung des Baudenkmals müssen durch eine entsprechende Bescheinigung der berechtigten Landesdenkmalschutzbehörde nachgewiesen werden. Für eine Erteilung der Bescheinigung muss nach den entsprechenden länderspezifischen Verwaltungsrichtlinien die zu fördernde Baumaßnahme vor ihrem Beginn mit der Denkmalschutzbehörde abgestimmt werden. Nach Beendigung der Baumaßnahme sind die Aufwendungen der Behörde entsprechend den Bescheinigungsrichtlinien nachzuweisen. Ohne diese Bescheinigung, die einen steuerrechtlichen Grundlagenbescheid darstellt, gibt es keine Steuervergünstigung. Folgendes Beispiel verdeutlicht die Steuereinsparung.

Tabelle 8.9 Beispiel einer Steuersparrechnung

	Investition	Einheit
Einnahmen		
Mieteinnahmen	600,00	€/Monat
Ausgaben		
Finanzierungskosten	730,00	€/Monat
Betriebskosten	50,00	€/Monat
Unterdeckung vor Steuern	−180,00	€/Monat
Steuerersparnis	900,00	€/Monat
Monatlicher Überschuss nach Kosten und Steuern und vor Tilgung	720,00	€/Monat

Da die konkrete steuerliche Belastung für natürliche und juristische Personen der komplexen Gesetzgebung und einer zeitlichen Veränderung unterliegt, muss die Berechnung durch eine Veranlagungssimulation erfolgen. Dazu müssen die Annahmen über den gesamten Planungszeitraum abgeschätzt werden. Das ist nicht unproblematisch und mit Unsicherheiten behaftet, so dass die Anwendung mit akzeptablem Genauigkeitsverlust eines proportionalen Steuersatzes empfohlen werden kann.

Innerhalb der dynamischen Kapitalwertverfahren kann eine gleichbleibende proportionale steuerliche Belastung im Kalkulationszinssatz berücksichtigt werden.

$$i_S = i \cdot (1 - s)$$

mit

i_S = Kalkulationssatz nach Steuern

i = Kalkulationssatz vor Steuern

s = Ertragssteuersatz

8.5 Anwendung am Beispiel der Siedlung Schillerpark

Die Wohnsiedlung am Schillerpark wurde 1924–1930 von Bruno Taut und Franz Hoffmann entworfen, nach 1945 in Teilen von Max Taut wieder aufgebaut und 1954–1959 von Hans Hoffmann erweitert. Insbesondere der Bauabschnitt aus den fünfziger Jahren weist die typischen architektonischen und konstruktiven Merkmale der Nachkriegsmoderne auf. Die Wirtschaftlichkeitsuntersuchungen beziehen sich auf die Gebäude aus den 1950er Jahren. Eine Abbildung des Gebäudes und eine Erläuterung der Baukonstruktion befindet sich beim Repräsentanten der Nachkriegszeit im Kapitel „Baukonstruktion im Bestand".

Tabelle 8.10 Wirtschaftlichkeitsbetrachtung für ein Beispielgebäude

Kenndaten	
Fläche A_N [m^2]	1516,8
Heizwärmebedarf [kWh/m^2]	118,4
Endenergiebedarf [kWh/m^2]	131,5
Gesamtenergiebedarf [kWh/m^2]	199466,0

Randbedingungen	
Kalkulationszins [%]	2,50
Energiepreissteigerung [%]	0,08
Spezifische Energiekosten [€/kWh]	0,08
Zeitraum [Jahre]	25

Maßnahmen	Einsparung [%]	Heizwärmebedarf [kWh/m²]	Energetische Kosten [€]	Einsparung [kWh]	Dynamische Amortisation [Jahre]	Interner Zinssatz [%]	Kosten pro eingesparter kWh [€/kWh]
Treppenhaus	3,2	115,6	49372	6397,7		−1,61	0,42
Isolierverglasung	16,7	94,8	216346	33310,2		−0,62	0,35
Fassadendämmung	32,4	56,5	110436	64603,3	14,87	8,68	0,09
Kellerdeckendämmung	0,4	56,0	5162	734,8		−1,07	0,38
Dachdämmung	5,6	49,4	52231	11083,0		1,32	0,26
Gesamtmaßnamen	58,3	49,4	433547	433547,0	22,9	2,82	0,20

Die Untersuchung der Wirtschaftlichkeit baut auf einer Kostenschätzung nach der DIN 276 und der dynamischen Investitionsrechnung auf. Die errechneten Ergebnisse beziehen sich auf die energetischen Kosten. Für diese werden die Amortisationszeit, der Interne Zinssatz sowie die relativen Kosten pro eingesparter Kilowattstunde Heizenergie ausgewiesen.

Es zeigt sich, dass bei der Fassadendämmung ein gutes Verhältnis zwischen entstehenden Kosten und eingesparter Energie entsteht. Dagegen sind insbesondere Verglasungen allein aus wirtschaftlichen Gründen nicht vorteilhaft. Sie sollten jedoch bei einer Gesamtsanierung aus bauphysikalischen Gründen trotzdem ausgeführt werden. Letztendlich liegt auch die Verzinsung für die Gesamtmaßnahme über dem Kalkulationszins und die Amortisationszeit unter der Lebensdauer, so dass insgesamt ein wirtschaftlich positives Ergebnis entsteht.

8.6 Weiterführende Literatur

Bundesarbeitskreis Altbauerneuerung (BAKA) e. V.: *Bauen im Bestand*. Köln: Verlagsgesellschaft Rudolf Müller, 2006.

Basty, Gregor; Beck, Hans-Joachim; Haaß, Bernhard (Hrsg.): *Denkmalschutz und Sanierung: Rechtshandbuch*. 2. Auflage. Berlin: Lexxion Verlagsgesellschaft, 2008.

Enseling, Andreas: *Leitfaden zur Beurteilung der Wirtschaftlichkeit von Energiesparinvestitionen im Gebäudebestand*. 1. Auflage. Darmstadt: Institut Wohnen und Umwelt GmbH, 2003.

Feist, Wolfgang: *Lebenszyklusbilanzen im Vergleich: Niedrigenergiehaus, Passivhaus, Energieautarkes Haus*. In: Wolfgang Feist (Hrsg.): *Arbeitskreis Kostengünstige Passivhäuser, Protokollband Nr. 8: Materialwahl, Ökologie und Raumlufthygiene*. Darmstadt: Passivhaus Institut, 1997.

Götze, Uwe: *Investitionsrechnung*. 6. Auflage. Heidelberg: Springer-Verlag, 2008.

International Energy Agency(Hrsg.): *World Energy Outlook 2007: Zusammenfassung*. Paris: International Energy Agency, 2007.

König, Holger; Kohler, Nikolaus; Kreißig, Johannes: *Lebenszyklusanalyse in der Gebäudeplanung: Grundlagen, Berechnung, Planungswerkzeuge*. München: Institut für internationale Architektur-Dokumentation. 2009.

Kruschwitz, Lutz: *Investitionsrechnung*. 11. Auflage. München: Oldenbourg Wissenschaftsverlag, 2007.

Martin, Dieter; Krautzberger, Michael: *Handbuch Denkmalschutz und Denkmalpflege: einschließlich Archäologie, Recht, fachliche Grundsätze, Verfahren, Finanzierung*. München: C.H. Beck, 2004.

Möller, Dietrich Alexander; Kalusche, Wolfdietrich (Hrsg.): *Planungs- und Bauökonomie: Band 1: Grundlagen der wirtschaftlichen Bauplanung*. 5. Auflage. München: Oldenbourg Wissenschaftsverlag, 2007.

Ostertag, Katrin; Jochem, Eberhard; Schleich, Joachim; Walz, Rainer; Kohlhaas, Michael; Diekmann, Jochen; Ziesing, Hans-Joachim: *Energiesparen: Klimaschutz, der sich rechnet: Ökonomische Argumente in der Klimapolitik*. Heidelberg: Physica-Verlag, 2000.

Perridon, Louis; Steiner, Manfred: *Finanzwirtschaft der Unternehmung*. 14. Auflage. München: Verlag Franz Vahlen, 2007.

Pöschk, Jürgen (Hrsg.): *Energieeffizienz in Gebäuden: Jahrbuch 2009*. Berlin: VME-Verlag und Medienservice Energie Jürgen Pöschk, 2009.

Rolfes, Bernd: *Moderne Investitionstheorie: Einführung in die klassische Investitionstheorie und Grundlagen marktorientierter Investitionsentscheidungen*. 3. Auflage. München, Wien: Oldenbourg Wissenschaftsverlag, 2003.

Wuppertal Institut für Klima, Umwelt, Energie (Hrsg.); Planungsbüro Schmitz (Hrsg.); Bundesarchitektenkammer (Hrsg.): *Energiegerechtes Bauen und Modernisieren: Grundlagen und Beispiele für Architekten, Bauherren und Bewohner*. Basel: Birkhäuser, 1996.

9 Ökologie

9.1 Ökologiebegriff im Bauwesen

Unter Ökologie – lateinisch „oikos" (Haushalt) und „logos"(Lehre) – versteht man die Lehre von den Wechselbeziehungen zwischen den Lebewesen untereinander und mit ihrer Umwelt. Im Rahmen der Nachhaltigkeitsbewertung fallen die zentralen Fragestellungen zur Energie und Umwelt in diesen Bereich. Der Begriff geht auf den deutschen Zoologen Ernst Haeckel zurück, der ihn für ein Teilgebiet der Biologie im Jahre 1866 eingeführt hat. Im Laufe des 20. Jahrhunderts hat sich die Bedeutung über den naturwissenschaftlichen Rahmen der Biologie hinaus erweitert. Mittlerweile wird der Begriff auf gesellschaftliche und politische Bereiche übertragen. Der Bedeutungsinhalt des Wortes „Ökologie" veränderte sich in soweit, als dass die ursprünglich neutrale Bezeichnung eine positive Bedeutung erhielt – „ökologisch" gilt gleichbedeutend mit umweltverträglich, nachhaltig und klimaschonend. So existieren viele Bezeichnungen, die in der Verbindung mit der Kurzform „Öko" positiv besetzt sind (Ökosiedlung, Ökostrom oder Ökobauer).

Die Erweiterung und Popularisierung von ökologischen Aspekten bewirkt ein Umdenken in verschiedenen Teilgebieten. Insbesondere im Baubereich rückt die Thematik, die auch Baudenkmale nicht ausgrenzt, in den Fokus. Nachhaltige, ressourceneffiziente Gebäude gewinnen eine immer größere nationale und internationale Bedeutung, denn in den Bereich Bauen fallen große Teile der gesellschaftlich erzeugten Stoffströme und Umweltbelastungen. Der Baustoffeintrag in den Gebäudebestand beträgt derzeit ungefähr fünf bis zehn Tonnen pro Einwohner und Jahr. War in der Historie die Zusammensetzung überwiegend von mineralischen Baustoffen mit geringem Schadstoffpotenzial geprägt, so nimmt in der derzeitigen Entwicklung der Anteil der Kunststoffe und kritischer Stoffgemische immer weiter zu.

Die Aufgabe der so genannten Bauökologie besteht hierbei in der Untersuchung von Baustoffen, Baukonstruktionen und komplexen Gebäuden hinsichtlich ihres Ressourcenverbrauchs und ihrer Emissionen in die Umwelt. Als geeignetes Werkzeug hat sich bei diesen Analysen die „Ökobilanz" bewährt. Die lange Nutzungsdauer und der hohe Ressourcenverbrauch von Bauwerken macht eine ausführliche Lebenszyklusbetrachtung notwendig. Angefangen von der Erzeugung über die Nutzung bis hin zur Entsorgung und zum Recycling sind sämtliche Lebenszyklusphasen einzubeziehen. Die Ökobilanzierung im Baubereich ist sehr komplex, insbesondere fällt die Systemabgrenzung und Berücksichtigung der Vorketten schwer. Die Berechnung von vollständigen Energie- und Stoffflussmodellen beschränkt sich vorrangig auf die Forschung und lässt sich derzeit kaum in der praktischen Planung finden. Neben dem eingeführten Primärenergiebedarf, der in der Nutzungsphase von Gebäuden anfällt, gehören noch weitere Indikatoren zur ökologischen Bewertung. Ziel sollte eine ganzheitliche Reduktion des Stoff- und Energiebedarfs sowie von Schadstoffemissionen sein. Dazu müssen zur jetzigen Energiebilanz weitere Kenngrößen erfasst werden.

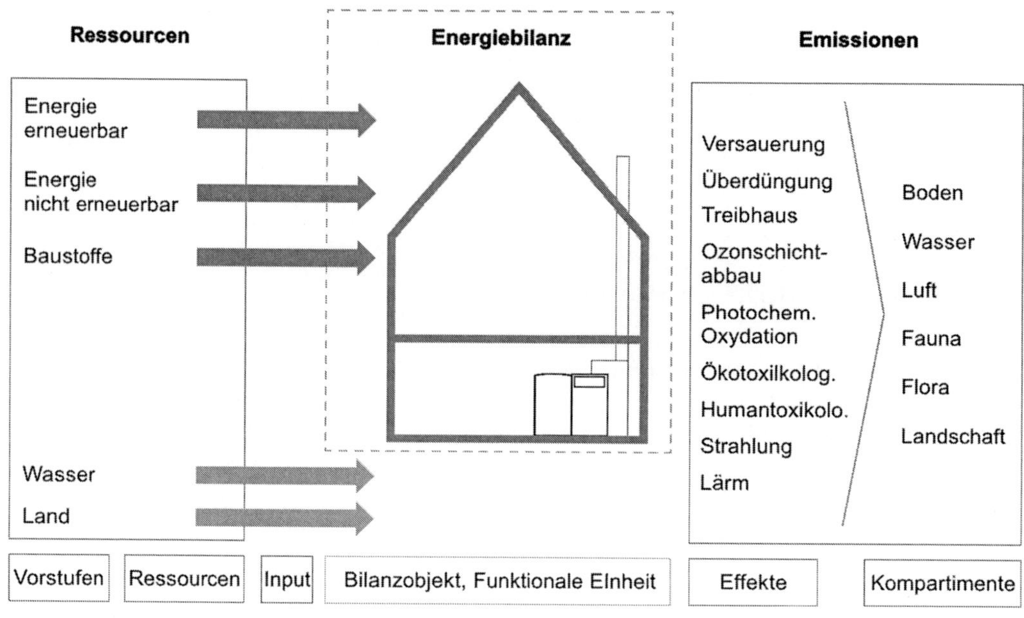

Bild 9-1 Beispiel für die Ökobilanz eines Gebäudes

Die zusätzlichen Faktoren entstehen durch die Entnahme von Ressourcen aus der Umwelt und durch Emissionen in die Umwelt beim Bau sowie der Nutzung von Gebäuden. Für Baudenkmale stellt sich die Frage, wie sie sich ökologisch verhalten. Auf den ersten Blick können die denkmalpflegerischen Methoden als ökologisches und nachhaltiges Handeln interpretiert werden. Der konservatorische Grundsatz und die Methoden bei einer denkmalpflegerischen Restaurierung sorgen für einen Erhalt und eine lange Nutzung von Originalbauteilen. Im Falle eines nicht zu vermeidenden Austausches werden bevorzugt alte Baumaterialen im Sinne einer angestrebten Kreislaufwirtschaft wieder verwendet oder zumindest traditionelle Baustoffe eingesetzt, die ihre Umweltfreundlichkeit über Jahrhunderte gezeigt haben. Jedoch besitzen die meisten geschützten Gebäude einen hohen Energieverbrauch in ihrer Nutzung. Diese Zusammenhänge lassen sich mit Hilfe einer Ökobilanz analysieren.

9.2 Ökobilanz – Life Cycle Assessment

Der überwiegende Teil der gesetzlich bindenden Berechnungsmethoden bezieht sich in erster Linie auf den Energiebedarf in der Nutzungsphase. Auf Grund dieser Bewertungsgröße werden auch die meisten Handlungsempfehlungen für den Gebäudebestand abgeleitet. Eine uneingeschränkte Übertragung der daraus abzuleitenden Maßnahmen auf Baudenkmale ist nicht empfehlenswert und würde zu keinen denkmalgerechten Lösungen führen.

Gerade für den Umgang mit dem geschützten Gebäudebestand sind erweiterte Sichtweisen notwendig. Insbesondere ist eine Betrachtung der Gesamtenergieeffizienz zu klären, das heißt unter Berücksichtigung der Herstellung der Baustoffe, der bereits gebundenen Energie, des Energiebedarfs über die Lebensdauer und der Entsorgung. Für eine solche ganzheitliche Betrachtung bietet sich eine Lebenszyklusanalyse (LCA) als geeignetes Werkzeug an und damit letztendlich auch als Grundlage für die Ökobilanzierung.

Methodik der Ökobilanzierung

Mit der europäischen Norm EN ISO 14 040 ff. besteht eine Methodik, eine Ökobilanz über eine Lebenszyklusbetrachtung aufzustellen. Damit lassen sich Umwelteinwirkungen, die bei der Herstellung, Nutzung und Entsorgung von Produkten oder Produktsystemen anfallen, quantifizieren und analysieren. Die standardisierte Vorgehensweise stellt eine einheitliche Ausgangsbasis für verschiedene Untersuchungsgebiete zur Verfügung und führt zur Versachlichung der kontrovers geführten Öko-Diskussionen.

Die Ökobilanz nach EN ISO 14 040 ff. gliedert sich schematisch in vier Hauptphasen: Zieldefinition und Festlegung des Untersuchungsrahmens, Sachbilanz, Wirkungsabschätzung und Auswertung. Die einzelnen Phasen stehen in Verbindung und beeinflussen sich gegenseitig.

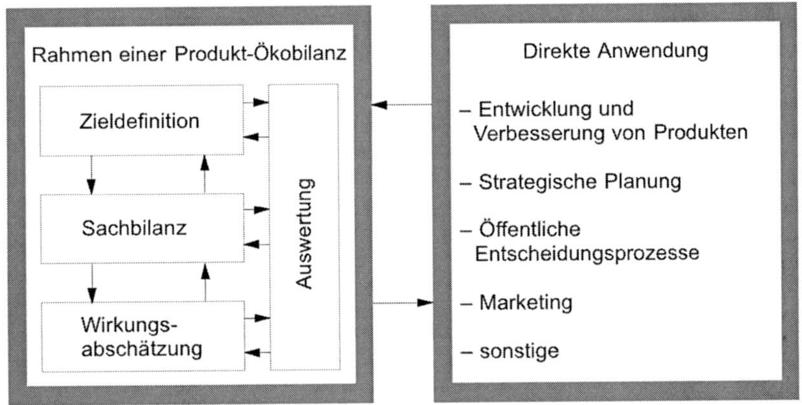

Bild 9-2 Schematischer Aufbau einer Ökobilanz

Die Normung beschreibt vorrangig die allgemeine Methodik und überlässt die Umsetzung beziehungsweise die konkrete Berechnung dem Anwender. Deshalb lässt sich die Vorgehensweise im Industrie- sowie im Baubereich einsetzen. Grundsätzlich eignen sich Ökobilanzen für die Untersuchung sowohl einzelner Bauprodukte als auch ganzer Gebäude. Jedoch weist die Anwendung im Bauwesen einige Besonderheiten auf – so bestehen im Vergleich zu Industrieprodukten wesentlich längere Betrachtungszeiträume.

Des Weiteren setzen sich Bauwerke aus einer Vielzahl von Bauprodukten und Bauteilen zusammen. Die einzelnen Elemente sind durch weit verzweigte Vorketten gekennzeichnet. Nach der Nutzungsphase existieren vielfältige Arten der Baustoffverwertung beim Abbruch, die eine Abgrenzung des Untersuchungsrahmens erschweren.

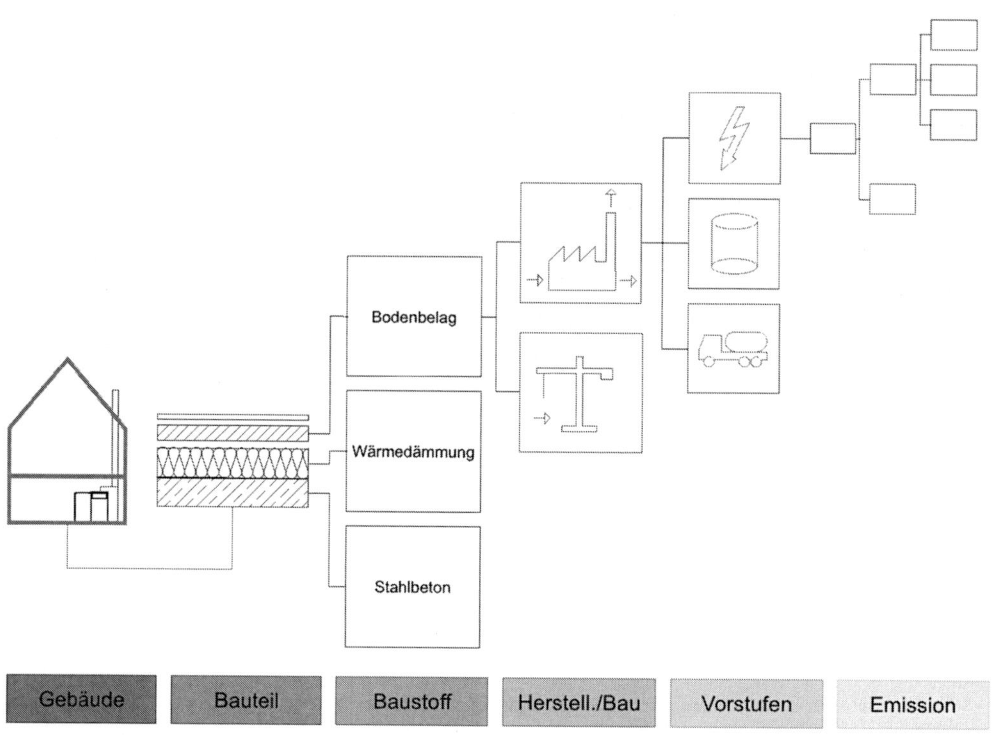

Bild 9-3 Aggregationsstufen im Bauwesen (Vergleiche Kohler)

Ausgangspunkt bildet die Definition des Ziels und des Untersuchungsrahmens. Dieser Schritt beinhaltet unter anderem die Festlegung folgender Kriterien.

- Zielstellung
- Funktionelle Einheit
- Systemgrenzen
- Kriterien für Inputs und Outputs
- Datenqualität

Das Ziel einer Ökobilanz muss eindeutig die beabsichtigte Anwendung und die Gründe für die Durchführung beinhalten. Im Rahmen der Arbeit erlaubt die Analyse Rückschlüsse für den Umgang mit dem geschützten Gebäudebestand und ermöglicht den Vergleich von verschiedenen Baukonstruktionen. Dabei dient die funktionelle Einheit als Bezugseinheit für den Nutzen eines Produktes oder Produktsystems.

Im Bauwesen stellt die Einheitsmasse des Baumaterials die kleinste funktionelle Einheit dar (beispielsweise ein Kilogramm Zement). Die nächst größere Bezugseinheit bildet ein zusammengesetztes Bauteil (Quadratmeter Bauteilfläche). Auch ein Gebäude (Einfamilienhaus) als Aggregation mehrerer Bauteile gilt als funktionelle Einheit.

Die Systemgrenzen legen fest, welche Aspekte respektive Teilprozesse über den Lebenszyklus in eine Ökobilanz einfließen sollen. Sie unterteilen sich in verschiedene Ebenen:

- zeitliche Systemgrenzen

- räumliche Systemgrenzen

- Systemgrenzen zwischen Anthroposphäre und Biosphäre

- Systemgrenzen im Sinne verzweigter Prozessketten

Für Untersuchungen im Baubereich muss abhängig je nach Anwendung eine spezifische Systemgrenze gezogen werden – häufig die Grundstücks- oder Gebäudegrenze.

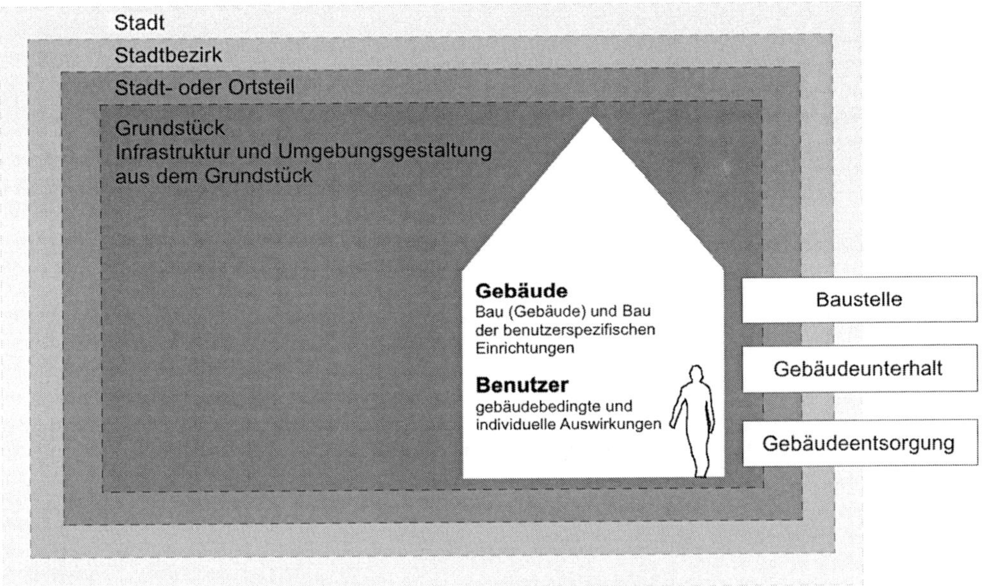

Bild 9-4 Gebräuchliche Systemgrenzen für eine Ökobilanz im Bauwesen

Dieses Gesamtsystem umfasst das Gebäude selbst inklusive aller Lebenszyklusphasen, die zusätzliche Infrastruktur außerhalb des Baugrundstückes sowie die Benutzerauswirkungen im weiter gefassten Sinne. Da die zu beurteilenden Maßnahmen am Baudenkmal mittelbar nur geringe Auswirkungen auf die Infrastruktur erzeugen, ist die Hauptsystemgrenze für die Fragestellungen innerhalb des Buches fast immer die Gebäudegrenze.

Nach der Festlegung des Ziels und des Untersuchungsrahmens erfolgt als nächster Schritt eine Sachbilanzierung nach der EN ISO 14 040. Dabei werden die relevanten Input- und Outputflüsse des Produktsystems innerhalb der definierten Systemgrenzen quantifiziert. Zu diesen Flüssen gehören unter Berücksichtigung von Vorketten in erster Linie:

- Roh-, Hilfs- und Betriebsstoffe

- Energieeinsatz

- Emissionen in Boden, Luft und Wasser

Die Sachbilanz muss beginnend mit der Rohstoffgewinnung und Verarbeitung über die Nutzung und Instandhaltung bis hin zur Entsorgung inklusive aller Transportvorgänge sämtliche Wechselwirkungen mit der Umwelt beinhalten. Zur Bestimmung der Input- und Outputströme dienen Datensammlungen und spezielle Berechnungsverfahren. Hierbei besitzt die Qualität der verwendeten Daten entscheidende Bedeutung für die Genauigkeit der Ergebnisse.

In der dritten Phase einer Ökobilanz werden durch eine Wirkungsabschätzung die Informationen aus der Sachbilanz zusammengeführt und in Hinblick auf mögliche Umweltauswirkungen ausgewertet. Die Abschätzung der potentiellen Umwelteinwirkungen erfolgt durch Wirkungskriterien beziehungsweise Wirkungsindikatoren. Beispielsweise ist das Treibhauspotenzial ein Indikator für Emissionen in die Luft, die den Wärmehaushalt der Atmosphäre beeinflussen.

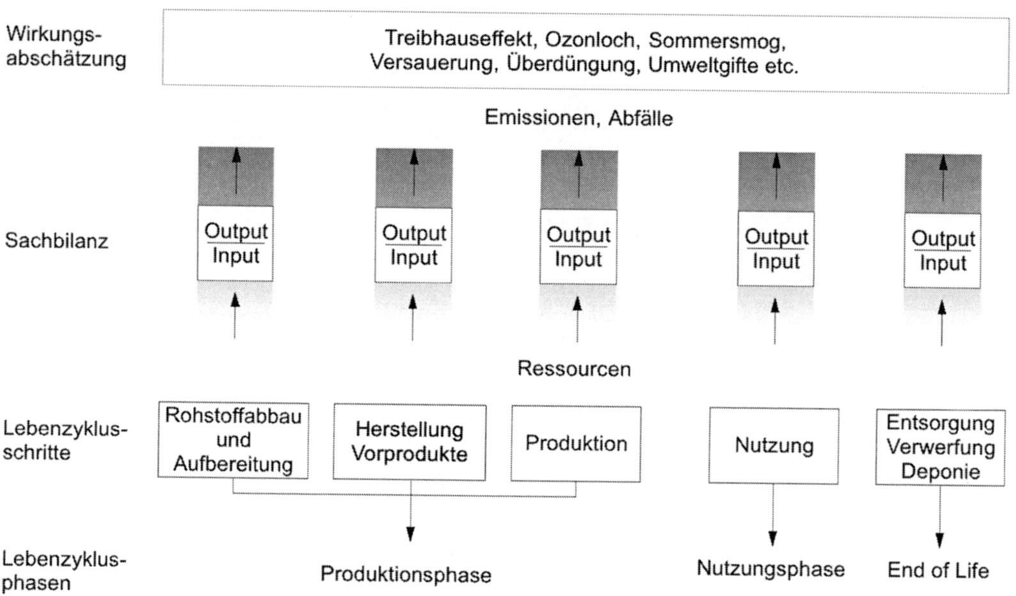

Bild 9-5 Modularer Aufbau einer Ökobilanz (Vergleiche Kohler)

Abschließend gilt es, in einer Auswertung die wesentlichen Ergebnisse von Sachbilanz und Wirkungsabschätzung im Hinblick auf das formulierte Ziel der Ökobilanz zu analysieren und zusammenzufassen. Die gewonnenen Schlussfolgerungen und Empfehlungen sollten in einem Bericht dargelegt werden. Die Auswertung umfasst in der Regel auch eine Prüfung der Vollständigkeit, der Sensitivität und der Konsistenz der gewonnenen Ergebnisse.

Entscheidend für die Genauigkeit einer Ökobilanz sind die zu Verfügung stehenden Ausgangsdaten. Im Bauwesen kann die Datenbank „Ökobau.dat" als Grundlage für die Berechnung dienen. Sie muss sogar zwingend für das Gütesiegel der Deutschen Gesellschaft für Nachhaltiges Bauen verwendet werden. Die Datenbank ist dynamisch konzipiert und wird ständig durch neue Umweltproduktdeklarationen vom Institut für Bauen und Umwelt e. V. ergänzt.

9.3 Wirkungskategorien und -indikatoren

Die Zuordnung und Auswertung der Ergebnisse einer Sachbilanz erfolgt in sogenannten Wirkungskategorien als Beschreibung für bestimmte Umweltproblematiken. Da keine festgelegte und allgemeingültige Liste für diese Kategorien existiert, muss für jedes Projekt eine individuelle Auswahl getroffen werden. Von verschiedenen Normungsgremien und Fachkreisen wurden in der Vergangenheit mehrere Vorschläge für relevante Wirkungskategorien publiziert, die sich nur geringfügig unterscheiden. Die Umweltproblematiken können wiederum durch sogenannte Wirkungsindikatoren näher quantitativ charakterisiert werden. Die folgende Aufstellung zeigt einen Überblick der wichtigsten Wirkungsindikatoren mit ihren Leitsubstanzen:

Tabelle 9.1 Wirkungsindikatoren mit ihren Leitsubstanzen

Wirkungsindikator	Leitsubstanz	Einheit
Treibhauspotenzial	Kohlendioxid-Äquivalent	kg CO_2-Äquivalent
Ozonabbaupotenzial	FCKW-Äquivalent	kg R11-Äquivalent
Versauerungspotenzial	Schwefeldioxid-Äquivalent	kg SO_2-Äquivalent
Eutrophierungspotenzial	Phosphat-Äquivalent	kg PO_4-Äquivalent
Sommer-Smog	Ethylen-Äquivalente	kg C_2H_4-Äquivalent
Humantoxizität	1,4-Dichlorbenzol-Äquivalent	kg $C_6H_4Cl_4$-Äquivalent
Ökotoxizität	1,4-Dichlorbenzol-Äquivalent	kg $C_6H_4Cl_4$-Äquivalent
Ressourcenverbrauch	Antinom-Äquivalent	kg sb-Äquivalent
Energieverbrauch	Primärenergie	MJ, kWh
Flächenverbrauch	versiegelte Fläche	m²
Abfallaufkommen	z. B. Sonderabfälle	kg

Als Indikator für den Treibhauseffekt dient beispielsweise das „Kohlendioxid-Äquivalent". Sämtliche klimawirksamen Gase (zum Beispiel Kohlendioxid, Methan, Distickstoffoxid) werden über Relationsfaktoren in diesen Wert umgerechnet. Damit lassen sich am Ende der Untersuchung die Auswirkungen aller klimawirksamen Gase, die während des Lebenszyklus eines Produkts anfallen, mit einer Zahl beschreiben. Für jede Umweltkategorie existiert dafür ein zugehöriger Indikator, der es ermöglicht, die umfangreichen Ergebnisse der Sachbilanz für eine Bewertung zu verwenden und damit Rückschlüsse auf das ökologische Verhalten zu ziehen.

9.3.1 Treibhausgaspotenzial (GWP)

Der Treibhauseffekt beschreibt das Phänomen, bei dem Strahlungsvorgänge in der Atmosphäre eine Temperaturerhöhung bodennaher Luftschichten bewirken. Dafür verantwortlich sind Treibhausgase wie Wasserdampf, Kohlendioxid, Methan und Ozon. Die genaue Funktionsweise sowie die Auswirkung des anthropogenen Einflusses zählen immer noch zum Gegenstand der aktuellen Forschung. Prinzipiell wird ein verstärkter Ausstoß von Treibhausgasen durch den Menschen mit einer Erhöhung der globalen Durchschnittstemperaturen verbunden.

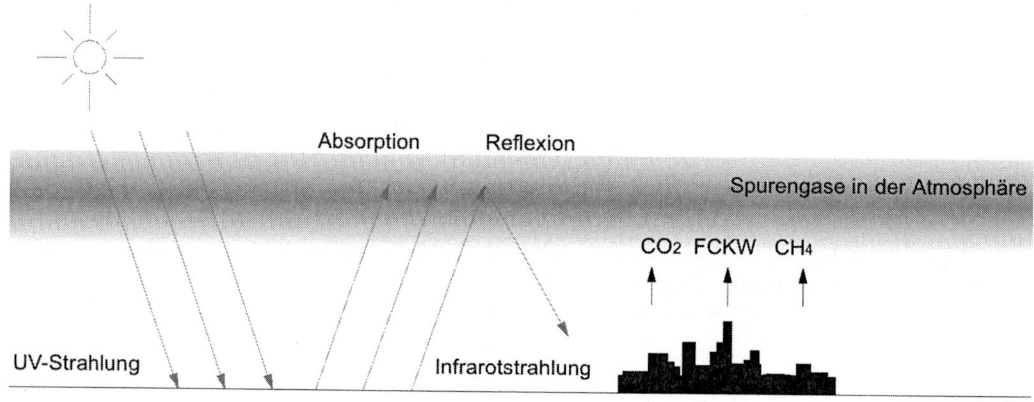

Bild 9-6 Vereinfachte Darstellung des Treibhauseffektes

Als Leitsubstanz für die Bewertung dieses Effekts dient Kohlendioxid, auf das sämtliche andere Treibhausgase umgerechnet werden. Dabei geht neben dem reinen stofflichen Verhältnis auch die Verweildauer in der Atmosphäre in die Berechnung ein. Durch eine spezifische Verweildauer lassen sich die Charakterisierungsfaktoren für verschiedene Treibhausgase ermitteln.

$$C_{GWP,i} = \frac{\int\limits_{t=0}^{T} a_i \cdot c_i(t)dt}{\int\limits_{t=0}^{T} a_{CO_2} \cdot c_{CO_2}(t)dt} \tag{9.1}$$

$$GWP = \sum (C_{GWP,i} \cdot m_i) \quad [kg\ CO_2 - \ddot{A}qu.]$$

mit

a_i = Wärmestrahlungsabsorptionskoeffizient des Treibhausgases i

c_i = Konzentration des Gases i zum Zeitpunkt t

T = Anzusetzende Verweildauer

m_i = Masse in kg der Emission i

Tabelle 9.2 Charakterisierungsfaktoren von verschiedenen Treibhausgasen

Stoff	Verweildauer [Jahre]	C_{GWP}-Faktor
Kohlendioxid	150	1
Methan	12	23
Distickstoffmonoxid	114	296
Fluorkohlenwasserstoffe	2,6 bis 260	97 bis 12000
Schwefelhexafluorid	3200	22200

9.3.2 Ozonabbaupotenzial (ODP)

Das Ozon der Stratosphäre absorbiert einen Großteil der UV-Strahlung und schützt damit die Lebewesen auf der Erde vor der schädlichen Wirkung des Sonnenlichts. Gasförmige Halogenverbindungen verursachen einen Abbau der Ozonschicht. Hauptverantwortlich sind Fluorkohlenwasserstoffe (FCKW), die erst nach 25 Jahren in die Stratosphäre gelangen und dann ihre abbauende Wirkung ausüben. Als Referenzsubstanz für die Bewertung des Ozonabbaupotenzials dient das FCKW (R11-Äquivalent).

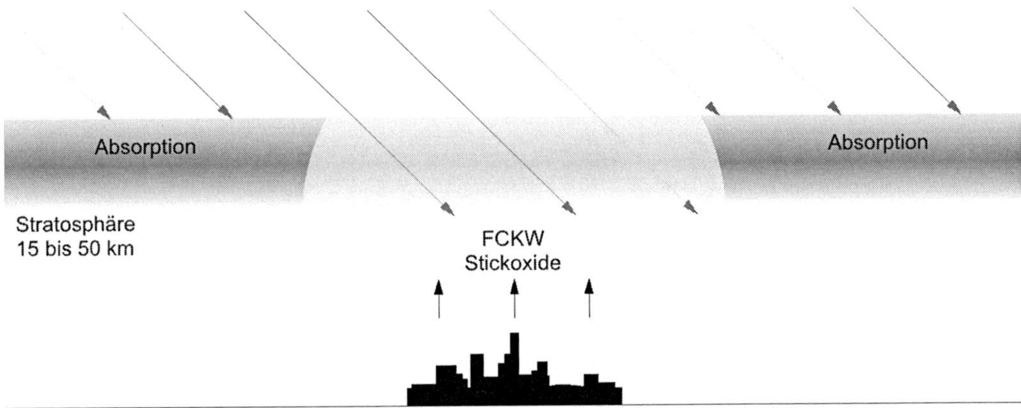

Bild 9-7 Vereinfachte Darstellung des Ozonschichtabbaus

Vor der Berechnung des Gesamtpotenzials ermittelt man für jede einzelne Substanz die Wirkung im Verhältnis zum Referenzgas. Danach ergibt sich der Gesamtbeitrag aus der Summe der einzelnen Emissionsmengen und dem jeweiligen Abbaupotenzial.

$$C_{ODP,i} = \frac{\delta[O_3]_i}{\delta[O_3]_{R-11}} \tag{9.2}$$

$$ODP = \sum (C_{ODP,i} \cdot m_i) \quad [kg\ R - 11 - \ddot{A}qu.]$$

mit

$\delta[O_3] =$ Ozonschichtabbau des Gases

$m_i \quad =$ Masse in kg der Emission i

Tabelle 9.3 Charakterisierungsfaktoren von abbauenden Gasen der Ozonschicht

Stoff	$C_{ODP,i}$-Faktor
Trichlorfluormethan [R-11]	1,00
Dichlorfluormethan [R-12]	0,82
Trichlortrifluorethan [R-113]	0,90

9.3.3 Versauerungspotenzial (AP)

Unter Versauerung versteht man den Prozess, bei dem Luftschadstoffe den ph-Wert des Regenwassers herabsetzen. Als Leitsubstanz dient Schwefeldioxid. Durch die Versauerung kommt es zu direkten und indirekten Schäden am Ökosystem, die dann zum Waldsterben oder zur verstärkten Korrosion von Bauwerken führen können. Insbesondere verursachen die aus industriellen, häuslichen und transportbedingten Verbrennungsprozessen entstehenden Schwefeldioxide, Stickoxide und Ammoniak diese Vorgänge. Durch die Verwendung von schwefelarmen Brennstoffen kann schon eine deutliche Reduktion erreicht werden.

Bild 9-8 Vereinfachte Darstellung der Versauerung

Zum Versauerungseffekt tragen die Vorläufersubstanzen von anorganischen Säuren bei, die über Oxidationsreaktionen entstehen. Die Charakterisierungsfaktoren für diese Stoffe ergeben sich aus der folgenden Formel. Mit ihnen lässt sich anschließend das Gesamtpotenzial für die Versauerung berechnen.

$$C_{AP,i} = \frac{\upsilon_i / M_i}{\upsilon_{SO_2} / M_{SO_2}} \qquad (9.3)$$

$$AP = \sum (C_{AO,i} \cdot m_i) \qquad [kg\ SO_2 - \ddot{A}qu.]$$

mit

υ_i =   potentielle H^+-Äquivalente je Masseneinheit der Substanz

M_i =   Molmasse der Substanz i

m_i =   Masse in kg der Emission i

Tabelle 9.4 Charakterisierungsfaktoren für die Versauerungswirkung

Stoff	$C_{AP,i}$-Faktor
Schwefeldioxid	1,00
Stickoxide	0,70
Ammoniak	1,88

9.3.4 Eutrophierungspotenzial

Als Eutrophierung bezeichnet man eine überhöhte Nährstoffanreicherung in Böden und Gewässern, die überwiegend durch Überdüngung in der Landwirtschaft entsteht. Verschiedene Luftschadstoffe und Bestandteile in Abwässern verstärken diesen Vorgang. Als Folge entsteht ein vermehrtes Algenwachstum in Gewässern, das zu einem Sauerstoffmangel und zu einem erhöhten Giftstoffgehalt durch anaerobe Zersetzungsprozesse führt. Letztendlich setzt ein Fischsterben ein und das Gewässer beginnt „umzukippen". Bei Nutzpflanzen kommt es zur Anreicherung von Nitraten, die vor allem durch das entstehende Reaktionsprodukt Nitrit auf den Menschen toxisch wirken. Als Referenz für das Eutrophierungspotenzial dient Phosphat.

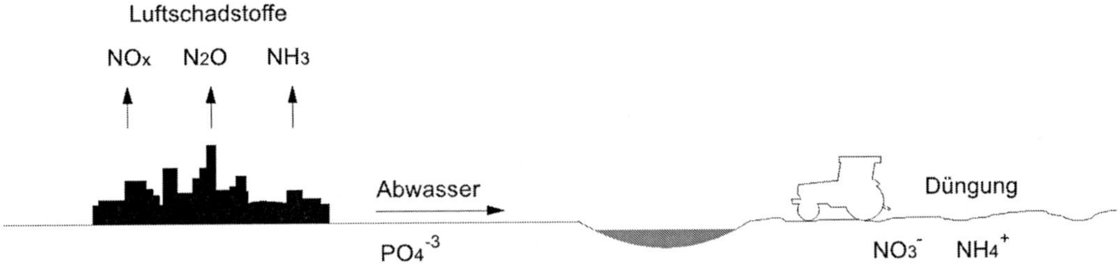

Bild 9-9 Schematische Darstellung der Eutrophierung

Eine Besonderheit der Eutrophierung stellt die örtliche und zeitliche Begrenzung dieses Umweltkriteriums dar. So treten die Folgen von Düngemitteln der Landwirtschaft in einem regional überschaubaren Bereich auf. Mit Hilfe der folgenden Formeln ergibt sich das Eutrophierungspotenzial.

$$C_{NP,i} = \frac{\upsilon_i / M_i}{\upsilon_{PO_4} / M_{PO_4}} \tag{9.4}$$

$$NP = \sum (C_{NP,i} \cdot m_i) \qquad [kg\ PO_4 - \ddot{A}qu.]$$

mit

υ_i = potentielle Biomassenbildner in PO_4-Äquivalenten je Molmassen-Einheit

M_i = Molmasse der Substanz i

m_i = Masse in kg der Emission i

Tabelle 9.5 Charakterisierungsfaktoren für die Eutrophierung

Stoff	$C_{AP,i}$-Faktor
Phosphat	1,00
Stickoxide	0,20
Stickstoffmonoxid	0,13

9.3.5 Photochemisches Ozonbildungspotenzial (POCP)

Die photochemische Bildung von Ozon in der Troposphäre – auch bekannt als Sommer-Smog – ist im Gegensatz zur Bildung in der Stratosphäre schädlich. Höhere Konzentrationen von Ozon in Bodennähe gelten als öko- und humantoxisch. Der photochemische Vorgang tritt verstärkt bei hohen Temperaturen, geringer Luftfeuchtigkeit, geringem Luftaustausch beziehungsweise bei hoher Konzentration an flüchtigen organischen Verbindungen (VOC) auf. Durch UV-Strahlung spaltet sich Stickstoffoxid in einer komplexen chemischen Reaktion in Stickstoffmonoxid und in freien atomaren Sauerstoff. Dieser verbindet sich mit einem Sauerstoff-Molekül zu aggressivem Ozon. In der Bilanzierung der verschiedenen Photooxidantien fungiert Ehtylen als Äquivalenzwert.

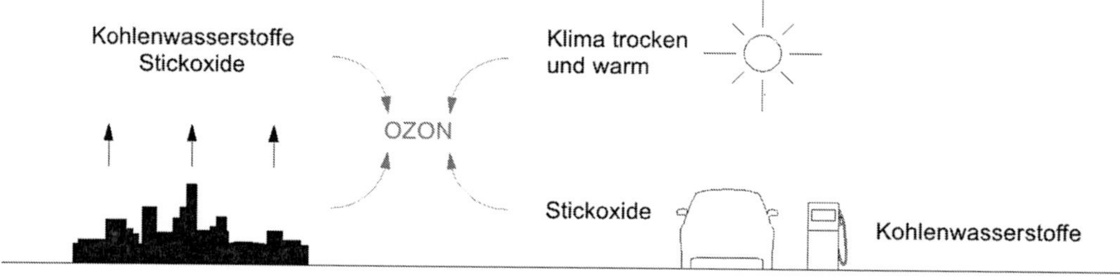

Bild 9-10 Vereinfachte Darstellung bodennaher Ozonbildung

$$C_{PCOP,i} = \frac{a_i / b_i}{a_{C_2H_4} / b_{C_2H_4}} \qquad\qquad (9.5)$$

$$PCOP = \sum (C_{PCOP,i} \cdot m_i) \qquad [kg\ C_2H_4 - \ddot{A}qu.]$$

mit

a_i = Änderung der Ozonkonzentration aufgrund der Änderung der VOC Emission

b_i = Integration der VOC Emission i bis zu diesem Zeitpunkt

$a_{C_2H_4}$ = Änderung der Ozonkonzentration aufgrund der Änderung der Ethylen-Emission

$b_{C_2H_4}$ = Integration der Ethylen-Emissionen C_2H_4 bis zu diesem Zeitpunkt

m_i = Masse in kg der Emission i

Beim empirisch ermittelten POCP-Wert handelt es sich um keine unabhängige, stoffspezifische Grösse der ozonbildenden Substanzen. Vielmehr variieren diese je nach Ort, Zeit und auf Grund von meteorologischen Bedingungen. Dadurch werden die Charakterisierungsfaktoren für eine definierte Norm-Belastungssituation ermittelt, in der man die Stickstoffoxid-Konzentration, die Witterung und die Lichtintensität vorgibt.

9.4 Baustoffe

Ein wichtiges Einsatzgebiet der Ökobilanzierung liegt im Bereich der Baustoffauswahl. Das Bauen erzeugt riesige Stoffströme und der Bestand bildet ein immenses Stofflager. Allein für Wohngebäude betrug im Jahre 2000 die Gesamtmasse der Materialeinlagerung 10,5 Milliarden Tonnen. Eine Unterteilung nach chemischer Zusammensetzung und Vorkommen ermöglicht eine weitere Differenzierung.

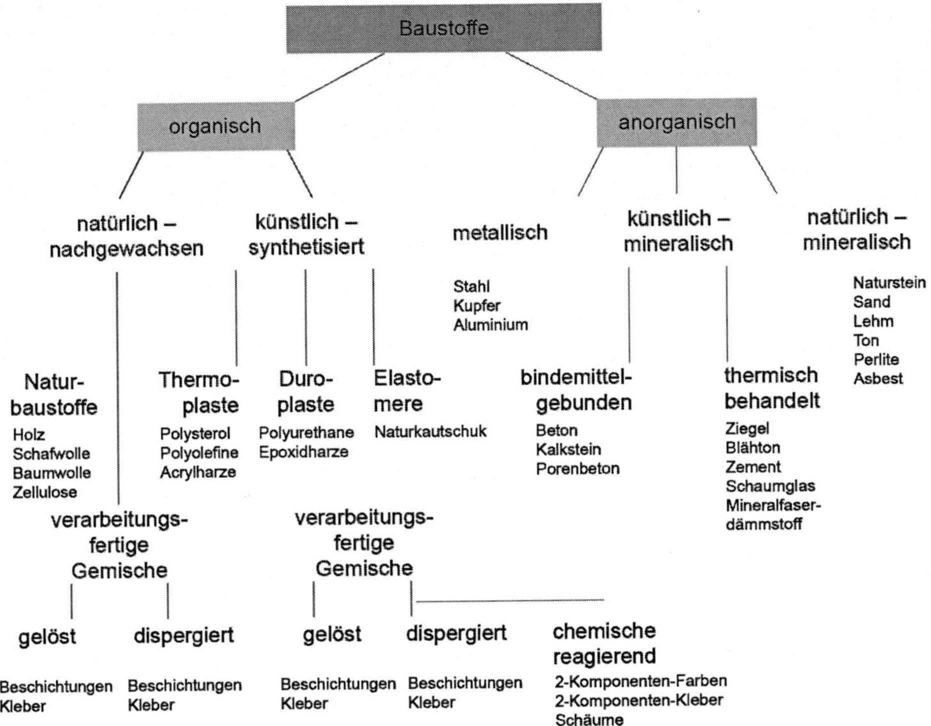

Bild 9-11 Baustoffunterteilung (Vergleiche Glücklich)

Den Hauptanteil des Stofflagers bilden die natürlich-mineralischen und künstlich-mineralischen Baustoffe wie Beton, Ziegel und Steine mit 9,6 Milliarden Tonnen, gefolgt von Holz mit 220 Millionen Tonnen und Metallen mit 100 Millionen. Tonnen. Diese Zahlen verdeutlichen die hohe Bedeutung einer ökologischen Baustoffwahl. Zudem muss man bedenken, dass diese Materialien erst nach dem Einsatz im Gebäude ihre volle ökologische Wirkung entfalten und somit ein schlummerndes Handlungsfeld für künftige Generationen darstellen.

9.4.1 Auswahlentscheidung auf Baustoffebene

Die Auswahl eines Baustoffs nach ökologischen Gesichtspunkten erfolgt durch eine Auswertung der vorgestellten Wirkungskategorien. Dabei sollten minimale Umweltbelastungen bei maximalen bauphysikalischen Kennwerten angestrebt werden. Als Grundsätze bei Auswahlentscheidungen gelten die Prinzipien Vermeiden, Vermindern und Verwerten. Das bedeutet, Gefahrenstoffe zu vermeiden, Emissionen und Ressourcenverbrauch zu vermindern sowie unvermeidliche Bauabfälle stofflich (Recycling oder Downcycling) oder energetisch zu verwerten.

Derzeit existiert eine Fülle von verschiedenen Materialien für den Einsatz im Bauwesen. Eine wichtige Entscheidungsgrundlage in ökologischen Belangen bildet die Ökobilanzierung auf Baustoffebene. Dabei wird die Umweltbelastung aus Rohstoffgewinnung, Herstellung und Verarbeitung untersucht. Das ermöglicht einen Vergleich von verschiedenen Materialen, die den gleichen Nutzen erbringen.

Tabelle 9.6 Ökoinventar für ausgewählte Dämmstoffe

Dämmstoffe	Diche Kg/m^3	PEI e MJ	PEI ne MJ	GWP $kgCo_2äq$	ODP $mgR_{11}äq$	POCP$_1$ gEthäq	POCP$_2$ gEthäq	AP $gSO_2äq$	NP gPO_4-äq
Baumwolle-Dämmstoff	20	13,5	18,1	0,02	0,78	0,82	3,53	10,47	0,54
Blähton	300	1,9	2,5	0,34	0,22	0,14	0,61	1,98	0,14
EPS-Platten	18	0,7	99,2	3,49	12,90	28,34	42,70	26,59	1,98
Expandierte Perlite	85	0,2	13,6	0,72	0,90	0,94	3,68	4,04	0,48
Flachs-Dämmstoff mit Polyesterfaser	30	19,3	35,4	0,37	1,39	1,18	5,60	10,61	0,79
Flachs-Dämmstoff mit Stärke	30	17,3	33,1	0,23	1,32	1,16	4,89	7,80	0,66
Glaswolle	45	1,4	34,6	1,70	0,76	0,54	2,89	9,57	0,74
Korkdämmplatten	120	23,0	7,1	-1,39	0,34	0,24	1,13	2,98	0,17
Polyurethanplatten	30	8,2	126,2	4,93	9,36	16,66	31,16	35,80	2,66
Schafwolledämmstoff	30	20,6	16,4	0,24	0,59	0,66	1,83	5,48	0,23
Schaumglas-Platten	120	1,1	21,5	1,27	0,57	0,35	2,10	7,26	0,37
Steinwolle	60	0,5	22,1	1,61	0,39	0,39	2,56	9,71	0,43
XPS-Platten	40	1,3	110,2	73,05	5960	2,78	16,10	28,54	1,81
XPS-Platten, CO_2-geschäumt	40	1,1	107,1	3,73	12,00	2,71	12,70	25,15	1,78
Zellulosefaserflocken	55	0,4	4,24	0,23	0,31	0,21	0,91	2,44	0,13
Zellulosefaserplatten	75	6,4	21,8	1,02	1,05	0,95	3,06	8,30	0,40

Für verbreitete Baustoffe stehen in sogenannten Ökoinventaren oder Baustoffbibliotheken die wichtigsten ökologischen Kenndaten öffentlich zur Verfügung. Eine Vergleichbarkeit von verschiedenen Erhebungen ist durch unterschiedliche Randbedingungen und Systemgrenzen häufig nicht möglich. Des Weiteren ist zu betonen, dass man das ökologische Verhalten von Gebäuden nicht auf die Summe der Umweltbelastungen der einzelnen Baustoffe reduzieren sollte. Eine zweckmäßige Untersuchung erfordert eine komplexe Modellierung des gesamten Bauwerks. Insbesondere bei Baudenkmalen bestehen oftmals entscheidende Randbedingungen, die eine Vergleichbarkeit verhindern. Beispielsweise können denkmalpflegerische und baukonstruktive Vorgaben die Dämmstoffdicke begrenzen, so dass Materialien mit einer geringeren Wärmeleitfähigkeit in der Nutzungsphase ein Vielfaches an Energie einsparen wie ein Stoff mit geringen Umweltbelastungen in der Herstellung. (Vergleiche hierzu Tabelle 9.7.) Nichtsdestotrotz bildet die baustoffliche Untersuchung eine wichtige Ausgangsbasis für die Baustoffwahl und für die weitere Lebenszyklusbetrachtung vom komplexen System Gebäude.

Grundlegend sollte eine ökologische Baustoffwahl vorrangig erneuerbare Rohstoffe oder Recyclingmaterialien berücksichtigen. Es sollte eine einfache Wiederverwendung oder Verwertung nach der Nutzungsphase bestehen. Der Einsatz regionaler Baustoffe kann durch kurze Transportwege auch die Umweltbelastung reduzieren.

9.4.2 Produktdeklaration

Eine wichtige Hilfe für die praktische Bewertung von Baustoffen bieten verschiedene Umweltzeichen und Produktdeklarationen. Man unterscheidet hier in drei unterschiedliche Formen:

- Umweltzeichen vom Typ I bestehen aus Zeichen und Logos für besondere Umweltleistungen. Dazu zählt der Blaue Engel oder das TÜV-Umweltsiegel.

- Umweltzeichen nach Typ II umfassen umweltbezogene Produkterklärungen, die eigenverantwortlich durch den Hersteller entstehen.

- Umweltzeichen vom Typ III sind extern zertifizierte Umweltprofile von Bauprodukten, die auf einem festgelegten Schema basieren.

Die Umweltproduktdeklaration Typ III oder international Environmental Product Declaration (EPD) dient als wichtige Datengrundlage für die Ökobilanzierung von Gebäuden und den Vergleich von Baustoffen. Ein EPD beinhaltet auf wenigen Seiten wichtige Informationen zur Ökobilanz und zum Lebensweg eines Bauproduktes. Für definierte Wirkungskategorien kann man die Ergebnisse der Ökobilanzierung tabellarisch entnehmen. Dazu fließen Angaben zur Herstellung, Verarbeitung und zur Nachnutzungsphase in die Umwelt-Produktdeklaration ein. Auch technische Kenndaten, beispielsweise zum Brandschutz, sind Bestandteil der Dokumentation. Die Erstellung der EPDs koordiniert in Deutschland das Institut Bauen und Umwelt in Kooperation mit dem Bundesministerium für Verkehr, Bau- und Stadtentwicklung (BMVBS) und das Umweltbundesamt. Die Vorgehensweise richtet sich nach der internationalen Norm ISO 14 025.

Derzeit existieren EPDs in erster Linie für industrielle Bauprodukte von größeren Baustoffherstellern. Traditionelle Baustoffe, die nicht mit einem wirtschaftlichen Interesse verbunden sind, bilden eine Ausnahme. Dementsprechend fällt auch die Bewertung für den Großteil historischer Baustoffe aus dem Denkmalbereich schwer.

9.5 Baukonstruktive Bauteile

Das Bauteil stellt nach dem Baustoff die nächst höhere Aggregationsstufe für die Ökobilanz im Bauwesen dar. Dazu gehören neben den Teilen der Gebäudehülle auch die Tragstruktur und der Innenausbau. Im Vergleich zur Baustoffebene erhält das Bauteil über die reinen Stoffkennwerte eine komplexere Funktion beziehungsweise einen Nutzen. Beispielsweise beeinflusst eine Außenwandkonstruktion durch den Wärmedurchgangskoeffizienten direkt die Energiebilanz in der Nutzungsphase. Aber auch das Schalldämmmaß oder die Tragfähigkeit können im Mittelpunkt der gewünschten funktionellen Einheit stehen. Das Interesse liegt nicht in einem bestmöglichen Baustoff, sondern im Gesamtoptimum beim Zusammenwirken der einzelnen Baustoffe.

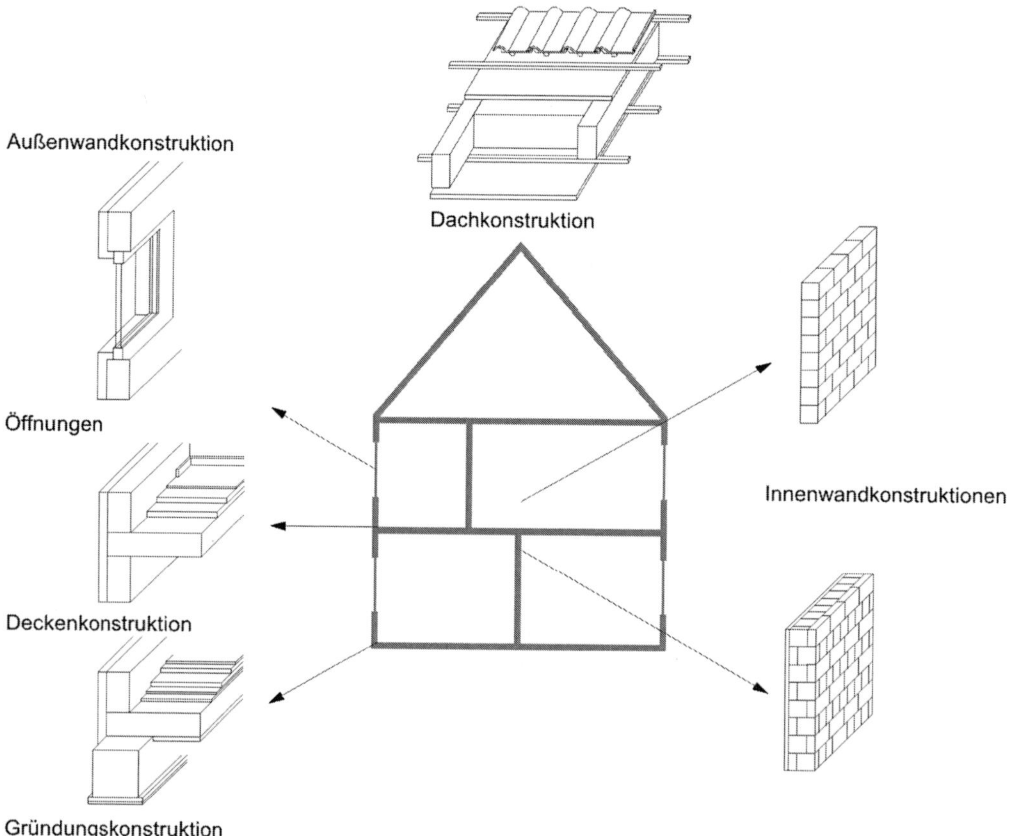

Bild 9-12 Baukonstruktive Bauteile eines Gebäudes (Vergleiche König)

Insbesondere bei Bauaufgaben im Bestand ist es erforderlich, die verschiedenen Bauelemente als Zwischenschritt zum Gesamtgebäude getrennt zu betrachten und zu bewerten, da häufig nur einzelne Maßnahmen zur Sanierung durchgeführt werden.

9.5.1 Gebäudehülle

Aus dem Bereich der baukonstruktiven Bauteile besitzt aus energetischer Sicht die thermische Gebäudehülle den größten Einfluss. Da die baukonstruktive Hülle die Schnittstelle zwischen Innenraum und Außenraum bildet, spielt sie eine entscheidende Rolle für die Energiebilanz eines Gebäudes. Die Wärmeleitfähigkeit, das Strahlungsverhalten und die Wärmespeichereigenschaften beeinflussen die maßgebenden energetischen Prozesse wie das Heizen, Kühlen und Beleuchten.

Relativ einfach kann man den Sachverhalt für opake Bauteile darstellen. Hier genügt der U-Wert der Konstruktion, um über die Transmissionswärmeverluste die wichtigsten ökologischen Aspekte für die Nutzungsphase zu erfassen. Folgendes Beispiel betrachtet verschiedene Varianten für einen Quadratmeter einer Außenwand. Die Deckung der eingerechneten Transmissionsverluste erfolgt über die EnEV-Referenzanlage für Wohngebäude.

Tabelle 9.7 Ökologische Wirkungen von verschiedenen Dämmvarianten

Wärmedämmverbundsystem auf Kalksandstein-Wand

1 Außenputz

2 Hartschaumdämmung/Mineralwolle

3 Kalksandsteinmauerwerk

4 Innenputz

Dicke	U-Wert	Primärenergieverbrauch			CO2-Emissionen			SO2-Emissionen		
[cm]	[W/(m²K)]	[kWh/m²]			[kg/m²]			[kg/m²]		
		nach … Jahren			nach … Jahren			nach … Jahren		
		0	50	80	0	50	80	0	50	80
Hartschaumdämmung										
8	0,42	80	2201	3447	46	683	1077	0,10	1,09	1,69
12	0,30	93	1565	2493	47	497	796	0,10	0,89	1,28
15	0,24	96	1311	1956	47	419	624	0,11	0,72	1,02
Mineralwolle										
8	0,42	118	2241	3475	51	675	1093	0,14	1,19	1,88
12	0,30	143	1633	2537	54	532	806	0,16	0,96	1,37
15	0,24	151	1356	2078	65	445	666	0,17	0,83	1,19

Für baukonstruktive Bauteile im denkmalgeschützten Gebäudebestand gelten häufig besondere Randbedingungen. Beispielsweise steht für eine äußere oder innere Wärmedämmung oftmals nur eine begrenzte Konstruktionsdicke zur Verfügung. Bei diesem Fall kann ein petrochemischer Dämmstoff mit einer geringeren Wärmeleitfähigkeit schnell seinen erhöhten Herstellungsaufwand ausgleichen. Das verdeutlicht die hohe Bedeutung der vorgegebenen Randbedingungen bei der ökologischen Bewertung von komplexen Bauteilen.

9.5.2 Tragstruktur und Innenausbau

Die konstruktiven Bauteile, die sich innerhalb der thermischen Hülle befinden, besitzen eher eine untergeordnete Bedeutung für die energetisch dominierenden Prozesse des Heizens und Kühlens von Gebäuden. Somit zählen auch die Veränderungen an der Tragstruktur und dem Innenausbau nicht zu den klassischen energetischen Sanierungsmaßnahmen. Die Tragstruktur bleibt im Denkmalbereich weitgehend unangetastet, so dass hier in der Regel auch keine Bewertungsoptionen zur Disposition stehen. Nachträgliche Verstärkungen werden in erster Linie nach ihrer statischen Funktion ausgewählt. Zudem üben diese Bauteile nur einen geringen Einfluss auf den energetischen Aufwand für die Gebäudenutzung aus.

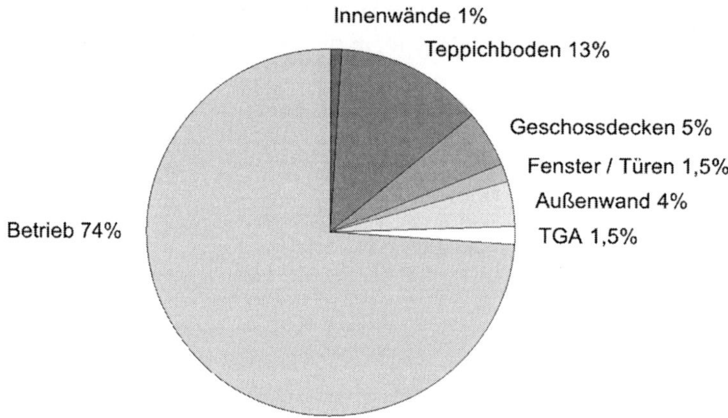

Bild 9-13 Zusammensetzung des Primärenergieverbrauchs für ein Wohnhaus mit einer Lebensdauer von 80 Jahren und mit einem $Q_P = 60$ kWh/m² pro Jahr nach EnEV 2009

Bei einer genauen Betrachtung der Lebenszyklusbilanz zeigen sich jedoch auch im Bereich des Innenausbaus kritische Elemente. Besonders bei Gebäuden mit niedrigen Energiekennwerten im den Betrieb können die Fußbodensysteme aufgrund ihrer meist sehr kurzen Lebensdauer eine wichtige Bedeutung gewinnen. Der häufige Austausch der Materialien kann sich zu einer beachtlichen ökologischen Einflussgröße aufsummieren. Das trifft hauptsächlich auf Teppichböden aus Polymaid zu, da diese einen besonders hohen energetischen Aufwand im Herstellungsprozess verursachen.

9.6 Gebäudetechnische Bauteile

Im Gegensatz zu Baustoffen und Baukonstruktionen handelt es sich bei der Mehrzahl an gebäudetechnischen Systemen in Baudenkmalen um keine Originalsysteme, sondern vielmehr um zeitgenössische Nachrüstungen. Aus diesem Grund unterscheiden sich die ökologischen Bewertungen nur unwesentlich von ungeschützten Bestandsbauten oder Neubauten. Bei Wohngebäuden besitzt die Heizanlage für die Bereitstellung von Warmwasser und Raumwärme den größten gebäudetechnischen Einfluss auf das ökologische Verhalten. Bei Nichtwohngebäuden spielen zusätzlich Beleuchtung und Kühlung eine wichtige Rolle. Im Bereich der

Baudenkmale sind eher Gebäude der Baualtersklassen nach 1945 oder mit besonderer Nutzung, wie Museen, von einer Klimatisierung betroffen. In der Lebenszyklusbetrachtung dominiert für alle gebäudetechnischen Systeme die Nutzungsphase.

9.6.1 Heizanlagen

Die Auswahl des Energieträgers und der Heiztechnik hat aus ökologischer Sicht eine entscheidende Bedeutung. Im Bereich der fossilen Brennstoffe besitzen Gassysteme gegenüber Ölheizanlagen Vorteile. Es entstehen beim Verbrennungsprozess geringere Umweltbelastungen und durch einen effizienteren Einsatz höhere Wirkungsgrade.

Pelletsheizungen nutzen überwiegend den erneuerbaren Energieträgern Holz und verhalten sich beim Treibhauspotenzial sehr günstig. Über den gesamten Lebenszyklus fallen deutlich niedrigere Kohlenstoffdioxid-Emissionen als bei Öl- und Gasanlagen an. Die Schwefeldioxid-Emissionen sind gegenüber Ölheizungen geringer, aber etwas höher als bei der Gasfeuerung. Eine Ausnahme bilden die Staubemissionen. Hier entstehen höhere Belastungen als bei Öl und Gas, so dass bei größeren Anlagen zusätzliche Maßnahmen zur Staubfilterung erfolgen sollten.

Ein weiteres Reduktionspotenzial gegenüber den fossilen Verbrennungsheizungen in Bezug auf Treibhausgasemissionen bieten elektrische Wärmepumpenanlagen. Auch hier fallen die Schwefeldioxid-Emissionen schlechter aus als bei der Gasheizung. Bei Ermittlung dieser Kennzahlen spielen die Jahresarbeitszahl (JAZ) und die Herkunft des verwendeten Stroms eine entscheidende Rolle. Der konventionelle Strommix im Jahr 2010 setzt sich aus Erdgas, Steinkohle und Braunkohle, Kernkraft und erneuerbare Energieträger zusammen. Zertifizierter Ökostrom führt hier zu wesentlich besseren Ergebnissen. Die JAZ hängt unmittelbar von den Systemtemperaturen des Heizungssystems ab: Je niedriger die Vorlauftemperatur und je höher die Temperatur des Ausgangsmediums, umso günstiger fällt die JAZ aus.

Tabelle 9.8 Umweltwirkungen bei der Wärmeerzeugung von 1 kWh über eine Kleinanlage

	PE ne [kWh]	PE e [kWh]	GWP [g CO$_2$]	AP [mg SO$_2$]	POCP [10^{-5}kg E-Ä]	EP [10^{-5}kg P-Ä]	ODP [10^{-9}kg R11]
Gas-Brennwert	1,13	0	244	144	2,11	1,36	3,02
Gas-Niedertemperatur	1,27	0	272	199	2,54	2,23	3,07
Öl-Niedertemperatur	1,40	0	355	687	5,44	4,34	3,33
Wärmepumpe (Sole-Wasser 35 °C)	0,83	0,04	175	305	2,47	2,58	28,55
Wärmepumpe (Sole-Wasser 55 °C)	1,44	0,07	316	545	4,06	4,55	51,75
Pelletsheizung	0,22	1,48	37	497	8,73	8,00	4,32
Hackschnitzel	0,17	1,64	30	514	12,16	8,45	2,59
Flachkollektor	0,19	0,01	38	81	5,64	0,57	6,13
Röhrenkollektor	0,19	0,01	37	85	9,69	0,68	6,06

Bei allen Systemen wirkt sich eine solarthermische Unterstützung für die Bereitstellung von Warmwasser positiv auf die Ökobilanz aus. Die Kombination von Sonnenergie mit Heizöl und

Erdgas reduziert die Treibhausgasemissionen der fossilen Systeme. Als Ergänzung von Pelletsheizungen lässt sich der Ausstoß von Schwefeldioxid deutlich verringern.

Eine Alternative zu den dezentralen Lösungen besteht durch die Fernwärme oder Nahversorgungswärmenetze. Hierbei bieten eine effiziente Energieumwandlung oder die Nutzung von Abwärme ein großes ökologisches Einsparpotenzial. Die jeweiligen Bewertungen unterscheiden sich deutlich und müssen für die jeweiligen Systeme individuell erhoben werden. Die Netzbetreiber weisen die Kennzahlen aus. Problematisch ist aber die Wirtschaftlichkeit für kleine Abnehmer. So lassen sich Fernwärmeanschlüsse unter 200 Kilowatt Anschlussleistung kaum wirtschaftlich durchführen.

Eine weitere Möglichkeit bietet ein Blockheizkraftwerk (BHKW) mit Kraft-Wärme-Kopplung. Dabei lassen sich im Vergleich zur getrennten Strom- und Wärmeerzeugung im Kraftwerk und Heizkessel deutliche Primärenergieeinsparungen erzeugen. Der Einsatz ist allerdings erst ab größeren Wohnanlagen zur Deckung der Grundlast sinnvoll. Die Spitzenlasten sollten mit einem separaten Energieerzeuger gedeckt werden.

Zusammenfassend lässt sich festhalten, dass die erneuerbaren Energieträger Vorteile für den Einsatz im denkmalgeschützten Gebäubebestand bieten können. Insbesondere fallen die Treibhausgasemissionen deutlich geringer aus und es können damit Eingriffe in die Gebäudehülle kompensiert werden. Jedoch können durch indirekte Effekte größere Mengen an Stickoxiden und Feinstaub anfallen. Bei allen Heizsystemen stellt eine optimale Abstimmung zwischen Erzeugung, Speicherung, Verteilung und Abgabe eine wesentliche Voraussetzung für einen ökologischen Betrieb dar. Bei einem größeren Leistungsbedarf oder einem dezentralen Wärmeversorgungsnetz können sich Hybridsysteme mit einer Trennung zwischen Grundlast- und Spitzenlastbereich als vorteilhaft erweisen.

9.6.2 Lüftung

In Gebäuden, in denen sich Personen aufhalten, muss ein Luftaustausch zur Sicherung der Raumhygiene stattfinden. Bei Wohn- und Schlafräumen geht man von einem Luftwechsel in der Höhe des halben Raumluftvolumens pro Stunde aus. Bei intensiveren Nutzungen in Küchen und Bädern steigt die Luftwechselrate bis zum 25fachen Raumluftvolumen pro Stunde. Durch die Lüftungsvorgänge entstehen in der Heizperiode Wärmeverluste, die wiederum ökologische Folge verursachen. Grundsätzlich lässt sich der Luftwechsel wie folgt sicherstellen:

- Die Fensterlüftung ist die traditionelle Form der Belüftung, die bei den meisten Baudenkmalen zum Einsatz kommt. Mittels manueller Kipp- oder Stoßlüftung sorgt der Nutzer für einen Austausch der Raumluft.

- Bei der mechanischen Entlüftung sichern Ventilatoren den Luftwechsel. Sie saugen die Luft, die durch Überströmungsöffnungen aus den Aufenthaltsräumen einströmt, zentral in Küche oder Bad ab. Die Frischluft gelangt über Außenluftdurchlässe und Undichtigkeiten in das Gebäude.

- Bei der mechanischen Be- und Entlüftung wird sowohl die Zuluft als auch die Abluft über Ventilationskanäle geführt. Sie wird häufiger mit einer Wärmrückgewinnungsanlage (WRG), die Wärme der Abluft für die Erwärmung der Zuluft nutzt, ausgeführt.

Die verschiedenen Möglichkeiten verursachen unterschiedlich hohe Lüftungswärmeverluste. Erwartungsgemäß verhält sich ein System mit Wärmerückgewinnung aus energetischer Sicht am günstigsten.

Tabelle 9.9 Ökologischer Vergleich von verschiedenen Lüftungsvarianten

	Wärmeverluste [kWh/m²a]	PE ne [kWh/m²a]	GWP [g CO₂/m²a]
Fensterlüftung	44	110	24
Mechanische Abluftanlage	35	108	23
Mechanische Zu- und Abluftanlage (WRG 60 %)	17	96	21
Mechanische Zu- und Abluftanlage (WRG 80 %)	13	88	19

Je höher der Wirkungsgrad bei der Wärmerückgewinnung, desto deutlicher zeigen sich die Einspareffekte. Dafür sollte die Anlagentechnik eine hohe Elektroeffizienz von $p_{el} < 0{,}4$ W/m³ aufweisen und eine einfache Wartung ermöglichen. Allerdings sollten auch bei den mechanischen Systemen eine einfache Steuerung und die Möglichkeit der Fensterlüftung bestehen bleiben, um eine hohe Nutzerakzeptanz zu erreichen. Eine notwendige Voraussetzung für alle Lüftungsarten stellt eine dichte Gebäudehülle dar. Nur dann lassen sich ungewollte Infiltrationen und Energieverluste vermeiden.

9.6.3 Kühltechnik

Schon jetzt fallen rund 5,8 Prozent des Primärenergieverbrauchs in Deutschland für die Kälteerzeugung an. Das entspricht 14,0 Prozent vom gesamten Stromenergiebedarf. Neben der Nahrungsmittelindustrie verursacht die Gebäudeklimatisierung einen Großteil dieser Verbrauchswerte. Berücksichtigt man die Auswirkungen des Klimawandels und den Trend nach höherem Komfort, so steigt zudem dieser Aufwand in der Zukunft weiter an. Die konventionelle Kälteerzeugung belastet die Umwelt maßgeblich durch die zwei Faktoren Kältemittel und Stromverbrauch. Direkte Umweltschäden entstehen durch das Kältemittel, das über Undichtigkeiten der Anlage in die Atmosphäre gelangt. Bei durchschnittlichen jährlichen Kältemittelverlustraten von „dichten" Anlagen im Bereich von fünf bis zehn Prozent handelt es sich hierbei um ein enormes Gefahrenpotenzial, denn die meisten eingesetzten Chemikalien sind mit einer toxischen Wirkung, einem hohen Ozonabbau- oder Treibhauspotenzial behaftet. Für besonders schädliche Fluorchlorkohlenwasserstoffe (FCKW) ist deshalb der Einsatz in der Kälteerzeugung seit 1995 verboten. Indirekte Umweltwirkungen verursacht der Stromverbrauch der Kältekompressoren. Hier fallen die Umweltwirkungen schon bei der Erzeugung der elektrischen Energie an.

Grundsätzlich sollten bei der Kältemittelwahl folgende Eigenschaften angestrebt werden:

- Kein Ozonabbaupotenzial
- Niedriges Treibhauspotenzial
- Hohe Arbeitszahl
- Niedrige Viskosität
- Keine Toxizität
- Nicht brennbar
- Einfache Leckagesuche

Eine Möglichkeit, um die direkten und indirekten Wirkungen auf den Treibhauseffekt von Klimaanlagen quantitativ darzustellen, bietet der „Total Equivalent Warming Impact"-Wert (TEWI). Er gibt die Kohlenstoffdioxid-Menge an, die über die gesamte Lebenszeit einer Kälteanlage entsteht. Dabei werden direkte Emissionen des Kältemittels und die indirekten Auswirkungen über die Arbeitszahl erfasst. Die Berechnung erfolgt nach folgender Formel:

$$TEWI = (GWP \cdot L \cdot n) + (GWP \cdot m(1 - \alpha_T)) + (n \cdot E_a \cdot \beta) \quad [kg\ CO_2 - \ddot{A}qu.] \tag{9.6}$$

mit

GWP = Global Warming Potenzial pro kg CO_2-Äqu.

L = Leckagerate in kg pro Jahr

n = Betriebszeit der Anlage in Jahren

m = Füllgewicht der Anlage in kg

α_T = Recycling-Faktor

E_a = Energiebedarf pro Jahr

β = CO_2-Emission pro kWh

Ökologische Vorteile können alternative Techniken zur Klimatisierung bieten. Die einfachste Form ist die Nachtkühlung. In den Nacht- und Morgenstunden erfolgt ein erhöhter Luftwechsel, der eine Temperaturreduzierung im Gebäude bewirkt. Die Speichermasse des Gebäudes kühlt sich ab und senkt am folgenden Tag die Temperatur der Raumluft. Dieses System kommt ohne eine energieaufwendige Kälteerzeugung aus, besitzt aber im Vergleich zur konventionellen Kühlung eine beschränkte Leistungsfähigkeit.

Auch die adiabate Kühlung weist aus ökologischer Sicht Vorteile auf. Sie basiert auf dem Prinzip der Verdunstungskühlung und nutzt Wasser als regeneratives Medium. Dabei wird die abströmende Luft mit Wasser befeuchtet und durch den Verdunstungsprozess gekühlt. Mittels eines Wärmetauschers lässt sich anschließend die Temperatur der Zuluft senken, ohne dabei den Feuchtigkeitsgehalt stark zu erhöhen. Den ökologischen Vorteilen stehen aber erhöhte Investitionskosten gegenüber.

Ebenfalls stellt die Nutzung von oberflächennaher Geothermie eine günstige Alternative zur Kühlung von Gebäuden dar. Über Grundwasser oder Bohrpfähle kann über einen Wärmetauscher Kälteenergie mit geringem Aufwand bereitgestellt werden. Hier begrenzt die Speicherfähigkeit des Erdreiches oder das Angebot an Grundwasser die Leistung des Systems. Zudem verbrauchen Pumpen und technische Komponenten elektrische Hilfsenergie.

Eine weitere ökologische Alternative kann sich durch die sorptionsgestützte Klimatisierung ergeben. Ein hygroskopisches Sorptionsmittel entfeuchtet die einströmende Zuluft, die anschließend durch adiabate Verdunstung auf die gewünschte Temperatur gebracht wird. Zur Regenerierung des Sorptionsmittels kann die Wärme einer solarthermischen Anlage dienen. Somit entfällt auch hier die konventionelle Kälteerzeugung und ein regenerativer Energieträger erzeugt die Kühlung.

Auch bei einer Absorptionskälteanlage kann regenerative Energie in den Kühlprozess eingebunden werden. Das Prinzip ähnelt einer konventionellen Klimaanlage, nur dass hier der Antrieb des Verdichtungsvorgangs durch thermische Energie erfolgt. Die benötigte Wärme kann wiederum aus der Solarthermie oder aus der Abwärme eines Blockheizkraftwerkes stammen.

9.7 Gebäude

Die voran beschriebene Untersuchung von Baustoffen und Bauteilen dient als Ausgangspositi-on für die ökologische Bilanzierung von Gebäuden. Die alleinige Summation der isolierten und singulären Einzelkomponenten lässt jedoch nur ungenügende Rückschlüsse auf das Ge-samtsystem „Gebäude" zu oder führt sogar zu Fehlinterpretationen. Die Modellbildung erfor-dert vielmehr eine pluralistische Betrachtungsweise eines interagierenden Gesamtsystems. Das verlangt im Vergleich zur Teilcharakterisierung von Baustoffen und Bauteilen ein verändertes methodisches Vorgehen. Auch verlängert sich der Betrachtungszeitraum von Gebäuden im Unterschied zu den einzelnen Bestandteilen oder konventionellen Industrieprodukten. In der Regel schwanken die Annahmen zur Lebensdauer zwischen 50 und 100 Jahren, wobei Bau-denkmale diese Zeitspanne häufig sogar überschreiten.

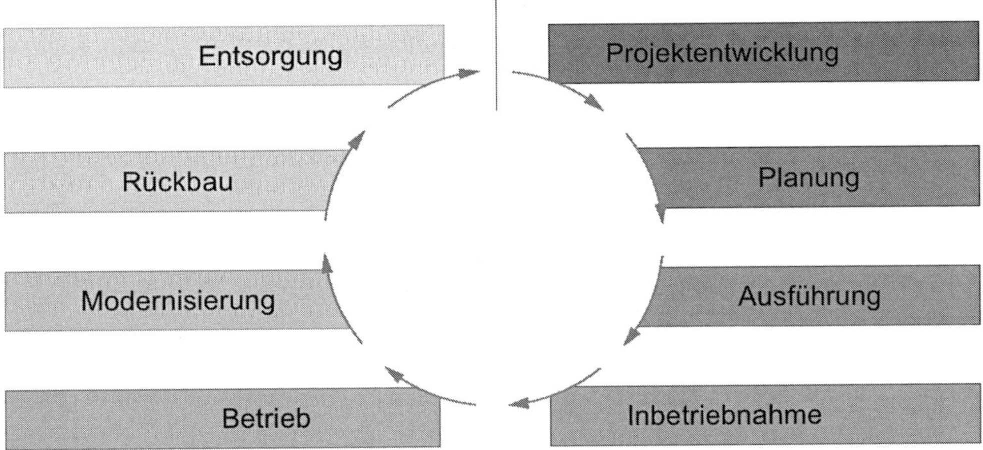

Bild 9-14 Lebenszyklusphasen eines Gebäudes

Grundsätzlich stellt sich der Lebenszyklus eines Gebäudes im Vergleich zu den einzelnen Komponenten als wesentlich komplexer dar. Auf der Prozessebene gestalten sich in der Vor-phase die Projektentwicklung und Planung wesentlich aufwendiger. Zudem zeigt sich der Unterschied in der Nutzungsphase, die bei einem Gebäude mehrere Modernisierungen auf Bauteilebene beinhaltet.

Für die quantitative Ökobilanzierung eines Gebäudes reicht es aber aus, in die Phasen Herstel-lung, Nutzung und Entsorgung zu unterscheiden. Bei der Berechung der Herstellungsphase kommen sowohl die vollständige Betrachtung als auch vereinfachte Verfahren zum Einsatz. Im Rahmen des DGNB-Zertifikats werden beim vereinfachten Vorgehen der Bauprozess, die Anschlüsse zwischen den Bauteilen und die über die Heizungsanlage hinausgehende techni-sche Gebäudeausrüstung über einen Zuschlag von zehn Prozent berücksichtigt.

Bei dem vereinfachten Verfahren reduziert sich die Massenermittelung auf eine vorgegebene Anzahl von folgenden Elementen:

- Fundamente

- Außenwände inklusive Beschichtungen

- Fassade und Fenster

- Dach

- Bodenplatte und Geschossdecken inklusive Aufbau

- Innenwände und Stützen inklusive Beschichtungen

- Türen

- Wärmeerzeugungsanlagen

Beim vollständigen Verfahren wird für alle Bauteile inklusive der gesamten technischen Gebäudeausrüstung der Herstellungsaufwand mit den zugehörigen Vorketten ermittelt. Dazu kommen die Bauprozesse und der Aufwand für Bauteilanschlüsse. Für die Berechnung hat sich eine Unterteilung nach den Kostengruppen 300 und 400 nach der DIN 276 bewährt, auf deren Grundlage auch die benötigten Daten bereitstehen.

Die ökologische Bilanzierung der Nutzungsphase setzt sich in erster Linie aus Betriebs- und Instandsetzungsaufwendungen zusammen, die nach den Vorgaben der DIN 18 960 unterteilt werden können. Die Kenndaten für den Betrieb eines Gebäudes können aus der EnEV-Berechnung nach der DIN V 18 599 entnommen werden. Dazu zählt der Endenergiebedarf für Wärme- und Strom, der sich mit den Datensätzen der Ökobau.dat verknüpfen lässt. Die Bauteile, die einen Austausch während der angesetzten Nutzungsdauer benötigen, fließen als Instandsetzungsaufwand in die Berechnung ein. Hierfür müssen die Neuanschaffung und die Entsorgung des ausgetauschten Bauteils erfasst werden. Eine vertretbare Vereinfachung ist die Annahme, dass der Austausch durch das gleiche Bauteil erfolgt. Die Lebensdauer der baukonstruktiven Elemente lässt sich aus dem „Leitfaden Nachhaltiges Bauen" entnehmen. Für die technischen Anlagen findet man in der VDI 2067 die entsprechenden Daten.

Die Berechnung der Entsorgungsphase von Bauwerken ist mit den größten Unsicherheiten behaftet, da die Nutzungsphase mit ca. 50 bis 100 Jahren einen langen Zeitraum umfasst – bei Baudenkmalen noch weit länger. Vom heutigen Standpunkt können keine seriösen Entsorgungsszenarien gegeben werden, so dass die Ermittlung auf dem aktuellen Stand der Technik basiert. Derzeit regelt das vorgestellte Kreislaufwirtschafts-/Abfallgesetz die verschiedenen Wege bei der Entsorgung. Danach lässt sich zwischen der Wieder-/Weiterverwendung, der stofflichen und thermischen Verwertung sowie der Deponierung unterscheiden. Auch für diese Lebensphase liefert die Ökobau.dat die notwendige Datenbasis von Baustoffen und einzelnen Bauteilen.

Für die Auswertung aller Lebenszyklusphasen besitzt die funktionelle Einheit eine entscheidende Bedeutung. Je nach Ziel hat man die Wahl zwischen der Wohnfläche, der Nutzfläche, der Bruttogrundfläche, der Anzahl der Bewohner, dem Gebäudevolumen oder der gesamten Nutzungseinheit, wie einem Einfamilienhaus. Die DGNB bezieht sich im Zertifizierungsprozess für die ökologischen Kriterien auf die Nettogrundfläche Bereich a nach der DIN 277, das heißt die überdeckte und allseitig in voller Höhe umschlossene Fläche abzüglich der Konstruktionsgrundfläche.

Auswertung für verschiedene Energiekonzepte

Der ökologische Stellenwert der jeweiligen Lebenszyklusphasen eines Gebäudes wird häufig in Fachveranstaltungen zur Denkmalpflege im Energiekontext thematisiert. Dabei kommt immer wieder die Forderung – durch Schlagworte wie „Graue Energie" oder „Kumulierter Energieaufwand" – nach einer verstärkten Berücksichtigung der Herstellungsphase auf. Zudem wird die verlängerte Nutzung der bereits gebundenen Primärenergie bei einem Baudenkmal als Vorteil gegenüber einem ungeschützten Gebäude aufgeführt. Ein Vergleich der verschiedenen Phasen über den gesamten Lebenszyklus trägt wesentlich zur Versachlichung dieser Thematik bei. Als Referenzobjekt dient ein typisches Einfamilienhaus mit einer Wohnfläche von 100 Quadratmetern. Die Nutzungsdauer wurde auf 100 Jahre begrenzt. Ausgangspunkt bildet ein denkmalgeschütztes Siedlungshaus der 1920er Jahre. Die Gebäude dieser Baualtersklasse besitzen aus energetischer Sicht einen guten mittleren Vergleichswert.

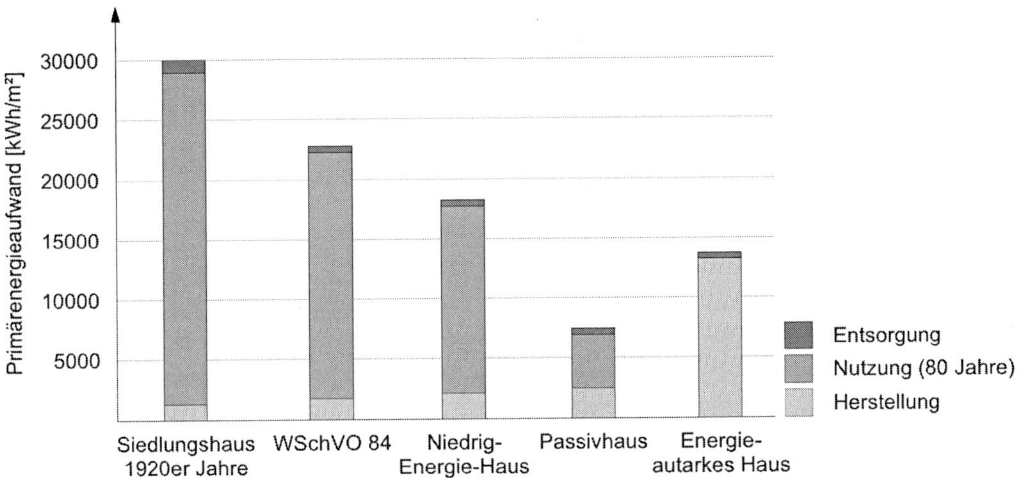

Bild 9-15 Vergleich des Primärenergiebedarfs über den gesamten Lebenszyklus für unterschiedliche Gebäudestandards (Vergleiche Feist)

Für das exemplarische Baudenkmal zeigt sich deutlich, dass die Nutzungsphase dominiert. Selbst für Gebäude nach der deutschen Wärmeschutzverordnung von 1984 beträgt der Herstellungsenergieaufwand im Vergleich zur Nutzung nur rund fünf Prozent. Durch eine effizientere Nutzung beim Niedrigenergiehaus verringert sich der kumulierte Energieaufwand deutlich, ohne dass der Herstellungsaufwand gravierend steigt. Selbst beim Passivhausstandard mit sehr guter Wärmedämmung und optimierter Anlagentechnik überwiegt die Nutzungsphase für den betrachteten Nutzungszeitraum. Erst bei energieautarken Gebäudekonzepten, die während ihrer Nutzung eine positive Bilanz aufweisen, erlangen die Herstellungs- und Entsorgungsphase die entscheidende Bedeutung und können in der Summe sogar den Lebenszyklusaufwand eines Passivhauses überschreiten. Somit spielen der Herstellungsaufwand bei den durchschnittlichen Energieverbrauchskennwerten im Denkmalbereich und die langfristige Nutzung der bereits gebundenen Primärenergie eine unbedeutende Rolle. Insbesondere bei den künstlich verlängerten Nutzungsdauern durch die konservatorischen Maßnahmen der Denkmalpflege erlangt der Nutzungsaufwand die entscheidende Bedeutung.

9.8 Weiterführende Literatur

Bundesamt für Bauwesen und Raumordnung (Hrsg.): *Leitfaden Nachhaltiges Bauen*. 2. Nachdruck. Berlin: Bundesamt für Bauwesen und Raumordnung, 2001.

Beckmann, Martin: *Kreislaufwirtschafts- und Abfallrecht: Einführung in das Abfallrecht*. Berlin: Lexxion Verlag, 2007.

Bollin, Elmar (Hrsg.): *Automation regenerativer Wärme- und Kälteerzeugung: Komponenten, Systeme, Anlagenbeispiele*. Wiesbaden: Vieweg + Teubner, 2009.

Centrum Baustoffe und Materialprüfung (Hrsg.): *Nachhaltigkeitsaspekte bei Neu- und Bestandsbauten: Ein Leitfaden*. München: Bayerisches Staatsministerium für Umwelt, Gesundheit und Verbraucherschutz, 2006.

Deutsche Gesellschaft für Nachhaltiges Bauen e.V. (Hrsg.): *DGNB Handbuch: Büro- und Verwaltungsgebäude Version 2009*. Stuttgart: Deutsche Gesellschaft für Nachhaltiges Bauen e.V., 2009.

Deutsches Nationalkomitee für Denkmalschutz (Hrsg.): *Energieeinsparung bei Baudenkmälern: Dokumentation der Tagung des Deutschen Nationalkomitees für Denkmalschutz am 19. März 2002 in Bonn*. Band 67. Bonn: Konkordia Druck GmbH, 2002.

Deutscher Kälte- und Klimatechnischer Verein e.V. (Hrsg.): *Energiebedarf für technische Erzeugung von Kälte*. Statusbericht. Stuttgart: Deutscher Kälte- und Klimatechnischer Verein e.V., 2002.

Eyerer, Peter; Reinhardt, Hans-Wolf: *Ökologische Bilanzierung von Baustoffen und Gebäuden: Wege zu einer ganzheitlichen Bilanzierung*. Basel: Birkhäuser Verlag, 2000.

Feist, Wolfgang: Lebenszyklusbilanzen im Vergleich: *Niedrigenergiehaus, Passivhaus, Energieautarkes Haus*, In: Wolfgang Feist (Hrsg.): *Arbeitskreis Kostengünstige Passivhäuser, Protokollband Nr. 8: Materialwahl, Ökologie und Raumlufthygiene*. Darmstadt: Passivhaus Institut, 1997.

Glücklich, Detlef: *Ökologisches Bauen: von Grundlagen zu Gesamtkonzepten*. München: Deutsche Verlagsanstalt, 2005.

Graubner, Carl-Alexander; Hüske, Katja: *Nachhaltigkeit im Bauwesen: Grundlagen, Instrumente, Beispiel*. Berlin: Ernst & Sohn Verlag, 2003.

Graubner, Carl-Alexander: *Ökobilanzstudie: Gegenüberstellung Massivhaus / Holzelementbauweise an einem KfW Energiesparhaus 40*. Forschungsbericht. Darmstadt: Technische Universität, 2008.

König, Holger; Kohler, Nikolaus; Kreißig, Johannes: *Lebenszyklusanalyse in der Gebäudeplanung: Grundlagen, Berechnung, Planungswerkzeuge*. München: Institut für internationale Architektur-Dokumentation, 2009.

Kümmel, Julian: *Ökobilanzierung von Baustoffen am Beispiel des Recyclings von Konstruktionsleichtbeton*. Dissertation. Stuttgart: Universität, 2000.

Renner, Alexander: *Energie- und Ökoeffizienz von Wohngebäuden: Entwicklung eines Verfahrens zur lebenszyklusorientierten Bewertung der Umweltwirkungen unter besonderer Berücksichtigung der Nutzungsphase*. Dissertation. Darmstadt: Technische Universität, 2007.

Sachwortverzeichnis

Für den Einsatz im Ausland!

Klaus Lange

Elektronisches Wörterbuch Auslandsprojekte Deutsch-Englisch, Englisch-Deutsch; Dictionary of Projects Abroad English-German, German-English

Vertrag, Planung und Ausführung; Contracting, Planning, Design and Execution
2010. EUR 169,95
ISBN 978-3-8348-0883-7

Das elektronische Fachwörterbuch Auslandsprojekte ist für alle unentbehrlich, die im Auslandsbau mit fremdsprachigen Bauunternehmen, Bauherren oder Fachingenieuren auf Englisch kommunizieren und verhandeln. Mit rund 76.000 Begriffen Englisch-Deutsch und 70.000 Begriffen Deutsch-Englisch gehört es zu den umfangreichsten Nachschlagewerken für die Bereiche Bautechnik, Baubetrieb und Baurecht. Der praktische Reisebegleiter für die erfolgreiche Abwicklung von Bauprojekten im Ausland. Die UniLex Pro Benutzeroberfläche ermöglicht vielfältige Suchfunktionen bis hin zur Pop-up Suche, die - egal in welchen Programm - Übersetzungen sofort in einem Pop-up Fenster anzeigt.

Systemvoraussetzungen: Windows 7, XP, Vista - Freier Festplattenspeicher: mind 200 MB - Hauptspeicher: mind. 512 MB - CD-ROM Laufwerk

Prof. Dipl.-Ing. Klaus Lange, Bauingenieur und Dolmetscher, betreute zahlreiche Bauprojekte im Ausland und lehrte an der Fachhochschule in Holzminden im Studiengang Auslandsbau. Mit seinen ausländischen Partnern veranstaltet er zahlreiche Seminare zur Auslandsvorbereitung.

VIEWEG+ TEUBNER

Abraham-Lincoln-Straße 46
65189 Wiesbaden
Fax 0611.7878-400
www.viewegteubner.de

Stand Juli 2011.
Änderungen vorbehalten.
Erhältlich im Buchhandel oder im Verlag.